New Concept Analog Circuits（Ⅲ）

新概念模拟电路（下）

信号处理和源电路

杨建国 著　臧海波 审

人民邮电出版社
北京

图书在版编目（CIP）数据

新概念模拟电路. 下，信号处理和源电路 / 杨建国著. -- 北京 : 人民邮电出版社，2023.5
ISBN 978-7-115-60616-7

Ⅰ. ①新… Ⅱ. ①杨… Ⅲ. ①模拟电路②信号处理③电源电路 Ⅳ. ①TN710.4

中国版本图书馆CIP数据核字(2022)第234596号

内容提要

本系列图书共分 3 册：《新概念模拟电路（上）——晶体管、运放和负反馈》《新概念模拟电路（中）——频率特性和滤波器》《新概念模拟电路（下）——信号处理和源电路》。《新概念模拟电路》系列图书在读者具备电路基本知识的基础上，以模拟电路应用为目标，详细讲解了基本放大电路、滤波器、信号处理电路、信号源和电源电路等内容，包括基础理论分析、应用设计举例和大量的仿真实例。

本系列图书大致可分为 6 个部分：第 1 部分介绍晶体管放大的基本原理，并对典型晶体管电路进行细致分析；第 2 部分为晶体管提高内容；第 3 部分以运算放大器和负反馈为主线，介绍大量以运算放大器为核心的常用电路；第 4 部分为运算放大电路的频率特性和滤波器，包括无源滤波器和有源滤波器；第 5 部分为信号处理电路；第 6 部分为源电路，包括信号源和电源。本书涵盖第 5～6 部分内容，即信号处理和源电路部分。

本系列图书适合大学阶段、研究生阶段学习模拟电路的学生使用，也适合从事相关专业领域的工程师使用，并可作为模拟电路教师的参考书。参加电子竞赛的学生也能通过阅读本系列图书而有所收获，书中有大量实用电路，对实际设计非常有用。

◆ 著　　　　杨建国
审　　　　臧海波
责任编辑　陈　欣
责任印制　马振武
◆ 人民邮电出版社出版发行　　北京市丰台区成寿寺路 11 号
邮编　100164　　电子邮件　315@ptpress.com.cn
网址　https://www.ptpress.com.cn
北京七彩京通数码快印有限公司印刷
◆ 开本：787×1092　1/16
印张：20　　　　2023 年 5 月第 1 版
字数：591 千字　　　　2025 年 7 月北京第 7 次印刷

定价：159.80 元

读者服务热线：(010)53913866　印装质量热线：(010)81055316
反盗版热线：(010)81055315

出版说明

这是一套什么样的书呢？我也在问自己。

先说名字。本书命名为《新概念模拟电路》，仅仅是为了起个名字，听起来好听些的名字，就像多年前我们学过的新概念英语一样。谈及本书有多少新概念，确实不多，但读者会有评价，它与传统教材或者专著还是不同的。

再说内容。原本是想写成模电教材的，将每一个主题写成一个小节。但写着写着，就变味了，变成了多达 148 个小节的、包罗万象的知识汇总。

但，本书绝不会如此不堪：欺世盗名的名字，包罗万象的大杂烩。本书具备的几个特点，让我有足够的信心将其呈现在读者面前。

内容讲究。本书的内容选择完全以模拟电子技术应涵盖的内容为准，且包容了大量新知识。不该涵盖的，绝不囊括。比如，模数和数模转换器，虽然其内容更多与模电相关，但历史将其归到了数电，我就没有在本书中过多提及。新的且成熟的内容，必须纳入。比如全差分运放、信号源中的 DDS、无源椭圆滤波器等，本书就花费大量篇幅介绍。

描写和推导细致。对于知识点的来龙去脉、理论基础，甚至细到如何解题，本书不吝篇幅，连推导的过程都不舍弃。如此之细，只为一个目的：读书就要读懂。

类比精妙。类比是双刃剑：一个绝妙的类比，强似万语千言；而一个蹩脚的类比，将毁灭读者的思维。书中极为慎重地给出了一些精妙的类比，不是抄的，全是我自己想出来的。这源自我对知识的爱——爱则想，想则豁然开朗。晶体管中的洗澡器、反馈中的发球规则、魔鬼实验、小蚂蚁实现的蓄积翻转方波发生器、水池子形成的开关电容滤波器等，不知已经让多少读者受益。

有些新颖。反馈中的 MF 法、滤波器中基于特征频率的全套分析方法、中途受限现象，都是我深思熟虑后提出的。这些观点或者方法，也许在历史文献中可以查到，也许是我独创的，我不想深究这个，唯一能够保证的是，它们都是我独立想出来的。

电路实用。书中除功放和 LC 型振荡器外，其余电路均是我仿真或者实物实验过的，是可行的电路。说得天花乱坠，一用就漏洞百出，这事我不干。

有了这几条，读者就应该明白，本书是给谁写的了。

第一，以此为业的工程师或者青年教师，请通读此书。一页一页读，一行一行推导，花上 3 年时间彻读此书，必有大收益。

第二，学习《模拟电路技术》的学生，可以选读书中相关章节。本书可以保证你读懂知识点，会演算习题，也许能够知其然，知其所以然。

第三，参加电子竞赛的学生，可以阅读运放和负反馈、信号处理电路部分。书中包含大量实用电路，对实施设计是有用的。

此书从开始写到现在，我能保证自己是认真的，但无法保证书中没有错误。

读者所有修改建议，可以发邮件到我的电子邮箱：yjg@xjtu.edu.cn。

书中出现的 LT 公司本是一家独立的、在模拟领域颇具特色的公司，其高质量电源、线性产品具有非常好的口碑，在我写书的过程中，在 2016 年 LT 公司被 ADI 公司收购，这是一项战略合并。书中涉及的 LT 产品，本应修改为 ADI 产品。但考虑到写书时间，ADI 公司同意本书不做修改。特此声明。

杨建国

前言

PREFACE

《新概念模拟电路》系列图书分为3册，由浅入深，从理论到实践，不断引导读者爱模电、懂模电、用模电。书中有大量的细致推导，是作者一步一步推导出来的；有大量的实用电路，是作者一个一个实验过的，这确保了本书内容扎实。

这套书经3年撰写，于2017年年底成稿，2018年由亚德诺半导体（ADI）公司在网上发布，得到了读者的广泛支持；受人民邮电出版社厚爱，再经部分增补、删减、修改，得以出版成书。

本系列图书第一册主题是“晶体管、运放和负反馈”。内容有4章，分别为模拟电子技术概述、晶体管基础、晶体管提高，以及负反馈和运算放大器基础。这部分内容与传统模电教材内容较为吻合，作者力图将这些基础理论讲透，以供初学者阅读，因此部分章节后会有一些思考题。

本系列图书第二册主题是“频率特性和滤波器”。内容包括运放电路的频率特性，与滤波器相关的基础知识，运放组成的低通、高通、带通、带阻、全通滤波器，以及有源/无源椭圆滤波器、开关电容滤波器等。这部分内容在注重理论的同时，兼顾了实用性，适合专注于滤波器的读者，也适合参加大学生电子竞赛的选手阅读。

本系列图书第三册主题是“信号处理和源电路”，这是内容最为庞杂且最为实用的一册，很多读者关心的电路方法在此册出现。其中，信号处理部分包括峰值检测和精密整流、功能放大器、比较器、高速放大电路、模拟数字转换器（ADC）驱动电路，以及最后的杂项（比如复合放大电路、电荷放大器、锁定放大等）；源电路部分则包括信号源和电源。这些内容中，直接数字频率合成器（DDS）是重点介绍内容。本册适合所有喜爱模拟电路的读者。

阅读这套书，有两种方法。第一种方法是备查式阅读。用到什么内容就查阅对应电路。由于本书有大量实用电路，且所有电路都经过仿真实验，不出意外拿来就能用，因此将本书作为工具书是可以的。第二种方法是品味式阅读，就把它当成小说一般阅读，一边读，一边分析，顺带做做实验。在过程中品味理论的魅力，学习中可能会稍遇困难，但很有趣，就像吃牛肉干一样，虽然难嚼，味道却很好。

无论用哪种方法，只要您阅读了此书，我相信您是不会后悔的。

杨建国

CONTENTS 目录

第一章 | 信号处理电路（001）

1 峰值检测和精密整流电路【001】
1.1 峰值检测电路【001】
1.2 精密整流电路【004】
2 功能放大器【008】
2.1 有效值检测芯片【009】
2.2 程控增益放大器【013】
2.3 压控增益放大器【019】
3 比较器【022】
3.1 运放实现的比较器【023】
3.2 集成比较器及其关键参数【028】
3.3 比较器的应用【036】
4 高速放大电路【049】
4.1 高速放大器分类及电流反馈型运放分析【049】
4.2 高速放大电路实施指南【056】
4.3 常见高速运算放大器及其典型电路【060】
4.4 高速放大电路布线实例【070】
5 测量系统的前端电路【075】
5.1 仪表放大器及其应用电路【075】
5.2 仪表放大器使用注意事项【083】
5.3 多种类型的仪表放大器【099】
5.4 其他常见传感器前端电路【109】
5.5 电阻一二三【126】
6 ADC 驱动电路【136】
6.1 为什么要给 ADC 前端增加驱动电路【136】
6.2 单电源标准运放实现的 ADC 驱动电路【142】
6.3 全差分运放实现的 ADC 驱动电路【164】
6.4 基于全差分运放的滤波器【184】
7 杂项【189】
7.1 复合放大器【189】
7.2 用程序控制增益和自动增益控制【201】
7.3 电荷放大器和锁定放大器【222】
7.4 继电器和模拟开关【232】

第二章 | 源电路——信号源和电源（251）

8 基于蓄积翻转思想的波形产生电路【251】
8.1 蓄积翻转和方波发生器【251】
8.2 方波三角波发生器【253】
8.3 独立可调的方波三角波发生器【256】
8.4 压控振荡器【259】
9 基于自激振荡的正弦波发生器【262】
9.1 自激振荡产生正弦波的原理【262】
9.2 RC 型正弦波发生器【262】
9.3 LC 型正弦波发生器【267】
9.4 晶体振荡器【268】
10 直接数字合成技术【270】
10.1 DDS 核心思想【270】
10.2 常用 DDS 芯片【275】
10.3 DDS 的外围电路【277】
11 线性稳压电源【279】
11.1 线性稳压电源结构【279】
11.2 串联型稳压电路【282】
11.3 集成三端稳压器【284】
11.4 低跌落稳压器【290】
11.5 基准电压源【298】
11.6 基准电流源【303】

后记【312】

第一章 信号处理电路

本章讲述一些信号处理电路。它们很常用，但是很杂乱，难以独立成章，因此我把它们集合到一起，形成一章。

1 峰值检测和精密整流电路

1.1 峰值检测电路

◎峰值检测电路的定义

所谓的峰值检测电路，是指能及时发现被测波形的正峰值（或者负峰值），且能立即输出一个与正峰值完全相等的直流电压的电路。理论上的峰值检测电路，应不受被测信号幅度大小、频率高低影响，输出如图 1.1（a）中绿色线所示。其中，绿色线表示理想峰值检测波形，红色线表示实际峰值检测波形，黑色线表示输入波形。它包括峰值识别、峰值采样和峰值保持电路。峰值识别一般依赖于对波形的求导，导数为 0 时包含正峰值和负峰值，因此要区别当前状态属于正峰值还是负峰值。这样一来，电路就变得极为复杂。

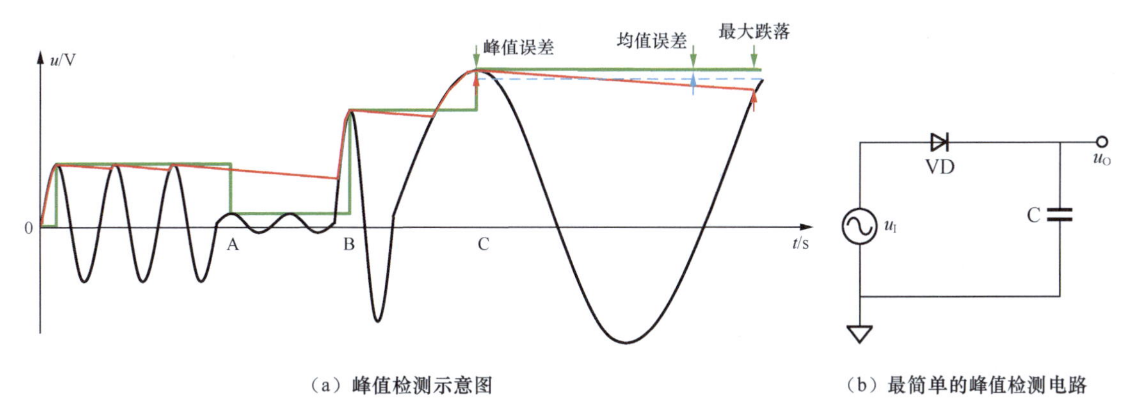

（a）峰值检测示意图　　（b）最简单的峰值检测电路

图 1.1　峰值检测

多数情况下，峰值检测电路并不要求对立即降低的峰值实现准确识别，如图 1.1（a）中的 A 位置，而是期望从一段能够接受的时间内找到最大值，这样的话，电路将变得较为简单。因此，我们实际见到的多数峰值检测电路其实就是“规定时间内最大值检测电路”。实际峰值检测波形如图 1.1（a）中红色线所示，它几乎不理睬峰值的突然降低，仅对突然增加的峰值敏感。

◎最简单的峰值检测电路

这种最大值检测电路，或者说峰值检测电路，通常可以用图 1.1（b）所示的二极管加电容实现。它的基本思想是，如果输入电压的正峰值高于电容上的电压，就会通过二极管给电容充电，一次不行两次，直到输入电压的正峰值等于电容上的电压。理论上，电容没有放电回路，它的电压应该是此前若干个峰值电压中的最大值。

这种电路最大的问题在于，输出的最大值总是小于输入峰值。比如输入一个幅度为1V的正弦波，输出电压可能维持在0.98V左右。

理论上，即便存在二极管导通压降0.7V，输出最大值与输入峰值之间的差异也不是0.7V，而是0V。原因是，二极管是逐渐导通的，只要输出电容电压小于1V，那么二极管两端就具有压差，就会产生哪怕很微小的充电电流，迫使电容电压上升，直到1V。

但是，实际情况是，二极管不是反向完全截止的，它总是存在或多或少的反向漏电流。电容自身也存在电流泄漏，在非充电时段，电容电压会缓慢下降。当输出电压为0.98V时，二极管两端的正向压降产生的充电电流会引起电容电压上升；在非充电阶段，电容两端电压会下降；当两者达到平衡时，即充电电荷数等于放电电荷数时，电容电压将维持在一个均值上，一会儿充电，一会儿放电。

因此，此电路要想实现输出电压等于输入峰值，必须保证二极管的反向漏电流很小。并且，这种电路的输出准确性还与输入信号幅度、频率密切相关。

◎改进的峰值检测电路

对上述电路实施适当改进，可以有效提高测量准确性。两种改进电路如图1.2所示，还有很多种改进电路本书未收录。这类电路的核心设计思想是，将二极管置于反馈环中，尽量减小其导通电压对输出值的影响。

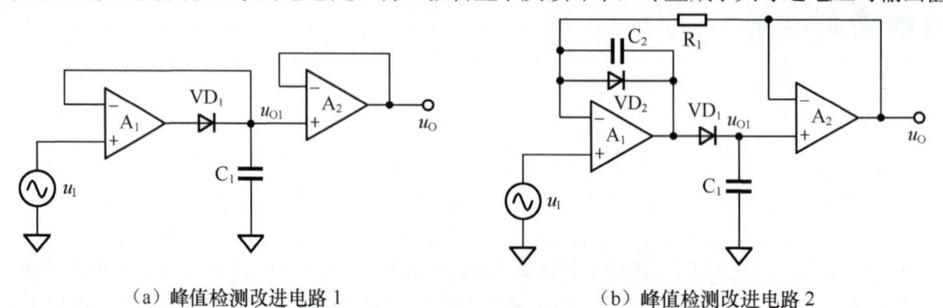

（a）峰值检测改进电路1　　（b）峰值检测改进电路2

图1.2　峰值检测改进电路

但是，这类电路有以下缺点。

① 具体电路的性能与所选择的运算放大器（OP-AMP，以下简称运放）、二极管、电容都有密切关系，仅凭本书给出的原理图是难以达到最优效果的。

② 无法测量高频输入信号的峰值。理论上单向导电的二极管在高频时会丧失这个性能，因此这类电路一般仅能够对100kHz以下的波形实施峰值检测。

◎基于晶体管和比较器的峰值检测电路

LM111是一个比较器（本书第3节介绍），内含输出级集电极开路晶体管，利用它实现的峰值检测电路如图1.3（a）所示，左边为正峰值检测电路，右边为负峰值检测电路。

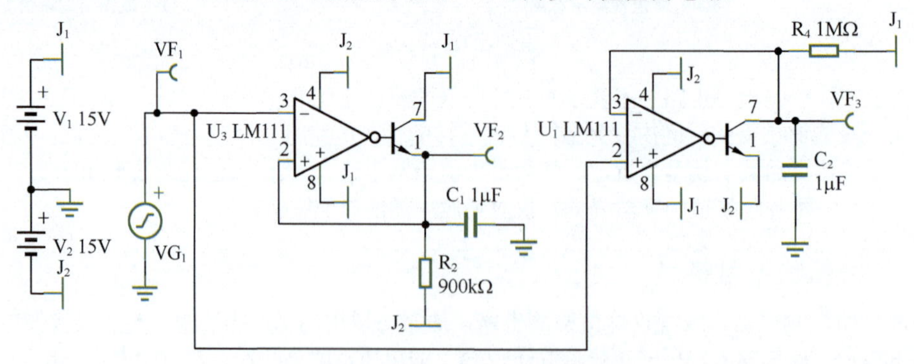

（a）基于比较器LM111的峰值检测电路

图1.3　基于比较器的峰值检测电路

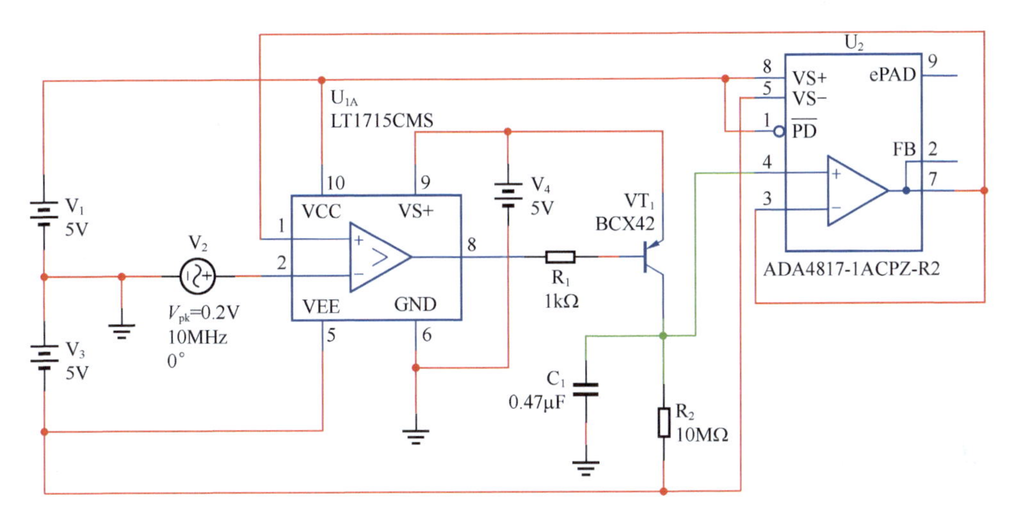

（b）基于高速比较器 LT1715 的正峰值检测电路

图 1.3　基于比较器的峰值检测电路（续）

先简单介绍 LM111（内含图 1.3（a）所示的晶体管）的功能：当负输入端电位高于正输入端电位时，输出级晶体管导通。以正峰值检测电路为例。刚上电时，电容 C_1 电压为 0V，则 VF_2 电压为 0V，此时 LM111 的正输入端电压为 0V。而负输入端的信号位于正半周时，电压会大于 0V，则晶体管在正半周导通，通过集电极高电位 J_1，从发射结流出电流，给 C_1 充电，VF_2 电位上升。只要 VF_2 电位小于信号正峰值，则晶体管总会在信号正峰值附近导通，给电容充一点电。这个过程将一直持续到 VF_2 电位上升到等于输入信号正峰值，此时比较器不再发生翻转，也就是晶体管彻底关闭。此后，电容 C_1 会通过 R_2 放电，但速度很慢，取决于 C_1 和 R_2 的乘积（时间常数），比较器会发现 VF_2 比信号正峰值低了，又充一次电。

VF_2 将在信号正峰值附近慢慢放电好久、快速充电一次，总之是在正峰值附近徘徊，这就实现了正峰值检测。

由于比较器 LM111 的速度不是很快，这个电路仅能检测信号频率小于 1MHz 的信号。要想实现更高频率信号的峰值检测，需要更高速的比较器。我用 Multisim 实现的基于高速比较器 LT1715 的正峰值检测电路如图 1.3（b）所示。其中 V_{pk} 表示电压峰值。仿真实测表明，在 1V、10MHz 输入信号情况下，其检测误差小于 7%。当然，这个电路只是抛砖引玉，其中晶体管选择、比较器选择，以及电容和放电电阻选择，都有进一步优化的可能。

◎没有二极管的峰值检测电路

采用没有二极管也没有晶体管的纯粹比较器实现的峰值检测电路，可以检测更高频率。

这种电路的基本设计思想是，用一个比较器比较输入电压和预设峰值电压，当输入电压大于预设峰值电压时，比较器必然在一个周期内存在高电平，此高电平会通过积分器迫使预设峰值电压增长，直到预设峰值电压稍大于输入峰值电压，比较器停止工作。同时，比较器长期停止工作会导致预设峰值电压缓慢下降，则预设峰值电压会低于输入峰值电压，比较器又会迫使预设峰值电压上升。结果是预设峰值电压将在输入峰值电压处滞留。

我自己设计的电路如图 1.4 所示。对于 100mV ～ 3V 幅度的正弦波，该电路至少可以测量至 30MHz。图 1.4 中只要 VF_2 电压（即前述的预设峰值电压）达不到输入峰值电压，则比较器输出 VF_3 存在高电平脉冲，此高电平脉冲会通过由 U_4、U_2 组成的同相积分器，迫使 VF_2 电位上升，直至 VF_2 电平等于 VF_1 输入信号的正峰值。根据这个结构，读者可以自行调节积分时间常数，以适应不同频段的信号。

需要注意的是，本电路采用 TLV3501 高速比较器，单电源供电，而输入信号存在正负电压。虽然我们关心的是正峰值，但当输入信号小于比较器的负电源轨 0V 时，可能引发比较器内部的保护二极管导通，因此比较器输入必须接限流电阻，即图 1.4 中的 R_7。

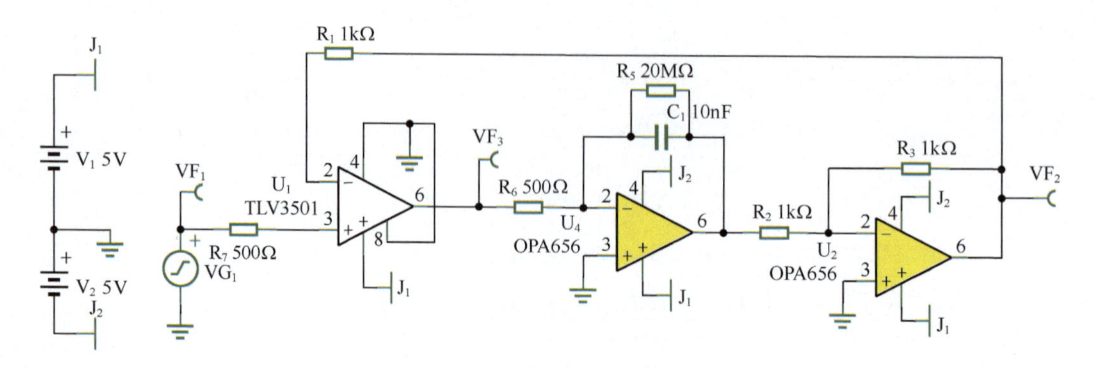

图 1.4　没有二极管的峰值检测电路

1.2 精密整流电路

◎精密整流电路的定义

精密整流电路，也称为精密检波电路或者绝对值电路，具体怎么称呼，取决于应用场合，应用场合不同，习惯叫法不同。其特点均为，将含有正负极性的交流信号转变成只有单一极性的直流信号。它与一般整流电路的主要区别在于，输入和输出之间没有二极管产生的压降，这有助于用后级的低通滤波器准确识别信号的大小。

精密整流电路分为半波精密整流电路、全波精密整流电路、非等权精密整流电路 3 种，如图 1.5 所示。其中，黑色线表示输入信号，红色线表示输出信号。

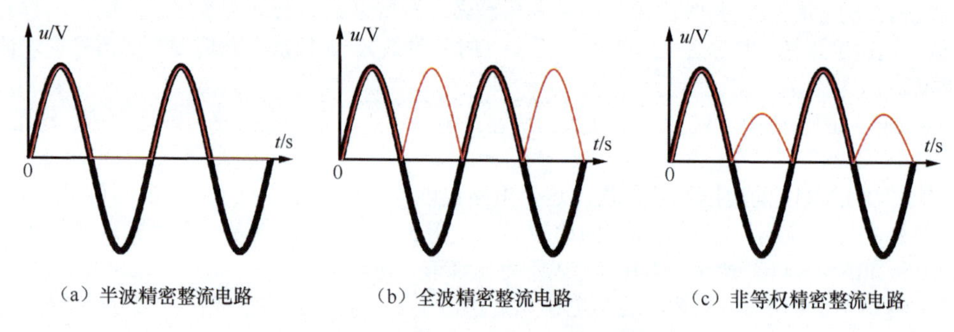

（a）半波精密整流电路　（b）全波精密整流电路　（c）非等权精密整流电路

图 1.5　精密整流电路输入 / 输出示意图

◎半波精密整流电路

半波精密整流电路如图 1.6（a）所示。它有两个输出，根据自己的需要，可以选择使用。图 1.6（b）为两个输出端的输出波形。

可以看出，电路的反馈网络中，两个反向的二极管和电阻串联形成了两个并联的反馈支路。在输入信号大于 0V 或者小于 0V 时，信号的反馈路径不同。

当输入信号为正值时，瞬间将一个正值加载到运放的负输入端，则输出一定为负值，这会让上面的反馈通路，即 VD_A 支路导通，信号路径如图 1.6（a）中绿线所示，使运放工作于负反馈状态。此时，如果 $R_{2A}=R_1$，则根据虚短、虚断原则，输出 u_{OA} 为输入的反相，即：

$$u_{OA}=-\frac{R_{2A}}{R_1}u_I=-u_I \tag{1-1}$$

此时，由于运放负输入端为虚短接地，电位为 0V，而运放的输出一定是负值，则下面的支路，即 VD_B 支路是不导通的，R_{2B} 上没有电流，因此 u_{OB} 与运放负输入端等电位，均为 0V。

当输入信号小于 0V 时，这个过程刚好相反，信号路径如图 1.6（a）中红线所示。这就得到了图 1.6（b）所示的两个输出端波形。

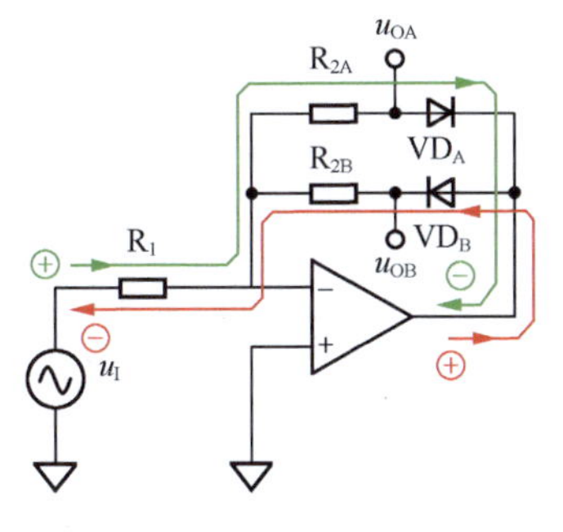

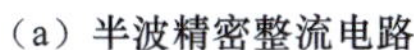

（a）半波精密整流电路

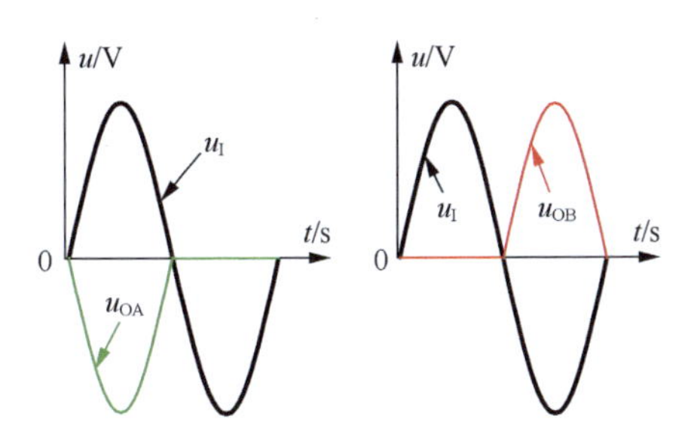

（b）半波精密整流输入 / 输出波形

图 1.6　半波精密整流电路及其输入 / 输出波形

◎全波精密整流和非等权精密整流电路

在半波精密整流电路中，利用其中一个半波输出信号 u_{OA} 或者 u_{OB}，与原始输入信号进行加权相加，可以得到可控制权重的整流信号。合理选择权重，可以实现全波精密整流及非等权精密整流，原理如图 1.7 所示。

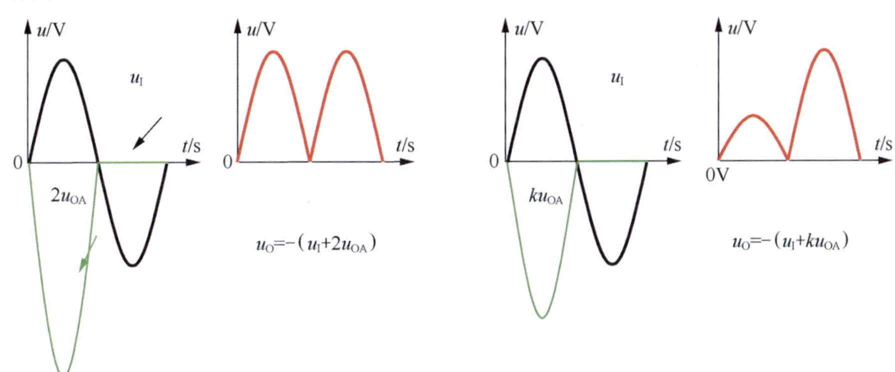

图 1.7　全波精密整流和非等权精密整流的形成原理

全波精密整流（含非等权精密整流）电路如图 1.8 所示。根据电路可得出下式。

$$u_{OA}=\begin{cases}-\dfrac{R_{2A}}{R_1}u_I, u_I>0\\ 0, \quad u_I\leqslant 0\end{cases} \tag{1-2}$$

$$u_O=-\frac{R_5}{R_4}u_I-\frac{R_5}{R_3}u_{OA}=\begin{cases}\left(\dfrac{R_5}{R_3}\times\dfrac{R_{2A}}{R_1}-\dfrac{R_5}{R_4}\right)u_I, & u_I>0\\ -\dfrac{R_5}{R_4}u_I, & u_I\leqslant 0\end{cases} \tag{1-3}$$

合理选择电路中的电阻值，可以实现等权或者非等权的精密整流。比如，$R_1=R_{2A}=R_{2B}=R_4=R_5=R$，而 $R_3=0.5R$，则输出为全波精密整流。改变 R_3 可以改变正半周权重，以实现非等权精密整流。

利用这种思路，通过选择 R_{2A} 和 R_{2B}，先实现两个幅度不同的半波整流，然后将结果相加，就可以得到正半周和负半周增益不同的效果。请读者自行设计完成。

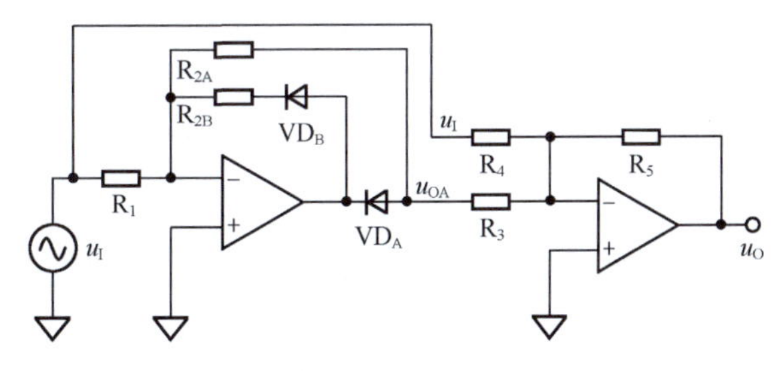

图 1.8　全波精密整流（含非等权精密整流）电路

◎利用比较器实现的 ±1 倍增益精密整流电路

如果一个放大电路在输入电压大于 0V 时，其增益为 1 倍，输入电压小于 0V 时，其增益为 -1 倍，则其输出一定是输入的绝对值。按照这种思路设计的精密整流电路如图 1.9 所示。

当开关闭合时，运放正输入端接地，运放表现为一个 -1 倍的反相器；当开关断开时，电路的增益为 1 倍。图 1.9 中的控制开关只要设置成电压大于 0V 断开即可。

要实现这样一个受控开关，可以用比较器配合场效应管实现，也可以用比较器配合模拟开关实现。图 1.10 所示为一个 ±1 倍增益精密整流电路，它利用比较器 TLV3501 实现对输入信号极性的判断，然后控制模拟开关 ADG719 实现运放正输入端接地或者高阻。

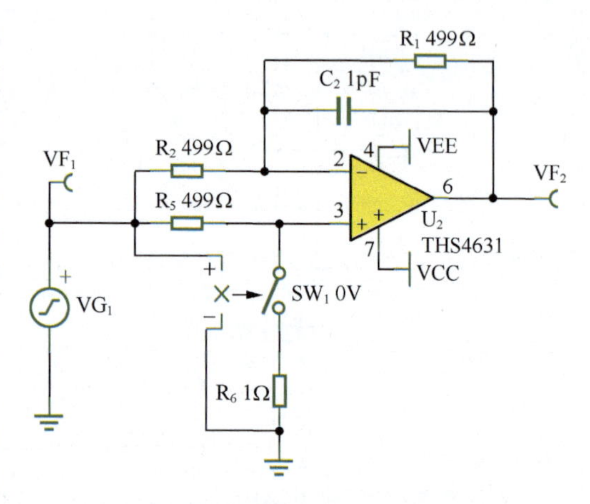

图 1.9　±1 倍增益精密整流电路的理想结构

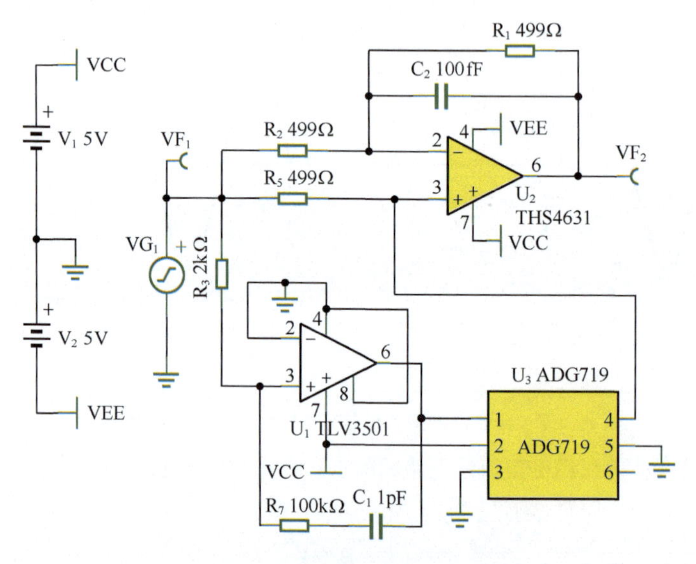

图 1.10　±1 倍增益精密整流电路

由于在 TINA-TI 软件中，没有更为合适的高速比较器，我就用 TLV3501 凑合了。对于 TLV3501 来说，其供电电压一方面决定了输出高低电平，另一方面也决定了输入电压范围。为了实现输出 0V/5V 以正确驱动 ADG719，比较器被接成了单电源供电，这导致比较器的输入电压范围应为 0～5V，而实际工作时，输入为双极信号，必有负电压。好在 TLV3501 输入具有保护电路，此电路可以仿真工作，但我还是建议在实际电路中换用双极性输入比较器。

此电路对输入信号频率和幅度有要求：当频率超过 1MHz 时，效果会变差，由图 1.11(a)可以看出，输出信号与输入信号已经存在相差，尚可以接受。当幅度小于 100mV 时，信号过零处的变形会非常明显——这源于模拟开关的电荷注入。图 1.11（b）所示是幅度为 100mV 的情况，可以看出，电荷注入带来的尖峰超过 200mV。再看图 1.11（a）的输入为 3V 时，其实电荷注入效应是相同的，只是不明显而已。

如果将此输出信号用作整流后滤波取平均值，那么电荷注入效应对输出的影响并不严重：理论上正脉冲和负脉冲是可以抵消的。

关于模拟开关的电荷注入效应，请参考本书第 7.4 节的模拟开关部分。

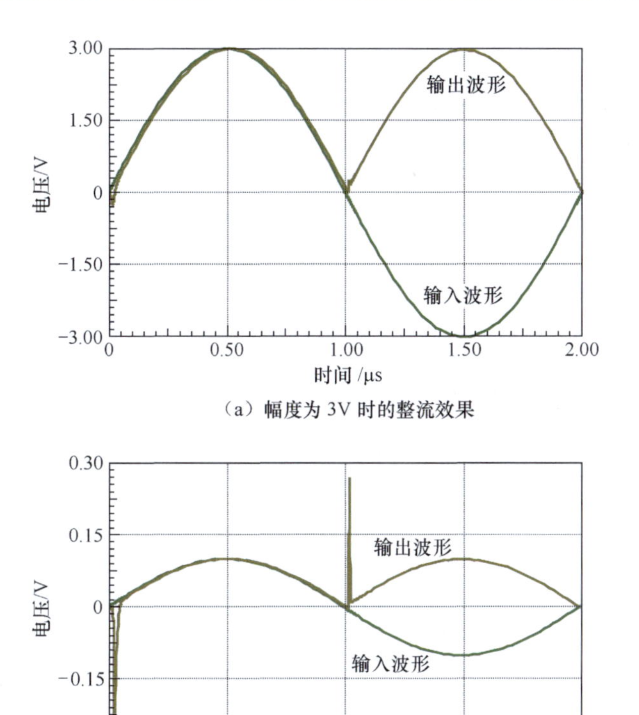

（a）幅度为 3V 时的整流效果

（b）幅度为 100mV 时的整流效果

图 1.11 频率为 500kHz 时不同幅度的整流效果

◎利用运放输出至轨特性实现的精密整流电路

实现精密整流，还有一种思路，就是利用运放的单电源供电限制其输出——双电源时应该输出负值的，在单电源下只能输出 0V，电路如图 1.12 所示。当输入信号小于 0V 时，由 U_2 组成的跟随器受电源电压限制，只能输出负至轨电压，约为 0V，此时 U_1 表现为反相器。当输入信号大于 0V 时，图 1.12 中 VF_3 为跟随器输出，U_1 表现为 1 倍增益。

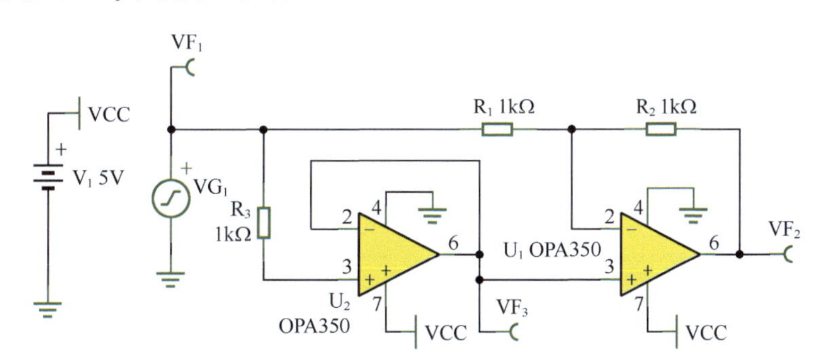

图 1.12 利用运放输出至轨特性的绝对值电路

但是这种电路也受到频率和信号幅度影响。运放 U_2 在信号小于 0V 时，工作于非线性区，到信号开始大于 0V 时，它需要一个恢复时间（过驱恢复时间）才能进入正常跟随状态，这个时间小至几纳秒，大到几十微秒，显然会影响输出波形。因此电路中对 U_2 的要求有：第一，能承受负压输入；第二，过驱恢复时间必须很短；第三，负至轨电压越小越好；第四，输出失调电压应足够小；第五，还得有足够的带宽，以保证作为跟随器输出时，图 1.12 中的 VF_3 和 VF_1 具有足够小的相差。

◎利用限幅运放实现的精密整流电路

实现高频信号的精密整流，最靠谱的方法可能是使用限幅运放。亚诺德半导体（ADI）公司的AD8037、德州仪器（TI）公司的OPA698均为限幅运放，它们都具有两个限幅输入端，以保证输出电压被限制在两者之间：输出电压不会小于V_L，不会大于V_H。

利用限幅运放实现的绝对值电路如图1.13所示。图1.13中给出了两种运放，相比之下，AD8037效果更好一些，可以在输入信号频率高达20MHz时正常工作。其工作原理非常简单：当输入信号小于0V时，反相器输出正电压，不受限幅电压影响；当输入信号大于0V时，理论上应该输出负值，但受到下限限幅电压（大于0V）的限制，输出只能是限幅电压，即输入电压本身。

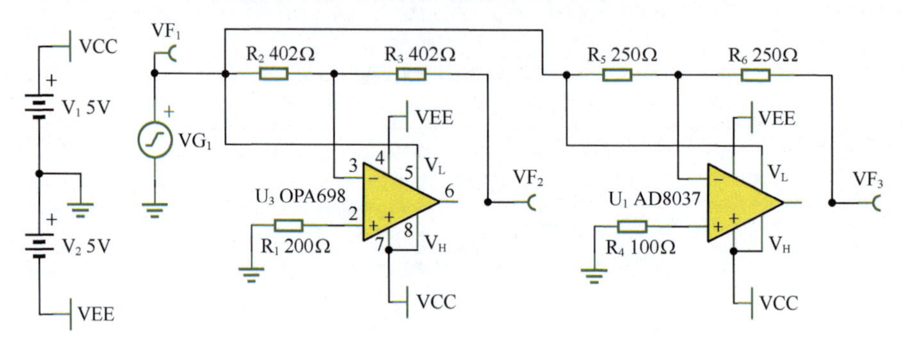

图1.13　利用限幅运放实现的绝对值电路

但是，这种电路的缺点是输入信号幅度不能太小。

该电路在10MHz输入时波形如图1.14所示。

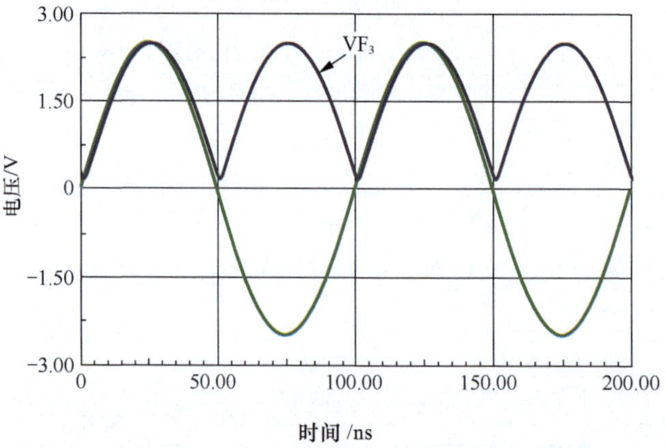

图1.14　利用限幅运放实现的绝对值电路在10MHz输入时的波形

2 功能放大器

放大器分为晶体管放大器、运算放大器和功能放大器3类。其中，能够实现对信号的放大和信息提取，又不是单独晶体管和运放的，被称为功能放大器。比如程控增益放大器，首先它是一个集成放大器芯片，可以对输入信号实施不同增益的放大，但它又不属于独立的晶体管，也不属于标准的运放，因此将其归属于功能放大器之列。

功能放大器种类繁多，一般包括如下类型。

① 仪表放大器（INA）：包含两个高阻输入IN+、IN−，一个或者两个输出，高共模抑制比（CMRR）。

② 程控增益放大器：放大器的增益可由外部数字量设置，或者由软件写入。

③ 压控增益放大器：放大器的增益可由外部控制电压改变。

④ 差动放大器：由标准运放和若干个精密电阻组成的，类似于减法器电路的集成芯片。

⑤ 电流检测放大器：专门用于检测负载电流，且不影响负载工作。

⑥ 对数放大器：多数用于实现对输入电流的对数运算。

⑦ 跨导和跨阻放大器：输入为电压、输出为电流的放大器被称为跨导放大器（OTA），输入为电流、输出为电压的放大器被称为跨阻放大器（TIA）。

特别说明，本节中的有效值检测芯片，严格意义上讲不属于放大器。但是它太特殊了，应用非常广泛，又没有地方归类，因此将它暂放于此。

2.1 有效值检测芯片

有效值检测芯片，也称为 RMS-DC 转换器，即输出直流量代表输入信号的有效值。比如，给这种芯片输入一个幅度为 1V 的正弦波，它的输出一定是直流 0.707V。在一定频率范围内，输出直流量不随频率变化，仅与输入信号的有效值有关。

至少有两家公司生产有效值检测芯片，分别为 ADI 公司、凌利尔特（LT）公司。本节以 ADI 公司的 AD637 和 AD737 为例，阐述其工作原理。

◎ AD637 内部分析

图 2.1 所示是 AD637 内部结构，红色部分为外部连线和作者增加的标注。其内部分为 4 块，分别为输入信号绝对值电压到电流的转换电路（由 A_1、A_2、VT_1、VT_2 组成），单象限平方除法电路（由 A_3 和 VT_1、VT_2、VT_3、VT_4 组成），低通滤波的流压转换电路（由 A_4 组成），以及由 A_5 组成的闲置缓冲放大器——你可以使用，也可以不使用。至于图 2.1 中的 VT_5，则是为 dB 型输出设置的，与主题分析无关。

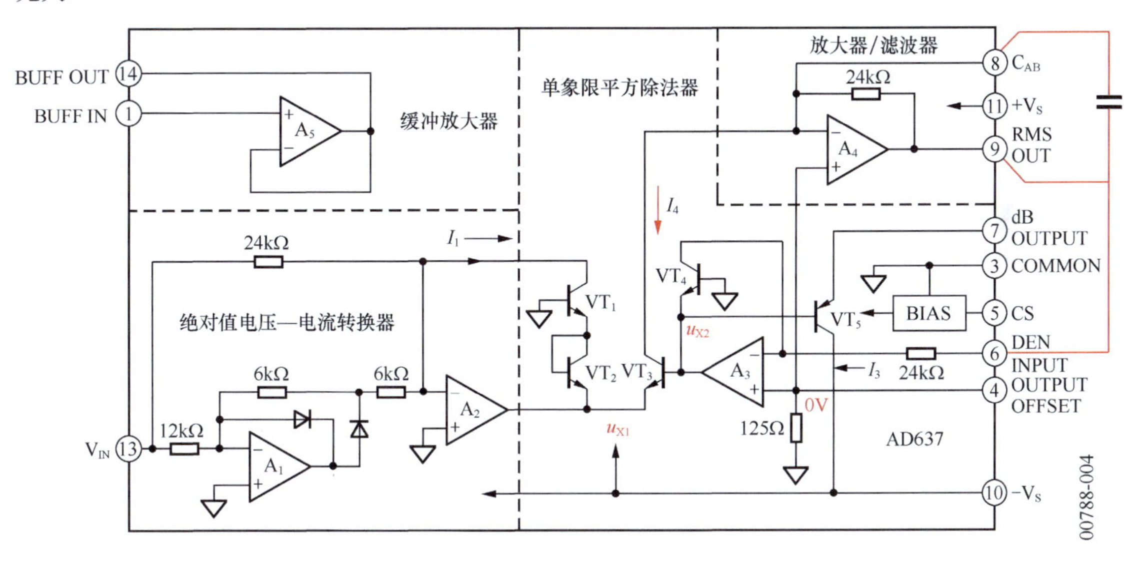

图 2.1　AD637 内部结构

图 2.1 中的偏置电路和失调调整管脚，都与主题分析无关。

首先，输入信号经过由 A_1、A_2、VT_1、VT_2 组成的电路，电路将输入信号转换为绝对值，并将绝对值转换成电流 I_1。以两个二极管为核心组成的绝对值电路，有以下情况。

在输入信号正半周，左侧横向二极管导通，右侧二极管断开，两个 6kΩ 电阻上均无电流：

$$I_1 = I_{R_{24k}} = \frac{u_{IN}}{R_{24k}} \tag{2-1}$$

在输入信号负半周，左侧横向二极管断开，右侧二极管导通，两个 6kΩ 电阻中间的电位为 $-0.5u_{IN}$，则有：

$$I_1=\frac{u_{\mathrm{IN}}}{R_{24\mathrm{k}}}+\left(\frac{-0.5u_{\mathrm{IN}}}{R_{6\mathrm{k}}}\right)=\frac{u_{\mathrm{IN}}}{R_{24\mathrm{k}}}+\left(\frac{-2u_{\mathrm{IN}}}{4\times R_{6\mathrm{k}}}\right)=-\frac{u_{\mathrm{IN}}}{R_{24\mathrm{k}}} \tag{2-2}$$

因此有：

$$I_1=\left|\frac{u_{\mathrm{IN}}}{R_{24\mathrm{k}}}\right|=\frac{\sqrt{u_{\mathrm{IN}}^2}}{R_{24\mathrm{k}}} \tag{2-3}$$

根据晶体管伏安特性，VT_1 和 VT_2 具有相同的发射极电流，因此它们的 u_{BE} 相同，有：

$$I_1=I_{\mathrm{DSS}}\mathrm{e}^{-0.5\frac{u_{\mathrm{X1}}}{U_{\mathrm{T}}}} \tag{2-4}$$

解得：

$$u_{\mathrm{X1}}=-U_T\ln\left(\frac{I_1}{I_{\mathrm{DSS}}}\right)^2 \tag{2-5}$$

对于晶体管 VT_4，同理可解得：

$$u_{\mathrm{X2}}=-U_{\mathrm{T}}\ln\left(\frac{I_3}{I_{\mathrm{DSS}}}\right) \tag{2-6}$$

对于晶体管 VT_3，可以求得其 u_{BE} 为：

$$u_{\mathrm{X2}}-u_{\mathrm{X1}}=U_{\mathrm{T}}\ln\left(\frac{I_1}{I_{\mathrm{DSS}}}\right)^2-U_{\mathrm{T}}\ln\left(\frac{I_3}{I_{\mathrm{DSS}}}\right)=U_{\mathrm{T}}\ln\left(\frac{I_1^2}{I_{\mathrm{DSS}}I_3}\right) \tag{2-7}$$

则可解出图 2.1 中红色的 I_4：

$$I_4=I_{\mathrm{DSS}}\mathrm{e}^{\frac{(u_{\mathrm{X2}}-u_{\mathrm{X1}})}{U_{\mathrm{T}}}}=\frac{I_1^2}{I_3} \tag{2-8}$$

注意此处，晶体管 VT_4 的集电极电流，已经实现了对两个输入信号 I_1、I_3 的平方除法运算，因此此电路称为单象限平方除法电路。

再看运放 A_4，配合外部电容，形成了一个具有低通效果的流压转换电路，在电容足够大的情况下，它的输出是一个直流电压，是变化量 I_4R_{24k} 的平均值。

$$U_{\mathrm{RMS\_OUT}}=\mathrm{AVR}\left(I_4R_{24\mathrm{k}}\right) \tag{2-9}$$

而对于运放 A_3 来说，它是一个压流转换电路。

$$I_3=\frac{U_{\mathrm{RMS\_OUT}}}{R_{24\mathrm{k}}} \tag{2-10}$$

I_3 也就是流过晶体管 AT_3 的集电极电流。

将式（2-8）、式（2-10）代入式（2-9），得到：

$$U_{\mathrm{RMS\_OUT}}=\mathrm{AVR}\left(I_4R_{24\mathrm{k}}\right)=\mathrm{AVR}\left(\frac{I_1^2}{\frac{U_{\mathrm{RMS\_OUT}}}{R_{24\mathrm{k}}}}R_{24\mathrm{k}}\right)=\frac{1}{U_{\mathrm{RMS\_OUT}}}\mathrm{AVR}\left(I_1^2R_{24\mathrm{k}}^2\right) \tag{2-11}$$

将式（2-3）代入式（2-11），整理为：

$$U_{\mathrm{RMS\_OUT}}^2=\mathrm{AVR}\left(I_1^2R_{24\mathrm{k}}^2\right)=\mathrm{AVR}\left(\frac{u_{\mathrm{IN}}^2}{R_{24\mathrm{k}}^2}R_{24\mathrm{k}}^2\right)=\mathrm{AVR}\left(u_{\mathrm{IN}}^2\right) \tag{2-12}$$

则有：

$$U_{\mathrm{RMS\_OUT}}=\sqrt{\mathrm{AVR}\left(u_{\mathrm{IN}}^2\right)} \tag{2-13}$$

式（2-13）表明，输出$U_{\mathrm{RMS_OUT}}$为输入信号的方均根，即有效值。

从分析过程来看，输入信号可以是直流量，也可以是任意变化量，最终的输出一定是输入信号的有效值。AD637 并不要求输入信号必须是正弦波。

AD637 对于不同频率、不同幅度的输入正弦波，具有不同的输出准确性。当输入信号幅度过小，或者输入信号频率过高时，误差会增大，图 2.2 描述了这种关系。从图 2.2 可以看出，当输入信号有效值（V_{rms}）为 10mV 的正弦信号，频率为 1kHz 时，输出为 0.01V，肉眼看不到误差，但是频率增加到 10kHz 后，输出开始下降，在频率大约为 80kHz 时，输出下降为原始值的 70.7%，图 2.2 中用一条 ±3dB 虚线表明了这个位置。

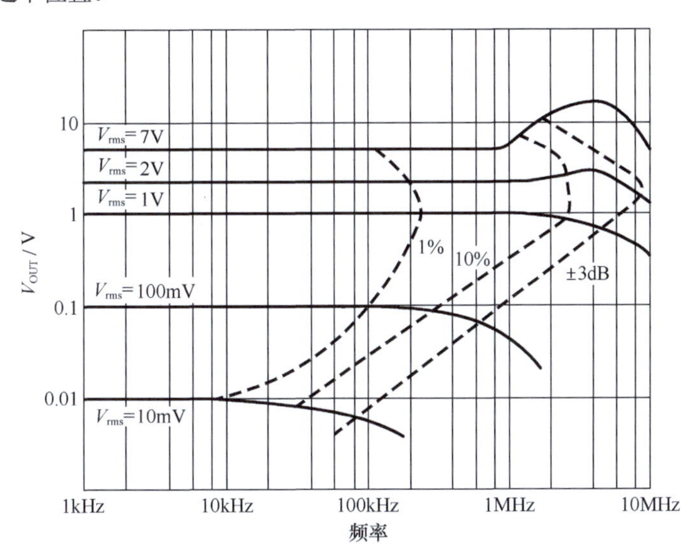

图 2.2　AD637 有效值输出与输入信号频率、幅度的关系

可以看出，当输入信号有效值为 1 ～ 2V 时，针对同样的误差范围，AD637 具有最大的频率范围。比如输入为 1V 时，220kHz 以下的频率具有 1% 以内的误差，输入为 2V 时；190kHz 以下的频率具有 1% 以内的误差；而在输入为 100mV 时，此误差的频率上限为 100kHz。

比如有一个 1MHz 的正弦信号，要测量其有效值。如果施加给 AD637 的输入信号幅度为 100mV，则测出的结果大约只有 50mV；而输入为 1V 有效值时，其输出结果会小于 0.99V、大于 0.9V，这是因为输出结果介于 1% 误差线和 10% 误差线之间。

◎ AD737 内部分析

AD737 是 ADI 公司另一种思路的有效值检测电路，其内部结构如图 2.3 所示，右侧部分为细化图。

第一部分，电流模绝对值电路

一个场效应晶体管（FET）输入运放，经过两个互补推挽晶体管，结合电阻 8kΩ，形成闭环负反馈。

当输入为正信号时，上面的晶体管导通，形成电流 i_P，此电流经过由上面 4 个晶体管组成的威尔逊电流镜，形成 $i_{PM}=i_P$，注入 i_{IN}。

$$i_{IN}=\frac{V_{IN}}{R_{8k}} \tag{2-14}$$

当输入为负信号时，互补推挽中下面晶体管导通，形成电流 i_N，直接注入 i_{IN}。

$$i_{IN}=-\frac{V_{IN}}{R_{8k}} \tag{2-15}$$

因此，此绝对值电路的输出为 i_{IN}。

$$i_{IN}=\left|\frac{V_{IN}}{R_{8k}}\right| \tag{2-16}$$

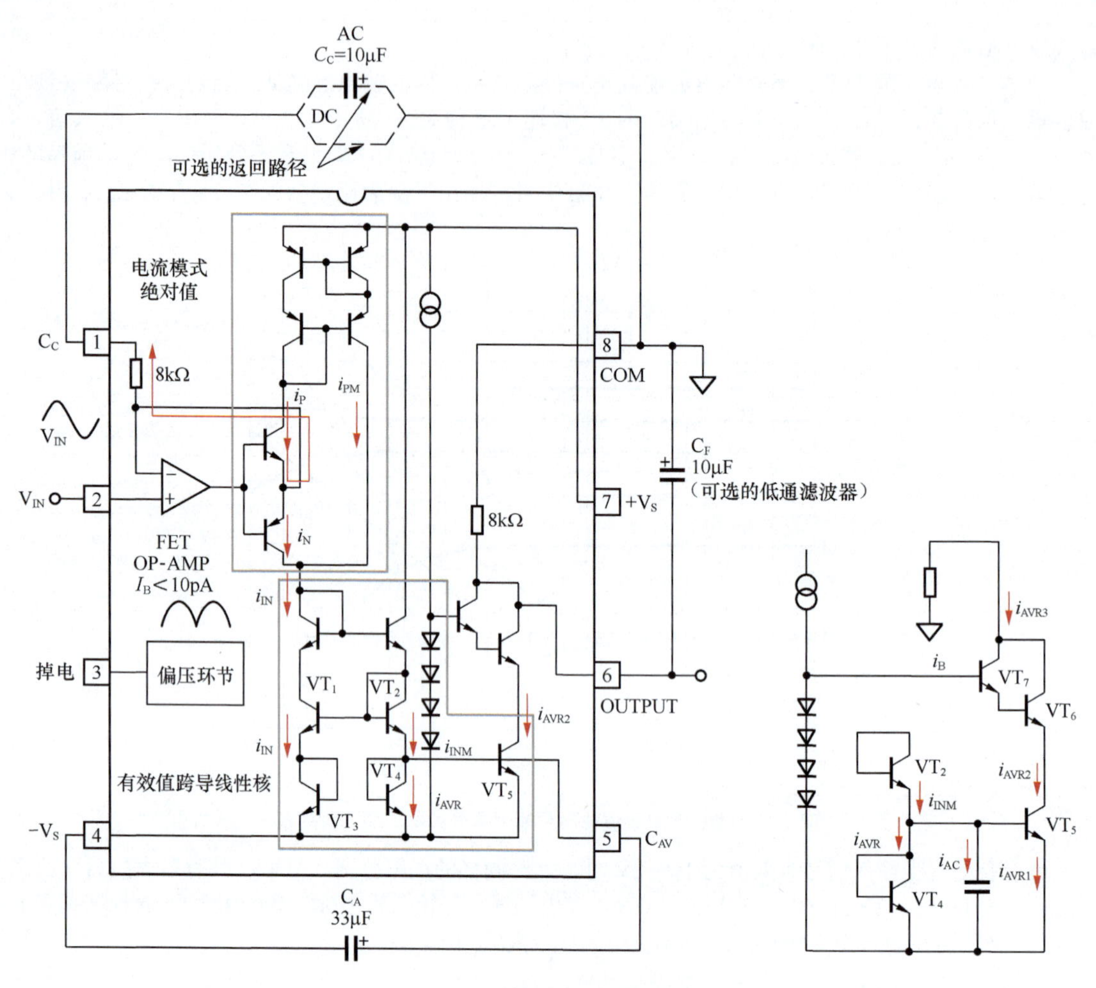

图 2.3　AD737 内部结构

第二部分，有效值转换核心

看图 2.3 左侧电路，VT_1 管发射极电流为 i_{IN}。

$$i_{IN}=I_{DSS}\times e^{\frac{u_{BE1}}{U_T}} \tag{2-17}$$

$$u_{BE1}=U_T\ln\left(\frac{i_{IN}}{I_{DSS}}\right) \tag{2-18}$$

对于晶体管 VT_3，由于它的发射极电流等于 VT_1 的发射极电流，因此它们具有相同的 u_{BE}，VT_1 和 VT_2 的基极接在一起，有下式成立。

$$u_{BE2}+u_{BE4}=u_{BE1}+u_{BE3}=2u_{BE1} \tag{2-19}$$

$$u_{BE2}=2u_{BE1}-u_{BE4} \tag{2-20}$$

则 VT_2 管的发射极电流为：

$$i_{INM}=I_{DSS}\times e^{\frac{u_{BE2}}{U_T}}=I_{DSS}\times e^{\frac{2u_{BE1}-u_{BE4}}{U_T}}=I_{DSS}\times e^{\frac{2U_T\ln\left(\frac{i_{IN}}{I_{DSS}}\right)-u_{BE4}}{U_T}}=I_{DSS}\times e^{\ln\left(\frac{i_{IN}}{I_{DSS}}\right)^2}\times e^{\frac{-u_{BE4}}{U_T}}=i_{IN}^2\times\frac{1}{I_{DSS}e^{\frac{u_{BE4}}{U_T}}} \tag{2-21}$$

即 i_{INM} 与输入电流的平方相关。

而此时，对于晶体管 VT_4 来说，如果外接电容足够大，电容上电压变化将非常小，近似为固定值

u_{BE4}，VT_4 发射极电流为 i_{AVR}。可知：

$$i_{INM}=i_{AVR}+i_{AC} \tag{2-22}$$

其中，i_{AVR} 是 i_{INM} 的平均值，因为在稳态时，电容上不存在直流电流，则有：

$$i_{AVR}=AVR(i_{INM})=AVR\left(i_{IN}^2\times\frac{1}{I_{DSS}e^{\frac{u_{BE4}}{U_T}}}\right)=AVR\left(i_{IN}^2\times\frac{1}{i_{AVR}}\right)=\frac{1}{i_{AVR}}\times AVR(i_{IN}^2) \tag{2-23}$$

即：

$$i_{AVR}=\sqrt{AVR(i_{IN}^2)}=\sqrt{AVR\left(\left|\frac{V_{IN}}{R_{8k}}\right|^2\right)}=\frac{1}{R_{8k}}\sqrt{AVR(V_{IN}^2)} \tag{2-24}$$

到此为止，可以得到 VT_4 管的发射极电流为输入电流的方均根，即有效值。

第三部分，输出环节

此部分由 VT_4、VT_5、VT_6、VT_7，恒流源和 4 个二极管，以及 R_{8k} 组成。首先通过 VT_5 将 VT_4 管的发射极电流映射出来。因为两个晶体管的 u_{BE} 相同，则它们的 i_B 相同，为了避免两个晶体管 u_{CE} 不同而导致 i_E 产生过大的差异，由 VT_6 和 VT_7 组成的复合管电路以及恒流源和 4 个二极管开始发挥作用。

首先，如果 VT_5 的集电极电位与其基极电位相同，那么它将和 VT_4 管的工作状态完全相同，此时一定有：

$$i_{AVR1}=i_{AVR} \tag{2-25}$$

那么，VT_5 集电极电流将略小于发射极电流。

$$i_{AVR2}=\frac{\beta}{1+\beta}i_{AVR}<i_{AVR} \tag{2-26}$$

由恒流源和 4 个二极管组成的恒压电路，产生了大约 4 倍的 PN 结电压，经过复合管消耗 2 倍 PN 结电压，使得 VT_5 管的 u_{CE5} 约为 2 倍 PN 结电压，稍高于 VT_4 管的 u_{CE4}，以弥补 i_{AVR2} 的减小，使得下式成立。

$$i_{AVR2}=i_{AVR} \tag{2-27}$$

复合管中存在下式：

$$i_{AVR3}+i_B=i_{AVR2} \tag{2-28}$$

且$i_B\approx\frac{1}{(1+\beta)^2}i_{AVR2}$，特别小。

用复合管可以保证：

$$i_{AVR3}=i_{AVR2}=i_{AVR} \tag{2-29}$$

而电阻的使用，将此电路演变成电压输出。

$$V_{OUT}=-R_{8k}\times i_{AVR3}=-R_{8k}\times i_{AVR}=-R_{8k}\times\frac{1}{R_{8k}}\sqrt{AVR(V_{IN}^2)}=-\sqrt{AVR(V_{IN}^2)} \tag{2-30}$$

当输入信号频率较低时，电容上的电压还是会有一些波动，输出端再使用一个低通滤波电容，可以使得输出电压更为平稳。

2.2 程控增益放大器

程控增益放大器（PGA）的增益可以由程序控制，一般有两种改变增益的方法。

第一，管脚控制方式。通过程序或者开关，控制 PGA 增益管脚的高低电平，以形成多种状态，每种状态下 PGA 具有不同的增益。比如某 PGA 具有 3 个控制增益的管脚，通过改变其高低电平，可以产生 2^3=8 种状态，其中，000 代表增益为 1 倍，001 代表增益为 2 倍，010 代表增益为 4 倍…111 代表增益为 128 倍。

这种模式的 PGA 一般应用于需要的增益种类不多，或者不需要经常变化增益的场合。

第二，程序写入方式。一般用串行外设接口（SPI）总线，由单片机发出 SPI 命令，将增益控制字写入 PGA 中，PGA 将根据这些命令决定自己的实际增益。

这种模式的 PGA 一般用于需要的增益种类较多，或者需要频繁更换增益的场合。

◎ PGA103

PGA103 的内部结构如图 2.4 所示。这是一款非常易用的程控增益放大器，它只有一个输入端，输入信号相对于第 3 脚，输出信号相对于地，而增益受控于第 1 脚、第 2 脚相对于第 3 脚的逻辑电平。

逻辑信号来源于数字电路提供的逻辑电压，或者开关提供的逻辑电压，低电平范围为 -5.6 ～ 0.8V，高电平范围为［2.0，+∞）V。

两个逻辑电平输入端第 1 脚和第 2 脚能够产生 4 种逻辑状态，其中前 3 种代表增益为 1 倍、10 倍和 100 倍；第 4 种状态，即两者都是高电平，属于非正常状态。

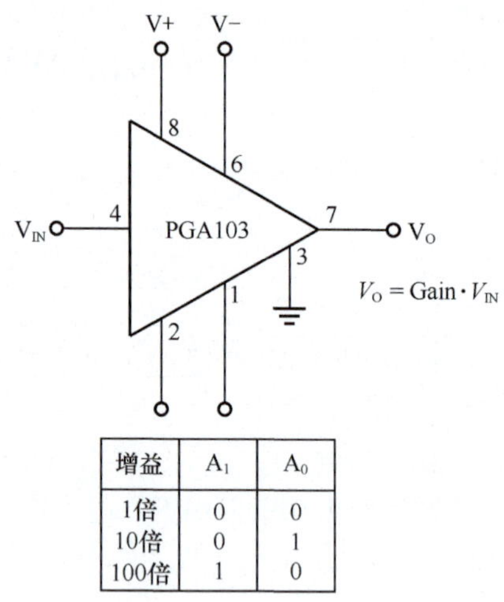

增益	A_1	A_0
1倍	0	0
10倍	0	1
100倍	1	0

图 2.4　PGA103 内部结构

◎ PGA204

PGA204 既是程控增益放大器，又是仪表放大器。它的内部主体是一个三运放组成的仪表放大器，具有仪表放大器的一切特征。传统的仪表放大器的增益由用户选择外部电阻实现，而 PGA204 的增益由外部数字逻辑电平控制，仅此区别。

PGA204/205 内部结构如图 2.5 所示。注意 PGA205 与 PGA204 的区别在于，PGA205 的可选增益为 1 倍、2 倍、4 倍、8 倍，PGA204 的可选增益为 1 倍、10 倍、100 倍、1000 倍。

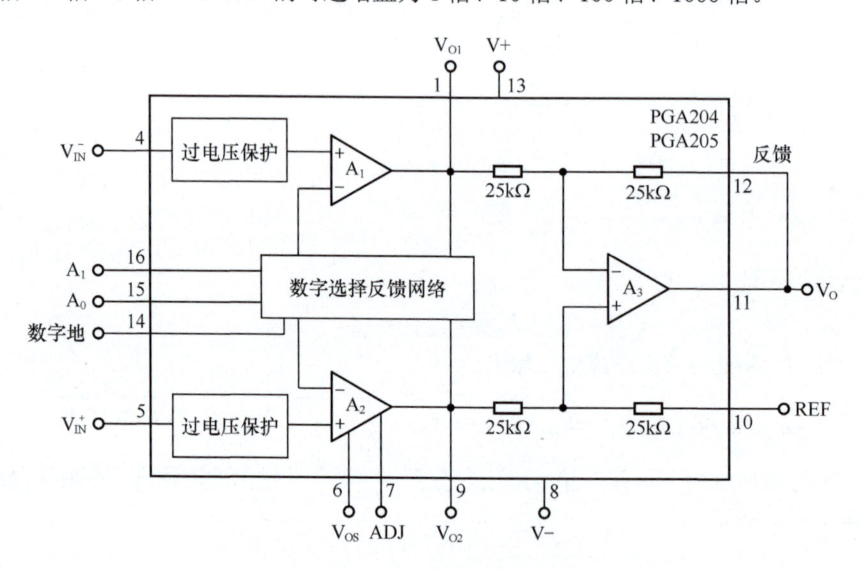

图 2.5　PGA204/205 内部结构

从结构可以看出，这是一个经典的三运放仪表放大器，有两点不同之处：第一，它的两个输入端都具有过电压保护电路；第二，它的增益电阻由外部数字逻辑电平决定，进而决定其实际增益。

A_0 和 A_1 是两个数字逻辑电平输入脚，可以形成 4 种不同增益。

PGA204/205 具有一个明显的优点，其失调电压很小，只有大约 50μV。

◎ PGA112/113

图 2.6 所示是 PGA112/113 内部结构，这个芯片看起来复杂一些。PGA112 的可选增益为 1 倍、2 倍、4 倍、8 倍…128 倍，PGA113 的可选增益为 1 倍、2 倍、5 倍、10 倍…200 倍。它与一般的 PGA 相比有如下区别。

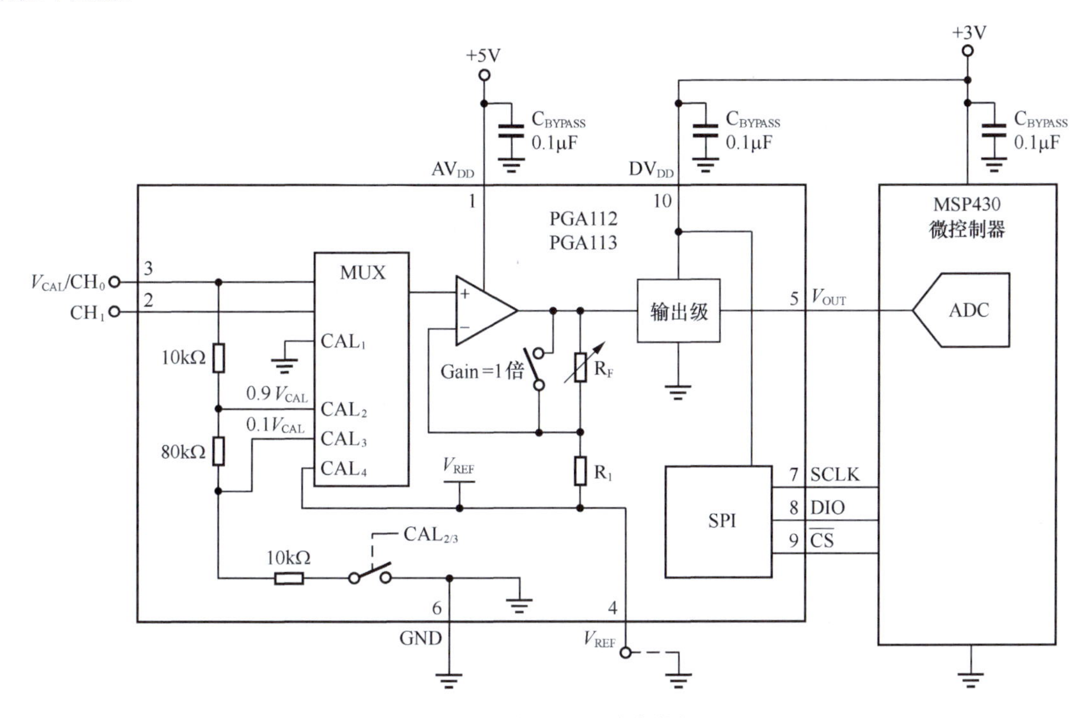

图 2.6　PGA112/113 内部结构

① 它可以实现较为完善的模数转换器（ADC）校准，图 2.6 中 MUX 单元是 6 进 1 出的，从上到下分别为 1 倍校准电压 V_{CAL}（CH_0）、通道 1（CH_1）、GND（CAL_1）、90% 的校准电压 $0.9V_{CAL}$（CAL_2）、10% 的校准电压 $0.1V_{CAL}$（CAL_3）、以及基准电压输入 V_{REF}（CAL_4）。这样的内部结构对于用软件消除 ADC 的增益误差和零点误差非常有用。如何实施这种校准，请参阅本芯片的数据手册。

② 通过 MUX 选择，可以实现两路输入信号的分时测量。

③ 具有单独的模拟供电和数字供电，最后的输出级以数字系统供电，可以保证它与后级 ADC 较为安全地衔接。

④ 具有独立的基准电压输入端，能够方便实现双极信号到单极信号的转变。

⑤ 由于控制量较多，它采用了基于 SPI 总线实现的程序写入方式，与处理器完成数字衔接，而不是前述几种 PGA 的管脚控制方式。

⑥ PGA 的模拟部分，采用单一正电源供电，而不是其他 PGA 采用的正负电源供电。

以一个实用电路为例，如图 2.7 所示。该电路的输入信号有两个，分别为峰 - 峰值为 200mV 的基于 0V 的双极信号 V_{IN0}，以及没有告知幅度信息，但也是双极信号的 V_{IN1}。而 PGA 的输出要供给后级 ADC，要求信号变化范围必须为 0 ～ 5V，否则就会超出 ADC 所能容纳的电压范围。这就需要将输入的双极信号演变成单极信号，且对输入量实施指定倍数的放大。

图 2.7 中以两种较为常用的方法，实现这种从双极到单极的转换。

对于一个满幅输入为 0 ～ 5V 的 ADC，一般设定它的中心电位即 2.5V 为 ADC 的信号静默电位，即输入信号为 0V 时，ADC 承受的实际电位。这样，当实际输入信号发生正负变化时，ADC 承受的输入电压将围绕着 2.5V 变化，正负变化范围是一致的，且是最大的。因此，为整个电路提供一个 2.5V 电位，是重要的。

本电路由图 2.7 中画成一个电池模样的 2.5V 电压源提供稳定的 2.5V 电压。这只是示意图，实际电路中，可以有 3 种方法实现：2.5V 的电池，其噪声最小但随着长期使用存在电压跌落；2.5V 的基准电压源；将 5V 供电电压实施等电阻分压，然后经过一个运放跟随器实现。

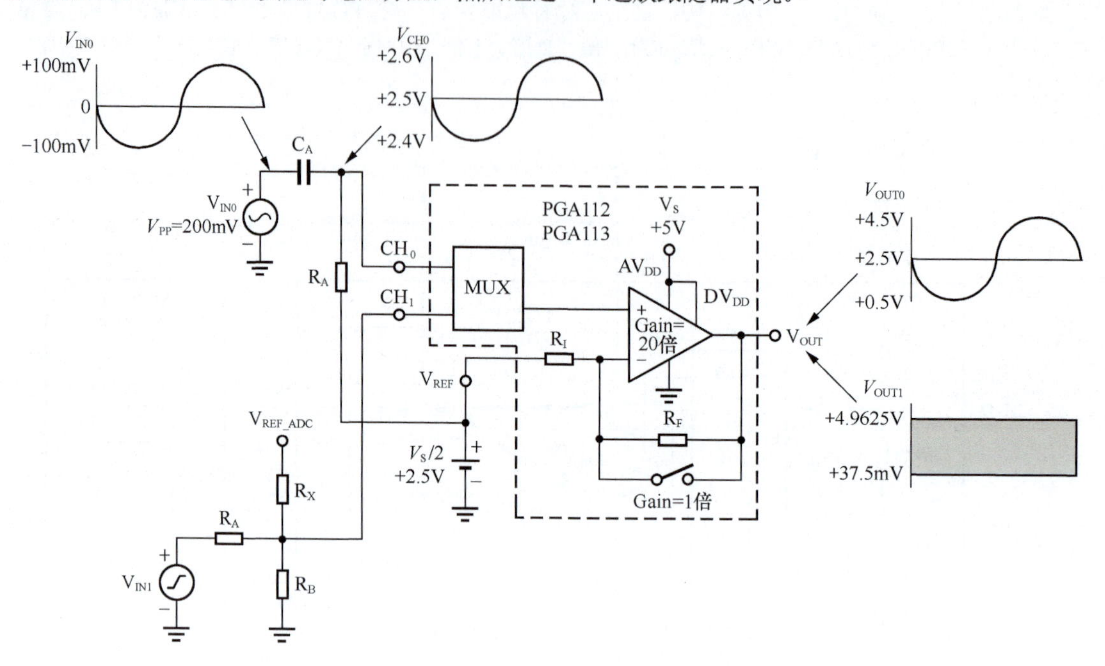

图 2.7　PGA113 模拟部分局部电路

在将双极信号变为单极信号的两种方法中，第一种方法针对信号 V_{IN0} 进行。R_A 和 C_A 组成高通阻容耦合，使得 CH_0 点在信号静默时电压保持在 2.5V，信号变化时，只要频率足够高，信号将全部耦合到 CH_0 点。如果已知输入信号频率为 f_i，那么必须有：

$$f_L = \frac{1}{2\pi R_A C_A} \ll f_i \tag{2-31}$$

如图 2.7 所示，输入信号在 CH_0 点在 2.4 ~ 2.6V 变化，即一个峰 - 峰值为 200mV 的信号骑在 2.5V 的静默电位上。此后 PGA 以 2.5V 静默电位——信号参考地，将输入信号放大指定的倍数（由 SPI 发送命令实现），且输出也骑在 2.5V 上。如图 2.7 所示，输出在 0.5 ~ 4.5V 变化，说明其增益为 20 倍，选用的是 PGA113。

这种方法的缺点是，当输入信号频率过低时，阻容耦合有衰减，它不接受直流信号。

第二种方法针对信号 V_{IN1} 进行，采用纯电阻耦合，它能实现直流信号放大。利用叠加原理分析，可得：

$$V_{CH1} = V_{IN1} \times \frac{R_B // R_X}{R_A + R_B // R_X} + V_{REF\_ADC} \times \frac{R_B // R_A}{R_X + R_B // R_A} \tag{2-32}$$

设定式（2-32）中的 R_A，根据对 V_{CH1} 的大小、位置要求，可以求解得到另外两个电阻值。当然，其中的 V_{REF_ADC} 是外部引入的，一般来自供电电压或者其他的电压基准。

◎ AD8253

AD8253 是 ADI 公司生产的程控增益放大器。它具有 10MHz 带宽（1 倍增益时），这在 PGA 中较为优秀。

如图 2.8 所示，该芯片有两个增益控制脚 A_1、A_0，可以形成 4 种增益 1 倍、10 倍、100 倍、1000 倍。从图 2.8 可以看出，它还具有另一个管脚 $\overline{WR}$，其含义是芯片的增益控制具有锁存写入功能，即仅在 $\overline{WR}$ 脚出现下降沿时，A_1、A_0 逻辑电平被 LOGIC 电路锁存。此后如果 $\overline{WR}$ 没有出现下降沿，A_1 和 A_0 的变化不会影响 PGA 的增益。

AD8253 内部结构也是仪表放大器结构。AD8251 与之类似，只是增益选择为 1 倍、2 倍、4 倍、8 倍。

AD8250 的增益选择为 1 倍、2 倍、5 倍、10 倍。

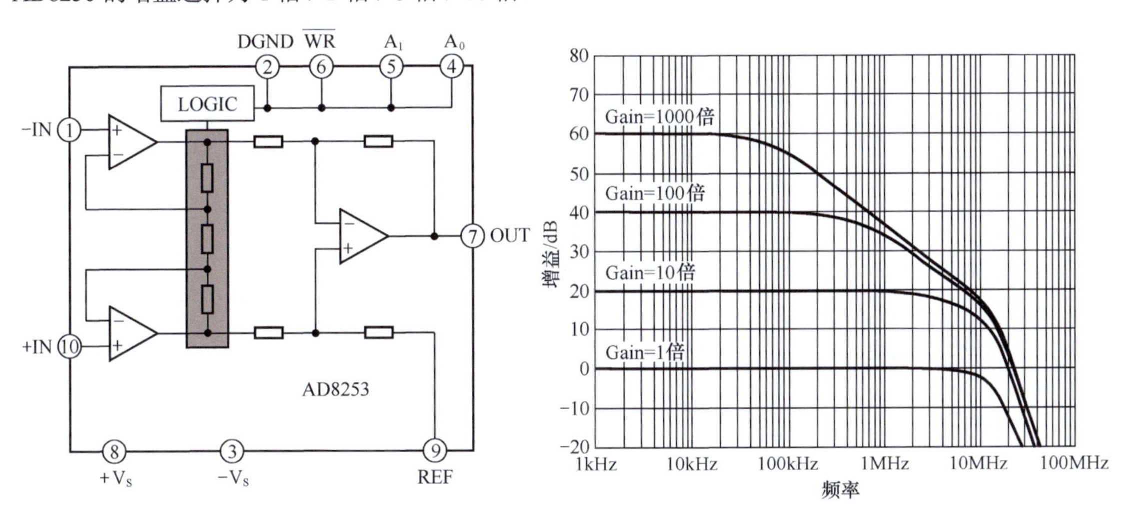

图 2.8　AD8253 内部结构与增益 – 频率特性

◎ AD8231

AD8231 内部结构如图 2.9 所示。AD8231 具有更多的增益选择，1 倍、2 倍、4 倍、8 倍…128 倍，共 8 种，因此它具有 3 个增益控制管脚，与 AD8253 类似，它的增益控制也具有锁存写入功能。

AD8231 具有极低的失调电压，其输入失调电压 V_{I_OS} 典型值为 4μV，最大值为 15μV，而输出级失调电压 V_{O_OS} 只有典型值 15μV。这在程控增益放大器中是非常优秀的。对于这类放大器，当输入端接地时，其输出电压不为 0V，此时的输出电压被称为输出失调电压，用 U_{O_OS} 表示，可以按照下式计算。

$$U_{O\_OS}=V_{I\_OS}\times \text{Gain}+V_{O\_OS} \tag{2-33}$$

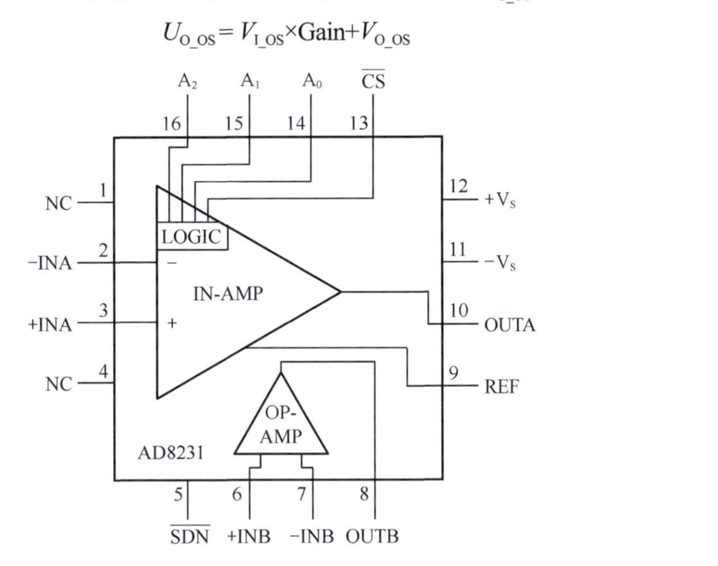

图 2.9　AD8231 内部结构

世上没有完美的东西，AD8231 的失调电压指标如此优秀，但是其带宽下降为 2.5MHz。

◎ LTC6911

LTC6911 是 LT 公司生产的程控增益放大器。图 2.10 所示为其数据手册上的部分截图。可以看出，它是双通道的，单端输入、单端输出的，同步增益控制的，LTC6911 的尾缀分为 -1 和 -2 两种，区别在于两者的增益选择不同。

数字输入			增益	
$Gain_2$	$Gain_1$	$Gain_0$	LTC6911-1	LTC6911-2
0	0	0	0 倍	0 倍
0	0	1	-1 倍	-1 倍
0	1	0	-2 倍	-2 倍
0	1	1	-5 倍	-4 倍
1	0	0	-10 倍	-8 倍
1	0	1	-20 倍	-16 倍
1	1	0	-50 倍	-32 倍
1	1	1	-100 倍	-64 倍

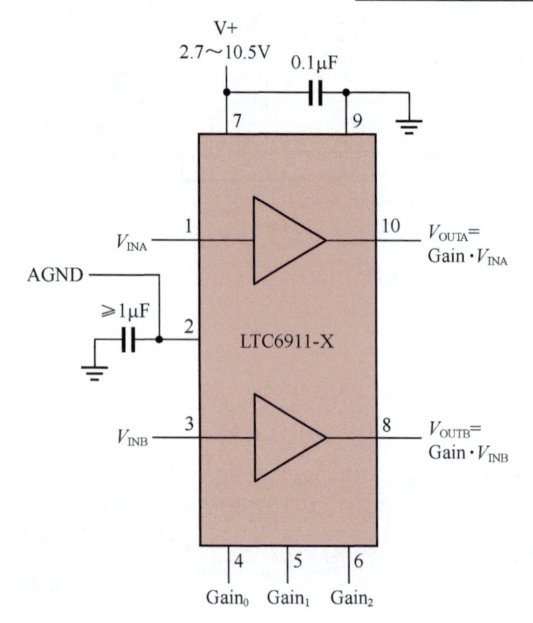

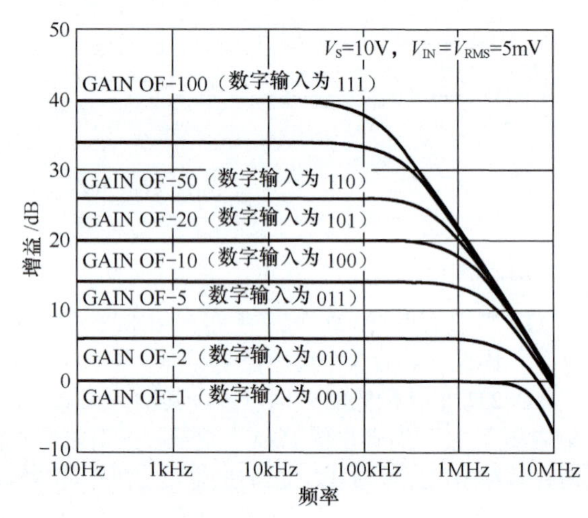

图 2.10　LTC6911 数据手册上的部分截图

它的内部不是仪表放大器结构，而是反相比例器结构，因此其输入电阻较小，为 1.25 ～ 10kΩ，取决于增益大小。

◎程控衰减器

上述程控增益放大器，都是低频段的，其工作频率范围一般在兆赫级。在几百兆赫到吉赫段，常用一种程控衰减器，或者含有程控衰减器的程控增益放大器来实现程序控制的增益改变。

Hittite 公司（已于 2014 年被 ADI 公司收购）生产的 HMC472ALP4E 是一个 DC ～ 3.8GHz 的衰减器，程控衰减为 0.5 ～ 31.5dB，步进为 0.5dB。

HMC472 的内部结构如图 2.11 所示，有 6 个数字输入状态（低电平有效），以控制内部的 6 个衰减器是否串联到信号链中。比如 V_6、V_4、V_1 为低电平（有效），而 V_5、V_3、V_2 为高电平，则输入 RF_1 的信号，在 RF_2 输出时，会有（0.5+2+16）dB=18.5dB 的衰减。

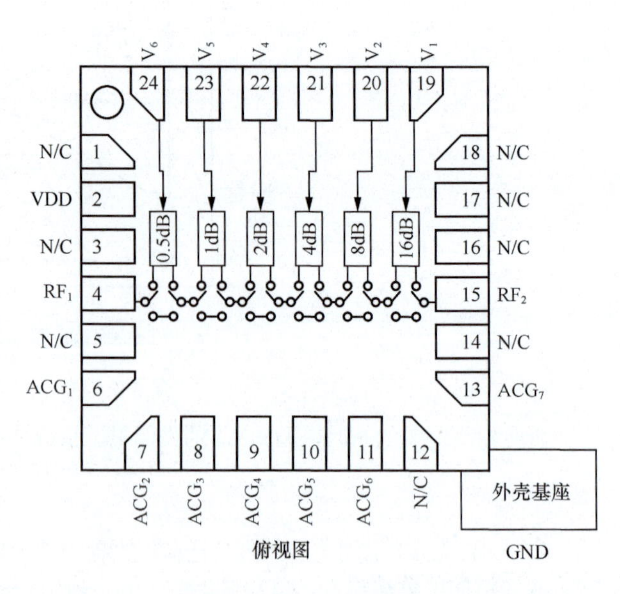

图 2.11　HMC472 内部结构

2.3 压控增益放大器

压控增益放大器是一种集成放大器，它的增益可由外部提供的电压控制，因此它的增益是连续可调的，而不像程控增益放大器的增益离散可调。不同的公司对其命名稍有区别，TI 公司将其命名为 VCA，ADI 公司将其归属于 VGA，这些都不是关键。关键的是，它的增益是由一个外部电压连续控制的。

在增益调节结果上，它分为 dB 线性和倍数线性两类。在控制方向上，有些芯片可实现两种方向：电压增加—增益增加或者电压增加—增益减小。在输入和输出结构上，它分为单端和差分两种。

以压控增益放大器为核心，衍生出很多使用方便的芯片。有些芯片具有自动增益控制需要的幅度检测电路，有些芯片具有数字控制的最大增益选择，有些芯片甚至还包括程控增益，配合压控增益实现大范围的连续调节。

◎压控增益放大器的结构

图 2.12 所示是典型的压控增益放大器结构，它一般包括信号输入端和输出端，以及增益控制电压输入端。不同的放大器在输入、输出结构上有区别，有单端输入、差分输入和单端输出、差分输出不同的组合。图 2.13 给出了 VCA810 外形及 AD8336 内部结构。

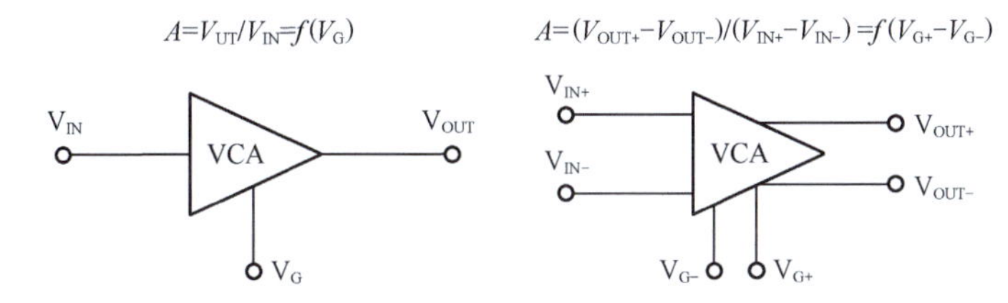

图 2.12 典型压控增益放大器结构

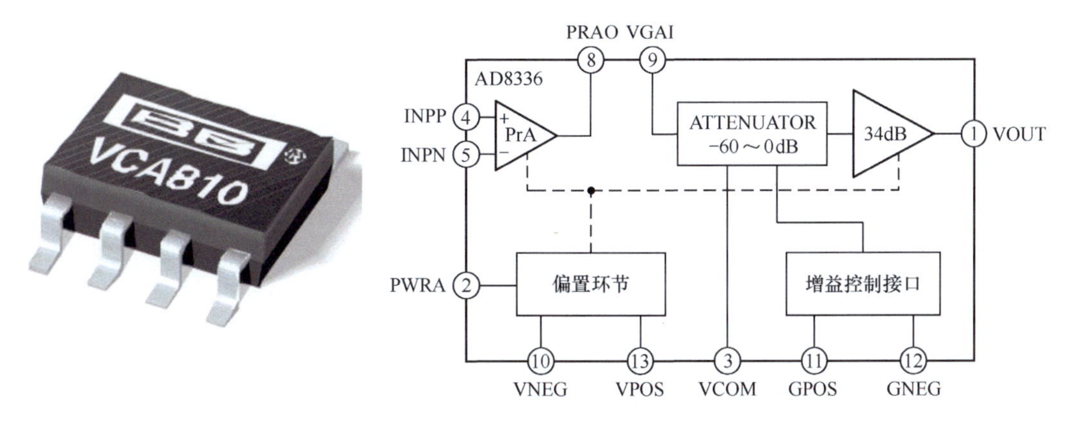

图 2.13 VCA810 外形及 AD8336 内部结构

以 AD8336 为例，在信号通道上，它分为 3 个部分：前置放大器 PrA，具有两个输入端、一个输出端；−60 ～ 0dB 的压控衰减器 ATTENUATOR；以及固定 34dB 的后级放大器。从图 2.13 可看出，压控增益环节是靠压控衰减器实现的。

◎ dB 线性和倍数线性

所谓的 dB 线性（linear in dB）是指压控增益放大器的增益，以 dB 为单位与外部加载的控制电压 V_G 成线性关系，即：

$$A(\mathrm{dB})=a_0(\mathrm{dB})+kV_G \tag{2-34}$$

多数压控增益放大器满足 dB 线性。

所谓的倍数线性（linear in V/V）是指压控增益放大器的增益，以倍数为单位与外部加载的控制电压 V_G 成线性关系，即：

$$A(\mathrm{V/V})=a_0(\mathrm{V/V})+kV_G \tag{2-35}$$

图 2.14 是两种控制关系的示意图。图 2.14（a）是 dB 线性的 AD8337，可看出当控制电压 V_G 在 -600～600mV 变化时，它的增益大约变化了 24dB，呈现出一个增益变化比例 Gain Scale=24dB/1.2V=20dB/V，即每 1V 电压变化引起 20dB 的增益变化。这是我们估算的，不一定准确，查看 AD8337 数据手册可知，Gain Scale=19.7dB/V。根据图 2.14 可以写出增益—电压表达式：

$$A(\mathrm{dB})=12\mathrm{dB}+V_G\times 19.7\mathrm{dB/V} \tag{2-36}$$

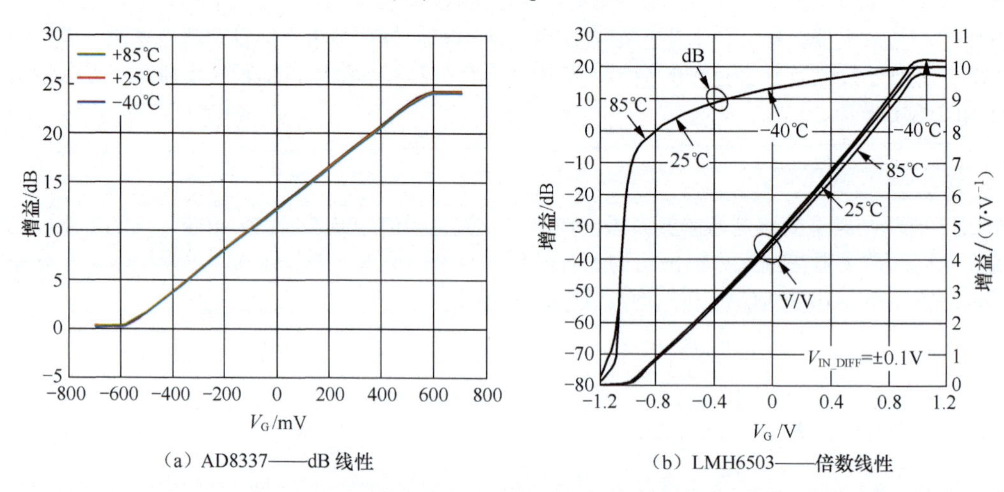

（a）AD8337——dB 线性　　（b）LMH6503——倍数线性

图 2.14　压控增益放大器增益与控制电压关系

美国国家半导体（NS）公司的 LMH6503 是一款倍数线性的压控增益放大器。从图 2.14（b）可看出，当 V_G 从 -1V 变化到 1V 时，增益差不多从 0.1 倍变化到 10 倍。因此它也存在一个增益变化比例 Gain Scale=(10-0.1)/2V=4.95/V。根据图 2.14（b）可估算出下式成立：

$$A(\mathrm{V/V})=4.5+4.95\times V_G \tag{2-37}$$

◎ TI 公司的 VCA810/820

TI 公司生产的 VCA810 是一款输入直接耦合（可接受直流输入）的压控增益放大器，当控制电压从 0V 变化到 -2V 时，它的增益从 -40dB 变到 40dB，属于 dB 线性类。其内部结构如图 2.15 所示。

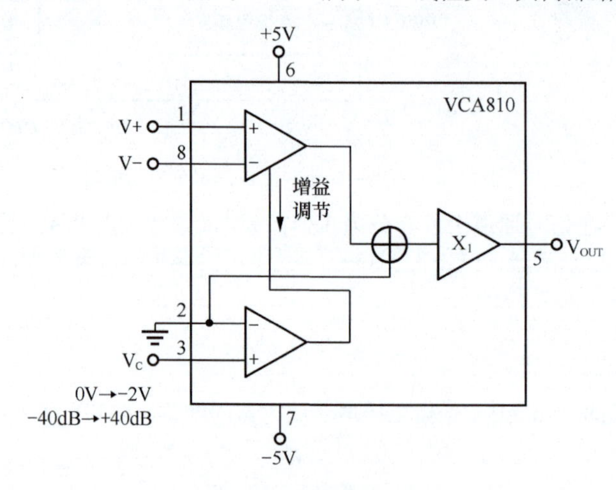

图 2.15　VCA810 内部结构

VCA810为差分输入、单端输出结构，控制电压为单端输入。随着控制电压增加，增益减小，即它属于负控制方向。这有利于实现AGC功能——输出幅度越大，增益越小，迫使输出幅度趋于稳定。

VCA810具有恒定带宽，约为35MHz。

VCA820也是TI公司的产品，它的带宽更宽，约为150MHz，但是其增益调节范围只有40dB。包括VCA820内部结构的应用电路如图2.16所示。

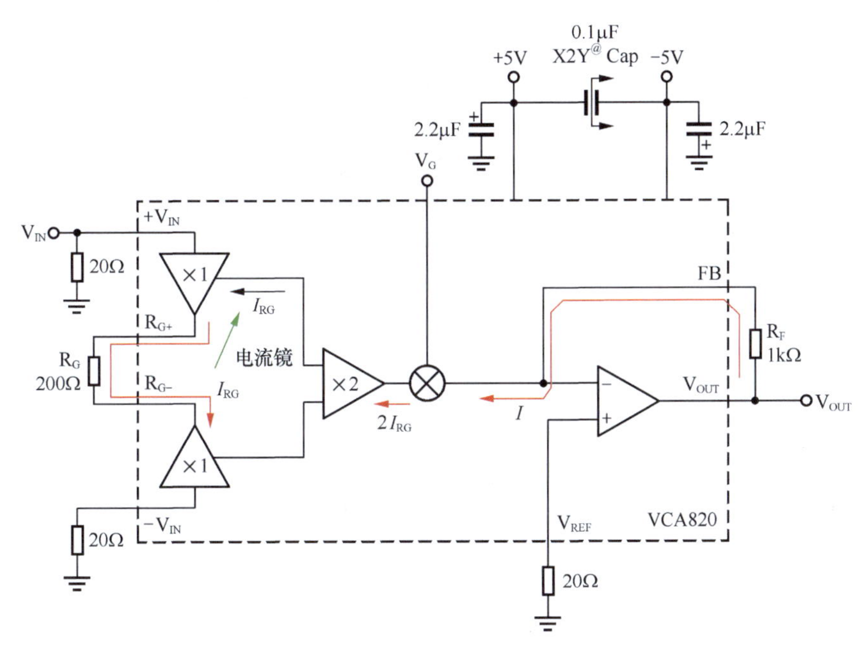

图2.16 包括VCA820内部结构的应用电路

除了在性能上与VCA810有所区别，在使用方法上，VCA820也有更大的灵活性。最主要的是其增益变化范围可以由设计者自行设定。从内部结构可以看出，它的工作流程分为如下几步：第一，将差分输入电压，通过外部电阻R_G转变成内部电流I_{RG}；第二，经过一个2倍电流放大器，进入压控的核心，以电流形式输出I，最后经运放和外部电阻R_F的配合，得到输出电压：

$$V_{OUT}=I\times R_F=g(V_G)\times 2I_{RG}\times R_F=g(V_G)\times 2\frac{V_{IN+}-V_{IN-}}{R_G}\times R_F=g(V_G)\times \text{Gain}_{max}\times(V_{IN+}-V_{IN-}) \quad (2-38)$$

其中，Gain_{max}为最大增益，由两个电阻决定，且必须在2～100倍之间；$g(V_G)$是一个无量纲的函数，在V_G介于0～2V之间时，近似满足：

$$g(V_G)=0.01\times 10^{\frac{V_G}{1V}} \quad (2-39)$$

即V_G=2V时，具有最大增益1倍；V_G=0V时，具有最小增益0.01倍，电压调节增益的范围为100倍，即40dB。

◎ ADI公司的ADRF6516/6510

ADRF6516/6510是双路相同增益差分入—差分出，含50dB连续电压控制增益范围，数字增益可选，内含程控滤波器的压控增益放大器。它们都具有灵活的、可以调节输出共模电压的输出级，有利于直接与ADC相连（驱动）。它们的模拟系统都是单电源供电的，可以接受直接耦合，也可以接受交流耦合。

ADRF6516有3处数字控制增益环节，前置3dB/6dB，输出级6dB/12dB，压控级的50dB范围最大增益可选为28dB或者22dB；有一个连续电压控制增益的压控级，受压控最大增益控制，其增益调节范围为-22～28dB或者-28～22dB。这给增益设置带来了很大的灵活性。图2.17所示为ADRF6516的内部结构。

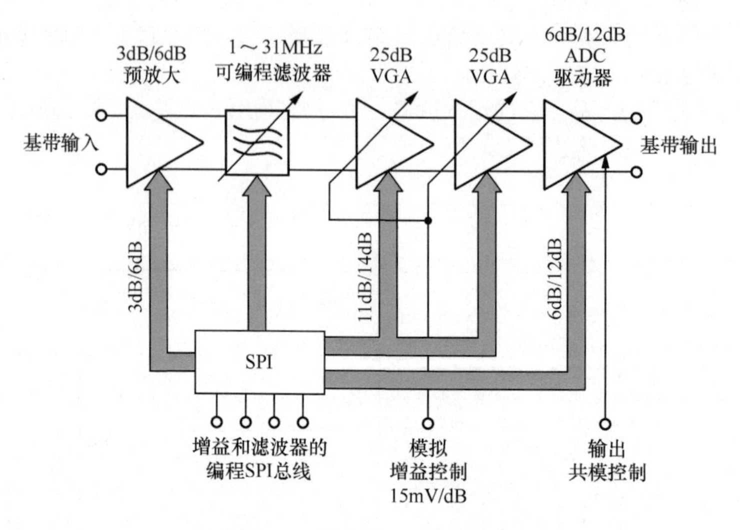

图 2.17　ADRF6516 内部结构

而 ADRF6510 只有一处数字控制增益环节，用一个 GNSW 脚的高低电平控制一个前置的 6dB 或者 12dB，连续电压控制增益的压控级产生 -5 ～ 45dB、范围为 50dB 的增益调节。这使得其总增益可在 1 ～ 51dB 或者 7 ～ 57dB 连续调节。图 2.18 所示为 ADRF6510 的内部结构。

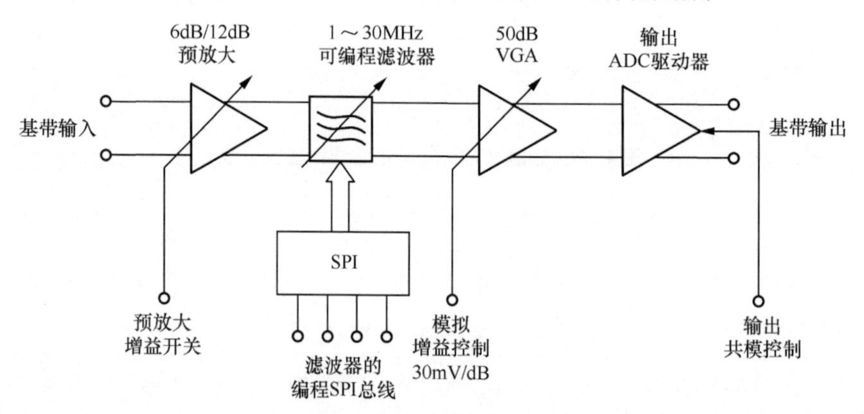

图 2.18　ADRF6510 内部结构

ADRF6516 具有一个 6 阶低通滤波器，截止频率可程控，由 1MHz 开始步进 1MHz 至 31MHz（5 位数字量控制），而 ADRF6510 从 1MHz 开始步进 1MHz 至 30MHz（5 位数字量控制），略有差别。

3 比较器

比较器具有两个模拟电压输入端 IN+ 和 IN−、一个数字状态输出端 OUT，输出端只有两种状态，用以表示两个输入端电位的高低关系：

$$\begin{cases} u_{\mathrm{OUT}} = U_{\mathrm{H}}, & u_{\mathrm{IN+}} > u_{\mathrm{IN-}} \\ u_{\mathrm{OUT}} = U_{\mathrm{L}}, & u_{\mathrm{IN+}} < u_{\mathrm{IN-}} \end{cases} \tag{3-1}$$

其中，U_{H} 代表高电平，U_{L} 代表低电平，具体的电位值取决于系统的定义。比如常见的数字系统中，有用 3.3V 代表高电平、0V 代表低电平的，也有用 +12V 代表高电平、−12V 代表低电平的。高低电平无非是两个可以明显区分的电位。

3.1 运放实现的比较器

根据比较器的定义，一般采用两种方法实现比较器的功能：专用的比较器及用运放实现的比较器。本节讲述用运放实现的比较器。虽然多数场合下生产厂商不建议将运放作为比较器，但在要求不高的场合及一些特殊场合，运放是可以作为比较器使用的。

◎最简单的基于运放的比较器

应用比较器时，一般将一个输入端接成固定电位，称之为基准，用 U_{REF} 表示；将另一个输入端接被测电位 u_I，用于衡量被测电位 u_I 到底是大于还是小于 U_{REF}。图 3.1 所示是一个理想比较器，图 3.2 所示是它的输入 / 输出伏安特性曲线。图 3.2 中输出只有两种状态，分别为 U_H 和 U_L，U_H 代表输入电压高于基准电压，U_L 代表输入电压低于基准电压。

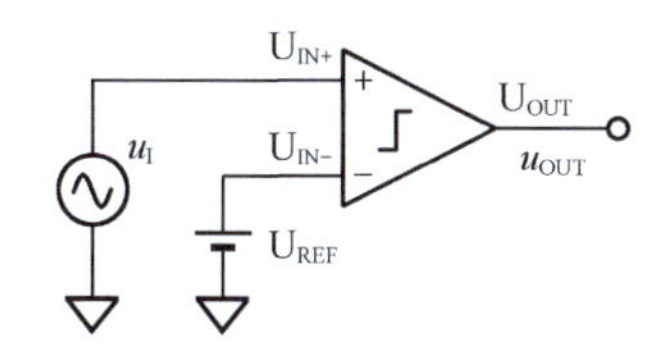

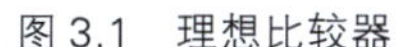
图 3.1 理想比较器

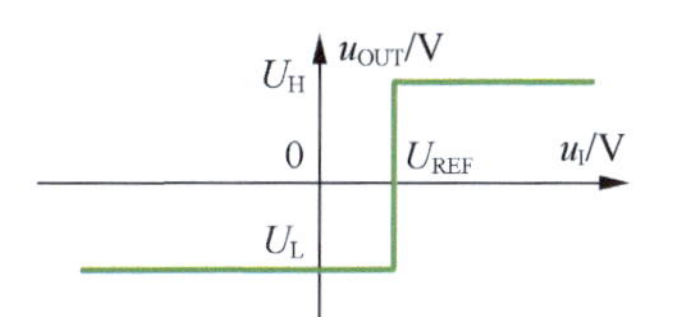

图 3.2 理想比较器输入 / 输出伏安特性曲线

图 3.3 所示是一个用运放实现的比较器。实际运放具有极高的开环增益，当输入电压大于基准电压时，两者的差值（正值）乘以极大的开环增益，一般会超过正电源电压，而使运放实际输出为正电源电压（假设运放为轨至轨运放）；当输入电压小于基准电压时，两者的差值（负值）乘以极大的开环增益，一般会低于负电源电压，而使运放的实际输出为负电源电压，其伏安特性曲线如图 3.4 所示。仅在输入电压非常接近基准电压时，运放的输出是一个不确定的值（图 3.4 中红色虚线内）。这个区域被称为比较器的不灵敏区。

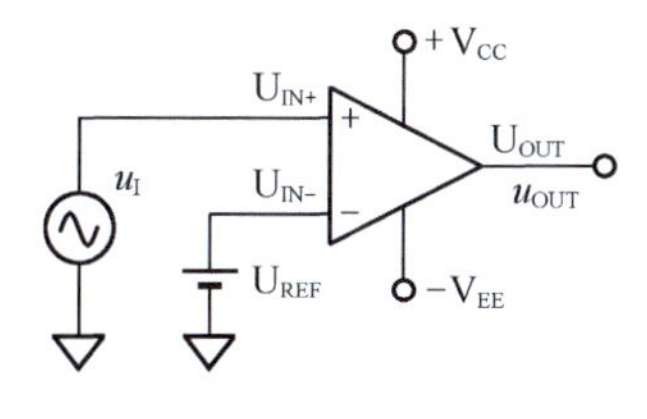

图 3.3 用运放实现的比较器

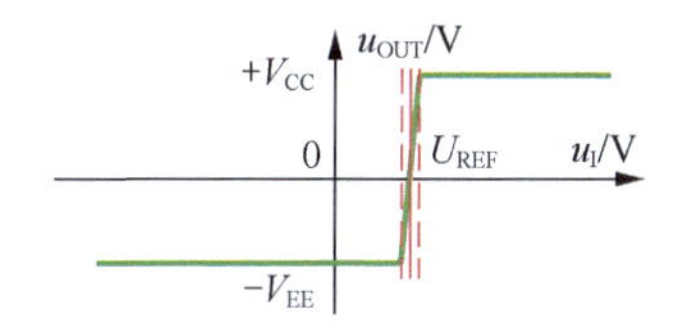

图 3.4 运放组成的比较器伏安特性曲线

很显然，由理想运放组成的比较器的不灵敏区为 0。

按照目前这个思路，读者一定会认为，比较器的不灵敏区越小越好，或者说，比较器越灵敏越好。但是，实际应用中却恰恰相反。

◎问题来源

过于敏感的人会给朋友带来很大的交往压力。与此类似，过于灵敏的比较器也会给控制系统带来烦恼。如图 3.5 所示，我们希望知道红色线所示的信号中，有多少个较大的涌动，图 3.5 中有两个，用一个比较器以绿色线所示的电压为基准，可以在输出端得到两个明显的数字量脉冲。但是，红色线所示的输入信号中不可避免地包含噪声波动，如果将其接入一个电压增益为无穷大的、无比灵敏的比较器，输出的数字量脉冲就不再是两个，而是非常多。图 3.5 右侧所示是对浅蓝色区域实施时间轴放大后的波形，可见红色波形中的噪声，围绕着基准电压来回翻转，由于比较器非常灵敏，这些翻转都被输出呈现出来——6 个小脉冲，加上一个宽脉冲。

我们其实不需要这些灵敏的输出翻转。怎么办呢？有很多其他方法可以解决这个问题，比如在后期的软件处理中，剔除过于频繁的翻转。而在硬件上，有一种新的比较器结构——迟滞比较器，可以解决这类问题。

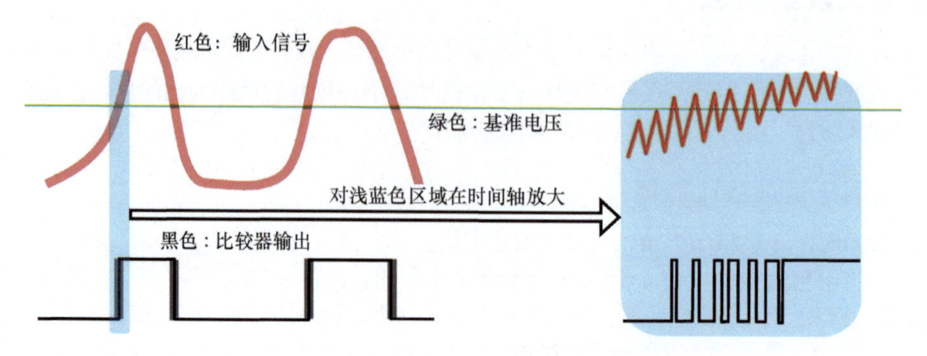

图 3.5　过于灵敏的比较器产生的后果

◎迟滞比较器的工作原理

上述比较器只有一个固定的基准电压，被称为单门限比较器。而迟滞比较器如图 3.6 所示，它具有随输出状态变化的两个比较基准，这是它最为奇妙的地方。

迟滞比较器的工作原理如图 3.7 所示。我们根据输入 / 输出伏安特性曲线来分析：不管当前比较器的输出是什么状态，当输入电压为负值且足够大时，运放的负输入端（接输入）总是小于正输入端电压，因此输出一定是正电源电压 $+V_{CC}$，输入 / 输出工作点为图 3.7 中的Ⓐ点，此时运放的正输入端作为比较基准，为 kV_{CC}。

$$k=\frac{R_1}{R_1+R_2} \tag{3-2}$$

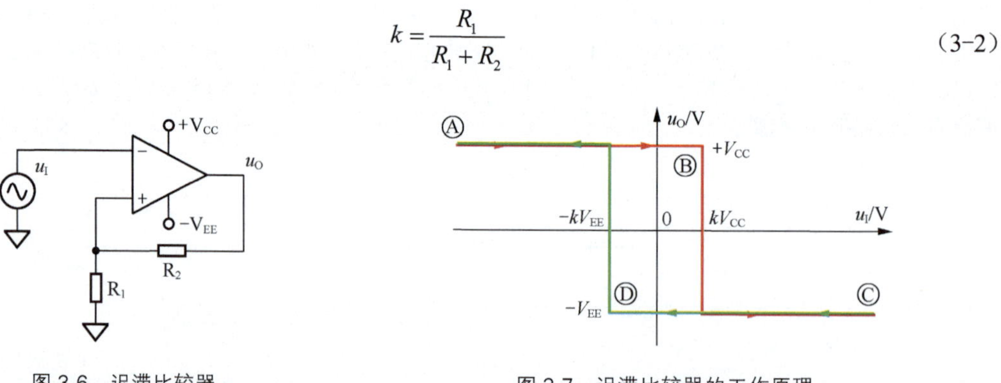

图 3.6　迟滞比较器　　　　图 3.7　迟滞比较器的工作原理

随着输入电压逐渐增大，工作点沿着红色线一直向右移动，比较器一直维持着 $+V_{CC}$ 输出，直到Ⓑ点，输入电压大于 kV_{CC}，此时运放的正输入端电压小于负输入端电压，输出变为 $-V_{EE}$，即图 3.7 中Ⓑ点处的红色线跌落。此时，奇妙的是，比较基准立即改变：由原先的 kV_{CC} 变为 $-kV_{EE}$，其含义是，即便此时输入电压发生轻微的逆向翻转，比较器也不翻转。因此，从Ⓑ点到Ⓒ点，红色线一直向右，然后以绿色线回转，到达 kV_{CC} 处，比较器并不翻转，而要沿着绿色线一直到Ⓓ点，即 u_I 小于 $-kV_{EE}$，比较器才重新回到高电平。

这个比较器的输出状态不仅与输入状态相关，还与当前的输出状态有关，输入 / 输出伏安特性曲线呈现出一种类似于磁滞回线的形态，因此称之为迟滞比较器。

为了谋求稳定，生活中与此类似的事情很多。空调机的控制来源于室内温度与设定温度的比较，热了，就打开制冷机，冷了，就关闭。但是它一定有至少两个设定基准温度，否则制冷机就会频繁关闭、启动，因此它内部也是一个迟滞比较器。

迟滞比较器看起来比较迟钝，但它带来的好处是，只有明确的、强有力的输入，才能引起输出改变，而一旦改变，想要回去，需要特别厉害的反向动作才能实现。因此，图 3.5 中的那些小扰动，就不再会引起输出的频繁变化，如图 3.8 所示。

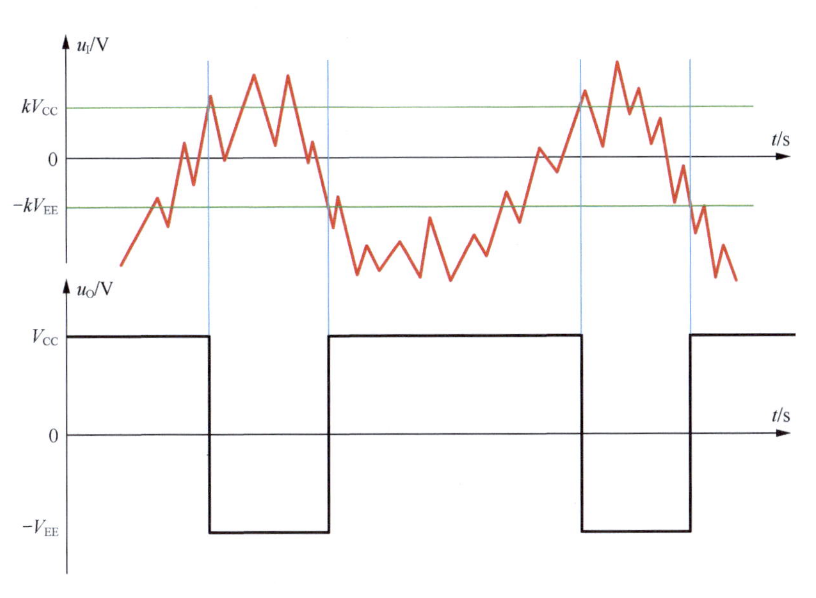

图 3.8　迟滞比较器抵抗毛刺波形

但是，这种对小扰动的不敏感是有限的。图 3.8 中，当一个毛刺的幅度超过两个基准电压（也称为阈值电压）的差值（即图 3.8 中两根绿线之间的电压）时，仍会引起不期望的输出翻转。

◎多种形态的迟滞比较器

图 3.6 所示仅是迟滞比较器的一种。第一，它的伏安特性曲线是顺时针旋转的；第二，它的两个阈值电压是基于 0V 对称的。

当图 3.6 中 R_1 下端不接地，而接一个基准电压 U_{REF} 时，就变成了更为通用的迟滞比较器，如图 3.9 所示，它的伏安特性曲线如图 3.10 所示，可以看出这是一个顺时针迟滞比较器。图 3.11 所示是逆时针迟滞比较器，它的伏安特性曲线如图 3.12 所示。

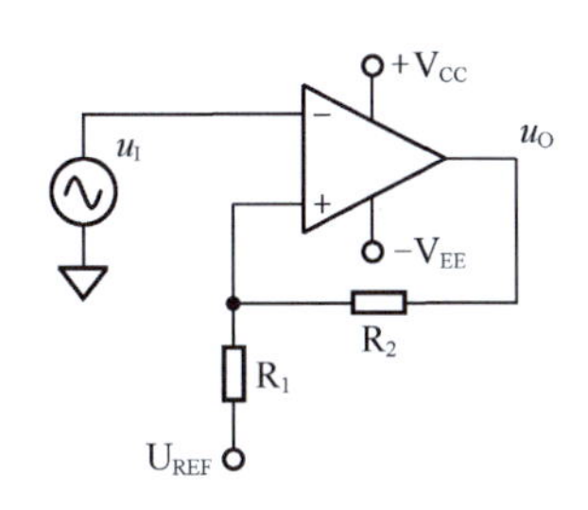

图 3.9　顺时针迟滞比较器

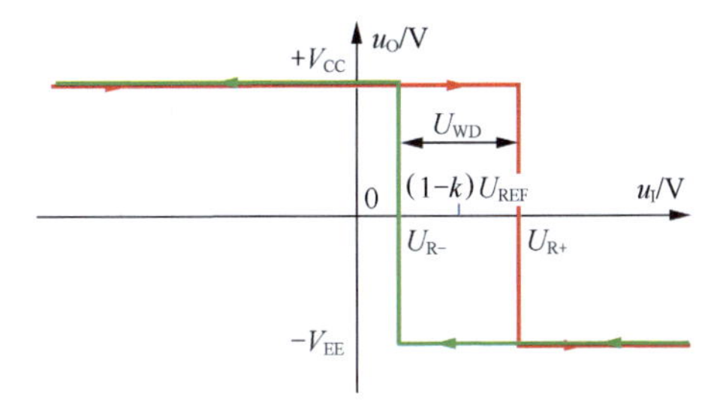

图 3.10　顺时针迟滞比较器伏安特性曲线

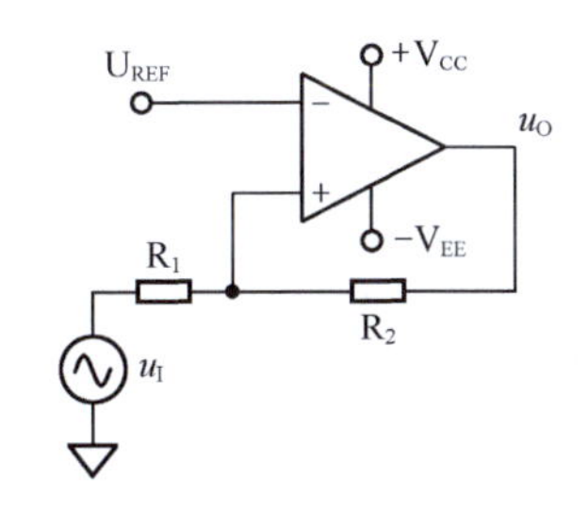

图 3.11　逆时针迟滞比较器

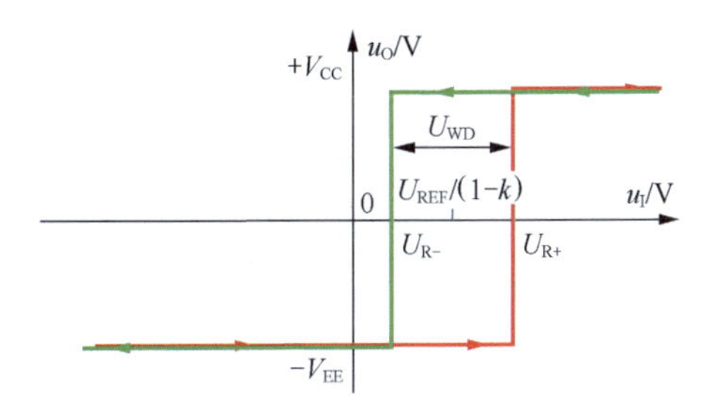

图 3.12　逆时针迟滞比较器伏安特性曲线

以图 3.9 为例分析其关键值。

假设运放输出高电平为 U_{OH}（对于理想运放来说，此值为 V_{CC}），输出低电平为 U_{OL}，那么对于输入信号，电路有两个比较翻转点，较大的称为 U_{R+}，较小的称为 U_{R-}。

设正反馈系数为 k，k 值越接近 1，说明反馈越强烈，迟滞窗口越宽。

$$k=\frac{R_1}{R_1+R_2} \tag{3-3}$$

当输出为高电平时，翻转点为：

$$U_{R+}=kU_{OH}+(1-k)U_{REF} \tag{3-4}$$

当输出为低电平时，翻转点为：

$$U_{R-}=kU_{OL}+(1-k)U_{REF} \tag{3-5}$$

如果 U_{OH}=$-U_{OL}$，即输出对称，可以得到更为直观的表达，如图 3.10 所示，

$$U_{R+}=(1-k)U_{REF}+0.5U_{WD} \tag{3-6}$$

$$U_{R-}=(1-k)U_{REF}-0.5U_{WD} \tag{3-7}$$

其中，U_{WD} 代表两个比较阈值之间的电压宽度，或者叫窗口电压。

$$U_{WD}=U_{R+}-U_{R-}=(V_{CC}+V_{EE})\frac{R_1}{R_1+R_2} \tag{3-8}$$

合理地选择电路结构、电阻值，可以做出符合设计要求的迟滞比较器：可改变顺逆结构，可改变中心阈值，可改变阈值窗口电压。

输入信号在 0 ～ 5V 之间，含有单次幅度最大 1V 的噪声。设计一个比较器电路，要求当输入信号较低时，输出 0V；输入信号较高时，输出为 5V，能抑制噪声引起的误翻转。

解：首先确定电路结构，有两个选择：顺时针或者逆时针迟滞比较器。根据伏安特性曲线可以看出，逆时针迟滞比较器中，当输入信号很小时，其输出为低电平，输入信号较大时，输出高电平，而顺时针迟滞比较器刚好相反。因此选择逆时针迟滞比较器。

其次，决定运放的供电电压。从题目要求看，输出高电平为 5V，低电平为 0V，因此运放的供电电压应确定为 +5V 和 0V。至此，电路结构如图 3.13 所示。

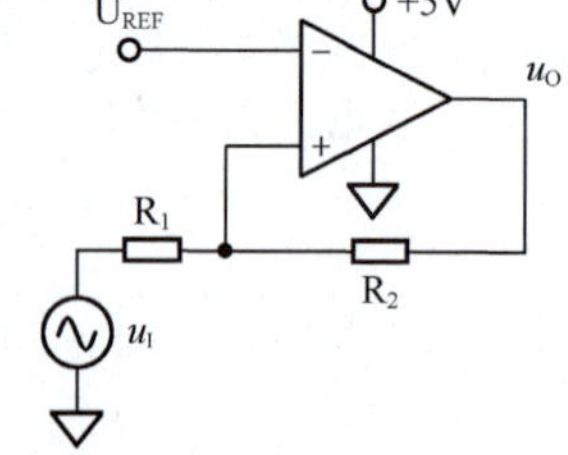

图 3.13　举例 1 电路结构

最后，求解关键值，包括电阻值和基准电压值。因电路结构不同于前述顺时针迟滞比较器，必须重新分析。

电路的两个比较阈值电压均发生在使运放正输入端电位等于 U_{REF} 处，因此有：

$$U_{+}=U_{R-}\frac{R_2}{R_1+R_2}+5\text{V}\times\frac{R_1}{R_1+R_2}=U_{REF} \tag{3-9}$$

$$U_{+}=U_{R+}\frac{R_2}{R_1+R_2}+0\text{V}\times\frac{R_1}{R_1+R_2}=U_{REF} \tag{3-10}$$

解得两个比较阈值电压为：

$$U_{R-}=\left(U_{REF}-5\text{V}\times\frac{R_1}{R_1+R_2}\right)\frac{R_1+R_2}{R_2}=U_{REF}\frac{R_1+R_2}{R_2}-5\text{V}\times\frac{R_1}{R_2} \tag{3-11}$$

$$U_{R+}=U_{REF}\frac{R_1+R_2}{R_2} \tag{3-12}$$

根据题目要求，输入信号中存在 1V 噪声，因此两个阈值电压之差至少为 1V。保险起见，选择 U_{WD}=2V。而中心阈值一般选择信号的中心，为 2.5V。所以有：

$$U_{R+}-U_{R-}=U_{WD}=2V=5V\times\frac{R_1}{R_2} \tag{3-13}$$

$$\frac{U_{R+}+U_{R-}}{2}=2.5V=U_{REF}\frac{R_1+R_2}{R_2}-2.5V\times\frac{R_1}{R_2} \tag{3-14}$$

据此，解得：

$$\frac{R_1}{R_2}=\frac{2}{5},\ U_{REF}=3.5V\times\frac{R_2}{R_1+R_2}=2.5V$$

取 R_2=5kΩ、R_1=2kΩ、U_{REF}=2.5V，完成电路设计，如图 3.14 所示。其中基准电压 2.5V 依靠两个 2kΩ 电阻分压实现，并联的 10μF 电容可以降低电源噪声的影响。

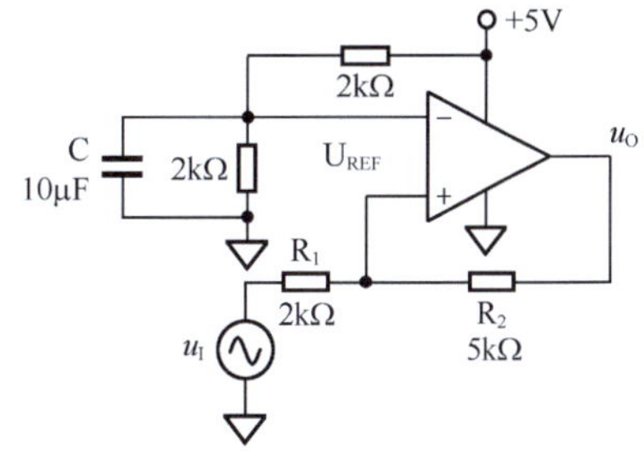

图 3.14　举例 1 实际电路

输入信号在 0 ～ 5V 之间，含有单次幅度最大 1V 的噪声。设计一个比较器电路，要求当输入信号较低时，输出 5V，输入信号较高时，输出 0V，能抑制噪声引起的误翻转。

解：此例与上例唯一的区别在于输入 / 输出关系刚好相反。因此，必须选择顺时针迟滞比较器。根据前文分析，可知两个比较阈值电压分别为：

$$U_{R+}=3.5V,\ U_{R-}=1.5V$$

设：

$$\frac{R_1}{R_1+R_2}=k \tag{3-15}$$

利用式（3-4）和式（3-5）：

$$U_{R+}=V_{CC}\frac{R_1}{R_1+R_2}+U_{REF}\frac{R_2}{R_1+R_2}=5k+U_{REF}(1-k)=3.5V \tag{3-16}$$

$$U_{R-}=-V_{EE}\frac{R_1}{R_1+R_2}+U_{REF}\frac{R_2}{R_1+R_2}=0+U_{REF}(1-k)=1.5V \tag{3-17}$$

解得，k=0.4，U_{REF}=2.5V。取电阻 R_1=2kΩ，根据 k=0.4，计算出 R_2=3kΩ，据此设计电路如图 3.15 所示。但是这个电路还不实用。第一，图 3.15 中的 2.5V 还需要另外制作一个电源来提供；第二，没有选择合适的 E 系列电阻值。为此，修改电路如图 3.16 所示。

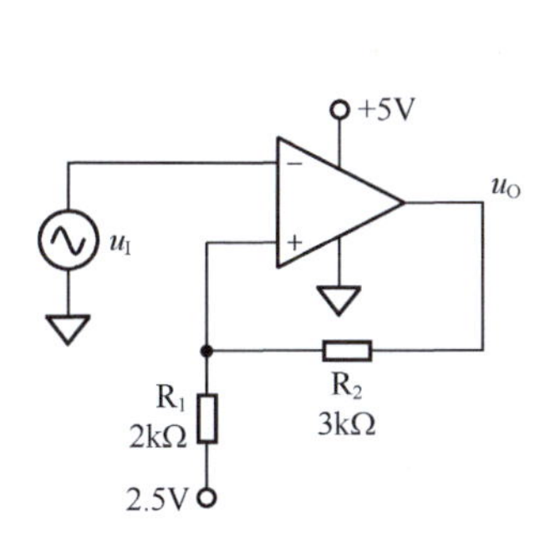

图 3.15　举例 2 电路

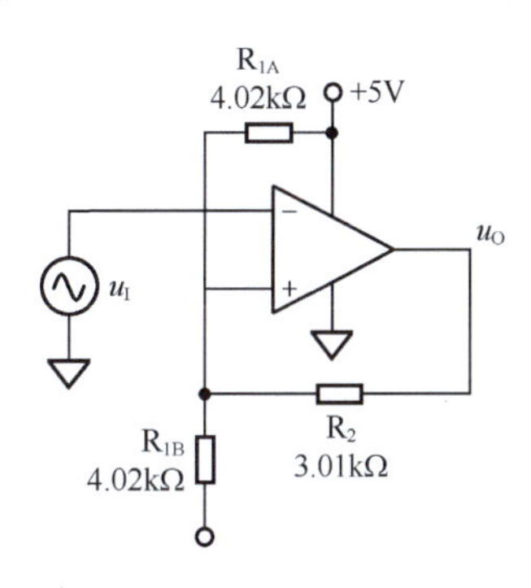

图 3.16　举例 2 修改电路

在电路中用戴维宁定理，将 2.5V 电源串联 2kΩ 电源变为 5V，经两个分压电阻 R_{1A} 和 R_{1B} 供电。要求 R_{1A} 等于 R_{1B}，且它们的并联值等于 2kΩ。同时，选择合适的 E96 系列电阻，得到如图 3.16 所示的电阻值。

3.2 集成比较器及其关键参数

使用运放作为比较器，是教科书中常见的。但是在实际应用中，一般很少使用运放作为比较器，而使用专门生产的集成比较器。

◎几款常见的集成比较器

1）LM393

LM393 是 TI 公司生产的一款双比较器，一套电源服务于内部两个独立的比较器，其管脚分布如图 3.17 所示。每个比较器有两个输入端、一个输出端，其简化结构如图 3.18 所示。

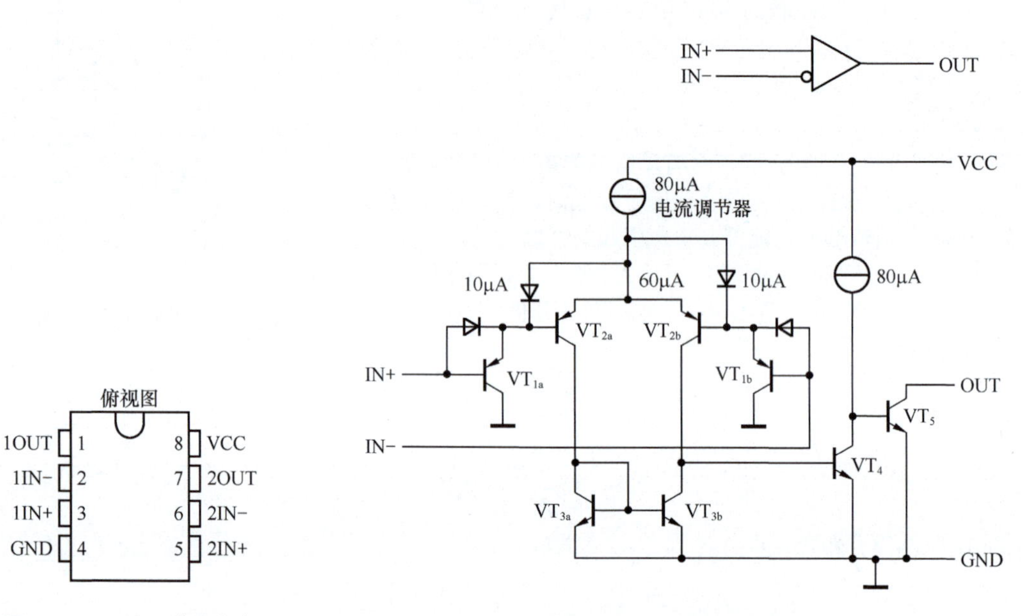

图 3.17　LM393 管脚分布

图 3.18　LM393 简化结构

从图 3.18 可以看出，该比较器分为输入级差分放大电路（由前 6 个晶体管 VT_{1a} ～ VT_{3b} 和一个 80μA 恒流源组成），为双入单出型，其输出为晶体管 VT_{3b} 的集电极；第二级单入单出放大电路，由 VT_4 和 80μA 恒流源组成，为共射极高增益放大；输出级由 VT_5 组成，为一个集电极开路晶体管。集电极开路的晶体管，主要用于灵活设定输出电平，必须外接直流电压和电阻才能正常工作。其正常使用方法如图 3.19 所示，在集电极输出端外接了一个电阻 R_C、一个直流电源 V_{CC}，其原理如下。

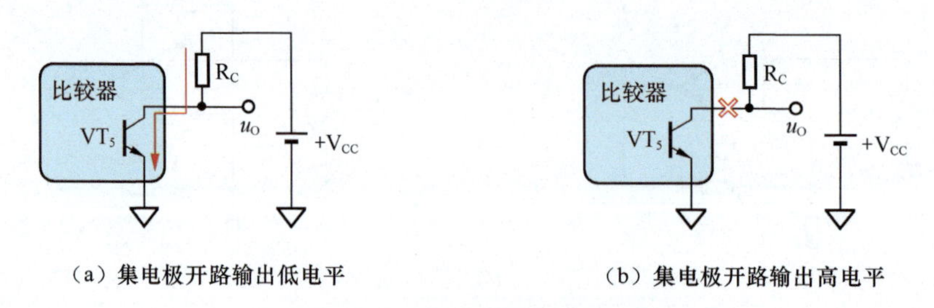

（a）集电极开路输出低电平　　（b）集电极开路输出高电平

图 3.19　集电极开路晶体管应用

当受到前级影响时，VT_5 可能工作于两种状态：饱和状态或者截止状态。当 VT_5 处于饱和状态时，CE 之间电压为晶体管饱和压降，为 0.1 ～ 0.3V，此时输出电压 u_O 为此值，即所谓的低电平输出。当

VT_5 处于截止状态时，电阻 R_C 上只有极为微小的漏电流，不足以产生明显的压降，此时输出电压 u_O 为 V_{CC}，由用户自行选定。

这样做可以灵活地由用户自行设定输出电平大小。常见的方法是将后级数字电路的供电电压作为 V_{CC}，这样输出的高低电平就自然与后级匹配。

输入信号为 10kHz 正弦波，幅度为 10V，直流偏移量为 0V。要求设计一个比较电路，不考虑噪声抑制，后级数字电路输入电阻为无穷大。要求当输入信号在正半周时，输出为高电平，在 2.5 ～ 5V 之间；当输入信号在负半周时，输出为低电平，在 0 ～ 0.5V 之间。正弦信号过零点与输出数字信号的变化点之间传输延迟不超过 2μs。

解：最后一条要求，即传输延迟小于或等于 2μs，涉及比较器的一个关键参数：传输延迟 t_{pd}，具体介绍在本节后半部分。对于 LM393 来说，在大幅度输入信号情况下，此值为典型值 0.3μs，符合本例要求。同时，LM393 的供电电压可以高达 30V 以上，输入电压范围为 0 ～（V_{CC}-1.5V）。当供电电压为 30V 时，输入电压范围为 0 ～ 28.5V。如果将原始输入信号的直流偏移量提升 15V，那么输入信号范围为 5 ～ 25V，满足 LM393 的要求。

因此，可以采用 LM393 实现本例要求。设计电路如图 3.20 所示。

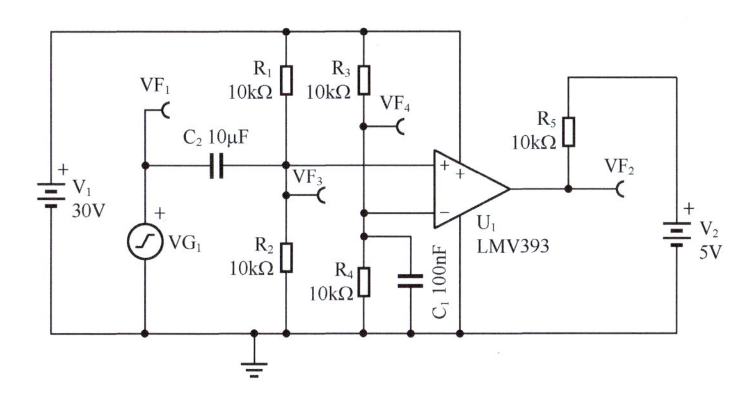

图 3.20 举例 1：LM393 典型应用电路

图3.20中，直流电源 V_1 的电压为30V，给比较器供电，以保证比较器的输入端可以承载0～28.5V的模拟电压输入。直流电源 V_2 的电压为 5V，配合电阻 R_5，给集电极开路结构供电，当输出晶体管饱和导通时，输出电压 VF_2 小于 0.3V；晶体管截止时，输出电压接近 5V。

图 3.20 中电容 C_2 和电阻 R_2、R_1 实现了 15V 提升电路，将原本基于 0V 的幅度为 10V 的正弦波，移位到直流偏移量为 15V、幅度为 10V 的正弦波。这是一个高通电路，截止频率约为 3.2Hz，远低于输入信号频率 10kHz，对输入信号幅度几乎没有影响，也不会产生额外的相移。

图 3.20 中电阻 R_3 和 R_4 完成一个 15V 分压，作为比较电压基准，并联电容 C_1 起到低通滤波作用，以保证基准电压尽量少受到电源波动的影响。

至此，该电路仿真得到的各关键点波形如图 3.21 所示。从图 3.21 可知，输出信号高电平为 5V，低电平为 0.15V，传输延迟约为 0.3μs。整体符合设计要求。

2）AD790

AD790 是 ADI 公司的一款经典比较器，它具有灵活的两组电源：模拟输入环节可以用单电源 +5V，也可以用双电源 $\pm V_S=\pm15V$；输出电源 V_{LOGIC} 的电压一般为 +5V，以保证输出数字量电平与后级数字电路匹配。这种结构对于比较器来说是最为理想的。因为多数模拟量可能是正负信号，且范围较大，而数字量输出一般为 0V/5V 或者 0V/3.3V。AD790 的管脚和内部结构如图 3.22 所示。

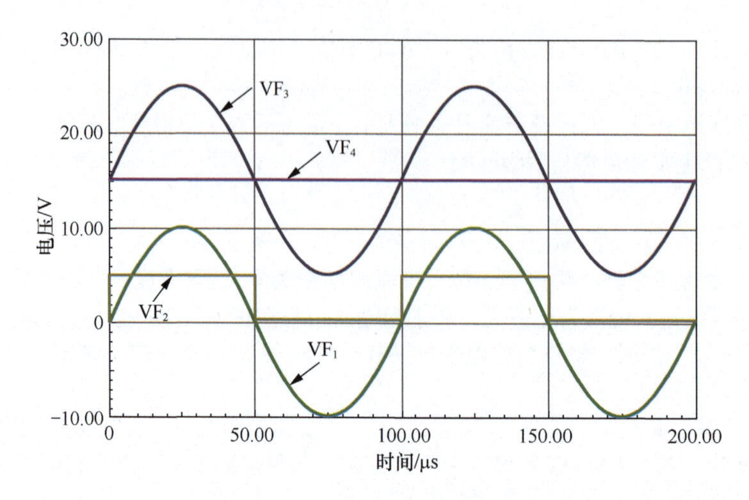

图 3.21 举例 1 各关键点波形

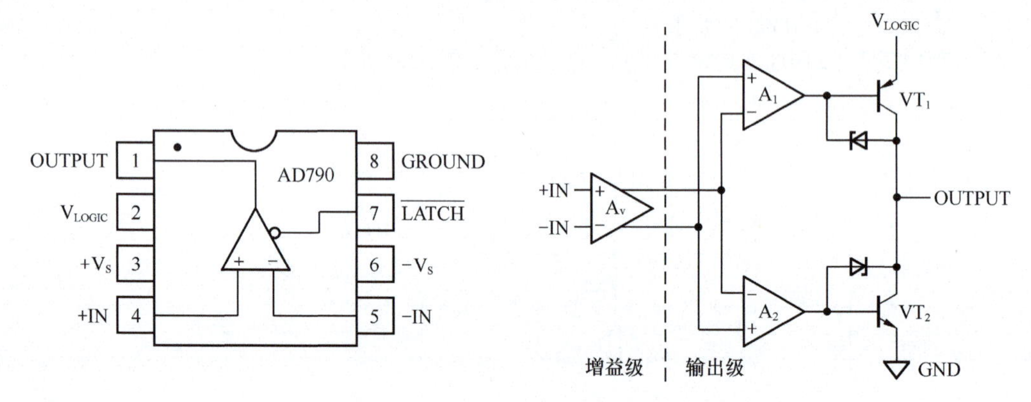

图 3.22 AD790 管脚和内部结构

AD790 具有较为适中的传输延迟，约为 45ns。它的输入失调电压较小，约为 250μV，这在比较器中属于优秀的。另外，AD790 还具有一个锁存脚，可以将此前的数字量输出状态保存住，而不再受到输入信号变化的影响。

特别地，AD790 内部具备较为有效的迟滞和低毛刺输出级，可以大幅度提高比较器的输出稳定性。

3）LT1394

这是一款传输延迟约为 7ns 的高速比较器，与此类似的有 TI 公司的 TL3016、LT 公司的 LT1016 和 LT1116。

LT1394 的管脚分布如图 3.23 所示。它只有一套电源，其中 V^+ 脚（正电源）一般为 +5V，决定了输出高电平约为 3V。而 V^- 脚（负电源）有两种选择：可以为 −5V，此时两个输入脚 +IN 和 −IN 输入电压范围为 −5 ～ +3.5V；也可以为 0V，此时两个输入脚 +IN 和 −IN 输入电压范围为 0 ～ +3.5V。

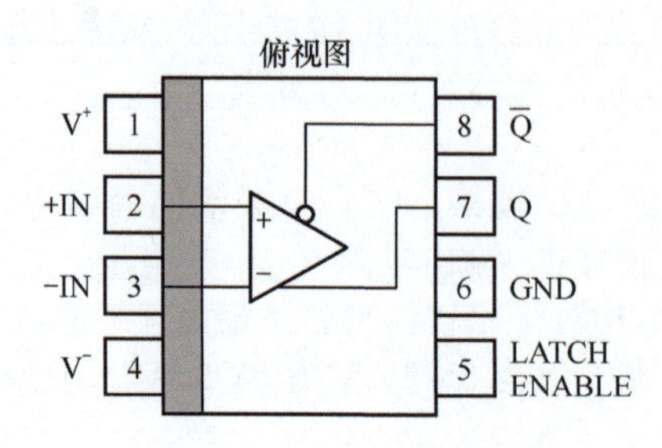

图 3.23 LT1394 管脚分布

LT1394 有两个互补的输出 Q 和 $\overline{Q}$，还有一个锁存脚 LATCH ENABLE。

4）LTC6752

LTC6752 是一个家族，包括 LTC6752、LTC6752-1、LTC6752-2、LTC6752-3、LTC6752-4 共 5 种芯片，其传输延迟均为 2.9ns，属于超高速比较器。不同尾缀型号的芯片的主要区别在于：数字电源和模拟电源是否分离，迟滞阈值是否可调或者是否具备锁存功能，是否具备低功耗模式，以及是否具备互补输出等。当然，这也导致不同尾缀型号的芯片具有不同的封装。

这特别像一款新车问世，具有基础版、运动版、豪华版等不同版本。图 3.24 所示是其典型应用。从图 3.24 可以看出，两个输入信号具有比较大的共模成分，又有细微的差模，比较器可以灵敏地发现这些差异，并在输出端呈现 50ns 内翻转 10 次左右的结果。

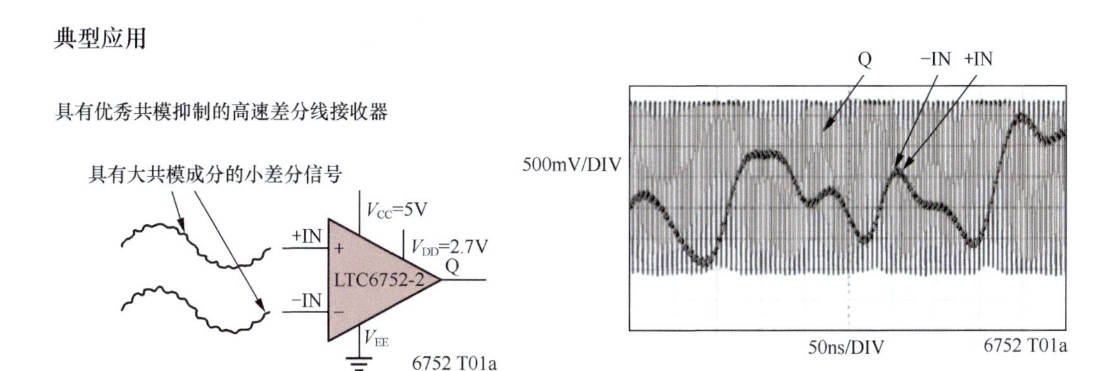

图 3.24 LTC6752 典型应用

◎集成比较器与运放的区别

与运放相比，集成比较器有以下不同。

1）灵敏度较低

为保证速度快，集成比较器内部的电压增益级数一般很少，其开环增益为几万到几十万倍，远小于运放几十万到几千万倍的开环增益。这导致它的灵敏度更低——对微小信号的反应比较迟钝。但是，前面学过的内容告诉我们，其实我们并不介意比较器迟钝一些。

2）失调电压较大

和运放一样，比较器也有失调电压。当一个输入端接 0V 时，另一个输入端引起输出翻转的电压并不是 0V，而是输入失调电压 V_{OS}。对于比较器来说，V_{OS} 一般是毫伏数量级。而精密运放的 V_{OS} 可以小于 1μV。

3）速度快

前面列出了几种常见比较器，其传输延迟为 0.3μs ～ 2.9ns，其实还有更快的，比如 ADCMP572/573，传输延迟低至 150ps，即 0.15ns。而运放的至稳时间，特别是考虑到运放从一端饱和进入另一端饱和需要的恢复时间，多数在 10ns 以上甚至 100ns 以上，根本无法与比较器相比。

4）输入结构适合于宽范围输入

运放天生就是为放大电路设计的，它默认两个输入端不会存在过大的电位差（因为虚短），因此在两个输入端存在较大电位差时，运放内部的晶体管会进入深度的饱和状态，而要摆脱这种状态需要花费很长时间，这会进一步增大传输延迟。在实际应用中，比较两个信号的大小时，不可避免地会出现两者差异较大的情况，集成比较器在设计时就考虑到这点，并采取了措施，使其能够接受较大的输入电位差。

另外，很多运放在输入电位接近电源轨时，会发生工作异常，而多数集成比较器能够承受超过电源轨的输入电位。

5）丰富的输出结构

理论上来说，比较器的输出已经属于数字域，多数情况下比较器的输出状态会被数字电路读取并用于执行后续动作。因此，比较器的输出电平应该与后级的数字电路相匹配。

现有的集成比较器考虑了这一点，一般能为用户设计好输出电路，满足上述要求——它可能具有用于输入的正负电源，还具有用于输出的数字电源，或者将输出端设计成集电极开路、发射极开路、推挽输出、晶体管-晶体管逻辑(TTL)/互补金属氧化物半导体(CMOS)输出、低电压差动信号(LVDS)等结构，以方便用户自己选择合适的芯片，产生合适的输出类型。

而运放压根就不赞成用户将其用于比较器，因此不会考虑得这么周到。

◎集成比较器的关键参数

以 ADI 公司的 AD790、TI 公司的 TLV3501 为例。其中，各公司对参数的定义符号可能有所不同，本书以通用符号为准。图 3.25（a）为 AD790 数据手册截图。书中的数据手册截图都是从原手册中截取得到的，内容都没有改动。

AD790–SPECIFICATIONS

DUAL SUPPLY (Operation @ 25°C and $+V_S$ = 15 V, $-V_S$ = −15 V, V_{LOGIC} = 5 V unless otherwise noted.)

Parameter	Conditions	AD790J/A Min	AD790J/A Typ	AD790J/A Max	AD790K/B Min	AD790K/B Typ	AD790K/B Max	AD790S Min	AD790S Typ	AD790S Max	Unit
RESPONSE CHARACTERISTIC	100 mV Step										
Propagation Delay, t_{PD}	5 mV Overdrive		40	45		40	45		40	45	ns
	T_{MIN} to T_{MAX}			45/50			45/50			60	ns
OUTPUT CHARACTERISTICS											
Output HIGH Voltage, V_{OH}	1.6 mA Source		4.65			4.65			4.65		
	6.4 mA Source	**4.3**	4.45		**4.3**	4.45		**4.3**	4.45		V
	T_{MIN} to T_{MAX}	4.3/**4.3**			**4.3**			**4.3**			V
Output LOW Voltage, V_{OL}	1.6 mA Sink		0.35			0.35			0.35		V
	6.4 mA Sink		0.44	**0.5**		0.44	**0.5**		0.44	**0.5**	V
	T_{MIN} to T_{MAX}			0.5/**0.5**			**0.5**			**0.5**	V
INPUT CHARACTERISTICS											
Offset Voltage[1]			0.2	**1.0**		0.05	**0.25**		0.2	**1.0**	mV
	T_{MIN} to T_{MAX}			1.5			**0.5**			**1.5**	mV
Hysteresis[2]	T_{MIN} to T_{MAX}	0.3	0.4	0.6	**0.3**	0.4	**0.5**	**0.3**	0.4	**0.65**	mV
Bias Current	Either Input		2.5	5		1.8	**3.5**		2.5	**5**	μA
	T_{MIN} to T_{MAX}			6.5			**4.5**			**7**	μA
Offset Current			0.04	**0.25**		0.02	**0.15**		0.04	**0.25**	μA
	T_{MIN} to T_{MAX}			0.3			**0.2**			**0.4**	μA

（a）AD790 数据手册截图 1

PARAMETER		CONDITION	TLV3501, TLV3502 MIN	TYP	MAX	UNITS
OFFSET VOLTAGE						
Input Offset Voltage(1)	V_{OS}	V_{CM} = 0V, I_O = 0mA		±1	±6.5	mV
vs Temperature	**dV_{OS}/dT**	**T_A = −40°C to +125°C**		**±5**		**μV/°C**
vs Power Supply	PSRR	V_S = 2.7V to 5.5V		100	400	μV/V
Input Hysteresis				6		mV

（b）TLV3501 数据手册截图 1

图 3.25　集成比较器数据

图 3.25（a）中，第二行给出的基本测试条件为本表范围，为 25℃及 ±15V 模拟供电和 +5V 数字供电。在各项中又有不同的测试条件，在 Conditions 列中给出。第一列为参数名称，最后一列为参数单位，中间 3 列为 3 种不同性能、不同尾缀器件（当然价格也不同）的参数结果。

1）失调电压 V_{OS}

在图 3.25（a）中的 INPUT CHARACTERISTICS（输入特性）部分，AD790 数据手册将其写作“Offset Voltage”。以 AD790K/B 为例，该值典型值为 0.05mV，最大值为 0.25mV，这都是 25℃下的测试结果。而下一行 Conditions 列中出现的“T_{MIN} to T_{MAX}”，是指在全部温度范围内，因此只有最大值 0.5mV。

此处的典型值一般指正态分布中的标准差 σ，指 68.2%（1σ 的包容量）的被测品失调电压小于 0.05mV。而最大值是指厂商的限制：你买到的任何一个样片，在规定的测试条件和测试方法下，其失调电压不会超过 0.25mV。这是厂商给用户的保证。

失调电压对比较器的具体影响，可参见图 3.26。

2）滞回电压 V_{HYS}

在截图中输入特性部分，AD790 数据手册将其写作“Hysteresis”（迟滞），其典型值为 0.4mV。其含义是，当比较器负输入端输入电压基准 U_{REF} 时，比较器会产生滞回现象，即它存在两个比较点。

当比较器处于 U_{OL} 低电平输出时，正输入端电压超过 U_{R+}，才会引起输出变为高电平。

$$U_{R+}=U_{REF}+V_{OS}+0.5V_{HYS} \tag{3-18}$$

当比较器处于 U_{OH} 高电平输出时，正输入端电压低于 U_{R-}，才会引起输出变为低电平。

$$U_{R-}=U_{REF}+V_{OS}-0.5V_{HYS} \tag{3-19}$$

比较器本身结构形成的滞回电压，与外部增加的正反馈产生的滞回电压是两回事（参见第 3 节的迟滞比较器工作原理部分）。与外部正反馈形成的滞回电压相比，比较器的滞回电压一般较小，即比较器本身有一定的抗干扰能力，如果不满意，用户可以自行设计外部的正反馈迟滞电路。

图 3.25（b）所示是 TLV3501 数据手册截图，显示了输入失调电压和滞回电压参数。

3）传输延迟 t_{PD}

假设输入信号为方波，从输入超过应翻转电压（图 3.26 中红色圆点）开始，到输出的改变达到一半时，所花费的时间称为传输延迟，用 t_{pd} 表示，分为上升延迟和下降延迟，它们不一定相等，且与过驱电压相关。快速比较器目前可以实现小于 1ns 的传输延迟，而运放要达到这个指标，几乎是不可能的——多数是微秒数量级的。

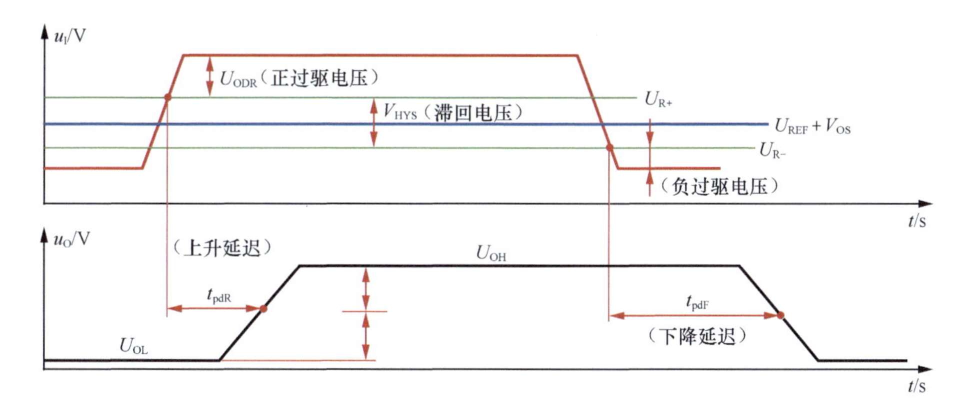

图 3.26　集成比较器参数定义

过驱（Overdrive）电压不是比较器的参数，而是对输入信号的一种描述：输入电压超过比较点的值，分为正过驱电压和负过驱电压两种，如图 3.26 所示。过驱电压越小，比较器传输延迟越大，当过驱电压超过一定值后，传输延迟会逼近最小值。图 3.27 所示为 TI 公司超高速比较器 TLV3501 的数据手册截图，它描述了该比较器的传输延迟与过驱电压的关系。以正向过驱（左图）为例，当过驱电压为 50mV 或者 100mV 时，输出曲线已经非常接近，其传输延迟为 3 ～ 4ns，而过驱电压为 5mV 时，其传输延迟明显增大，为 7 ～ 8ns。

此时，即可定义另外一个参数——传输延迟消散，是指过驱电压从最小（一般为 5mV）到最大，产生的传输延迟差值的绝对值。以上述 TLV3501 为例，该值为 4 ～ 5ns。

4）传输延迟偏差和最大开关频率

传输延迟偏差是指在相同测试条件下，上升延迟和下降延迟的差值的绝对值。图 3.28 所示为 TLV3501 数据手册截图，可以看出其传输延迟偏差典型值为 0.5ns，约为传输延迟的 1/10。

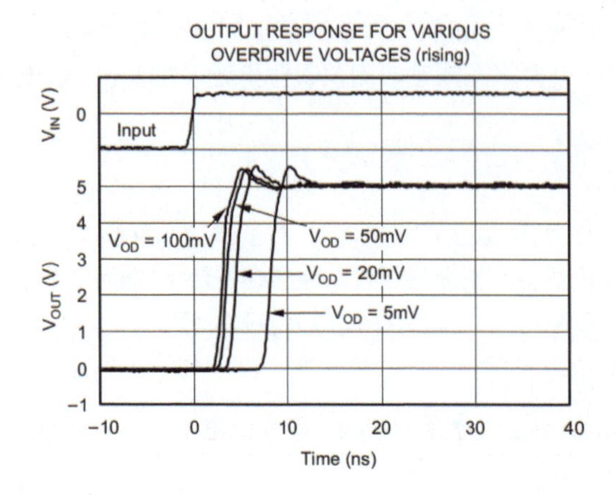

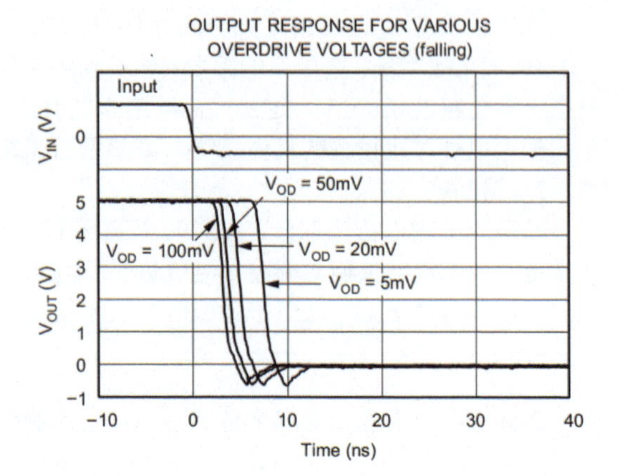

图 3.27　TLV3501 数据手册截图 2

SWITCHING CHARACTERISTICS						
Propagation Delay Time(3)	$T_{(pd)}$	ΔV_{IN} = 100mV, Overdrive = 20mV		4.5	6.4	ns
		ΔV_{IN} = 100mV, Overdrive = 20mV			**7**	**ns**
		ΔV_{IN} = 100mV, Overdrive = 5mV		7.5	10	ns
		ΔV_{IN} = 100mV, Overdrive = 5mV			**12**	**ns**
Propagation Delay Skew(4)	$\Delta t_{(SKEW)}$	ΔV_{IN} = 100mV, Overdrive = 20mV		0.5		ns
Maximum Toggle Frequency	f_{MAX}	Overdrive = 50mV, V_S = 5V		80		MHz
Rise Time(5)	t_R			1.5		ns
Fall Time(5)	t_F			1.5		ns

图 3.28　TLV3501 数据手册截图 3

最大开关频率是指该比较器的输入信号快速穿越比较点时，其输出能够反应并给出方波输出的最大频率。这一般可以由传输延迟算出，因此多数比较器不给这个参数。比如 TLV3501 给出的最大开关频率为 80MHz，对应的输入信号周期为 12.5ns，基本上就是比两倍的传输延迟稍大一些。

5）输入电压范围

比较器对输入电压有限制，分为共模输入电压范围和差模输入电压范围。

所谓的共模输入电压范围与我们通常对共模的理解不同，它是指单一输入管脚对地电压的范围，其实就是绝对电压范围。图 3.29 所示为 AD790 数据手册截图，其共模输入电压范围最小值为 $-V_S$，最大值为 $+V_S-2V$。当电源电压为 ±15V 时，其共模输入电压范围为 −15 ～ +13V，即每个管脚的输入电压都必须在此范围内。

Input Voltage Range								
Differential Voltage	$V_S \leq \pm 15$ V		$\pm V_S$		$\pm V_S$		$\pm V_S$	V
Common Mode		$-V_S$	$+V_S-2$ V	$-V_S$	$+V_S-2$ V	$-V_S$	$+V_S-2$ V	V

图 3.29　AD790 数据手册截图 2

而差模输入电压范围则是指两个输入端电位差，多数比较器没有这个要求，它们的数据手册只提供共模输入电压范围而没有差模输入电压范围。对于这类比较器，只要共模输入电压范围满足要求即可。但 AD790 有此要求，如图 3.29 所示，“Differential Voltage”为 $\pm V_S$，即在电源电压为 ±15V 时，其差模输入电压范围是 ±15V。乍一看差模输入电压范围很宽，和电源电压一样。其实不然，这是一个陷阱。仔细想，它的要求是两个输入端电压的差值必须大于 −15V、小于 +15V，这其实只用到了电源整个范围的一半。例如，V_{IN+}=10V，V_{IN-}=−10V，两者都在共模输入电压范围之内，其差值却为 20V，超出限制了。

比较器还有其他参数，比如输入偏置电流、失调电流、输出电压、功耗等，都与运放的参数定义一样，在此不赘述。

输入信号为 10kHz 正弦波，幅度为 10V，直流偏移量为 0V。要求设计一个比较电路，不考虑噪

声抑制，后级数字电路输入电阻为无穷大。当输入信号在正半周时，输出为高电平，在2.5～5V之间；当输入信号在负半周时，输出为低电平，在0～0.5V之间。正弦信号过零点与输出数字信号的变化点之间传输延迟不超过100ns。

解：此例与举例1唯一的区别在于传输延迟由2μs减少为100ns，显然要求更高了。LM393传输延迟约为300ns，不能满足要求，而AD790传输延迟约为45ns，基本靠谱。至于是否可行，还得精细计算。

第一步，进行时间估算。题目要求的时间应包括两部分，第一是图3.30中的 t_1，第二为传输延迟 t_{PD}，两者之和不应超过100ns。所谓的 t_1，是考虑到输入失调电压、滞回电压等因素，输入信号过零点后要经过这个时间才能达到比较器的翻转阈值。计算如下。

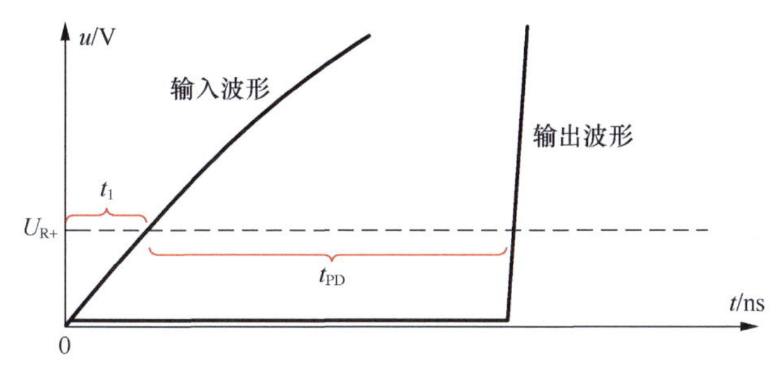

图3.30　过零点时间分析

首先计算阈值电压 U_{R+}，查阅AD790数据手册得知 V_{OS} 最大值为1mV，滞回电压 V_{HYS} 最大值为0.65mV，将AD790负输入端接地，则 U_{REF}=0V，据式（3-18）得：

$$U_{R+}=U_{REF}+V_{OS}+0.5V_{HYS}=1.325\text{mV}$$

已知输入信号频率为10kHz，幅度为10V，则有：

$$10\sin(\omega t_1)=10\sin(2\pi f t_1)=1.325\text{mV}$$

解得：$t_1=2.109\text{ns}$。

可知，选择传输延迟最大值为45ns的AD790，加上 t_1，也远小于100ns，符合要求。

第二步，进行输入电压范围判断。AD790在±15V供电时，可承载共模输入电压范围是−15～13V，差模输入电压范围是±15V。若负输入端接地，正输入端接输入信号，则共模输入电压范围是±10V，满足共模输入电压范围要求，而差模输入范围也是±10V，也满足要求。

第三步，进行输出电压判断。当AD790的逻辑电源接+5V，则其输出高电平最小值为4.3V，输出低电平最大值为0.5V，满足设计要求。综上分析结论，可以选择AD790实现举例2要求。故设计电路如图3.31所示。

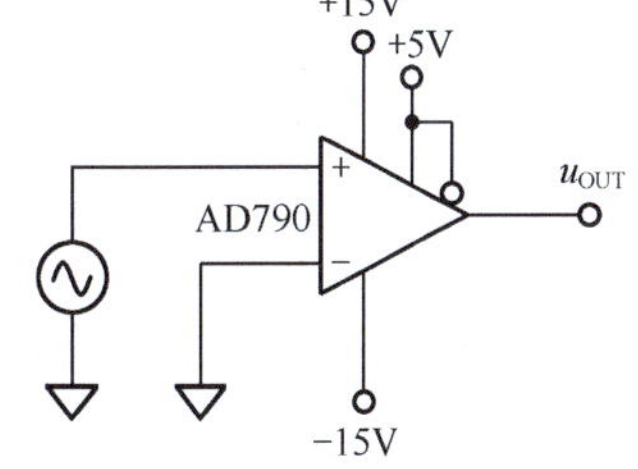

图3.31　举例2电路

输入信号为50MHz正弦波，输出阻抗为50Ω，幅度为10V，直流偏移量为0V。要求设计一个比较电路，其输出提供给3.3V数字系统，用于测量频率。

解：首先，必须使用超高速比较器，且能够接受正负电压输入。LT1715的传输延迟典型值为4ns，在±5V供电时可以接受−5～+3.8V的输入电压。由于此例涉及高频正弦信号，需要考虑阻抗匹配，因此整个比较器电路的输入电阻应为50Ω。此时考虑使用电阻分压，可以将高幅度输入信号衰减到−3.8～3.8V。

设计电路如图3.32所示。电阻 R_1 为信号源输出电阻，R_2 和 R_3 电阻值之和为50Ω，完成阻抗匹配。按照图3.32中分压关系，在比较器的正输入端会得到幅度为3.5V的正弦波，没有超过3.8V上限。V_{S+} 端接3.3V数字电源，可使输出（比较器第8脚）与后级数字系统匹配。举例3电路输入/输出波形如图3.33所示。

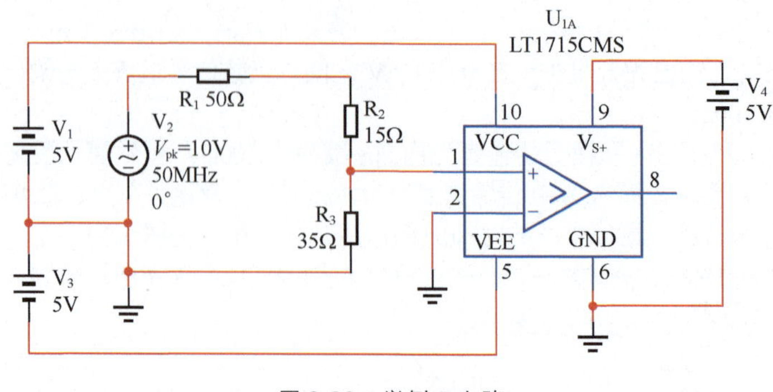

图 3.32　举例 3 电路

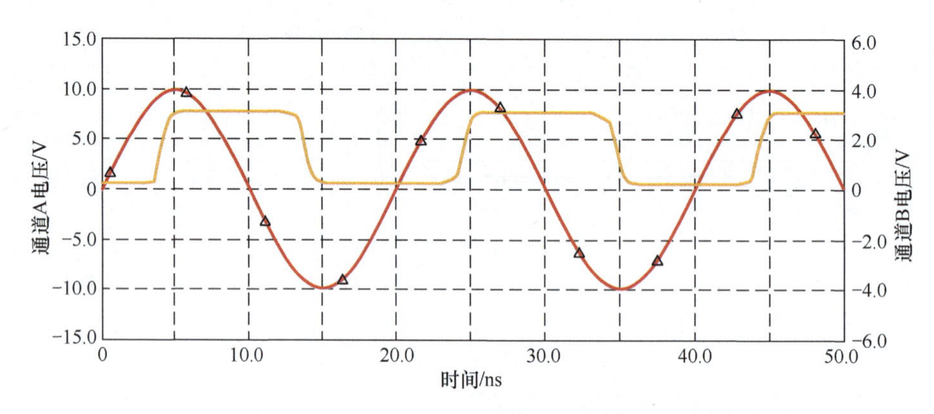

图 3.33　举例 3 电路输入 / 输出波形

3.3 比较器的应用

比较器是看起来非常简单，但又极为难缠的器件。我们刚学过模拟电子技术，第一次使用比较器时，通常会被其诡异的表现难倒，并百思不得其解：如此简单的一个比较器，怎么这么不听话呢？

◎翻转抖动及其抑制方法

比较器最常见的诡异现象就是翻转抖动。以一个基准电压为 0V，输入信号为 -1 ～ 1V 的三角波为例。当输入信号穿越基准电压点时，理论上输出信号应该立即翻转，干脆利索，且输入信号应该不受任何影响。但实际情况如图 3.34 左图所示，输出信号在翻转位置出现了多次抖动，然后才归于平静，而且输入信号居然也出现了抖动毛刺。

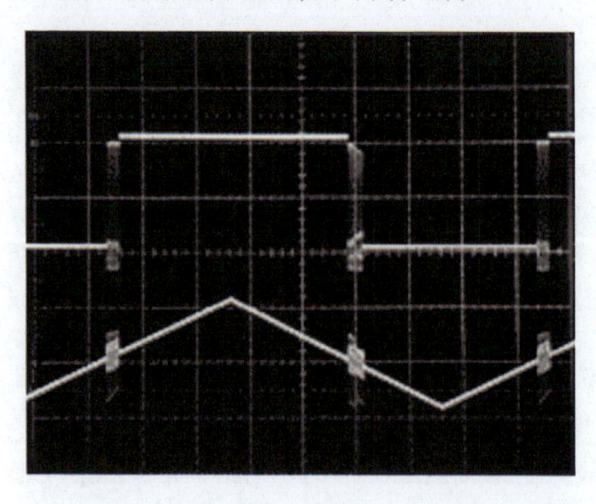
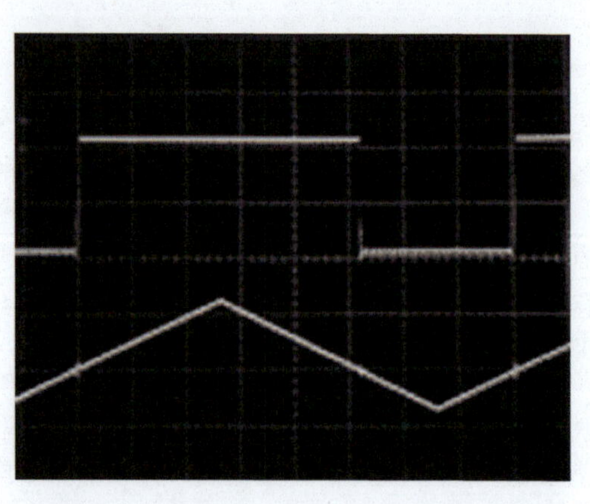

图 3.34　比较器的翻转抖动及克服抖动带来的效果（摘自 ADI 公司学习指南 MT-083，Comparator）

造成这种现象的原因有很多，电源稳定性不强、地线稳定性不强是主要原因。其本质原理是，比较器的输出端突然发生状态变化时，会导致内部工作电流发生脉冲式突变，这个变化电流作用在电源电压上，会导致电源电压出现脉动；作用在地线上，会导致地线电位出现脉动。这种脉动带来的直接后果就是比较器的输入状态发生变化：原本输入信号已经高于基准电压，却因为地线脉动的存在，输入信号在瞬间低于基准电压，比较器出现误翻转。这种误翻转持续作用，就会出现翻转抖动。

翻转抖动一定在输入信号处于基准电压附近时发生。当输入电压持续增大，以至于地线抖动不足以改变比较器的输入状态时，输出就归于平静了。

克服翻转抖动的本质方法是加强电源和地线的稳定性，就是想尽一切办法让电源和地线接近理论要求：不管电源、地线上流过多大电流，其电压都是恒定不变的。比如加粗电源线（地线）、缩短电源线（地线）长度，增加合适的电源旁路、去耦电容，使用高质量的地平面，或者将数字地和模拟地分开且实现单点对接。这些，将在后文阐述。

克服翻转抖动的另外一种方法，就是给比较器增加迟滞，用正反馈将原本开环的比较器改变成迟滞比较器。这种方法在第 3.1 节中已经陈述，请参考。图 3.34 右图所示为增加了迟滞后的波形，可见其翻转抖动几乎不存在了。

◎高速比较器应用注意

高速比较器更易出现各种各样的问题。设计之初就必须牢记如下规则，以最大程度地避免出现问题。本部分内容摘自 LT 公司 Jim Williams 的技术文章“A Seven-Nanosecond Comparator for Single Supply Operation”（AN72），该文以高速比较器 LT1394 为例，介绍了多种应用中出现的问题及解决方法。

1）一定要给比较器电路增加合适的旁路电容

前面我们说过，要想尽一切办法保证电源和地符合理论要求。旁路电容就是其中一个办法：在器件电源管脚的最近处，对地接一个或者两个电容，以避免突变电流在漫长的电源线上（含有电阻和电感）产生突变压降。

图 3.35（a）所示是一个未经旁路的 LT1394 输出波形，可以看出，它是如此混乱。而经过不合适旁路（Poor Bypassing）的输出波形如图 3.35（b）所示，它看起来好了一些，但仍有过冲和低电平毛刺。文中没有给出完美旁路产生的效果，但我们可以想象。

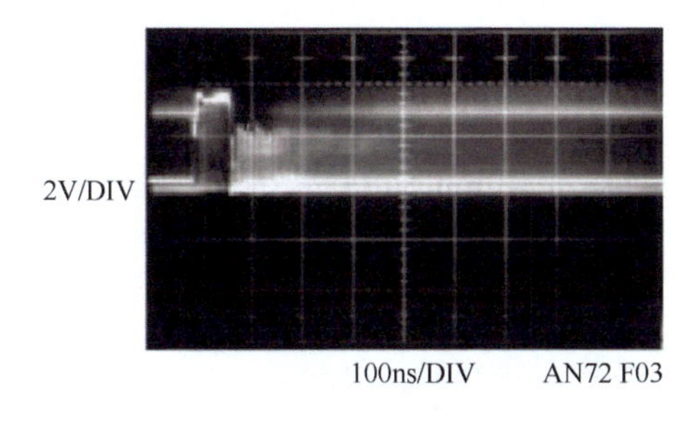

（a）未经旁路的输出波形

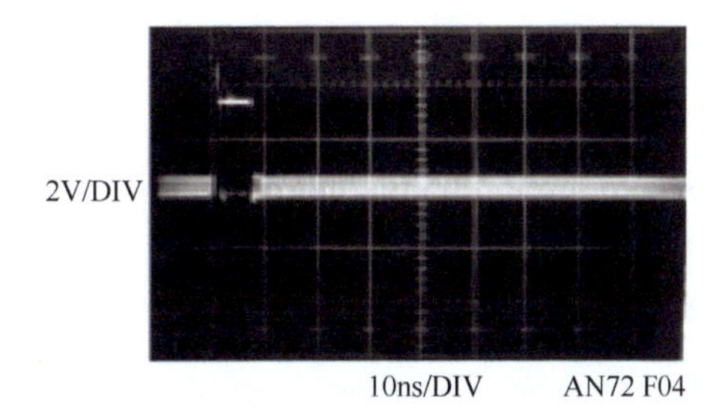

（b）经过不合适旁路的输出波形

图 3.35 LT1394 输出波形

我们知道，所有的电容都不是理想电容。不同种类的电容与理想电容的差异也不同。在旁路电容选择上，有很多经验之谈。一个较大的铝电解电容，比如 10μF，与一个较小的陶瓷电容，比如 10nF，并联作为旁路电容，是多数情况下较好的配合。并且，这个电容组必须焊接在比较器电源管脚的根部，越近越好。

2）一定要给比较器电路使用地平面

地平面（Ground Plane）是印制电路板（PCB）上一大块铜皮形成的区域，直接连接到电源地上。在双层电路板中，它可能占据了绝大部分空闲区域，而在多层电路板中，它通常是一个独立的层，占据该层整个面积。地平面在电路中表示接地节点。

地平面具有极大的面积，直接带来的好处有两点：第一，它具有极低的导通电阻，可以在通过大电流时保持地平面上任意两点之间的电位差足够小，以保证地符合理论要求；第二，它还具有极低的电感，对高频电流也不会产生足够大的压降。

在一个电路板中，如果可以将模拟区域和数字区域明确分开，那么地平面有时也会被分成两大块，一块服务于洁净的模拟电路，另一块服务于杂乱的数字电路，两块地平面之间用较细的导线或者0电阻联通。

即便使用了地平面，也不能完全保证比较器的地管脚非常稳定，还必须保证比较器的接地引脚与地平面之间的引线足够短且足够粗。这样说来，对于高速比较器而言，用插座是绝对不行的。

3）用高速布线技术实施PCB设计

高速布线技术有别于低速布线技术，关键在于高速布线技术考虑了杂散参数。在低速领域，电路板中的两个隔离线具有足够大的电阻，但在高速领域，它们之间的杂散电容就会起作用。同时，长长的导线中存在的电感，也会跳出来破坏正常的工作。因此，走线、位置、间距、方向、粗细、长短、过孔等都将对高速电路产生不可忽视的影响。要设计高速比较器电路，必须认真研读相关资料。

4）使用合适的探头、示波器

如果要观察比较器输入/输出状态，一定要注意常规探头和示波器并不理想，它们会影响电路的正常工作。

图3.36（a）所示是比较器LT1394的两个输出波形，A线所示为使用了正确的探针补偿的波形，B线所示为使用了错误的探针补偿的波形。诡异之处在于，两者的输出供电都是5V，B线却具有8V以上的幅度，这看起来让人匪夷所思。

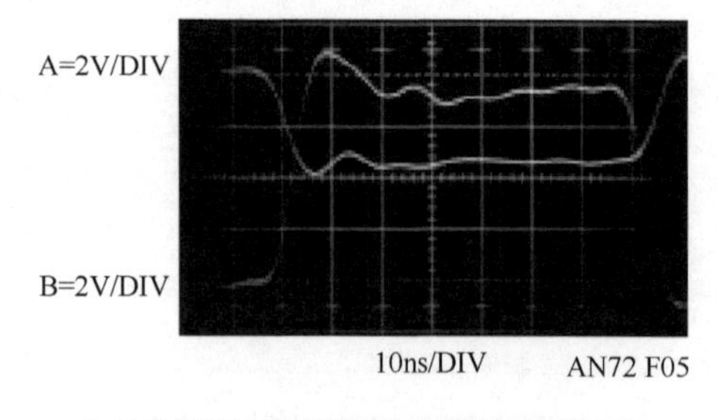

（a）使用了正确/错误探针补偿的输出波形

（b）使用了过度补偿的输出波形

图3.36　LT1394的输出波形

要解释这个现象，必须了解示波器探头和探头衰减补偿，如图3.37所示。首先，任何一个示波器的输入端都存在输入电阻R_1（约为1MΩ），以及输入电容C_1（包括电缆线）（为几十皮法），如图3.37所示。VF_2为接入示波器内部测量电路的节点。可以看出，这是一个低通网络，其截止频率约为：

$$f_{\mathrm{H}}=\frac{1}{2\pi\left(R_{\mathrm{S}}//R_1\right)C_1}=21.2\mathrm{MHz}$$

这就是普通1:1探头表现出的低通效果，它无法实现高频信号的测量。

其次，我们来看看1:10探头，就是常见的1/10衰减探头。它的模型如图3.37右上角所示。探头中串联了一个电阻R_3和电容C_3的并联，这就是衰减补偿。低频时，VF_3约为VF_1的1/10，示波器会识别出目前使用了1/10衰减探头，于是自动将测量结果乘以10。当频率逐渐增大时，只要满足探头中的R_3C_3等于示波器输入端的R_1C_1，就可以实现一个奇妙的效果：VF_3的带宽扩大了10倍。整个电路中4个输出的频率特性如图3.38所示。从图3.38可以看出，VF_3的−3dB带宽为211MHz，且在此频率内，增益保持在−20dB。

同样的道理，当探头中的串联电阻改为99MΩ，就实现了1:100探头，这在吉赫级高频示波器中使用，相应地，它的并联电容也变为0.7576pF，以满足$R_4C_4=R_1C_1$。从图3.38可看出，VF_4的带宽拓展到2.11GHz。

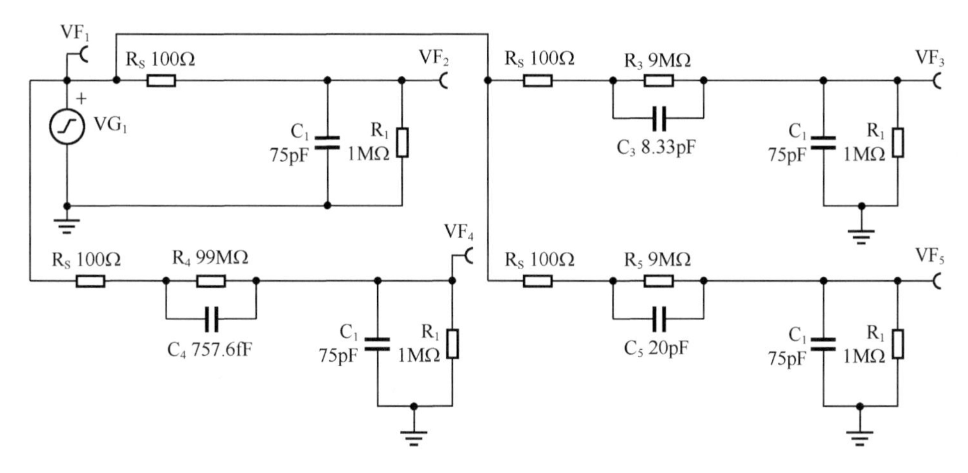

图 3.37　示波器探头模型和探头衰减补偿

现在，让我们看看如果两个时间常数不一致会带来什么效果。图 3.37 右下角所示的电路中，我们将 C_5 由应该的 8.33pF 改为 20pF，从图 3.38 中我们看到，VF_5 在 10kHz ～ 10MHz 的增益不是 -20dB，而是 -13.53dB，当示波器将其乘以 10，可得到 6.47dB，约为 2.1 倍，这就是我们看到的波形幅度由原先的 4V 变为 8V 的根本原因。

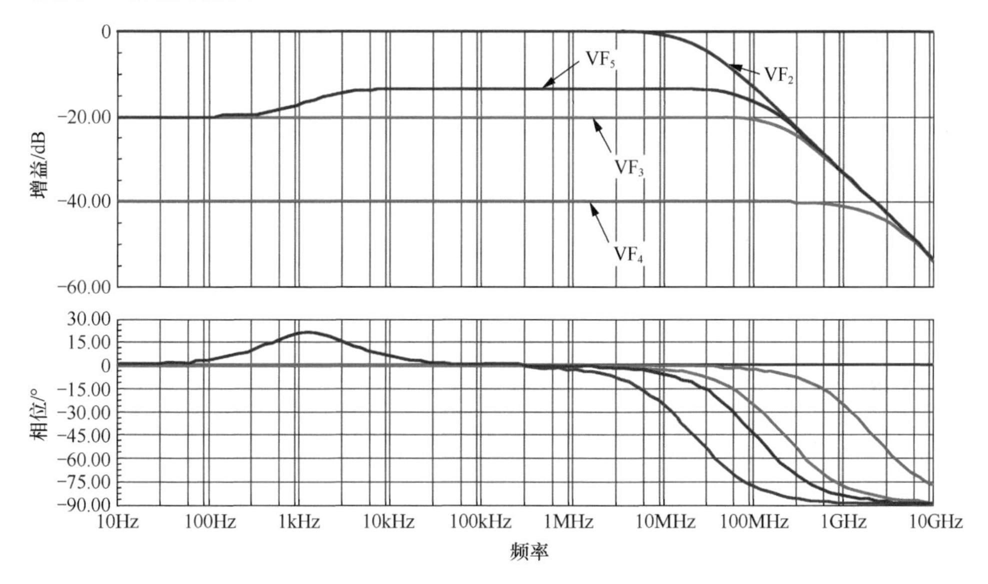

图 3.38　示波器探头模型和探头衰减补偿的输出频率特性

因此，第一，在测量频率大于 20MHz 的信号时，除了选择带宽足够的示波器，还要使用 1 : 10 衰减探头。第二，该探头内部的补偿电容必须和示波器本身的电容相匹配，以满足两个时间常数相等的基本要求。第三，每个示波器内部的电容（加上电缆线的电容）都是存在差异的，一个新探头和示波器对接后，必须完成微调才能互相匹配。

在测量高频信号时，随意更换探头，就如同给近视者随意更换眼镜一样。

探头的补偿状态一般分为正确补偿、欠补偿，以及过度补偿。对于一个方波输入，当欠补偿时，会出现过冲和振铃；当过度补偿时，会引起较大的滞后和明显的爬坡效果。如图 3.36（b）所示，对于 LT1394 这样具有 7ns 传输延迟的比较器，其输出波形居然出现了 50ns 的明显爬坡，这就是过度补偿带来的。

5）注意降低信号源内阻

高速比较器接收的是高速信号，因此它非常惧怕低通滤波器。信号源电阻，也就是前级信号的输出电阻，会与比较器输入端电容组成低通滤波器。

提高此低通滤波器上限截止频率是唯一的解决方案。而这种方案有两种实现方法：第一，降低前级信号源的输出电阻；第二，降低比较器输入端的等效输入电容。一般来说，比较器输入端等效电容主要由比较器芯片性能决定，也受到线路与周边“地”之间的杂散电容影响。

如果选择了输入端电容最小的比较器，又通过优秀的电路板设计，将杂散电容降至最小，此时应重点考虑降低前级信号源内阻。

◎比较器典型电路

以举例方式，给出一些常见的比较器应用电路。

举例1 单电源过零比较

过零比较是比较器最为常见的一个应用。对于正弦信号来说，实现过零比较，可以获得信号的0°相位和180°相位。

有些比较器可以双电源供电，有些则只能单电源供电。可以双电源供电的比较器有时受整机设计限制，只能采用单电源供电。此时，面对一个双极性（有正有负）输入信号，就会出现输入信号在负电压时超过了比较器的共模输入范围问题。图3.39所示是LT1394的过零比较电路，这是一个单电源供电电路。它的特点在于，面对负输入信号，肖特基二极管1N5712可以起到保护作用。另外，由于信号属于高频，传输线中必须添加阻抗匹配R_T。

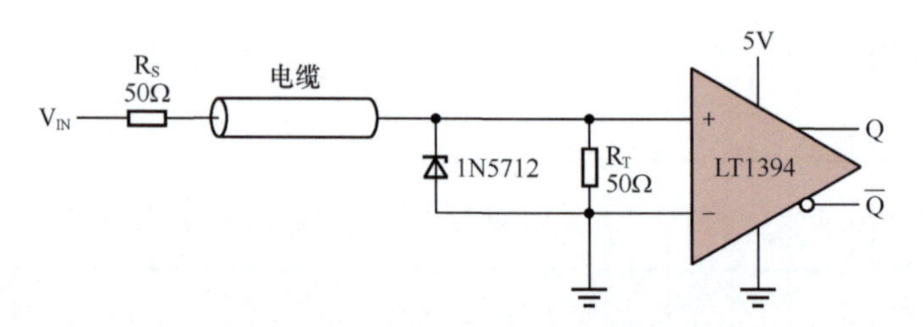

图3.39 举例1电路：LT1394的过零比较电路

在过零比较中，一般不使用迟滞电路，否则过零点将发生偏移。

举例2 过零比较的动态迟滞

所谓的动态迟滞电路，是指形成迟滞的正反馈电路，由电阻和电容串联形成，在比较器发生翻转后的短暂时间内，比较基准电压存在迟滞效应，随后迟滞效应逐渐消失，回归到0电压比较状态。它既能抵抗比较器的误翻转，又能保证比较基准电压维持在0V。图3.40所示电路为高速比较器TLV3501形成的单电源动态迟滞过零比较电路，图3.40中的V_{out}将比较器输出值分压1/5，其只是为了当多个波形在同一张图中显示时，波形更加清晰。

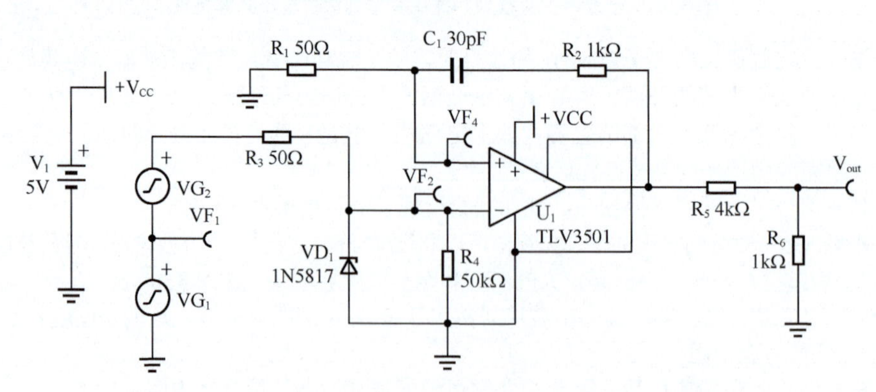

图3.40 举例2电路：TLV3501的单电源动态迟滞过零比较电路

图 3.40 中 VG_1 为 1MHz 正弦波，幅度为 1V，直流偏移量为 0V；VG_2 为叠加的噪声信号，用 30MHz 频率、200mV 幅度、0 直流偏移量的正弦波模拟。图 3.40 中的 TLV3501 是一款传输延迟为 4.5ns 的单电源比较器。电阻 R_3 为输入信号的源电阻，R_4 为电路中与源电阻匹配的电阻，1N5817 为肖特基二极管，保证信号负电压时，加载到比较器输入端的电压不会低于 −0.2V——TLV3501 对输入电压的要求正是如此。

此电路的输入 / 输出波形如图 3.41 所示。我们从图 3.41 中 t_1 时刻开始分析。t_1 时刻是比较器电路全部进入稳定状态的时刻，此时输出电压为 0V，电容放电已经完成，流过电阻 R_1 和 R_2 的电流为 0A。比较器正输入端电位为 0V，输入信号经阻抗匹配分压后，到达比较器负输入端时大于 0V、小于 500mV。这样的输入状态可保证输出为 0V。这个状态将一直持续到 t_2 时刻。

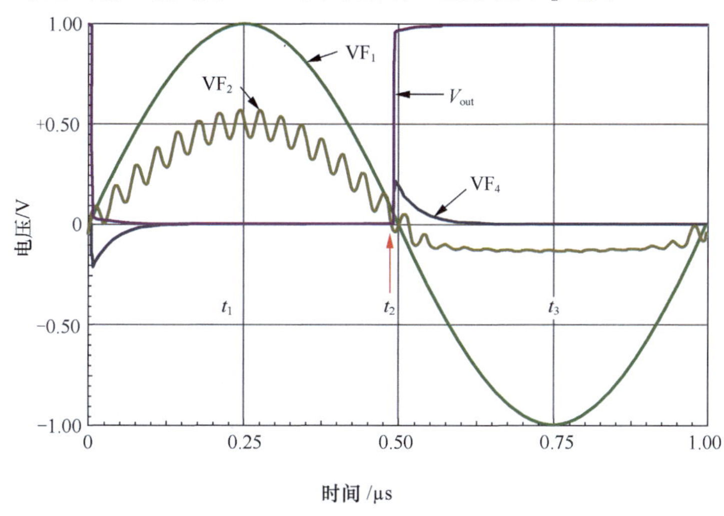

图 3.41　举例 2 电路输入 / 输出波形

t_2 时刻，一个关键动作发生：VF_2 第一次小于 0V，比较器立即发生翻转，由 0V 开始变为 5V（经 1/5 分压后即图 3.51 中的 1V）。由于电容 C_1 的电压仍是 0V，且不可能突变，而流经电容的电流会突变为 $5V/(R_2+R_1)=4.762mA$，则 VF_4 电位会突变为 4.762mA×50Ω=0.238V。这个电流将给电容充电，且随着电容电压的上升，电流逐渐减小。VF_4 从 0.238V 开始，逐渐下降，成为一条负指数放电曲线，其时间常数为 $\tau=C_1(R_2+R_1)$，约为 31.5ns。显然，在 0 ～ τ 内，VF_4 尚未归 0，还能保持足够大的正电压，这相当于一个迟滞效应。此时，即便输入信号又发生了大于 0V 的情况，但都没有超过 VF_4 的瞬时电压，因此也就无法引起比较器的误翻转。

随着时间的流逝，VF_4 逐渐又回归到 0V，进入 t_3 阶段。此时，比较器重新开始以 0V 为基准的比较行为。再次发生翻转时，波形回到了图 3.41 中的 t=0 时刻，输出由 5V 迅速变为 0V，电容存在一个放电行为，VF_4 出现一个 −0.238V 的突变，产生了负向的迟滞效果，随后逐渐趋于 0V，进入 t_1 开始的稳态。

动态迟滞的核心是比较基准仍是 0V，但在翻转后的瞬间，会产生迟滞效果。这个迟滞效果的电压及持续时间，取决于电阻电容的配合度。

① $\tau=C_1(R_2+R_1)$，决定了迟滞效果的持续时间。

② R_2 和 R_1 的比值，决定了迟滞突变电压（即例子中的 0.238V）的大小。R_2 越大，该值越大。

举例 3　预放大提高比较器灵敏度

本例的原始变化信号为 1mV 阶跃信号，产生 500μV 过驱，理论波形如图 3.42 所示，其中假设比较器的失调电压为 0V，无迟滞。要求比较器在 18ns 内产生与之对应的翻转，即图 3.42 中的 t_{pdR} 和 t_{pdF} 的最大值小于 18ns。本例的难度在于输入信号太小。

比较器的灵敏度和反应速度是矛盾的。因此，多数高速比较器为了追求纳秒甚至百皮秒数量级的传输延迟，通常会牺牲灵敏度指标，使得比较器的最小差值电压在几毫伏时，才有明确的翻转——从数据手册可以看出，多数比较器的指标测量中，以 5mV 过驱电压为最小值。因此，对于高速比较器来说，一个仅有 500μV 的过驱电压，要想驱动比较器翻转，是极为困难的，也是极不可靠的。

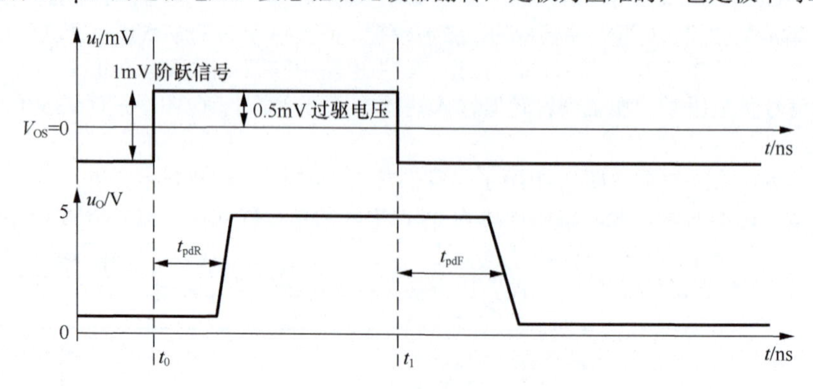

图 3.42　举例 3 的理论波形

因此，要对输入信号进行预放大，然后驱动比较器，才能得到要求的结果。LT1394 数据手册给出了一个电路，如图 3.43 所示。

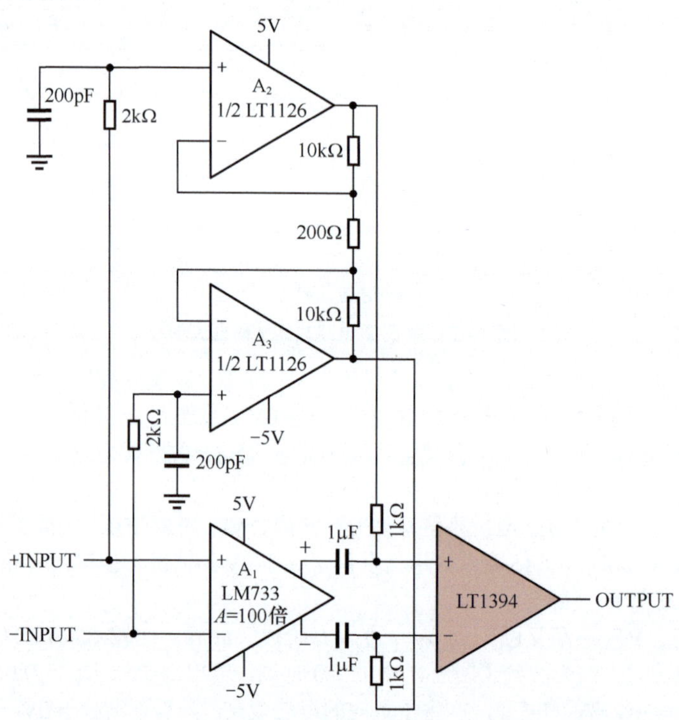

图 3.43　基于 LM733 的 LT1394 预放大电路（摘自 LT1394 数据手册）

图 3.43 中，LM733 为一款高速程控增益放大器，原属 NS 公司，已经停产。它可以实现 3 种增益设定，分别为 400 倍、100 倍和 10 倍，在 100 倍增益时，具有 90MHz 带宽、6ns 传输延迟，以及 4.5ns 上升延迟，加上比较器 LT1394 的 7ns 传输延迟，基本可以满足题目要求的 18ns 传输延迟要求。但是很遗憾，它的直流性能非常差，输出失调电压居然达到 1V 数量级。为此，图 3.43 所示电路采用了另外一组电路，由低频精密放大器 LT1126 组成的差动放大器电路，也实现 100 倍放大，然后将其输出和 LM733 的输出通过阻容耦合（图 3.43 中的 1μF 电容和 1kΩ 电阻）汇集在一起，起到互相补充的作用。

以 LT1394 正输入端为例，其表达式为：

$$u_{1394\_in}=u_{733\_out}\times\frac{R}{\frac{1}{SC}+R}+u_{1126\_out}\times\frac{\frac{1}{SC}}{\frac{1}{SC}+R}=u_{733\_out}\times\frac{1}{1+\frac{1}{SRC}}+u_{1126\_out}\times\frac{1}{1+SRC} \qquad (3\text{-}20)$$

式（3-20）中，第 2 个等号右侧第一项为一个高通表达式，第二项为一个低通表达式，其截止频率相同，将 R=1000Ω、C=1μF 代入，为 159Hz。

对于直流信号，LM733 具有不确定的失调，该失调电压在第一项中被抑制为 0V。而 LT1126 的失调电压非常小，在第二项中表现为系数 1。因此，加载到比较器输入端的直流信号完全取决于 LT1126 实现的 100 倍放大，即输入直流量的 100 倍。

对于远大于 159Hz 的信号，LM733 具有准确的 100 倍放大，乘以第一项的系数，应为 1，而第二项的系数近似为 0。因此，加载到比较器输入端的高频信号完全取决于 LM733，为输入高频信号的 100 倍。

对于 0 ～ 159Hz 附近的信号，LM733 可以实现 100 倍准确放大，但第一项的系数不为 1；LT1126 也能实现 100 倍准确放大，第二项系数也不是 1。但是请注意，此时 LM733 的输出信号与 LT1126 的输出信号是完全相同的，都是 100 倍，无相移。则有：

$$u_{1394\_in}=u_{733\_out}\times\frac{1}{1+\frac{1}{SRC}}+u_{1126\_out}\times\frac{1}{1+SRC}=u_{in}\times100\times\frac{1}{1+\frac{1}{SRC}}+u_{in}\times 100\times\frac{1}{1+SRC}=u_{in}\times100\left(\frac{1}{1+\frac{1}{SRC}}+\frac{1}{1+SRC}\right)=u_{in}\times100 \tag{3-21}$$

这说明，这个频段内的信号到达 LT1394 的输入端，实现了 100 倍放大。综上所述，对于 0Hz 到很高频率（LM733 带宽内），这个阻容耦合电路均实现了 100 倍放大，且消除了 LM733 直流失调电压的影响。

这种设计思路与复合放大电路有异曲同工之妙。LT1394 数据手册给出了测试电路关键点波形，如图 3.44 所示。

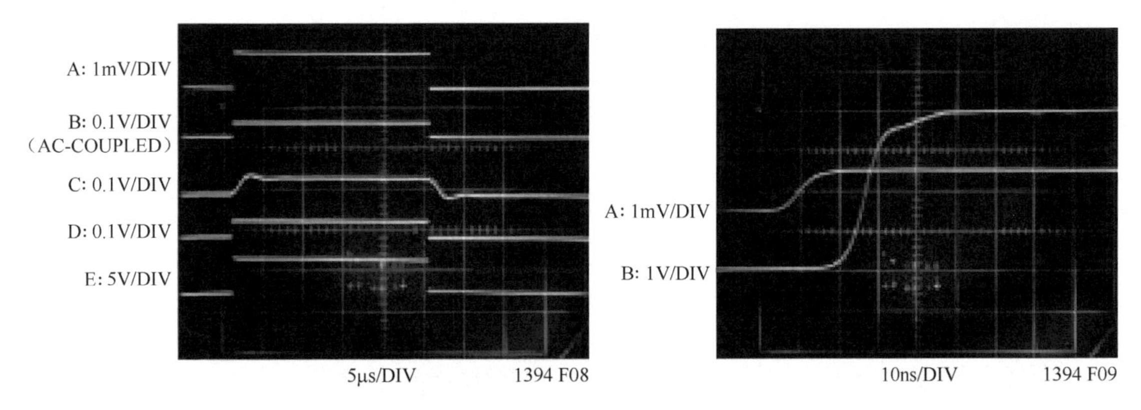

图 3.44　举例 3 电路关键点波形（摘自 LT1394 数据手册）

图 3.44 中的左图是以较低扫速（5μs/DIV，即每格 5μs）获得的输入 / 输出关系。A 线所示为电路图中 +INPUT 脚波形，而 −INPUT 被接地，可以看出它是一个约为 25μs 宽的 1mV 阶跃信号。B 线所示为 LM733 的正端输出信号经示波器交流耦合获得的波形，可以看出它阶跃明显，幅度约为 50mV，是对输入信号的准确 50 倍放大（LM733 的负输出端也有 −50 倍放大，两者差值为 100 倍放大）。而 C 线所示为 LT1126 的正输出端波形，可以看出它的总体幅度也是 50mV 左右，但上升沿出现了严重的缓慢爬坡，且有抖动，这已经不再是输入信号的 100 倍放大，而是其变形结果。D 线所示为比较器 LT1394 的正输入端信号，是 B 线和 C 线所示波形通过阻容耦合叠加的结果。注意：第一，它阶跃明显，几乎是输入信号的完美 100 倍放大；第二，它没有采用示波器交流耦合，即它的直流分量几乎为 0V，抵抗住了 LM733 的失调电压。E 线所示为比较器输出波形，可以看出，它准确地翻转了。这说明，该电路对 1mV 阶跃、500μV 过驱电压非常灵敏。

图 3.44 的右图展示了该电路的传输延迟。可以看出，从输入信号的爬坡中点到输出信号的爬坡中点约为 1.6 格，即 16ns，满足设计要求的小于 18ns。

本例采用的 LM733 已经停产，但这种设计思路仍可借鉴。读者可以自行选择合适的放大电路代替 LM733，也可以选用其他精密放大器代替 LT1126。

举例 4 快速事件捕获

一个快速事件，比如一个窄脉冲的出现，可能只有几纳秒，转瞬即逝，处理器可能还来不及看见，它就消失了。本例电路可以将这个快速事件产生的比较器翻转延续保持，直到你不需要它。

图 3.45 所示是 LT6752-2 数据手册给出的一个参考电路。快速事件来自比较器正输入端，为一个 50mV、10ns 的脉冲。比较器的负输入端为一个来自正电源的分压基准，约为 3.6mV，对地的 0.1μF 电容是为了减小电源噪声对基准电压的影响。设计的核心在于对比较器 $\overline{\text{LE}}$/HYST 管脚的应用。

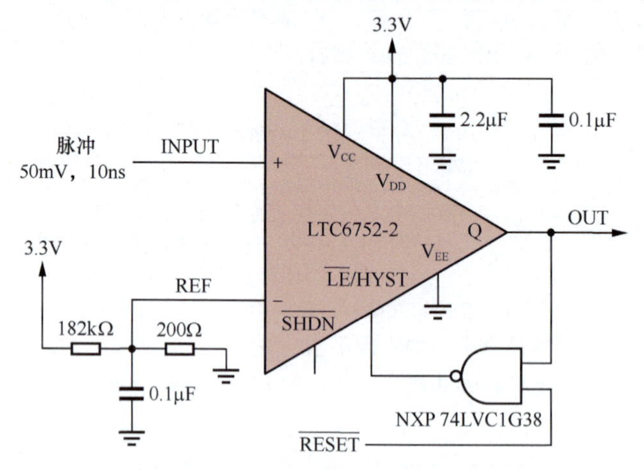

图 3.45 举例 4 电路（摘自 LTC6752-2 数据手册）

LTC6752-2 的 $\overline{\text{LE}}$/HYST 脚是一个复用脚，该管脚电压 U_{LH} 对比较器有如下影响。

① 当 $U_{LH}-V_{EE}<0.3V$ 时，比较器满足锁定条件，进入锁定状态。此时，比较器将此前的输出保持不变，直到锁定条件消失。

② 当 $U_{LH}-V_{EE}>0.3V$ 时，比较器的输出将跟随输入状态变化，不再锁定，且此时的 $U_{LH}-V_{EE}$ 将直接决定比较器的滞回电压。该值越大，滞回电压越小，直至滞回电压为 0V。

粗略来看，这是一个反馈系统。图 3.45 中的 NXP 74LVC1G38 是一个高速漏极开路输出的与非门。当 $\overline{\text{RESET}}$ 脚为低电平时，对于与非门来说，输出将是高电平，比较器既没有锁定，也没有过大的滞回，就是一个简单的比较器。

当 $\overline{\text{RESET}}$ 脚变为高电平时，比较器就进入了快速事件捕获状态。当没有输入快速事件时，比较器正输入端为 0V，负输入端为 3.6mV，输出为 0V，与非门的输出为高电平，比较器处于等待比较的正常工作状态。一旦快速事件发生，比较器输出立即变为高电平，这导致与非门输出变为低电平，使得比较器进入锁定状态，其原本的输出高电平将被保持住，不管输入快速事件是否消失。此时，比较器就锁死了，不管输入怎么变化，输出都不变化。

唯一能够激活比较器的是 $\overline{\text{RESET}}$ 脚。一般来说，快速事件捕获电路的目的是把输入的短瞬变化“定格”，等待后续的处理器电路处理它。处理器像一个反应迟钝的老人，在慢腾腾地读取了快速事件状态后，会将 $\overline{\text{RESET}}$ 脚电压重新变低，此时的与非门电压立即变高，比较器又回到了最初的比较状态。

整个过程的输入 / 输出波形如图 3.46 所示。

处理器命令 $\overline{\text{RESET}}$ 电压变高，进入快速事件捕获状态，在横轴第一个格子中间位置，输入信号发生了一个微小的扰动，这引发了输出变高。变高的输出迫使 $\overline{\text{LE}}$/HYST 脚电压变低，使得比较器保持输出高电平，即使输入扰动消失。这个阶段从横轴 0.5 格到横轴 1.6 格，供处理器读取。第 1.6 格处，$\overline{\text{RESET}}$ 电压变低，这时处理器完成了读取工作，告知本电路回归原态。但奇怪的是，此时比较器应该立即进入正常比较状态（正输入为 0V，负输入为 3.6mV，输出应为低电平），但可以看出，实际的输出一直持续高电平长达 4 格多，约为 210ns。

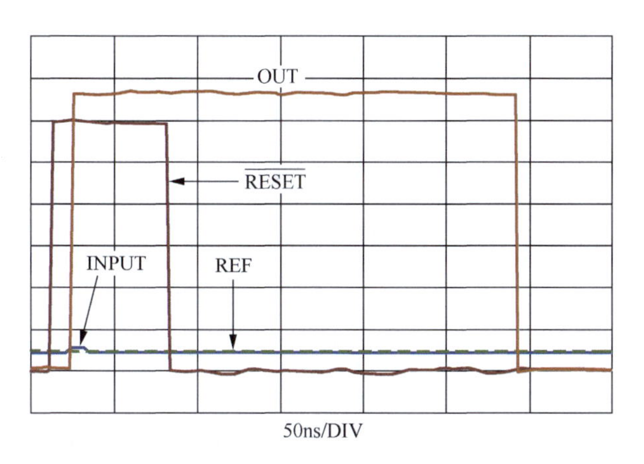

图 3.46　举例 4 输入 / 输出波形（摘自 LTC6752-2 数据手册）

要搞懂这是为什么，必须知道比较器的 $\overline{\text{LE}}$/HYST 内部输入结构，以及 74LVC1G38 与非门的内部输出结构。图 3.47 画出了两者之间的关系。

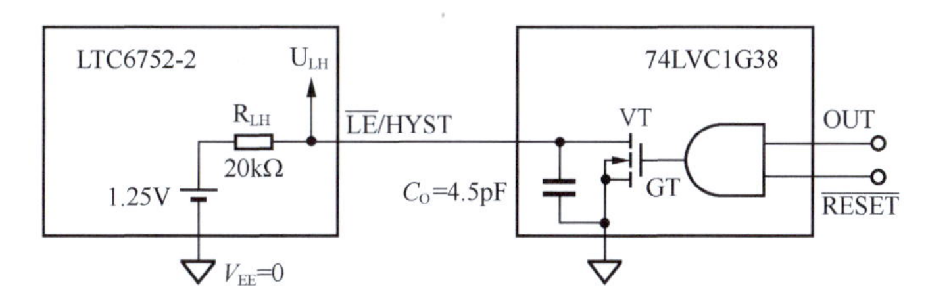

图 3.47　LTC6752-2 的内部输入结构和 74LVC1G38 与非门的内部输出结构的关系

对于 LTC6752-2 的 $\overline{\text{LE}}$/HYST 脚，其内部存在一个 1.25V 基准电压和一个 20kΩ 电阻，对芯片状态起作用的是图 3.47 中的 U_{LH}。显然，如果它被浮空，芯片默认该脚电压为 1.25V，处于非锁定状态，且具有大约 5mV 的滞回电压。

至于 74LVC1G38，可以将其简化成一个与门和一个漏极开路晶体管的串联。在逻辑上，可将漏极开路晶体管视为一个非门。当 GT 脚为高电平时，晶体管导通，输出为低电平；而 GT 脚为低电平时，晶体管阻断，输出状态取决于外部电路。注意，74LVC1G38 的输出端具有一个大约为 4.5pF 的输出电容，这来自它的数据手册。

下面结合内部结构来分析上述过程。

在 1.6 格处之前，OUT 为高电平，$\overline{\text{RESET}}$ 为高电平，则 GT 为高电平，晶体管处于导通状态，U_{LH}=0V，比较器处于锁定状态。

在 1.6 格处，$\overline{\text{RESET}}$ 电压突变为 0V，导致 GT 电平立即变低，晶体管立即关闭。此时，1.25V 内部电源开始通过 20kΩ 电阻给 C_O 充电，U_{LH} 则开始从 0V 向 1.25V 爬升，爬升时间常数为：

$$\tau = R_{LH} \times C_O = 90\text{ns}$$

随着 U_{LH} 的逐渐上升，比较器开始摆脱锁定状态，进入比较状态，但此时的滞回电压仍很大，比较器并不会在 U_{LH}=0.3V 时立即翻转，而会在 $2\tau \sim 3\tau$ 后，U_{LH} 上升到 1.2V 左右，滞回电压已经足够小时，才发生翻转。实测时间为 210ns，就是这个原因。

举例 5 脉冲延展电路

上述快速事件捕获电路，第一依赖于 LTC6752-2 的特殊锁定功能，第二还得用 $\overline{\text{RESET}}$ 复位，麻烦且不通用。而脉冲延展电路则将瞬间变化的窄脉冲信号，延展成一个宽度可控的宽脉冲信号，以利用慢速的处理器发现它。这类似于数字电路中的单稳态电路。

图 3.48 所示是 LTC6752-2 数据手册提供的脉冲延展电路。比较器 U_1 为主比较器，其负输入端设定为 10mV，以确保在输入信号无效（浮空）时比较器 U_1 的输出始终为 0V。此时，比较器 U_2 的输出

也是 0V。二极管和 1kΩ 电阻支路不导通。

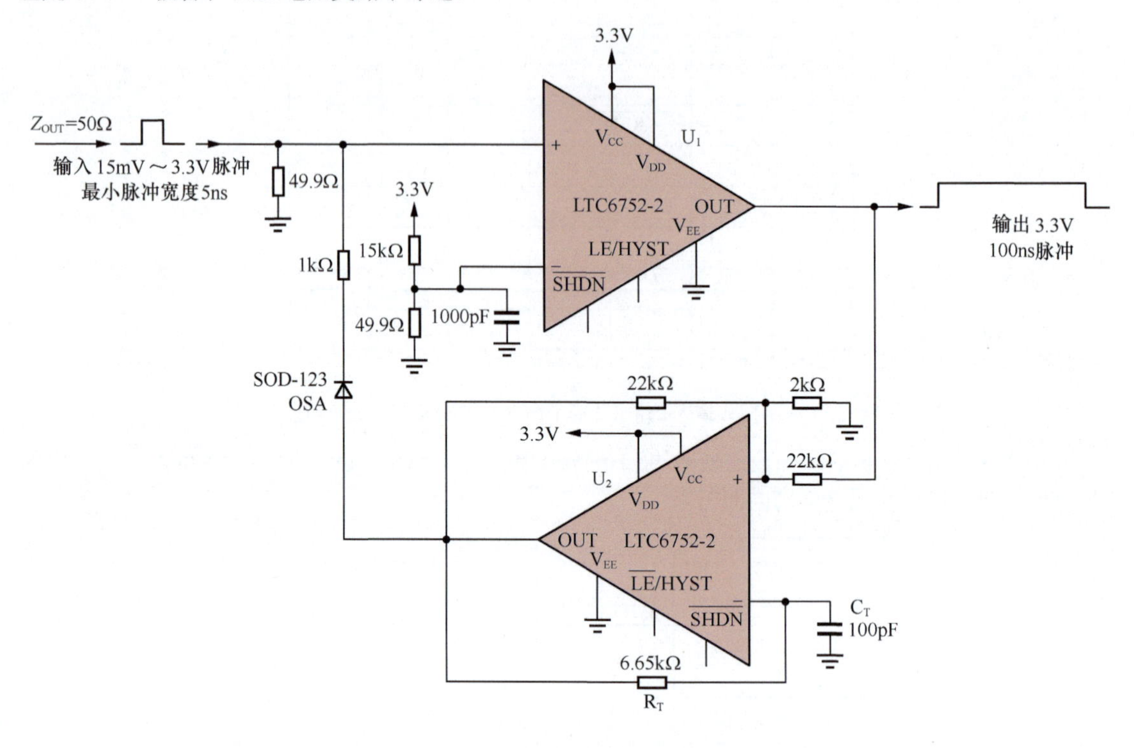

图 3.48 LTC6752-2 实现的脉冲延展电路

当大于 15mV 的输入信号加载到正输入端时，U_1 翻转为高电平。这个变高的电平作用到 U_2 的输入端，立即使得 U_2 的输出变高，二极管导通，使得比较器 U_1 的正输入端维持大于 10mV 的状态。即便输入信号变为 0V，由于输入信号含有 50Ω 输出电阻，仍有如下分压关系成立：

$$U_{\text{IN+1}} \approx U_{\text{OUT2}} \times \frac{Z_{\text{OUT}} // 49.9\Omega}{Z_{\text{OUT}} // 49.9\Omega + 1000\Omega} = 80.49\text{mV}$$

这个电压足以保证比较器 U_1 维持输出高电平。如果这个状态能够持续下去，这个电路就相当于一个触发器了——一个微小脉冲的进入，导致输出翻转并持续下去。

但这个状态不会持久。比较器 U_2 在悄悄改变。注意，比较器 U_2 在刚变为高电平输出时，其正输入端电压为：

$$U_{\text{IN+2}} = 0.508\text{V}$$

而比较器 U_2 的负输入端刚开始为 0V，U_2 输出一旦变为高电平，它就通过电阻 R_T=6.65kΩ 给电容 C_T=100pF 充电，时间常数为 665ns。在电容电压到达 0.508V 之前，比较器 U_2 维持输出高电平。在 t=T 时刻，电容被充电稍大于 0.508V，一定会导致比较器 U_2 翻转为 0V。此时，对于 U_1 来说，输入信号已经消失，U_2 也变为 0V，输出自然就回归到 0V 了。这样，U_1 就出现了一个宽脉冲，其脉冲宽度受到充电过程影响。电容充电电压随时间变化关系为：

$$u_{\text{IN-2}}(t) = 3.3 \times \left(1 - \text{e}^{-\frac{t}{\tau}}\right) = 3.3 \times \left(1 - \text{e}^{-\frac{t}{R_T C_T}}\right) \tag{3-22}$$

在 T 时刻，被充电到 0.508V，有：

$$3.3 \times \left(1 - \text{e}^{-\frac{T}{R_T C_T}}\right) = 0.508$$

解得：

$$T = \ln\left(\frac{3.3}{3.3 - 0.508}\right) \times R_T C_T = 111\text{ns}$$

显然，增大时间常数可以获得更宽的脉冲，改变 U_2 输入端电压也可以。

举例 6 保险丝电路

图 3.49 所示是 LT1016 数据手册提供的一个保险丝电路，它和交流电过流保护的保险丝、空气开关的功能类似：当负载过重（阻值很小的负载）导致电流过大时，自动阻断供电线路。在人工发现负载已经摘除时，手动复位恢复电路供电——推上空气开关或者更换保险丝。

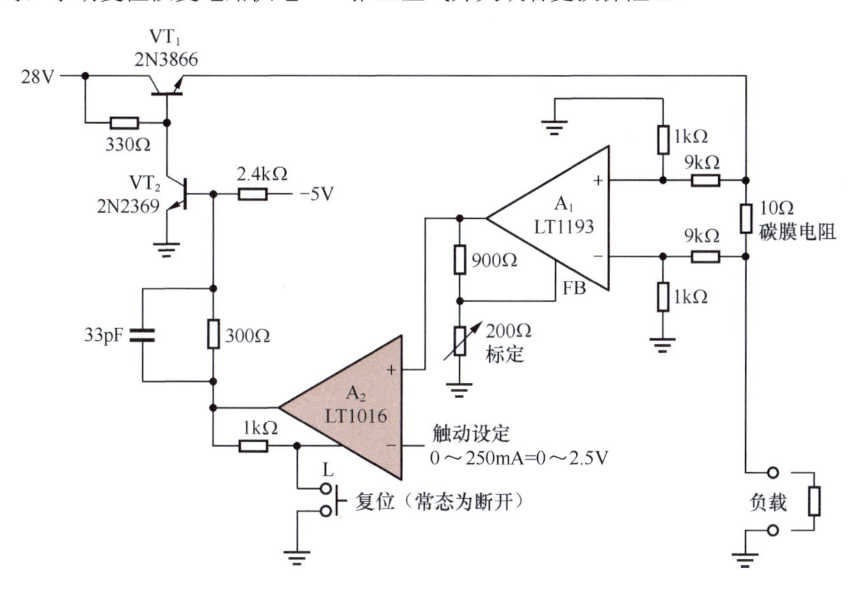

图 3.49 LT1016 实现的 18ns 保险丝电路

图 3.49 中的开关动作来自晶体管 VT_1，它能够通过正常工作时足够大的负载电流。而 VT_1 的动作又取决于晶体管 VT_2 的状态。

① 当 VT_2 处于截止状态时，就像 VT_2 被拔掉一样。28V 电压通过 330Ω 电阻打通晶体管 VT_1 的发射结，导致晶体管 VT_1 处于饱和状态，电路给负载正常供电。

② 当 VT_2 处于饱和状态时，VT_2 的集电极电位约为 0.3V，即 VT_1 的基极电位完全无法打通 VT_1 的发射结，导致 VT_1 处于阻断状态，供电就被切断了。

而导致 VT_2 动作的是比较器 LT1016。下面我们从右侧的 10Ω 碳膜电阻（检测电阻）开始，看过流保护是如何实现的。

LT1193 是一款早期的电流检测放大器，它能够将正输入端和负输入端之间的电压，通过外部选定的 900Ω 和 200Ω 增益电阻，实施（1+900/200）倍的放大。图 3.49 中两对 1kΩ 和 9kΩ 电阻将 10Ω 电阻上的电压实施 1/10 分压，以避免 28V 供电电压直接接触 LT1193 的输入端：LT1193 的输入电压必须在供电电压之内。

如果 LT1193 实现 10 倍增益（将 200Ω 可调电阻调为 100Ω），则其输出电压为：

$$u_{\mathrm{OUT\_1193}} = 10\left(u_{\mathrm{IN+}} - u_{\mathrm{IN-}}\right) = 10\left(0.1u_{\mathrm{UP}} - 0.1u_{\mathrm{DOWN}}\right) = u_{\mathrm{UP}} - u_{\mathrm{DOWN}} = i_{\mathrm{LOAD}} \times 10\Omega \qquad (3\text{-}23)$$

其中，u_{UP} 为 10Ω 电阻顶端电位，u_{DOWN} 为 10Ω 电阻底端电位。

这样，在比较器的负输入端设定一个参考电压，就可以作为电流超限的检测，以电流上限为 250mA 为例，可以将负端电位设定为 250mA×10Ω=2.5V。

此时，如果负载电流小于 250mA，LT1193 的输出电压就会小于 2.5V，比较器 LT1016 输出为低电平。此电平一方面通过 1kΩ 电阻作用到 LT1016 的锁存端，禁止锁存（使得比较器工作在正常状态）；另一方面，通过 300Ω 电阻和 2.4kΩ 电阻，在晶体管 VT_2 的基极产生大约为 −5V 的直流电位，保证 VT_2 处于截止状态。结合前面分析可知，此时电路可以正常工作。

一旦负载电流超过 250mA，LT1193 的输出电压就会大于 2.5V，比较器 LT1016 立即翻转为高电平。

此电平一方面通过 1kΩ 电阻作用到 LT1016 的锁存端，使得锁存生效，比较器将一直处于高电平输出；另一方面通过 300Ω 电阻和 2.4kΩ 电阻，给晶体管 VT_2 的基极施加导通条件，迫使 VT_2 处于饱和状态。结合前面分析可知，此时 VT_1 将被切断，像保险丝被烧断一样。由于 VT_1 被阻断，负载电流变为 0A，10Ω 检测电阻上的电压就会变为 0V，加载到比较器正输入端的电压也变为 0V。按说比较器应该回归到低电平，但由于 LATCH 脚的锁存作用，比较器输出无法变化。即一旦过流切断 VT_1，则 VT_1 始终被切断。

除非在卸掉过重的负载后，人工按下 RESET 开关，LATCH 脚被强制变为 0V，锁存失效，整个电路会回归到最初状态。

如果没有 LATCH 脚的参与，这个电路将处于振荡状态：过流导致比较器输出变高，VT_1 阻断，检测电阻压差为 0V，比较器输出变低，VT_1 导通，又过流导致比较器输出变高，如此往复。这在实际工作中是不合理的。

举例 7 可调占空比的方波发生电路

比较器还可以用于波形产生，可以利用晶振，也可以利用阻容元件。图 3.50 所示电路原型来自 TLV3501 数据手册。本电路有一个特点，V_2 是可变的，可以通过改变该电压，改变方波的频率和占空比。这个电路与由运放组成的方波发生器原理相同。

当电压 V_2 确定后，假设比较器输出高电平为 VF_{1H}，低电平为 VF_{1L}，则图 3.50 中 VF_3 测试点就会出现两个电平：

$$VF_{3H} = \frac{V_2 + VF_{1H}}{3} \tag{3-24}$$

$$VF_{3L} = \frac{V_2 + VF_{1L}}{3} \tag{3-25}$$

VF_2 测试点电压将在上述两个电平之间做充电、放电运动。当 V_2=8V、R_1=1kΩ、C_1=62nF 时，电路关键点波形如图 3.51 所示。

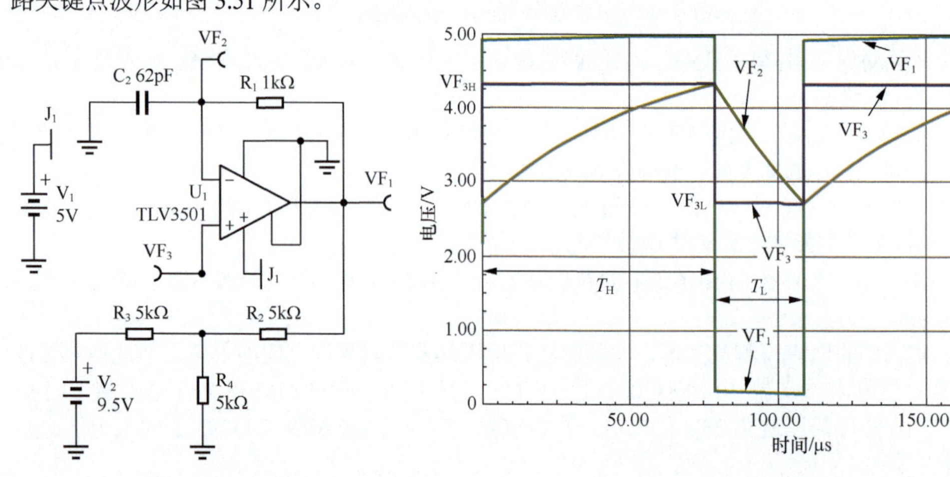

图 3.50 高速比较器 TLV3501 实现的方波发生电路

图 3.51 举例 8 电路关键点波形

在比较器高电平阶段，VF_2 电压变化与时间的关系为：

$$VF_{2H}(t) = VF_{2H}(0) + \left(VF_{2H}(\infty) - VF_{2H}(0)\right)\left(1 - e^{-\frac{t}{\tau}}\right) = VF_{3L} + \left(VF_{1H} - VF_{3L}\right)\left(1 - e^{-\frac{t}{\tau}}\right) \tag{3-26}$$

在图 3.51 中 T_H 时段，VF_2 被充电到 VF_{3H}，因此得到下式：

$$VF_{3H} = VF_{3L} + \left(VF_{1H} - VF_{3L}\right)\left(1 - e^{-\frac{T_H}{\tau}}\right) \tag{3-27}$$

将式（3-24）和式（3-25）代入，得：

$$\frac{V_2 + VF_{1H}}{3} = \frac{V_2 + VF_{1L}}{3} + \left(VF_{1H} - \frac{V_2 + VF_{1L}}{3}\right)\left(1 - e^{-\frac{T_H}{\tau}}\right) \tag{3-28}$$

解得：

$$\mathrm{VF_{1H}} = \mathrm{VF_{1L}} + \left(3\mathrm{VF_{1H}} - V_2 - \mathrm{VF_{1L}}\right)\left(1 - \mathrm{e}^{-\frac{T_H}{\tau}}\right)$$

$$\frac{\mathrm{VF_{1H}} - \mathrm{VF_{1L}}}{3\mathrm{VF_{1H}} - V_2 - \mathrm{VF_{1L}}} = 1 - \mathrm{e}^{-\frac{T_H}{\tau}}$$

$$\mathrm{e}^{-\frac{T_H}{\tau}} = \frac{3\mathrm{VF_{1H}} - V_2 - \mathrm{VF_{1L}} - \mathrm{VF_{1H}} + \mathrm{VF_{1L}}}{3\mathrm{VF_{1H}} - V_2 - \mathrm{VF_{1L}}} = \frac{2\mathrm{VF_{1H}} - V_2}{3\mathrm{VF_{1H}} - V_2 - \mathrm{VF_{1L}}}$$

$$T_H = \tau \ln\left(\frac{3\mathrm{VF_{1H}} - V_2 - \mathrm{VF_{1L}}}{2\mathrm{VF_{1H}} - V_2}\right) \tag{3-29}$$

在比较器低电平阶段，以 T_H 结束时刻为时间 0 点，$\mathrm{VF_2}$ 电压变化与时间的关系为：

$$\mathrm{VF_{2L}}(t) = \mathrm{VF_{2L}}(\infty) + \left(\mathrm{VF_{2L}}(0) - \mathrm{VF_{2L}}(\infty)\right) \times \mathrm{e}^{-\frac{t}{\tau}} = \mathrm{VF_{1L}} + \left(\mathrm{VF_{3H}} - \mathrm{VF_{1L}}\right)\mathrm{e}^{-\frac{t}{\tau}} \tag{3-30}$$

图 3.51 中 T_L 结束时刻，$\mathrm{VF_2}$ 被放电到 $\mathrm{VF_{3L}}$，因此得到下式：

$$\mathrm{VF_{3L}} = \mathrm{VF_{1L}} + \left(\mathrm{VF_{3H}} - \mathrm{VF_{1L}}\right)\mathrm{e}^{-\frac{T_L}{\tau}} \tag{3-31}$$

将式（3-24）和式（3-25）代入，得：

$$\frac{V_2 + \mathrm{VF_{1L}}}{3} = \mathrm{VF_{1L}} + \left(\frac{V_2 + \mathrm{VF_{1H}} - 3\mathrm{VF_{1L}}}{3}\right)\mathrm{e}^{-\frac{T_L}{\tau}} \tag{3-32}$$

解得：

$$T_L = \tau \ln\left(\frac{V_2 + \mathrm{VF_{1H}} - 3\mathrm{VF_{1L}}}{V_2 - 2\mathrm{VF_{1L}}}\right) \tag{3-33}$$

设 $\mathrm{VF_{1H}}$=4.97V、$\mathrm{VF_{1L}}$=0.13V，将 V_2=8V、R_1=1kΩ、C_1=62nF、$\tau=R_1C_1$=62μs 代入式（3-29）、式（3-33），得：

$$T_H = \tau \ln\left(\frac{3\mathrm{VF_{1H}} - V_2 - \mathrm{VF_{1L}}}{2\mathrm{VF_{1H}} - V_2}\right) = 77.6\mu\mathrm{s}$$

$$T_L = \tau \ln\left(\frac{V_2 + \mathrm{VF_{1H}} - 3\mathrm{VF_{1L}}}{V_2 - 2\mathrm{VF_{1L}}}\right) = 30.0\mu\mathrm{s}$$

此值与图 3.51 显示的仿真实测值基本吻合。

从式（3-31）和式（3-33）可以看出，输出方波的高电平时间和低电平时间均与电压 V_2 密切相关，调节电压 V_2 可以改变输出频率与占空比。

4 高速放大电路

一般来说，闭环带宽超过 50MHz 的放大电路被称为高速放大电路。设计并实现一个高速放大电路，并不是一件简单的事情。试图将低速放大电路中的经验直接套用到高速放大电路是徒劳的；以为仿真电路通过了，实际电路就不会有问题，也是不靠谱的。但是，掌握了本书介绍的内容，自己设计制作几个这样的放大电路，发现些问题，解决些问题，就会发现，高速放大电路也不是那么神秘。

4.1 高速放大器分类及电流反馈型运放分析

◎高速放大电路中的放大器分类

高速放大电路中，经常会用到如下放大器。

1）电压反馈型高速运放

高速运算放大器一般分为电压反馈型和电流反馈型，两者的内部结构不同，外部表现也有一些区别。

电压反馈型高速运放（VFA）具有与通用运放相同的结构，区别仅仅是其开环单位增益带宽超过 50MHz。唯一需要引起注意的是，某些电压反馈型高速运放不能实现单位增益稳定，具有最小闭环增益要求。即当设计的电路闭环增益小于某个值时，该电路不能稳定工作。

TI 公司的 OPA690 为一款电压反馈型运放。图 4.1 来自 OPA690 的数据手册，可以看出，OPA690 能够实现单位增益稳定，且增益为 1 倍时带宽可达 500MHz，属于宽带运放。

OPA690

SBOS223E – DECEMBER 2001 – REVISED NOVEMBER 2008

Wideband, Voltage-Feedback OPERATIONAL AMPLIFIER with Disable

FEATURES

- FLEXIBLE SUPPLY RANGE:
  +5V to +12V Single Supply
  ±2.5V to ±5V Dual Supply
- UNITY-GAIN STABLE: 500MHz (G = 1)
- HIGH OUTPUT CURRENT: 190mA
- OUTPUT VOLTAGE SWING: ±4.0V
- HIGH SLEW RATE: 1800V/μs
- LOW SUPPLY CURRENT: 5.5mA
- LOW DISABLED CURRENT: 100μA
- WIDEBAND +5V OPERATION: 220MHz (G = 2)

DESCRIPTION

The OPA690 represents a major step forward in unity-gain stable, voltage-feedback op amps. A new internal architecture provides slew rate and full-power bandwidth previously found only in wideband, current-feedback op amps. A new output stage architecture delivers high currents with a minimal headroom requirement. These combine to give exceptional single-supply operation. Using a single +5V supply, the OPA690 can deliver a 1V to 4V output swing with over 150mA drive current and 150MHz bandwidth. This combination of features makes the OPA690 an ideal RGB line driver or single-supply

PARAMETER	CONDITIONS	OPA690ID, IDBV						TEST LEVEL(3)
		TYP	MIN/MAX OVER TEMPERATURE					
		+25°C	+25°C(1)	0°C to 70°C(2)	–40°C to +85°C(2)	UNITS	MIN/MAX	
AC PERFORMANCE (see Figure 1)								
Small-Signal Bandwidth	G = +1, V_O = 0.5V_{PP}, R_F = 25Ω	500				MHz	typ	C
	G = +2, V_O = 0.5V_{PP}	220	165	160	150	MHz	typ	C
	G = +10, V_O = 0.5V_{PP}	30	20	19	18	MHz	typ	C
Gain-Bandwidth Product	G ≥ 10	300	200	190	180	MHz	typ	C
Bandwidth for 0.1dB Gain Flatness	G = +2, V_O < 0.5V_{PP}	30				MHz	typ	C

图 4.1 OPA690 数据手册截图

在图 4.1 的数据表中，我们可以留意几个关键数据。第一，OPA690 的压摆率为 1800V/μs，看起来还不错。第二，增益为 1 倍时带宽为 500MHz，增益为 2 倍时带宽为 220MHz，而增益为 10 倍时带宽则降为 30MHz，其增益带宽积约为 300MHz。

2）电流反馈型高速运放

电流反馈型运放（CFA）的内部结构和通用运放完全不同。

TI 公司的 OPA691，序号与 OPA690 挨着，但它是一款电流反馈型运放。注意它的数据手册截图（如图 4.2 所示），第一，OPA691 的压摆率是 2100V/μs，比电压反馈型的 OPA690 稍大一些，这算不了什么。第二，增益为 1 倍时，带宽为 280MHz，明显小于 OPA690 的 500MHz。但是注意，诡异的事情出现了：增益为 2 倍时，它的带宽为 225MHz；增益为 5 倍时，带宽为 210MHz；增益为 10 倍时，它还能保持 200MHz 的带宽。

这说明，OPA691 这款运放好像不存在增益带宽积这个概念，随着闭环增益的上升，其带宽并不是成比例下降的，而仅是稍有下降。

其实，不仅仅是 OPA691 这一款运放具备这个特点，所有的电流反馈型运放都具备以下特点：①输出压摆率较高；②随着增益的提升，带宽并不是成比例下降，而是稍有下降。这些特点是电流反馈型运放内部特殊构造造成的。

3）全差分运放

多数全差分运放具有超过 50MHz 的带宽。高速信号链中，受失真度指标影响，更多地采用全差分运放，而不是标准运放。

OPA691

www.ti.com　　SBOS226D – DECEMBER 2001– REVISED JULY 2008

Wideband, Current Feedback OPERATIONAL AMPLIFIER With Disable

FEATURES

- FLEXIBLE SUPPLY RANGE:
  +5V to +12V Single-Supply
  ±2.5V to ±6V Dual-Supply
- UNITY-GAIN STABLE: 280MHz (G = 1)
- HIGH OUTPUT CURRENT: 190mA
- OUTPUT VOLTAGE SWING: ±4.0V
- HIGH SLEW RATE: 2100V/μs
- LOW dG/dϕ: 0.07%/0.02°
- LOW SUPPLY CURRENT: 5.1mA
- LOW DISABLED CURRENT: 150μA
- WIDEBAND +5V OPERATION: 190MHz (G = +2)

APPLICATIONS

- xDSL LINE DRIVER
- BROADBAND VIDEO BUFFERS
- HIGH-SPEED IMAGING CHANNELS
- PORTABLE INSTRUMENTS
- ADC BUFFERS
- ACTIVE FILTERS
- WIDEBAND INVERTING SUMMING
- HIGH SFDR IF AMPLIFIER

PARAMETER	CONDITIONS	OPA691ID, IDBV						TEST LEVEL(3)
		TYP	MIN/MAX OVER-TEMPERATURE					
		+25°C	+25°C(1)	0°C to 70°C(2)	–40°C to +85°C(2)	UNITS	MIN/MAX	
AC PERFORMANCE (see Figure 1)								
Small-Signal Bandwidth (V_O = 0.5V_{PP})	G = +1, R_F = 453Ω	280				MHz	typ	C
	G = +2, R_F = 402Ω	225	200	190	180	MHz	min	B
	G = +5, R_F = 261Ω	210				MHz	typ	C
	G = +10, R_F = 180Ω	200				MHz	typ	C
Bandwidth for 0.1dB Gain Flatness	G = +2, V_O = 0.5V_{PP}	90	40	35	20	MHz	min	B

图 4.2　OPA691 数据手册截图

4）固定增益高速集成放大器

某些高速放大器在内部集成了反馈电阻和增益电阻，实现了无须外部电阻的固定增益。这样做的好处是提高了整个电路的高频性能——内部电阻的杂散参数显然要优于外部用户接的电阻。

TI 公司的 THS4303 内部集成了两个电阻，分别为 50Ω、450Ω，结构如图 4.3 所示。用户可以按照图 4.3 中的接法实现 10 倍同相放大，也可以反相输入实现 -9 倍放大，甚至可以在反相输入端串联增益电阻，降低增益到指定值，但是，多数人不会这么做。

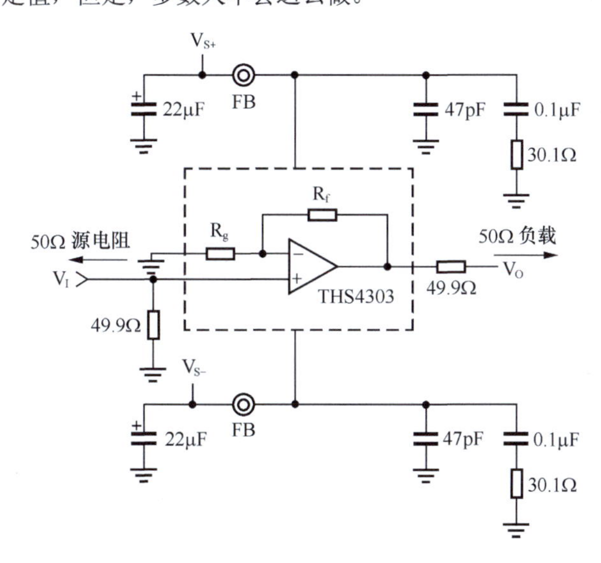

图 4.3　THS4303 内部结构

全差分运放中也有固定增益的，如图 4.4 所示的 LMH3401。

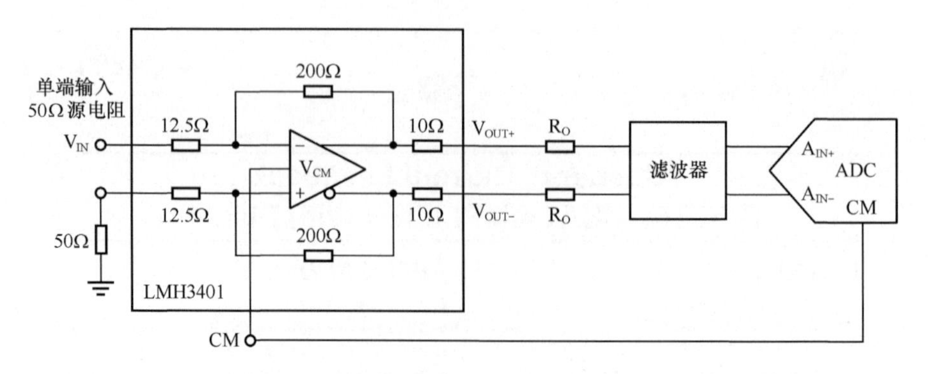

图 4.4　LMH3401 内部结构

有些放大器在内部集成了反馈电阻，方便用户将其用作跨阻放大器（TIA）。图 4.5 所示的 OPA857 是一款专门可控双增益的跨阻放大器。

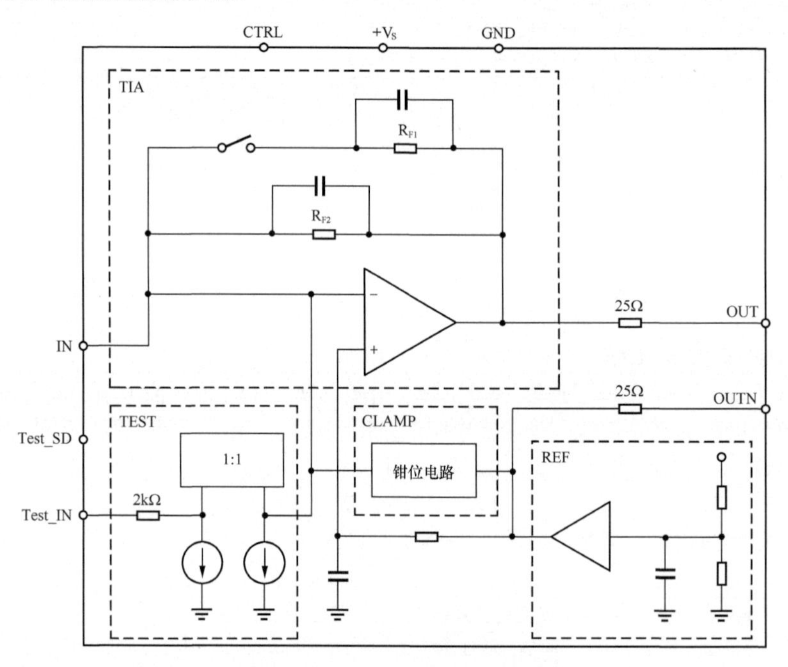

图 4.5　OPA857 数据手册截图

5）跨导放大器

跨导放大器种类很少，常用的有 OPA860、OPA861。所谓的跨导放大器是指该放大器的输入为电压信号，输出为电流信号。按理说，这类器件有别于传统运算放大器，以此为基础展开电流模应用，应有其发挥作用的场合。但事实是，设计者有应用惯性，这导致目前跨导放大器的应用面很窄。

图 4.6 所示是一个 OPA861 的经典应用。在电压模运放难以实现设计要求时，读者可以考虑试试这类跨导放大器。

6）压控增益放大器和程控增益放大器、程控衰减器

压控增益放大器种类很多，在第 2.3 节中已经介绍。绝大多数压控增益放大器具备很高的带宽，常用于高速放大。

第 2.2 节已经介绍了一种程控衰减器，是用于高频信号的，此处不赘述。

对于程控增益放大器，我们必须分清它有两类：第一类是精密的，第二类是高速的。

第一类，精密的程控增益放大器，第 2.2 节已有介绍，它们易于使用，更强调增益的准确性及静态参数。

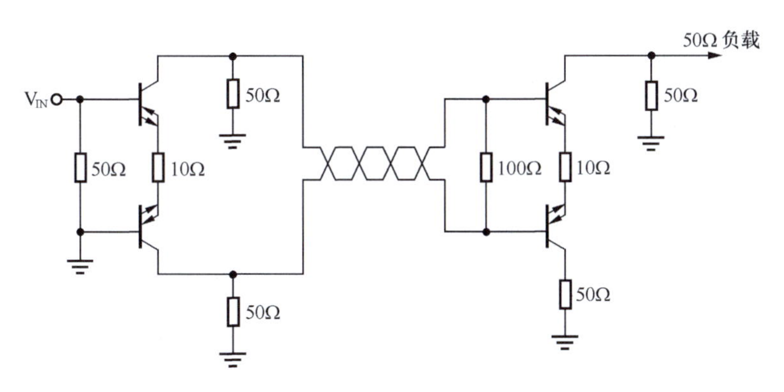

图 4.6 OPA861 的经典应用

第二类，高速的程控增益放大器，其实它的内部多数采用程控衰减器，配合固定增益放大器，以实现可放大、可衰减的程控增益特性。它们更强调带宽。不同的公司对这类高速程控增益放大器的称呼不同，但多数采用可变增益放大器（VGA）作为核心识别。

ADI 公司的 ADL5201 数据手册截图如图 4.7 所示。ADL5201 的定位是：宽动态范围、高速、数字控制的可变增益放大器。

Wide Dynamic Range, High Speed, Digitally Controlled VGA

Data Sheet ADL5201

FEATURES

−11.5 dB to +20 dB gain range
0.5 dB ± 0.1 dB step size
150 Ω differential input and output
7.5 dB noise figure at maximum gain
OIP3 > 50 dBm at 200 MHz
−3 dB upper frequency bandwidth of 700 MHz
Multiple control interface options
  Parallel 6-bit control interface (with latch)
  Serial peripheral interface (SPI) (with fast attack)
  Gain up/down mode
Wide input dynamic range
Low power mode option
Power-down control
Single 5 V supply operation
24-lead, 4 mm × 4 mm LFCSP package

FUNCTIONAL BLOCK DIAGRAM

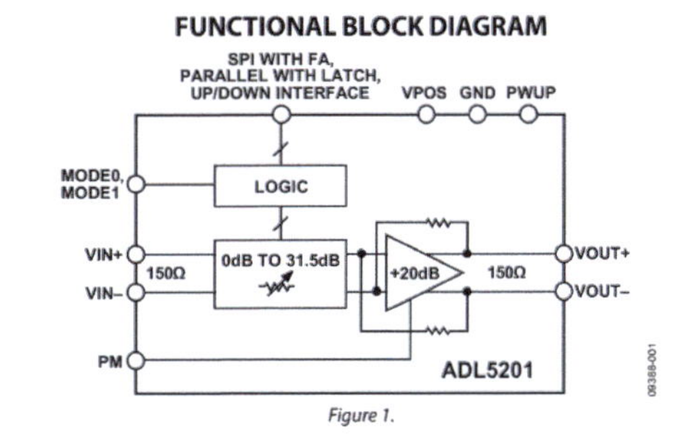

Figure 1.

图 4.7 ADL5201 数据手册截图

从图 4.7 可以看出，它的内部核心有两部分：一个 0 ～ 31.5dB 的衰减器（其增益为 -31.5 ～ 0dB，可以由用户设定，步长为 0.5dB），一个 20dB 的固定增益放大器，两者串联即可实现 -11.5 ～ 20dB、步长为 0.5dB 的数字增益控制。

ADL5201 具有 700MHz 带宽，不随增益改变。ADL5201 的增益改变可以用并行方式、串行方式，以及增减方式，用户可自行选择。

TI 公司的 LMH6401 内部有增益为 -32 ～ 0dB 的衰减器，配合串联的 26dB 固定增益，可以实现 -6 ～ 26dB、步长为 1dB 的数字控制增益。

类似的产品还有很多，读者可以自行上网查找。

◎电流反馈型运放组成的同相比例器理论分析

电流反馈型运放具有与通用运放不同的结构，结构如图 4.8 所示。其正输入端是一个高阻输入、低阻输出的跟随器，跟随器输出阻抗为 Z_B，此端作为运放的负输入端。在外部连接配合下，Z_B 上流过的电流 i 是放大器的核心输入，此电流被内部电路映射为一个受控电流源，受控电流源流经内部

一个很大的阻抗 Z，产生一个电压信号，该电压信号经过一个含有低输出阻抗 Z_O 的跟随器，送达输出端。

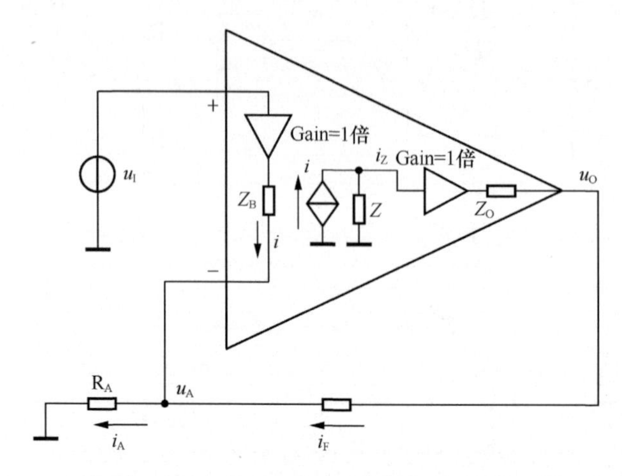

图 4.8　电流反馈型运算放大器组成的同相放大器

据此，设运放负输入端对地电位为 u_A，假设输出阻抗 Z_O=0Ω，有式（4-1）成立。

$$i=\frac{u_I-u_A}{Z_B},\quad i_F=\frac{u_O-u_A}{R_F},\quad i_A=\frac{u_A}{R_A},\quad i_A=i+i_F \tag{4-1}$$

令 $u_O=iZ$（忽略了内部跟随器误差及输出阻抗的影响），得：

$$u_A=u_I-iZ_B=u_I-\frac{u_O}{Z}Z_B \tag{4-2}$$

据式（4-1）得：

$$\frac{u_A}{R_A}=\frac{u_I-u_A}{Z_B}+\frac{u_O-u_A}{R_F} \tag{4-3}$$

将式（4-2）代入式（4-3），整理得：

$$u_O\left(R_FR_A\frac{Z_B}{Z}+Z_BR_A+\left(R_A+R_F\right)\frac{Z_B^2}{Z}\right)=u_IZ_B\left(R_A+R_F\right) \tag{4-4}$$

则有：

$$A_{uf}=\frac{u_O}{u_I}=\frac{Z_B\left(R_A+R_F\right)}{R_FR_A\frac{Z_B}{Z}+Z_BR_A+\left(R_A+R_F\right)\frac{Z_B^2}{Z}}=\frac{R_A+R_F}{R_A}\times\frac{Z_B}{R_F\frac{Z_B}{Z}+Z_B+\frac{\left(R_A+R_F\right)}{R_A}\frac{Z_B^2}{Z}}=$$
$$\frac{R_A+R_F}{R_A}\times\frac{1}{R_F\frac{1}{Z}+1+\frac{\left(R_A+R_F\right)}{R_A}\frac{Z_B}{Z}}=$$
$$\frac{R_A+R_F}{R_A}\times\frac{1}{1+\frac{R_F+Z_B\frac{R_A+R_F}{R_A}}{Z}} \tag{4-5}$$

式(4-5)中，电流反馈放大器的主要放大能力来自非常大的 Z，使得后一项分母近似为 1，则式(4-5)变为：

$$A_{uf}=\frac{u_O}{u_I}\approx\frac{R_A+R_F}{R_A} \tag{4-6}$$

类似地分析可以得出，对于反相输入放大器来说，其电压增益为：

$$A_{uf}=\frac{u_O}{u_I}\approx-\frac{R_F}{R_A} \tag{4-7}$$

对于同相比例器和反相比例器电路，用电流反馈型运放代替传统的电压反馈型运放，看起来结果没有发生明显变化。这导致很多成熟的电路既可以用 VFA 实现，也可以用 CFA 实现，这让设计者放松了警惕——以为两者没有什么区别。

◎电流反馈型运放组成的同相比例器带宽分析

影响 CFA 电路带宽的根本原因在于内部的 Z，它不是一个简单电阻。OPA691 的跨阻增益和跨阻相移如图 4.9 所示。其中 $|Z_{OL}|$ 表示跨阻增益，$\angle Z_{OL}$ 表示跨阻相移。可以看出，在大约 250kHz 处，存在一个 -45° 相移。如果是一阶低通，则该频率就是特征频率 f_0，Z 可以看成一个电阻（根据数据手册，其大约为 225kΩ）和一个电容的并联，总体呈现低通的增益阻抗。此时，有：

$$\dot{Z}=\frac{R_Z}{1+\mathrm{j}\dfrac{f}{f_0}} \tag{4-8}$$

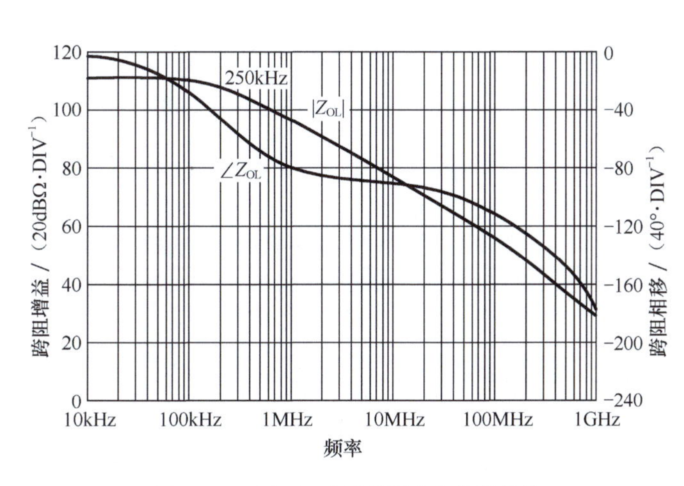

图 4.9　OPA691 的跨阻增益和跨阻相移

将式（4-8）代入式（4-5），有：

$$A_{uf}=\frac{u_O}{u_I}=\frac{R_A+R_F}{R_A}\times\frac{1}{1+\dfrac{R_F+Z_B\dfrac{R_A+R_F}{R_A}}{Z}}=\text{Gain}\times\frac{1}{1+\dfrac{R_{NEW}}{\left(\dfrac{R_Z}{1+\mathrm{j}\dfrac{f}{f_0}}\right)}}=\text{Gain}\times\frac{1}{1+\dfrac{\left(1+\mathrm{j}\dfrac{f}{f_0}\right)R_{NEW}}{R_Z}}=$$

$$\text{Gain}\times\frac{1}{\dfrac{R_Z+\left(1+\mathrm{j}\dfrac{f}{f_0}\right)R_{NEW}}{R_Z}}=\text{Gain}\times\frac{R_Z}{R_Z+\left(1+\mathrm{j}\dfrac{f}{f_0}\right)R_{NEW}}=\text{Gain}\times\frac{R_Z}{R_Z+R_{NEW}+\mathrm{j}\dfrac{f}{f_0}R_{NEW}}=$$

$$\text{Gain}\times\frac{R_Z}{R_Z+R_{NEW}}\times\frac{1}{1+\mathrm{j}\dfrac{f}{f_0}\dfrac{R_{NEW}}{R_Z+R_{NEW}}}=\text{Gain}\times\frac{R_Z}{R_Z+R_{NEW}}\times\frac{1}{1+\mathrm{j}\dfrac{f}{f_0\times\left(1+\dfrac{R_Z}{R_{NEW}}\right)}}=$$

$$\text{Gain}_{NEW}\times\frac{1}{1+\mathrm{j}\dfrac{f}{f_{NEW}}} \tag{4-9}$$

其中，

$$R_{\mathrm{NEW}}=R_{\mathrm{F}}+Z_{\mathrm{B}}\frac{R_{\mathrm{A}}+R_{\mathrm{F}}}{R_{\mathrm{A}}} \tag{4-10}$$

$$\mathrm{Gain}_{\mathrm{NEW}}=\mathrm{Gain}\times\frac{R_{\mathrm{Z}}}{R_{\mathrm{Z}}+R_{\mathrm{NEW}}}=\mathrm{Gain}\times K_{\mathrm{G}} \tag{4-11}$$

$$f_{\mathrm{NEW}}=f_0\times\left(1+\frac{R_{\mathrm{Z}}}{R_{\mathrm{NEW}}}\right)=f_0\times\left(1+\frac{R_{\mathrm{Z}}}{R_{\mathrm{F}}+Z_{\mathrm{B}}\frac{R_{\mathrm{A}}+R_{\mathrm{F}}}{R_{\mathrm{A}}}}\right)=f_0\times K_{\mathrm{F}} \tag{4-12}$$

考虑了电流反馈型运放内部的阻抗带宽f_0后，闭环电路的增益$\mathrm{Gain}_{\mathrm{NEW}}$稍小于设定增益Gain（因为$K_{\mathrm{G}}$小于1），这影响不大。而闭环电路带宽$f_{\mathrm{NEW}}$则远大于$f_0$，其倍数为$K_{\mathrm{F}}$。细致分析带宽倍数，可以有以下发现。

① R_{Z}是确定的，影响K_{F}的仅有R_{NEW}，而$R_{\mathrm{NEW}}=R_{\mathrm{F}}+Z_{\mathrm{B}}\frac{R_{\mathrm{A}}+R_{\mathrm{F}}}{R_{\mathrm{A}}}=R_{\mathrm{F}}+Z_{\mathrm{B}}\mathrm{Gain}$，它既与设定增益Gain有关，也与电阻$R_{\mathrm{F}}$有关。

② 相同设定增益下，R_{F}越小，带宽越大。

③ 相同的R_{F}下，设定增益Gain越大，带宽越小，但并不是反比例变化。在R_{F}远大于Z_{B}的情况下，增益变化几乎不影响带宽。

理论上说，选择非常小的R_{F}，会带来非常大的带宽。但是，这也带来了新问题，即运放的输出电流将大幅度增加，使得上述简化模型难以成立。因此，按照数据手册说明，选择合适的电阻是完全必要的。

因此，对CFA总结如下。

第一，CFA具有天生的更好的频率特性，能实现高增益宽带放大，具备较大的压摆率。因此，在高频、高增益、大输出幅度放大环节，首选CFA。

第二，CFA一般不遵循VFA具备的“增益带宽积为常数”的规律。对于VFA电路来说，当闭环增益上升10倍时，一般来说，其带宽会下降为原先的1/10。而对于CFA电路来说，当闭环增益上升10倍时，其带宽的下降并不强烈，可能是原先的1/2或者1/3。

第三，CFA电路对外部电阻的要求远比VFA严格。制作一个电压跟随器时，VFA只需要一根反馈的导线，将输出回送到负输入端即可，而CFA需要一个指定的电阻将输出回送到负输入端。在VFA电路中，在一定范围内，将反馈电阻和增益电阻同比例变化，对电路性能的影响很小，而在CFA电路中，这种同比例变化是禁止的。或者说，一个由CFA组成的同相比例器，当增益确定后，其反馈电阻和增益电阻的阻值是基本确定的，不能随意变化。直接影响CFA电路带宽的，是反馈电阻。

第四，由于CFA的两个输入端结构完全不同，在一些利用运放输入端对称性设计出的电路中，轻易用CFA代替VFA，容易出问题。

第五，在频率特性上，特别是滤波器设计中，要更换运放为CFA，必须缜密考虑。

4.2 高速放大电路实施指南

设计实施高速放大电路，除了电路设计、器件选择等设计工作，更重要的是实施。换句话说，即便原理图完全公开，也不一定能够做出来。这看起来容易被误解为“玄学”，但是经验之谈。以下要点仅为常见的经验——虽然不是全部经验，但每一个都是有用的。

◎避免自激振荡

使用高速放大器时，遇到最多的问题是自激振荡，且很多自激振荡竟然是基于信号的自激：输入信号为0V时不自激，当存在输入信号时，在输出信号的某个相位处发生局部振荡。这似乎与传统的自激振荡理论矛盾。其实，一点都不矛盾，万事都有机理，此处不易解释清楚，暂时不解释。

避免自激振荡，有以下几点需要注意，严格执行，就能避免。

① 合适的电路参数和器件选择。坚决避免将非单位增益稳定运放设计成跟随器。或者说，某个芯片要求闭环增益大于10倍，则一定不能将其设计成小于10倍的放大器。对于电流反馈型运放，一定要使用数据手册推荐的电阻值。

② 阻抗匹配的标准接法。两级放大电路模块之间，使用 50Ω 电缆线传输，且满足前级串联 50Ω 输出电阻，后级对地接 50Ω 输入电阻。而一般情况下，电缆线采用 SMA 头。信号源与电路连接，应采用 SMA 电缆线，电路输出与示波器连接，应采用 SMA 电缆线转 BNC 头——即便示波器输入阻抗为 1MΩ，也应该如此。

③ 良好的 PCB——第 4.4 节有简单举例。

- 尽量减少电路板中反馈环附近的杂散电容。运放下方尽量少走线，背面尽量挖空，输出端到负输入端之间的电阻周边尽量远离地线。
- 尽量保持“顺、近”布局，即元器件之间的位置尽量靠近，尽量依照信号流方向摆放器件，避免大信号和小信号节点过近。
- 保持“粗、远、滑”布线原则。电源线、信号线均应该尽量粗，这有助于降低电阻和电感。“远”是指信号线与周边节点、敷铜地平面尽量远，以减少信号线与这些节点之间的杂散电容。“滑”则是指走线尽量像城市道路，不要像盘山路。
- 尽量不采用自动敷铜。电路板原本比较丑，一旦敷铜，就显得很漂亮，很多初学者就上了这个当：电路板上满满的都是敷铜。敷铜的目的是提供一个超低电阻、超低电感的地平面，但并不要求全部都是铜：孤岛式的敷铜对降低电阻一点用都没有，必须删除。另外，敷铜如果与信号线过近，也会增加电容。因此，用 20 ～ 50mil 的敷铜间距是可行的。

④ 电源处理保持合理的去耦电容和库电容。

⑤ 使用贴片封装阻容，避免使用插针式，绝对不使用杜邦线。

⑥ 单板内尽量避免多级高增益放大（如每级 100 倍，多级级联）。要实现多级超高增益放大，必须考虑辐射问题，采用多级模块，用电缆线配合阻抗匹配，是较好的方法。

高速放大器的自激振荡，对于很多初学者来说是一个极为头疼的问题。我初学的时候也是如此，就像第一次跳进深水一般，总感觉深不可测。但是，后来我发现，其实没那么可怕——它总是逃不脱自激振荡的基本原理。说简单点，只要严格遵守上述设计要求，再针对个别运放，好好看数据手册，并按照手册要求去做，基本不会出现自激振荡。

◎发热及温升计算

高速放大器的电流输出能力一般比较强，输出电流多数在 100mA 以上，甚至高达 300mA。而且很多情况下，其负载电阻（也许是后级的输入电阻）为 50Ω，在高电压输出时，就会有百毫安以上的电流需求，那么输出功率就可能达到瓦数量级。

由于高速运放一般会放大模拟信号，其效率不可能高，必然会造成与输出功率差不多的功耗，由运放本身承担（这类似于功放中的晶体管耗散功率）。因此，运放必然发热。这种发热是意料之中的，会引起芯片内核温度升高，甚至会烧毁器件。

根据电路工作现状，怎样计算运放的温升呢？

第一步，输出功率估算。

对于一个正弦波输出信号，其输出功率的计算非常容易。

$$P_{out}=\frac{U_{orms}^2}{R_L}=\frac{\left(\frac{\sqrt{2}}{2}U_{om}\right)^2}{R_L}=\frac{U_{om}^2}{2R_L} \tag{4-13}$$

测量输出信号幅度为 U_{om}，输出端接的负载电阻为 R_L，按照式(4-13)计算即可。以 OPA691 为例，假设其输出信号幅度为 3.5V，负载为 50Ω，则有：

$$P_{out}=\frac{U_{om}^2}{2R_L}=0.1225\text{W}$$

第二步，电源消耗功率计算。

对于运放输出端，电源消耗完全来自输出电流，可以使用功放电路中的标准式。

$$P_{PW}=\frac{1}{\pi}\int_0^{\pi}V_{CC}\times i_C(t)\,\mathrm{d}\omega t=\frac{V_{CC}}{\pi}\int_0^{\pi}\frac{U_{om}\sin\omega t}{R_L}\,\mathrm{d}\omega t=\frac{2\times V_{CC}\times U_{om}}{\pi R_L} \tag{4-14}$$

对于一个 ±5V 供电的 OPA691，V_{CC}=5V，则有：

$$P_{PW}=\frac{2\times V_{CC}\times U_{om}}{\pi R_L}=0.223W$$

而一个运放要正常工作，除了提供输出电流，其静态也有功率消耗。查找数据手册，以 OPA691 为例，其正负供电时，可以找到图 4.10 所示的截图信息。

POWER SUPPLY								
Specified Operating Voltage		±5				V	typ	C
Maximum Operating Voltage Range			**±6**	±6	±6	V	max	A
Minimum Operating Voltage Range		±2				V	min	C
Max Quiescent Current	V_S = ±5V	5.1	**5.3**	5.5	5.7	mA	max	A
Min Quiescent Current	V_S = ±5V	5.1	**4.9**	4.7	4.5	mA	min	A

图 4.10　OPA691 数据手册截图 1

说明在 ±5V 供电时，其静态消耗电流为 5.1mA，则其消耗功率为：

$$P_{PW\_S}=\left(V_{S+}-V_{S-}\right)\times I_S=51mW$$

至此，可计算出电源消耗功率：

$$P_{PW\_ALL}=P_{PW}+P_{PW\_S}=0.274W$$

如果嫌上述计算麻烦，也有偷懒的方法：如果你能确定放大电路的外部电阻消耗功率很小，且直流稳压电源仅仅给 OPA691 电路供电，那么多数情况下，将直流稳压电源的显示电流乘以 10V，就是电源消耗功率。

第三步，芯片发热功率计算。

电源消耗功率减去输出功率，剩下的就是芯片发热功率，用 P_T 表示。

$$P_T=P_{PW\_ALL}-P_{out}=0.1515W$$

第四步，温度计算。

多数芯片会给出 θ_{JA} 的值，即 1W 发热功率会引起内核温度（J）与环境温度（A）的温差，比如 OPA691，其数据手册截图如图 4.11 所示。

TEMPERATURE RANGE								
Specification: D, DBV		–40 to +85				°C	typ	C
Thermal Resistance, θ_{JA}	Junction-to-Ambient							
D　SO-8		125				°C/W	typ	C
DBV　SOT23-6		150				°C/W	typ	C

图 4.11　OPA691 数据手册截图 2

第一行是规定温度范围，–40 ～ +85℃，与本例无关。第二行是热阻 θ_{JA}，SO-8 的 D 型封装，其热阻为 125℃ /W，而更小型化的 SOT23-6、DBV 封装，热阻为 150℃ /W。以后者为例，可以计算出温差：

$$\Delta T_{JA}=P_T\times\theta_{JA}=22.725℃$$

这说明，在当前工作状态（±5V 供电，3.5V 输出信号幅度，50Ω 负载）下，OPA691 的内核温度比环境温度高 22.725℃，假设环境温度为 25℃，则此时内核温度应为 47.725℃。

多数情况下，芯片会在手册的绝对参数表中给出保存温度，或者给出结温（Junction Temperature），图 4.12（a）所示为 OPA691 数据手册截图，图 4.12（b）所示为 AD8018 数据手册截图。

ABSOLUTE MAXIMUM RATINGS(1)

Power Supply	±6.5VDC
Internal Power Dissipation(2)	See Thermal Information
Differential Input Voltage	±1.2V
Input Voltage Range	$\pm V_S$
Storage Temperature Range: ID, IDBV	–65°C to +125°C
Lead Temperature (soldering, 10s)	+300°C
Junction Temperature (T_J)	+175°C
ESD Performance:	
HBM	2000V
CDM	1500V

NOTES: (1) Stresses above these ratings may cause permanent damage. Exposure to absolute maximum conditions for extended periods may degrade device reliability. (2) Packages must be derated based on specified θ_{JA}. Maximum T_J must be observed.

（a）OPA691

ABSOLUTE MAXIMUM RATINGS[1]

Supply Voltage	8 V
Internal Power Dissipation[2]	
Small Outline Package (R)	650 mW
TSSOP Package (RU)	565 mW
Input Voltage (Common-Mode)	$\pm V_S$
Logic Voltage, PWDN0, 1	$\pm V_S$
Differential Input Voltage	±1.6 V
Output Short Circuit Duration	Observe Power Derating Curves
Storage Temperature Range RU, R	–65°C to +150°C
Operating Temperature Range	–40°C to +85°C
Lead Temperature Range (Soldering 10 sec)	300°C

（b）AD8018

图 4.12　OPA691 和 AD8018 数据手册截图

当计算出的内核温度不超过其中的较小值时，芯片就不会出现发热引起的安全问题。显然，在上例中，内核温度为 47.725℃，远小于 OPA691 的 125℃保存温度，更小于 175℃的结温上限，因此它是安全的。

◎散热

当高速放大器正常工作时，热阻不足以让芯片保持安全温度，就需要增加散热策略。显然，在芯片上方安装一个散热片，可能会有效，但是在运放上方安装散热片是极为困难的。因此，多数可能产生温度安全问题的运放会采用一种电路板敷铜散热的方法，即在芯片的“肚子”底下，制造一片金属区域，然后要求设计者在电路板的顶层制作出与之配套的敷铜区域（不带阻焊），电路板通过过孔与底层更大的敷铜区域相连，通过焊接，芯片的“肚皮”与顶层铜皮连接，进而通过过孔将热量传导到底层庞大的敷铜上，达到散热目的。其实，它就是一个简易漂亮的散热片而已。

TI 称之为 PowerPAD™，ADI 在芯片中会注明“EXPOSED PAD”。图 4.13 给出了两种运放的散热布线实例，都来自各自的数据手册。

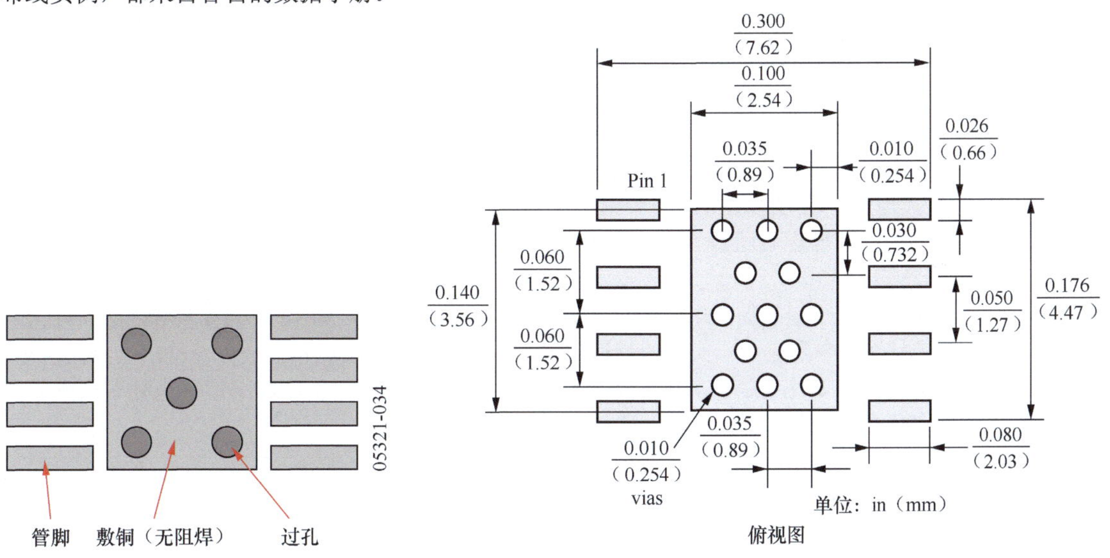

（a）AD8000 的散热布线　　（b）THS3095 的散热布线

图 4.13　AD8000 和 THS3095 散热布线实例

如图 4.14 所示，底层敷铜区域越大，热阻越小。

Table 1. Thermal Resistance vs PCB Thermal Plane Area

EXAMPLE A	EXAMPLE B	EXAMPLE C	EXAMPLE D
TOP LAYER A	TOP LAYER B	TOP LAYER C	TOP LAYER D
BOTTOM LAYER A	BOTTOM LAYER B	BOTTOM LAYER C	BOTTOM LAYER D
θ_{JA}=90℃/W θ_{JC}=10℃/W θ_{CA}=80℃/W	θ_{JA}=100℃/W θ_{JC}=10℃/W θ_{CA}=90℃/W	θ_{JA}=108℃/W θ_{JC}=10℃/W θ_{CA}=98℃/W	θ_{JA}=115℃/W θ_{JC}=10℃/W θ_{CA}=105℃/W

1210X TABLE 1

图 4.14　LT1210X 大电流运放的 PCB 散热（摘自 LT1210X 数据手册）

这样一项漂亮的技术，在我这里却遇到了新问题：我们制作的电路板都不是批量生产的，仅供学生实验使用，即便设计了如此优秀的电路，用手工烙铁也焊不上。怎么办呢？我们在电路板上，芯片“肚子”底下位置，制作1～2个通孔，与底层庞大的敷铜相连，在完成芯片焊接后，用焊锡注入，将芯片“肚皮”金属片与散热敷铜相连，似乎也能起到一定的效果。当然，这样的方法肯定达不到芯片的要求，但至少比什么都不做要好。

◎注意高速放大器较差的直流性能

一般来说，高速、精密、大功率这3项因素是相互制约的，即“鱼与熊掌，不可兼得”。多数高速放大器难以保证精密性能，而精密一般表现为失真度和直流性能。可以笼统认为，高速放大器的直流性能一般较差。

第一，高速放大器的输入失调电压一般比较大，多数为毫伏数量级，甚至达到几十毫伏，仅有个别器件具有几十微伏的典型值。因此，在高增益多级放大时，需要特别注意，直接耦合方式会带来很大的失调电压，这将直接影响输出范围。由于多数高速放大器的应用场合中，不关心低频或者直流信号，可以采用级间阻容耦合，以消除失调电压带来的影响。

第二，高速放大器的输入偏置电流一般比较大，多数为微安数量级，甚至高达几十微安，最大值可以超过100μA。外部电阻较大时，就会引起较大的失调电压，比如AD8009，其输入偏置电流最大值为150μA，外部电阻如果选为1000Ω，将直接引入150mV的失调电压，放大10倍，将在输出端产生1.5V直流的失调电压，这对输出范围的影响是巨大的。

第三，高速放大器的静态电流较大，一般为几毫安到几十毫安。这很简单，就像车，高速的赛车哪有省油的？

第四，高速放大器的平坦区噪声电压密度甚至比精密放大器还小，为1nV/$\sqrt{\text{Hz}}$左右。这点看起来很好，但是不要被这个假象所迷惑。实际的高速放大器输出噪声肯定要比精密放大器输出噪声大得多，原因在于其实际工作带宽要比精密放大器大得多。另外，较低噪声电压密度的平坦区也处于频率非常高处，在低频处，仍是1/*f*噪声占据主导。

4.3 常见高速运算放大器及其典型电路

表4.1是常见的高速运放关键参数，仅供参考。

表4.1 常见的高速运放关键参数

型号	类型	闭环带宽/MHz				压摆率/（V·μs^{-1}）	最小供电电压/V	最大供电电压/V	输出电流/mA	特点
		Gain=1倍	Gain=2倍	Gain=5倍	Gain=10倍					
AD8000	C	1580	650			4100	4.5	12	100	低失真
AD8009	C	1000	700		350	5500	5	10	170	超高压摆率
OPA691	C	280	225	210	200	2100	5	12	190	通用
OPA695	C	1700	1400	450（8倍增益）	350（16倍增益）	4300	5	12	120	超宽带
THS3001	C	420	385	350		6500	9	32	100	宽带高压摆率
THS3091	C	235	210	190	180	7300	10	30	250	高压摆率大电流
THS3121	C	130	120	105	66	1700	10	30	475	大电流
THS3491	C	/	700	900	700	8000	14	32	380	超高压摆率
THS4302	V	/	/	2400	/	5500	3	5	180	固定5倍同相
AD8099	V	/	700	510	550	1350	5	12		低噪声低失真
ADA4817-1	V	1050	400	100		870	5	10	40	超低偏置电流
ADA4899-1	V	605	277	77	37	310	5	12	>30	超低失调电压
LTC6268-10	V	/	/	/	/	1500	3.1	5.25	>25	超高速低偏置

◎ AD8000 及其典型电路

AD8000 是 ADI 公司较为经典的高速运放。它具有两种封装及特殊的管脚分布，如图 4.15 所示，输出在内部和 FEEDBACK 脚联通，这种管脚分布对降低失真有效果。

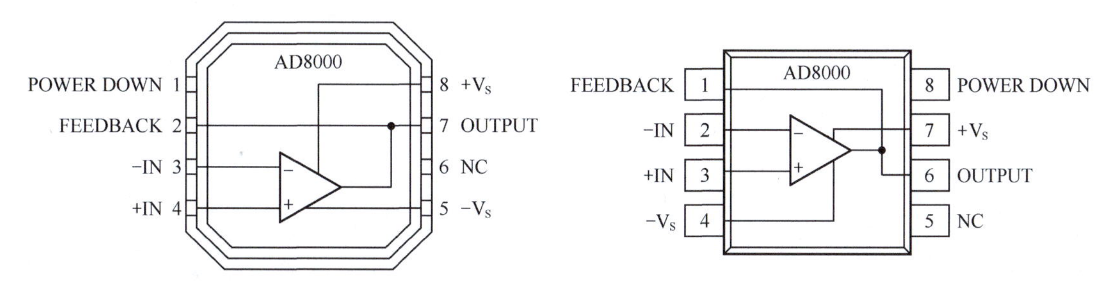

图 4.15　AD8000 的两种封装和管脚分布

AD8000 可以实现同相放大，也可以实现反相放大，更多情况下使用同相放大，也包括 1 倍增益的跟随器。图 4.16 所示是两种常见接法。

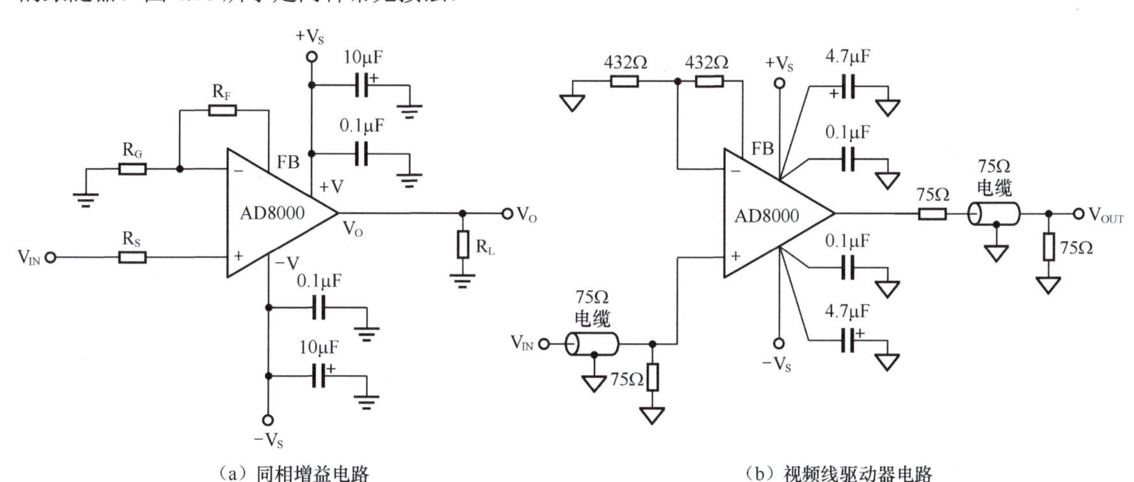

图 4.16　AD8000 的常见电路连接

图 4.16（a）中的 R_S 仅用于跟随器时，为 50Ω，其余增益情况下，应为 0Ω。

所谓的驱动器电路，就是保持信号大小不变，但输出能力增强的电路，低频中常用跟随器，但高频中由于阻抗匹配会带来 50% 的衰减，一般采用 2 倍放大电路实现。图 4.16（b）中，电缆线为视频通用的 75Ω 线，因此 V_{IN} 一定是含有 75Ω 输出电阻的信号，与输入对地电阻 75Ω 形成了 50% 的衰减，再经过 AD8000 实现 2 倍同相放大，就实现了幅度不变的驱动。AD8000 的输出端，接 75Ω 电阻进入特征阻抗为 75Ω 的电缆，然后再对地端接 75Ω 电阻到达 V_{OUT} 端，实际是实现了下一级的传输，要想保持信号幅度不变，其实还得再接一个 2 倍放大电路。

另外，AD8000 作为超高速电流反馈型运放，其电阻选择非常重要。图 4.17 所示为数据手册建议的电阻值。从图 4.17 可见，小信号带宽和大信号带宽是完全不同的，封装不同，性能也不同。而压摆率显然没有达到手册标注的 4100V/μs，这是因为它们的测试条件不同。对于高速放大器来说，不同条件下得出的压摆率数值差异很大，不要过分相信一个简单的压摆率数值。

关于电流反馈型运放的电阻选择，我们建议尊重数据手册的值。但是，能不能自己选择呢？特别是设计增益与手册给定值不吻合时，怎么办？比如图 4.17 并没有给 5 倍增益对应的数值，怎么办？

Table 5. Typical Values (LFCSP/SOIC)

Gain	Component Values (Ω)		−3 dB SS Bandwidth (MHz)		−3 dB LS Bandwidth (MHz)		Slew Rate (V/μsec)	Output Noise (nV/√Hz)	Total Output Noise Including Resistors (nV/√Hz)
	R_F	R_G	LFCSP	SOIC	LFCSP	SOIC			
1	432	---	1380	1580	550	600	2200	10.9	11.2
2	432	432	600	650	610	650	3700	11.3	11.9
4	357	120	550	550	350	350	3800	10	12
10	357	40	350	365	370	370	3200	18.4	19.9

图 4.17　AD8000 数据手册截图

首先我们必须知道，改变电阻值会带来什么影响。第一，稳定性和增益隆起影响。当电阻 R_F 比建议值小时，可能使得原本不自激的电路发生自激振荡，另外，可能导致增益随频率变化出现较大的隆起。第二，带宽影响。当 R_F 比建议值大时，肯定会降低带宽，但是一般不会带来稳定性和增益隆起问题。第三，输出电流影响。当 R_F 比建议值小时，一般会加大输出电流。

知道了这些，我们就试着选择吧。比如 Gain=3 倍，我就会保持 R_F=432Ω（谨慎些，反正电阻越大越安全），然后计算 R_G。Gain=4 ～ 10 倍，则保持 R_F=357Ω，这好理解。Gain 如果是 20 倍，我觉得保持 R_F=357Ω 不变，是稳妥的。因为我们可以看出，随着增益的增加，手册给出的电阻是越来越小的。这样，计算出的 R_G=18.79Ω，选择 E96 系列的 18.7Ω 电阻即可。

但是如果有人说 Gain=30 倍怎么办？其实，放大器设计没有这么较真的，真要实现 30 倍放大，我干脆就用两级放大器。

此人如果说就要一级。那好吧，我们就试一试。需要谨慎对待的一点是，尽量不要让 R_G 小于 20Ω。

◎ AD8009 及其典型电路

AD8009 是 ADI 公司的单运放中压摆率较高的，达到 5500V/μs，且具有号称 500 多皮秒的上升延迟，非常适合放大脉冲信号。图 4.18 所示是 AD8009 驱动电容负载的电路，可以见到关键的电阻 R_S。

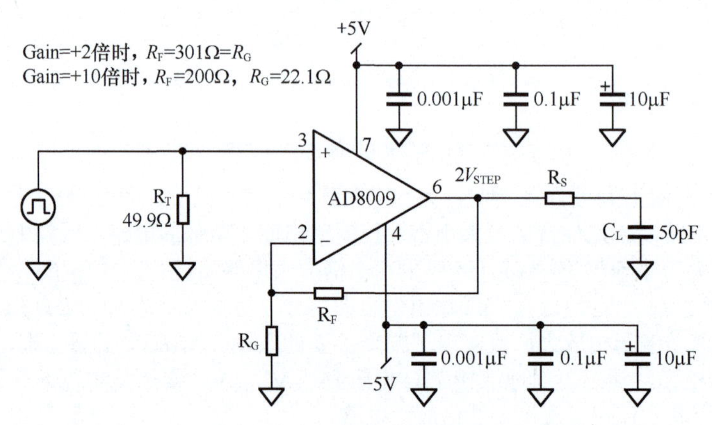

图 4.18　AD8000 驱动电容负载的电路

首先，我们注意到电源使用了 3 个电容，大小分别是 10μF、0.1μF 和 0.001μF，并且依据近小远大的方式依序排列，0.001μF 要紧挨着芯片电源第 7 管脚。这 3 个电容中，2 个小电容一般是瓷片电容，而大电容一般是电解电容，它们大致相差 100 倍。

其次，我们注意到输入匹配电阻 R_T，E96 系列中没有 50Ω，最接近的就是 49.9Ω。这里默认信号源内部具有 50Ω 输出电阻。

再次，我们发现增益电阻和反馈电阻没有标注阻值。对于 AD8009 来说，数据手册建议，Gain=1 倍或 2 倍时，都采用 301Ω 的 R_F，而 Gain=10 倍时，采用 200Ω，中间的增益可自行选择。

最后，讲讲这个电容负载。常见的电容负载是 ADC 的输入端，很多 ADC 的输入端内部就是一个采样电容，将模拟信号先用采样电容保持住，然后自己慢慢转换。当然，也有一些ADC内部是一个高阻缓冲器，此时就不需要考虑这些了。还有很多其他类型的电容负载。对于电容负载，一般运放是驱动不了的，直接将运放输出脚接到电容对地，像图4.18中R_S=0Ω那样。运放一般会振荡，电流反馈型运放也不例外。理论和实践均能证明，像图4.18那样，串联一个10～100Ω的小电阻R_S，将有效避免运放振荡。这个电阻的阻值，随电容增大而增大。当然，过大的电容负载，即便用串联电阻避免了振荡，也会带来过长的至稳时间。

◎ OPA695组成的同相交流耦合电路

OPA695属于超高速运放，图4.19所示是OPA695实现的交流耦合8倍同相增益电路。

首先，看电源，属于单电源供电，因此仅在正电源脚实施去耦电容处理，负电源脚则直接接地。两个电容并联是可以的，3个也行。

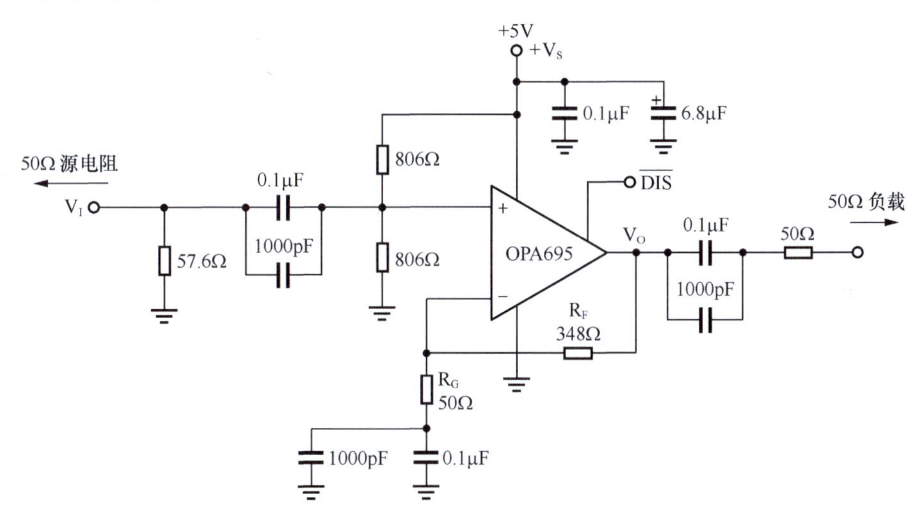

图4.19 OPA695实现的交流耦合8倍同相增益电路

其次，看正输入端，它采用两个806Ω电阻分压产生2.5V静态电位，采用一组两个并联的隔直电容实现阻容耦合。两个电容并联带来的唯一好处就是更像一个真正的电容——小电容负责高频，大电容负责低频。对于前级50Ω的输出电阻，要求本级输入电阻必须为50Ω，那么就需要一个对地电阻，图4.19中为57.6Ω。对于交变高频信号，图4.19中的并联电容是短路的，因此整个电路的输入电阻为57.6Ω和403Ω（两个806Ω并联）的并联，结果是50.4Ω。

输入电容为0.1μF，和电阻结合，就形成了时间常数，这是开机时至稳时间长短的关键，也决定了高通滤波器的下限截止频率。图4.19中电路的下限截止频率为：

$$f_L = \frac{1}{2\pi RC} = 3668\text{Hz}$$

我们可以认为，这个截止频率是设计者需要的。但是即便如此，也有人提出，能否将电阻变小，增大电容，以实现相同的截止频率，或者反过来。在遇到阻容时间常数时，我们总会面临类似的问题。

必须声明，对于一个设计者给定的电路，让我们挑毛病，我们能挑出一大堆。而我们设计的电路，别人也能挑出很多毛病。或者说，一个放大电路中的参数选择，本身就是没有唯一答案的。但即便如此，我们仍应知道怎么选择。

我们试着将分压电阻变小到原先的1/10，同时要保持下限截止频率不变，输入电阻不变，这样就带来了如下变化。第一，电容值必须跟着改变，粗略算应该变大到原先的10倍。电容变大，有时就要改变电容种类，如原先是瓷片电容，此时可能就需要电解电容。不同种类的电容，性能是不同的。另外，它管理的频率范围可能会变化，也得考虑。第二，对地电阻57.6Ω必须跟着改变，你会发现此时竟然出现了输入电阻总是小于 50Ω 的情况，这是因为两个 80.6Ω 的并联已经是 40.3Ω 了。第三，此时电源流过分压电阻的电流成倍增加，你必须考虑到。第四，对于信号源来说，输入电阻减小，电容增大导致的容抗减小，都会引起输入电流增大——在信号频率较高时非常明显。

将分压电阻变大 10 倍呢？电容会变小，这很好。但是，OPA695 的偏置电流典型值为 13μA，最大值为 41μA，将在 4030Ω 电阻上产生典型值为 52.39mV、最大值为 165mV 的电压，这很不好。

至于怎么选择是最好的，只有设计者根据实际情况决定。

再次，我们看看增益环节。图 4.19 选择两个电阻实现交流信号增益近似为 8 倍。那么 R_G 下面两个并联电容是干什么的？如果没有这个电容，而是将其短接到地，可以计算出运放就“憋死”了——因为正输入端为静态 2.5V，为了保持虚短，运放得保持负输入端静态也是 2.5V。而回头一看，电阻 R_F 是 R_G 的 7 倍，那么运放输出端必须有 8 倍 2.5V，即 20V 静态电压才行。但是目前只有 5V 供电，所以就“憋死”了，输出只能达到 4V 左右，导致负输入端只有 0.5V 左右，虚短也不成立了，还怎么放大呀。

这两个并联电容在此就隔断了静态电流，电阻 R_G 和 R_F 上都没有静态电流，也就没有静态压降，只要输出端是 2.5V 静态电压，那么运放负输入端就一定是 2.5V，也就虚短了。但是，在高频信号作用时，这两个电容是短接的，导致高频动态增益变为 8 倍。

我们需要注意的是，此电路的下限截止频率既受到正输入端的高通滤波器影响，也受到增益环节的电容和 R_G 影响——谁的下限截止频率更大听谁的。

最后，我们看输出端。两个并联的电容隔离了静态电流，使得运放在没有信号输入的情况下，输出端没有电流消耗。同时，输出负载上也获得了 0V 的静态电压。

有些人一见到运放输出端接电容就怕。其实没有必要，这是一个串联到负载的电容，它没有直接接地，但是也会稍稍影响运放的稳定性，特别是负载电阻非常小的情况下。

◎ OPA695 组成的反相增益电路

与同相增益相比，反相增益电路具有一些好处。第一，多数电流反馈型放大器在反相增益时，呈现出更高的压摆率，这可以从数据手册中查到。第二，反相电路中，运放的两个输入端都不存在变化电压，因此不受运放输入电压范围影响，同时，共模量为 0，也会降低失真影响。

但是，在高速放大器中，反相增益电路的应用并不多，主要原因在于输入阻抗匹配容易受限。图 4.20 所示就是一个 OPA695 实现的反相 8 倍增益电路。

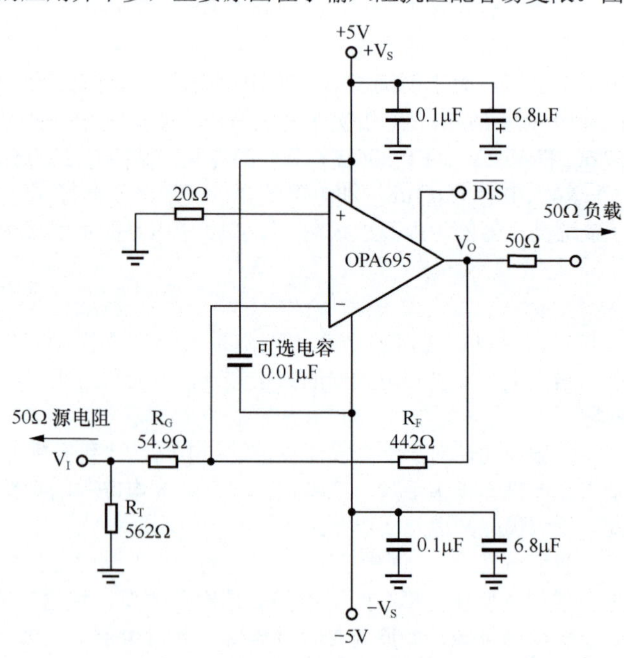

图 4.20　OPA695 实现的反相 8 倍增益电路

此时我们发现，增益电阻既影响增益，也影响输入电阻，需要稍复杂的计算。

① 输入电阻等于 R_G 和 R_T 的并联，必须是 50Ω。这是受限的主要原因，导致 R_G 绝对不能小于 50Ω。

② 由于输入电阻已经等于 50Ω，在 R_G 左端一定会获得 $0.5V_s$，也就是图 4.20 中的 V_I。因此，增益一定是 $-R_F/R_G$。

据此，设计反相比例器的步骤如下。

① 根据数据手册进行调整，选定 R_F。

② 根据增益，反算出 $R_G=R_F/\text{Gain}$。

③ 选择 R_T，使得 $R_T//R_G=50\Omega$。

比如上述电路，从数据手册查出增益为 -8 倍时，应选择反馈电阻 442Ω，可以反算出增益电阻应为 55.25Ω，图 4.20 中选择了 54.9Ω，可以。据此反算出匹配电阻 $R_T=560.2\Omega$，图 4.20 中选择为 562Ω。

但是，当计算出的 R_G<50Ω 时，为了匹配，只能强行让 R_G=49.9Ω，且取消匹配电阻，然后根据增益反算 R_F，这样一般会引起带宽下降。

这就是反相比例器不常用的主要原因。

另外，图 4.20 中正输入端串联了一个 20Ω 电阻接地，我始终没有找到设计者给出的明确理由。但我觉得，它应该是用于抵消输入偏置电流的。毕竟，CFA 的偏置电流还是比较大的。

在电源处理上，本电路中增加了一个可选电容 0.01μF，置于正电源和负电源之间，这会进一步降低电源压差之间的噪声。

◎ THS3491 及其典型电路

THS3491 是 TI 公司新推出的超高速 CFA，在 5 倍增益时能够保持 900MHz 以上带宽，具有 32V 高电源电压、380mA 电流输出能力，以及 8000V/μs 的压摆率，且在 20 倍以下具备几乎不变的带宽。

THS3491 不建议使用单位增益。我利用 TINA 实施了仿真实验，确实如此，将 THS3491 做成跟随器后，其幅频特性出现了大幅度波动。

图 4.21 所示是两个 THS3491 共同驱动负载，也称负载分担驱动。乍一看，这好像没有必要，因为一个 THS3491 驱动一个 100Ω（输出电阻 50Ω+ 负载电阻 50Ω），其输出电流能力是足够的。但是，事实是，如此实施分担驱动后，输出失真得到大幅度改善。

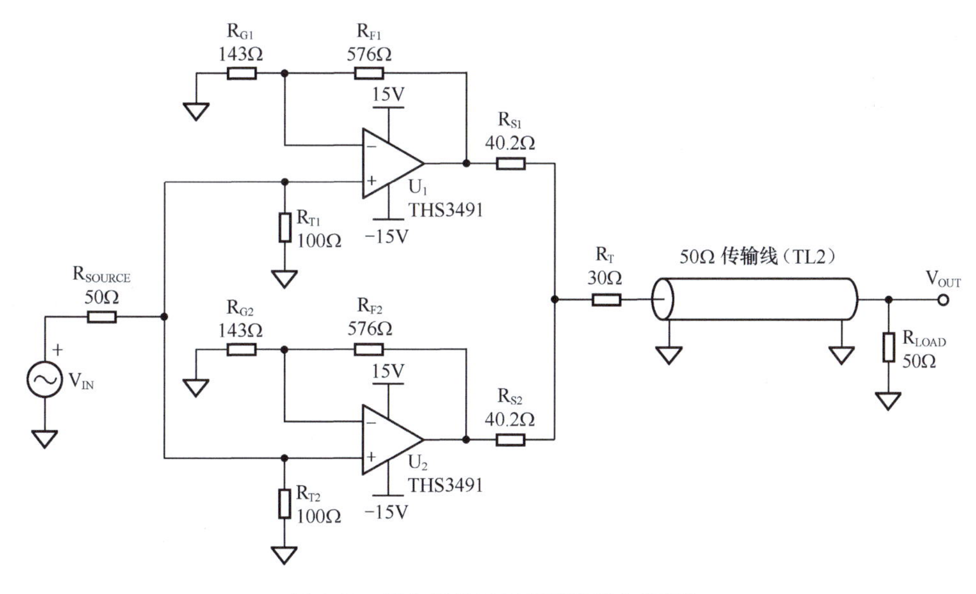

图 4.21　两个 THS3491 实现负载分担驱动

图 4.21 中，源电阻为 50Ω，同时加载到两个并联放大电路，因此每个放大电路的输入电阻，也就是图 4.21 中的匹配电阻 R_T，必须是 100Ω，以实现总输入电阻等于 50Ω。而在输出端，直接将 R_S 短路而将 R_T 阻值改为 50Ω 是非常难受的，毕竟两个运放的输出电压会有微弱的差异。按照图中接法，总的输出电阻等于两个 R_S 并联，然后加上 R_T，仍是 50Ω，以实现与 50Ω 传输线和 50Ω 负载的匹配。

有人会问，将图 4.21 中的两个 40.2Ω 电阻配合 30Ω 电阻，改为两个 20Ω 电阻配合 40.2Ω 电阻，行不行？或者干脆变为两个 100Ω 电阻配合 0 电阻。其实从理论分析区别没有多大，注意两个输出串联电阻不要太小就行了，但是实际情况到底有多大区别，还需要根据实验说话。

◎ THS4302 及其典型电路

THS4302 是固定 5 倍增益同相比例器。它的内部具有 200Ω 反馈电阻和 50Ω 增益电阻，以及一个高速电压反馈型运放。在 5 倍增益下，带宽达到 2.4GHz，压摆率至少为 5500V/μs，输出电流可以达到

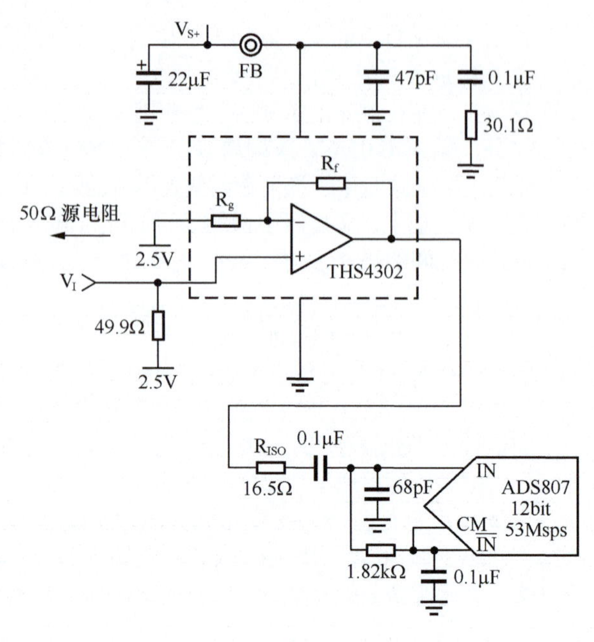

图 4.22　THS4302 实现的 ADC 驱动电路

180mA。

THS4302 的供电电压范围为 3 ～ 5V，可以双电源供电，也可以单电源供电。图 4.22 所示是它的典型应用电路，单电源 5V 供电，实现 ADC 的驱动。

分析之一：图 4.22 中供电为单电源，因此对电源的处理仅在正电源管脚上。一个磁珠（FB）起到了类似于电感的作用——对指定频率范围呈现高阻，一个 22μF 电解电容实现了库电容作用。47pF 和 0.1μF（串联 30.1Ω 电阻）电容的并联，实现了广域的滤波作用。在 2GHz 这样的高频处，如果没有 30.1Ω 的串联电阻、并联电容，以及它们内部的电感，将形成增益隆起的增益尖峰。至于为什么是 30.1Ω，这是推荐值，是 TI 公司针对这个芯片测试后推荐的。

分析之二：图 4.22 中的 2.5V 要求必须是低阻的。所谓的低阻，就是在任何情况下都呈现出非常小的输出电阻，像一个真正的 2.5V 直流电源。数据手册上如此简单的标注，对于设计者来说却是一个很大的问题。形成一个吉赫级仍然低阻的 2.5V 电压，并不容易。特别是图 4.22 中 R_g 左端的 2.5V，如果不是低阻，将严重影响增益。

分析之三：输出端没有阻抗匹配。这是一个板内连接，保证足够近的距离下不需要阻抗匹配。但是图 4.22 中的 16.5Ω 和好几个电容是干什么的？

首先，从 ADC 的基准脚说起。图 4.22 中的 CM 端是 ADC 对外提供的 2.5V 共模电压输出。一方面，它接回 $\overline{\text{IN}}$ 端，保证双端输入的负输入脚为 2.5V；另一方面，它通过 1.82kΩ 电阻和 0.1μF 电容（和 16.5Ω 电阻挨着），实现基于 2.5V 的高通滤波器，截止频率为 875Hz，此高通滤波器保证运放输出信号被耦合到 IN 端，骑在 2.5V 直流电压上，进入 ADC。图 4.22 中另一个 0.1μF 电容（CM 端对地）是 CM 脚的滤波电容，使得 2.5V 电压更“干净”。

其次，16.5Ω 电阻和 ADC 输入端的 68pF 电容构成了一个低通滤波器，截止频率约为 140MHz。此截止频率与抗混叠、信噪比都有关，具体设计时可以有所调整。但是，一般来说，串联的 16.5Ω 电阻不能太大，否则充电时间将会太长，影响采样率，但它也不能太小，它还起到了保证运放稳定性的隔离电阻作用。68pF 电容也不能太小，毕竟它还有一个作用，给 ADC 的内部采样电容充当库电容。此处可以参考第 6 节。

◎ AD8099 及其典型电路

AD8099 是超低失真、超低噪声高速运放，属于电压反馈型。它的开环增益带宽积达到 3.8GHz，接受 2 ～ 20 倍以上的同相增益，以及 -1 倍反相增益，不接受 1 倍跟随器。但是，在低增益时，它必须使用外部补偿电路才能稳定工作。换句话说，它具备其他运放不具备的补偿管脚，并提供不同增益下的标准补偿电路。

图 4.23 所示是 AD8099 实现的 ADC 驱动电路。为了讲解电路，先介绍 AD8099 的特殊管脚。它的第 1 脚称为 FB 脚，内部和输出脚相连，这种做法是为了方便反馈电阻的布线，减少反馈回路的杂散电容，减小失真。AD8000 也是这种封装结构。AD8099 的第 5 脚是补偿脚，不同增益下的外部补偿参数不同。

图 4.23 中的 V_{IN} 的信号或者本身就是一个骑在 1.25V 上的信号，或者来自一个隔直电容，最终到达 V_{IN} 的信号一定是骑在 1.25V 上的。否则，将一个静态电位为 0V 的双极性信号直接接到 V_{IN}，这个电路就是错误的。

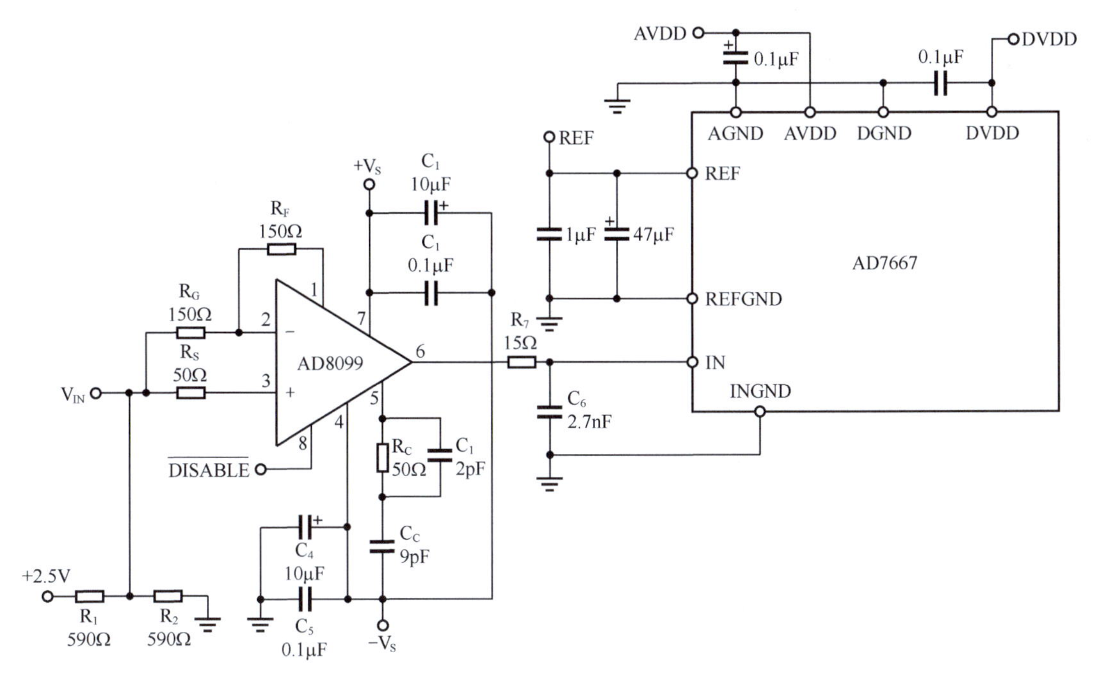

图 4.23　AD8099 实现的 ADC 驱动电路

此时，AD8099 呈现出 1 倍电压增益。看到这里，读者可能会感到奇怪，刚才不是说 AD8099 不接受 1 倍跟随器吗？注意，它不能做成跟随器，即反馈系数等于 1，如果反馈系数等于 1，它的环路增益会导致其自激振荡。但是按照图 4.23 所示的接法，其反馈系数为 0.5，但增益为 1 倍，它就能稳定工作了。图 4.24 用于解释这个电路的工作原理。右侧为一个标准跟随器电路，左侧电路与 AD8099 电路（图 4.23）相同：R_S=50Ω 在理论分析中不起作用，可以短接；R_F=150Ω 接器件第 1 脚，等同于接第 6 脚。

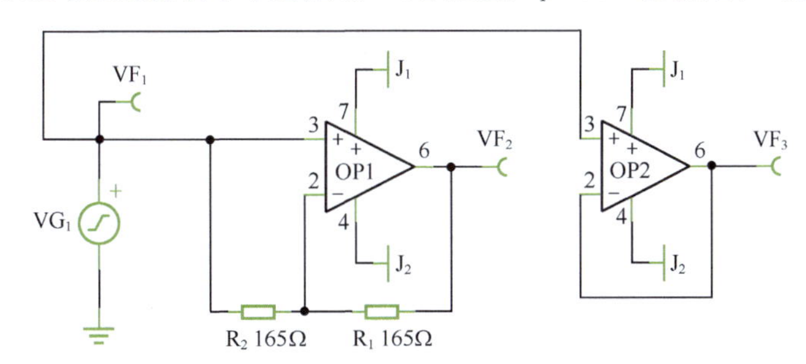

图 4.24　反馈系数为 0.5 的 1 倍放大电路及标准跟随器电路

看图 4.24 左侧电路，按照虚短虚断法分析，第 2 脚电压等于第 3 脚电压，那么 R_2 两端电位相等，没有电流，因此 R_1 上也没有电流，所以输出电压就是第 2 脚电压，也就是 V_{IN}，增益为 1 倍。

用本书提出的 MF 法也可以很方便得出增益为 1 倍的结论：M=0.5，F=0.5。

如果使用叠加原理进行分析，也可以得出相同结论：该电路其实是 2 倍放大电路和 -1 倍放大电路的叠加，总增益为 1 倍。

既然如此，为什么我们总是用右侧的标准跟随器电路，而不用左侧的 1 倍放大电路呢？第一，左侧电路复杂。第二，左侧电路 F=0.5，与标准跟随器相比，负反馈带来的好处就打了折扣——带宽变小、失真度增大、输入电阻减小等。第三，在高频时，该电路直接馈通。唯一的好处是，它能在反馈系数小于 1 时实现 1 倍放大，让原本不能实现单位增益稳定的运放，在 1 倍增益时稳定工作。

图 4.23 中 ADC 的输入电压范围是 0 ～ 2.5V，那么进入 ADC 的信号应该骑在 1.25V 上。2.5V 通过 R_1 和 R_2 分压实现了 1.25V，通过 1 倍增益到达运放输出端，满足了 ADC 的输入电压要求。

图 4.23 中 R_7 和 C_6 组成了低通滤波器，其截止频率为 3.93MHz，具有抗混叠作用，且可为 ADC

提供库电容。

但是需要注意，图 4.23 中的反馈电阻选择为 150Ω，与数据手册中提供的标准阻值 250Ω 不一致，补偿电容也不相同，这说明 AD8099 的外部阻容标准参数是可以适当修改的。

◎ ADA4817 及其典型电路

ADA4817 是为数不多的 FET 输入高速放大器，属于电压反馈型。它的最大特点是高速且输入偏置电流非常小，只有 2pA。而我们前面介绍的高速运放的偏置电流多数为微安数量级，相差 100 万倍。

ADA4817 对电阻的要求不是很严格，可以实现无电阻的跟随器。另外，它也适用于跨阻放大器，比如光敏二极管的电流—电压转换。ADA4817 实现的高速仪表放大器如图 4.25 所示。

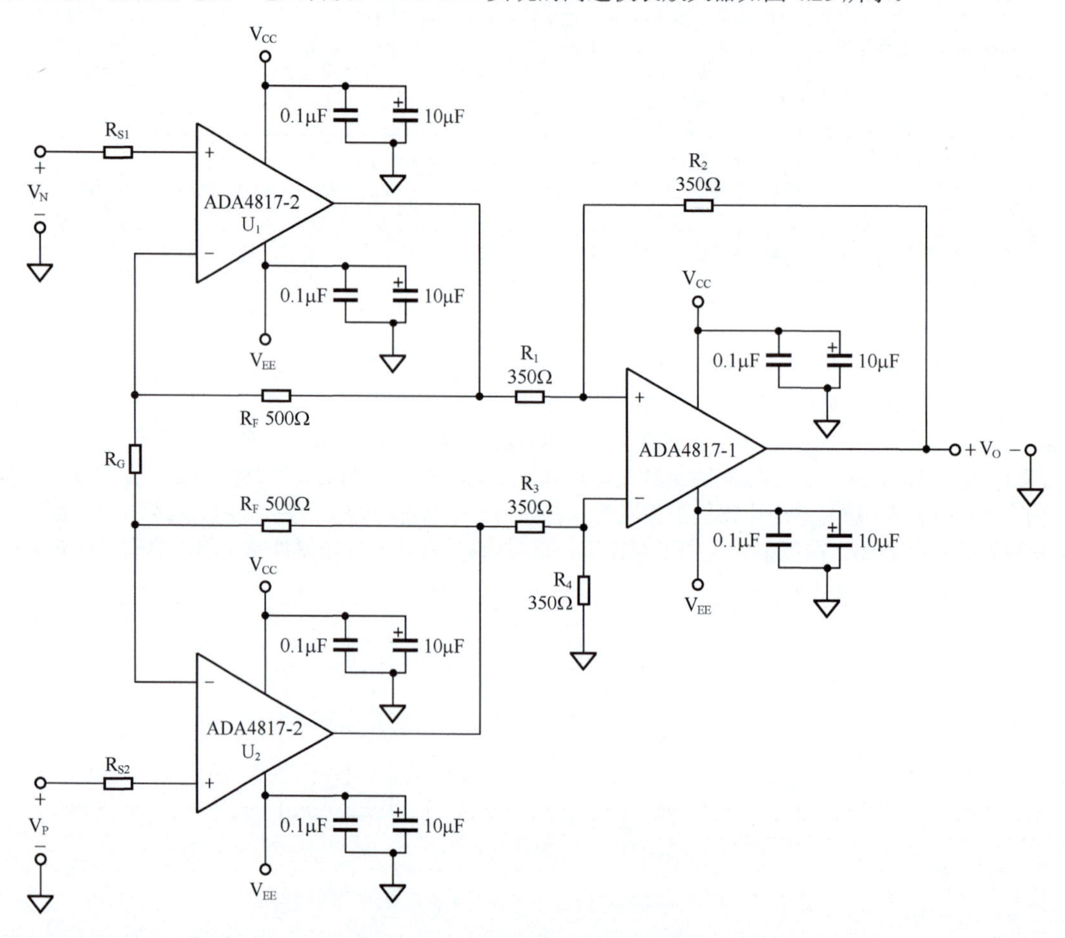

图 4.25　ADA4817 实现的高速仪表放大器

图 4.25 中唯一需要介绍的是正输入端串联的电阻 R_S，为什么在一个极高输入电阻的运放输入端，还要串联一个小电阻（一般在 100Ω 左右）？其实，这是为了抑制 ADA4817 存在的闭环增益隆起程度——当频率越来越大时，按说闭环增益应该越来越小，但实际情况是，增益越来越大，然后突然下降，有时候这个隆起会达到 3dB 以上，这就比较严重了。

在信号流的各个节点，只要增加一级低通滤波，就有可能降低这种增益隆起。而图 4.25 中的 R_S 就在输入端，与输入电容 1.3pF（ADA4817 本身具备的）形成了一个一阶低通滤波器，如果阻值为 300Ω，则截止频率为 408MHz。调节此电阻，可以抑制增益隆起，但是整个带宽一定会下降。

◎ ADA4899-1 及其典型电路

ADA4899-1 属于电压反馈型高速运放。它的失真小，噪声低，失调电压低。它也具有 FB 端子。

需要注意的是，它的 DISABLE 脚有两种控制方式，浮空和接正电源，二者都能使运放正常工作，但是却具有不同的性能：浮空时，运放的输入偏置电流为 6μA，电流噪声密度为 2.6pA/$\sqrt{\text{Hz}}$；接正电源时，输入偏置电流为 0.1μA，电流噪声密度为 5.2pA/$\sqrt{\text{Hz}}$。设计者可以根据自己的需要，选择正确的方式。

另外，在单位增益（跟随器）时，正输入端也需要一个 24.9Ω 的串联电阻，我估计其目的与 ADA4817 相同。

ADA4899-1 也有推荐电阻表，如图 4.26 所示。

Table 4. Conditions: V_S = ±5 V, T_A = 25°C, R_L = 1 kΩ

Gain	R_F (Ω)	R_G (Ω)	R_S (Ω)	–3 dB SS BW (MHz) (25 mV p-p)	Slew Rate (V/μs) (2 V Step)	ADA4899-1 Voltage Noise (nV/√Hz)	Total Voltage Noise (nV/√Hz)
+1	0	NA	24.9	605	274	1	1.2
–1	100	100	0	294	265	2	2.7
+2	100	100	0	277	253	2	2.7
+5	200	49.9	0	77	227	5	6.5
+10	453	49.9	0	37	161	10	13.3

图 4.26　ADA4899-1 推荐电阻表（摘自 ADA4899-1 数据手册）

图 4.27 所示是 ADA4899-1 实现的单端转差分 ADC 驱动电路。

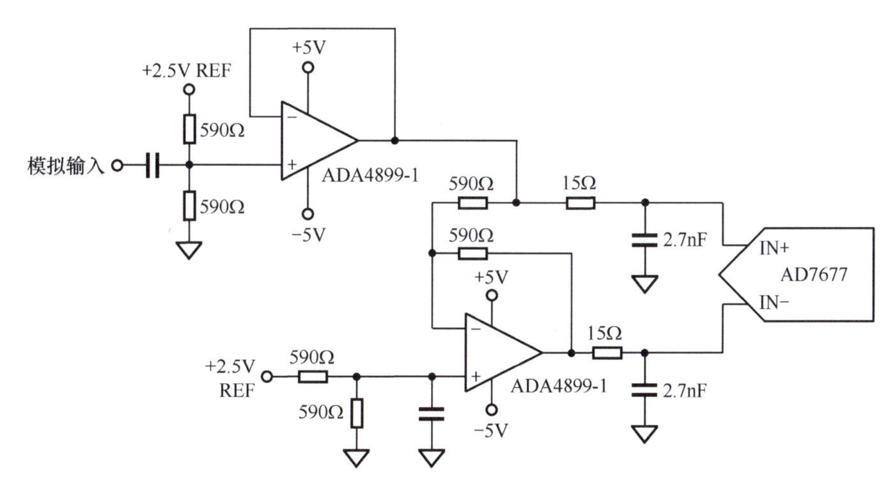

图 4.27　ADA4899-1 实现的单端转差分 ADC 驱动电路

图 4.27 中，AD7677 接受的模拟量输入范围是 0～2.5V，因此到达其输入端的信号应该骑在 1.25V 上。图 4.27 左上角的两个 590Ω 电阻实现了 1.25V 静态电压，通过左侧的电容，将模拟输入信号耦合到左上角 ADA4899-1（跟随器配置）的正输入端，则其输出为骑在 1.25V 上的输入信号。此信号经过由两个 590Ω 电阻和右下角运放组成的 -1 倍比例器，形成骑在 1.25V 上的反相输入信号。为了保证反相器输出静态电压为 1.25V，下方的两个 590Ω 电阻负责保证下方 ADA4899-1 的同相输入端为 1.25V，只有这样才能使反相器的两个 590Ω 电阻上没有静态电流。

两个运放的输出端分别经过由 15Ω 电阻和 2.7nF 电容组成的抗混叠滤波器，进入 ADC 中。

读者可以发现，图 4.26 中 -1 倍配置的外部电阻为 100Ω/100Ω，而图 4.27 中是两个 590Ω 电阻，这似乎不讲理了。其实不是，这也反映出另外一个事实：电压反馈型运放的外部电阻选择并不像 CFA 那样严格——电阻不同，则带宽不同，幅频特性不同。对于 VFA 来说，不同电阻值更多影响噪声、失真，以及负载能力。

◎ LTC6268-10 及其典型电路

LTC6268-10 是一款超高速、低偏置电流的电压反馈型运放。它的增益带宽积 GBW 可达 4GHz，典型偏置电流为 3fA，且具有超低输入电容 0.45pF，非常适用于跨阻放大器。

在将其用作标准放大器时，它的闭环增益必须大于 10 倍，属于补偿运放（区别于经过内部补偿后的运放，补偿后的运放可以实现单位增益稳定）。图 4.28 所示是 LTC6268-10 的典型应用，20kΩ 增益的跨阻放大器用于检测来自光电二极管（Photoelectric Diode，PD）的光学信号。该电路实测带宽 BW 可以达到 210MHz。

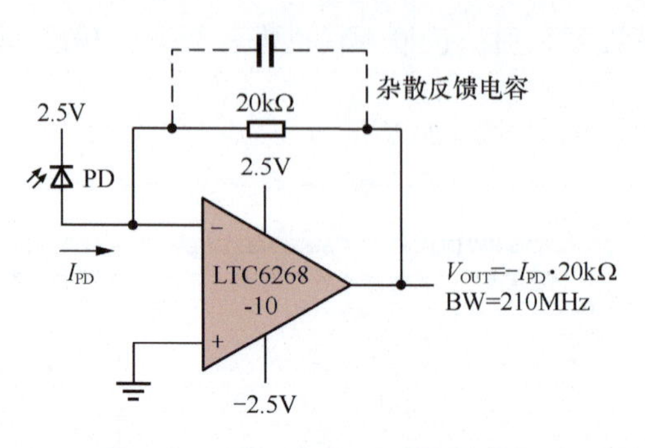

图 4.28　LTC6268-10 的典型应用

由于 LTC6268-10 具有极小的输入偏置电流，此电路中反馈电阻甚至可以大于 400kΩ。在 TIA 电路中，增加反馈电阻可以有效提高信噪比，但一般的高速运放即便满足带宽要求，也具有很大的偏置电流，容易在反馈电阻上产生较大的静态电压。

4.4 高速放大电路布线实例

关于高速电路布线，网上可以收集到的所谓“秘籍”多达上百条，要牢记它们估计比考试还难，于是很多读者看到这些都会感到头大，对其敬而远之。但我觉得万变不离其宗，高速布线其实就只有那么点规则，力争将电路保持在理想状态：0 电阻尽量低阻，0 电容尽量没有杂散，0 电感尽量没有杂散。因此在布局上讲求“顺、近”，布线上讲求“粗、远、滑”，然后根据不同要求，再加上一些经验，比如多路信号链路长度相等，就可以了。

本节以 TI 公司公开的部分评估板为例，详述高速放大电路布线规则。看过几个例子，读者可能就明白了，发现高速放大电路没那么神秘。我的学生一般经过 2 ～ 3 次的修改，就可以完成一个工作稳定、性能不错的电路设计。

◎ THS3120 评估板

图 4.29 所示是 THS3120 评估板的原理和顶层布线示意图。

先说布局中的“顺”。所谓的“顺”，就是不绕线。但是电子电路制版不绕线，几乎是不可能的，那么就让绕线少一些，这与交通系统非常像，“顺”字解决了一个合理性问题。一般来说，原理图是比较好看的，也是相对比较“顺”的，那么多数情况下，按照原理图来设计电路，基本就八九不离十了。

布局中要考虑好线路的层面——哪些线走哪一层。一般来说，双面模拟电路遵循如下规则。

① 信号线走元件层，也就是顶层。

② 电源线走底层，从芯片管脚附近过孔进入芯片。

③ 地平面以底层为主，实现大的低阻平面。

④ 顶层空余部分用地平面覆盖，边缘重度过孔。

⑤ 当多种性质线发生冲突时，优先次序为：信号线 > 地平面 > 电源线。

开始布局：从原理图中核心芯片的管脚排列下手，第 2 脚、第 3 脚都在左侧，于是将输入端 V_{IN-} 和输入端 V_{IN+} 摆放在电路板左下角，其中 V_{IN-} 偏上方，这就是“顺”。按照这个规则，将输出按照原理图位置放置在右侧，电源处理部分放在上方。

布局时唯一与原理图不同的是 J_8，原理图中将 J_8 放在运放下端，但我们都能看出，它的目标点是运放的第 1 脚，因此布局时将其放置在运放的左上方显然是合理的。

完成了“顺”布局后，应将各部件以核心部件为准，最大程度地拉近，特别是信号链路，长度越短越好。图 4.29 右图中的 V_{IN+}，可以进一步上移，以减少与电阻 R_2 的距离；V_{IN-} 可以进一步右移，减

小与电阻 R_1 的距离。但是拉近距离会带来安装问题，也要考虑到。

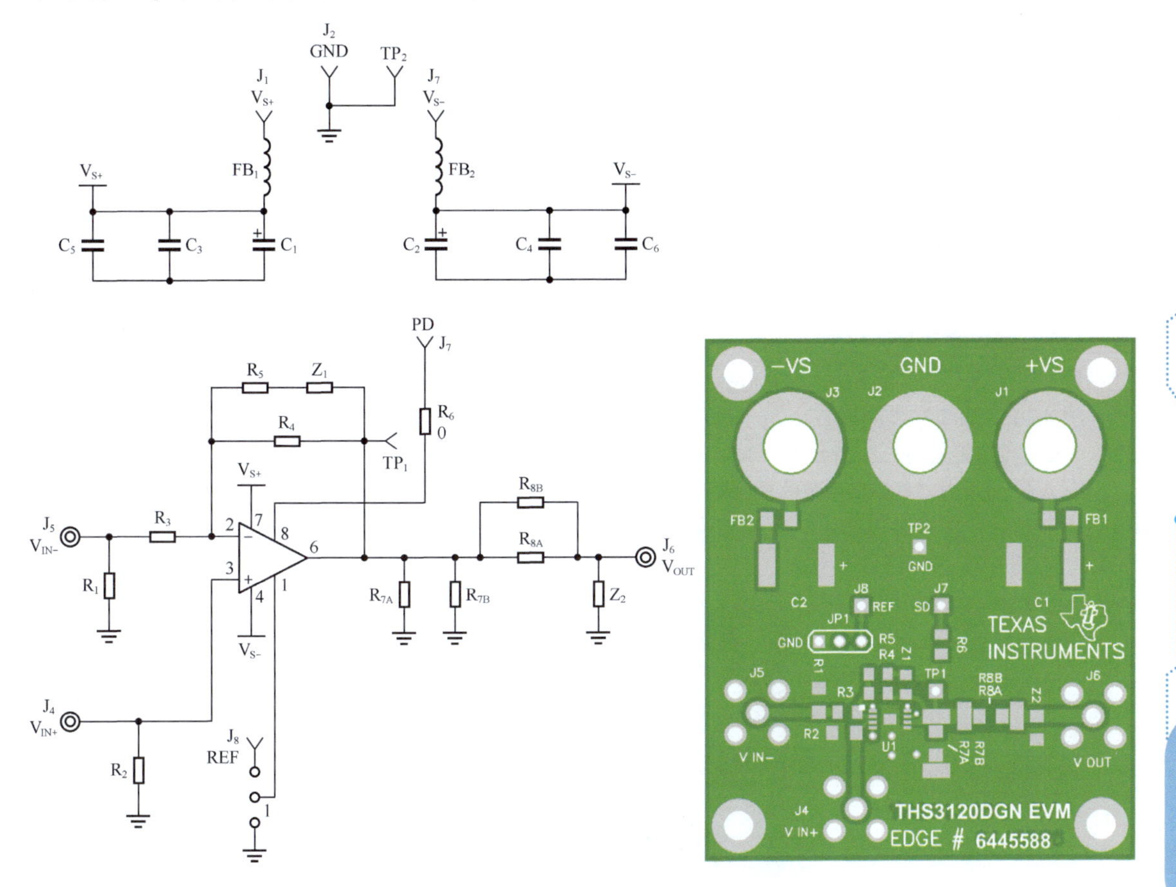

图 4.29　THS3120 评估板原理和顶层布线示意图

完成布局后，开始布线。布线牢记“粗、远、滑”。

一般来说，可以在顶层先走信号链路，而将电源线放在其他层实现。之所以在顶层实现信号链路，是因为对于信号链来说，能不过孔就不要过孔，芯片的管脚焊接都是在顶层的。图 4.30 所示是 THS3120 评估板顶层局部布线示意图。

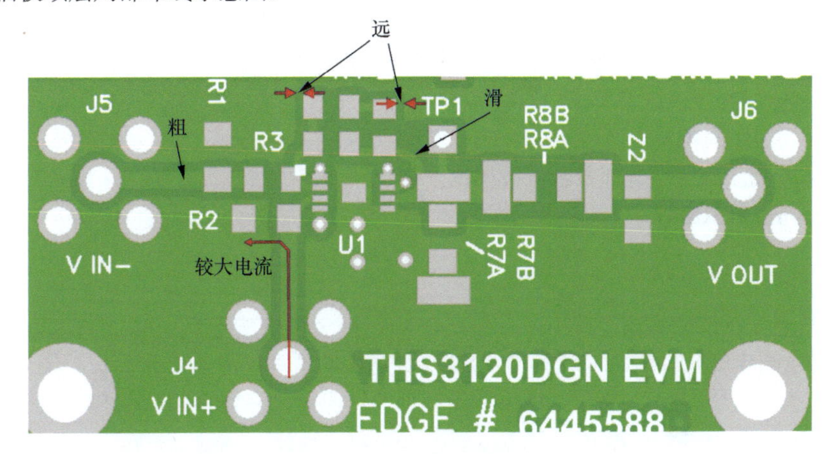

图 4.30　THS3120 评估板顶层局部布线示意图

先看“粗”。所谓的“粗”，是指信号线、电源线能粗一些就不要细，或者更专业一些，流过大电流的线路一定要粗。道理很简单，粗线的优点是电阻小、电感小。有些人会说电阻 R_2 下方是粗线，其右上方进入运放第 3 脚的那一段为什么是细线，而且运放管脚本身就那么细？有两点解释。第一，R_2 以及 R_2 下方这一段可能流过非常大的电流，但进入第 3 脚的那一段却一定没有电流——运放的高阻特性。第二，运放管脚虽然很细，但是考虑到焊锡很厚，它的电阻仍是很小的。

再看“远”。前面说布局要讲究“近”，这里又冒出个“远”，不矛盾吗？这里所说的“远”，是指布局完成后，在节点之间，特别是信号线和地平面之间，要尽量远。图 4.30 中方向相对的两个箭头之间的距离就是两个节点和地平面之间的距离，不要太近——两者之间的杂散电容与距离成反比。

节点和地平面太近的原因是自动敷铜，在自动敷铜操作中，设置间距大于一定值，就可以避免过近，从图 4.30 中的间距来看，两个箭头之间大约为 15mil。如果是我设计，可能会设置成 20mil 以上，这与设计者的性格有关——我比较保守。

保持信号线不动，将地平面和信号线之间的距离拉远，会导致地平面缩小一点点，但却明显降低了两者之间的杂散电容。

最后是“滑”。如图 4.30 中的圆滑线所示。布线软件中有很多方法可以实现，请读者自己琢磨。

图 4.30 中的 TP_1 是测试点，用于焊接一个探测针。图 4.30 中的 R_{8A} 和 R_{8B} 二选一：一个是 1206 封装，一个是 2512 封装，二者尺寸不同，R_{7A} 和 R_{7B} 也一样。

图 4.31 所示是 THS3120 评估板的底层布线示意图。它主要完成了一部分的电源走线、控制线（PD 和 REF）走线。在电源走线上，顶层完成了 FB_1 和大电容 C_1，然后通过底层完成就近的一对小电容 C_3 和 C_5，在图 4.31 正电源过孔处，让正电源回归顶层。关于负电源部分，与正电源类似，不赘述。

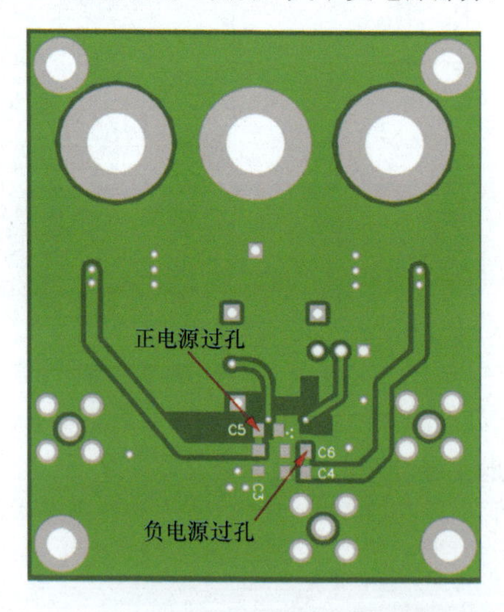

图 4.31 THS3120 评估板的底层布线示意图

在图 4.31 中运放芯片“肚子”下方，C_5 右侧的 3 个小点是从顶层来的过孔，负责将顶层热量传导到底层，然后通过大面积地表面散热。

还需要注意的是，底层也有部分区域被挖空，这个区域在顶层是反馈链路区域，挖空背面的目的也是减小反馈环路的杂散电容。

◎ THS4271/4275 评估板

THS4271 是电压反馈型高速运放，带宽为 1.4GHz，最大供电电压为 ±5V。THS4275 具有差分输入（PD 和 REF 之间电压）的 PD 控制脚。THS4271 评估板的原理如图 4.32 所示。从图 4.32 可以看出，它的电源处理是标准的，输入、反馈、输出都是标准的，没有什么可讲的。在 PD 控制上，它的设置灵活，既有电阻，又有外部控制脚。

特别感谢 TI 公司的用户指南资料 SLOU143，图 4.33 来自其中，它让我们非常清晰地看见一块实实在在的评估板与外部设备的连接——虽然它不是照片，但实在太逼真、太漂亮了。我们可以看到，供电电源在板子上是 3 个金属柱子，用六角螺母固定来自电源设备的 3 根线。而信号输入及信号输出则采用 SMA 接头。其中的 SMA 头有 3 根横向的铜针，中间那根是信号线，被焊接在电路板上，上下两根都被焊接到电路板的地平面上。

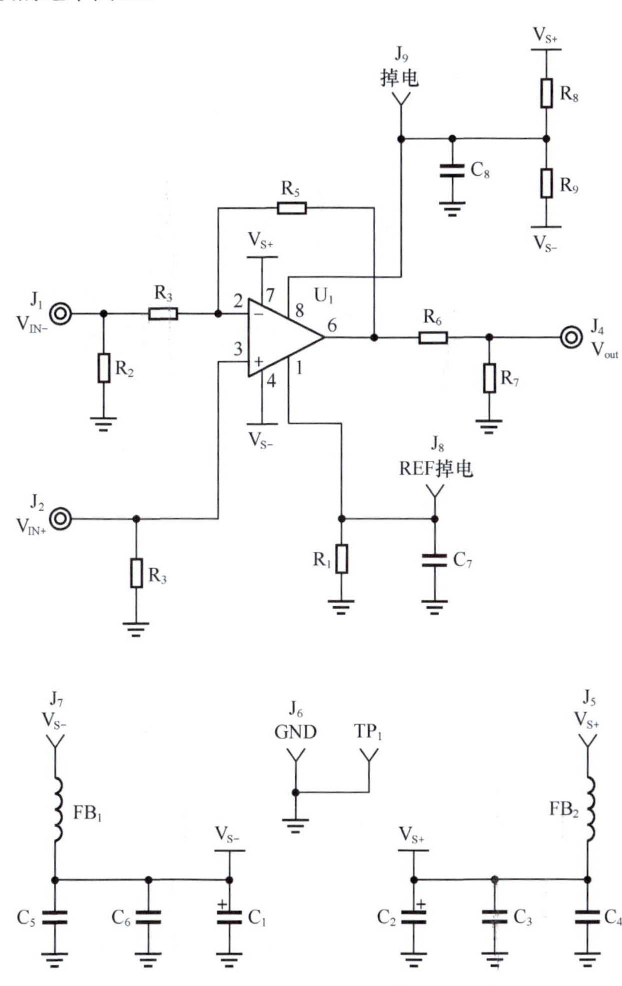

图 4.32　THS4271 评估板原理

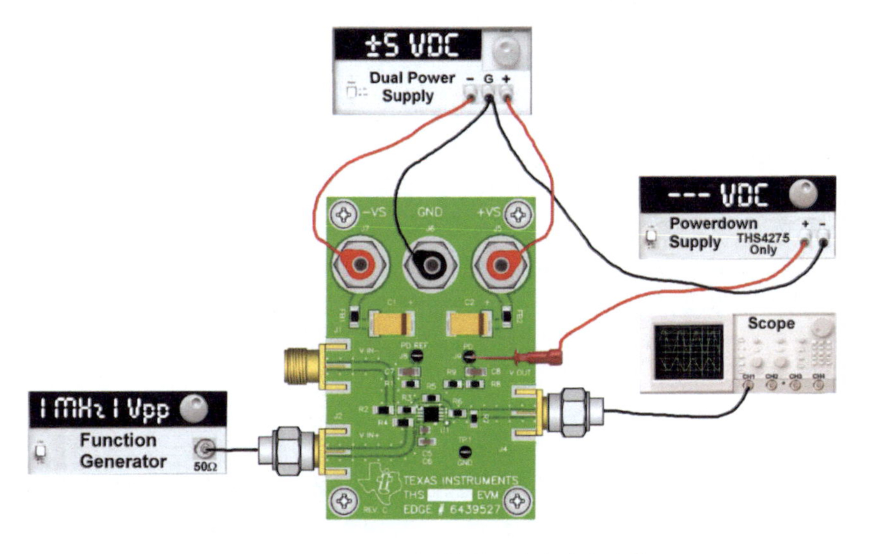

图 4.33　THS4271 评估板与外部设备的连接

THS4271 评估板的第 1 层（顶层）和第 2 层布线如图 4.34 所示，第 3 层和第 4 层（底层）布线如图 4.35 所示。关于布局，THS4271 和 THS3120 差不多。布线规则也没有什么可讲的：该粗的粗，该远的远，该滑的滑，该挖空的也实施了挖空。这里主要讲一下多层板的问题。

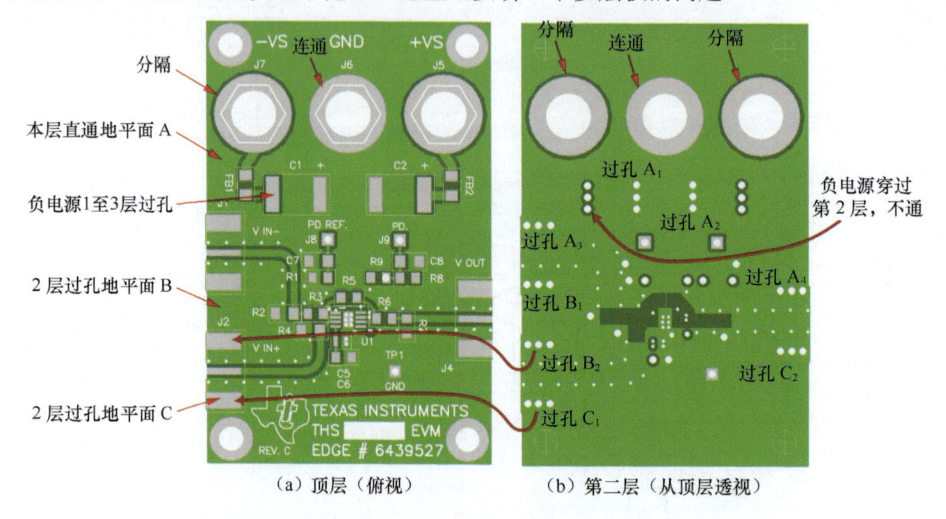

（a）顶层（俯视）　（b）第二层（从顶层透视）

图 4.34　THS4271 评估板的第 1 层（顶层）和第 2 层布线

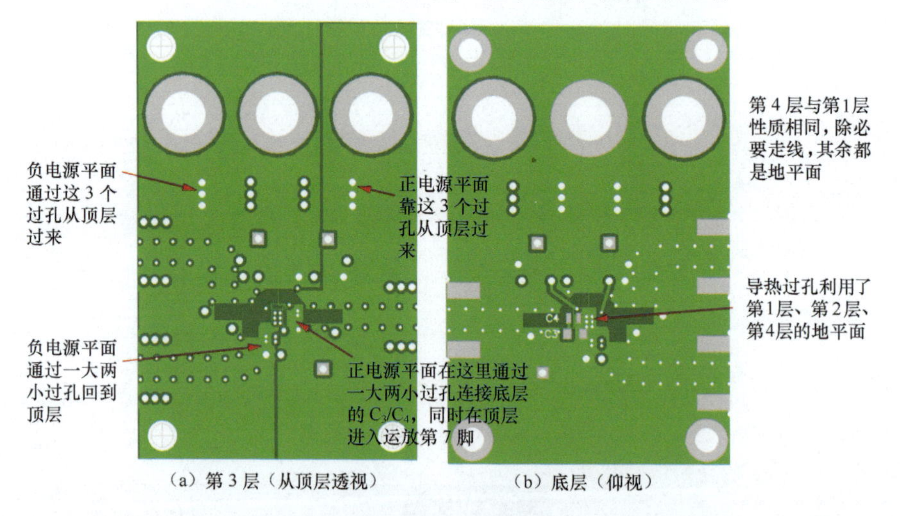

（a）第 3 层（从顶层透视）　（b）底层（仰视）

图 4.35　THS4271 评估板的第 3 顶层和第 4 层（底层）布线

该评估板采用了 4 层板，第 1 层为信号和元件层，第 2 层为地平面，第 3 层为正负电源，第 4 层为地平面和少量其他走线。

先看第 1 层。上方中间的大焊点用于焊接 GND，同时连通形成地平面。顶层的地平面分为三部分。

① 上部 A 区域，即 R_5 上方区域，直接来自电源 GND，服务目标是 C_1、C_2 等。

② 下部 C 区域，即 C_5 下方区域，通过 C 系列过孔从第 2 层过来，服务目标是电容 C_5 等。

③ 左部 B 区域，即 R_2 左侧区域，通过 B 系列过孔从第 2 层过来，服务目标是 R_2 和 R_4。

第 2 层是扎实的地平面，除了必要的穿越过孔，全是地平面。

第 3 层是正负电源共用层，左侧是负电源，右侧是正电源。请读者留意正负电源的来源和目的地，图 4.35 中有文字解释。

第 4 层，也就是底层，是仰视图，对应位置需要左右翻转后再看。

多层电路板的造价比双层板贵，但是效果更好。它的基本思想就是用超大平面制造极低的阻值，制造极低的电位差，各层哪里需要就在哪里打过孔。与地线回流分析相比，这种设计思路更简单，因此被广泛采用。

◎一转二电路

当一个高速信号需要一分为二，提供给不同的两个电路时，常用一转二电路实现，如图 4.36 所示。图 4.36 中电路板有一个 SMA 输入插头、两个 SMA 输出插头，内部有 3 个电阻。这 3 个电阻的阻值是可以根据阻抗匹配原则计算出来的。

① 当两个负载都接入时，从 SMA 输入插头向右看的输入电阻应该是 50Ω，即：

$$R_{X1}+(R_{X2}+R_{in})//(R_{X3}+R_{sbq})=50\Omega$$

② 当信号源接入时，从 VF_2 向左看的电路输出电阻是 50Ω，从 VF_3 向左看的电路输出电阻也是 50Ω。

$$R_{X2}+(R_{X1}+R_s)//(R_{X3}+R_{sbq})=50\Omega$$

$$R_{X3}+(R_{X1}+R_s)//(R_{X2}+R_{in})=50\Omega$$

引入一转二电路后，VF_2 和 VF_3 都将变为 VF_1 的 25%。

类似地，一转三、一转四也可以按此规则得到。

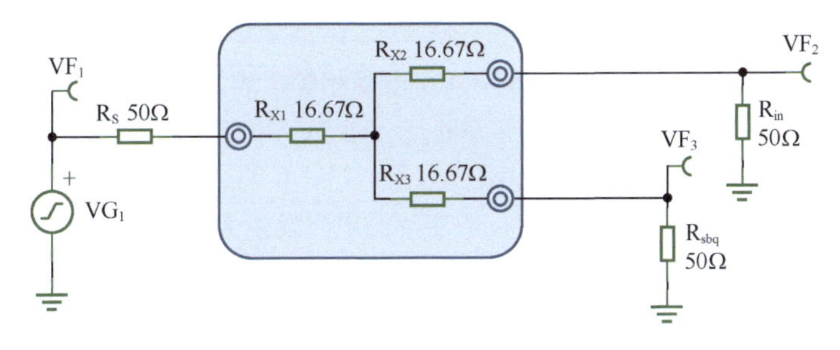

图 4.36 一转二电路

5 测量系统的前端电路

大千世界的物理量，有些能够被人类感知，比如温度、湿度、光强、声音、质量、气味等，这需要利用我们的五官和皮肤；有些不能被人类直接感知，比如红外光、次声波、无味气体浓度，这就需要用到专门的传感器。但是在电学测量系统中，人工是不能介入的。因此，无论这些物理量能否被人类感知，我们都需要用专门的传感器将其转变成电量——电压、电流或者电荷，然后利用现有的测量技术，对这些电压或者电流信号（多数情况下是电压信号）进行放大、滤波等处理，最终通过 ADC 将其变成数字量，进行更为复杂的分析，以得出我们需要的结论。

测量系统的前端电路就是和传感器首次接触的电路。不同的传感器具有不同的输出性质，如电压型、电流型或者电荷型，也具有不同的输出结构和输出阻抗。因此，不存在“万用”的前端电路，或者说，针对不同的传感器，就会有不同的前端电路。多数情况下，前端电路是一个由有源器件组成的放大电路或者转换电路，负责将传感器输出的电量转换成合适的、正比于传感器输出的电压信号，以供后级电路使用。前提是前端电路不能影响传感器的正常工作。

前端电路的好与坏，是决定整个测量系统好与坏的关键。

5.1 仪表放大器及其应用电路

让我们从一个称重传感器入手，分析前端电路的作用。

◎入门：仪表放大器及其在称重中的应用

电阻应变式称重传感器

一个重物有多重？拿在手里掂量一下，可以估计出大致质量。但是，若交给测量系统，就要得出准确的质量，我们该怎么办呢？有很多种办法，最为常用的器件是电阻应变式传感器。它将 4 个应变片电阻固定在横梁上，当重物压迫有弹性的横梁时，横梁会发生弯曲，导致应变片变形，变形的应变片电阻值会发生相应改变——被拉长的应变片电阻变大，被缩短的应变片电阻变小，如图 5.1 所示。随着重力的增加，阻值减小的电阻被称为 R_D，也就是图 5.1 中横梁上方的应变片电阻，有两个，图 5.1 中只画出了一个；在横梁下方，随重力增加，电阻值变大的电阻称为 R_U，也有两个。将这 4 个电阻组成图 5.2 所示的电路，就形成了电阻应变式称重传感器。

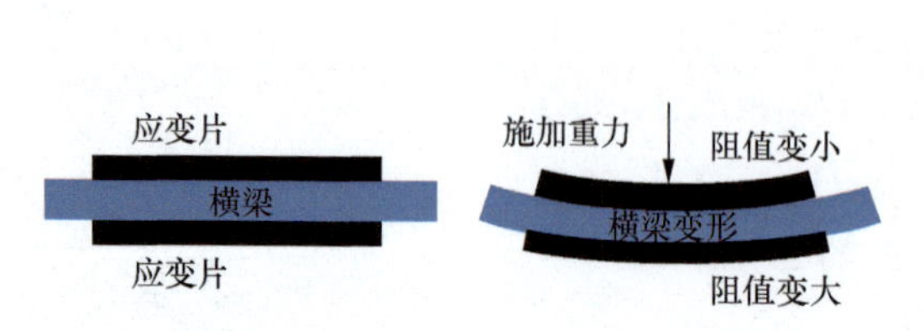

图 5.1　电阻应变式结构

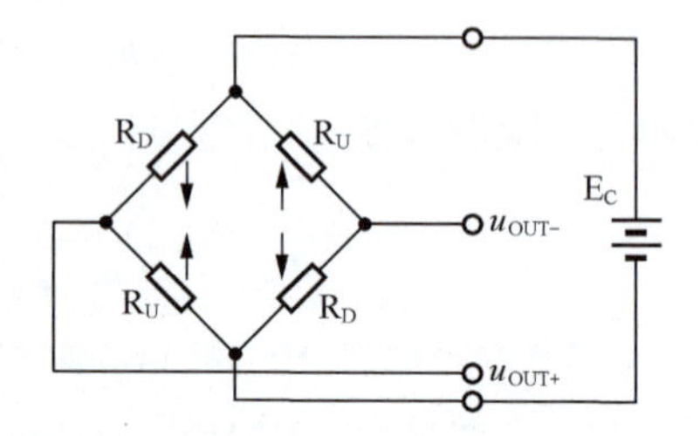

图 5.2　桥式接法等效电路

假设外接电压 E_C=5V，在没有重物施加时，4 个电阻相等，均为 R。则有：

$$u_{\mathrm{OUT+}}=u_{\mathrm{OUT-}}=2.5\mathrm{V}$$

此时，差分输出电压为两者之差，等于 0V。

当施加某个固定质量为 Weight 的重物时，应变片的电阻发生大小相同、方向相反的变化。

$$R_{\mathrm{D}}=R-\Delta R\ \mathrm{Weight},\ \ R_{\mathrm{U}}=R+\Delta R\ \mathrm{Weight} \tag{5-1}$$

导致差分输出电压发生变化：

$$u_{\mathrm{OUT+}}=E_{\mathrm{C}}\times\frac{R_{\mathrm{U}}}{R_{\mathrm{D}}+R_{\mathrm{U}}}=E_{\mathrm{C}}\times\frac{R+\Delta R\ \mathrm{Weight}}{2R}=0.5E_{\mathrm{C}}+E_{\mathrm{C}}\times\frac{\Delta R\ \mathrm{Weight}}{2R} \tag{5-2}$$

$$u_{\mathrm{OUT-}}=E_{\mathrm{C}}\times\frac{R_{\mathrm{D}}}{R_{\mathrm{D}}+R_{\mathrm{U}}}=E_{\mathrm{C}}\times\frac{R-\Delta R\ \mathrm{Weight}}{2R}=0.5E_{\mathrm{C}}-E_{\mathrm{C}}\times\frac{\Delta R\ \mathrm{Weight}}{2R} \tag{5-3}$$

而两者的差值为：

$$u_{\mathrm{OUT+}}-u_{\mathrm{OUT-}}=E_{\mathrm{C}}\times\frac{\Delta R\ \mathrm{Weight}}{R} \tag{5-4}$$

此时，只要对传感器的两个输出信号实施减法，就可以得到与重物质量 Weight 成正比的输出电压。

减法器不能直接用于称重检测

称重检测时首先想到的应该是减法器。但是，它有问题。图 5.3 所示是一个使用减法器实现的采用桥式接法的称重检测电路。让我们分析一下这个电路存在的问题。

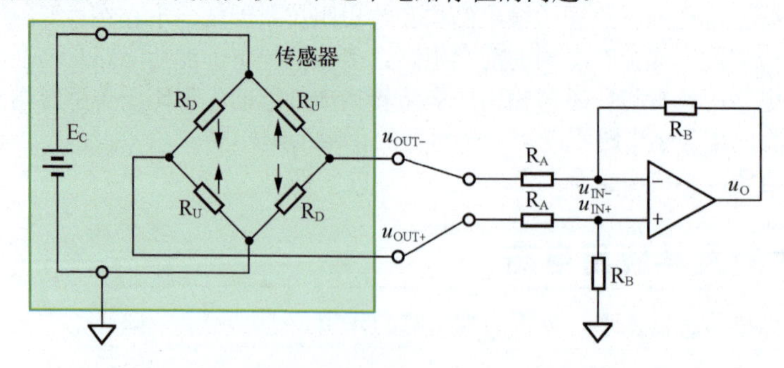

图 5.3　使用减法器实现的采用桥式接法的称重检测电路

图 5.3 中绿色部分为传感器。图 5.4 所示是图 5.3 所示电路的等效电路，电阻的变化导致分压比变化，即 E_1 和 E_2 的电压值都发生了变化，同时传感器还有两个输出电阻 R_1 和 R_2，它们的阻值也是随重物的施加而变化的。

$$R_1 = R_2 = R_U // R_D = \frac{R^2 - (\Delta R)^2}{2R} = 0.5R - \frac{(\Delta R)^2}{2R} \tag{5-5}$$

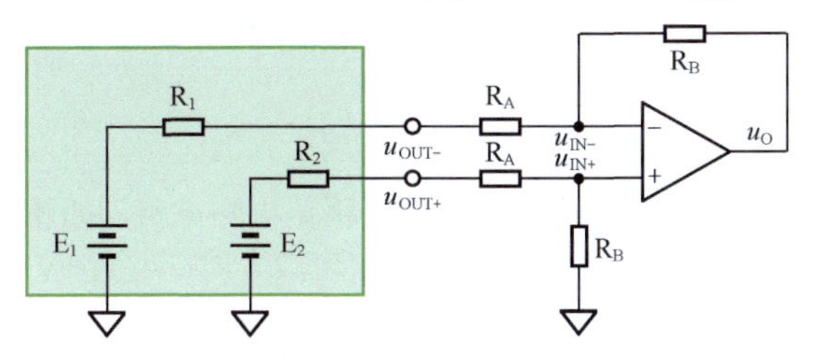

图 5.4　图 5.3 所示电路的等效电路

根据减法器计算式："在上下支路电阻比相等情况下，输出等于正输入减去负输入，再乘以电阻比"，由于 R_1=R_2，有：

$$u_O = (E_2 - E_1) \times \frac{R_B}{R_A + R_1} \tag{5-6}$$

注意，式（5-4）表明，传感器的两个空载电压输出相减，正比于重物质量，式（5-6）等号右侧第一项正是这个与重物质量成正比的量，而后一项却不是固定的，随着重物的增加，R_1 的阻值会越来越小，导致减法器的增益越来越大，这就导致输出呈现出与输入不成正比的"非线性"现象。

可以看出，问题的核心在于传感器的输出电阻，也就是 R_1，是随着重物的变化而变化的。要抵制这个变化对输出的影响，唯一的方法就是让后级放大电路具有无穷大的输入电阻。但是，减法器的输入电阻很小，不满足这个要求。这时候，我们想到了仪表放大器，它具有极大的输入电阻。

重温仪表放大器

仪表放大器有 3 个最主要的特点。

第一，它一定是差分输入的，具有两个完全对称的正负输入端，它的输出正比于两个输入端的差值电压。

第二，它的两个输入端都具有极高的输入阻抗。

第三，它具有极高的共模抑制比，理论上，其输出表达式为：

$$u_{OUT} = \text{Gain} \times (u_{IN+} - u_{IN-}) \tag{5-7}$$

从式（5-7）可以看出，两个输入端的共模量被完全减掉。例如，两个输入端分别为 0.1V 和 0V，与两个输入端分别为 2.1V 和 2V，其输出结果是完全一致的。

图 5.5 所示是一个由三运放组成的仪表放大器内部结构简单示意图。可以得出：

$$u_{OUT} = \left(\frac{R_G + 2R_1}{R_G} \times \frac{R_3}{R_2}\right) \times (u_{IN+} - u_{IN-}) \tag{5-8}$$

仪表放大器增益为一个与外接电阻 R_G 相关的值，因此用户可以通过选择 R_G 决定电路增益。图 5.6 所示是仪表放大器的电路符号。

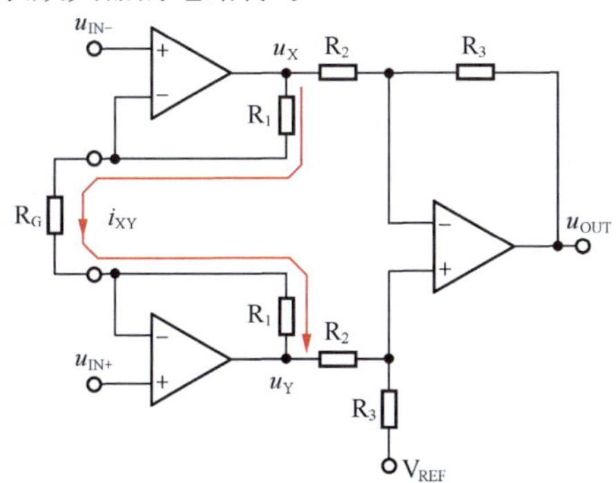

图 5.5　由三运放组成的仪表放大器内部结构简单示意图

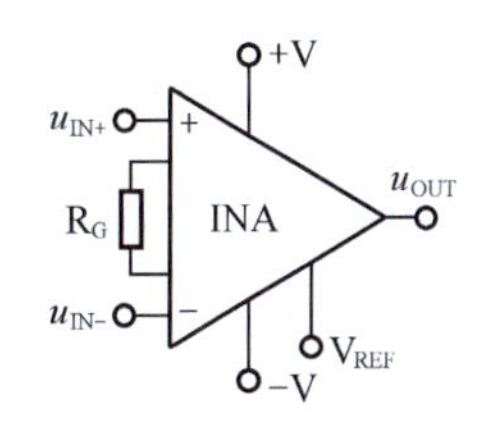

图 5.6　仪表放大器电路符号

仪表放大器有很多吸引人的地方。第一，只需选择一个电阻即可决定电路增益。第二，如果是单端输入信号，把u_{IN-}接地，输入接u_{IN+}，它是同相放大器；把u_{IN+}接地，输入接u_{IN-}，它就是反相放大器。第三，也是最重要的一点，在使用过程中完全不需要考虑对传感器的影响问题，因为它具有足够大的输入阻抗，几乎不从传感器取用电流。

仪表放大器可以直接用于称重检测

将称重传感器和仪表放大器直接相连，就构成了称重检测电路，如图 5.7 所示。图 5.7 没有考虑供电最优化问题，使用了 3 套电源：传感器电源 E_C、仪表放大器正电源 +V、仪表放大器负电源 −V。

此电路中，称重传感器有两个输出 u_{OUT+} 和 u_{OUT-}，含有输出电阻（变化的），但是仪表放大器的 u_{IN+} 和 u_{IN-} 具有极高的输入电阻，从而消除了称重传感器输出电阻变化对电路增益的影响。并且，仪表放大器也实现了两个输入端电压的相减。

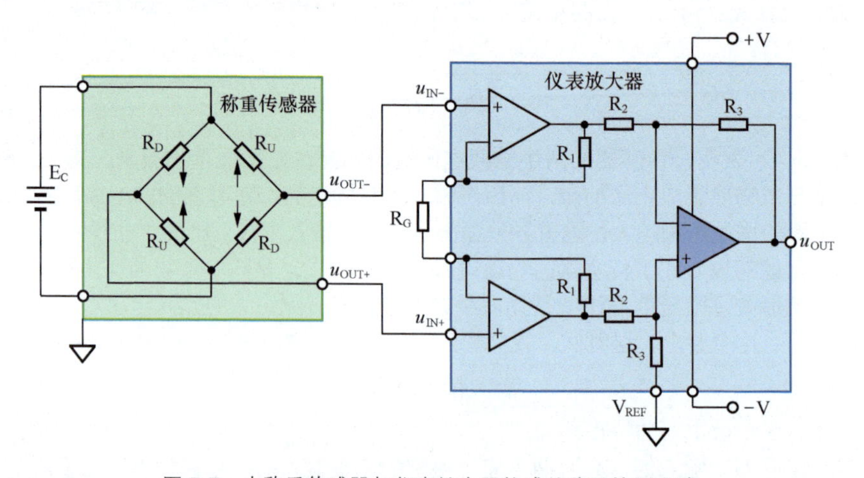

图 5.7　由称重传感器与仪表放大器构成的称重检测电路

◎仪表放大器在其他信号检测中的应用

仪表放大器具有极高的共模抑制比、极高的双端输入电阻。对两个输入实现精准减法，使得仪表放大器几乎不会受到传感器输出电阻的影响，且能够抑制信号线存在的共模干扰，因此仪表放大器在信号检测领域获得了广泛应用。

心电检测

人体存在多种电活动。从心脏窦房结发出的心电信号在体表和肌肉中传播，在身体的不同位置会有不同的电位变化。心电图（ECG）是描述这种电位随时间变化的波形图，1885 年荷兰生理学家 W. Einthoven 首次记录并命名了心电图，此后 100 多年来，利用心电图对心脏健康状况进行评估并做出诊断，已经成为一种常见手段。1924 年 W. Einthoven 因此而获得诺贝尔生理学或医学奖。

心电信号分为双极心电信号和单极心电信号两种，所谓的双极心电信号，是指体表两个具有不同电位的位置之间的电位差，而在单极心电信号的定义中，一个电位不变点作为放大器的一个输入，另一个输入则来源于某个体表位置的变化电位。

人体的体表不仅存在心电信号，还有肌肉活动引起的肌电，以及周边电磁波引起的各种共模干扰（即在各个体表处均存在的干扰信号）。要准确提取其中的心电信号，需要电极片与皮肤紧密接触，还需要后级检测电路通过不同的方法，将不需要的干扰信号滤除。其中重点是将共模干扰信号滤除。

心电信号的幅度为 0.1 ～ 1mV 数量级，而人体存在的共模信号（多数来源于 50Hz 工频）可以高达伏数量级。有两种方法对抗如此大的共模干扰：第一，采用高共模抑制比的前级放大器，第二，对消驱动。

所谓的对消驱动，是指将人体上的共模信号取出，经过高倍数反相放大后再回送到人体——一般是右腿，进而使人体的共模信号大幅度下降的措施，该电路的专业名称为右腿驱动电路，利用的是反激原理。下面解释其原理。

我们用一个示波器的探头接触人体，会在示波器上观察到频率为 50Hz 的波形，其幅度约为几百毫伏到几伏，甚至更高。这就是人体上的共模干扰，它来源于周边 220V 交流电。但是我们很快就会发现，人体上存在的伏数量级的电压，既不能点亮小灯泡，也不能给手机充电，这是因为它具有很大的输出阻抗，也就是内阻。

将人体共模信号视为一个含有 100kΩ 内阻、幅度为 1V 的三角波，可以很清晰地解释对消驱动的原理，如图 5.8 所示。

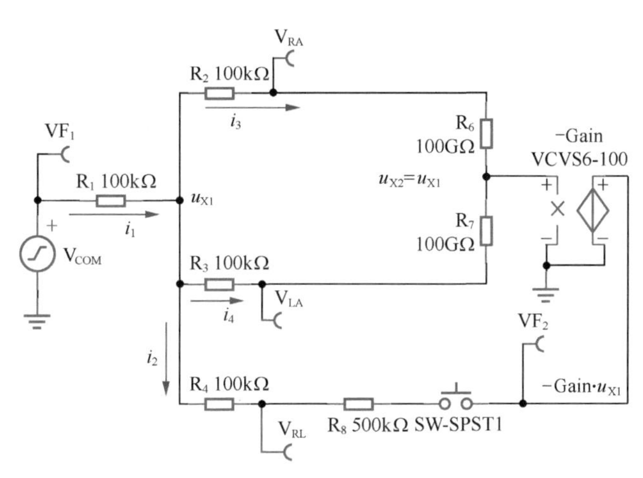

图 5.8　右腿驱动电路的对消驱动原理

图 5.8 中 V_{COM} 为人体内部存在的共模信号，是一个幅度为 1V、频率为 50Hz 的三角波（之所以选择三角波，是因为它具备 50Hz 的奇次谐波），其输出阻抗为 100kΩ。图 5.8 中的 R_2 代表右臂皮肤电阻，R_3 代表左臂皮肤电阻，R_4 代表右腿皮肤电阻，均约为 100kΩ。当右腿反激电路不接入右腿，即图 5.8 中 SW-SPST1 断开时，该共模信号直接呈现在右臂（RA 处）、左臂（LA 处）。

用两个极大的电阻取出 LA 和 RA 处的共模电压，交给 −100 倍放大电路，然后串联限流电阻 R_8，接入人体右腿，则右腿驱动电路开始接入，此时，因 $u_{\mathrm{X2}}=u_{\mathrm{X1}}$，图 5.8 中 $i_3=i_3=0\mathrm{A}$，于是有 $i_1=i_2$，即：

$$\frac{V_{\mathrm{COM}}-u_{\mathrm{X1}}}{R_1}=\frac{u_{\mathrm{X1}}-\left(-\mathrm{Gain}u_{\mathrm{X1}}\right)}{R_4+R_8}=\frac{u_{\mathrm{X1}}\left(1+\mathrm{Gain}\right)}{R_4+R_8} \tag{5-9}$$

化简解得：

$$R_4V_{\mathrm{COM}}+R_8V_{\mathrm{COM}}-R_4u_{\mathrm{X1}}-R_8u_{\mathrm{X1}}=u_{\mathrm{X1}}\left(1+\mathrm{Gain}\right)R_1$$

$$V_{\mathrm{COM}}\left(R_4+R_8\right)=u_{\mathrm{X1}}\left[\left(1+\mathrm{Gain}\right)R_1+R_4+R_8\right]$$

$$u_{\mathrm{X1}}=\frac{R_4+R_8}{\left(1+\mathrm{Gain}\right)R_1+R_4+R_8}V_{\mathrm{COM}} \tag{5-10}$$

将 V_{COM}=1V、R_1=R_4=100kΩ、R_8=500kΩ、Gain=100 倍代入式（5-10），得 u_{X1}=0.05607V。可见，经过右腿驱动电路的反激后，右臂和左臂体表的共模信号下降为原先的 5.6%。其中，体表皮肤电阻、原始干扰信号大小随不同个体存在差异。要增强反激效果，有两个方法，一是减小 R_8 的阻值，二是增大反激倍数 Gain。

盲目增加反激倍数，容易引起自激振荡，此模型难以直接仿真。而减小电阻 R_8 的值，又是不被安全规定所允许的，在人体上加入反激电压信号，要保证所产生的电流不超过安全标准。

图 5.9 所示是 TI 公司的仪表放大器 INA333 数据手册提供的一个 ECG 前端电路。明白了对消驱动原理，看图 5.9 就简单了。

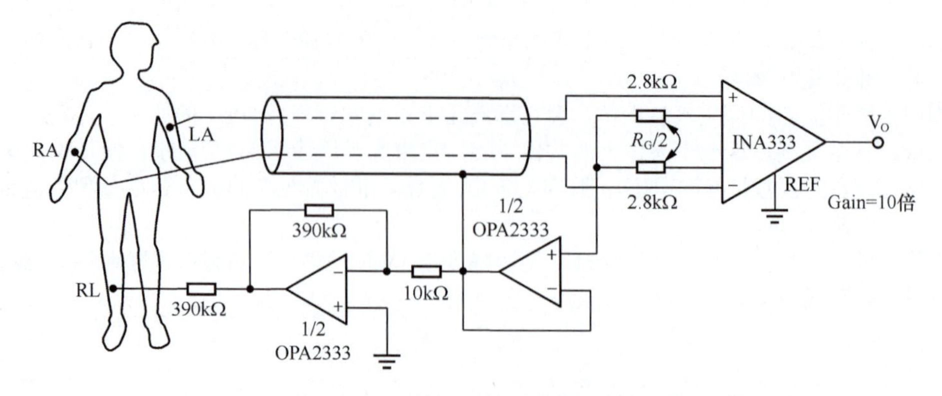

图 5.9 使用仪表放大器 INA333 构成的 ECG 前端电路

首先，从测量原理来看，图 5.9 中 RA（右臂）和 LA（左臂）代表两个输入信号节点，一般用金属夹子夹在左右手腕上，而 RL（右腿）则是用金属夹子夹在右脚踝上，所有做过心电图检测的人都见过这个过程。RA 和 LA 之间存在电位差，此信号为差分信号，属于双极导联，即心电图中的 I 导联。仪表放大器 INA333 以 10 倍差模增益，以及高达 100dB 的共模抑制比，将差模信号放大，将共模信号抑制，形成信号 V_O，供后级进行其他处理。

其次，为了降低人体上的 50Hz 工频共模干扰，引入了对消驱动：INA333 的增益电阻被拆分成两个 2.8kΩ 电阻，中点电位就是 RA 和 LA 的共模信号，此共模信号经过图 5.9 中右下方的 OPA2333 组成一个跟随器，一方面实施导联线的屏蔽，另一方面该信号经过一个 −39 倍的电压放大，通过一个 390kΩ 电阻加载到右腿上，完成了对消驱动。

最后，图 5.9 中 OPA2333 跟随器的输出，除给后级 −39 倍放大之外，还驱动了屏蔽层。屏蔽的核心是，用一个具有极低输出电阻的源给屏蔽层一个固定电位，就能够保证外部的干扰难以突破这个坚实的电位，也就无法影响 RA 和 LA。那么，坚实的固定电位取什么呢？可以是信号地线，但最好是 RA 和 LA 的共模。这样的话，能够保证该电位与 RA 和 LA 之间的电位差最小。图 5.9 中取的屏蔽层电位就是 RA 和 LA 的共模。

仪表放大器用于麦克风信号检测

有些麦克风需要高压电源，有些不需要。此电源被称为幻象电源（Phantom Power）。图 5.10 所示是一个可选择电源的麦克风前端电路。图 5.10 中 R_1、R_2 分别与麦克风的两个差分输出端相连，给麦克风提供可选的 48V 幻象电源。当有声音出现时，传感器第 3 脚和第 2 脚之间不仅存在 48V 的共模电压，还存在随声音变化的差模信号。信号经过 C_1 ～ R_5、C_2 ～ R_4 组成的高通滤波器，到达 INA217 的正输入端、负输入端，实现了隔直和低频信号的滤除，其下限截止频率为：

$$f_L=\frac{1}{2\pi R_5 C_1}=1.54\text{Hz}$$

差模的音频信号（20Hz ～ 20kHz）被送达 INA217 的输入端，仪表放大器通过调节电位器 R_7 对其实施可变的电压增益，根据 INA217 的增益计算式（如图 5.11 所示）：

$$\text{Gain}=1+\frac{10\text{k}\Omega}{R_G}=1+\frac{10\text{k}\Omega}{R_6+R_7} \tag{5-11}$$

可知，最大增益发生在 R_7 等于 0Ω 时，为 1251 倍，这取决于 R_6；最小增益发生在 R_7 等于最大值即 1.6kΩ 时，为 7.219 倍，这主要取决于 R_7。

图 5.10 中，4 个 IN4148 起到保护仪表放大器输入端的作用。

由 OPA137 组成的反馈电路，将输出经过一个积分器后送回 REF 端，总体具有高通作用，起到了降低输出失调电压的目的。

INA217 在 1000 倍放大时，仍具有超过 80kHz 的 −3dB 带宽，能够满足一般的音频放大要求。

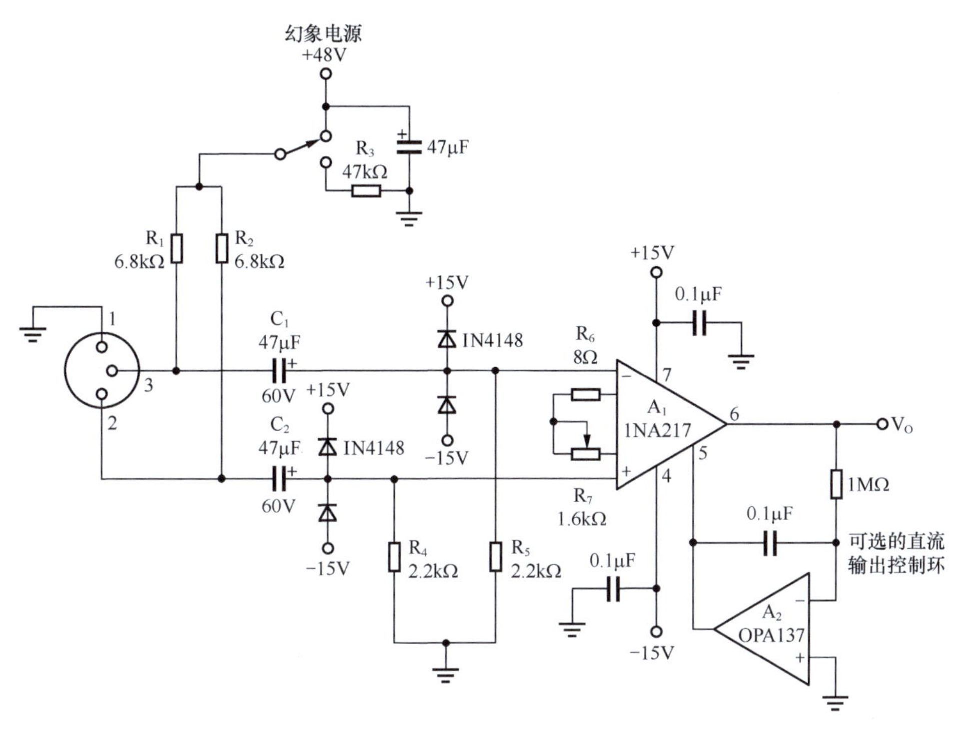

图 5.10　可选择电源的麦克风前端电路

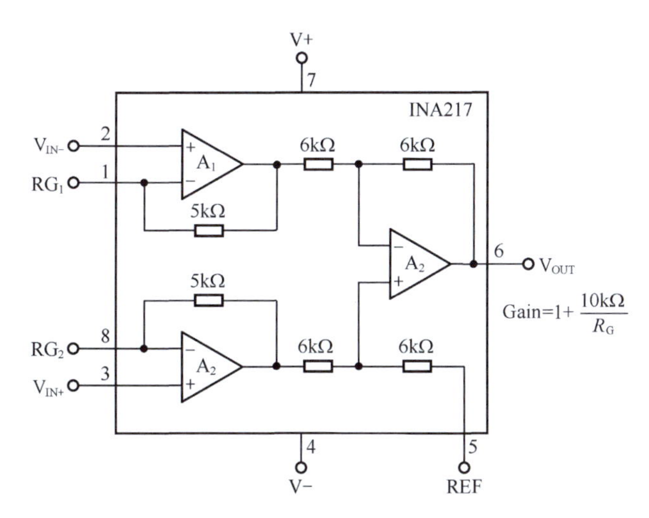

图 5.11　INA217 内部构造

◎仪表放大器用于 PLC 中的信号转换

在较远距离传输模拟信号时，用电流信号传输比电压信号传输有更强的抵抗干扰能力。这是因为干扰信号虽然具有较高的电压值，却不能提供较大的干扰电流。前面我们已经说过，人体上具有高达几伏的电压，但我们却不能使用这个电压给手机充电。根本原因在于这个干扰电压具有较高的输出电阻，一旦要求它提供大电流输出，它就不行了，像一个虚张声势的人。

因此，在工业环境中经常使用电流来传递模拟信号，4 ～ 20mA 电流是一个规范。

可编程控制器（PLC）是工业环境中较为常用的标准化仪器，它有数字量输入和输出，也有模拟量输入和输出，在核心控制器和标准化编程输入的控制策略指挥下，完成用户设定的任务。其中，模拟量的输出可以选择采用 4 ～ 20mA 电流，而检测另外一个 PLC 发出的模拟电流信号，就由本 PLC

内部的仪表放大器来实现。图 5.12 所示为 AD8420 组成的 4 ～ 20mA 电流接收器标准电路。

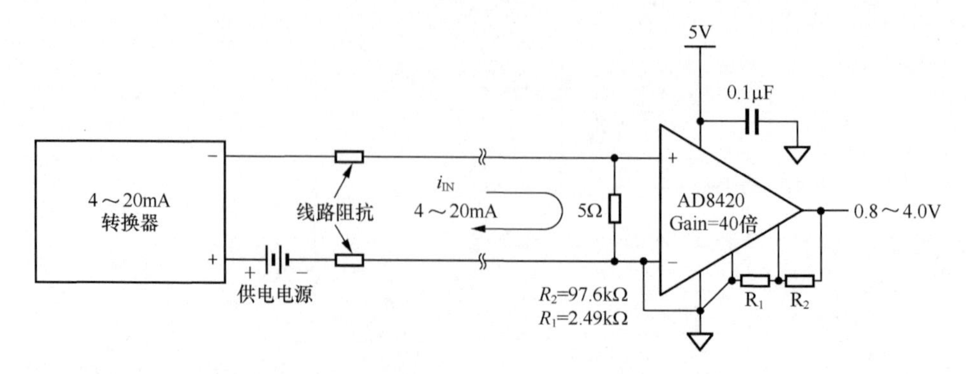

图 5.12　AD8420 组成的 4 ～ 20mA 电流接收器标准电路

AD8420 是一个电流仪表放大器，其输出表达式为：

$$u_{OUT}=\left(1+\frac{R_2}{R_1}\right)\times\left(u_{IN+}-u_{IN-}\right) \tag{5-12}$$

图 5.12 中 i_{IN} 是前级转换器发出的模拟电流信号，范围为 4 ～ 20mA，由此得到：

$$u_{OUT}=\left(1+\frac{R_2}{R_1}\right)\times i_{IN}\times 5\Omega=i_{IN}\times 200.1\Omega \tag{5-13}$$

即 AD8420 组成的电路实现了 200.1Ω 的流压转换系数。当输入为 4mA 电流时，输出近似为 800mV；输入为 20mA 时，输出近似为 4V。

在此使用仪表放大器，可以消除长线传输时引入的共模干扰。

AD8422 组成的过程控制模拟量接收器如图 5.13 所示，它是过程控制中更为常用的一种模拟量接收电路，它不仅能够检测电流输入，也能检测电压输入。

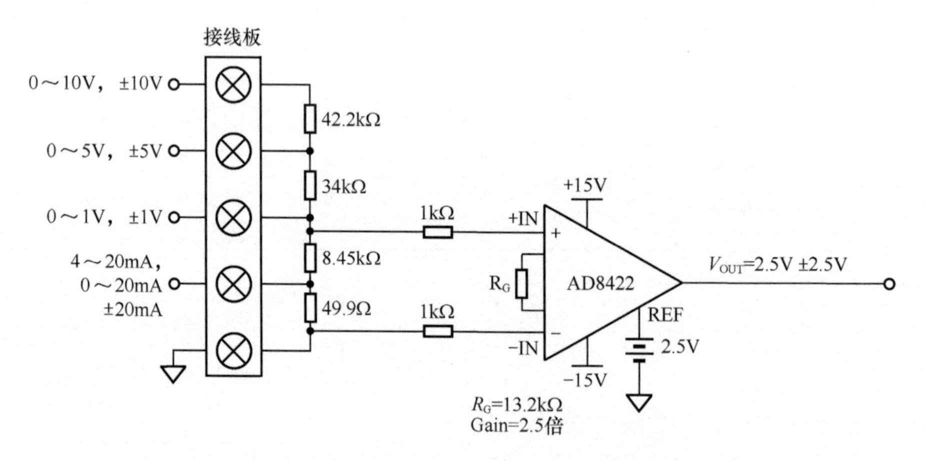

图 5.13　AD8422 组成的过程控制模拟量接收器

首先，仪表放大器 AD8422 被接成 ±15V 供电，它具有较为宽泛的输入电压范围（−13.8 ～ +13.8V）和输出范围（−14.8 ～ +14.8V），这为各种不同范围的输入提供了宽广的空间。

其次，在终端模块后面，用一个电阻分压网络帮助输入信号实现不同的转换。注意，仪表放大器输入端前方串联的两个 1kΩ 电阻，在一般分析中并不起作用，它们没有任何电流流过，也不会产生电压跌落，只是负责将左侧电压传递到右侧而已。然而它们是有用的，利用仪表放大器输入端内部固有的电容，它们组成了一个低通滤波器，用于滤除高频的干扰。

最后，仪表放大器被接成了 2.5 倍差模放大。其负输入端接地，因此 u_{IN-}=0V，而且其 REF 端接 2.5V，根据不同的接法，有如下关系。

（1）对于最高的 ±10V 输入，有：

$$u_{OUT}=2.5V+u_I\times\frac{8.45+0.049}{42.2+34+8.45+0.049}\times 2.5=2.5V+0.2508u_I \quad (5\text{-}14)$$

（2）对于 ±5V 输入，有：

$$u_{OUT}=2.5V+u_I\times\frac{8.45+0.049}{34+8.45+0.049}\times 2.5=2.5V+0.4999u_I \quad (5\text{-}15)$$

（3）对于 ±1V 输入，有：

$$u_{OUT}=2.5V+u_I\times 2.5=2.5V+2.5u_I \quad (5\text{-}16)$$

（4）对于 ±20mA 输入，图 5.13 中的 8.45kΩ 同 1kΩ 电阻一样不起作用，有：

$$u_{OUT}=2.5V+i_I\times 49.9\times 2.5=2.5V+124.75i_I \quad (5\text{-}17)$$

根据前述分析，可以得到 AD8422 的输出是骑在 2.5V 上的，变化范围为 ±2.5V，因此最大值为 5V，最小值为 0V，这个范围对于 ±15V 供电的 AD8422 来说，毫无输出压力。

学习任务和思考题

1）图 5.9 所示的测心电图电路中，为什么右腿驱动电路的输出要经过一个 390kΩ 电阻加载到右腿上？按照理论分析，此电阻越小，对共模干扰的抑制能力越强，为什么要用这么大的电阻？请从以下几个角度分析此问题。

（1）电极与皮肤之间的接触电阻通常是多大？有多大的变化范围？选取 390kΩ 电阻是否会降低接触电阻变化带来的不确定影响？

（2）整个右腿对消驱动电路是一个闭环电路，其稳定性是否受到此电阻的影响？

2）在 ADI 公司官网上找到仪表放大器，统计仪表放大器种类的数量，随机下载一些芯片的数据手册、应用指南等，结合前述讲解内容，学习之。

5.2 仪表放大器使用注意事项

仪表放大器看起来很简单，像一个自动挡汽车。它只需要一个电阻就可以实现期望的电压增益，这导致很多人无论什么情况，只要是需要放大的场合，就使用仪表放大器，即便是简单的 10 倍放大器。这肯定不对，因为仪表放大器远比普通运放贵得多，且高频性能很差。

另外，仪表放大器也不是你想象的那么简单，有很多轻视它而导致的错误，本节细述之。

◎仪表放大器输入端不能承载高共模电压

图 5.14 左侧是一个 100V 高电压用电回路，负载 R_{LOAD} 不确定，要求测量流过负载的电流。为此，常见的方法是串入一个已知阻值的 R_{SENSE}，通过测量 R_{SENSE} 两端的电位差（$u_+ - u_-$），就可以换算出流过负载的电流 i_{LOAD}。

$$i_{LOAD}=\frac{u_+-u_-}{R_{SENSE}} \quad (5\text{-}18)$$

测量电位差可以用减法，一种是用标准减法器，另一种是用仪表放大器。先看减法器。

图 5.14 右侧是标准减法器，为了避免高共模电压击毁运放输入端，图 5.14 中采用 900kΩ 和 100kΩ 串联分压，使到达运放正输入端的电压只有 10V，负输入端也是 10V（因为虚短）。也就是说，高共模电压 100V 只加载到减法器的输入端，并没有加载到运放的两个输入端上，运放是安全的。

当 R_{SENSE} 远小于 R_A 时，有：

$$u_O=\frac{100k\Omega}{900k\Omega}(u_+-u_-)=0.111(u_+-u_-) \quad (5\text{-}19)$$

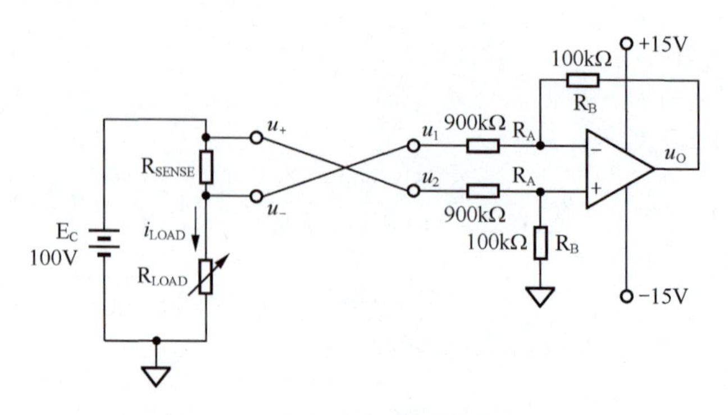

图 5.14　减法器能接受高共模输入电压

可知，减法器可以承受高达 100V 的共模信号输入，也可以测量出 R_{SENSE} 两端电位差，只是衰减为原先的 10%。

而仪表放大器则不同。图 5.15 所示是一个错误电路，照此连接会烧毁仪表放大器。可以看出，图 5.15 左侧电路与图 5.14 相同，右侧的减法器被换成仪表放大器，也是实现减法。此时，100V 的共模信号直接加载到仪表放大器的输入端，也就是加载到内部运放的正输入端，没有电阻分压，在 15V 供电下，仪表放大器一定会被烧毁。

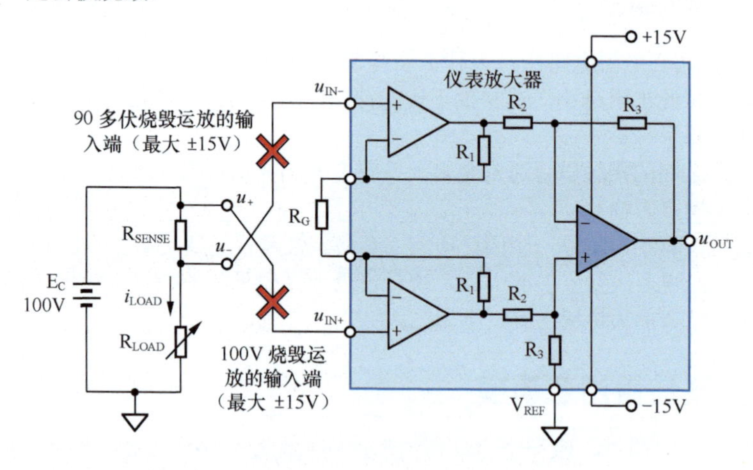

图 5.15　仪表放大器不能接受高共模输入电压

特别需要注意的是，仪表放大器具有极高的共模抑制比，但这并不代表它能承受高共模输入。就如一个放大器的放大倍数很大，并不代表它能输出高电压，这是一个道理。

◎读懂失效图

从一个实际问题说起

问题描述：仪表放大器 INA333 的一个故障电路如图 5.16 所示，设计 INA 放大倍数为 5 倍，输入压差为 0.2V，期望输出 -1V，为什么仿真输出只有 -800 多毫伏？

可以看出，INA333 的正输入端电压为 2V，负输入端电压为 2.2V，差值为 -0.2V，如果仪表放大器的差模增益为 5 倍（Gain=1+100kΩ/R_G，R_G=25kΩ），理论上输出应为 -1V，但是为什么输出电压只有 -800 多毫伏呢？而且我们发现，供电电压为 ±2.5V，输入和输出的范围都没有超过电源范围。这很奇怪吧。

其实一点都不奇怪，将 INA333 内部电路画出，如图 5.17 所示，就看得一清二楚了。按照虚短虚断法进行分析，得到图 5.17 红色的理论分析电压值（蓝色数值为实际值）。很明显，运放 A_1 的输出电压理论值为 2.6V，这已经超过了供电电压 2.5V，因此运放 A_1 处于饱和输出状态，输出最大电压假设为 2.5V（实际情况只能输出 2.45V，本分析中暂视为 2.5V），且 A_1 的虚短不再成立。而运放 A_2 的理论输出电压为 1.6V，没有超限，因此 A_2 仍能够保持虚短成立——INA333 的第 8 脚，也就是运放 A_2 的负输入端仍为 2V。

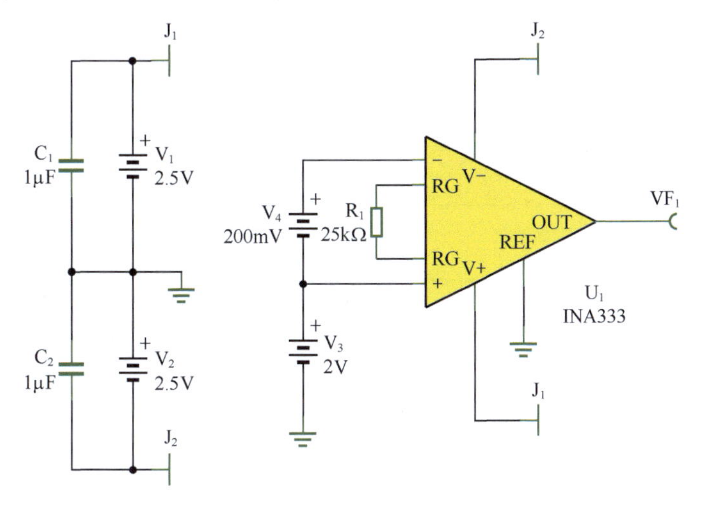

图 5.16 仪表放大器 INA333 的一个故障电路

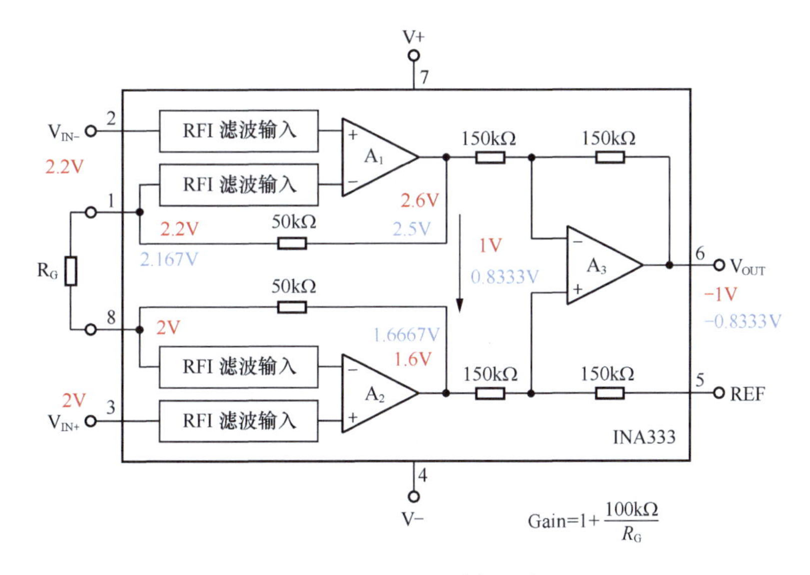

图 5.17 INA333 内部电路

运放 A_1 输入端高阻仍成立，据此，可得 INA333 的第 1 脚，即运放 A_1 的负输入端电压为：

$$U_1 = U_8 + R_G \times I_{RG} = 2.1667\text{V}$$

$$U_{A2OUT} = U_8 - 50\text{k}\Omega \times I_{RG} = 1.6667\text{V}$$

此时，进入减法器的电位差为 2.5V-1.6667V=0.8333V，因此仪表放大器的输出为：

$$V_{OUT} = U_6 = U_{A2OUT} - U_{A1OUT} = -0.8333\text{V}$$

这就是故障的根源——共模电压不合适，加之输入差模电压比较大，导致其中一个运放已经工作于非线性的饱和状态。

当输入电压为 0 ～ 0.2V 时，这种情况就不会发生。当输入电压为 2 ～ 2.1V 时，这种情况也不会发生。

我们可以从中得出一个结论：面对同样的差模输入，当共模电压不同时，能够正常输出的范围会发生变化。

仪表放大器的失效图

为此，生产厂商都会在仪表放大器的数据手册中给出一张图，有人将其称为“钻石图”，但它目前没有明确名称，本书称之为失效图。INA333 的失效图（V_S=±2.5V）如图 5.18 所示。

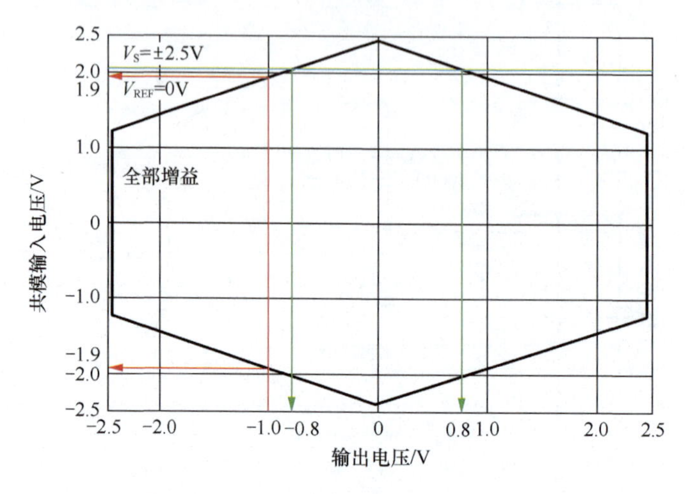

图 5.18　INA333 的失效图（V_S= ± 2.5V）

图 5.18 的横轴是输出电压，纵轴是共模输入电压，图 5.18 中有一个黑线围成的封闭框。在框内的输出值是可以正常工作的，超出范围就会出现上述故障。比如，上述故障输入时，我们可知其共模输入为 2.1V，那么就请在纵轴上找到 2.1V，画一根横线，如图中的绿色线，与黑线框出现 2 个交点，其横轴值分别为 -0.8V 和 0.8V。这说明此时只有输出为 -0.8 ～ 0.8V，才能保证仪表放大器正常工作。

从图 5.18 可以看出，要想让输出等于 1V，输入共模电压的绝对值必须小于 1.9V 才行，如图 5.18 中红色线形成轨迹。

仪表放大器失效电路如图 5.19 所示，被测信号一端输入为 3.7V，另一端在 3.60 ～ 3.69V 变化，表征负载电流的变化。仪表放大器为低压低功耗的 INA333，请选择电阻 R_G，使仪表放大器能最大限度地对输入差模电压进行放大。

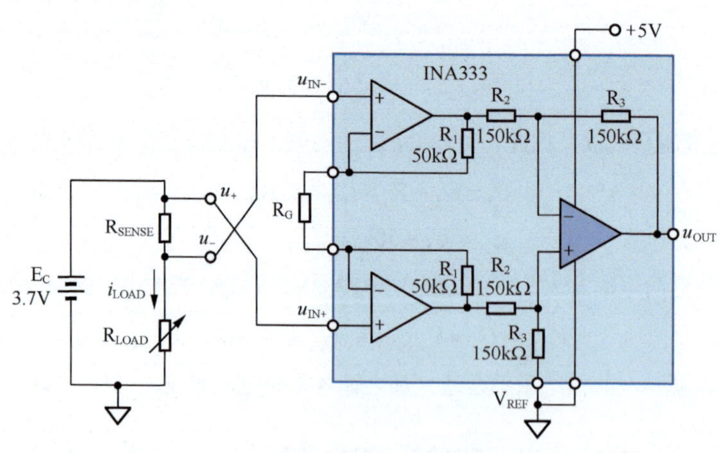

图 5.19　仪表放大器失效电路

解：此例中的关键是知道“仪表放大器的输出最大电压受到共模输入电压的限制”，即失效图。在输入共模电压确定后（按照最恶劣情况，共模电压约为 3.695V，近似为 3.7V），根据失效图找到其最大输出电压，然后据此计算最大增益——即便输入存在最大的差模，其输出电压也在最大输出电压之内。

（1）首先找到 INA333 的失效图。此电路是单电源 +5V 供电，其失效图就不是图 5.18 了，因为图 5.18 中已经标注了供电是 ±2.5V。查阅 INA333 数据手册，得到 5V 供电时的失效图，如图 5.20 所示。图 5.20 中标注供电电压刚好为 +5V，基准输入端接地。我在失效图中填充了浅绿色，表明这个浅绿色区域是仪表放大器可以正常输出的范围，数据手册中没有填充，读者得学会自己看懂。

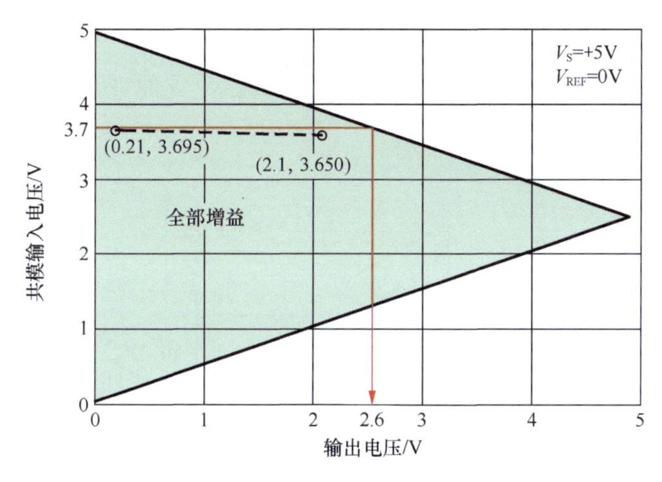

图 5.20 仪表放大器失效图举例（V_S=+5V）

（2）根据失效图，确定最大输出电压。根据图 5.20 中红色线标注轨迹，由纵轴的 3.7V 到横轴的 2.6V，就是 5V 供电下 INA333 的最大输出电压。

（3）输入电压最小值为 3.7V−3.69V=0.01V，输入电压最大值为 3.7V−3.60V=0.1V。

（4）当输入电压最大时，乘以仪表放大器的增益，输出应小于 2.6V，即：

$$u_{OUT\_max} = V_{REF} + \text{Gain} \times u_{IN\_max} \leqslant 2.6\text{V}$$

可得：Gain ≤ 26 倍。

（5）为减少读图视觉误差带来的选择风险，可适当降低最大增益选择。根据情况，可选最大增益为 20 ～ 25 倍。本例选择 21 倍。

（6）根据 INA333 增益计算式：

$$\text{Gain} = 1 + \frac{100k\Omega}{R_G} = 21\text{倍}$$

解得 R_G=5kΩ。如果按照 E96 系列电阻，应选择阻值为 4.99kΩ 的电阻，按照 E24 系列，则选择 5.1kΩ 的电阻。此时，既能保证差模电压得到了最大程度的放大，又能保证仪表放大器不失效。

◎必须有合适的输入端直流通路

虽然仪表放大器的功能是对两个输入端电位实施减法，但是它对输入端电位有明确的要求：相对于仪表放大器的供电系统，输入端必须有确定的电位，也就是说，它必须能够和仪表放大器本身的电源系统构成直流回路，或者说，它不允许任何一个输入端处于浮空状态。根本原因在于，仪表放大器内部的输入级是一个运放的正输入端，当运放正输入端浮空时，该运放内部的输入级晶体管就不存在合适的静态工作点，处于不正常状态，导致其无法正常工作。

图 5.21 给出了两种常见的错误，以及应有的正确电路。上面左图所示的变压器输入中，变压器副边确实存在电位差信号，但是每个端子都是浮空的，导致 AD8222 的两个输入端不存在确定的、基于 $+V_S/-V_S$ 的电位。当改成右上图后，变压器副边中心点接地，静态时 AD8222 的两个输入端都是基于 $+V_S/-V_S$ 的 0 电位，就不再浮空，而存在直流通路了。

下面电容耦合电路也是一样的。按照左图连接时，电容上的电压是不确定的，导致电容右侧相对

于 $+V_S/-V_S$ 也是浮空的。而接成右下图，通过电阻接地后，AD8222 的输入端就有了直流通路，其静态电位为 0V。

◎交流耦合

图 5.21 所示电路的右下角是一个正确的电路。它的输入端是由电容、电阻组成的高通电路，可以实现输入信号的交流耦合。但是这个电路也有明显的缺点：在通带内，电容相当于短接，电路的输入电阻就是图 5.22 中的 R。除非这个电阻非常大，否则，仪表放大器输入阻抗高的优点就被这个电路弄丢了。

有没有一个仪表放大器电路，既能保持输入阻抗高的优点，又能实现交流耦合——隔直流、通交流呢？有，图 5.22 所示电路就是。

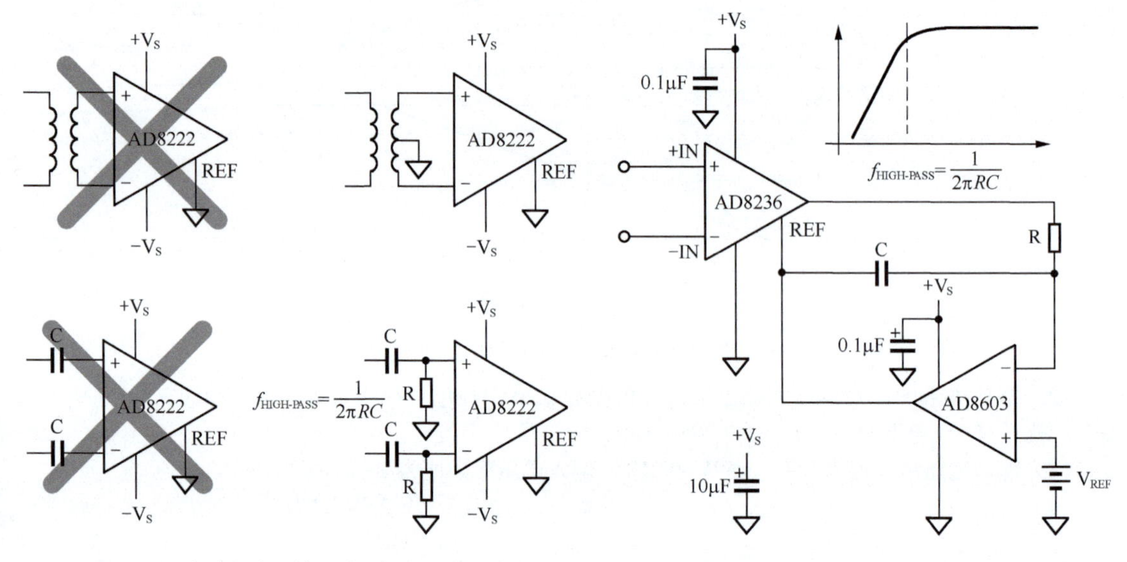

图 5.21　仪表放大器输入端必须有直流通路

图 5.22　交流耦合的仪表放大器电路

图 5.22 中，仪表放大器的输入端没有做任何改变，保持了较大输入阻抗的优点。电路的核心部分引入了另外一个反馈支路：输出经过运放 AD8603 组成的积分器，回到仪表放大器 AD8236 的 V_{REF} 端。积分器是一个类似于低通的器件，将积分器置入反馈环内，终将起到一个高通作用。为了分析方便，我画出了包含交流耦合仪表放大器内部结构的完整电路图，如图 5.23 所示。我使用了双电源供电，因此运放 A_4 的正输入端接地，而不是图 5.22 中 AD8603 正输入端接另外一个基准电压。

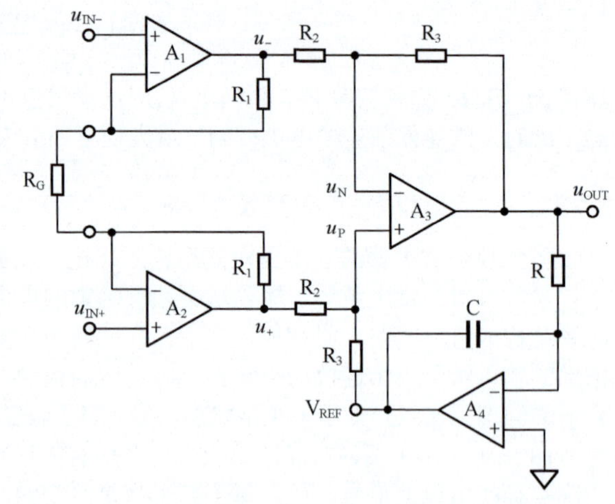

图 5.23　含交流耦合仪表放大器内部结构的完整电路

图 5.23 中，反馈的引入丝毫不影响前两个放大器 A_1 和 A_2 的工作，只影响减法器的频率特性，因此我们把图 5.23 中 u_+ 和 u_- 电压作为输入，求解输出电压 u_{OUT} 与这两个输入之间的关系，包括频率特性。

负反馈方框图法在此很好用。只要求解出衰减系数$\dot{M}$和反馈系数$\dot{F}$，就可以得到输入和输出之间的关系：

$$\dot{A}_{uf}=\frac{\dot{u}_{OUT}}{u_+-u_-}=\frac{\dot{M}\times\dot{A}_{uo3}}{1+\dot{F}\times\dot{A}_{uo3}}\approx\frac{\dot{M}}{\dot{F}}\qquad(5\text{-}20)$$

首先求解$\dot{M}$，它的定义是，在运放 A_3 的两个输入端之间产生的电压$\dot{u}_M=\dot{u}_P-\dot{u}_N$与输入信号$(u_+-u_-)$

的比值，则可以得出：

$$\dot{M}=\left.\frac{\dot{u}_{\mathrm{M}}}{u_{+}-u_{-}}\right|_{u_{\mathrm{OUT}}=0}=\left.\frac{\dot{u}_{\mathrm{P}}-\dot{u}_{\mathrm{N}}}{u_{+}-u_{-}}\right|_{u_{\mathrm{OUT}}=0}=\frac{R_3}{R_2+R_3} \tag{5-21}$$

其次求解$\dot{F}$，它的定义是，在运放 A_3 的两个输入端之间产生的电压$\dot{u}_{\mathrm{F}}=\dot{u}_{\mathrm{N}}-\dot{u}_{\mathrm{P}}$与输出信号 u_{OUT} 的比值，即：

$$\dot{F}=\left.\frac{\dot{u}_{\mathrm{F}}}{u_{\mathrm{OUT}}}\right|_{\substack{u_+=0\\u_-=0}}=\left.\frac{\dot{u}_{\mathrm{N}}-\dot{u}_{\mathrm{P}}}{u_{\mathrm{OUT}}}\right|_{\substack{u_+=0\\u_-=0}}=\left.\frac{\dot{u}_{\mathrm{N}}}{u_{\mathrm{OUT}}}\right|_{\substack{u_+=0\\u_-=0}}-\left.\frac{\dot{u}_{\mathrm{P}}}{u_{\mathrm{OUT}}}\right|_{\substack{u_+=0\\u_-=0}}=\dot{F}_{\mathrm{N}}-\dot{F}_{\mathrm{P}} \tag{5-22}$$

注意，在求解反馈系数时，是用运放负输入端电压$\dot{u}_{\mathrm{N}}$减去正输入端电压$\dot{u}_{\mathrm{P}}$。这是因为考虑到极性，反馈信号在进入加法器时，是以被减去的方式介入的。因此，分别求解输出信号在运放 A_3 的负输入端反馈系数$\dot{F}_{\mathrm{N}}$和正输入端反馈系数$\dot{F}_{\mathrm{P}}$，两者相减即可。

负输入端反馈系数很好求解。

$$\dot{F}_{\mathrm{N}}=\frac{R_2}{R_2+R_3} \tag{5-23}$$

正输入端反馈系数为：

$$F_{\mathrm{P}}=-\frac{\frac{1}{SC}}{R}\times\frac{R_2}{R_2+R_3} \tag{5-24}$$

$$F=F_{\mathrm{N}}-F_{\mathrm{P}}=\frac{R_2}{R_2+R_3}\left(1+\frac{1}{SRC}\right)=\frac{R_2}{R_2+R_3}\left(\frac{1+SRC}{SRC}\right) \tag{5-25}$$

因此，闭环增益表达式为：

$$A_{\mathrm{uf}}(S)=\frac{M}{F}=\frac{R_3}{R_2}\times\frac{SRC}{1+SRC}=\frac{R_3}{R_2}\times\frac{1}{1+\frac{1}{SRC}} \tag{5-26}$$

频域表达式为：

$$\dot{A}_{\mathrm{uf}}(\mathrm{j}\omega)=\frac{R_3}{R_2}\times\frac{1}{1+\frac{1}{\mathrm{j}\omega RC}}=\frac{R_3}{R_2}\times\frac{1}{1-\mathrm{j}\frac{\omega_0}{\omega}} \tag{5-27}$$

显然，这是一个标准高通表达式，其特征角频率和特征频率分别为：

$$\omega_0=\frac{1}{RC},\ f_0=\frac{1}{2\pi RC} \tag{5-28}$$

读者也可以利用其他方法，对电路进行分析。比如，写出$\dot{u}_{\mathrm{P}}$与$\dot{u}_{\mathrm{OUT}}$、$\dot{u}_{+}$、$\dot{u}$的关系，再写出$\dot{u}_{\mathrm{N}}$与$\dot{u}_{\mathrm{OUT}}$、$\dot{u}_{+}$、$\dot{u}$的关系，让两者相等，也可以得出相同的结论。

此电路在完成高通滤波后，输入信号中的低频分量将被衰减，且两个输入端存在的直流电压差将完全被剔除，即 DC 增益为 0。客观上，它也起到了降低输出失调电压的作用。但是在实际应用中，输入信号中的直流电压必须保证在一定范围内，否则仍会出现仪表放大器内部运放饱和的现象。

◎调零

所谓的调零，是指对于一个放大电路，我们期望它在 0 输入时，输出是 0V 或一个期望的直流电压。但是，由于运放内部的失调电压以及偏置电流等影响，0 输入时，输出不是我们期望的 0V。这就需要增加外部电路，使其输出达到 0V。

多数仪表放大器具有很小的输出失调电压，满足用户的一般性设计要求不在话下，因此不需要外部调零。但是失调电压再小，也会有人不满意，这就需要在电路中额外增加调零电路了。它可以通过调节外接电位器，在 0 输入（比如接地）时，强制使输出等于 0V。

但是我们不得不在此提醒，不要迷信调零电路。很多调零电路看似完美，但不实用。原因是温度变化对失调电压的影响很大。一个本身失调电压较大的仪表放大器，经过精细调节确实可以使其输出为 0V，但是这是在某一确定温度下进行的，温度引起的失调电压漂移才是难以克服的——刚刚费劲调好的电路，温度一变，输出又不是 0V 了，这不是白搭吗。

因此，选择本身失调电压足够小、失调温漂足够小的仪表放大器，才是王道。

可是说归说，我们还是讲讲这个调零电路吧，如图 5.24 所示。

根据仪表放大器的输出表达式，可知 REF 端的电压将直接呈现在输出端。

$$V_{\mathrm{O}} = V_{\mathrm{REF}} + \mathrm{Gain} \times \left(V_{\mathrm{IN+}} - V_{\mathrm{IN-}}\right) + V_{\mathrm{O\_OS}} \tag{5-29}$$

其中，$V_{\mathrm{O\_OS}}$ 是仪表放大器的输出失调电压，它与器件本身参数有关，也与 Gain 有关，且可能随着温度、时间产生漂移。

在无须调零的电路中，REF 端一般接地，此时输出电压中一定包含失调电压，理论上不是 0V。之所以无须调零，是因为设计者认定这个电压比较小，可以忽略不计。

在调零电路中，通过改变 V_{REF}，可以将原本存在的输出失调电压抵消。图 5.24 中就采用了一个电位器，使得 V_{REF} 能够从 -10mV 调节到 +10mV，完成了调零的目的。

图 5.24 中的 REF200 是 TI 公司生产的一个集成恒流源，其内部包含两个 100μA 的恒流源，当两端压差介于 2.5 ～ 40V 之间时，能够保证流出电流恒等于 100μA。电位器是 10kΩ 的，几乎不会从恒流源取用电流，因此 100μA 电流的绝大部分流过 100Ω 电阻，使上面的 100Ω 电阻的头顶电位是 10mV，下面 100Ω 电阻的脚底电位是 -10mV。通过电位器调节，运放 OPA177 组成的跟随器输出可以在 -10 ～ +10mV 之内选择。

此电路使用了两个恒流源，在 100Ω 电阻上形成 10mV 电压。在多数情况下无须如此奢侈，毕竟 REF200 恒流源还是比较昂贵的，每片几十元。可以用两个电阻实现类似的功能，如图 5.25 所示。注意，此图是我自己设计的。

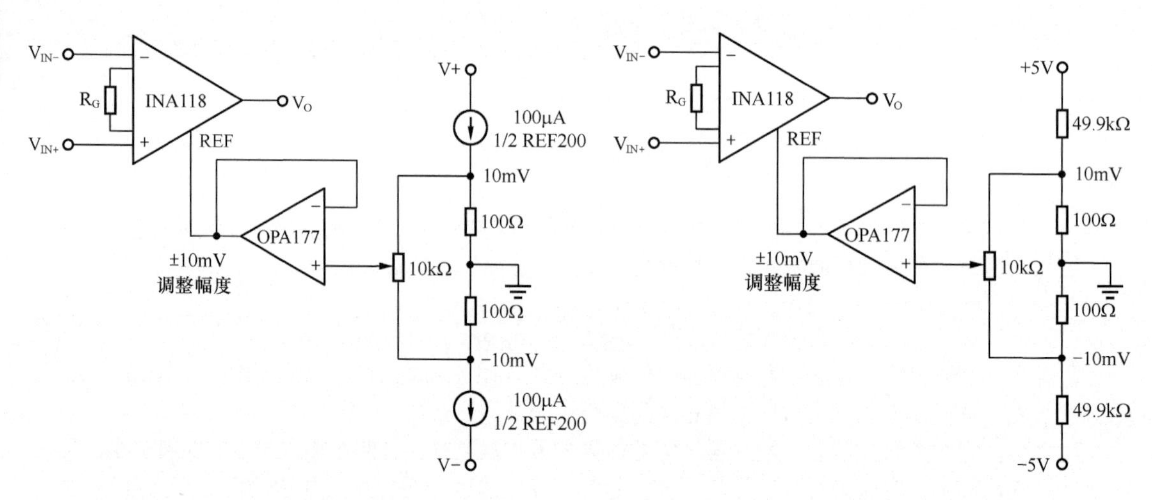

图 5.24　仪表放大器外部调零电路 1

图 5.25　仪表放大器外部调零电路 2

另外，在电位器的中心抽头处，已经获得了 -10 ～ +10mV 的电压变化，为什么还要增加一个运放 OPA177 呢？原因在于 REF 端子内部有一个电阻，它和反馈电阻一样大，这样就保证了内部是一个标准的减法器。当 OPA177 组成的跟随器接入时，跟随器输出电阻几乎等于 0Ω，不会影响减法器工作。但是如果没有这个跟随器，电位器的中心抽头处是有输出电阻的，它等于电位器上半阻值和下半阻值的并联。此电阻和 REF 端子内部电阻串联，将影响减法器工作，客观上输出将不再是两个输入相减后的结果，直接降低了共模抑制比。

因此，当给 REF 脚施加不等于 0V 的输入时——也叫驱动 REF 脚，必须经过跟随器等输出电阻极小的电路。图 5.26 所示是仪表放大器 REF 脚驱动电路的错误和正确示意图。

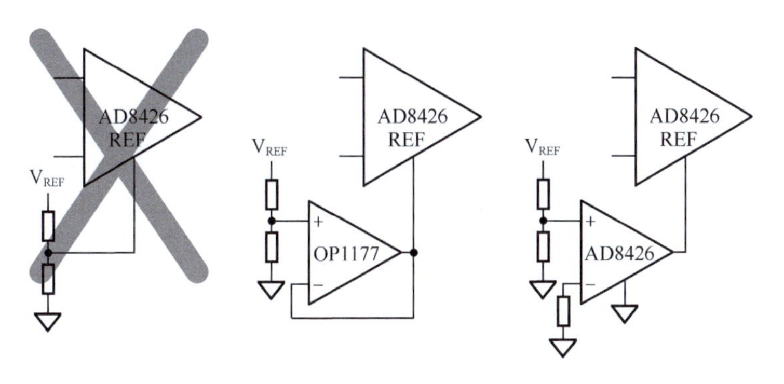

图 5.26　仪表放大器 REF 脚驱动电路的错误和正确示意图

◎单电源应用

多数情况下，本书讲述的电路是双电源供电——信号地一般处于正负电源的中心。而便携式设备，包括手机、相机、手持式仪表等，都用电池供电，此时构造双电源系统就比较麻烦。

（1）用两组电池串联，中心点作为系统地，就构成了 $\pm V_{BAT}$ 供电的双电源系统。但是这种方法有缺点：第一，需要两块电池，第二，多数情况下两块电池耗电是不同步的，导致更换电池时只能浪费还有残留电的电池——因为用户只知道电池电压低，并不清楚哪个电池没电了。

（2）用一组电池，负极作为系统地，正极作为 $+V_{BAT}$ 供电，在系统中增加一套负压转换电路，用于产生 $-V_{BAT}$。这会增加成本和质量、体积。

因此，便携式设备尽量采用单电源供电。对于仪表放大器来说，采用单电源供电，就是一个崭新的挑战，绝大多数电路需要重新设计。

单电源心电放大电路

图 5.27 所示是低功耗仪表放大器 INA333 的单电源应用电路——ECG 检测电路。图 5.27 中供电 $+V_S$=2.7 ～ 5.5V，可以采用 3.7V 锂离子电池。此时电池的负极为本电路的地。

第一步，先粗略看，本电路分为如下模块。

（1）3 个 OPA2333 组成三路跟随器（A_1、A_2、A_3），实现了人体信号与后级测量电路的分隔，它具有高阻输入、低阻输出的特点，将人体上 RA（右臂）、LL（左腿）、LA（左臂）信号驱动输出。

（2）这 3 个信号传递到 R_7、R_6、R_8 这 3 个电阻上，其中心点就是共模信号。此共模信号经过 A_4（OPA2333）跟随器后，又经过 A_5（OPA2333）组成的 -19.5 倍（390kΩ/20kΩ）反相器，回到 RL（右腿），完成右腿对消驱动。

（3）这 3 个信号中的 RA 和 LA 两个信号被加载到仪表放大器 INA333 上，放大 5 倍，然后经 A_6（OPA333）实现 200 倍反相放大，得到 $V_{OUT}=-1000(V_{LA}-V_{RA})$。在医学上，将这 3 个信号的两两相减，可以产生 3 种差分信号，被命名为不同的导联。

导联 I：$V_{LA}-V_{RA}$，左臂正，右臂负。

导联 II：$V_{LL}-V_{RA}$，左腿正，右臂负。

导联 III：$V_{LL}-V_{LA}$，左腿正，左臂负。

另外两个导联电路与导联 I 完全相同，图 5.27 中没有画出。

（4）A_7 组成的电路，是为了配合 INA333 交流耦合的高通电路，其下限截止频率为：

$$f_L = \frac{1}{2\pi R_{13} C_3} = 0.5004\text{Hz}$$

此值略大，一般的心电放大器中将下限截止频率设为 0.1Hz 以下。

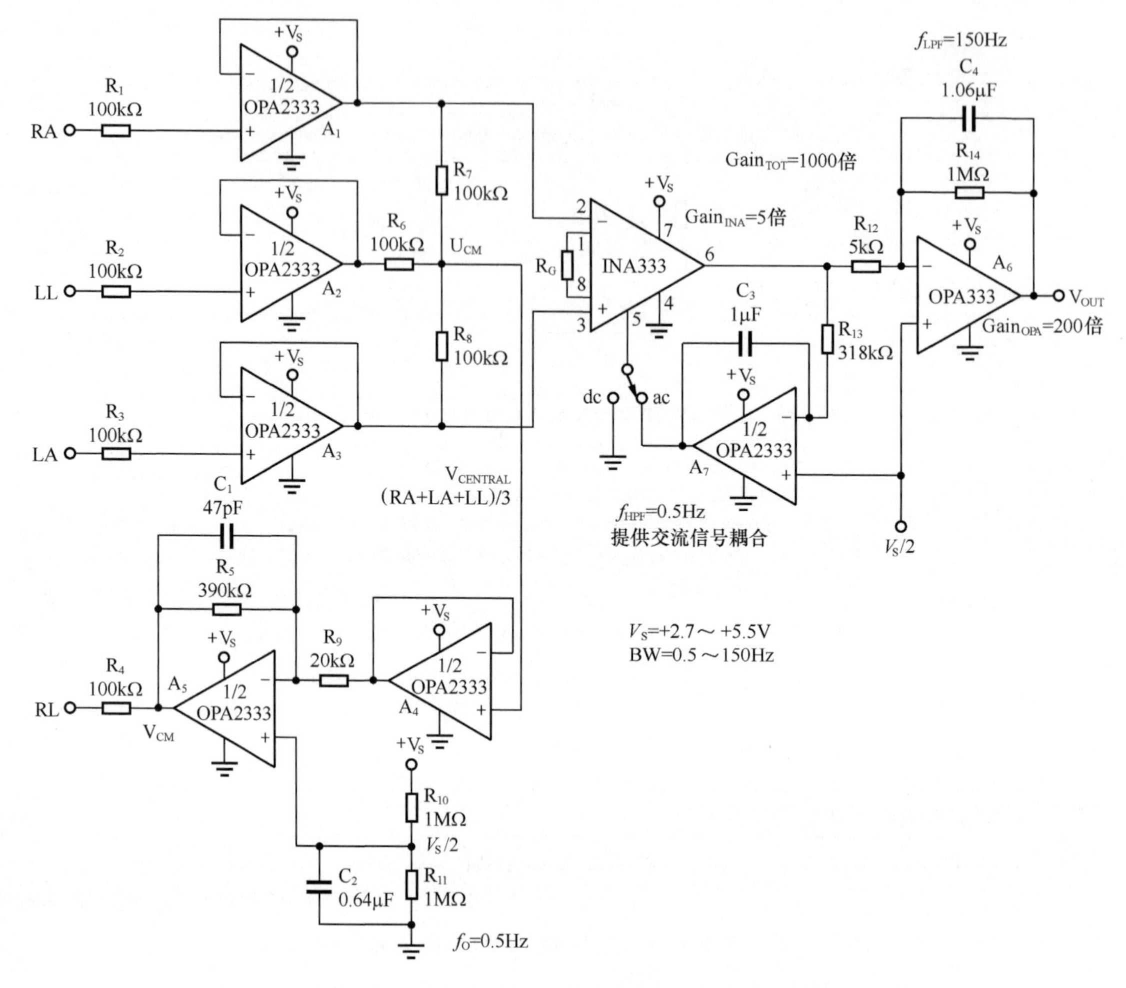

图 5.27　低功耗仪表放大器 INA333 的单电源应用电路——ECG 检测电路

（5）A_6 除了是一个 -200 倍放大器，还具有低通滤波功能，其上限截止频率为：

$$f_{\mathrm{H}}=\frac{1}{2\pi R_{14}C_4}=150.146\mathrm{Hz}$$

心电信号的主要成分频率一般不超过 100Hz，选择上限截止频率为 150 ～ 250Hz 是常见的。

（6）A_5 外围增加电容 C_1=47pF，使 A_5 电路起到低通滤波器的作用，上限截止频率按照理论计算应为：

$$f_{\mathrm{H}}=\frac{1}{2\pi R_5C_1}=8682.7\mathrm{Hz}$$

这个低通滤波器接在右腿对消驱动的环路中，主要作用并不是低通滤波，而是增强整个环路的稳定性，此知识点本书不深入介绍。

第二步，重点关注单电源应用。

图 5.27 中 R_{10} 和 R_{11} 组成了一个分压电路，产生了 $V_S/2$，是电路的核心。该点电位是电源电位的 1/2，假设 3.7V 供电，此电位就是 1.85V。此电位介于供电电压中心，是运放较为“舒服”的输入静态值——输入信号可以有足够大的摆幅，也是输出较为“舒服”的静态值——输出信号也可以实现最大程度的摆幅。就像双电源供电时，输入静态值和输出静态值一般是 0V 一样。

旁边的电容 C_2=0.64μF，形成了低通滤波效果，其上限截止频率为：

$$f_{\mathrm{H}}=\frac{1}{2\pi\left(R_{10}//R_{11}\right)C_2}=0.4974\mathrm{Hz}$$

此低通滤波，把电源上可能存在的高频噪声滤除，以保证 $V_S/2$ 处尽量“干净”。

$V_S/2$ 电位一方面加载到 A_5 的正输入端，使 A_5 的输出静态电压为 $V_S/2$，即 1.85V。这就使人体表面电位会在 1.85V 上有微弱的摆动——心电信号有多大，就摆动多大。注意，此时 A_1、A_2、A_3 这 3 个运放就比较“舒服”了：供电是 0 ～ 3.7V，输入信号在 1.85V 上下微弱摆动，输出也是如此。它们的变化范围完全在 OPA2333 的有效范围内（从 OPA2333 数据手册可以查到，在 3.7V 供电情况下，V_{in} 范围为 -0.1 ～ 3.8V，V_{out} 范围为 0.03 ～ 3.67V）。

运放 A_1、A_3 的输出静态电位为 1.85V，也使 INA333 比较“舒服”。回头看看图 5.20，可以发现，当输入共模电压在单电源的 1/2 处时，INA333 具有最大的输出摆幅。

$V_S/2$ 电位同时又加载到 A_7 的正输入端，使 A_7 的静态输出也是 1.85V，这导致 INA333 的 REF 端为 1.85V，迫使 INA333 的输出是骑在 1.85V 上的变化心电信号。此时再看 A_6，一个 -200 倍的反相放大器，其正输入端也是 1.85V，就可以顺利地将 INA333 的输出实现反相放大，A_6 输出也是骑在 1.85V 上的心电信号。

需要特别注意的是，原电路中有一个开关，两个触点为 dc 和 ac。其电路原意是当选择 ac 时，高通电路介入，使 INA333 具有 0.5Hz 的高通效果，以滤除心电信号中可能存在的体位移动、电极接触变化引起的超低频干扰；当选择 dc 时，INA333 是一个下限截止频率等于 0Hz 的直流放大器，不再滤除超低频干扰。但我觉得这个电路是错误的。要想实现这个功能，不应该在 dc 处将 REF 接地，而应改为接一个输出电阻为 0Ω 的 1.85V 电压，方法是在图 5.27 中 $V_S/2$ 处增加一个跟随器，然后接入 REF 脚即可。

单电源桥式传感器到电流输出

图 5.28 所示是一个单电源桥式传感器检测电路，其输出为 4 ～ 20mA 电流。一般来说，负载 R_L 在本电路的远端，可以将负载电阻顶端的虚线理解为一根长线。注意，负载电阻底端的三角地与本测量电路的三角地必须是同一个地，这样输出的电流才能流回来。

图 5.28 中浅蓝色区域中包含 AD8276，它是一个标准减法器。将这一部分电路（包括 AD8276 的内部结构）放大绘在图 5.28 下半部分。

首先粗看电路：一个单一 +5V 供电的桥式传感器，AD8422 仪表放大器，AD8276 减法器，配合晶体管、124Ω 电阻，以及运放 ADA4096-2，共同构成一个压流转换电路，最终以电流形式输出。图 5.28 中有两套电源，都是单电源，一个 +5V 供电，一个 +24V 供电。

其次，需要仔细研究的有三部分。第一，AD8422 如何单电源工作，其输出范围是否与图 5.28 中标注一致。第二，压流转换电路，即图 5.28 中浅蓝色区域的工作原理。第三，为什么要使用两套电源。下面逐个分析。

1）AD8422 的单电源工作分析

图 5.28 中标注 $V_{OUT\_FS}=\pm 15mV$，且 4 个应变片电阻均为可变的，这说明当 AD8422 的 +IN 脚电位变高时，-IN 脚电位会变低。因此 +IN 脚和 -IN 脚的静态电位均为 2.5V，最高电位是 2.5V+7.5mV，最低电位是 2.5V-7.5mV，即每个管脚的电位变化范围是 2.5V-7.5mV ～ 2.5V+7.5mV。这样才能使满幅变化量为 ±15mV。两种极端情况如下。

一是 $V_{+IN8422}=2.5V+7.5mV$，$V_{-IN8422}=2.5V-7.5mV$，$V_{IN\_MAX}=V_{+IN8422}-V_{-IN8422}=15mV$。

二是 $V_{+IN8422}=2.5V-7.5mV$，$V_{-IN8422}=2.5V+7.5mV$，$V_{IN\_MIN}=V_{+IN8422}-V_{-IN8422}=-15mV$。

由于 AD8422 是单电源供电，当输入共模是 5V 的 1/2 时，它很“舒服”，输出摆幅最大。此时，需要关注它的输出基准，即 REF 输入脚。从电路可以看出，一个分压电路（由 24.9kΩ 和 10.7kΩ 电阻组成），在没有电位器的情况下，分压值为 1.5028V（图 5.28 中给出了一个可选电位器，也可适当调节），此电压经过一个 ADA4096-2 跟随器加载到 AD8422 的 REF 端，为 V_{REF}。因此仪表放大器输出为：

$$V_{OUT\_AD8422}=V_{REF}+\text{Gain}\times V_{IN}，\ \text{Gain}=66.8倍 \quad (5\text{-}30)$$

将传感器输出（即 AD8422 的输入）的最大值和最小值分别代入，可得输出范围。

$$V_{OUT\_AD8422\_MAX}=V_{REF}+\text{Gain}\times V_{IN\_MAX}=2.5048V$$

$$V_{OUT\_AD8422\_MIN}=V_{REF}+\text{Gain}\times V_{IN\_MIN}=0.5008V$$

因此，可以近似认为 AD8422 的输出范围是 0.5 ～ 2.5V。

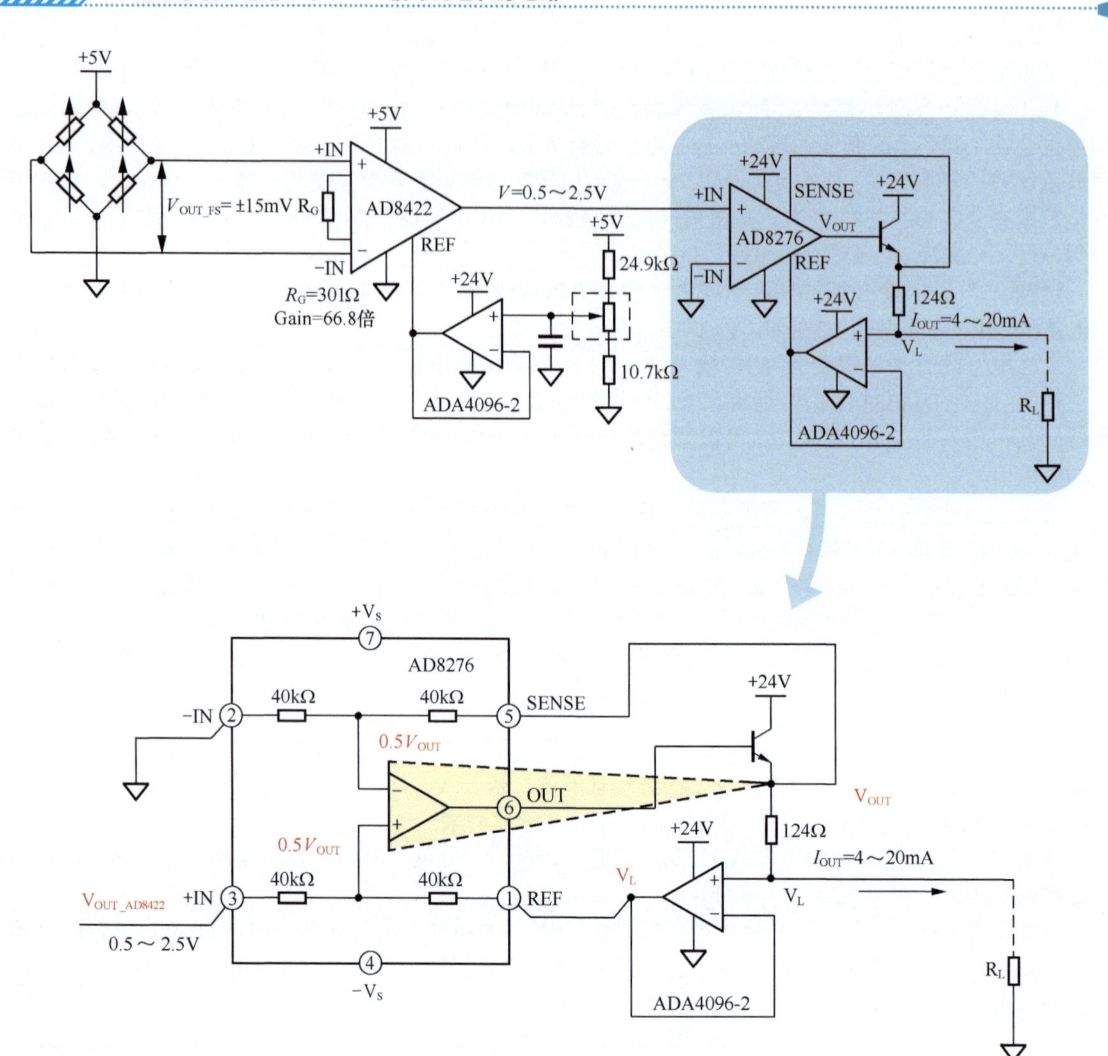

图 5.28　单电源桥式传感器检测电路

2）压流转换器工作原理分析

这个电路中增加的晶体管可以视为内部运放的扩流电路，它是共集电极的，没有改变运放的输出极性，因此可以将其视为一个大运放（图 5.28 中黄色三角区域）的输出级。这样的话，设晶体管发射极电位为 V_{OUT}，根据虚短虚断原则，形成图 5.28 中红色标注部分，在大运放的正输入端可以写出如下表达式。

$$\frac{V_{OUT\_AD8422}-0.5V_{OUT}}{40k\Omega}=\frac{0.5V_{OUT}-V_L}{40k\Omega} \tag{5-31}$$

解得：

$$V_L=V_{OUT}-V_{OUT\_AD8422} \tag{5-32}$$

而输出电流为：

$$I_{OUT}=\frac{V_{OUT}-V_L}{124\Omega}=\frac{V_{OUT\_AD8422}}{124\Omega} \tag{5-33}$$

将两个极限值代入式（5-33），得：

$$I_{OUT\_MIN}=\frac{V_{OUT\_AD8422\_MIN}}{124\Omega}=4.039\text{mA}$$

$$I_{OUT\_MAX}=\frac{V_{OUT\_AD8422\_MAX}}{124\Omega}=20.2\text{mA}$$

因此，此电路顺利实现了输出 4 ～ 20mA 的功能。

3）供电分析

为什么在输出部分要使用 +24V 电源？根据电路结构，输出端 124Ω 电阻上可能存在最大 124Ω× 20.2mA=2.5048V 的压降，而负载电阻上存在的压降却是不确定的，取决于负载电阻的大小。随着负载电阻越来越大，V_L 会越来越高。假设 R_L 为 1kΩ，在输出最大电流时，V_L 会达到 20.2V，而 V_{OUT} 会达到 20.2V+2.5048V=22.7048V。而 AD8276 内部运放的输出脚将比 V_{OUT} 还要高 0.7V，即 23.4048V。

此时，如果没有 +24V 电源供电，内部运放输出脚无法提供 23.4048V 输出，同时晶体管也会处于饱和状态。

因此，使用 +24V 电源给输出级供电，是为了保证给负载端提供足够高的电位，以保证负载电阻较大时，电路也能正常工作。这也叫“电流源具有较高的顺从电压”。

当然，你也可以将 +24V 更换成 +30V，这是 AD8276 和 ADA4096-2 都能承受的最大电压，这样负载电阻就可以更大一些。同时，需要使用能够承受 30V 电压的晶体管。

此外，电路中左侧的 ADA4096-2 为什么也用 +24V 供电呢？可以看出，这个运放用于将 1.5V 的分压电压进行跟随驱动，供电电压只要高于 2V 就足够了。但是为什么不使用 +5V，而使用 +24V 呢？这是因为 ADA4096-2 是一个内含两个运放的集成芯片，它是统一供电的。而电路右侧的 ADA4096-2 运放需要 +24V，就满足它吧。

◎仪表放大器的差分输出

绝大多数仪表放大器是单端输出的。而双端差分输出具有 3 个显著的好处。第一，在相同供电电压下，差分输出具有比单端输出大一倍的输出摆幅，而输出摆幅越大，越容易提高信噪比，或者扩大动态范围。第二，差分输出可以明显减小放大器产生的偶次谐波，这点本书不详述。第三，如果存在长线传输信号，差分输出可以明显抑制共模干扰。

因此，如果能将原本单端输出的信号转变成差分输出，就再好不过了。

最简单的电路

图 5.29 所示电路是我们最先想到的，给输出信号增加一个 1 倍反相器即可。图 5.29 中如果是双电源供电，V_{REF}INPUT 端接地即可。如果是 +5V 供电，V_{REF}INPUT 端需要无输出电阻的 +2.5V，可以通过分压电阻加跟随器实现。

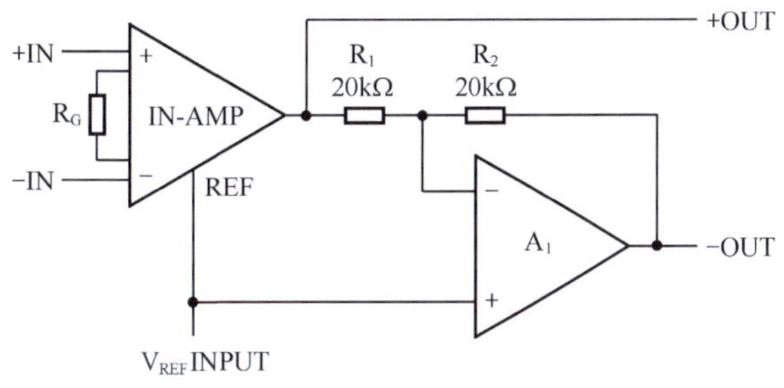

图 5.29　仪表放大器的差分输出电路 1

这个电路的优点是，在原有仪表放大器基础上，增益变为原先的 2 倍。如果还要原先的增益，可以将仪表放大器增益降低至原先的 1/2，这样给仪表放大器的增益压力就小了，对扩展带宽是有利的。但是它的缺点也是明显的，-OUT 完全依赖于后级放大器的电阻 R_1 和 R_2，很容易出现正输出和负输出幅度不对称，且总增益不是原增益 2 倍的情况。

两个仪表放大器组成含反馈的电路

利用两个仪表放大器，形成反馈回路，也能实现差分输出，如图 5.30 所示，而且它解决了上述单一反相器带来的正负幅度不对称问题。

图 5.30 中 +IN_x 代表共模输入，它决定了两个输出端 V_{OUT+} 和 V_{OUT-} 的共模电压。为书写方便，将图 5.30 中的 +IN1、-IN1 改写为 IN_+、IN_-。

根据第一个仪表放大器，列出输出表达式。

$$V_{OUT+}=V_{REF}+\text{Gain}\times\left(\text{IN}_+-\text{IN}_-\right)\tag{5-34}$$

第二个仪表放大器的输出，就是第一个仪表放大器的 V_{REF}，其表达式为：

$$V_{REF}=V_{REF2}+\text{IN}_x-V_{OUT+}\times\frac{1}{1+SRC}=V_{OUT-}\tag{5-35}$$

将上述两式合并，并继续化简。

$$V_{OUT+}=V_{REF2}+\text{IN}_x-V_{OUT+}\times\frac{1}{1+SRC}+\text{Gain}\times\left(\text{IN}_+-\text{IN}_-\right)$$

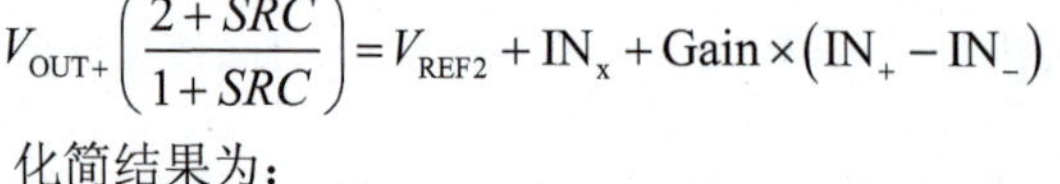

$$V_{OUT+}\left(\frac{2+SRC}{1+SRC}\right)=V_{REF2}+\text{IN}_x+\text{Gain}\times\left(\text{IN}_+-\text{IN}_-\right)$$

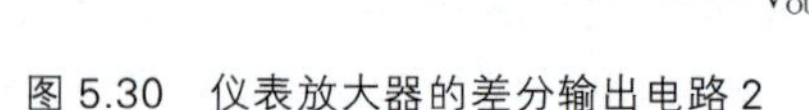

图 5.30　仪表放大器的差分输出电路 2

化简结果为：

$$V_{OUT+}=\frac{1+SRC}{2+SRC}\times(V_{REF2}+\text{IN}_x)+\frac{1+SRC}{2+SRC}\text{Gain}\times\left(\text{IN}_+-\text{IN}_-\right)\tag{5-36}$$

式（5-36）为两项之和。对于第一项来说，它是两个直流电压之和与一个拉氏变换表达式相乘。对于稳态分析，在物理含义上，可以理解为两个直流电压相加后，经过一个随频率变化的传递函数。而直流电压的频率为 0Hz，则稳态表达式为：

$$\frac{1+\text{j}\omega RC}{2+\text{j}\omega RC}\times(V_{REF2}+\text{IN}_x)=\frac{1}{2}\times(V_{REF2}+\text{IN}_x)\tag{5-37}$$

因此有：

$$V_{OUT+}=0.5(V_{REF2}+\text{IN}_x)+\frac{1+SRC}{2+SRC}\text{Gain}\times\left(\text{IN}_+-\text{IN}_-\right)\tag{5-38}$$

V_{OUT-} 就是前述的 V_{REF}，将 V_{OUT+} 代入 V_{REF} 表达式，对直流量进行上述处理，得：

$$\begin{aligned}V_{OUT-}&=V_{REF2}+\text{IN}_x-\left[0.5(V_{REF2}+\text{IN}_x)+\frac{1+SRC}{2+SRC}\text{Gain}\times\left(\text{IN}_+-\text{IN}_-\right)\right]\times\frac{1}{1+SRC}=\\&0.5(V_{REF2}+\text{IN}_x)-\frac{1}{2+SRC}\text{Gain}\times\left(\text{IN}_+-\text{IN}_-\right)\end{aligned}\tag{5-39}$$

可以看出，两个输出端的表达式是不一样的。但是如果频率较低，SRC 远小于 1，则：

$$V_{OUT+}=0.5(V_{REF2}+\text{IN}_x)+0.5\times\text{Gain}\times\left(\text{IN}_+-\text{IN}_-\right)\tag{5-40}$$

$$V_{OUT-}=0.5(V_{REF2}+\text{IN}_x)-0.5\times\text{Gain}\times\left(\text{IN}_+-\text{IN}_-\right)\tag{5-41}$$

此时，两个输出信号拥有完全相同的直流电平 $0.5(V_{REF2}+\text{IN}_x)$，且正输出为输入差模信号的 +0.5Gain 倍，负输出为输入差模信号的 −0.5Gain 倍，两者完全基于直流电平对称，实现了 Gain 倍的差分放大。合理选择 RC，可以让式（5-40）和式（5-41）成立。

需要注意的是，在 SRC 远小于 1 不成立的时候，两个输出的频率响应会出现明显的差异。正输出增益会逐渐上升，并最终逼近 Gain，而负输出则会从 0.5Gain 倍增益开始，逐渐下降到 0。我们需要做的就是保证有效信号频率尽量低，使 SRC 远小于 1。

请读者思考，本电路中为什么要加入一个 10kΩ 和 100pF 的低通环节？第一，请推导没有低通环节时，两个差分输出的表达式。第二，你会发现，没有低通环节，表达式变得更加清晰简单，也实现了对称的差分输出。那么为什么还需要这个低通环节呢？

提醒一下，请从环路稳定性角度进行分析。

仪表放大器加运放组成含反馈电路

图 5.31 所示是实现仪表放大器差分输出的另外一种电路。它使用了一个运放，以反相器的形式，形成闭环负反馈。为书写方便，将图 5.31 中的 +IN1、−IN1 改写为 IN_+、IN_-。

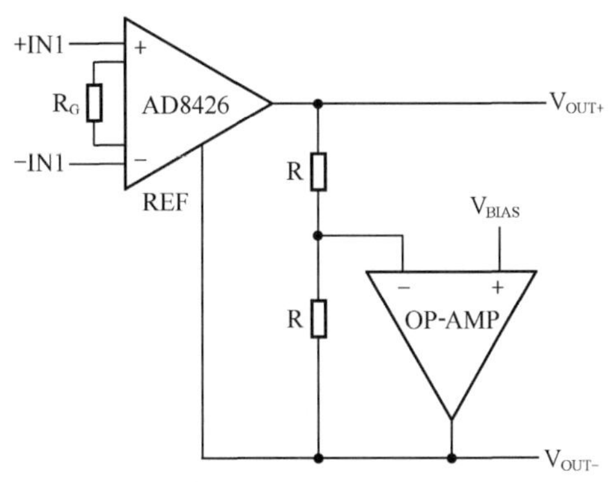

图 5.31　仪表放大器的差分输出电路 3

对于 AD8426，列出其输出表达式：

$$V_{\text{OUT+}} = V_{\text{OUT-}} + \text{Gain}\left(\text{IN}_+ - \text{IN}_-\right) \tag{5-42}$$

运放处于负反馈状态，虚短虚断成立，有：

$$\frac{V_{\text{OUT+}} - V_{\text{BIAS}}}{R} = \frac{V_{\text{BIAS}} - V_{\text{OUT-}}}{R} \tag{5-43}$$

解得：

$$V_{\text{OUT-}} = 2V_{\text{BIAS}} - V_{\text{OUT+}} \tag{5-44}$$

将此结果代入式（5-42），得：

$$V_{\text{OUT+}} = 2V_{\text{BIAS}} - V_{\text{OUT+}} + \text{Gain}\left(\text{IN}_+ - \text{IN}_-\right) \tag{5-45}$$

解得：

$$V_{\text{OUT+}} = V_{\text{BIAS}} + 0.5\text{Gain}\left(\text{IN}_+ - \text{IN}_-\right) \tag{5-46}$$

将此结果代入式（5-44），得：

$$V_{\text{OUT-}} = V_{\text{BIAS}} - 0.5\text{Gain}\left(\text{IN}_+ - \text{IN}_-\right) \tag{5-47}$$

可知，V_{BIAS} 决定了两个差分输出的共模电压，且两个输出信号相位相反，各自增益为 0.5Gain，总增益为 Gain。

让我们看看图 5.31 中两个电阻如果不一致，会出现什么情况。假设图 5.31 中上边电阻为 R_1，下边电阻为 R_2，式（5-44）变为：

$$\left(V_{\text{OUT+}} - V_{\text{BIAS}}\right)R_2 = \left(V_{\text{BIAS}} - V_{\text{OUT-}}\right)R_1$$

$$V_{\text{OUT-}} = \frac{V_{\text{BIAS}}\left(R_1 + R_2\right) - V_{\text{OUT+}} \times R_2}{R_1} \tag{5-48}$$

将此结果代入式（5-42），得：

$$V_{\text{OUT+}} = \frac{V_{\text{BIAS}}(R_1 + R_2) - V_{\text{OUT+}} \times R_2}{R_1} + \text{Gain}(\text{IN}_+ - \text{IN}_-)$$

解得：

$$V_{\text{OUT+}}\left(R_1 + R_2\right) = V_{\text{BIAS}}\left(R_1 + R_2\right) + R_1 \times \text{Gain}\left(\text{IN}_+ - \text{IN}_-\right)$$

$$V_{\text{OUT+}} = V_{\text{BIAS}} + \frac{R_1}{R_1 + R_2} \times \text{Gain}\left(\text{IN}_+ - \text{IN}_-\right) \tag{5-49}$$

将此结果代入式（5-48），得：

$$V_{\text{OUT}-}=\frac{V_{\text{BIAS}}\left(R_1+R_2\right)-\left(V_{\text{BIAS}}+\frac{R_1}{R_1+R_2}\times \text{Gain}\left(\text{IN}_+-\text{IN}_-\right)\right)\times R_2}{R_1}=$$

$$\frac{V_{\text{BIAS}}\left(R_1+R_2\right)-V_{\text{BIAS}}R_2-\frac{R_1R_2}{R_1+R_2}\times \text{Gain}\left(\text{IN}_+-\text{IN}_-\right)}{R_1}$$

化简得：

$$V_{\text{OUT}-}=V_{\text{BIAS}}-\frac{R_2}{R_1+R_2}\times \text{Gain}\left(\text{IN}_+-\text{IN}_-\right) \tag{5-50}$$

这是一个非常好的结果。第一，正输出和负输出具有相同的偏置电压 V_{BIAS}，其共模电压就是 V_{BIAS}。第二，虽然两个输出的增益不相等，一个大于 0.5Gain，一个小于 0.5Gain，但：

$$V_{\text{OUT}}=V_{\text{OUT}+}-V_{\text{OUT}-}=\text{Gain}\left(\text{IN}_+-\text{IN}_-\right) \tag{5-51}$$

这说明，总增益仍然是 Gain。对比图 5.29（我们称之为无反馈电路），能够看出，二者都使用运放，但无反馈电路对电阻的依赖性很强，电阻稍有不一致，就会引起后级增益变化，进而导致总增益变化。而本电路将运放置于反馈环中，就带来了好处——两个电阻即使不一样大，也不会影响总增益。

由于这种电路存在好处，ADI 公司专门生产了一个仪表放大器 AD8295，内部除标准仪表放大器外，还包含了两个运放，以及两个匹配的电阻——专门为用户使用图 5.31 所示电路提供方便。仪表放大器 AD8295 组成的差分输出如图 5.32 所示。

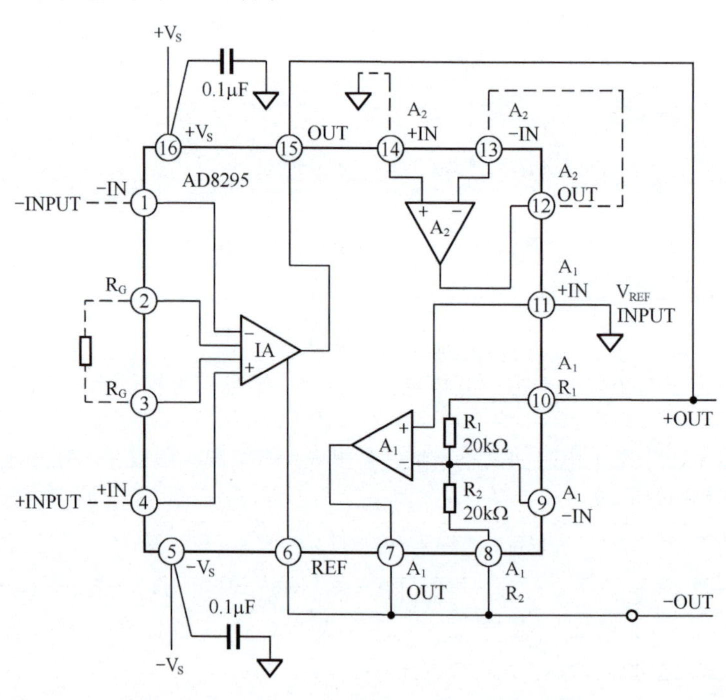

图 5.32　仪表放大器 AD8295 组成的差分输出

学习任务和思考题

减法器之所以能够承载高共模电压输入，是因为它的内部存在分压电阻，导致实际加载到内部运放的共模电压已经被衰减到合适的范围，而仪表放大器内部不存在分压电阻，实际的输入端只能承受最高不超过电源电压的共模电压。为什么不能在仪表放大器外部也接两套分压电阻，将共模电压降低，然后实施差分放大？

5.3 多种类型的仪表放大器

对于此前出现的仪表放大器，我们都假设它是 3 个运放组成的：前端两个平行的跟随器接后级的减法器。其实，仪表放大器远不止此一类。为了实现各种不同功能，各个集成电路生产厂商开发了多种类型的仪表放大器，它们具有完全不同的结构。

本节介绍多种类型的仪表放大器，帮助读者开阔眼界，更重要的是利用这些仪表放大器内部结构，帮助大家熟悉电路。分析的案例多了，也就习惯成自然了，面对更加复杂的电路，也就敢于动手分析了。一分析，就透彻了。

◎三运放型

多数仪表放大器是三运放型。

INA141

图 5.33 所示是 TI 公司的仪表放大器 INA141 内部简化结构。INA141 有一个好处，不需要用户选择电阻，就可实现常用的两种增益 10 倍和 100 倍。将第 1 脚、第 8 脚开路，为 10 倍增益；将第 1 脚、第 8 脚短路，为 100 倍增益。很显然，当给第 1 脚、第 8 脚接入一个电阻时，增益将在 10～100 倍之间变化。

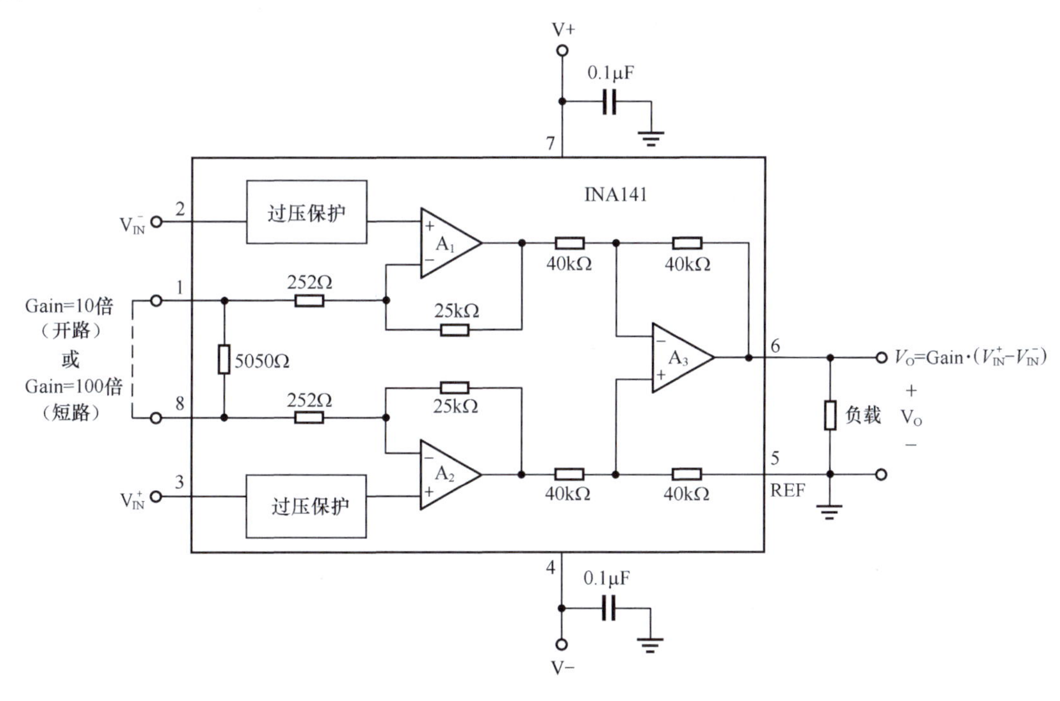

图 5.33 仪表放大器 INA141 内部简化结构

AD8224

AD8224 也是三运放型。图 5.34 所示是其内部简化结构。从图 5.34 来看，AD8224 比 INA141 复杂一些。其实，厂商给的电路结构图简单，并不代表产品实际结构简单，关键看厂商在保密基础上，愿意给读者提供什么。在关键的设计中，请一定不要过度依赖于厂商给的结构图，若确实需要了解内部完整细节，可以咨询厂商的技术人员。

图 5.34 分为由 A_1、A_2、J_1、J_2、VT_1、VT_2 组成的前级放大器，以及由 A_3 组成的减法器。

前级放大器是对称的，因此我们只分析左侧电路，其输出为图 5.34 中的 NODE_C。

首先，粗略看电路结构。输入信号加载到 J_1 的栅极，J_1 是一个 N 沟道结型场效应管，其输出是源极，因此它组成了一个由恒流源 I 做源极负载的源极跟随器，它具有输入阻抗极高、电压增益为 1 倍的特点。此信号加载到 VT_1 的基极，输出是 VT_1 的集电极，VT_1 也有一个恒流源负载，此时 VT_1 组成共射极放大电路，它是反相的，且增益非常大。VT_1 的集电极输出加载到运放 A_1 的负输入端，经过 A_1 反相放大后，通过电阻 R_1，到达 VT_1 的发射极，此信号又经过 VT_1 到达 VT_1 的集电极。我们注意到此时反馈环路形成了，如图 5.34 中绿色环线所示。而图 5.34 中的红色曲线所示为输入信号进入回环的过程。利用本书介绍的环路极性法，环路中有两个可能改变极性的部件：A_1 是反相的，VT_1 采用共基极接法，是同相的，两者串联后，总体是反相的。可以得出绿色环路是负反馈。

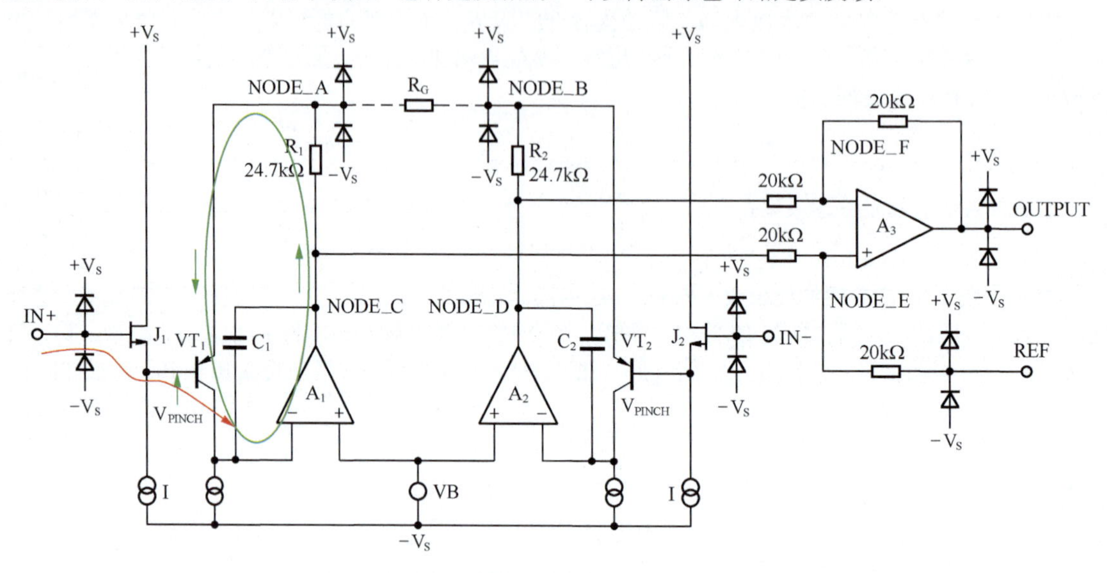

图 5.34　仪表放大器 AD8224 内部简化结构

只要是深度负反馈，就很容易建立起输入信号与本级输出信号（图 5.34 中 NODE_C 点）的关系，下面再细细分析。

其次，进行静态分析。确保整个有源部件工作在合适的工作点。

静态时，假设 IN+ 电位为 0V。对于 J_1，恒流源会改变图 5.34 中 V_{PINCH} 端的电位，迫使 U_{GSQ} 等于某个值，以使 J_1 的 I_{DQ} 等于恒流源电流。假设恒流源电流为 10μA，某个结型场效应管 2N3370 的夹断电压为 -0.65V，K=766.8μA/V^2，不考虑 VT_1 基极电流，则有：

$$I_{DQ}=K\left(U_{GSQ}-U_{GSTH}\right)^2 \tag{5-52}$$

$$U_{GSQ}=\sqrt{\frac{I_{DQ}}{K}}+U_{GSTH}=-0.5358\text{V}$$

由于 U_{GQ}=0V，则 U_{SQ}=0.5358V，也就是 V_{PINCH}。

图 5.34 中的 VB 为一个直流电压源，一般为 1V 左右，这有助于让 A_1 的输入电压在允许的范围内：VB 如果是 0V，那么 A_1 的正输入的电位就是 $-V_S$，即输入为负轨，这对于多数运放来说是不允许的。为了描述方便，我们先假设整个仪表放大器的供电电压为 ±15V。此时如果 VB=1V，那么运放 A_1 正输入端电压就是 -14V。

由于虚短，运放 A_1 的负输入端静态电位也是 -14V。此时双极型晶体管 VT_1 的集电极电位就是 -14V，其下端也是一个恒流源，假设也是 10μA。注意此时恒流源两端电压只有 1V，理论上是能够保证其正常工作的。

此时运放一定会好好工作，使晶体管 VT_1 保持发射极导通，让其产生的集电极电流为 10μA。如此小的电流，就不能用一般的 0.7V 估计了。我估计 U_{BE} 约为 -0.46V（这是一个 PNP 管，如此估计也是为了简单）。因此有：

$$U_{SQ}=0.5358\text{V}=U_{BQ}，\ U_{BEQ}\approx-0.46\text{V}$$

得出：

$$U_{EQ}=U_{BQ}-U_{BEQ}\approx 1\text{V}$$

此时流过电阻 24.7kΩ 的电流比 10μA 稍大一点点（因为 $I_{EQ}=I_{CQ}(1+\beta)/\beta$），在电阻上产生的压降约为 0.25V，这导致运放的静态输出电压约为 1.25V。

到此为止，我们发现各个有源部件的静态均处于一个合适的工作状态。

最后，分析动态。假设输入端 IN+ 施加了一个幅度为 u_i 的正弦波。

对于 J_1 来说，它组成了一个源极跟随器，其增益约为：

$$A_{J1}=\frac{g_m r_{L1}}{1+g_m r_{L1}},\quad r_{L1}=r_I // r_i \tag{5-53}$$

其中，r_I 是恒流源的等效动态电阻，大小取决于这个恒流源的性能，一般可以做到兆欧级甚至更大。而 r_i 是从 VT_1 基极看进去的等效动态电阻，一会儿我们会知道，这个电阻更大。因此，$g_m r_{L1}$ 远大于 1，A_{J1} 几乎等于 1，即：

$$u_s=u_i \tag{5-54}$$

其中，u_s 为结型场效应晶体管（JFET）的 S 极信号幅度，也就是 VT_1 的基极信号幅度。

下面就需要使用虚短了。注意晶体管 VT_1 的集电极电位是确定的，为 −14V——因为虚短，它的集电极电流是恒定的 10μA，因此它的集电极变化电流几乎为 0A，进而基极变化电流也应几乎为 0A，而决定基极电流变化的是基极、发射极之间的变化电压 u_{be}，它也应该是 0V。因此如果基极存在 $u_s=u_i$ 的幅度，那么发射极也必须是 u_i 的幅度，且相位必须完全相同，即：

$$u_e=u_i \tag{5-55}$$

单纯分析左侧电路时，我们假设图 5.34 中虚线的增益电阻 R_G 没有连接。此时 VT_1 发射极几乎不存在变化电流，因此流过 24.7kΩ 电阻上的变化电流也是 0A，没有动态压降，那么输出电压，也就是 NODE_C 的变化电压也是 u_i。

此时我们回头看看从 VT_1 基极看进去的等效动态电阻，可以发现，由于上述基极变化电流为 0A，从基极看进去的电阻几乎为无穷大。

因此这个电路的左侧实现了对输入 IN+ 的 1∶1 放大，且相位相同。同样的分析也适用于右侧电路。

此后电路就不用分析了，一个减法器实现了对 NODE_C、NODE_D 之间变化量的 1 倍放大。注意 NODE_C、NODE_D 的输出电阻非常小，这是因为运放具有强大的负反馈能力，以保证减法器正常工作。

下面看看增益电阻接入后出现的变化。此时我们假设左侧输入信号为 u_{IN+}，右侧为 u_{IN-}，可以看出，由于 J_1 的漏极电流恒定为 10μA，因此其 u_{GS} 是几乎不变的。VT_1 集电极电流是确定的，因此其 u_{BE} 是也是几乎不变的。而且，左右两侧电路是对称的，则有：

$$u_{NODE\_A}=u_{IN+}-u_{GS1}-u_{BE1}\approx u_{IN+}-U_{GSQ}-U_{BEQ} \tag{5-56}$$

$$u_{NODE\_B}=u_{IN-}-u_{GS2}-u_{BE2}\approx u_{IN-}-U_{GSQ}-U_{BEQ} \tag{5-57}$$

根据电阻 R_G 两端节点的电流关系，列出流进 R_G 的电流关系。

$$\begin{aligned}&\frac{u_{NODE\_C}-u_{NODE\_A}}{24.7\text{k}\Omega}-10\mu\text{A}=\frac{u_{NODE\_A}-u_{NODE\_B}}{R_G}=\frac{u_{IN+}-u_{IN-}}{R_G}\\&u_{NODE\_C}=\left(10\mu\text{A}+\frac{u_{IN+}-u_{IN-}}{R_G}\right)\times 24.7\text{k}\Omega+u_{IN+}-U_{GSQ}-U_{BEQ}=\\&\frac{24.7\text{k}\Omega}{R_G}(u_{IN+}-u_{IN-})+u_{IN+}-U_{GSQ}-U_{BEQ}+0.247\text{V}\end{aligned} \tag{5-58}$$

列出流出 R_G 的电流关系。

$$\begin{aligned}&\frac{u_{NODE\_B}-u_{NODE\_D}}{24.7\text{k}\Omega}+10\mu\text{A}=\frac{u_{NODE\_A}-u_{NODE\_B}}{R_G}=\frac{u_{IN+}-u_{IN-}}{R_G}\\&u_{NODE\_D}=\left(10\mu\text{A}-\frac{u_{IN+}-u_{IN-}}{R_G}\right)\times 24.7\text{k}\Omega+u_{IN-}-U_{GSQ}-U_{BEQ}=\\&-\frac{24.7\text{k}\Omega}{R_G}(u_{IN+}-u_{IN-})+u_{IN-}-U_{GSQ}-U_{BEQ}+0.247\text{V}\end{aligned} \tag{5-59}$$

后级减法器输出为：

$$u_{\text{OUTPUT}}=U_{\text{REF}}+\left(u_{\text{NODE\_C}}-u_{\text{NODE\_D}}\right)=U_{\text{REF}}+2\times\frac{24.7\text{k}\Omega}{R_{\text{G}}}\left(u_{\text{IN+}}-u_{\text{IN-}}\right)+\left(u_{\text{IN+}}-u_{\text{IN-}}\right)=$$
$$U_{\text{REF}}+\left(u_{\text{IN+}}-u_{\text{IN-}}\right)\times\left(1+\frac{49.4\text{k}\Omega}{R_{\text{G}}}\right) \tag{5-60}$$

图 5.34 中的两个电容是为了避免环路自激振荡而设置的。

◎双运放型

双运放型仪表放大器种类也较多。多数情况下，它们的性能不如三运放结构，但是价格较低。

AD627

在学习完 AD8224 结构后，再看图 5.35 所示的电路就简单多了。静态分析不赘述，负反馈结构也不用再分析，直接进行瞬时信号分析。

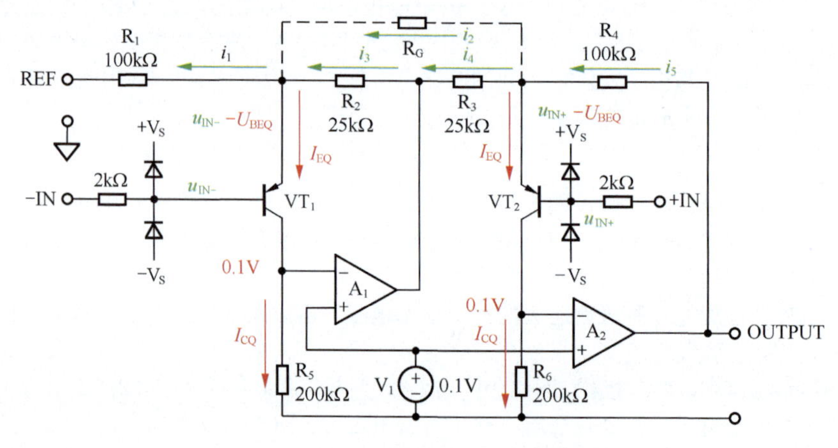

图 5.35　仪表放大器 AD627 内部简化结构

设两个输入端的瞬时电压分别为 $u_{\text{IN+}}$、$u_{\text{IN-}}$，图 5.35 中红色量为恒定不变量，绿色值为瞬时值，包含直流成分和信号交变成分。

由于两个运放均为深度负反馈，则虚短成立，其负输入端电压均为 0.1V（注意，这里面还包含极其微弱的电压变化，才会导致运放输出有明显的变化，否则反馈环路就失效了），假设晶体管 β=100，解得：

$$I_{\text{CQ}}=\frac{0.1\text{V}}{200\text{k}\Omega}=500\text{nA},\ I_{\text{EQ}}=\frac{1+\beta}{\beta}I_{\text{CQ}}=505\text{nA},\ I_{\text{BQ}}=5\text{nA}$$

经过运放的负反馈调节，两个晶体管实际处于恒流状态。查阅 AD627 数据手册，其输入偏置电流约为 2nA，最大为 10nA，与我们分析的 5nA 基本吻合。

I_{B} 在 2kΩ 电阻上的压降约为 10μV，可忽略不计。因此图 5.35 中将 $u_{\text{IN+}}$、$u_{\text{IN-}}$ 标注在基极。

因 VT_1 和 VT_2 为恒流源，具有恒定不变的 U_{BEQ}，约为 0.5V。所以，晶体管发射极电压分别为 $u_{\text{IN+}}-U_{\text{BEQ}}$、$u_{\text{IN-}}-U_{\text{BEQ}}$。据此，可以求得 i_1、i_2。

$$i_1=\frac{u_{\text{IN-}}-U_{\text{BEQ}}-U_{\text{REF}}}{R_1} \tag{5-61}$$

$$i_2=\frac{u_{\text{IN+}}-U_{\text{BEQ}}-\left(u_{\text{IN-}}-U_{\text{BEQ}}\right)}{R_{\text{G}}}=\frac{u_{\text{IN+}}-u_{\text{IN-}}}{R_{\text{G}}} \tag{5-62}$$

利用 VT_1 发射极电流之和为 0A，得到：

$$i_3=i_1+I_{\text{EQ}}-i_2=\frac{u_{\text{IN-}}-U_{\text{BEQ}}-U_{\text{REF}}}{R_1}+I_{\text{EQ}}-\frac{u_{\text{IN+}}-u_{\text{IN-}}}{R_{\text{G}}} \tag{5-63}$$

$$u_{A1\_OUT}=u_{IN-}-U_{BEQ}+i_3R_2 \tag{5-64}$$

$$i_4=\frac{u_{IN+}-U_{BEQ}-u_{A1\_OUT}}{R_3} \tag{5-65}$$

$$i_5=i_4+i_2+I_{EQ} \tag{5-66}$$

至此，可以得到输出电压表达式，并将上述结果依次代入，注意 $R_3=R_2$、$R_4=R_1$，得：

$$u_{OUT}=u_{IN+}-U_{BEQ}+i_5R_4=$$

$$u_{IN+}-U_{BEQ}+\frac{R_1}{R_2}\left(u_{IN+}-U_{BEQ}-u_{A1\_OUT}\right)+\frac{R_1}{R_G}\left(u_{IN+}-u_{IN-}\right)+I_{EQ}R_1=$$

$$u_{IN+}-U_{BEQ}+\frac{R_1}{R_2}\left(u_{IN+}-u_{IN-}-i_3R_2\right)+\frac{R_1}{R_G}\left(u_{IN+}-u_{IN-}\right)+I_{EQ}R_1=$$

$$u_{IN+}-U_{BEQ}+\left(\frac{R_1}{R_2}+\frac{R_1}{R_G}\right)\left(u_{IN+}-u_{IN-}\right)-\left(\frac{u_{IN-}-U_{BEQ}-U_{REF}}{R_1}+I_{EQ}-\frac{u_{IN+}-u_{IN-}}{R_G}\right)R_1+I_{EQ}R_1=$$

$$u_{IN+}-U_{BEQ}+\left(\frac{R_1}{R_2}+\frac{2R_1}{R_G}\right)\left(u_{IN+}-u_{IN-}\right)-\left(u_{IN-}-U_{BEQ}-U_{REF}\right)=$$

$$U_{REF}+\left(1+\frac{R_1}{R_2}+\frac{2R_1}{R_G}\right)\left(u_{IN+}-u_{IN-}\right) \tag{5-67}$$

将 R_1=100kΩ，R_2=25kΩ 代入，得：

$$u_{OUT}=U_{REF}+\left(5+\frac{200\text{k}\Omega}{R_G}\right)\left(u_{IN+}-u_{IN-}\right) \tag{5-68}$$

INA122

INA122 是 TI 公司生产的双运放仪表放大器。图 5.36 所示是其内部简化结构。与 AD627 相比，它的结构更加清晰简单：A_1 和 A_2 组成一个标准的仪表放大器，需要注意的是进入运放前由晶体管组成的电路。

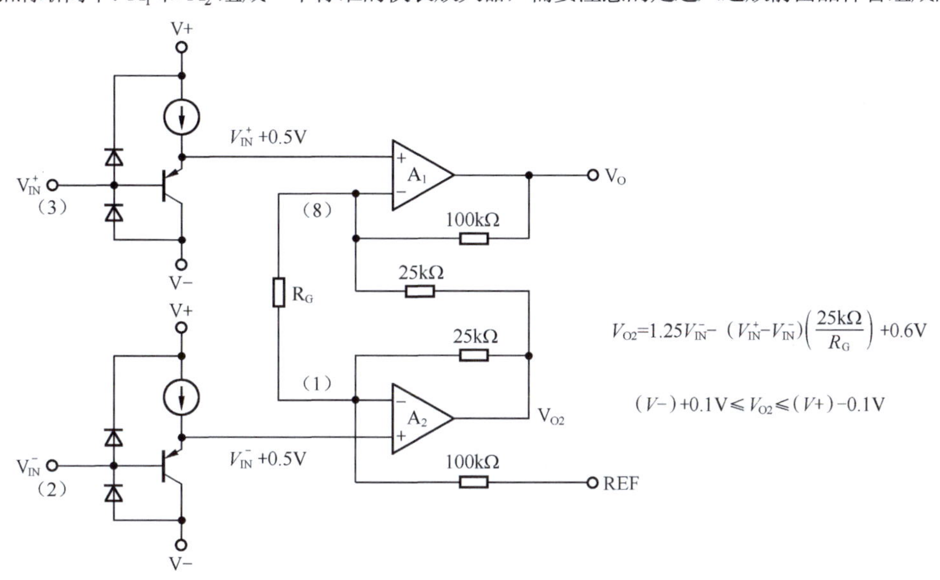

图 5.36　仪表放大器 INA122 内部简化结构

每一个输入端都有一套由双二极管、晶体管、恒流源组成的电路。这个电路有两个功能：输入过电压保护和信号移位。

先说过压保护。当输入信号幅度超过电源轨时，无论是正向还是负向，必然有一个二极管发生导通，使输入端被电源轨钳位到不超过电源轨 0.7V。当然，为了让过压保护二极管发挥作用，用户一般需要在输入端串联一个限流电阻。同时注意，正电源必须能够吸纳电流，而负电源则需要能够吐出电流，才能实施有效保护。而一般的低跌落稳压器（LDO）是难以实现的。但是，在输入信号瞬间超限，而电源又有足够大的库电容时，这样也是有效的。

再说移位电路。这个移位电路其实就是一个由 PNP 管组成的射极跟随器，其增益逼近 1 倍，原因在于恒流源具有足够大的电阻。同时，输入信号电平提高了 0.5V 左右。

当输入端不存在变化量，即静态时，关系如下。

$$U_{EQ}=U_{IN}-U_{BEQ} \tag{5-69}$$

其中，U_{BEQ} 约为 −0.5V，这取决于恒流源电流的大小，电流越大，此值越接近 −0.7V。一般情况下，恒流源维持几微安即可。此时，输入偏置电流，也就是 I_{BQ}，约为恒流源电流除以 $(1+\beta)$，在几十纳安数量级，从基极流出。查阅 INA122 数据手册，发现输入偏置电流为 −50 ～ −10nA（负电流代表流出输入端），与我们的分析吻合。

当输入端存在变化量，即动态时，关系如下。

$$A_u=\frac{(1+\beta)(r_s//r_{A1})}{r_{be}+(1+\beta)(r_s//r_{A1})}\approx 1$$

因此，当既有静态输入又有动态输入时，瞬时表达式为：

$$u_{EQ}=A_u\times u_{IN}-U_{BEQ}\approx u_{IN}+0.5V \tag{5-70}$$

这样就完成了不衰减信号情况下的电平提升。

提升电平的目的在于允许输入信号非常靠近负电源轨。INA122 的数据手册阐明，在单电源 +5V 供电时，它的输入电压范围为 0 ～ 3.4V。如果没有电平提升电路，0V 输入直接加载到运放的输入端，多数运放不能承受。而现在，0V 输入时，真正加载到运放正输入端的电平为 0.5V，运放就可以接受了。

但是很显然，这样做满足了负电源轨的轨至轨输入，却伤害了正电源轨的轨至轨电压，大于 3.4V 的电压就不能输入了。不过多数情况下单电源供电时用户更关心的是接近 0V 的信号能否输入，而不甚关心较大的信号。因此，多数放大器以“能够输入负电源轨信号”而自豪。

后面的电路很简单，此处不赘述。

INA331

INA331 内含 3 个运放，却是双运放结构。其内部简化结构如图 5.37 所示。单独看由 A_1 和 A_2 组成的电路，是一个标准双运放仪表放大器（5 倍增益），因此有：

$$V_{OUT\_A2}=V_{REF}+5(V_{IN+}-V_{IN-}) \tag{5-71}$$

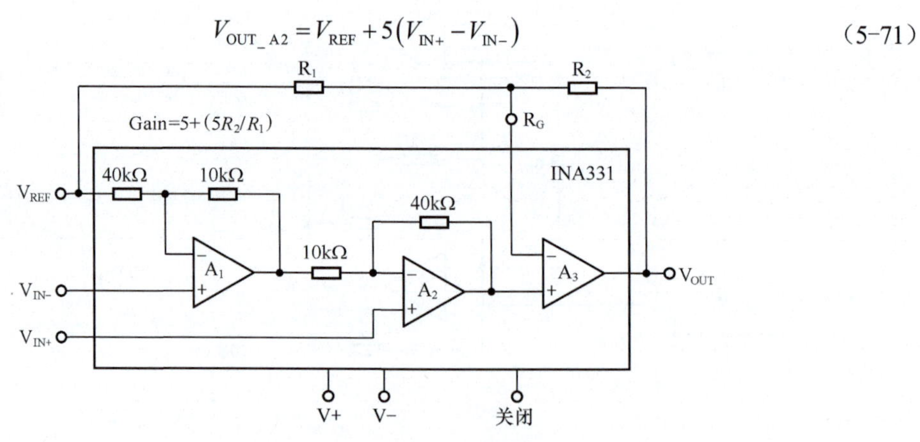

图 5.37　仪表放大器 INA331 内部简化结构

A_3 处于虚短状态，列出运放 A_3 的负输入端电流关系。

$$\frac{V_{OUT}-V_{OUT\_A2}}{R_2}=\frac{V_{OUT\_A2}-V_{REF}}{R_1} \tag{5-72}$$

解得：

$$V_{\text{OUT}}=V_{\text{OUT\_A2}}\times\frac{R_1+R_2}{R_1}-V_{\text{REF}}\frac{R_2}{R_1}=\left(V_{\text{REF}}+5\left(V_{\text{IN+}}-V_{\text{IN-}}\right)\right)\times\frac{R_1+R_2}{R_1}-V_{\text{REF}}\frac{R_2}{R_1}=$$
$$V_{\text{REF}}+5\left(V_{\text{IN+}}-V_{\text{IN-}}\right)\times\frac{R_1+R_2}{R_1} \tag{5-73}$$

最终的结果与双运放结构完全一致。它使用两个电阻决定增益，且增益计算式与同相比例器一致。INA331 属于低功耗、低电压仪表放大器，可以接受负电源轨信号，输出轨至轨信号。

◎电流型

AD8420

AD8420 是一款低功耗、宽电源范围、轨至轨输出的仪表放大器，采用独特的间接电流反馈结构。图 5.38 所示是其内部结构。

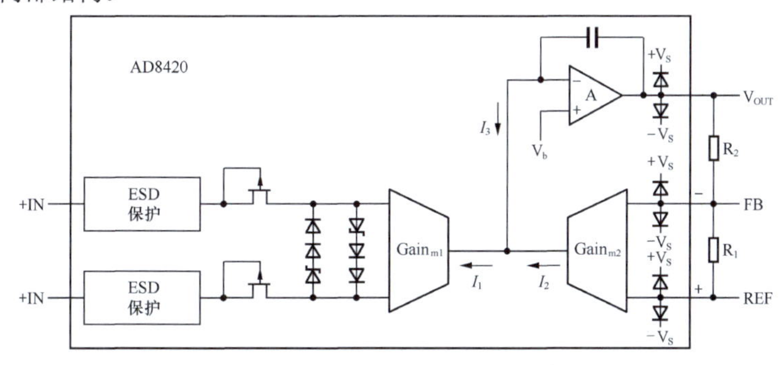

图 5.38 仪表放大器 AD8420 内部结构

特殊的静电放电（ESD）保护在图 5.38 中以一个模块标出。随后是一个过压保护电路，由 P 沟道 JFET 和双路二极管、稳压管串联电路组成。注意，JFET 被接成 U_{GS}=0V。当输入电压较小，双路二极管和稳压管串联电路没有被击穿时，场效应管处于可变电阻区中电流极小的位置，其 u_{DS} 近似为 0V，信号被无伤害地送到 Gain_{m1} 模块的输入；当输入电压过大，某路被击穿时，JFET 工作点移至恒流区，源极和漏极之间承受击穿之外的全部电压，以保证 Gain_{m1} 模块的输入端电压不超过规定值。

此后，就进入了后级电流反馈部分。图 5.38 中，i_1 来自输入电压，i_2 来自输出电压，它们的差值为 i_3，进入积分器。注意积分器稳态电流平均值必须为 0A，否则积分器输出将持续变高或变低。

$$\dot{I}_1=-\text{Gain}_{\text{m1}}\left(U_{\text{IN+}}-U_{\text{IN-}}\right) \tag{5-74}$$

$$\dot{I}_2=\text{Gain}_{\text{m2}}\left(U_{\text{REF}}-\frac{R_2}{R_1+R_2}U_{\text{REF}}-\frac{R_1}{R_1+R_2}\dot{U}_{\text{OUT}}\right)=\text{Gain}_{\text{m2}}\frac{R_1}{R_1+R_2}\left(U_{\text{REF}}-\dot{U}_{\text{OUT}}\right) \tag{5-75}$$

$$\dot{U}_{\text{OUT}}=V_{\text{b}}+\left(\dot{I}_1-\dot{I}_2\right)\frac{1}{SC}=V_{\text{b}}+\left(-\text{Gain}_{\text{m1}}\left(U_{\text{IN+}}-U_{\text{IN-}}\right)-\text{Gain}_{\text{m2}}F\left(U_{\text{REF}}-\dot{U}_{\text{OUT}}\right)\right)\frac{1}{SC}=$$
$$V_{\text{b}}+\frac{-\text{Gain}_{\text{m1}}\left(U_{\text{IN+}}-U_{\text{IN-}}\right)}{SC}-\frac{\text{Gain}_{\text{m2}}FU_{\text{REF}}}{SC}+\frac{\text{Gain}_{\text{m2}}F\dot{U}_{\text{OUT}}}{SC}$$
$$\dot{U}_{\text{OUT}}\left(\frac{SC-\text{Gain}_{\text{m2}}F}{SC}\right)=\frac{V_{\text{b}}SC-\text{Gain}_{\text{m2}}FU_{\text{REF}}-\text{Gain}_{\text{m1}}\left(U_{\text{IN+}}-U_{\text{IN-}}\right)}{SC}$$
$$\dot{U}_{\text{OUT}}=\frac{V_{\text{b}}SC-\text{Gain}_{\text{m2}}FU_{\text{REF}}-\text{Gain}_{\text{m1}}\left(U_{\text{IN+}}-U_{\text{IN-}}\right)}{SC-\text{Gain}_{\text{m2}}F}=$$
$$V_{\text{b}}\frac{SC}{SC-\text{Gain}_{\text{m2}}F}+U_{\text{REF}}\frac{\text{Gain}_{\text{m2}}F}{\text{Gain}_{\text{m2}}F-SC}+\left(U_{\text{IN+}}-U_{\text{IN-}}\right)\frac{\text{Gain}_{\text{m1}}}{\text{Gain}_{\text{m2}}F-SC} \tag{5-76}$$

式（5-76）中，V_{b} 和 U_{REF} 是直流量，面对电容，频率应取 0Hz，因此频域表达式为：

$$\dot{u}_{\mathrm{OUT}}(f)=U_{\mathrm{REF}}+(u_{\mathrm{IN+}}-u_{\mathrm{IN-}})\frac{\mathrm{Gain}_{\mathrm{m1}}}{\mathrm{Gain}_{\mathrm{m2}}F}\times\frac{1}{1-2\pi\mathrm{j}f\dfrac{C}{\mathrm{Gain}_{\mathrm{m2}}F}} \tag{5-77}$$

可知，这是一个低通表达式，其截止频率为：

$$f_{\mathrm{H}}=\frac{\mathrm{Gain}_{\mathrm{m2}}F}{2\pi C} \tag{5-78}$$

AD8420 的数据手册没有说明两个跨导放大器的具体值，也没有给出电容值。我认为两个跨导放大器增益应满足 $\mathrm{Gain}_{\mathrm{m1}}=\mathrm{Gain}_{\mathrm{m2}}$，只有这样，才能得出与数据手册吻合的结论。

$$\dot{u}_{\mathrm{OUT}}(f)=U_{\mathrm{REF}}+(u_{\mathrm{IN+}}-u_{\mathrm{IN-}})\frac{1}{F}\times\frac{1}{1-\mathrm{j}\dfrac{f}{f_{\mathrm{H}}}} \tag{5-79}$$

在通带内，有：

$$u_{\mathrm{OUT}}=U_{\mathrm{REF}}+(u_{\mathrm{IN+}}-u_{\mathrm{IN-}})\times\mathrm{Gain} \tag{5-80}$$

其中，

$$\mathrm{Gain}=\frac{1}{F}=1+\frac{R_2}{R_1} \tag{5-81}$$

AD8420 这种电流型仪表放大器最大的特点是，它能够允许更高的共模电压输入。大家回忆一下，我们在讲失效图时，阐述了这样一种现象：2V 和 2.2V 输入，放大 5 倍，理论上输出应为 -1V，实际情况是，在到达减法器之前某个中间运放的输出已经饱和了。罪魁祸首是中间的运放，这导致出现了一张奇怪的失效图，为六边形或者三角形。它告诉我们，一般的仪表放大器要输出一定幅度的摆幅，那么输入共模电压就不能大于多少。一旦超过，中间某个运放就会出现饱和，输出也就失真了。

而电流反馈型仪表放大器则不同，它的中间信号是电流型的，不是电压，因此不会受到电源轨的限制，也就可以在相同的输出摆幅下，承受更大的共模输入。

AD8290 和 AD8553

AD8290 和 AD8553 是另外一种电流型仪表放大器，图 5.39 所示是 AD8290 的内部简化结构。AD8290 和 AD8553 两者的主要区别在于，前者是固定增益，基准电压固定为 0.9V；后者的两个电阻 R_1 和 R_2 由用户在外部连接，基准电压由用户输入。

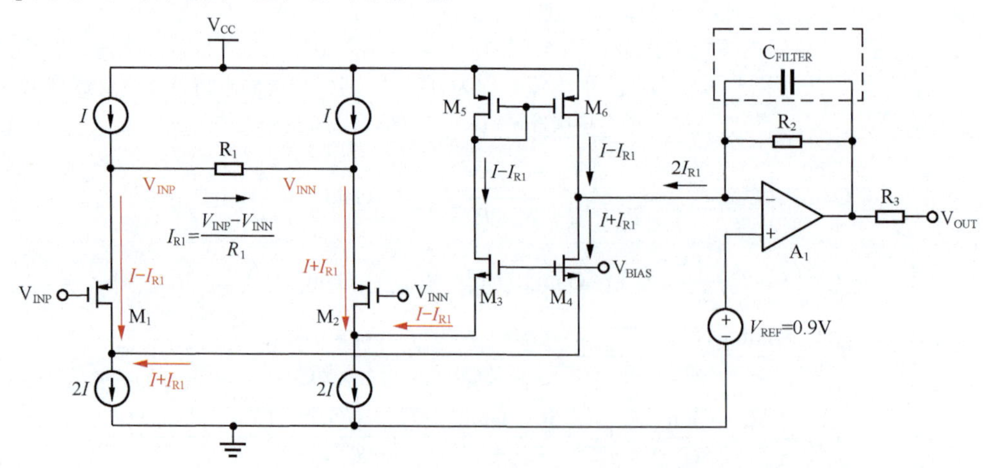

图 5.39　仪表放大器 AD8290 内部简化结构

M_1 和 M_2 是 P 沟道金属 - 氧化物 - 半导体场效应晶体管（MOSFET），在此实现了两个源极跟随器。这个电路有 3 个功能。第一，它实现了两个输入端的高阻抗。第二，它将两个输入信号完整传递到 R_1 两端——源极跟随器的电压增益几乎为 1 倍。第三，在 R_1 上的电流只与两个输入信号电位差、电阻 R_1 有关。

$$I_{R1}=\frac{V_{INP}-V_{INN}}{R_1} \tag{5-82}$$

此电流来自左侧的电流为 I 的恒流源，因此流过晶体管 M_1 的电流为 $I-I_{R1}$，M_2 的电流为 $I+I_{R1}$。由于下边有两个电流等于 $2I$ 的恒流源，因此流过晶体管 M_3 的电流为 $I-I_{R1}$，M_4 的电流为 $I+I_{R1}$。

此时，由 M_5 和 M_6 组成的电流镜发挥了重要作用。M_5 电流等于 M_3 电流，为 $I-I_{R1}$，电流镜导致 M_6 电流也是 $I-I_{R1}$。此时，M_6 的漏极、M_4 的漏极、运放的负输入端（运放是高阻的，因此也就是电阻 R_2）3 条支路上的电流关系为：

$$I_{R2}+I_{M6}=I_{M4} \tag{5-83}$$

即：

$$I_{R2}=I+I_{R1}-(I-I_{R1})=2I_{R1}=2\frac{V_{INP}-V_{INN}}{R_1} \tag{5-84}$$

对于运放来说，其输出电压表达式为：

$$V_{OUT}=V_{REF}+I_{R2}R_2=V_{REF}+\frac{2R_2}{R_1}(V_{INP}-V_{INN}) \tag{5-85}$$

在电阻 R_2 两端并接电容 C_{FILTER}，可使输出呈现低通效果，其上限截止频率为：

$$f_H=\frac{1}{2\pi R_2C_{FILTER}} \tag{5-86}$$

除了上述优点（无中间运放饱和问题），这种电流型仪表放大器还有一个重要优点：它的减法功能不是靠标准减法器实现的，而是靠恒流源分支、汇流配合实现的，也就不需要减法器中 4 个电阻的精密匹配。而减法器中 4 个电阻的精密匹配直接决定了仪表放大器的共模抑制比（CMRR）。因此它能够很轻松地实现极高的共模抑制比，这两款仪表放大器的共模抑制比都在 120dB 以上。

INA326 和 INA337

INA326 和 INA337 也是电流型仪表放大器，图 5.40 所示是 INA 326 的内部简化结构。到达输出级运放前，电流也是 $2I_{R1}$，这与上述电路完全一致。区别在于，本电路将电流信号转成电压信号时，用了一个外部电阻 R_2，然后用跟随器输出。因此，输出为：

$$V_O=-2I_{R1}\times R_2=-2\times\frac{V_{IN-}-V_{IN+}}{R_1}\times R_2=\frac{2R_2}{R_1}(V_{IN+}-V_{IN-}) \tag{5-87}$$

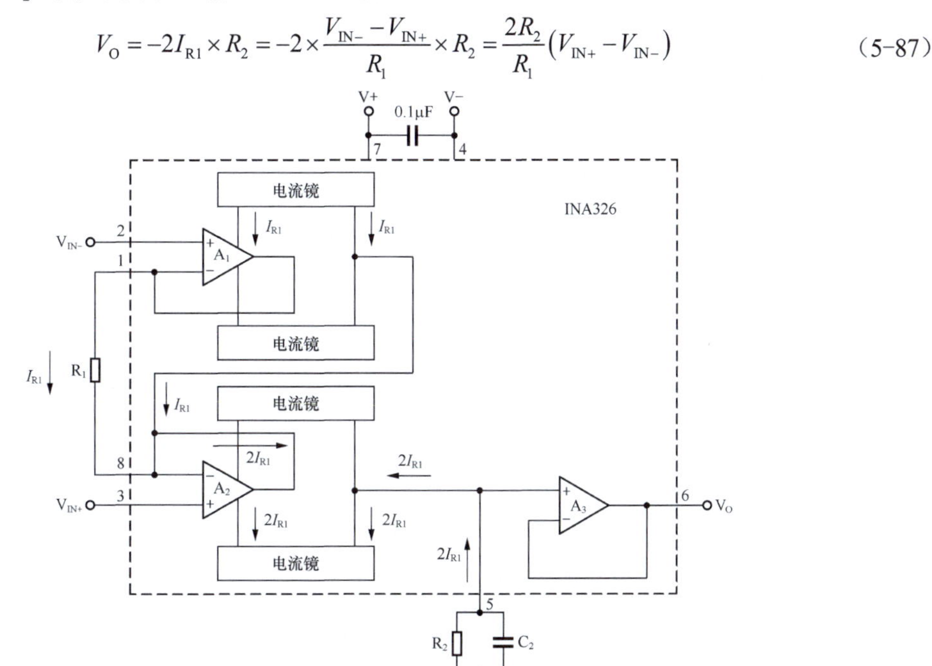

图 5.40 仪表放大器 INA326 内部简化结构

图 5.40 中电容 C_2 与电阻 R_2 组成了一个低通网络，决定了输出信号的上限截止频率。

$$f_H = \frac{1}{2\pi R_2 C_2} \tag{5-88}$$

◎差分电容型

差分电容型仪表放大器种类不多。其基本思想是，先用一个电容搭接在被测差分输入信号的两个端子上，此时电容上的电压是两个输入端的电位差，同时电容上保留了被测信号的共模电压。然后，将此采样电容的两端同时和被测信号断开，并转移接至后级，那么后级接收到的就只有电容两端的电位差——差模量得以被传递，而共模量被丢弃。

可以这么理解，你在高山上取了一桶水，然后把这桶水拎到山脚，此时被传递回来的只有一桶水，而没有高山的高度。

AD8230

AD8230 内部由采样电容、前级放大器、保持电容、后级放大器、节拍发生器和若干开关组成。图 5.41 所示为其内部简化结构。其中节拍发生器没有画出，它产生 6kHz 节拍，即每 133.33μs 完成一个完整的周期性动作。每个周期由两个相位 A、B 组成。

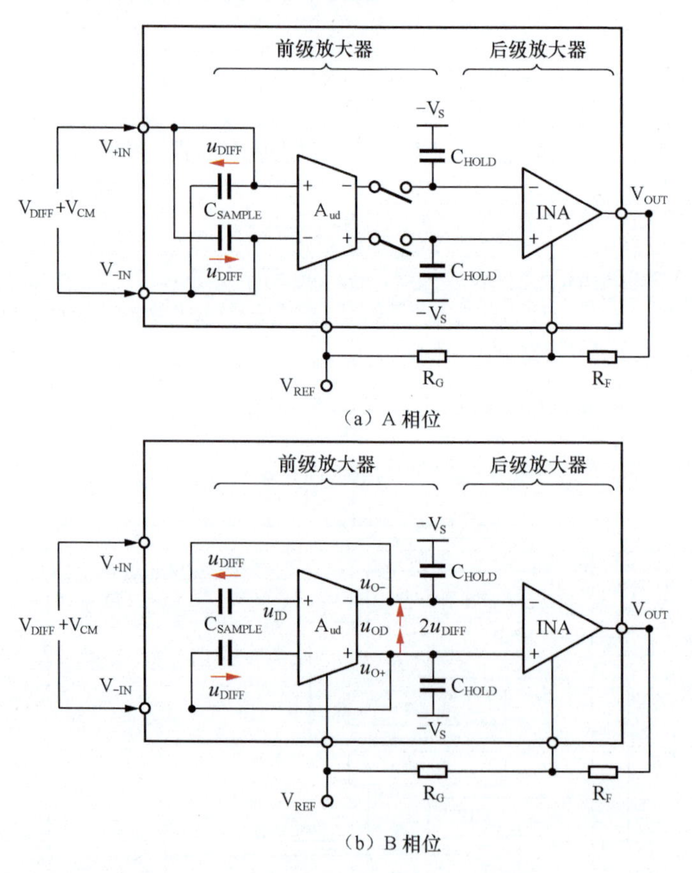

（a）A 相位

（b）B 相位

图 5.41　仪表放大器 AD8230 内部简化结构

（1）在 A 相位，也就是采样相位中，前级放大器和后级放大器断开，而采样电容被搭接在输入端上，两个采样电容电压均为 u_{DIFF}，方向如图 5.41（a）红色箭头所示。

$$u_{DIFF} = u_{IN+} - u_{IN-} \tag{5-89}$$

（2）在 B 相位，也就是输出相位中，采样电容被接入前级放大器环路中，同时前级放大器的输出保留在保持电容 C_{HOLD} 上，且被后级 INA 放大指定的倍数。对于 B 相位，需要进行一些分析。

图 5.41 中的梯形模块是一个全差分放大器，双入双出，有如下关系：

$$\begin{cases} u_{O+} = U_{REF} + 0.5A_{ud}u_{ID} \\ u_{O-} = U_{REF} - 0.5A_{ud}u_{ID} \end{cases} \tag{5-90}$$

据此可得到：

$$u_{OD} = u_{O+} - u_{O-} = A_{ud}u_{ID} \tag{5-91}$$

整个环路存在另一个等式。

$$u_{OD} = u_{DIFF} + (-u_{ID}) + u_{DIFF}$$

即：

$$u_{ID} = 2u_{DIFF} - u_{OD} \tag{5-92}$$

将式（5-92）代入式（5-91），得：

$$u_{OD} = A_{ud}u_{ID} = A_{ud}(2u_{DIFF} - u_{OD}) = 2A_{ud}u_{DIFF} - A_{ud}u_{OD}$$

$$u_{OD} = \frac{2A_{ud}}{1+A_{ud}} \times u_{DIFF} \approx 2u_{DIFF} = 2(u_{IN+} - u_{IN-}) \tag{5-93}$$

式（5-93）解释了图 5.41 中标注的 $2u_{DIFF}$ 的来源。

此后，后级放大器输出为：

$$u_{OUT} = U_{REF} + \left(1+\frac{R_F}{R_G}\right)u_{OD} \approx U_{REF} + 2\left(1+\frac{R_F}{R_G}\right)(u_{IN+} - u_{IN-}) \tag{5-94}$$

至此，电路实现了仪表放大器功能，且增益由外部电阻确定。

（3）重新回到 A 相位，此时后级放大器的 C_{HOLD} 上仍保留 B 相位时的电压，输出为平直线。而采样电容则开始新一轮对输入信号的采样。

此类放大器不能对接近采样频率（本例中为 6kHz）的信号进行放大，一般情况下，待测信号频率应远小于采样频率。

LTC6800

LTC6800 是 LT 公司生产的仪表放大器，其内部简化结构如图 5.42 所示。它由放大器、采样电容、保持电容、开关，以及节拍发生器组成，注意它只有一个放大器。

LTC6800 可以达到 116dB 的共模抑制比。图 5.43 所示为仪表放大器 LTC6800 典型应用电路。

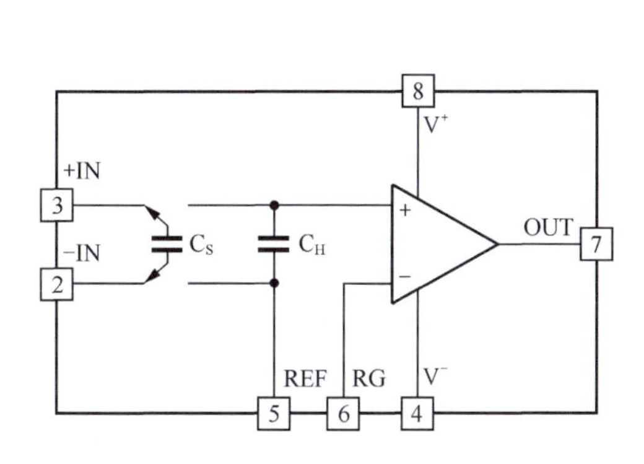

图 5.42 仪表放大器 LTC6800 内部简化结构

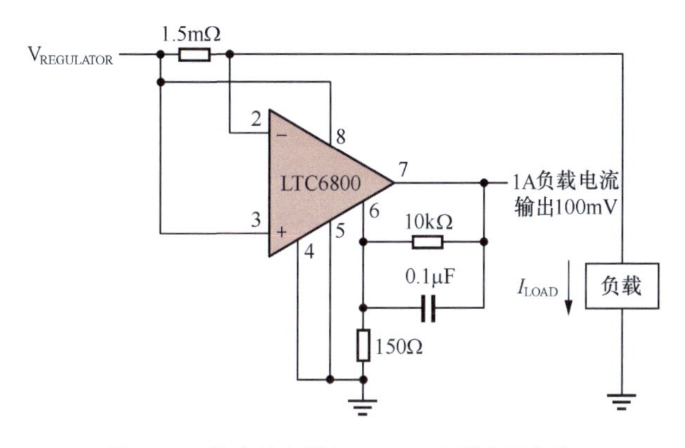

图 5.43 仪表放大器 LTC6800 典型应用电路

5.4 其他常见传感器前端电路

传感器种类繁多，其应用电路也不胜枚举。本节挑选光敏传感器、温度传感器作为主要对象，介绍一些常见传感器前端电路。

◎热电偶测温

测量温度的元器件很多。比如一个热敏电阻，当温度变化时，它的阻值会发生改变，如果给该热敏电阻施加一个恒流源，电阻两端的电压就可以反映温度的变化；再如二极管，当温度改变时，其伏安特性曲线会发生偏移，即恒流下二极管两端电压会发生变化；还有常见的水银（酒精）温度计，则利用了热胀冷缩原理。

当被测温度很高，比如上千摄氏度时，热敏电阻、二极管等传感器会被烧坏，这就限制了它们的测量范围。热电偶(Thermocouple)是一种特殊的温度传感器，由两根不同材料的金属线单点接触组成，它可以耐受很高的温度，因此常用于炉膛、发动机内部等超高温度的检测。

热电偶工作原理

热电偶的基本原理建立在如下结论上。

对于一根金属导线来说，两端温度差会造成金属线两端存在电位差（电压），它正比于温度差（T_1-T_2)，且与金属材质相关。

$$U=\int_{T_2}^{T_1} S\mathrm{d}T \approx S\left(T_1-T_2\right) \tag{5-95}$$

其中，S 被称为泽贝克系数（Seebeck Coefficient)，单位为 μV/℃，它与材料相关，也与温度相关。在简单分析时，可以在一定范围内视 S 为常数；而精确分析时，则需要获得 S 随温度变化的曲线，用随温度变化的多项式表达。

据此，以 S 为常数分析，热电偶结构和测温原理（以 J 型为例）如图 5.44 所示。其中 T_1 是高温，T_2 和 T_3 是常温，T_3 一般是仪器内部温度，与仪器外接头处温度 T_2 稍有不同。

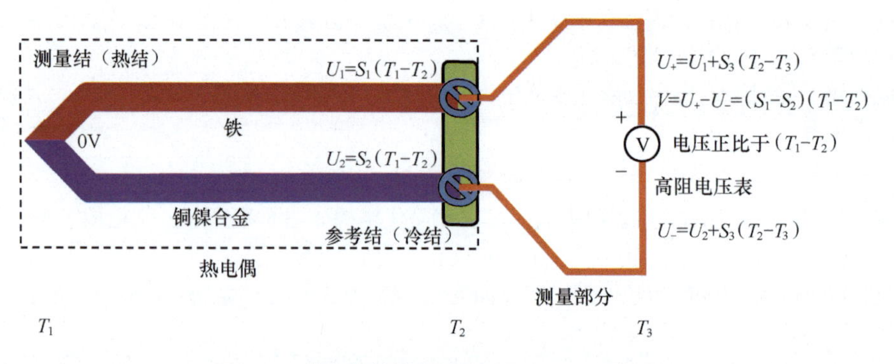

图 5.44　热电偶结构和测温原理（以 J 型为例）

铁组成的正热电元件（Positive Thermoelement)（图 5.44 中红色线部分）和铜镍合金组成的负热电元件(Negitive Thermoelement)(图 5.44 中紫色线部分)，在图 5.44 左侧连接在一起，形成结(Junction)，称之为测量结（Mesurement Junction)。留下分开的两根线，线头处称为尾端（Tail End)，这就组成了 J 型热电偶。其他类型的热电偶，如常见的 K 型、E 型等，组成形式与此相同，区别在于它们会使用不同的金属材料。

在使用过程中，测量结（也称热结（Hot Junction)）被置于高温中，而两个尾端被引出到安全的温度范围内。近似计算有：

$$\begin{cases} U_1=\int_{T_2}^{T_1} S_1\mathrm{d}T \approx S_1\left(T_1-T_2\right) \\ U_2=\int_{T_2}^{T_1} S_2\mathrm{d}T \approx S_2\left(T_1-T_2\right) \end{cases} \tag{5-96}$$

此时，用普通金属导线（铜）和尾端连接，形成参考结（Reference Junction，也称冷结（Cold Junction)），并用标准测量电路测量金属导线两端的电压。即便图 5.44 中 T_2 与 T_3 温度不同，由于使用了相同的金属铜导线，从参考结到测量电路之间产生的热电压也是相等的。

$$U_+ - U_- = (U_1 + U_{铜}) - (U_2 + U_{铜}) = \int_{T_2}^{T_1} S_1 \mathrm{d}T - \int_{T_2}^{T_1} S_2 \mathrm{d}T = \int_{T_2}^{T_1} (S_1 - S_2)\mathrm{d}T = \int_{T_2}^{T_1} S_{12}\mathrm{d}T \approx S_{12}(T_1 - T_2) \quad (5\text{-}97)$$

其中，S_{12} 是热电偶的泽贝克系数，不同的金属组合有不同的泽贝克系数。

如果已知不同类型热电偶的泽贝克系数，则可以通过式（5-97）解出 T_1 与 T_2 的温度差。那么，用其他手段测得参考结温度 T_2，即可求得测量结温度 T_1。

冷结补偿（参考结补偿）

很显然，参考结处于一个确定的温度中，将帮助我们获得测量结的温度。常见的已知温度有：沸腾的水大约为 100℃，由碎冰和水形成的稳态冰浴温度大约为 0℃。因此，标准的热电偶标准测温方法如图 5.45 所示。

但是这种方法并不实用，要求每个测量系统都具备稳态冰浴是困难的。因此，多数热电偶测温系统采用冷结补偿（也叫冷端补偿、参考结补偿）测温方法，如图 5.46 所示。图 5.46 中 U_C 是一个冷结补偿电压，能够产生与环境温度成正比的电压，用于弥补因环境温度不是 0℃带来的热电偶电压变化。U_C 通常用一个适应常温的热敏元件配合外部电路实现。

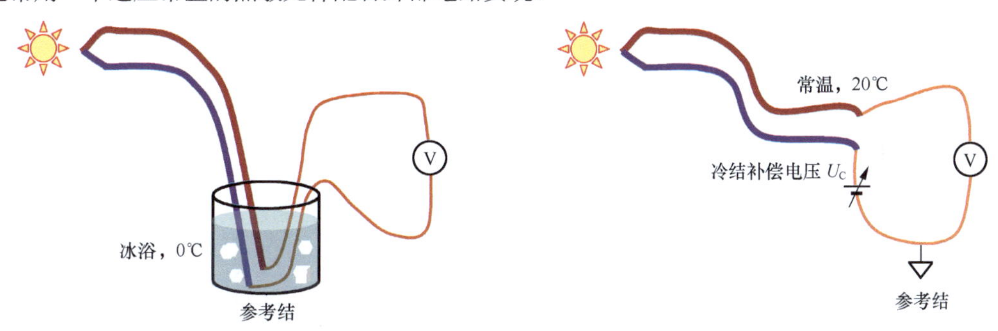

图 5.45　热电偶标准测温方法　　　　图 5.46　冷结补偿测温方法

很显然，要补偿这个电压变化，必须让 U_C 的变化规律与热电偶的变化规律完全相同：你欠了多少，我就补偿多少。但是这也很困难，因为热电偶的规律是非线性的，而 U_C 产生电路中的热敏元件，具有自己的非线性规律，让这两个非线性的东西保持一致，有点做梦的感觉。因此，我们只能尽量让它们保持一致，并包容由此带来的误差。

冷结补偿电路

有专门的用于实现冷结补偿功能的元器件，比如 LT1025，LT1025 数据手册截图和作者给出的汉语翻译如图 5.47 所示。其能针对 E 型、J 型、K 型、R 型等不同类型的热电偶实施冷结补偿。

FEATURES

- 80μA Supply Current
- 4V to 36V Operation
- 0.5°C Initial Accuracy (A Version)
- Compatible with Standard Thermocouples (E, J, K, R, S, T)
- Auxiliary 10mV/°C Output
- Available in 8-Lead PDIP and SO Packages

特性

- 80μA 供电电流
- 4～36V 正常工作
- 0.5℃初始精度（A 版本）
- 适用于标准热电偶(E型、J型、K型、R型、S型、T型）
- 辅助的 10mV/℃输出
- 8 脚 PDIP 和 SO 封装

DESCRIPTION

The LT®1025 is a micropower thermocouple cold junction compensator for use with type E, J, K, R, S, and T thermocouples. It utilizes wafer level and post-package trimming to achieve 0.5°C initial accuracy. Special curvature correction circuitry is used to match the "bow" found in all thermocouples so that accurate cold junction compensation is maintained over a wider temperature range.

描述

LT1025 是微功耗热电偶冷结补偿器，适用于 E型、J型、K型、R型、S型、T型热电偶。它利用晶片级封装后微调技术达到 0.5℃初始精度。特殊的曲线修正电路，用来匹配所有热电偶都具备的弯曲（现象），因此可以在很宽的温度范围内保证精确的冷结补偿。

图 5.47　LT1025 数据手册截图和作者给出的汉语翻译

LT1025 的内部结构如图 5.48 所示。可以看出，它是一个温度—电压转换器：温度传感器加上弯曲修正电压，形成一个 10mV/℃的电压，经过由运放 BUFFER 组成的跟随器输出。此输出电压经过 5 个电阻组成的分压网络，针对不同种类的热电偶，在不同分压位置输出，形成热电偶需要的补偿电压。

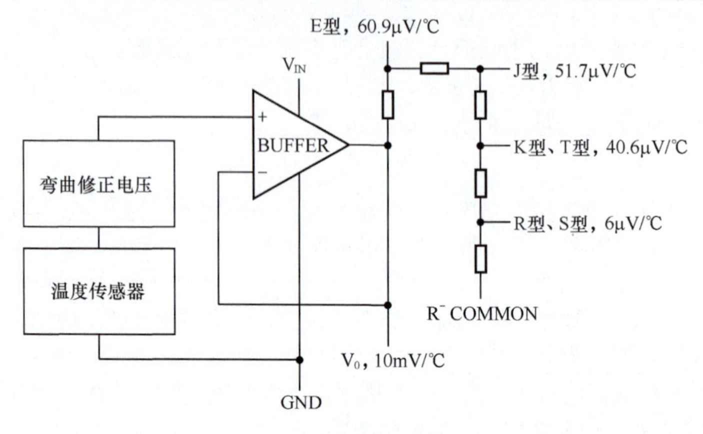

图 5.48　LT1025 内部结构

利用 LT1025 组成的热电偶测温电路如图 5.49 所示。

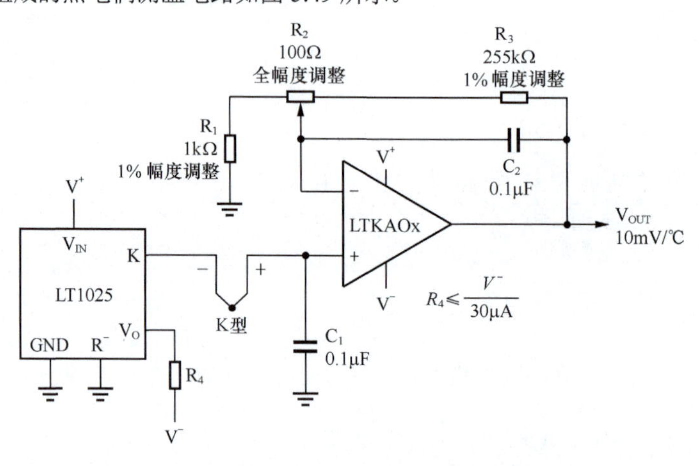

图 5.49　利用 LT1025 组成的热电偶测温电路

可以看出，对 K 型热电偶，其 S 约为 40.6μV/℃，而电路的输出为 10mV/℃，这需要放大 10mV/40.6μV=246.3 倍。图 5.49 中的同相放大器、可调的 100Ω 电位器全幅度调整时，其增益范围为：

$$232.8\text{倍}=1+\frac{R_3}{R_1+R_2}\leqslant \text{Gain}\leqslant 1+\frac{R_2+R_3}{R_1}=256.1\text{倍}$$

因此，精细调节图 5.49 中 100Ω 的电位器 R_2，肯定可以实现 246.3 倍放大。

图 5.49 中两个电容 C_1 和 C_2 用于实施低通滤波，以保证输出端信号中高频噪声尽量少。

热电偶测温系统中，也可以使用专用热电偶放大器，比如 ADI 公司的 AD8495。

◎光敏检测

光电二极管概述

光电二极管（PD）是一个二极管，有正极和负极，其伏安特性曲线如图 5.50 所示，一般绘图时在 PD 附近画上进光符号，画法各异。但它含有玻璃制成的受光窗口，其电特性与其接收到的光强有关，也与光线颜色，即波长有关。理论上在完全暗光的情况下，它近似于一个普通二极管，暗光下伏安特性如图 5.50 中的棕色曲线（标注为 $i_D(E_0)$ 的曲线）所示，在电压为 0V 时电流为 0A，正向电压时开始逐渐导通，反向电压时存在越来越大的漏电流。

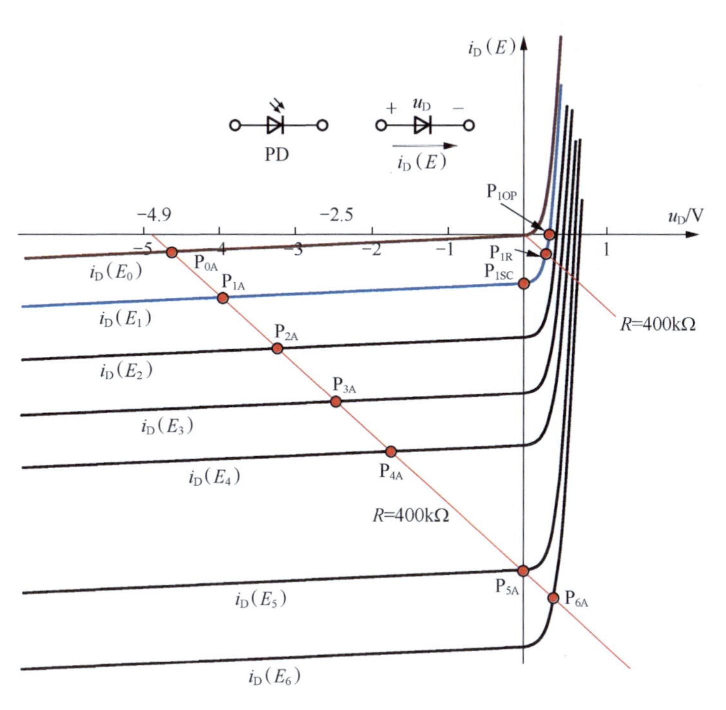

图 5.50　光电二极管的伏安特性曲线

在接收到光线的情况下，PD 与一般二极管就不同了。

第一，在开路情况下，如图 5.51（a）所示，其正极会出现开路电压，称为 V_{OP}。以光强为 E_1（厂商规定的测试条件）为例，图 5.50 中蓝色 $i_D(E_1)$ 曲线，是该光强下 PD 的伏安特性曲线。而开路电压，就是图 5.50 中的 P_{1OP} 点的电压，约为 0.3V。

第二，在短路情况下，它具有短路电流，如图 5.51（b）所示，在图 5.50 中为 P_{1SC} 点——按照标准二极管电流方向定义，电流为负值，即从负极流向正极。

第三，如果将 PD 和一个 400Ω 电阻串联形成回路，如图 5.51（c）所示，则它工作于图 5.50 中的 P_{1R} 点，PD 呈现正电压、反电流状态。

第四，也是最为重要的，当光强逐渐增大时，PD 的特性曲线会下移，如图 5.50 所示，随着光强越来越大，曲线依次从 $i_D(E_1)$ 到 $i_D(E_2)$，$i_D(E_3)\cdots i_D(E_6)$ 移动。且非常重要的一点是，PD 的反向电流变化，近似正比于 PD 接收到的光强。

这样，最简单的获得光强的方法如图 5.51（d）所示，可以将光强转变成输出电压。此时，实际工作点为图 5.50 中起点为 −4.9V 的红色直线，与对应光强曲线分别相交于 P_{0A}、P_{1A}、P_{2A}、P_{3A}、P_{4A}……则从图 5.51（d）中的 u_{OUT} 可以得到不同的电压，以表明 PD 接收到的不同光强。

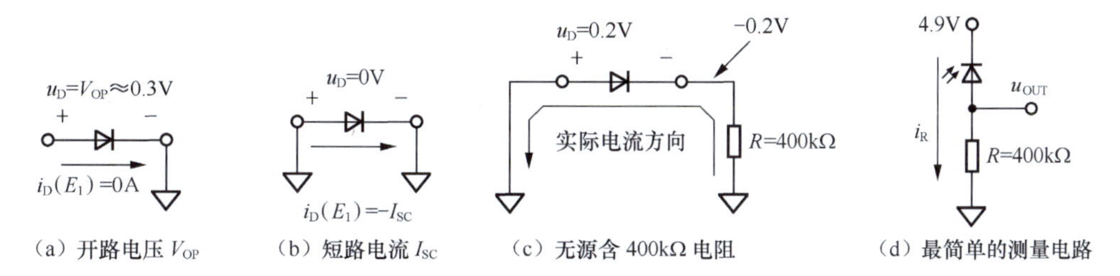

图 5.51　光电二极管特性

光电二极管主要电气参数

以威世（VISHAY）公司的 BPV10 为主，结合其他产品，介绍 PD 的主要参数。下面关于参数示例的几张图都是 BPV10 数据手册的截图。

BASIC CHARACTERISTICS (T_{amb} = 25 °C, unless otherwise specified)						
PARAMETER	TEST CONDITION	SYMBOL	MIN.	TYP.	MAX.	UNIT
Forward voltage	I_F = 50 mA	V_F		1.0	1.3	V
Breakdown voltage	I_R = 100 μA, E = 0	$V_{(BR)}$	60			V
Reverse dark current	V_R = 20 V, E = 0	I_{ro}		1	5	nA

正向导通电压（Forward Voltage）。是指在规定的正向测试电流（本例为 50mA）时，PD 两端的正向电压。本例中最大值为 1.3V，典型值为 1.0V。光强对其影响不大。对于 PD 来说，正常工作时它处于反压或者零压状态，正向导通是罕见的。

击穿电压（Breakdown Voltage）。是指在暗光下，导致反向电流达到规定值（本例为 100μA）时的反向电压值。这意味着，当反压超过此值时，PD 可被认为处于击穿状态，也意味着 PD 脱离了正常检测状态。

暗电流（Dark Current）。是指 PD 工作于规定的反压下无光照时的电流。本例中是在反压为 20V 时测得的，约为 1nA，最大为 5nA。

BASIC CHARACTERISTICS (T_{amb} = 25 °C, unless otherwise specified)						
PARAMETER	TEST CONDITION	SYMBOL	MIN.	TYP.	MAX.	UNIT
Absolute spectral sensitivity	V_R = 5 V, λ = 950 nm	s(λ)		0.55		A/W

灵敏度（Responsivity，又称 Absolute Spectral Sensitivity）。不同产品的英文描述不一致。单位是 A/W（在数据手册中这是最明显的），此值越大代表 PD 在同样光照度下输出电流越大。本例是在反向电压 V_R=5V、波长 λ=950nm 下测得的。

BASIC CHARACTERISTICS (T_{amb} = 25 °C, unless otherwise specified)						
PARAMETER	TEST CONDITION	SYMBOL	MIN.	TYP.	MAX.	UNIT
Wavelength of peak sensitivity		λ_p		920		nm

峰值波长（Wavelength of Peak Sensitivity）。单位为 nm。是指该 PD 对此波长的光最为敏感，即其灵敏度最大。BPV10 对波长为 920nm 的光具有最高灵敏度。

BASIC CHARACTERISTICS (T_{amb} = 25 °C, unless otherwise specified)						
PARAMETER	TEST CONDITION	SYMBOL	MIN.	TYP.	MAX.	UNIT
Range of spectral bandwidth		$\lambda_{0.1}$		380 to 1100		nm

光谱范围（Range of Spectral Bandwidth）。以 nm 区间为单位。一般以相对灵敏度（当前灵敏度和峰值灵敏度的比值）降低为 0.1 作为边界。BPV10 对波长为 380 ～ 1100nm 的光，具有比 0.1 大的相对灵敏度。或者说，超出此光谱范围的光，BPV10 就不适用了。

与此相关地，数据手册会给出一个图来表明相对灵敏度随波长的变化规律，如图 5.52 所示。

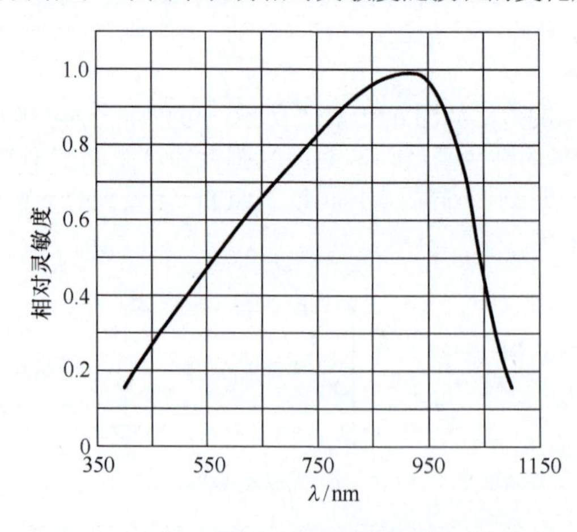

图 5.52　BPV10 的相对灵敏度随波长的变化规律

BASIC CHARACTERISTICS (T_{amb} = 25 °C, unless otherwise specified)						
PARAMETER	TEST CONDITION	SYMBOL	MIN.	TYP.	MAX.	UNIT
Angle of half sensitivity		φ		± 20		deg

半灵敏角（Angle of Half Sensitivity）。单位为°。本例为 20°。多数 PD 有一个受光面，比如一个平面玻璃窗，或者一个凸透镜，不管怎样，总是垂直照射时其灵敏度最高，而光照方向偏离垂直照射角度越大，灵敏度越低。本例是指光照偏离垂直方向 20° 时，灵敏度变为垂直照射时的一半。也意味着相同反向电压下，PD 电流变为垂直照射时的一半。同样地，数据手册也会给出相对灵敏度（孤线）随入射角（扇形线）的变化图，如图 5.53 所示。

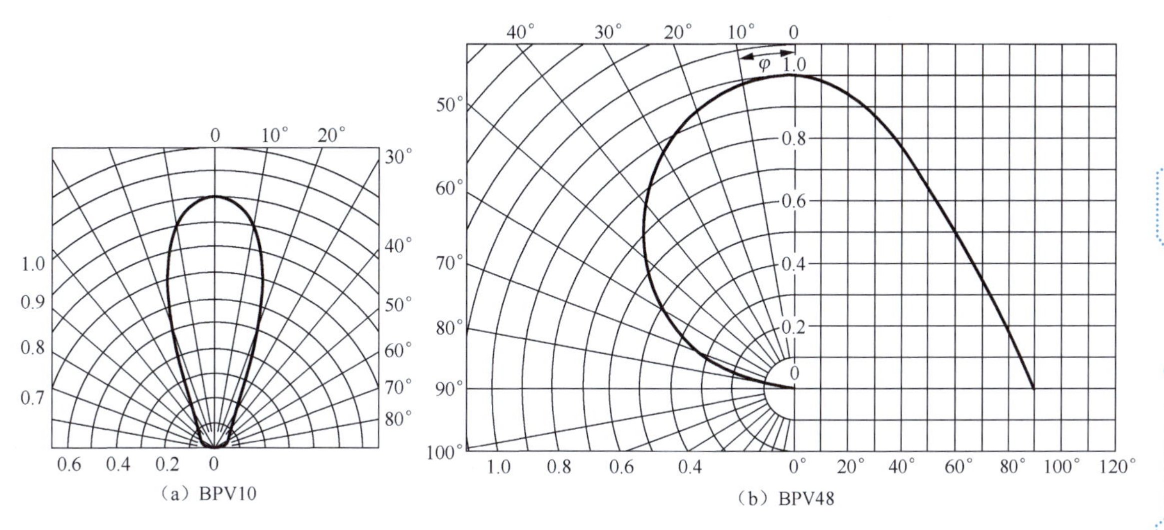

图 5.53　BPV10、BPX48 的相对灵敏度和入射角度关系

BASIC CHARACTERISTICS (T_{amb} = 25 °C, unless otherwise specified)						
PARAMETER	TEST CONDITION	SYMBOL	MIN.	TYP.	MAX.	UNIT
Diode capacitance	V_R = 0 V, f = 1 MHz, E = 0	C_D		11		pF
	V_R = 5 V, f = 1 MHz, E = 0	C_D		3.8		pF

二极管电容（Diode Capacitance）。光电二极管可以被理解为一个受外部光照控制的电流源，而电流源的两端存在杂散引起的电容。此电容一般是在暗光下施加规定反压测得的。本例中，当反压为 0 时，测得电容典型值为 11pF；反压为 5V 时，测得电容为 3.8pF。这也从客观上给出了结论，反压越大，二极管电容越小，并趋于某个最小值。二极管电容的存在会影响 PD 的高频性能。因此，在关注 PD 高频性能的应用中，多数会施加足够的反压。

同样地，数据手册一般也会给出二极管电容 C_D 与反压 V_R 之间的关系图，如图 5.54 所示。

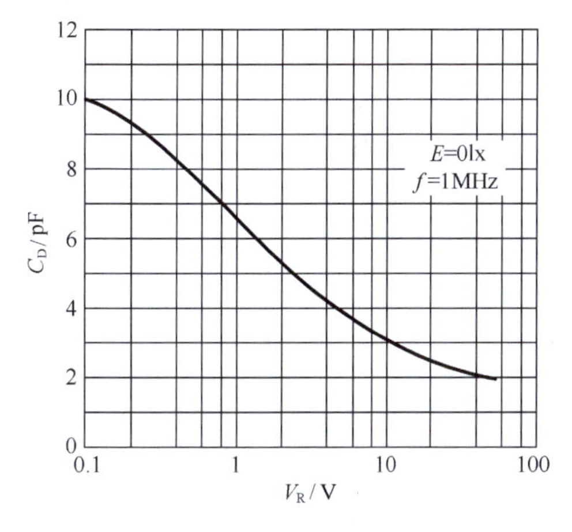

图 5.54　BPV10 的二极管电容与反压的关系

BASIC CHARACTERISTICS (T_{amb} = 25 °C, unless otherwise specified)						
PARAMETER	TEST CONDITION	SYMBOL	MIN.	TYP.	MAX.	UNIT
Rise time	V_R = 50 V, R_L = 50 Ω, λ = 820 nm	t_r		2.5		ns
Fall time	V_R = 50 V, R_L = 50 Ω, λ = 820 nm	t_f		2.5		ns

上升时间（Rise Time）**和下降时间**（Fall Time）。在 PD 和 50Ω 电阻串联电路中，施加规定反压（本例为 50V），让光照度发生非常陡峭的阶跃——上升或下降，测量电阻电压波形的上升时间、下降时间。所谓的上升，定义为从 10% 到 90%，而下降则为从 90% 到 10%。

显然，此值越小，PD高频性能越好。高速的PD的上升时间和下降时间可以小至几十皮秒，可以用于Gbit/s以上的数位传输。

最简单的PD电路及其存在的问题

最简单的PD电路如图5.51（d）所示，就是一个PD和检流电阻串联，施加一个偏置电压，从电阻上获得输出电压。这种方法看起来很简单，却很少应用。有两个主要原因限制了这种电路的应用。第一，该电路中PD两端电压是变化的，u_{PD}=4.9V-u_{OUT}，而PD的很多性能是与两端电压相关的，比如二极管电容。从逻辑上讲，光变化－电流变化－输出电压变化－PD性能变化－电流变化，就形成了一个较为复杂的反馈，导致一个看似简单的结构，反而产生了复杂的联动。第二，它的高频性能会比较差，上限截止频率受到二极管电容的直接影响。

最简单PD检测电路的等效电路如图5.55所示。PD可视为一个受光强控制的电流信号源，如图5.55中的I_{pd}，二极管电容C_d并联接于两端。显然这是一个低通电路，高频光电流会通过C_d分流，导致流过电阻的电流下降，电路输出的上限截止频率为：

$$f_H=\frac{1}{2\pi R_1C_d}=39.8\text{kHz}$$

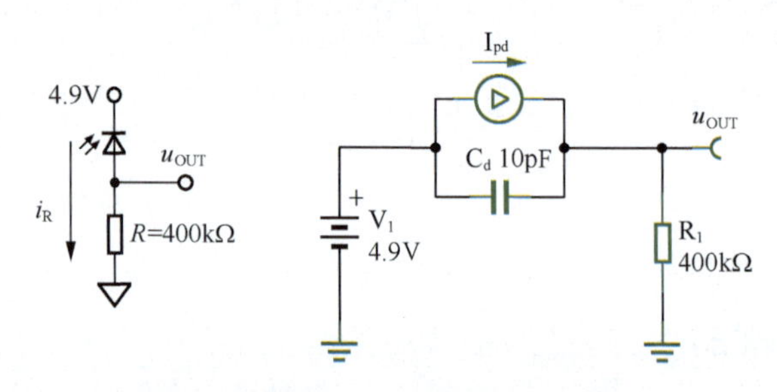

图5.55　最简单PD检测电路的等效电路

有没有更好的测量电路，能够在测量过程中保持PD两端反压不变，且能够大幅度提高检测带宽？有，那就是跨阻放大电路。

跨阻放大电路

所谓的跨阻放大电路（TIA），是指一种特殊结构：以运放为核心，被测电流接入运放负输入端，检流电阻为负反馈电阻R_F，如图5.56所示。

在负反馈成立的情况下，运放两个输入端是虚短的，即负输入端电位为E_2，这保证了PD两端反压是恒定不变的，即用户设定的直流电压源电位E_1和E_2的差值。

由于运放的负输入端存在高阻特性，被测电流将全部流过反馈电阻R_F，导致输出呈现图5.56给出的表达式，完成了输入被测电流到输出电压的转换。

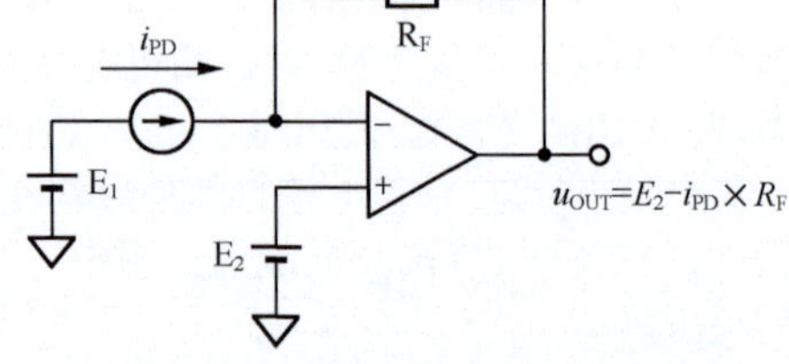

图5.56　跨阻放大电路核心结构

用户可以根据自己的需要，决定PD的接入方向。PD接入方向确定后，流过反馈电阻的光电流方向也就确定了。图5.57所示是两种接入方式，其中E_1和E_2的电压选择取决于用户对暗电流时的输出电位要求，以及期望PD工作于多大的反压。

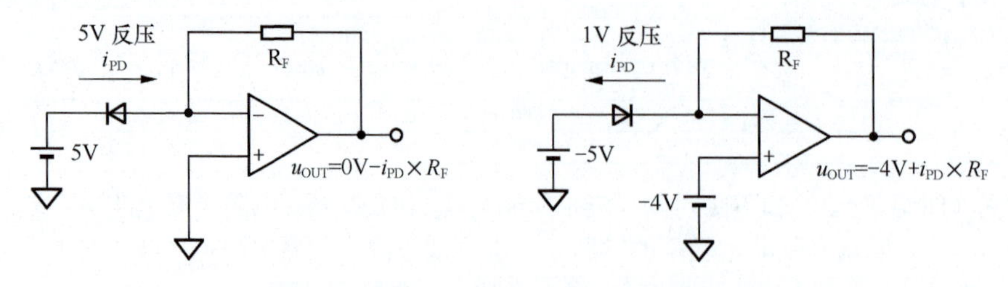

图5.57　跨阻放大电路中PD的两种接入方式

常见的 PD 两端电压一般分为 0 电压、负电压两种。其中 0 电压工作时的暗电流为 0A。负电压工作时，虽然暗电流不为 0A，但该电路的高频性能更好——反压越大，PD 等效电容越小。

图 5.58 是一个最简单的跨阻放大器光敏检测电路，它使用一个运放，通过负反馈保持运放负输入端（也就是光敏管的负极）为 0V，因此可以保持光敏二极管两端电压始终为 0V。此时，光照变化会引起光敏管电流变化，由于虚断，此电流只会流过 1MΩ 电阻，因此输出为：$u_{OUT}=i_{PD}\times1M\Omega$，其中 i_{PD} 与外部光强成正比关系。

电路中的 3.8pF 电容起到了抑制高频干扰的作用，单纯看阻容网络，其截止频率约为：

$$f_H=\frac{1}{2\pi RC}=41.9kHz$$

但是，该电路实际带宽却不是如此简单，后面再讲。

TIA 电路的关键在于运放的选择，此处重点强调选择偏置电流小的运放。很显然，要将微弱的电流演变成输出电压，反馈电阻必须很大。此时，一旦有明显的偏置电流存在，就会在反馈电阻上产生我们不期望有的、明显的电压。图 5.58 中的 LTC6078 在常温下偏置电流为 1pA 左右，在 1MΩ 电阻上产生的电压约为 1μV，与该运放的最大失调电压 25μV 相比，这是微不足道的。从另外一个角度看，运放的偏置电流参数选择应该取决于实测电流值的范围和分辨力。以上述电路为例，虽然电路没有详细介绍，但能看出来，它的被测电流范围应该小于 2.5μA（输出会产生 -2.5V），按照一般动态范围 80dB 要求，最小分辨应为 0.25nA，即 250pA。如果要求运放的偏置电流不要干涉这个被测电流，则偏置电流应该明显小于 250pA。LTC6078C 系列在宽温范围内最大偏置电流小于 50pA，是符合要求的。但是，如果此放大电路的动态范围提升到 100dB 甚至更高，则需要更优秀的运放。

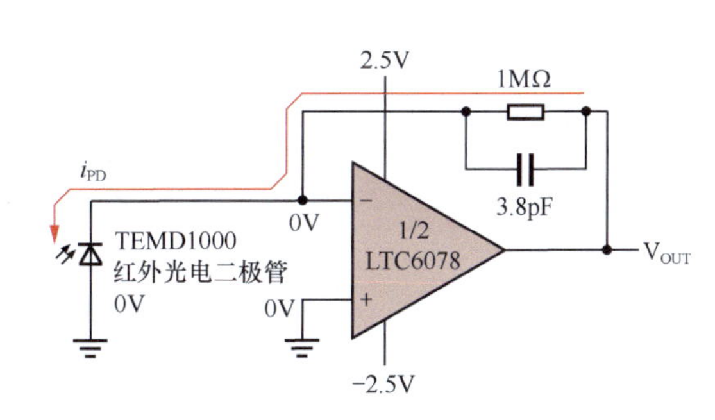

图 5.58　最简单的跨阻放大器光敏检测电路

为 PD 跨阻放大器选择运放，远比上述描述复杂，后面再讲。

单电源 TIA

图 5.59 所示是一个单电源光敏检测电路，由单一 +5V 供电。

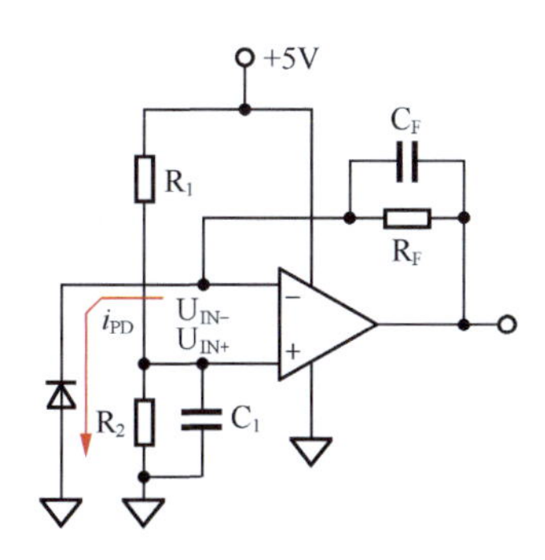

图 5.59　单电源光敏检测电路

两个分压电阻 R_1 和 R_2，在运放正输入端获得一个大于 0V 的静态电位 U_{IN+}，以保证满足运放单电源供电下的输入电压范围要求。此时，由于虚短，运放负输入端电位 $U_{IN-}=U_{IN+}$，那么加载到光敏二极管的反向电压 $V_R=U_{IN-}$，它工作于正常状态，如果忽略运放的输入偏置电流（即虚断），则形成如下关系。

$$u_{OUT}=U_{IN-}+i_{PD}\times R_F \tag{5-98}$$

无论光照强度如何，我们知道电流 i_{PD} 都是大于 0A 的，因此输出电压不会比 U_{IN-} 低。在此情况下，一般可以把 U_{IN-} 设置成接近 0V，以保证输出电压有足够大的变化范围。

图 5.59 中 C_1 的作用是低通滤波，保证 U_{IN+} 处的噪声足够小。而 C_F 对信号实施低通滤波，以最大程度降低输出噪声。

TIA 电路的带宽估计

回到引入 TIA 电路的第二个起因，它是否大幅度提升了带宽。

完整的 TIA 电路如图 5.60 所示，它包含了光电二极管电容 C_{PD}、运放负输入端电容 C_{IN-}，以及反馈电容 C_F，其动态等效电路如图 5.61 所示。此时，反馈支路为阻容并联。

$$Z_F=\frac{R_F\times\frac{1}{j\omega C_F}}{R_F+\frac{1}{j\omega C_F}}=R_F\times\frac{1}{1+j\omega R_FC_F} \tag{5-99}$$

设运放负输入端电压为 U_X，针对动态等效电路，有：

$$U_X-I_RZ_F=U_O,\quad I_R=I_I-I_C \tag{5-100}$$

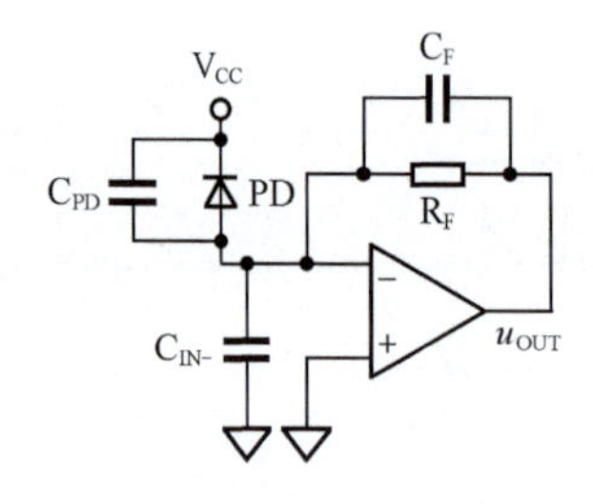

图 5.60　完整的 TIA 电路

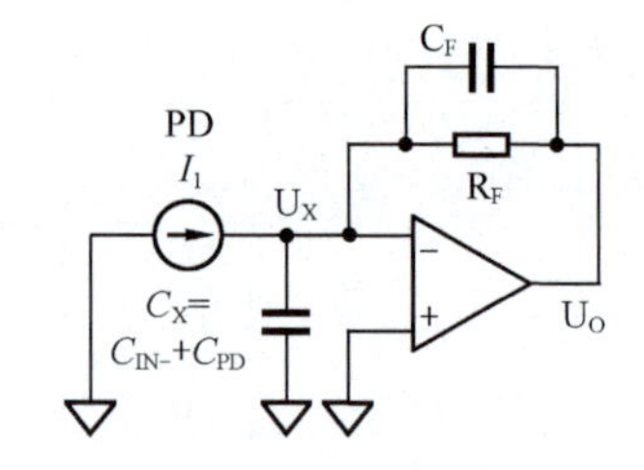

图 5.61　完整 TIA 电路的动态等效电路

且有：

$$I_C=\frac{U_X}{\frac{1}{j\omega C_X}}=j\omega C_XU_X \tag{5-101}$$

代入式（5-100）得：

$$U_X-\left(I_I-j\omega C_XU_X\right)Z_F=U_O$$

即：

$$U_X\left(1+j\omega C_XZ_F\right)-I_IZ_F=U_O \tag{5-102}$$

将 U_X 用 U_O 表示：

$$-\frac{U_O}{\dot{A}_{UO}}\left(1+j\omega C_XZ_F\right)-I_IZ_F=U_O$$

解得：

$$U_O\left[1+\frac{1}{\dot{A}_{UO}}\left(1+j\omega C_XZ_F\right)\right]=-I_IZ_F$$

$$U_O = -I_I Z_F \times \frac{1}{1 + \frac{1}{\dot{A}_{UO}}(1 + j\omega C_X Z_F)} \tag{5-103}$$

此时，将运放的$\dot{A}_{UO}$用最简单的模型代替。

$$\dot{A}_{UO} = \frac{GBW}{jf} \tag{5-104}$$

则有：

$$\begin{aligned}
U_O &= -I_I Z_F \times \frac{1}{1 + \frac{1}{\dot{A}_{UO}}(1 + j\omega C_X Z_F)} = -I_I Z_F \times \frac{1}{1 + j\frac{f}{GBW}(1 + j\omega C_X Z_F)} = \\
&-I_I R_F \times \frac{1}{1 + j\omega R_F C_F} \times \frac{1}{1 + j\frac{f}{GBW} + j^2 \frac{f}{GBW}\omega C_X R_F \times \frac{1}{1 + j\omega R_F C_F}} = \\
&-I_I R_F \frac{1}{1 + j\frac{f}{f_{cf}}} \times \frac{1}{1 + j\frac{f}{GBW} + \left(j\frac{f}{\sqrt{GBW \times f_{cx}}}\right)^2 \times \frac{1}{1 + j\frac{f}{f_{cf}}}} = \\
&-I_I R_F \frac{1}{1 + j\frac{f}{f_{cf}}} \times \frac{1}{1 + j\frac{f}{GBW} + \left(j\frac{f}{f_0}\right)^2 \times \frac{1}{1 + j\frac{f}{f_{cf}}}}
\end{aligned} \tag{5-105}$$

其中，

$$f_{cx} = \frac{1}{2\pi C_X R_F},\ f_{cf} = \frac{1}{2\pi C_F R_F},\ f_0 = \sqrt{GBW \times f_{cx}} \tag{5-106}$$

这里涉及两个关键频率点：f_{cf}和f_0。其中f_{cf}由反馈电阻和反馈电容确定，这是用户灵活度最大的地方；f_0则由反馈电阻、输入端电容、运放 GBW 综合确定。两者谁大谁小，很难说，取决于用户的设计。

注意，式（5-105）为一个一阶低通和一个复杂表达式相乘。其中的复杂表达式由一个标准的二阶低通修改而来。改变之处在于二阶低通中的二次项，多了一个一阶低通系数，变成：

$$\left(j\frac{f}{f_0}\right)^2 \times \frac{1}{1 + j\frac{f}{f_{cf}}} \tag{5-107}$$

当f远小于f_{cf}时，该项为标准低通的二次项。因此，我们可以定性给出如下结论。

（1）当f_{cf}远小于f_0时，式（5-105）演变成一个一阶低通。

$$U_O \approx -I_I R_F \frac{1}{1 + j\frac{f}{f_{cf}}} \tag{5-108}$$

其截止频率为f_{cf}。

（2）当f_{cf}远大于f_0时，式（5-105）演变成：

$$U_O = -I_I R_F \times \frac{1}{1 + j\frac{f}{GBW} + \left(j\frac{f}{f_0}\right)^2} \tag{5-109}$$

其特征频率为f_0，而截止频率与品质因数（Q）相关，截止频率在特征频率附近。

（3）当f_{cf}接近f_0时，式（5-105）无法简化。但我们可以看出，f_{cf}造成的一阶低通和以f_0为主造成的二阶低通是相乘关系。多数情况下，二阶低通的Q大于 0.707，它会起到隆起作用，导致最终的截止频率多数介于f_{cf}和f_0之间。

总结如下。

由反馈电阻和反馈电容组成一个一阶低通截止频率。

$$f_{cf}=\frac{1}{2\pi C_F R_F} \tag{5-110}$$

由反馈电阻与PD电容、运放输入端电容之和$C_X=C_{PD}+C_{IN}$组成一个一阶低通截止频率。

$$f_{cx}=\frac{1}{2\pi C_X R_F} \tag{5-111}$$

由运放的GBW和f_{cx}运算得到一个二阶特征频率。

$$f_0=\sqrt{\text{GBW}\times f_{cx}} \tag{5-112}$$

对比f_0和f_{cf}，当区别较大时，其中明显较小值为TIA的截止频率。

$$f_{cTIA}\approx\min\{f_{cf},f_0\} \tag{5-113}$$

当f_0和f_{cf}两者接近时，取：

$$f_{cTIA}\approx 0.5(f_{cf}+f_0) \tag{5-114}$$

TIA电路为什么能够提高带宽

从上述分析可知，如果没有TIA电路，而仅用最简单的PD电路（PD和电阻串联），则整个电路的截止频率为f_{cx}。引入TIA后，第一，产生了新的f_{cf}，f_{cf}大小取决于用户选择的电容C_F，它明显小于PD电容，这导致引入的f_{cf}远高于f_{cx}；第二，运放“救活”了f_{cx}，因为$f_0=\sqrt{\text{GBW}\times f_{cx}}$，$f_0$远大于$f_{cx}$，最终的带宽依赖于两个较高值$f_{cf}$和$f_0$，显然比$f_{cx}$大。

另外，也可以这么理解：引入TIA电路后，PD电容呈现在运放负输入端对地位置，而运放负输入端虚短到地，导致电容两端具有很小的电位差，客观上导致其变化电流极小，等效于接了一个极小的电容。等读者读完本书介绍的电荷放大器，知道如何通过运放负输入端的虚短，降低电缆电容作用，就会知道两者异曲同工。

◎ IEPE 电路

IEPE电路原理简介

集成电子式压电（IEPE）是一个传感器，内含压电传感器和电子部件，正常工作时，振动会导致内部压电传感器产生电荷，无论使用电荷放大器还是电压放大器，都可以将其放大成模拟信号u_{OUT}。按照传统方法，IEPE应该有3个端子：正电源、GND，以及电压信号输出。但是，实际的IEPE只有两个端子。

这两个端子分别是PW/OUT和GND。IEPE外部由远端（双线电缆）的一个高顺从电位（一般为24V）的恒流电流源驱动，恒流源一般为2～20mA，由用户选择设定。恒流源有两个端子：①电流出端，通过电缆接IEPE的PW/OUT；②电流回端，接IEPE的GND。

妙就妙在IEPE只有两个端子，其中的PW/OUT端，既要从远端电流源获得供电电能，以驱动内部电子部件正常工作，又能将信号变化，以电压的形式呈现在PW/OUT上，而远端的电流源在提供电力的同时，可以从电流出端获得信号电压变化，完成信息检测。

图5.62截图自“TI Designs: TIDA-01471/IEPE Vibration Sensor Interface Reference Design for PLC Analog Input”，分为两块：左侧小方框是IEPE传感器，通过双线电缆（PW/OUT线、GND线）和右侧的主电路连接。简单介绍一下主电路结构：像3层楼，三楼是一个XTR111，负责提供一个由编程控制的2～20mA的恒流输出到PW/OUT端；二楼是异常报警，由窗口比较器组成；一楼是信号采集链路，PW/OUT的电压信号被调节后送入ADC。

本小节重点不在图5.62中的主电路，而在左侧的小方框内。IEPE是如何工作的？PW/OUT为什么既能供电，又能提供传感器输出电压？

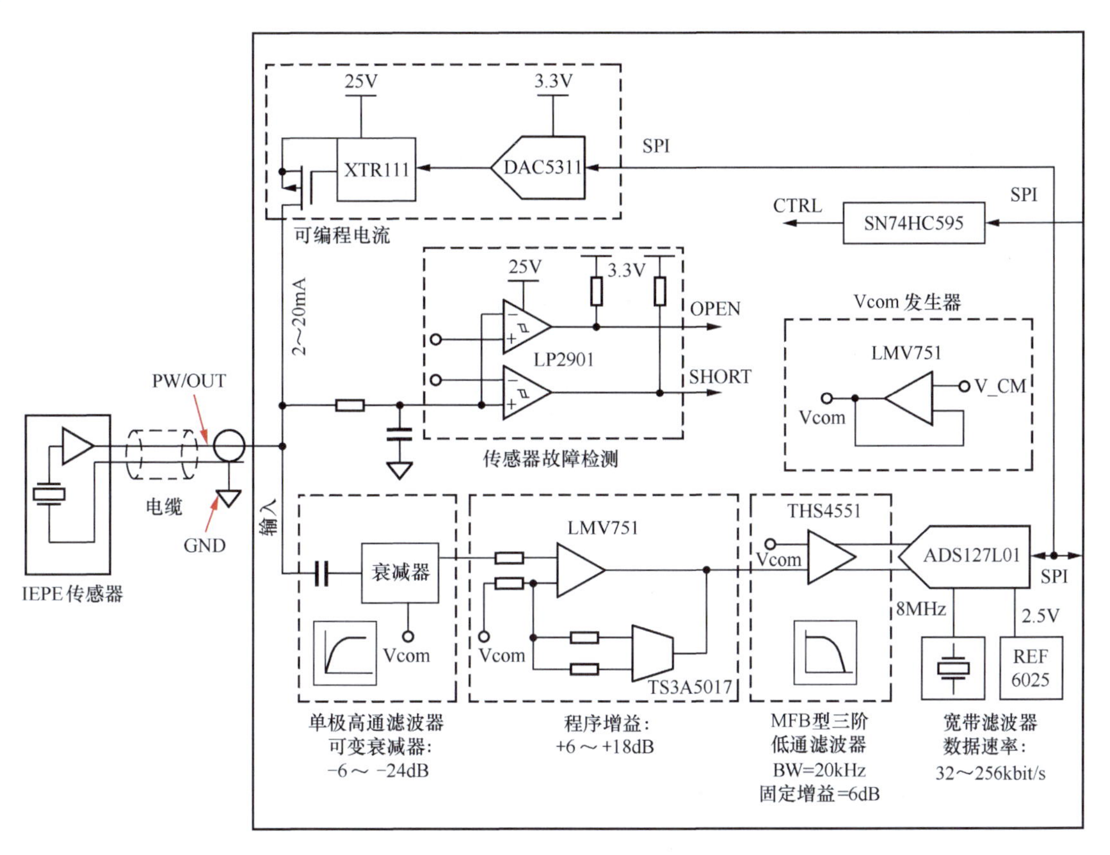

图 5.62　IEPE 传感器与检测电路的接法

IEPE 简化结构、核心工作思路

图 5.63 所示是一个最简单的 IEPE 传感器内部电路。从左向右分为如下几个部分。

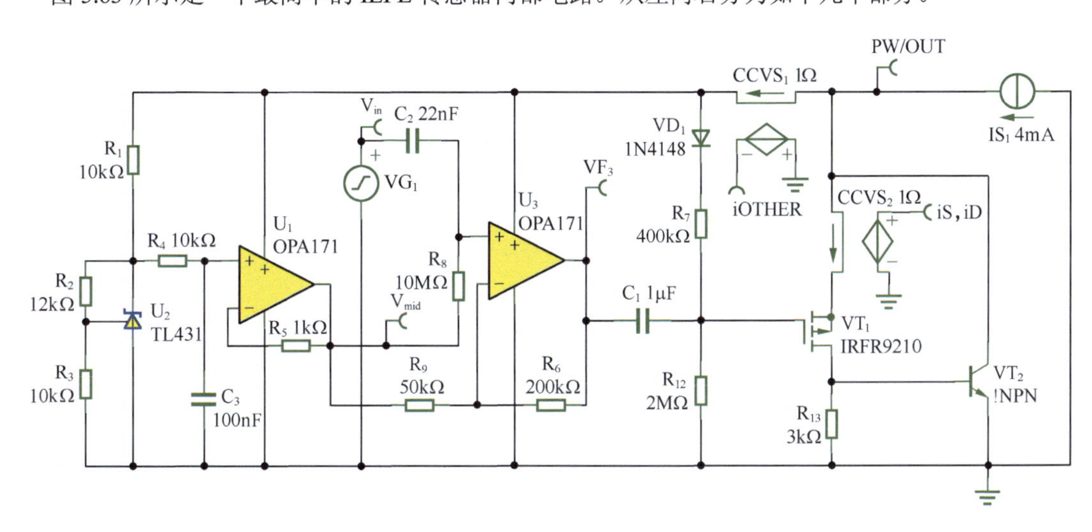

图 5.63　最简单的 IEPE 传感器内部电路

（1）TL431 及其附属电阻产生 5.6V 左右的电压，通过 R_4、C_3 低通滤波，U_1 跟随器驱动，形成模拟信号处理电路在单电源供电下需要的中值电压 V_{mid}——此部分电路可要可不要，如果电路中能够实现纯粹的交流耦合，不需要单电源中值电压，就可以省去此部分电路。

（2）传感器产生的微弱电压信号 V_{in}，通过由 U_3 组成的交流耦合 5 倍放大电路形成较大信号 VF_3，此处不同的 IEPE 可以采用不同的滤波、放大、积分微分等，图 5.63 仅以一个 5 倍放大为例。对于任何一个 IEPE 来说，这部分电路总是不可少的。

（3）电容 C_1 及其右侧的 IEPE 核心电路，由分压电阻 R_7、R_{12}，核心晶体管 VT_1、VT_2 及 R_{13} 组成，它的主要作用是，当 VF_3 电位随信号变化而变化时，通过核心电路的反馈调节，PW/OUT 电位与 VF_3 同步变化，远端的测量装置就可以在 PW/OUT 端测量到传感器信号。至于此处是如何将 VF_3 传递到 PW/OUT 端的，后面讲。

如何保证核心场效应管的 I_S 和 I_D 是恒定的

图 5.64 所示是 IEPE 传感器核心电路。图 5.64 中大写字母大写下角标为恒定值，小写字母大写下角标为变化量，其中 I_{SIN} 为恒流源产生的，约为 4mA，视之为恒定的。i_{OTHER} 为主支路之外的电流，包括图 5.64 中的二极管电阻分压支路电流，也包括图 5.64 中未画出的前级放大电路消耗电流——它们的大小肯定会受到输出电压 VF_5 的影响，而且并不一定是线性变化的，因此图 5.64 中用小写字母表示其含有变化成分。

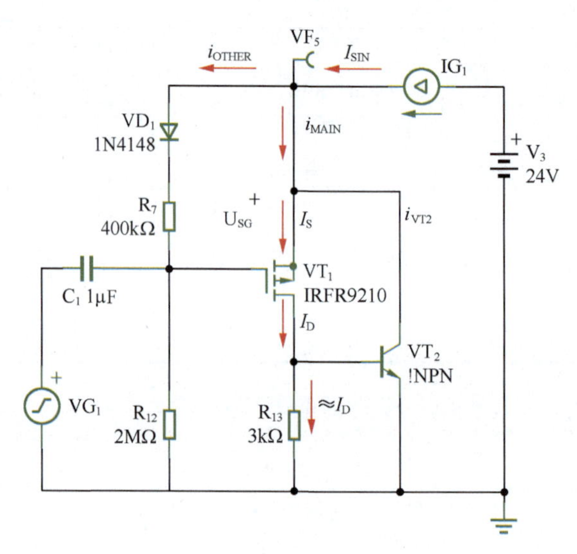

图 5.64　IEPE 传感器核心电路

这就导致图 5.64 中的主支路电流 i_{MAIN} 也包含变化量。晶体管 VT_2 吸收了这部分变化电流，导致晶体管 VT_1 保持稳定的电流。假设 VT_2 的发射结导通电压为 0.7V，则有：

$$I_D = \frac{U_{BEQ}}{R_{13}} = 233\mu A$$

从负反馈角度分析，可以得到如下负反馈环路。其中↑表示增大，↓表示减小。

$$i_D\uparrow \to u_{BE}\uparrow \to i_B\uparrow \to i_{VT2}\uparrow \to i_{MAIN}\uparrow \to i_{OTHER}\downarrow \to u_{R7D1}\downarrow \to u_{SG}\downarrow \to i_D\downarrow$$

此反馈环路中包含晶体管 β 等增益环节，导致产生强烈的负反馈稳定作用，使场效应管可以保持稳定的 I_D。

如何确定静态

电路如图 5.65 所示。此图与图 5.64 的区别在于此图增加了前级处理电路消耗电流模型。前级处理电路一般为运放，它有静态电流（一般选择静态电流较小的运放），以图 5.65 中 1mA 电流源为例，有因信号而改变的电流，图 5.65 用 R_1 表示。

图 5.65 中有 3 个关键的地方：①R_{13} 确定了 MOSFET 的静态电流约为 233μA，考虑到 VT_2 基极电流，此值应稍大于 233μA；②场效应管型号决定了满足此电流时的 U_{GSQ}，本电路中选取的 IRFR9210 是大功率管（实际电路应选择小功率管），其开启电压约为 −3.1V；③电阻 R_7 和 R_{12} 的分压比决定了 VF_5 静态电压。

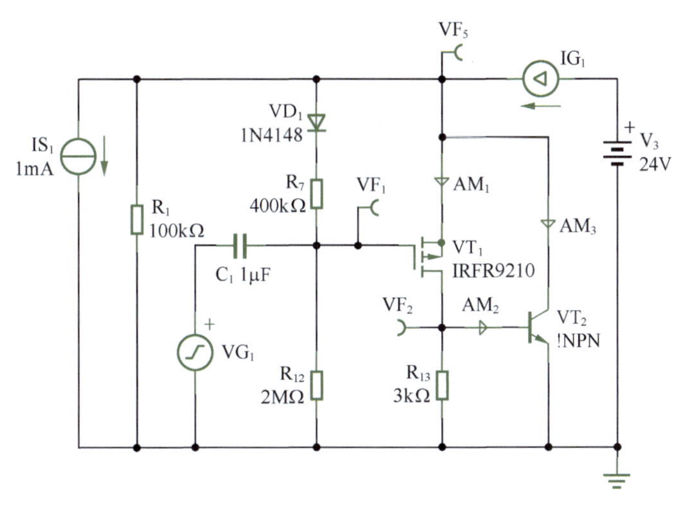

图 5.65 IEPE 传感器核心电路之静态确定

图 5.65 中 VT_2 的作用是，吸收一切电流变化量，以保证 AM_1 的稳定性。

近似反算过程如下，假设 MOSFET 在电流为 233μA 左右时的源门电压为 3.12V。

$$U_{SGQ} \approx 3.12V$$

则有：

$$U_{SGQ} = U_{D1Q} + U_{R7Q} = 0.4V + I_{R7}R_7 \tag{5-115}$$

可得：

$$I_{R7} = \frac{U_{SGQ} - 0.4V}{R_7} = \frac{2.72V}{400k\Omega}$$

据此有：

$$V_{F5Q} = I_{R7}\left(R_{12} + R_7\right) + U_{D1Q} = 16.72V$$

仿真实测得到 VF_5 静态电压为 16.79V。即使在信号存在、VF_5 发生波动时，也可以保证该静态电压高于 15V，保证 IEPE 内部电路正常工作。

如何将信号以电压形式呈现在输出端

正常工作时，输入信号经过放大等前端处理（图 5.65 中未画出），会到达图 5.65 中 C_1 左侧。既然图 5.65 中场效应管具有稳定的电流 I_D，则它一定具备稳定的电压 U_{GS}，则有：

$$VF_5 = u_S = u_G + u_{SG} \tag{5-116}$$

VF_5 点就是场效应管的 S 端，该点的瞬时电位等于 G 端瞬时电位，加上 SG 之间的压降。继续分析，有：

$$u_G + u_{SG} = \left(U_{GQ} + u_i\right) + U_{SGQ} = u_i + U_{SQ} \tag{5-117}$$

其中，G 端的瞬时电位等于静态电位加上前端输入信号，而 SG 之间的压降是恒定不变的。

因此，输出端 VF_5 将在静态输出上叠加一个输入信号，即此电路的信号增益为 1 倍。

◎ 4 ~ 20mA 电流变送器

上述 IEPE 有源传感器，只有两根线：外部用恒流源驱动它，它给外部提供一个随被测信号变化的电压量。我们自然能够想到，有没有另一种有源传感器，也是两根线：外部用电压源驱动它，它给外部提供一个随被测信号变化的电流量？本小节讲述的 4 ～ 20mA 电流变送器就是这样的。

电流变送器结构

图 5.66 是在 TI 文档《回路供电 4 ～ 20mA 变送器电路》基础上补绘的。图 5.66 中 Loop+ 和

Loop- 是电流变送器的两个端子，粗虚线右下方是外部电压源和检流负载电阻，中间的曲线是两根长线。外部电压源给电流变送器供电，流进变送器的电流 i_{IN} 与流出变送器的电流 i_{OUT} 相等，正比于变送器内部的传感器信号（图 5.66 中用数模转换器（DAC）输出电压表示）。这就实现了双线、电压源驱动、电流输出表征信号的功能，与 IEPE 异曲同工。

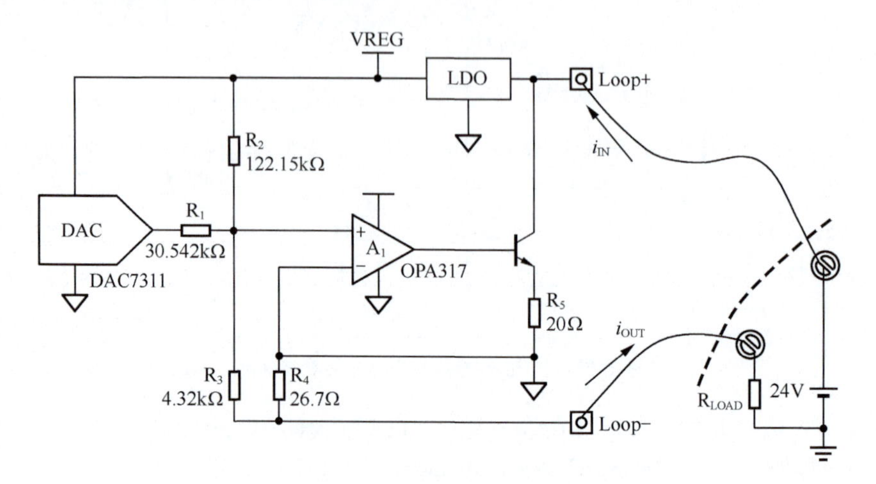

图 5.66 电流变送器基本结构

电流变送器工作原理分析

按照 TI 文档给出的电路基本结构，我绘制的电流变送器电路如图 5.67 所示，其中 TLV70233 为三端稳压器，提供运放工作需要的电压，也可以用并联型稳压器实现。

我们可以把这个电路理解为：一个电源 V_{POWER}（含有正输出端和接地端）给变送器供电，变送器内部没有电源，因此 Loop+ 端流进电流为 AM_2，Loop- 端流出电流为 AM_1，两者一定相等，称之为 i_{OUT}。而这个电流 i_{OUT} 受到传感器内部检测到的电压 V_{in} 控制。

需要特别提醒的是，输入电压信号必须是基于三端稳压器的 GND 端的，即以图 5.67 中 u_X 为参考，而不是基于供电电源地线的，因此图 5.67 中信号电压 V_{in} 是接在三端稳压器的 GND 端的。

在分析过程中，所有电位均以供电电源地为参考。因此，相对于电源地，三端稳压器的电位是不确定的。而图 5.67 中，以电源地为参考，仅有 R_{LOAD} 左侧，是 0V。

首先，运放处于负反馈状态，则虚短成立。假设三端稳压器 GND 端的电位为 u_X，则各点电位如图 5.67 所示，得到的电流关系如下。

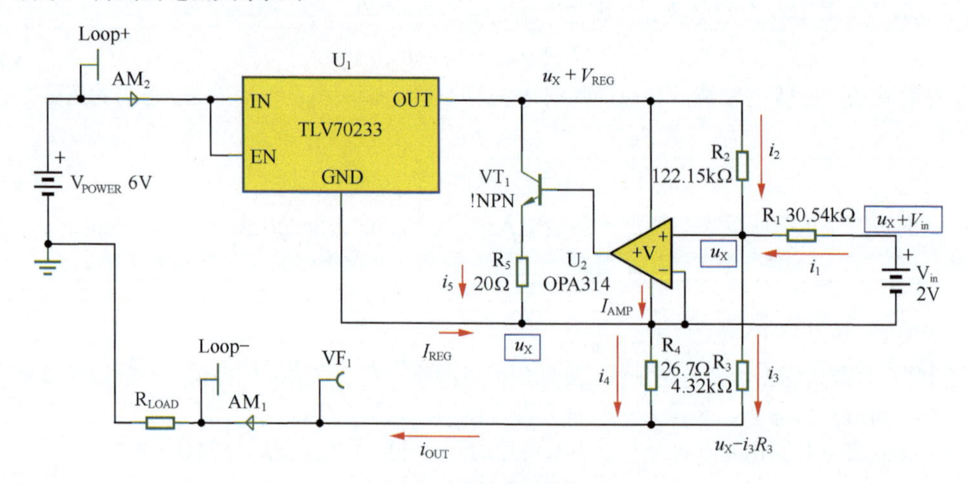

图 5.67 电流变送器电路

输入电压是基于 u_X 的，则 R_1 右侧电位为 u_X+V_{in}。由于运放虚短，则 R_1 左侧电位，即运放正输入端电位为 u_X，可得 R_1 上电流为：

$$i_1=\frac{u_X+V_{in}-u_X}{R_1}=\frac{V_{in}}{R_1} \tag{5-118}$$

对于三端稳压器来说，其输出两个端子之间的电压总是 V_{REG}，则其输出端电位为 u_X+V_{REG}，因此得到电阻 R_2 电流为：

$$i_2=\frac{u_X+V_{REG}-u_X}{R_2}=\frac{V_{REG}}{R_2} \tag{5-119}$$

上述两个电流汇流，因运放虚断，合流全部流过电阻 R_3，则：

$$i_3=i_1+i_2=\frac{V_{in}}{R_1}+\frac{V_{REG}}{R_2} \tag{5-120}$$

则电阻 R_3 下端电位为 VF_1。

$$VF_1=u_X-i_3R_3 \tag{5-121}$$

再看电阻 R_4，头顶电位为 u_X，脚底电位为 VF_1，则其电流为：

$$i_4=\frac{u_X-VF_1}{R_4}=\frac{u_X-(u_X-i_3R_3)}{R_4}=i_3\frac{R_3}{R_4} \tag{5-122}$$

最终的输出电流为：

$$i_{OUT}=i_3+i_4=i_3\left(1+\frac{R_3}{R_4}\right)=\left(\frac{V_{in}}{R_1}+\frac{V_{REG}}{R_2}\right)\left(1+\frac{R_3}{R_4}\right) \tag{5-123}$$

对于这个电路，需要解释几点。

（1）对稳压器和运放的静态电流要求

由于输出电流一般设计为 4 ～ 20mA，其中包含稳压器、运放消耗的静态电流。如果稳压器和运放的静态电流之和大于 4mA，则此电路肯定不能正常工作。所以，三端稳压器静态电流要小，运放静态电流要小，两者之和应该远小于 4mA。

（2）对运放和稳压器的其他要求

首先，运放一定要是负轨至轨输入。其次，此电路对运放带宽没有具体要求，视信号频率范围选择。再次，为保证虚断，运放需要使用低偏置电流型，但由于输出电流为 4mA 以上，多数运放的偏置电流远小于此，特别是 FET 型，在 0.1nA 以下，容易做到。最后，运放失调电压要小。

（3）为什么要使用晶体管

第一，如果没有使用晶体管而直接将运放输出接回，则得到图 5.68 所示电路。

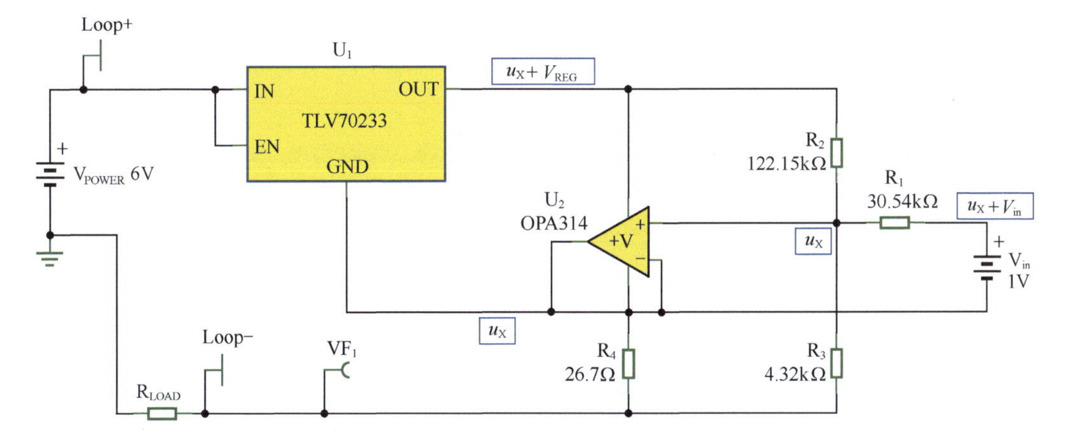

图 5.68　电流变送器缺少晶体管的错误电路

可以看出，此时运放的输出端直接接到负电源上，这是不行的。因为运放输出存在轨至轨电压，不可能达到负电源电压，这种接法显然会使运放失效。因此，由一个晶体管组成的跟随器，将运放输出端和负电源隔开，使运放输出端比负电源高出 0.7V 左右，这对于大多数运放来说是可以实现的轨至轨电压。加上电路中还有一个小电阻 20Ω，也是可以增大压差的。

第二，如果不用晶体管，那么输出电流的大部分将由运放输出端提供，在 20mA 输出时，运放提供此电流就有些吃力。而使用晶体管后，运放只需要提供基极电流即可，这样输出压力会小很多。

5.5 电阻一二三

电阻是我们的老朋友了，但我们却并不深入了解它。全面了解它，其实是很费劲的。可是随着内容的深入，我们不得不重视电阻。本节对其进行简略介绍，以满足常见需求。因本节内容仅为电阻的冰山一角，故名电阻一二三。

◎电阻的大小选择

多数运放电路的功能只受外部电阻比值的影响，而与电阻值本身无关。比如一个增益为 -10 倍的反相比例器，两个电阻取 1kΩ/100Ω 或 100kΩ/10kΩ，其分析结果是一致的。但是，到底选择多大的电阻合适呢？

电阻的阻值选择，有一些不能太小的限制，也有更多不能太大的限制。知道这些限制，并满足这些限制条件就可以了。因此，电阻值的选择实际是一个区间。你知道的限制条件越多，说明你的水平越高，自然地，这个区间也就越小。

在每一个电路中，都考虑全部限制是不现实的。因此本书只能告诉大家这些限制的原因，具体操作还需根据实际情况做出良好的选择。

在运放电路中，有多个电阻需要选择。对每个电阻都做限制因素考虑，将吓跑很多读者，也使我们的电路设计变得特别枯燥和无趣。因此，我们建议，找到理论计算中的最大电阻，暂标注为 R_{max}，对其进行如下的限制选择就可以了。

电阻不能太小的原因一

有一个重要因素，限制电阻值不能太小，因为电阻太小，电流会太大，这会引起电阻自身发热，或者运放输出电流超限。

任何一个运放的输出电流都是有限的。电路中的最大电阻越小，会导致运放的输出电流越大。因此，查找运放的数据手册，得到其最大输出电流 I_{O_M}，然后分析电路，得出其瞬时最大输出电压 U_{O_M}，则有：

$$R_{min}=\frac{U_{O\_M}}{I_{O\_M}} \tag{5-124}$$

考虑到还有其他电阻串联作用，这样选择会给运放输出电流留下一定的裕量。

电阻不能太大的原因一

运放外部电阻过大，运放偏置电流就会在电阻上产生压降。保险起见，如果这个压降超过了运放的输入失调电压，设计者就不会容忍。客观存在的失调电压、偏置电流是设计者无法彻底解决的，这属于“天灾”。而选择电阻失当导致新的误差，就属于“人祸”了。

$$R_{max}<\frac{V_{OS}}{I_B} \tag{5-125}$$

其中，V_{OS} 为运放的输入失调电压，取典型值或最小值。I_B 为运放的输入偏置电流，取最大值。

电阻不能太大的原因二

电阻自身供电时会产生热噪声，在常温下阻值为 R 的电阻，其热噪声电压密度（单位为$\mathrm{nV}/\sqrt{\mathrm{Hz}}$）约为：

$$D_{U\_R}=0.128\sqrt{\frac{R}{1\Omega}} \tag{5-126}$$

若电阻的噪声电压密度高于运放的白噪声电压密度 K，说明电阻太大。因此有如下限制：

$$R_{max}<1\Omega\times\frac{K^2}{0.0164\times10^{-18}\text{V}/\text{Hz}^2} \tag{5-127}$$

以 $K=10\text{nV}/\sqrt{\text{Hz}}$为例，解得电阻应小于 6098Ω。

电阻不能太大的原因三

在高频电路中，不能忽视 0.1 ～ 10pF 的杂散电容存在，杂散电容存在于运放的输入端、晶体管的管脚、模拟开关的输入和输出。它们平时不显山露水，而一旦存在大电阻，就会激活它们起作用。

在一个反馈放大器电路中，如果反馈电阻与运放的负输入端连接，而负输入端具有 0.1pF 的输入杂散电容，就会在此产生一个阻容低通，其特征频率 f_0 为 $1/(2\pi RC)$，电阻为 10kΩ 时，f_0=159.24MHz，这已经进入了某些宽带放大器的有效带宽范围，如果形成环路则会引发一个额外的 −90° ～ 0° 相移，对稳定性造成非常可怕的影响。但是如果电阻为 500Ω，则 f_0=3185MHz，此时很多放大器已经没有开环增益。

因此，在高频电路中使用电阻时，如果要选择大阻值，就必须考虑由此带来的 $1/(2\pi RC)$ 下降，可能影响稳定性，也需要考虑由此带来的带宽受限。

◎阻容乘积不变，如何选择电阻、电容

我们经常遇到用电阻和电容实现一个高通电路或低通电路。假设前级输出（即本电路输入）包含直流分量 U_{BIAS}，频率为 f_{in}（假设为 100 ～ 1000Hz）的信号 u_{sig}，希望输出电压 u_{OUT} 的直流偏移量为 0V，且信号不损失，输出电阻为 0Ω。最为常见的设计（高通隔直电路）如图 5.69 所示。

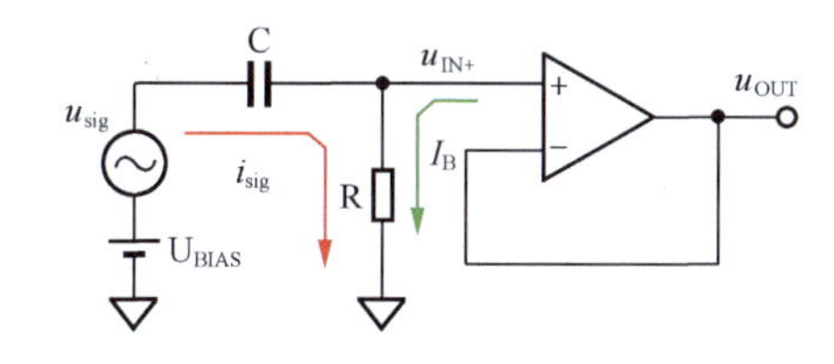

图 5.69　高通隔直电路

设计方法一般为，确定高通电路的截止频率 f_L，这取决于设计要求对原信号的保证程度。一般来说，下限截止频率小于信号最小频率的 1/10 ～ 1/100 即可接受。本例选择截止频率 f_L<1Hz。只要保证电路中：

$$f_L=\frac{1}{2\pi RC}\leqslant 1\text{Hz} \tag{5-128}$$

即只要 RC 大于 0.159s 即可，问题来了，该怎么选择 R、C 呢？很多人这时候就开始瞎选了：先选电容吧，比如 1μF，按照上述要求，算出电阻必须大于 159kΩ，就选 200kΩ；也有人选择电容为 100μF，电阻选择 2kΩ。你会发现，在不同的设计电路中，各式各样的组合五花八门，好像这里面怎么选都行。其实这里面有道理可讲。

就说这个电路，有两个主要事项：电阻、电容选择的依据。

第一，对于前级来说，不同的阻容搭配会直接影响信号源电流 i_{sig} 的大小。前级电路输出，对此会有明显不同的感受。换句话说，不同的阻容搭配，虽然时间常数相同，其输入阻抗是完全不同的。

$$|i_{sig}|=\left|\frac{u_{sig}}{R+\frac{1}{j\omega C}}\right|=\frac{u_{sig}}{\sqrt{R^2+\frac{1}{\omega^2C^2}}} \tag{5-129}$$

当电阻较小时，输入阻抗下降，导致信号源电流 i_{sig} 增加。

第二，对于后级来说，电阻较大时，运放的偏置电流会在电阻上产生更大的压降，这将以输入失调电压的形式反映到输出端。

由此，为了让后级运放偏置电流在电阻上不要产生过大的压降，我们需要选择较小的电阻，但这又会引起电容量增加、输入阻抗下降，这就是矛盾。我们需要在矛盾中取舍。

当然，还有一个重要因素决定我们的选择：铝电解、钽电解、陶瓷等不同种类的电容器具有不同的容值区间，且其性能（漏电阻、串联等效电阻、耐压值、电压系数）差异很大。比如，选择电容值为 100μF，我们就不得不采用铝电解电容器，但它的性能不一定能满足我们的要求。

供电电压为 ±5V。输入信号来自普通信号源，内含 50Ω 输出电阻。信号为 100Hz ~ 10kHz 的正弦波。要求电路输入电阻为 50Ω，电路输入的峰值幅度为 5V。要求对输入信号进行积分，当输入最低频率时，输出信号峰值幅度为 2V，直流偏移量尽量小。

解：本例的关键是一个积分器。积分器应用分为两类：第一类是闭环应用，积分器作为一个部件，属于反馈环路的一部分，比如图 5.22 中的积分器，还有三角波方波发生器中的积分器；第二类是开环应用，积分器位于串联的信号链中，没有更大的闭环反馈。此例就属于第二类。

对于第二类积分器应用，积分器的积分电容必须并联大电阻，如图 5.70 所示。原因很简单：理想积分器的反馈是一个电容，它对直流量呈现无穷大阻抗，即理想积分器对直流电压输入具有无穷大的增益（对于实际运放来说不会无穷大，而是开环增益倍）。这样，即便输入端接地，运放的输入失调电压也会被运放开环增益放大，往往会使输出电压超过电源电压，导致输出“憋死”。而一旦接入电阻 R_2，则直流电压增益就变为 $-R_2/R_1$，只要控制两者之比不要太大，就可以有效控制输出的静态电压不超过电源电压。

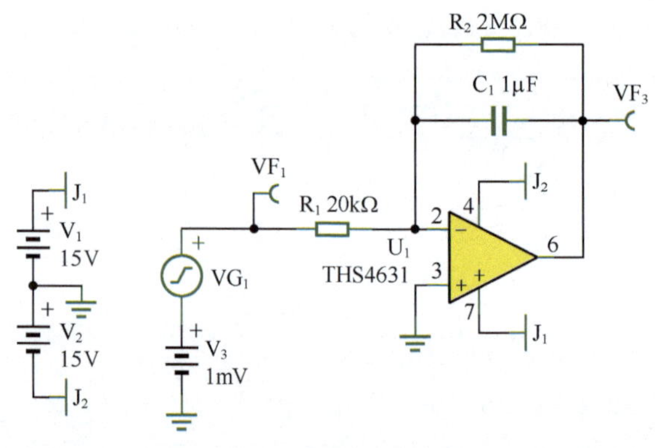

图 5.70　实用积分器电路

而这样一接，电路就比较诡异了。从结构来看，它就变成了一个含低通滤波的反相比例器。这不奇怪，一看图 5.71 所示的实用积分器频率特性，就明白了。

图 5.71 中，粗棕色线是实用积分器的频率特性，重点看上面的增益曲线：浅蓝色线是理想积分器的，红色线是反相比例器的。可以看出，在很低频率处，实用积分器的表现更接近一个反相比例器，而在 10Hz 以上，实用积分器和理想积分器几乎没有差异——无论相移还是增益。其实，实用积分器就是一个反相比例器和一个理想积分器的综合体。

实用积分器的理论分析结论

实用积分器的频率特性是：

$$\dot{A}=-\frac{R_2//\dfrac{1}{\mathrm{j}\omega C_1}}{R_1}=-\frac{\dfrac{R_2\times\dfrac{1}{\mathrm{j}\omega C_1}}{R_2+\dfrac{1}{\mathrm{j}\omega C_1}}}{R_1}=-\frac{\dfrac{R_2}{\mathrm{j}\omega C_1R_2+1}}{R_1}=-\frac{R_2}{R_1}\times\frac{1}{\mathrm{j}\omega C_1R_2+1} \tag{5-130}$$

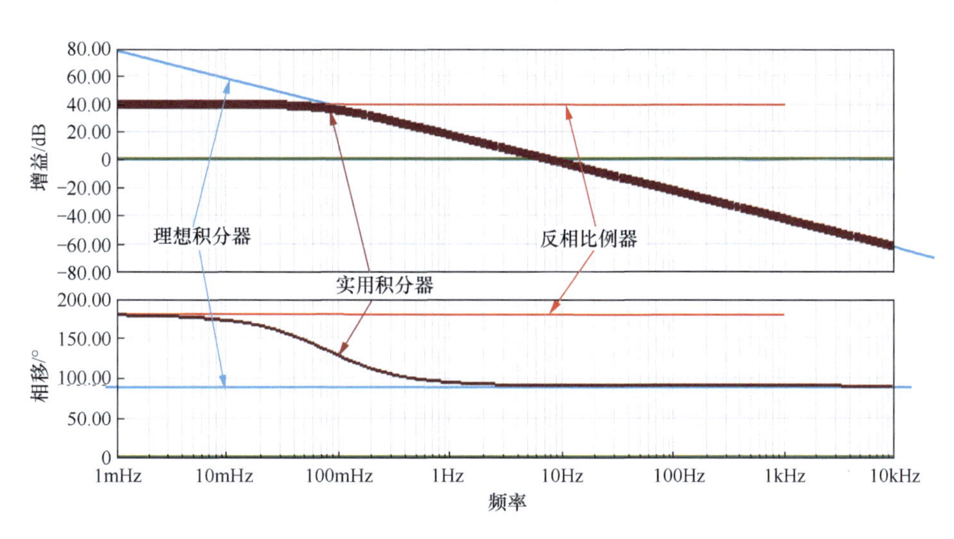

图 5.71　实用积分器电路频率特性

这显然是一个含有增益的标准低通滤波器。乘号前是增益，后面是标准低通。换句话说，实用积分器从理论分析来看，就是一个含有增益的低通滤波器，这无可争议。

当 ω 很小时，分母第一项远小于 1，则式（5-130）演变成：

$$\dot{A}_{\omega极小}=-\frac{R_2}{R_1}\times\frac{1}{\mathrm{j}\omega C_1R_2+1}=-\frac{R_2}{R_1}\times\frac{1}{1+\mathrm{j}\dfrac{\omega}{\omega_{\mathrm{H}}}}\approx-\frac{R_2}{R_1} \tag{5-131}$$

其中，

$$\omega_{\mathrm{H}}=\frac{1}{C_1R_2},\ f_{\mathrm{H}}=\frac{1}{2\pi C_1R_2}=0.0796\mathrm{Hz}$$

而 ω 很小，意味着 ω 远远小于 ω_{H}。对于本例，频率远远小于 79.6mHz 时，电路表现为一个反相比例器。

式（5-130）也可以写成另外一种形式：

$$\dot{A}=-\frac{R_2/\!/\dfrac{1}{\mathrm{j}\omega C_1}}{R_1}=-\frac{\dfrac{R_2\times\dfrac{1}{\mathrm{j}\omega C_1}}{R_2+\dfrac{1}{\mathrm{j}\omega C_1}}}{R_1}=-\frac{\dfrac{R_2}{\mathrm{j}\omega C_1R_2+1}}{R_1}=-\frac{\dfrac{1}{\mathrm{j}\omega C_1+\dfrac{1}{R_2}}}{R_1}=-\frac{\dfrac{1}{\mathrm{j}\omega C_1\left(1+\dfrac{1}{\mathrm{j}\omega C_1R_2}\right)}}{R_1}= \tag{5-132}$$

$$-\frac{1}{\mathrm{j}\omega C_1R_1}\times\frac{1}{1+\dfrac{1}{\mathrm{j}\omega C_1R_2}}=-\frac{1}{\mathrm{j}\omega C_1R_1}\times\frac{1}{1-\mathrm{j}\dfrac{\omega_{\mathrm{L}}}{\omega}}=\mathrm{j}\frac{\omega_0}{\omega}\times\frac{1}{1-\mathrm{j}\dfrac{\omega_{\mathrm{L}}}{\omega}}$$

最后一个乘号前一项是一个标准积分器表达式，后一项是一个标准高通滤波器表达式。很显然，式（5-132）中出现了两个关键频率。

（1）积分器的特征频率 f_0，该频率处，积分器增益的模为 1。

$$\omega_0=\frac{1}{C_1R_1},\ f_0=\frac{1}{2\pi C_1R_1}=7.96\mathrm{Hz}$$

积分器的幅频特性曲线是一根随频率增大而下降的斜线，该直线与增益 =0dB 相交的频率点，就是积分器的特征频率点 f_0。C_1R_1 决定了这根线在何处与增益 =0dB 相交。

（2）高通滤波器的下限截止频率（也是特征频率）f_{L}：

$$\omega_L=\frac{1}{C_1R_2},\ f_L=\frac{1}{2\pi C_1R_2}=0.0796\text{Hz}$$

此频率以下，实用积分器就变得不是积分器了。换句话说，频率f远大于f_L时，实用积分器就是一个标准积分器。

若$f\gg f_L$=79.6mHz，则式（5-132）演变成：

$$\dot{A}_{\omega极大}=-\frac{1}{j\omega C_1R_1}\times\frac{1}{1-j\frac{\omega_L}{\omega}}\approx-\frac{1}{j\omega C_1R_1} \tag{5-133}$$

这就是一个标准积分器。

因此，针对实用积分器的3个元件，得出如下结论。

（1）决定积分器时间常数的是R_1C_1，由此积分器特征频率为f_0。

（2）实用积分器有一个频率下限f_L，只有频率f远大于f_L，实用积分器才是一个积分器。

（3）R_2/R_1直接决定了直流放大倍数，也就决定了实用积分器输出直流偏移量大小。前级信号输出失调电压、本级运放的输入失调电压、本级运放输入偏置电流在电阻上的压降等，都会被这个增益放大。因此实用积分器输出存在直流偏移量是客观事实。

（4）为保证实用积分器良好工作，第一，输入信号应具有足够小的失调电压。第二，运放应选择输入失调电压和输入偏置电流均较小的。第三，外部电阻应尽量小。第四，运放带宽需保证积分器最高输入频率处仍具有100～1000倍的开环增益。最后，如果出现设计矛盾，可以考虑给积分器增加高通环节。

本举例的结构设计

本举例的电路结构如图5.72所示。R_4为满足要求的输入电阻。

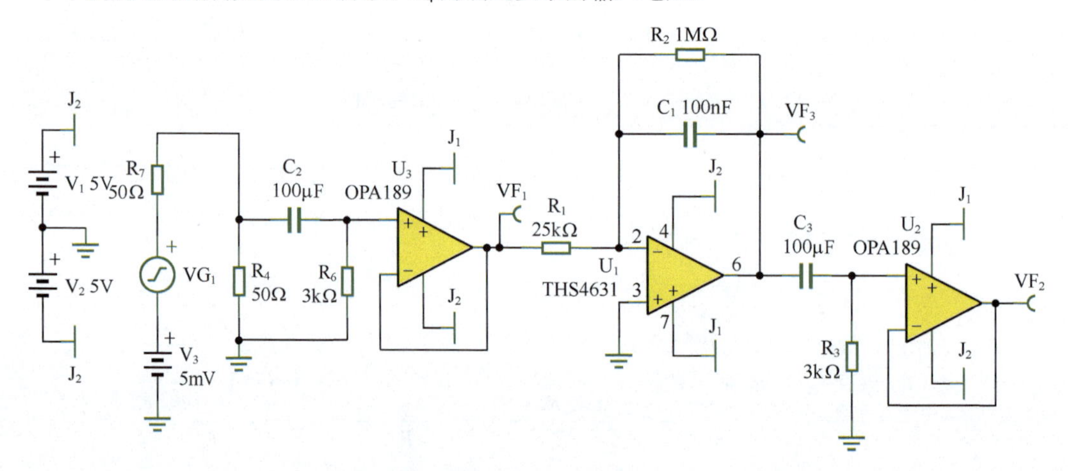

图5.72　本举例的电路结构

本例中，使用普通信号源作为积分输入，它存在1mV左右的输出失调电压，这不利于积分器设计。因此，需要在信号源和积分器之间增加隔直的高通单元。高通阻容电路不能直接和积分器相连，中间需要用跟随器完成阻抗匹配。

积分器输出必然存在直流偏移量，为保证输出信号足够小的直流偏移，积分器输出还需要一个高通隔直电路。

本举例的积分器设计

1）初步设计

设计要求VF_1为峰-峰值5V，在100Hz时输出VF_3为峰-峰值2V。写出积分器输出表达式为：

$$|VF_3|=\frac{1}{\omega C_1R_1}|VF_1|=\frac{1}{2\pi fC_1R_1}|VF_1| \tag{5-134}$$

$$C_1R_1=\frac{|VF_1|}{2\pi f|VF_3|} \tag{5-135}$$

$$f_0=\frac{1}{2\pi C_1R_1}=\frac{1}{2\pi\frac{|VF_1|}{2\pi f|VF_3|}}=f\times\left|\dot{A}_f\right|=40\text{Hz}$$

若选择电容 C_1 为 1μF，则可算出 R_1=3979Ω。这就决定了积分器的特征频率。

为保证 100Hz 信号积分不受影响，取 f_L 小于 0.1Hz,，则有：

$$R_2>\frac{1}{2\pi C_1f_L}=1592\text{k}\Omega$$

选择运放时，需要考虑运放的带宽、输入失调电压、输入偏置电流。首先是带宽，根据设计要求，最高输入频率为 10kHz，则 GBW 应为 1 ～ 10MHz（取决于对精度的要求）。其次是失调电压，按照设计要求，尽量选择小的，估计在 100μV 以下。同时，以 3.98kΩ 将输入偏置电流换算成失调电压，也应小于 100μV，即偏置电流应小于 25nA，此要求显然非常容易达到。

以 TI 公司运放为例，选择 OPA734 或 OPA189。电路如图 5.73 所示。

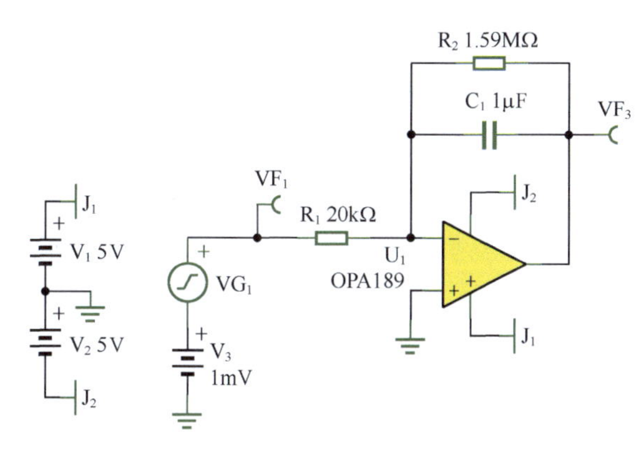

图 5.73 本举例的积分器设计电路

2）更换新的阻容搭配——减小电容值

对于积分器来说，5V 正弦波 100Hz 输入，2V 输出，就已经确定了特征频率 f_0=40Hz，即 C_1R_1=3.98×10^{-3}s，在此情况下，如何选择阻容搭配呢？

前面已经先确定了电容为 1μF，可否将其变为 10nF 或 100μF？试试看。

假设电容选择为 10nF，则算出电阻 R_1=398kΩ。为保证 100Hz 信号积分不受影响，取 f_H 小于 0.1Hz，则有：

$$R_2>\frac{1}{2\pi C_1f_H}=159.2\text{M}\Omega$$

对于积分器来说，偏置电流和外部电阻形成的等效输入失调电压，不应大于运放的输入失调电压 V_{OS}。而偏置电流和外部电阻形成的等效输入失调电压，表达式为：

$$U_{OS\_IN\_IB}=I_B\times(R_G R_F)=I_B\times(R_1R_2)\approx I_B\times R_1=I_B\times 398\text{k}\Omega$$

查阅 OPA189 数据手册可知，其常温下偏置电流最大值为 I_B=300pA，则 $U_{OS\_IN\_IB}$=119μV，而它的 V_{OS}=2.5μV，显然不符合要求。反算也可得：

$$R_1\leqslant\frac{V_{OS}}{I_B}=8333\Omega$$

因此，将电容减少至 10nF，导致 R_1 变为 398kΩ 是不合适的，这会造成“运放偏置电流在电阻上形成的等效输入失调电压太大”。

3）更换新的阻容搭配——增大电容值

反过来，将电容增大至 100μF，算出电阻 R_1=39.8Ω。为保证 100Hz 信号积分不受影响，取 f_H 小于 0.1Hz，则有：

$$R_2 > \frac{1}{2\pi C_1 f_H} = 15.92\text{k}\Omega$$

此时，偏置电流造成的影响更小了，但新问题又出现了，电阻 R_1 阻值过小，会导致前级运放的输出电流过大。假设前级也是 OPA189，数据手册给出的短路电流为 65mA，这是极限值，不可利用。我们看它的带载情况：空载时轨至轨电压为 15mV，非常好。而在 2kΩ 负载（即输出电流为 15V/2kΩ=7.5mA）时，其输出轨至轨电压已经有 500mV，很不好。这说明，OPA189“舒服”工作的输出电流不能超过 7.5mA。

本举例中，前级应输出 2.5V 峰值电压给积分器，此时流过 R_1 的电流（就是前级运放的输出电流）为 2.5V/R_1，不应超过前级运放“舒服”的输出电流上限。

$$i_{R1} = \frac{u_{IN\_MAX}}{R_1} = \frac{2.5\text{V}}{R_1} \leqslant I_{OUT\_MAX} = 7.5\text{mA}$$

可得：R_1>333Ω。

从以上分析可知，选择电容后计算出的 R_1 应该为 0.333 ～ 8.333kΩ，本举例初步设计中的 3.98kΩ 恰好在该范围内。

本举例的高通滤波器设计

1）初步设计

设计要求隔除信号源存在的直流输出失调电压，又不要伤害输入信号。对于本举例来说，输入信号频率范围是 100Hz ～ 10kHz，最容易受到影响的是最小频率，即 f_{min}=100Hz。选择高通截止频率 f_L 远小于 f_{min}，并设：

$$K = \frac{f_L}{f_{min}} \tag{5-136}$$

写出高通滤波器幅度表达式为：

$$\left|\dot{A}_{HP}\right| = \frac{1}{\sqrt{1+\left(\frac{f_L}{f_{min}}\right)^2}} = \frac{1}{\sqrt{1+K^2}} \tag{5-137}$$

当 K 很小时，按照一阶泰勒展开有：

$$\left|\dot{A}_{HP}\right| = \frac{1}{\sqrt{1+K^2}} = \left(1+K^2\right)^{-0.5} \approx 1-0.5K^2 \tag{5-138}$$

则在输入 f_{min} 时，输出与 1 的相对误差为：

$$\delta = \frac{\left|\dot{A}_{HP}\right|-1}{1} = \left|\dot{A}_{HP}\right|-1 = \frac{1}{\sqrt{1+K^2}}-1 \approx \left(1-0.5K^2\right)-1 = -0.5K^2 \tag{5-139}$$

即，高通截止频率 f_L 与输入最低频率 f_{min} 的比值是 K（K 小于 1），则高通滤波器在 f_{min} 处，增益和 1 的相对误差为 $-0.5K^2$，此结论在 K 越小时越准确，一般小于 0.2 时就非常准。这个结论没别的作用，只是适合于口算。

如果要保证相对误差不超过 0.1%，即 δ<0.001，可得 $0.5K^2 < 0.001$。

解得 K<0.0447。根据 f_{min}=100Hz，可得 $f_L = Kf_{min} < 4.47\text{Hz}$。

这样分析，高通滤波器的下限截止频率只要小于 4.47Hz 即可。此时该选择多少呢？我的建议是，就选这个值或稍小一些的值，比如 2 ～ 4Hz，而不要太贪心，选择 0.1Hz 甚至更小。有人会说，选更小一些，不是更可靠吗？确实是，而且对 f_{min} 的影响也会更小。但是，不要忽视了另外一个重要参数，就是电路的至稳时间。

演示高通至稳时间的电路如图 5.74 所示，其中两个高通滤波器的截止频率不一样。图 5.75 所示是演示高通至稳时间的曲线。输入是 100Hz、0.1V 的正弦波，含 1V 直流量。可以看出，在 1s 结束的时候，两个电路都成功将输入信号中包含的 1V 直流量滤除了，且都能保证正弦波的顺利传递。但是，右边电路的时间常数是 50ms，大约在 250ms（5 倍时间常数）时已经完成了至稳过程，此时输出 VF_2 开始没有直流量。但左边电路时间常数为 200ms，截止频率更低，它的输出 VF_1 直到 1s 时才至稳。

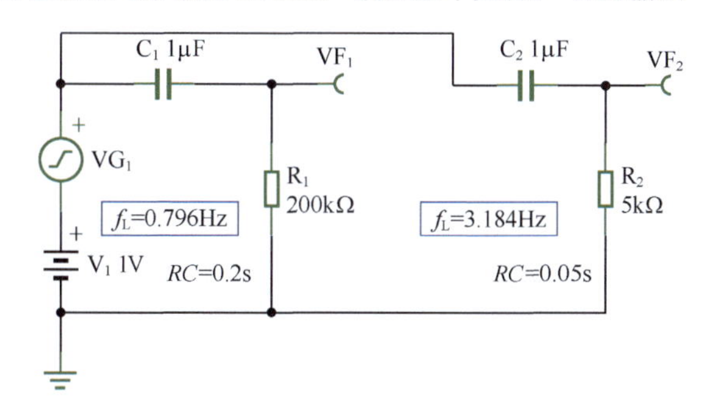

图 5.74 演示高通至稳时间的电路

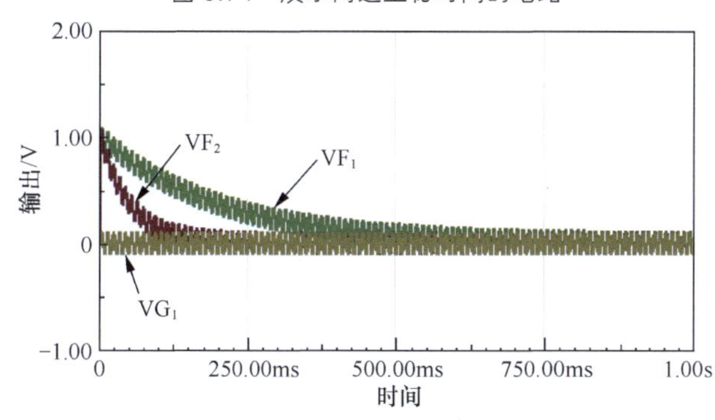

图 5.75 演示高通至稳时间的曲线

高通滤波器输出直流量逐渐变为 0V 的过程，可以表达为：

$$u_{\mathrm{OUT}}(t)=U_{\mathrm{DC\_IN}}\times \mathrm{e}^{-\frac{t}{RC}} \tag{5-140}$$

表 5.1 给出了常见的输出随时间变化的结果。

表 5.1 常见的输出随时间变化的结果

t/RC	1	3	5	8	12	14
$\frac{u_{\mathrm{OUT}}(t)}{U_{\mathrm{DC\_IN}}}$	0.37	0.050	0.0067	0.00034	6.1×10^{-6}	8.3×10^{-7}

即，1 倍时间常数时输出衰减至 37%，3 倍时间常数时衰减至 5%，5 倍时间常数时只残留原值的 6.7%……

如果输入存在 1V 直流量，要想让高通滤波器输出的直流量减小到 1μV 以下，必须等待 14 倍时间常数。假设时间常数为 1s，那么就得等 14。对于电学系统来说，这是一个比较漫长的过程。

因此结论是，在最低频率输入信号受到的影响能够接受的前提下，将高通截止频率尽量提高，以便换来尽量小的至稳时间。因此，本例根据 $f_L=Kf_{\min}<4.47\mathrm{Hz}$，选择 f_L=4Hz，则 RC=39.79ms，具体如何取值，以下详述。

2）完整设计

在确定了高通截止频率后，需要进行完整设计，包括运放的选择、阻容的搭配。

供电合适、可单位增益工作、带宽足够、失调电压低、偏置电流小，是主要选择依据。据此，OPA189 仍是较为合适的选择。画出第一级高通电路如图 5.76 所示（阻容参数为示意，尚未确定）。

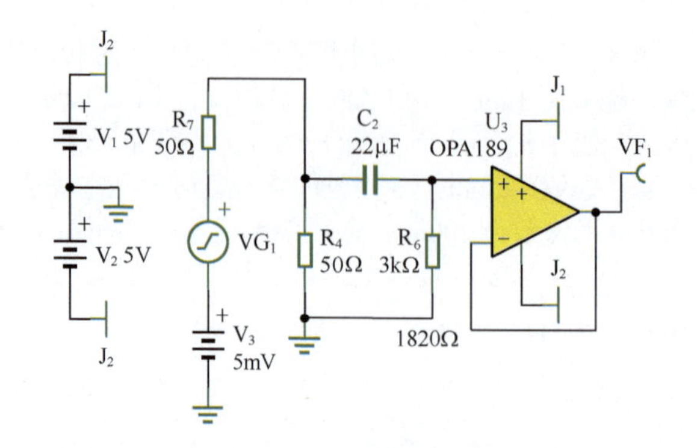

图 5.76　第一级高通电路

（1）根据 OPA189 数据手册，以及本例积分器设计中的分析，高通电阻不能超过 8333Ω。要想让输出失调电压最低，此电阻越小越好。但是当此值小于 8333 的 1/5 时，再小就没有实际意义了。

（2）当 R_6 阻值逐渐减小时，电容 C_2 的值必须同步增大，这问题不大。但是这也造成 R_4 和 R_6 并联的值减小，会影响分压比。为了不影响分压比，R_6 的值越大越好。

（3）电阻 R_6 阻值的减小显然会增大信号源电流，但在与信号源相连时，无须考虑这个问题，因为信号源出厂时都考虑到了——通常 50Ω 负载对于它来说很轻松，即便输出短路，它也能承受。

因此，R_6 的值应该选择在 1.6kΩ 附近。按此计算，电容约为 24.8μF。选择电容为 22μF，则根据时间常数为 39.79ms，反算出电阻 R_6 的值为 1808Ω，按照 E96 系列，选择为 1820Ω。为保证分压比正确，R_4 的值应在 50Ω 基础上略做调整，R_4 和 R_6 并联的值为 50Ω，代入 R_6=1820Ω，反算出 R_4=51.4Ω，取 E96 系列的 51.1Ω 即可。

输出级高通设计方法与此类似，不赘述。因本举例在高通中设置的误差为 0.1%，已经非常苛刻，第二级高通尽管会增加误差，但也不会达到 0.5%——这是 E96 系列电阻的误差。因此，不再对第二级高通进行设计。

当然，如果遇到极为苛刻的，甚至电阻都要测量后安装的要求，则另当别论。

如此，本举例的完整电路如图 5.77 所示。

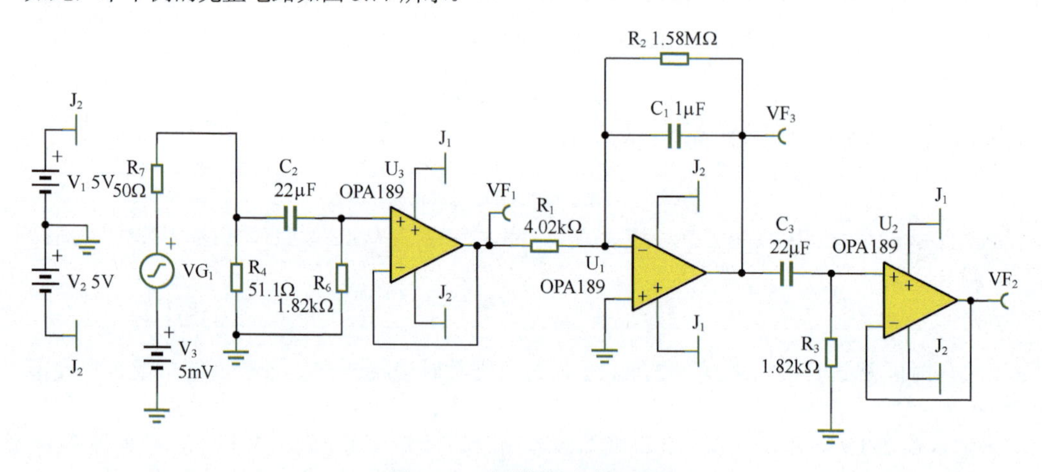

图 5.77　本举例的完整电路

设计总结

针对本举例的设计过程和结论，有如下总结，请读者参考。

结论一：绝大多数设计不存在唯一结果。

结论二：一个参数的选择总存在两个不同方向的制约。世上压根儿就不存在“越大越好”的结论，无论电路设计还是生活。当结论是越大越好的时候，一定有一个不能太大的理由在暗地等着你——除非你没有发现。举例如下。

（1）高通截止频率越低，对信号伤害越小。但你会发现，截止频率越低，至稳时间越长，你要等待好久，系统才能正常工作。

（2）阻容乘积一定时，电阻越大，总阻抗越大，前级越“舒服”，但由此产生的偏置电流造成的失调电压就会越大。

总之，在设计电路时，一旦你发现自己的选择依据仅有一个，只支持一种倾向的话，就要留神了，一定是你忽视了另外一种可能带来的影响。

结论三：没有最优，只有最适合。

◎电阻的 E 系列

计算的电阻值只是理论值。在实际应用中，你很难找到与理论值完全相等的电阻，这就需要找最接近的电阻值。就像你买鞋，或者买 40 码，或者买 41 码，你很难买到 40.3 码的鞋子。选电阻时，你得知道电阻生产厂商到底生产哪些电阻值，这就是 E 系列。

常见的 E 系列分为 E24 系列和 E96 系列。所谓的 E24 系列，是指在 1 ～ 10Ω 之间，生产厂商会给出 24 种电阻值，每种之间按照等比例递增。其他大小的电阻，参照此系列电阻，乘以相应的 0.1、10、100 等即可。其计算来源是：$x^{24}=10$，解得 $x=1.10069$。

那么，第 1 个电阻为 1Ω，则第 2 个电阻为 $x\approx 1.1\Omega$，第 3 个电阻为 $x^2\approx 1.2\Omega$…第 24 个电阻为 $x^{23}\approx 9.1\Omega$。所有阻值按照 2 位有效数字标注。

E96 系列，是指在 1 ～ 10Ω 之间，生产厂商会给出 96 种电阻值，每种之间按照等比例递增。其计算来源是：$x^{96}=10$，解得：$x=1.02428$。

那么，第 1 个电阻为 1Ω，则第 2 个电阻为 $x\approx 1.02\Omega$，第 3 个电阻为 $x^2\approx 1.05\Omega$…第 96 个电阻为 $x^{95}\approx 9.76\Omega$。所有阻值按照 3 位有效数字标注。

表 5.2 为 E24 系列和 E96 系列标称电阻值。最下一行是 E96 系列电阻序号，即该列中最后一个电阻在整个电阻中的排序，这个序号对于另外一种标注方法很有用。

表 5.2　E24 系列和 E96 系列标称电阻值

	1	2	3	4	5	6	7	8	9	10	11	12	13	14	15	16	17	18	19	20	21	22	23	24
E3	1								2.2								4.7							
E6	1				1.5				2.2				3.3				4.7				6.8			
E24	1.0	1.1	1.2	1.3	1.5	1.6	1.8	2.0	2.2	2.4	2.7	3.0	3.3	3.6	3.9	4.3	4.7	5.1	5.6	6.2	6.8	7.5	8.2	9.1
E96	1.00	1.10	1.21	1.30	1.50	1.62	1.82	2.00	2.21	2.43	2.74	3.01	3.32	3.65	3.92	4.32	4.75	5.11	5.62	6.34	6.81	7.50	8.25	9.31
	1.02	1.13	1.24	1.33	1.54	1.65	1.87	2.05	2.26	2.49	2.80	3.09	3.40	3.74	4.02	4.42	4.87	5.23	5.76	6.49	6.98	7.68	8.45	9.53
	1.05	1.15	1.27	1.37	1.58	1.69	1.91	2.10	2.32	2.55	2.87	3.16	3.48	3.83	4.12	4.53	4.99	5.36	5.90	6.65	7.15	7.87	8.66	9.76
	1.07	1.18		1.40		1.74	1.96	2.15	2.37	2.61	2.94	3.24	3.57		4.22	4.64		5.49	6.04		7.32	8.06	8.87	
				1.43		1.78				2.67									6.19				9.09	
				1.47																				
	4	8	11	17	20	25	29	33	37	42	46	50	54	57	61	65	68	72	77	80	84	88	93	96

◎电阻的阻值读取

E24 系列

E24 系列用 3 个数字（含字母）表示电阻大小，可以在很小的电阻体上印刷清晰。

大于或等于 10Ω 的电阻，前两位数字是电阻有效位数，后一位数字是幂次。比如：100 代表 10Ω 后面补 0 个 0，即 10Ω。123 代表 12Ω 后面补 3 个 0，即 12000=12kΩ。理论上最大可以表示为 919，代表 91Ω 后面补 9 个 0，即 91GΩ，这太大了。

小于 10Ω 的电阻就需要小数点介入，用字母 R 表示小数点位置。比如：1R0 代表 1.0Ω，4R7 代表 4.7Ω，R10 代表 0.10Ω，R33 代表 0.33Ω。更小的电阻比如 0.01Ω，用 R01 表示。我没有见过 0.011Ω 电阻，也不知道它怎么标注。

E24 系列也有用 4 位表示的，用 R 代表小数点，k 表示 1000，M 表示 10^6，但这需要特殊说明。另外，超小电阻一般用于电流检测，它们不受 E24 约束，多数直接写明电阻值。

E96 系列

E96 系列一般用 4 个数字（含字母）表示电阻大小。

大于 100Ω 的电阻，前 3 位数字是电阻有效位数，后一位数字是幂次。比如：1000 代表 100Ω 后面补 0 个 0，即 100Ω。4990 代表 499Ω 后面补 0 个 0，即 499Ω。5114 代表 511Ω 后面补 4 个 0，即 5110000Ω=5.11MΩ。理论上最大可以表示为 9769，代表 976Ω 后面 9 个 0，即 976GΩ，这实在太大了。

小于 100Ω 的电阻就需要小数点介入，用字母 R 表示小数点位置。比如：97R6 代表 97.6Ω，10R0 代表 10.0Ω，9R76 代表 9.76Ω，1R00 代表 1.00Ω，R976 代表 0.976Ω，R100 或 00R1 代表 0.100Ω。

E96 系列的另一种标注方法

E96 系列还有另外一种标注方法，用两个数字和一个字母。前两位数字表示电阻在整个表格中的序号，根据序号查找出 3 位电阻值（100 ～ 976Ω）。因为只有 96 个电阻，两位数字就够了。最后一个字母表示该阻值乘以的幂次，如表 5.3 所示。

表 5.3　E96 系列标注

字母	A	B	C	D	E	F	G	H	X	Y	Z
含义	10^0	10^1	10^2	10^3	10^4	10^5	10^6	10^7	10^{-1}	10^{-2}	10^{-3}

比如 01D，找到第 1 个阻值，为 1.00，取无小数值为 100Ω，D 代表乘以 1000，因此阻值为 100kΩ。43A，找到第 43 个阻值，为 2.74，取无小数值为 274Ω。A 代表乘以 1，因此阻值为 274Ω。96Y，找到第 96 个阻值，为 976Ω，Y 代表乘以 10^{-2}，则电阻值为 9.76Ω。

这种标注方法表示的最小值为 100mΩ，最大值为 9760MΩ。

6 ADC 驱动电路

模数转换器将模拟量转变成数字量，是电学测量、控制领域一个极为重要的部件。

一个模拟电压信号在进入 ADC 的输入端之前，一般需要增加一级驱动电路。但是也有一些 ADC 具有“设计极为贴心”的输入端，就无须在前级增加驱动电路了。因此给 ADC 输入端增加驱动电路是必须的，除非你确保驱动电路是不必要的。

6.1 为什么要给 ADC 前端增加驱动电路

以下 5 点是给 ADC 增加驱动电路的理由。一般来说，只要有一条是必要的，就必须使用 ADC 驱动电路。

◎输入范围调整

任何一个 ADC 都有输入电压范围，如果实际输入电压超出此范围，将引起 ADC 失效。而被转换的信号，并不能保证在此范围内，这就需要 ADC 驱动电路将其调整到合适的范围之内。

输入范围调整包括对信号的增益改变和直流电平移位两个功能。

$$y=kx+b \tag{6-1}$$

其中，x为原始输入信号（就是没有增加驱动电路的输入信号），它的变化范围不一定是ADC期望的：或者超出了范围；或者太小，让ADC使不出全部力量。y为驱动电路产生的输出信号。而k和b，则是驱动电路实现的功能，对原始信号实施k倍放大，然后移位b。

例如，原始输入信号骑在 0V 上，峰值幅度为 0.1V，而 ADC 的输入电压范围是 0 ～ 5V。则原始输入信号最大值为 0.1V，最小值为 −0.1V，需要驱动电路实施如下功能：放大 5V/200mV=25 倍，移位 2.5V，即：

$$y=25x+2.5 \tag{6-2}$$

此时，驱动电路输出的最大值为 5V，最小值为 0V，信号既不超限，又能最大限度发挥 ADC 的作用。当然，为了更加保险，一般会留有一些裕量，可以将 25 倍改为 20 倍，则最大值变为 4.5V，最小值为 0.5V，ADC 会感觉舒服，并且足够安全。

在双电源供电情况下，前级信号输出一般会骑在 0V 上，这导致信号 x 有正有负。而绝大多数 ADC 不能接受负输入信号，即使可以，一般价格也比较高。此时，驱动电路就充满了存在价值。

对原始输入信号实施 $y = kx + b$ 的驱动，一般可以采用电阻阵列、运算放大器，或者全差分放大器实现。下面会介绍很多这样的电路。

◎输入类型转换

原始输入信号的输出类型有两种：单端型、差分型。而 ADC 的输入类型有 3 种：单端型、全差分型和伪差分型。如果两者不一致，会影响 ADC 性能发挥。这就需要类型转换电路，将信号类型转换成与 ADC 一致的类型。

一个电压信号，如果用两根线传输，且两线电位都有变化（一般为相反变化），则此信号为差分信号；一个电压信号，如果用一根线传输，且默认地线为参考点，则此信号为单端信号。

ADC 的输入端类型则稍复杂一些。

（1）单端型：它只有一个输入端 A_{IN}，实际输入信号为此输入端电压 u_{IN}。

（2）全差分型：它有两个完全对称的输入端 A_{IN+}、A_{IN-}，对应的电压为 u_{IN+}、u_{IN-}，实际输入电压为 $u_{IN+} - u_{IN-}$。

全差分型 ADC 又分为任意全差分型和强制全差分型两类。所谓的强制全差分型，是指 ADC 具有两个完全对称的输入端，但同时对输入信号有明确的要求——当正端增大时，负端必须等值减小，以保证两个输入端电压在任何时候的平均值始终等于恒定的共模电压值。而任意全差分型没有这个强制规定，两个输入端信号在规定范围内可以任意变化。如何理解强制型全差分和任意型全差分，详见本节附录。

（3）伪差分型：它有两个不对称的输入端 A_{IN+}、A_{IN-}，对应的电压为 u_{IN+}、u_{IN-}，实际输入电压为 $u_{IN+} - u_{IN-}$。关键是 A_{IN+} 端允许输入信号满幅度变化，而 A_{IN-} 端只允许小幅度变化。

本节重点阐述单端型和全差分型 ADC，暂不涉及伪差分型 ADC。

图 6.1 所示是常见的两种输入类型转换电路。左边电路将差分信号转换成单端信号，适用于单端型 ADC，右边电路将单端信号转换成差分信号，适用于后面的全差分型 ADC。

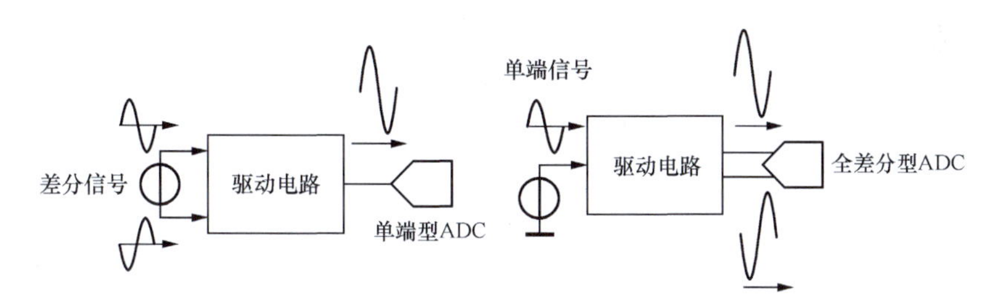

图 6.1　常见的两种输入类型转换电路

有两点需要注意：第一，左边电路可以用另外一种方法实现，即将差分信号的一个端子直接接入单端型 ADC；第二，可以发现，两个电路的输入都是骑在 0V 上的信号，而输出都变成了大于 0V 的信号（骑在某个正电压上），以适应多数只能接受正电压输入的 ADC。

◎低阻输出，以减小测量误差

有些原始信号具有一定阻值的输出电阻。将这样的信号直接接入 ADC，会带来测量误差。误差的根源是：多数 ADC 内部有采样电容，以实现采样保持功能。这种 ADC 的内部结构分别如图 6.2 和图 6.3 所示。它由两组开关、一个采样电容 C_{SAM}，以及后续没有画出的转换电路组成。ADC 整个工作分为两个阶段，以下以一个直流电压输入源 U_I 为例。

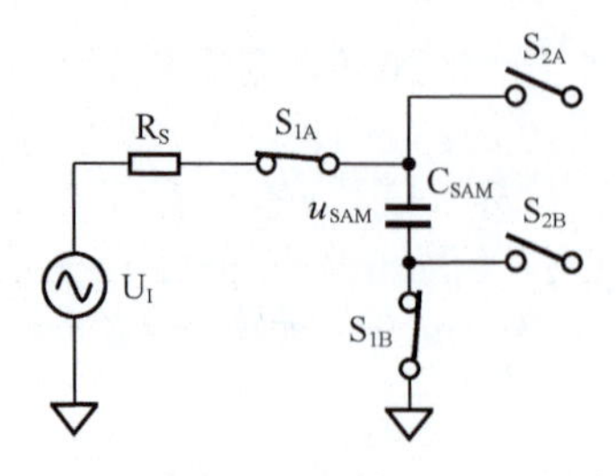

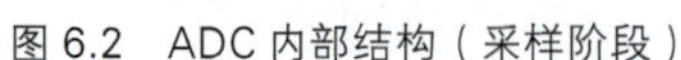
图 6.2　ADC 内部结构（采样阶段）

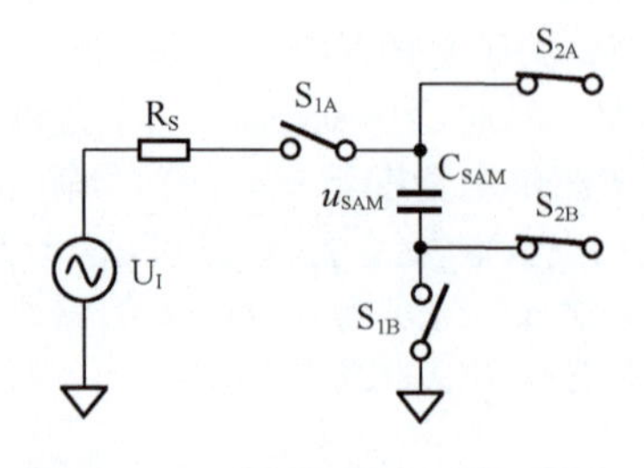

图 6.3　ADC 内部结构（转换阶段）

（1）采样阶段：开关 S_{1A}、S_{1B} 闭合，开关 S_{2A}、S_{2B} 断开，输入信号通过电阻 R_S 给电容充电，以完成对输入信号的采样。此时电容电压用 $u_{SAM}(t)$ 表示，它将越来越逼近 U_I。采样阶段持续时间为 T_{SAM}。

（2）转换阶段：采样阶段结束后立即进入转换阶段。此时开关 S_{1A}、S_{1B} 断开，开关 S_{2A}、S_{2B} 闭合，电容上保持 T_{SAM} 时间内充电的结果，用 U_{SAM} 表示，有：

$$U_{SAM}=u_{SAM}\left(t=T_{SAM}\right) \tag{6-3}$$

后续的转换电路，将对 U_{SAM} 实施模数转换。因此，U_{SAM} 是否足够接近 U_I，就成了转换成败的关键。

通过图 6.2 可知，U_{SAM} 是否足够接近 U_I，取决于采样时间 T_{SAM}，以及电阻电容的大小：当 T_{SAM} 远大于阻容时间常数时，误差会非常小。具体分析为：

$$u_{SAM}\left(t=T_{SAM}\right)=U_{SAM}=U_I\left(1-e^{-\frac{t}{\tau}}\right)=U_I\left(1-e^{-\frac{T_{SAM}}{R_S C_{SAM}}}\right) \tag{6-4}$$

T_{SAM} 时刻，U_{SAM} 与 U_I 的绝对误差为：

$$\mathrm{ERR}=\left|U_I\left(1-e^{-\frac{T_{SAM}}{R_S C_{SAM}}}\right)-U_I\right|=U_I e^{-\frac{T_{SAM}}{R_S C_{SAM}}} \tag{6-5}$$

假如 U_I 为满幅度输入直流量，ADC 的分辨率为 N 位，我们一般会要求这个误差小于 ADC 的最小分辨率的一半，即 0.5 个最低有效位（LSB），相当于满幅度的 $1/2^{N+1}$，因此有：

$$e^{-\frac{T_{SAM}}{R_S C_{SAM}}}\leqslant\frac{1}{2^{N+1}} \tag{6-6}$$

解得：

$$T_{SAM}\leqslant\ln(2^N)R_S C_{SAM}=0.69314\times(N+1)\times R_S C_{SAM} \tag{6-7}$$

式（6-7）结论为：如果确定了 ADC 的位数，且要求采样阻容造成的误差小于 0.5LSB，那么采样时间就必须大于 $0.69314\times(N+1)\times R_S C_{SAM}$。

当采样时间确定时，有：

$$R_S C_{SAM}\leqslant\frac{T_{SAM}}{0.69314\times(N+1)} \tag{6-8}$$

式（6-8）结论为：如果确定了 ADC 的位数，要求采样阻容造成的误差小于 0.5LSB，且采样时间已经确定，那么阻容时间常数必须小于 $\frac{T_{SAM}}{0.69314\times(N+1)}$。

而 ADC 内部的采样电容是确定的，一般是 10pF 数量级。这就要求外部串联的源电阻不得大于某个值。源电阻包括 ADC 内部开关的导通电阻，以及信号源的输出电阻。

当信号源内阻较大时，时间常数可能不满足式（6-8）要求，直接接入 ADC 一定会造成采样误差。这就需要增加一级驱动电路，比如电压跟随器，以达到信号输出电阻很小的目的。

◎抗混叠滤波

当输入被测信号频率为 f_i 时，根据奈奎斯特定律，要想完整采集信号，采样率 f_s 必须大于 $2f_i$。当

采样率小于 $2f_i$ 时，一定会出现混叠现象，即采集的波形中出现很低的混叠频率。采样率低于最低采样率（$2f_i$）时产生的混叠现象如图 6.4 所示。图 6.4 中输入信号为黑色线所示的高频信号，当采样率小于 $2f_i$ 时，我们获得的采样点形成了红色线所示的波形，其频率不是信号频率，而是混叠频率，很低。混叠现象欺骗了我们，因此我们不希望出现这种现象。一旦在数据中出现混叠频率，后期即便增加软件滤波，也难以将其剔除。

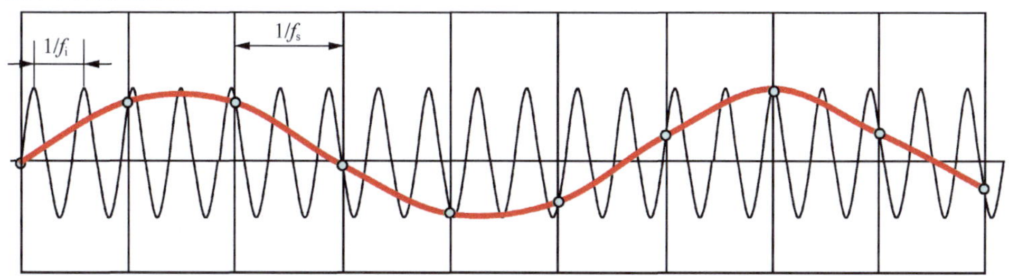

图 6.4　采样率低于最低采样率（$2f_i$）时产生的混叠现象

唯一的方法就是让大于 $f_s/2$ 的频率信号不要出现在 ADC 的输入端，或者这种频率分量在 ADC 输入端只有很小的幅度。因此，增加驱动电路，以滤除或减小高于 $f_s/2$ 的频率信号，是必要的。

常见的方法是，在 ADC 输入端之前，增加一级截止频率为 f_H 的无源低通电路，以实现抗混叠滤波。

抗混叠滤波器的截止频率选择有如下要求：

$$f_{\text{signal}} \ll f_H \ll \frac{f_s}{2} \tag{6-9}$$

其中，$f_H \gg f_{\text{signal}}$是为了让有用信号signal尽量不被影响。而$f_H \ll \frac{f_s}{2}$是为了将大于$\frac{f_s}{2}$的信号尽量滤除干净。对于无法实现砖墙式滤波（非 1 即 0 式的，小于截止频率，系数为 1；大于截止频率，系数为 0）的一阶 RC 低通滤波器来说，这是一个矛盾，顾此就会失彼。在此情况下，截止频率到底取多少，取决于你到底重视哪一项：侧重于保护被测有用信号不被影响，就尽量增大截止频率；倾向于剔除混叠信号，就尽量减小截止频率。

言归正传，信号在进入 ADC 之前，做必要的低通滤波，以避免混叠现象是必要的。低通滤波的截止频率选择请参照式（6-9），自己斟酌吧。

图 6.5 所示是包含外部抗混叠滤波器的 ADC 输入端结构。其中，R_{ISO} 和 C_L 组成了抗混叠滤波器。R_S 为 ADC 内部的模拟开关导通电阻，一般为几十欧。

这里需要特别指出，在图 6.5 中，本节“低阻输出，降低测量误差”中讲述的对外部串联电阻的估算，并不会受到 R_{ISO} 的影响。或者说，这两部分是完全独立的。

抗混叠滤波器由 R_{ISO} 和 C_L 组成，几乎与 R_S 和 C_{SAM} 无关，原因是 C_{SAM} 的值一般远小于 C_L 的值。

而内部的充电误差，来源于 R_S 和 C_{SAM}，几乎与 R_{ISO} 无关，原因是当 C_L 值足够大时，ADC 采样瞬间从库电容 C_L 上取用的电荷不足以有效降低图 6.5 中的电压 U_I，U_I 就像一个输出电阻等于 0Ω 的电压源。此时的充电时间常数就是 R_SC_{SAM}。

关于抗混叠，也不是那么严格。关键看被测信号中超出 $0.5f_s$（f_s 表示采样率）的量有多大。对于较为干净的信号，甚至无须做抗混叠处理。

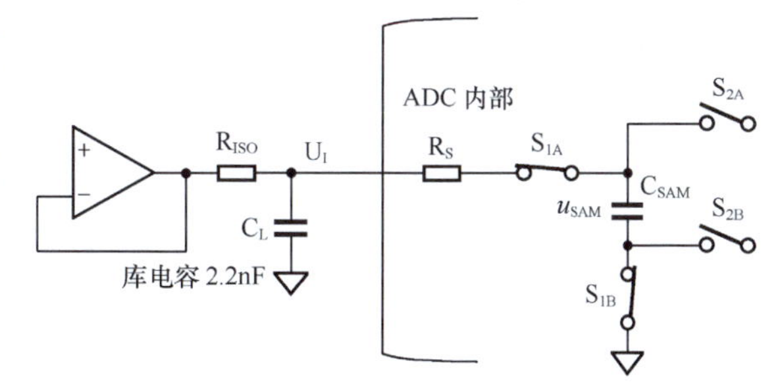

图 6.5　包含外部抗混叠滤波器的 ADC 输入端结构

◎电源级保护

一般来说，ADC 的价格（几美元到几十美元甚至更高）会高于前端放大器的价格。用廉价的东西保护昂贵的东西，是一个常用的方法。而 ADC 的前级驱动电路就可以实现这种保护。

将 ADC 前端的驱动电路与一个安全的供电电压连接，就可以实现对 ADC 的电源级保护。所谓的电源级保护，是指驱动电路的输出不可能超过电源电压。这样，只要选择电源电压在 ADC 输入端认可的安全范围内，就可以保证 ADC 的输入端不会超限。

多数 ADC 输入端能承受的最高电压就是其电源电压。因此，将 ADC 的供电电压与前端驱动电路的供电电压选择成一致的，就可以实现对 ADC 输入端的电源级保护，如图 6.6 所示。

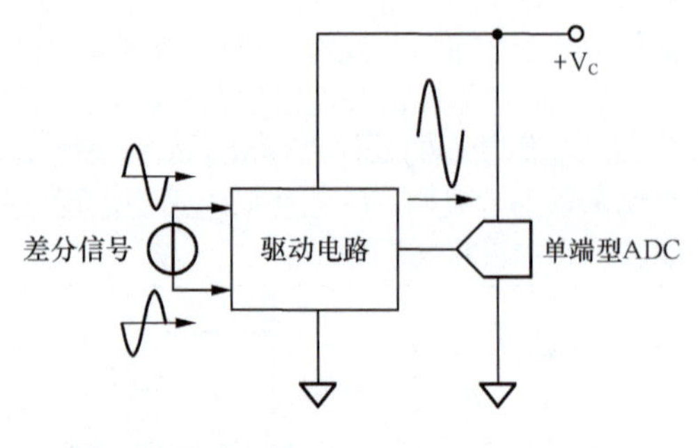

图 6.6　驱动电路实现对 ADC 的电源级保护

◎本节附录：任意全差分型 ADC 和强制全差分型 ADC

所谓的强制全差分型，是某些（注意，是某些）ADC 对输入的差分信号的一种特殊要求：正输入端信号必须和负输入端信号围绕某个直流电压做相反运动，或者说，两个输入端信号的平均值必须始终等于某个直流电压（允许有少量波动）。如果 ADC 有这种要求，就属于强制全差分型；没有这个要求，就属于任意全差分型。

当第一次使用某款全差分型 ADC 时，必须看清楚它到底有没有强制全差分要求。

Parameter	Test Conditions/Comments	Min	Typ	Max	Unit
OUTPUT DATA RATE (ODR)					
AD7767	Decimate by 8			128	kHz
AD7767-1	Decimate by 16			64	kHz
AD7767-2	Decimate by 32			32	kHz
ANALOG INPUT[1]					
Differential Input Voltage	$V_{IN+} - V_{IN-}$			$\pm V_{REF}$	V p-p
Absolute Input Voltage	V_{IN+}	−0.1		$+V_{REF} + 0.1$	V
	V_{IN-}	−0.1		$+V_{REF} + 0.1$	V
Common-Mode Input Voltage		$V_{REF}/2 - 5\%$	$V_{REF}/2$	$V_{REF}/2 + 5\%$	V

比如，AD7767 是强制全差分型，其共模输入电压范围为 $0.5V_{REF}$−5% ～ $0.5V_{REF}$+5%，说明它对两个输入端信号的共模量有明确要求，典型值为 $0.5V_{REF}$，正负均不超过 5%。

通常某款 ADC 给出了强制全差分的规定，是说明这款 ADC 在输入信号不满足强制全差分条件时，其性能会下降，而不会被烧毁。

再看看任意全差分型，图 6.7 所示是 LT 公司的 32 位 ADC——LTC2508-32。图 6.7 形象地绘出了输入信号的类型：左上角波形正端和负端电压都在 0 ～ V_{REF} 之间，但都是乱七八糟的，这就是任意全差分型 ADC。其中，红色线表示 IN^+，蓝色线表示 IN^-。

ELECTRICAL CHARACTERISTICS The ● denotes the specifications which apply over the full operating temperature range, otherwise specifications are at T_A = 25°C. (Note 4)

SYMBOL	PARAMETER	CONDITIONS		MIN	TYP	MAX	UNITS
V_{IN}^+	Absolute Input Range (IN^+)	(Note 5)	●	0		V_{REF}	V
V_{IN}^-	Absolute Input Range (IN^-)	(Note 5)	●	0		V_{REF}	V
$V_{IN}^+ - V_{IN}^-$	Input Differential Voltage Range	$V_{IN} = V_{IN}^+ - V_{IN}^-$	●	$-V_{REF}$		V_{REF}	V
V_{CM}	Common-Mode Input Range		●	0		V_{REF}	V

任意全差分型 LTC2508-32 允许共模输入范围为 0 ～ V_{REF}，而不像强制全差分型那样范围很小。

当一个 ADC 表面上看是全差分输入架构时，请读者一定注意看数据手册参数表中它是否有“共模输入范围”。如果该范围很小，这款 ADC 就属于强制全差分型，那么在使用时最好保证两个输入端信号为同步反相变化。

如何保证呢？方法很多。第一，使用全差分运放组成的驱动电路。如果 V_{CM} 为满足 ADC 要求的共模输入直流电压，则全差分运放的两个输出就一定满足强制全差分要求。所以，对于强制全差分型 ADC，前级使用全差分运放，是一个合适的选择。图 6.8 所示是一个例子，其中 VG_1 输入信号为基于 0V 的双极信号，而两个输出端 V_{out+} 和 V_{out-} 均为基于 2.5V 的信号，供强制全差分型 ADC 使用，两者的共模信号始终为 2.5V。分析如下。

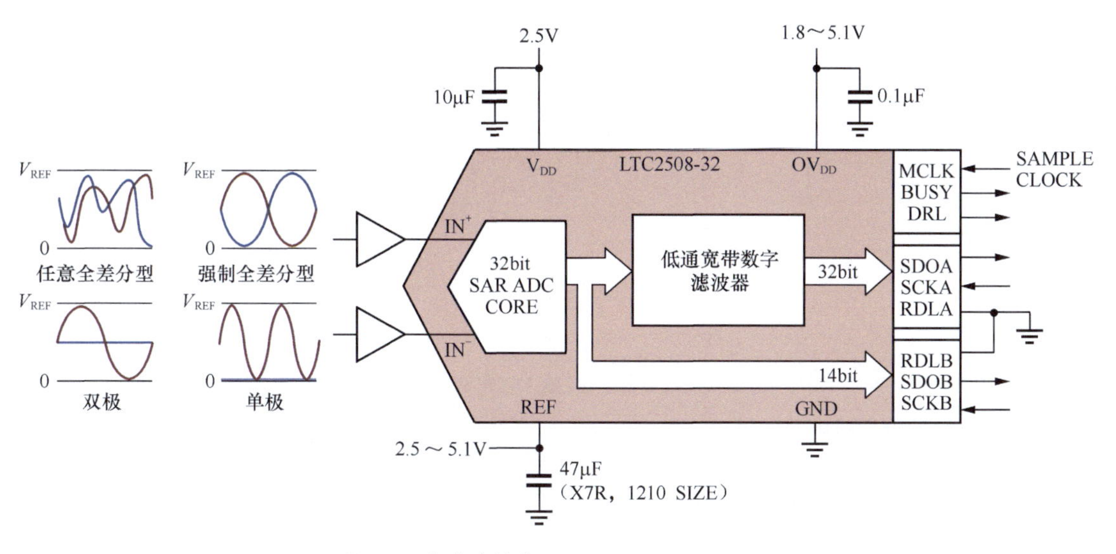

图 6.7 任意全差分 ADC——LTC2508-32

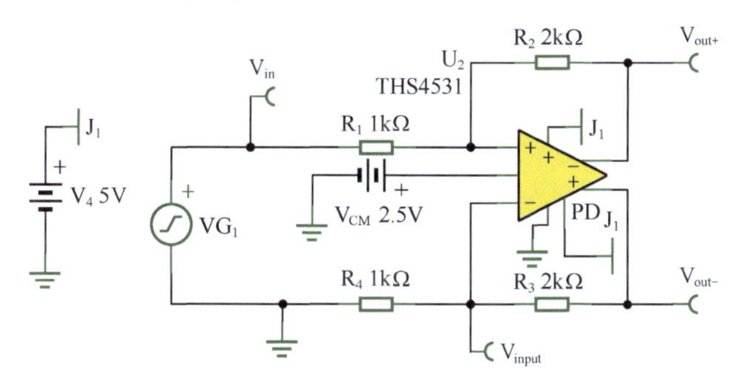

图 6.8 强制全差分型 ADC 输入端驱动电路——全差分运放

利用虚短，有：

$$\frac{1}{3}V_{\text{out}+}+\frac{2}{3}V_{\text{in}}=\frac{1}{3}V_{\text{out}-}$$

$$V_{\text{out}+}+2V_{\text{in}}=V_{\text{out}-} \tag{6-10}$$

利用全差分运放的固有特性，两个输出端电压的均值为 V_{CM}。

$$\frac{V_{\text{out}+}+V_{\text{out}-}}{2}=V_{\text{CM}} \tag{6-11}$$

将式（6-10）代入式（6-11），得：

$$\frac{V_{\text{out}+}+\left(V_{\text{out}+}+2V_{\text{in}}\right)}{2}=V_{\text{CM}}$$

$$V_{\text{out}+}=V_{\text{CM}}-V_{\text{in}} \tag{6-12}$$

将式（6-12）代入式（6-10），得：

$$V_{\text{out}-}=V_{\text{out}+}+2V_{\text{in}}=V_{\text{CM}}-V_{\text{in}}+2V_{\text{in}}=V_{\text{CM}}+V_{\text{in}} \tag{6-13}$$

可以看出，两个输出是基于 V_{CM} 对称的，其共模量就是 V_{CM}。

第二，使用运放做反相器。如果不想用全差分运放，也可以使用标准运放实现，制作一个基于共模输入 V_{CM} 的反相电路，如图 6.9 所示。图 6.9 中的输入信号与上述全差分运放一样，也是基于 0V 的双极信号。可以得出：

$$V_{\text{out}+}=V_{\text{CM}}-V_{\text{in}} \tag{6-14}$$

$$V_{\text{out}-}=2V_{\text{CM}}-V_{\text{out}+}=2V_{\text{CM}}-\left(V_{\text{CM}}-V_{\text{in}}\right)=V_{\text{CM}}+V_{\text{in}} \tag{6-15}$$

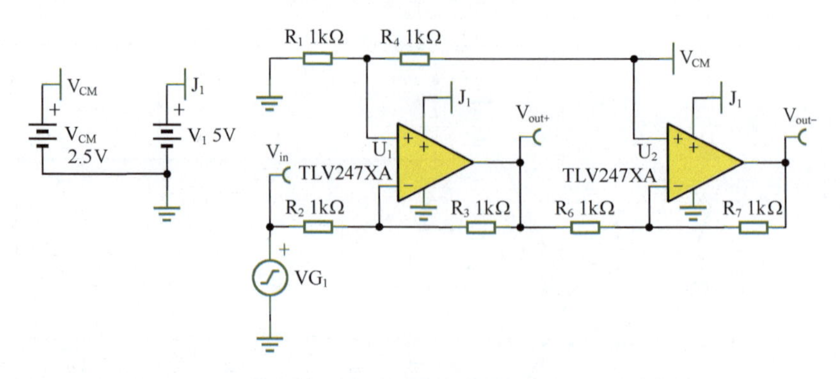

图 6.9　强制全差分型 ADC 输入端驱动电路——标准运放

这与上述全差分运放电路的结论一致。

6.2 单电源标准运放实现的 ADC 驱动电路

本节讲述用标准运放实现的 ADC 驱动电路，第 6.3 节讲述用全差分运放实现的 ADC 驱动电路。本节电路不再依赖于上述 5 个理由展开，因为一个完整电路通常具备多种功能，在遇到电路后，我们会细述。

在电平移位上，我们假设全部 ADC 只接收单极性信号，即输入信号在 0 ～ 5V 之间，以适应绝大多数 ADC 的输入范围。而原始输入信号的电平位置则分为两种，一种是双极性信号，基线为 0V，需要驱动电路实现电平移位使其基线变为 2.5V，我们称之为移位型；另一种原始输入本来就是单极性信号，基线就是 2.5V，因此驱动电路应保持其基线，我们称之为传递型。

所有电路都考虑运放与 ADC 使用相同的单一正电源，以实现电源级保护。

◎移位型：直接耦合同相放大

本节电路的输入信号均为骑在 0V 上的、有正有负的信号，且整个电路中没有隔直电容，属于 DC 放大器，可以放大直流量。

移位型直接耦合同相放大电路（Gain ≥ 0.5 倍）是一个常用的 ADC 驱动电路，如图 6.10 所示，它包含前述 5 个原因中的 4 个：大于 0.5 倍的信号增益调整和输出电平移位，低输出阻抗，抗混叠滤波，以及电源级保护功能。

第一，图 6.10 中的供电电压 V_D 必须是 ADC 的供电电压，这样才能实施有效的电源级保护。

第二，电阻 R_{ISO} 和电容 C_L 实现了一阶无源低通滤波，也就是组成了一个抗混叠滤波器。在通带范围内，图 6.10 中 u_{O1} 和 u_O 的波形是相同的，因此在分析电路时，我们只分析 u_O。

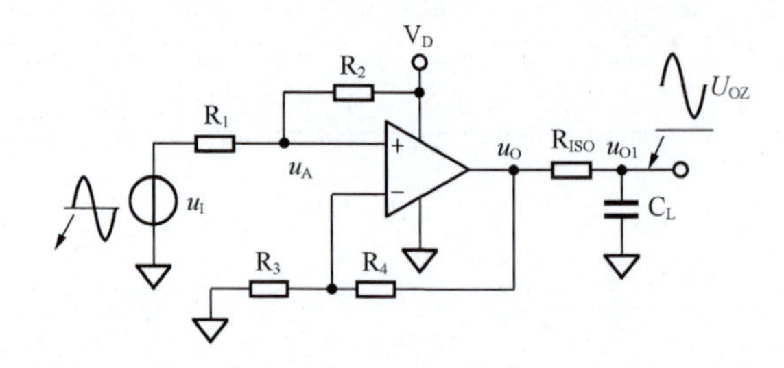

图 6.10　移位型直接耦合同相放大电路（Gain ≥ 0.5 倍）

在设计这个无源的低通滤波器时需要注意以下几点。① R_{ISO} 不能太小。当它很小时，运放输出似乎就直接驱动电容 C_L 了，这会引发运放的稳定性问题。一般来说，运放开环输出电阻是多少，R_{ISO} 就取多少，是合适的。因此，R_{ISO} 一般取 10 ～ 100Ω。② R_{ISO} 不能太大。ADC 内部还有一套采样阻容，由于本电路中的 C_L 一般远大于 ADC 内部的采样电容，在 ADC 看来，图 6.10 中的 u_{O1} 处就是一个稳定的电压源。但是当 R_{ISO} 太大时，采样时被采样电容夺走的电荷难以从 R_{ISO} 得到及时补充，对稳定

u_{O1} 也是不利的。

第三，分析电路的运算功能。

当输入信号为 0V 时，输出信号是一个固定直流电压，称为输出静默电压，用 U_{OZ} 表示。多数情况下，U_{OZ} 为电源电压的一半。另外，将输出信号的变化量除以输入信号的变化量得到的值称为增益，用 Gain 表示。因此有：

$$u_O = U_{OZ} + \text{Gain} \times u_I \tag{6-16}$$

下面我们分析，如何选择 4 个电阻，以实现上述运算功能。

可以看出，由于运放的两个输入端均为高阻（虚断），而输出端为极低电阻，因此电路中所有关系都是分压，与电阻值大小没有关系，只与两组电阻比值有关。这 4 个电阻可以演变成互不影响的两组：R_1 和 R_2 一组，两者的比值为 k_1，R_3 和 R_4 一组，两者的比值为 k_2，只要求解出两个未知量 k_1、k_2，就能够实现式（6-16）。

$$\begin{cases} R_2 = k_1 R_1 \\ R_4 = k_2 R_3 \end{cases} \tag{6-17}$$

要求解两个未知量，必须列出两个独立方程。

输出静默电压等于 U_{OZ}，这来源于已知的 V_D 被 R_1 和 R_2 分压，然后经过 R_3 和 R_4 放大得到，因此有下式成立。

$$U_{OZ} = V_D \frac{R_1}{R_1 + R_2} \times \frac{R_3 + R_4}{R_3} = V_D \frac{1 + k_2}{1 + k_1} \tag{6-18}$$

信号增益为 Gain，这来源于 u_I 被 R_1 和 R_2 分压，然后经过 R_3 和 R_4 放大得到，因此有下式成立。

$$\text{Gain} = \frac{R_2}{R_1 + R_2} \times \frac{R_3 + R_4}{R_3} = \frac{k_1(1 + k_2)}{1 + k_1} \tag{6-19}$$

联立求解式（6-18）、式（6-19），得：

$$k_1 = \frac{\text{Gain} \times V_D}{U_{OZ}} \tag{6-20}$$

$$k_2 = \frac{U_{OZ}\left(1 + \frac{\text{Gain} \times V_D}{U_{OZ}}\right)}{V_D} - 1 = \frac{U_{OZ} + \text{Gain} \times V_D}{V_D} - 1 = \frac{U_{OZ}}{V_D} + \text{Gain} - 1 \tag{6-21}$$

任选 R_1，根据式（6-20）和式（6-17），可得 R_2。任选 R_3，根据式（6-21）和式（6-17），可得 R_4。

第四，尽量抵消输入偏置电流影响的电阻选择附加条件。

有些运放的输入偏置电流较大。为了尽量减小输入偏置电流对电路性能的影响，在选择电阻时，还需要增加一项附加条件，使两个输入端的输入偏置电流在外部电阻上产生相同的电压。

假设正输入端偏置电流与负输入端偏置电流方向一致、大小相同。那么，单纯流入正输入端的电流为 I_{B+}，在正输入端产生的电压为：

$$U_{IN+} = -I_{B+} \times (R_1 // R_2) \tag{6-22}$$

单纯流入负输入端的电流为 I_{B-}，在负输入端产生的电压为：

$$U_{IN-} = -I_{B-} \times (R_3 // R_4) \tag{6-23}$$

因此可以得到，对 4 个电阻又多了一个约束条件。

$$R_1 // R_2 = R_3 // R_4 \tag{6-24}$$

在没有这个约束条件前，我们可以任选两个电阻，然后确定另外两个电阻。现在多了一个条件，只能任选一个电阻，然后确定另外 3 个电阻。我们假设 R_1 是任选的，根据式（6-24），有：

$$\frac{R_1 \times R_2}{R_1 + R_2} = \frac{R_3 \times R_4}{R_3 + R_4} \tag{6-25}$$

将式（6-17）、式（6-20）、式（6-21）代入上式，得：

$$\frac{k_1 \times R_1}{1+k_1} = \frac{k_2 \times R_3}{1+k_2}$$

解得：

$$(1+k_1)k_2 \times R_3 = (1+k_2)k_1 \times R_1$$

$$R_3 = \frac{(1+k_2)k_1}{(1+k_1)k_2} R_1 \tag{6-26}$$

此时有：

$$R_4 = k_2 R_3 = k_2 \frac{(1+k_2)k_1}{(1+k_1)k_2} R_1 = \frac{(1+k_2)k_1}{(1+k_1)} R_1 = \frac{\left(\frac{U_{OZ}+\text{Gain}V_D}{V_D}\right)\frac{\text{Gain}\times V_D}{U_{OZ}}}{\frac{U_{OZ}+\text{Gain}V_D}{U_{OZ}}} R_1 = \text{Gain}R_1 \tag{6-27}$$

至于 R_1 如何选择，可以参考本书第 5.5 节。

举例 1

为 16 位 SAR 型模数转换器 AD7680 设计一个驱动电路，要求供电电压为 +5V。输入信号为骑在 0V 上的、幅度为 0.5V 的信号，信号频率范围为 DC ～ 1kHz。

解：第一，查找 AD7680 数据手册，得到如下关键信息。

① AD7680 是一款 16 位 ADC，只有 6 个管脚，3 个数字控制管脚用于控制 ADC 转换进程和读取数据，一个输入脚接收外部模拟输入电压。它的输入为单端型，内含由电容组成的采样保持电路。

② 供电电压为 +2.5 ～ +5.5V，用 +5V 供电满足条件。

③ 它的模拟输入电压范围是 0 ～ V_{DD}。

④ 它的最高转换速率为 100ksps，对于最高频率 1kHz 信号采集绰绰有余。

⑤ 它的输入端内部存在 25pF 的采样电容，以及 25Ω 的开关导通电阻。

第二，输入信号幅度为 0.5V，而 ADC 能够承载的信号幅度为 2.5V（最小值为 0V，最大值为 5V，因此信号应是骑在 2.5V 上的，幅度不超过 2.5V）。考虑到裕量，建议加载到 ADC 输入端的电压最好在 0.5 ～ 4.5V 之间，即将原始信号的 0V 静默电压移位到 2.5V，将原始信号 0.5V 幅度放大到 2V。因此，ADC 驱动电路 1 如图 6.11 所示，且知：

$$\begin{cases} V_{DD} = 5\text{V} \\ U_{OZ} = 2.5\text{V} \\ \text{Gain} = 4倍 \end{cases}$$

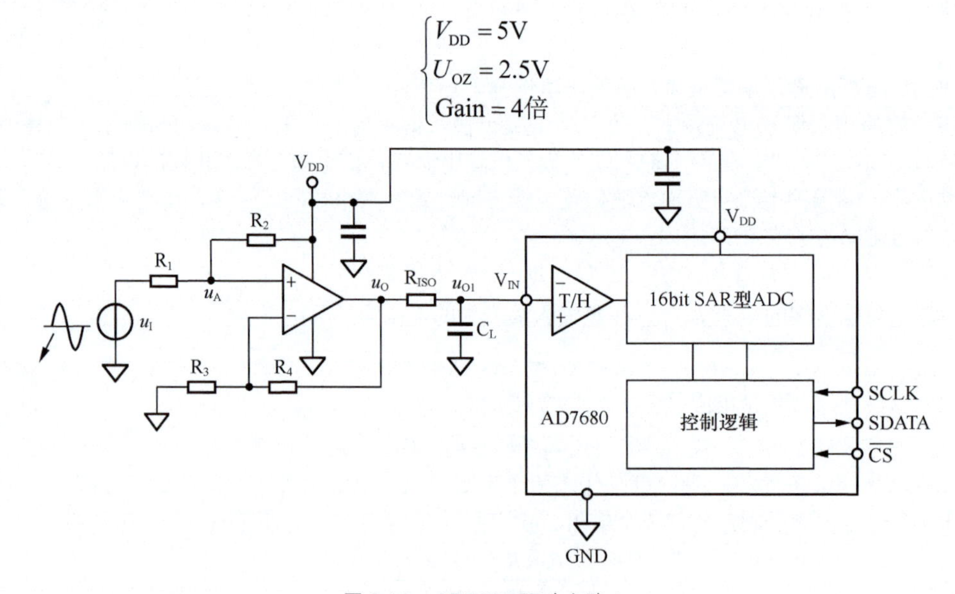

图 6.11　AD7680 驱动电路 1

第三，根据上述要求，确定 $R_1 \sim R_4$。

根据前述的式（6-20）和式（6-21），得：

$$k_1 = \frac{\text{Gain} \times V_D}{U_{OZ}} = 8$$

$$k_2 = \frac{U_{OZ}}{V_D} + \text{Gain} - 1 = 3.5$$

$$R_3 = \frac{(1+k_2)k_1}{(1+k_1)k_2} R_1 = 1.143R_1$$

设 R_1=1kΩ，则 $R_2=k_1R_1$=8kΩ（E96 系列取值 8.06kΩ），$R_3=1.143R_1$=1.143kΩ（E96 系列取值 1.15kΩ），$R_4=k_2R_3$=4kΩ（E96 系列取值 4.02kΩ）。

第四，完成输出低通滤波器设计。

AD7680 的最高采样率为 100kHz，而输入信号频率不超过 1kHz，可知：

$$1\text{kHz} < f_H < \frac{f_S}{2} = 50\text{kHz}$$

在没有其他已知条件下的情况下，我建议将 f_H 选为两者的乘法平均数 7.071kHz，即：

$$f_H = \frac{1}{2\pi R_{ISO} C_L} = 7071\text{Hz}$$

则：$R_{ISO}C_L$=22.52μs

选择 R_{ISO} 为 10 ～ 100Ω，可以推算出 C_L 为 225.1 ～ 2251nF。选择 C_L 为常见的 470nF，可以反算出 R_{ISO} 约为 47.89Ω，最终选 49.9Ω 即可。

但是，为什么这么选择呢？在确定时间常数的情况下，如何选择 R_{ISO} 和 C_L，就成了一个常见的问题。其实，这个问题会在很多场合出现，不同场合会有不同的考虑，这里仅为一例，试着说明。

电容 C_L 值越大，存储的电荷越多，当发生采样时，采样电容导致 C_L 端电压的下降就越小，设计者越可以将电容 C_L 端电压视为理想的被测电压源。因此，一般这种结构中，C_L 选择为内部采样电容的几十倍、几百倍甚至更大。

但是 C_L 值越大导致 R_{ISO} 值越小，这会带来前级运放的稳定性问题。根据一般情况，电阻 R_{ISO} 不宜小于 10Ω。

在绝大多数情况下，电路设计并不需要唯一最优解，因此上述阻容分配是可行的。

◎移位型：直接耦合同相衰减

已知输入为基于 0V 变化的信号，要求输出静默电压为 U_{OZ}（一般为 $0.5V_D$），且信号增益 Gain 小于 0.5 倍，则移位型直接耦合同相放大电路（Gain ≤ 0.5 倍）如图 6.12 所示。

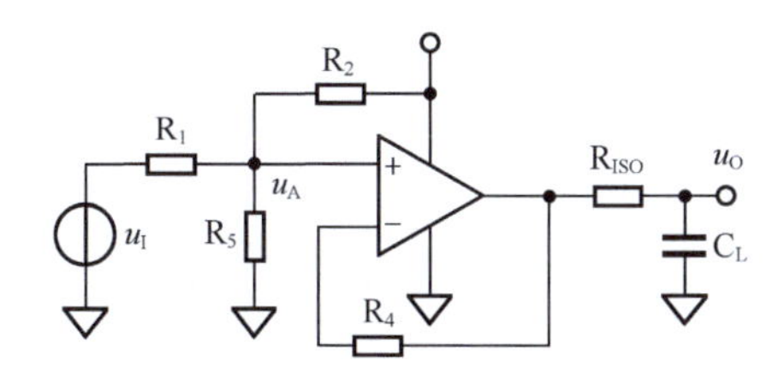

图 6.12 移位型直接耦合同相放大电路（Gain ≤ 0.5 倍）

读者可自行分析过程，结论如下。确定 R_1，有：

$$R_2 = \frac{\text{Gain}\, V_D}{U_{OZ}} R_1 \tag{6-28}$$

$$R_5=\frac{\text{Gain}V_\text{D}}{V_\text{D}-\text{Gain}V_\text{D}-U_\text{OZ}}R_1 \quad (6\text{-}29)$$

为实现两个输入端电阻匹配，以减少输入偏置电流带来的影响，一般要求 R_4 为：

$$R_4=R_1//R_2//R_5 \quad (6\text{-}30)$$

抗混叠低通滤波器中 R_{ISO} 和 C_L 的设计与前文相同，不赘述。

为 16 位 SAR 型模数转换器 AD7680 设计一个驱动电路，要求供电电压为 +5V。输入信号为骑在 0V 上的、幅度为 16V 的信号，信号频率范围为 DC ～ 1kHz。同时要求整个电路的静态工作电流小于 100μA。

解：此题与举例 1 最大的区别在于输入信号幅度变为 16V。因其峰－峰值为 32V，而 AD7680 的输入信号最大范围是 0 ～ 5V，考虑到裕量，可以选择安全输入范围为 0.5 ～ 4.5V，峰－峰值为 4V，因此，信号增益必须是 Gain=4V/32V=0.125 倍。

电路的输出静默电压仍为 U_{OZ}=2.5V。

按说确定了 Gain 和 U_{OZ}，只要按照式（6-28）～式（6-30），即可完成设计。但是，最后一句话“同时要求整个电路的静态工作电流小于 100μA”可能会难住大家，这句话是什么意思呢？

整个电路的静态工作电流由运放静态电流 I_{OP}，加上流过 R_2 的电流 I_{R2} 组成。这就要求两者之和小于 100μA，实现如此小的电流不是件容易的事情。

一般来说，在要求两者之和不要超过某个值时，理论上分析，无论怎么分配都有道理。比如 I_{OP}<1μA，I_{R2}<99μA；或者 I_{OP}<80μA，I_{R2}<20μA。但是最好的选择是，给每一个项的要求是各 50%，也就是说，I_{OP}<50μA，I_{R2}<50μA，然后独立设计。若出现特殊情况，可以适当调整。

这与我们在日常生活中的抉择是非常像的。两个县的二氧化碳排放总和不得超过某个值，怎么分配呢？在没有特殊要求时，最好的选择是一家一半。若出现特殊需求，咱们再商量。

首先计算电阻。要求 I_{R2}<50μA。在选择电阻时，我们要求大家先确定 R_1 的值，然后依次得到其他电阻值。此时，流过电阻 R_2 的电流为：

$$I_{R2}=\frac{V_\text{D}}{R_2+R_1//R_5}=\frac{V_\text{D}}{\dfrac{\text{Gain}V_\text{D}}{U_\text{OZ}}R_1+\dfrac{\dfrac{\text{Gain}V_\text{D}}{V_\text{D}-\text{Gain}V_\text{D}-U_\text{OZ}}R_1\times R_1}{R_1+\dfrac{\text{Gain}V_\text{D}}{V_\text{D}-\text{Gain}V_\text{D}-U_\text{OZ}}R_1}} \quad (6\text{-}31)$$

将 V_D=5V、U_{OZ}=2.5V、Gain=0.125 倍代入，得：

$$I_{R2}=\frac{10\text{V}}{R_1} \quad (6\text{-}32)$$

因此，为了保证 I_{R2}<50μA，应取 R_1>200kΩ。我建议 R_1 的值取 E96 系列的 249kΩ。

然后根据式（6-28）～式（6-30）得：

$$R_2=\frac{\text{Gain}V_\text{D}}{U_\text{OZ}}R_1=62.25\text{k}\Omega$$

取 E96 系列值，R_2=61.9kΩ。

$$R_5=\frac{\text{Gain}V_\text{D}}{V_\text{D}-\text{Gain}V_\text{D}-U_\text{OZ}}R_1=83\text{k}\Omega$$

取 E96 系列值，R_5=82.5kΩ。

$$R_4 = R_1 // R_2 // R_5 = 30.05\text{k}\Omega$$

取 E96 系列值，R_4=30.1kΩ。

最后，选择运放。

选择运放是一件令人头疼的事情，因为运放种类太多了，而且运放的参数也很多。但是，就像买一辆车一样，挑来挑去，其实你关心的，可能就只有几个指标。在本题中，必须有以下要求。

（1）必须能够承受 +5V 单电源工作，静态电流小于 50μA。

（2）必须能够对 1kHz 信号实施处理，对带宽和压摆率有要求。

随着输入信号频率的上升，由于运放带宽的限制，输出信号幅度会下降。如果要求 1kHz 信号的放大倍数不小于 0.707。那么简单分析，运放的增益带宽积大于 1kHz 即可。这个要求很宽松，多数运放能够满足。

问题是压摆率。输出信号的幅度为 2V（范围为 2.5 ～ 4.5V），频率为 1kHz，有：

$$SR \geqslant 2\pi U_{\max} f_{\text{out}} = 12560\text{V/s} = 0.01256\text{V/}\mu\text{s}$$

（3）在 +5V 单电源供电下，能够输出 0.5 ～ 4.5V 的正弦波，对输入 / 输出轨至轨电压有要求。

因运放处于跟随器状态，输入电压范围和输出电压范围完全相同，轨至轨电压均应小于 0.5V。

本题对噪声、输出失调电压等均无要求。

根据上述要求，对 ADI 公司生产的全部运放进行筛选，满足功耗要求和压摆率要求的单运放有：ADA4051-1、OP281、AD8505、OP193、AD8613、AD8603 等。其中，OP193 不满足输出轨至轨电压要求（高电平输出最大为 4.4V），OP281 不满足输入轨至轨电压（0 ～ 4V）要求。其余均可满足题目要求。

ADA4051 增益带宽积为 115kHz，压摆率为 0.03V/μs，输入 / 输出均为轨至轨，静态工作电流仅为 15μA，完全满足本题要求。另外，它的失调电压仅为 2μV（典型值），极小。

用 Multisim12.0 设计仿真电路如图 6.13 所示。将输入信号设为 0V，以表示静态。使用万用表测得静态电流为 53μA，说明运放的实测电流只有 13μA（因为电阻电流为 40μA）。这是合理的，与分析较为吻合。

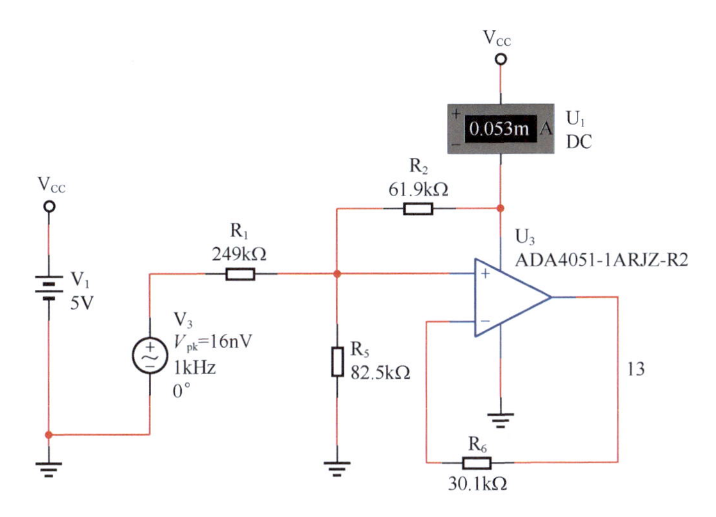

图 6.13　举例 2 仿真电路

将输入信号变为 16V 幅度、1kHz 频率的正弦波，用仿真软件中的示波器观察输入 / 输出波形，如图 6.14 所示。其中黄色线所示为输出波形，其坐标刻度在图 6.14 右侧，结果显示，正峰值约为 4.5V，负峰值约为 0.5V，设计基本正确。

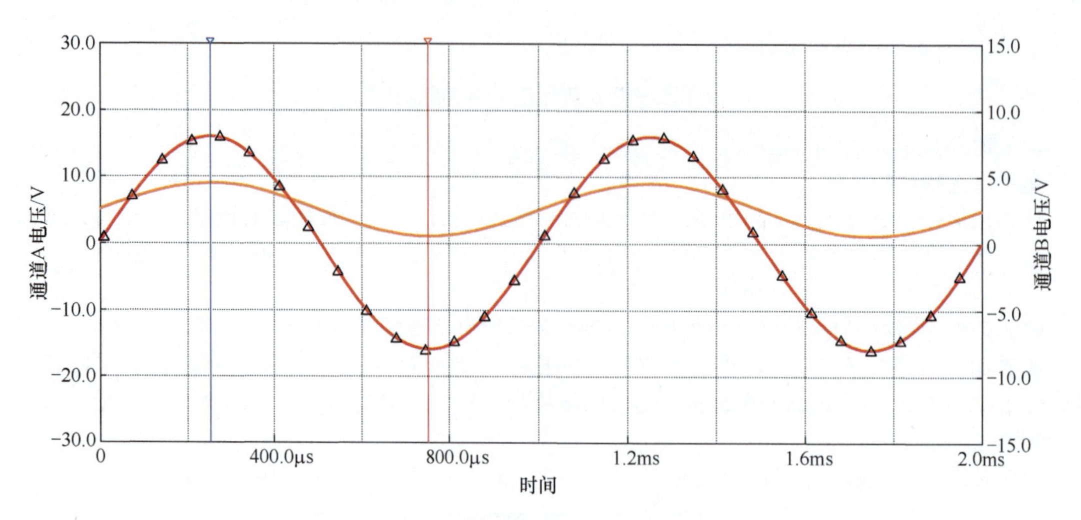

图 6.14　举例 2 输入 / 输出波形

◎移位型：直接耦合反相电路

已知输入为基于 0V 变化的信号，要求输出静默电压为 U_{OZ}（一般为 $0.5V_D$），反相放大或衰减，则移位型直接耦合反相电路如图 6.15 所示。

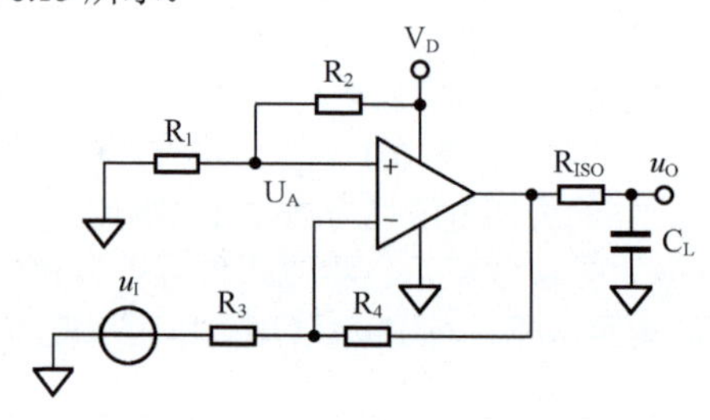

图 6.15　移位型直接耦合反相电路

按照电阻选择的一般性规则确定 R_3 的值，则有：

$$R_4 = \text{Gain}R_3 \tag{6-33}$$

其中，Gain为反相增益的绝对值。

此时，运放的正输入端通过 R_1 和 R_2 分压，产生一个稳定的直流电压，经 R_3、R_4 放大后，保证输出静默电位等于 U_{OZ}，因此可以得到对 R_1 和 R_2 分压的要求，结合运放两个输入端电阻相匹配，得到如下结论。

$$R_2 = \frac{\text{Gain}V_D}{U_{OZ}}R_3 \tag{6-34}$$

$$R_1 = \frac{\text{Gain}V_D}{(1+\text{Gain})V_D - U_{OZ}}R_3 \tag{6-35}$$

在实际应用中，为了降低电源噪声对信号的影响，通常会在 R_1 两端并接一个电容器。理论上此电容越大，滤波效果越好，同时导致输出到达稳定的时间越长。

◎移位型：交流耦合同相电路

直接耦合电路的优点是无须电容器介入，可以实现低至 0Hz 的信号放大。但相应地，也带来计算复杂、多级静态动态相互影响、调整较为困难等缺点。而交流耦合电路的优缺点刚好相反。在不要求直流放大的情况下，更多用户愿意选择交流耦合电路，毕竟前面的计算量还是比较大的。

当要求电路的输出静默电位为 U_{OZ}，电路的信号增益为 Gain 时，如果采用交流耦合方式，则交流耦合同相电路如图 6.16 所示。图 6.16 左图能实现 1 倍以上的放大，而右图能实现 1 倍以下的衰减。注意以下各个电路图中，不再强调抗混叠滤波，输出端只用一个负载电阻表示，读者在实际设计中可以参考前文电路，自行设计抗混叠滤波电路。

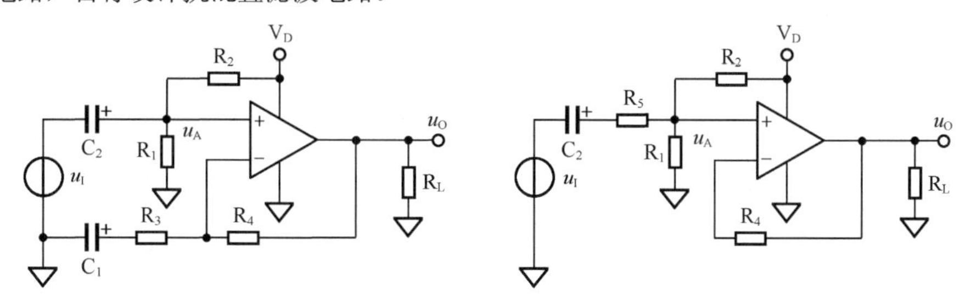

图 6.16　交流耦合同相电路

此时，设计将变得非常简单。

先看图 6.16 左图。

静态分析。由于 C_2 的隔直作用，运放正输入端静默电位只取决于 R_1、R_2 对 V_D 端的分压，此电位等于运放负输入端静默电位。同时，由于 C_1 的隔直作用，R_3 和 R_4 上均不存在静态电流，因此输出端静默电位就等于运放正输入端静默电位。因此，只要满足下式即可。

$$U_{OZ}=U_{-}=U_{A}=V_{D}\frac{R_1}{R_1+R_2} \tag{6-36}$$

动态分析。输入信号经过 C_2 耦合到 u_A 处，没有衰减（在通带内可以忽略 C_2 的容抗），此信号经过 R_3 和 R_4 组成的同相比例器放大（在通带内可以忽略 C_1 的容抗），得到输出信号。因此有：

$$\text{Gain}=1+\frac{R_4}{R_3} \tag{6-37}$$

如果要兼顾运放两个输入端外部电阻匹配，则有如下要求。

$$\frac{R_1R_2}{R_1+R_2}=R_4 \tag{6-38}$$

注意，在兼顾外部电阻匹配时，只考虑静态的运放偏置电流，由于电容 C_2 的隔直作用，偏置电流不会流过 R_3，而只流过 R_4，因此有式（6-38）。

根据电阻选择的一般性规律，确定 R_3 的值，再根据式（6-36）～式（6-38），可以解出其他电阻：

$$R_4=(\text{Gain}-1)R_3 \tag{6-39}$$

$$R_2=\frac{V_D}{U_{OZ}}R_4=\frac{V_D}{U_{OZ}}(\text{Gain}-1)R_3 \tag{6-40}$$

$$R_1=\frac{U_{OZ}}{V_D-U_{OZ}}R_2=\frac{V_D}{V_D-U_{OZ}}(\text{Gain}-1)R_3 \tag{6-41}$$

剩下的问题就是电容选择了。

两个电容在此的主要作用都是隔直——高通滤波（C_1 不是标准高通的），但是又不能影响有用信号。因此，要给出有用信号的最低频率 f_{min}，对于此频率信号，电路增益不得小于通带增益的 70.7%。可以证明，只要保证每个电容产生的下限截止频率都小于 $0.643f_{min}$ 即可。

$$\begin{cases}\dfrac{1}{2\pi(R_1//R_2)C_2}\leqslant 0.643f_{min}\\[2ex]\dfrac{1}{2\pi R_3C_1}\leqslant 0.643f_{min}\end{cases} \tag{6-42}$$

据此选择电容最小值即可。电容是越大越好吗？也不是。选择过大的电容会带来一些问题：①整个电路的至稳时间将变得很长；②体积增大、成本上升。因此，选择合适的电容即可。

再看图 6.16 右图。

静态分析。由于电容 C_1 的隔直作用，静态时只有电阻 R_1 和 R_2 分压，因此有：

$$U_{OZ}=U_{-}=U_{A}=V_{D}\frac{R_{1}}{R_{1}+R_{2}} \tag{6-43}$$

动态分析。运放正输入端信号经运放的 1 倍放大后形成输出。而运放正输入端信号来自输入信号通过 3 个电阻的分压——通过 R_5 分到 R_1 和 R_2 的并联上，因此有：

$$\text{Gain}=\frac{R_{1}//R_{2}}{R_{5}+R_{1}//R_{2}}\times 1 \tag{6-44}$$

根据电阻选择的一般性规律，确定 R_1 的值，再根据式（6-43）和式（6-44），可以解出其他电阻。

$$R_{2}=\frac{V_{D}-U_{OZ}}{U_{OZ}}R_{1} \tag{6-45}$$

$$R_{5}=\frac{1-\text{Gain}}{\text{Gain}}(R_{1}//R_{2}) \tag{6-46}$$

如果要求运放两个输入端外部电阻匹配，则有：

$$R_{4}=R_{1}//R_{2} \tag{6-47}$$

电容最小值的约束条件为：

$$\frac{1}{2\pi(R_{5}+R_{1}//R_{2})C_{2}}\ll f_{\min} \tag{6-48}$$

◎移位型：交流耦合反相电路

电路如图 6.17 所示。它可以放大，也可以衰减，信号增益绝对值为 Gain，输出静默电压为 U_{OZ}。结论如下。

根据电阻选择的一般性规律确定 R_3 的值，则：

$$R_{4}=\text{Gain}R_{3} \tag{6-49}$$

$$\frac{R_{1}}{R_{1}+R_{2}}V_{D}=U_{OZ} \tag{6-50}$$

$$\frac{R_{1}R_{2}}{R_{1}+R_{2}}=R_{4} \tag{6-51}$$

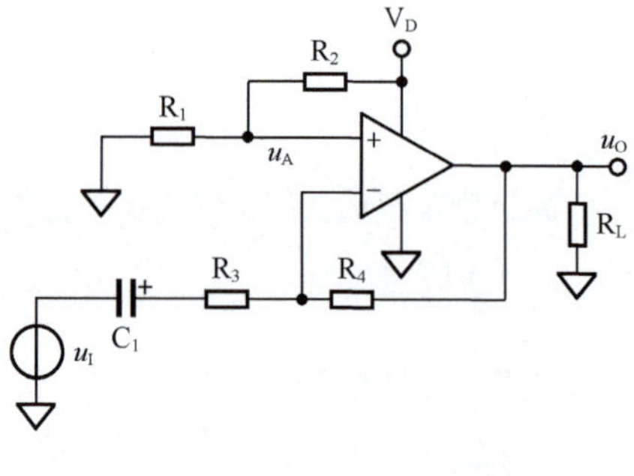

图 6.17 交流耦合反相电路

解得：

$$R_{2}=\frac{V_{D}}{U_{OZ}}R_{4}=\frac{\text{Gain}V_{D}}{U_{OZ}}R_{3} \tag{6-52}$$

$$R_{1}=\frac{U_{OZ}}{V_{D}-U_{OZ}}R_{2}=\frac{\text{Gain}V_{D}}{V_{D}-U_{OZ}}R_{3} \tag{6-53}$$

关于电容的选择，有如下约束：

$$\frac{1}{2\pi R_{3}C_{1}}\ll f_{\min} \tag{6-54}$$

◎传递型：反相放大电路

前文 ADC 驱动电路假设输入信号为双极性信号（即有正有负），而输出信号为单极性信号（0～5V），以适应多数 ADC 仅能接受正输入电压的情况。这属于移位型电路，即将骑在 0V 上的双极性信号移位到骑在某个直流电压上的单极性信号。

还有一种情况，驱动电路的输入信号已经是单极性信号，那么就不再需要移位了。这种电路被称为传递型驱动电路。

对于交流耦合电路，移位型和传递型没有区别。因此本节仅讲述直接耦合电路。特别提醒，在传递型电路中，我们没有设置输出端的一阶抗混叠滤波，读者可以自己增加。

反相电路设计要求如下。

要求输入为基于 $V_D/2$ 的信号，输出也为基于 $V_D/2$ 的信号，具有增益为 -Gain 的反相放大功能。传递型反相放大电路如图 6.18 所示，设计方法很简单。

（1）根据电阻的一般性选择原则，确定 R_3 的值，电阻 R_4 的值计算如下。

$$R_4 = \text{Gain}R_3 \tag{6-55}$$

（2）根据电阻的一般性选择原则，确定 R_2 的值，电阻 R_1 的值计算如下。

$$R_1 = R_2 \tag{6-56}$$

（3）如果要求更高，期望抵消运放偏置电流带来的静态失调，则可以在选择电阻时要求：

$$R_1 // R_2 = R_4 // R_3 \tag{6-57}$$

◎传递型：同相放大电路

要求输入为基于 $U_{IZ}=V_D/2$ 的信号，输出为基于 $U_{OZ}=V_D/2$ 的信号，当输入有变化量时，输出具有增益为 Gain 的同相变化量，即信号增益为 Gain。传递型同相放大电路如图 6.19 所示。

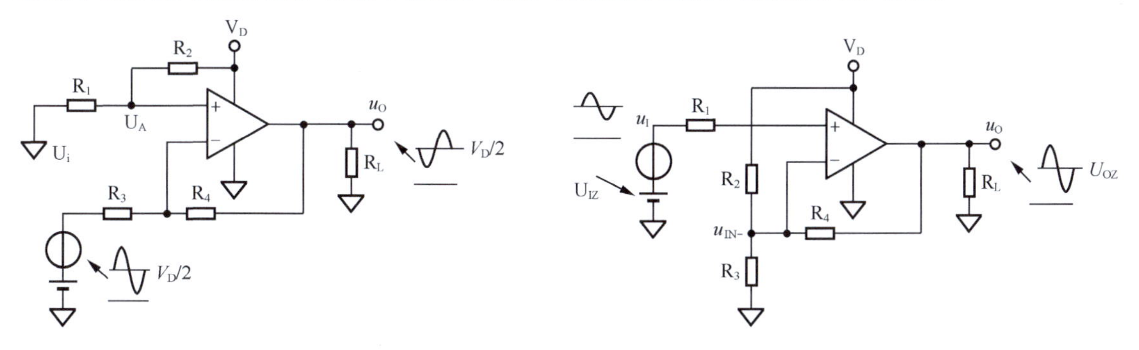

图 6.18 传递型反相放大电路　　图 6.19 传递型同相放大电路

该电路的工作原理如下。

（1）静态时，输入信号没有变化量，则运放正输入端为 $0.5V_D$，要求电路正常工作，则运放的负输入端电位必须等于 $0.5V_D$。对图 6.19 中的 V_D、R_2、R_3 应用戴维宁定理，画出静态等效电路如图 6.20 所示，其中，$k=R_3/(R_2+R_3)$。可以看出，当输出确定为 $0.5V_D$，而负输入端也为 $0.5V_D$ 时，k 只能等于 0.5。这就像一个跷跷板，中间是 $0.5V_D$，右端是 $0.5V_D$，则左端必须是 $0.5V_D$。因此可得：$R_2=R_3$。

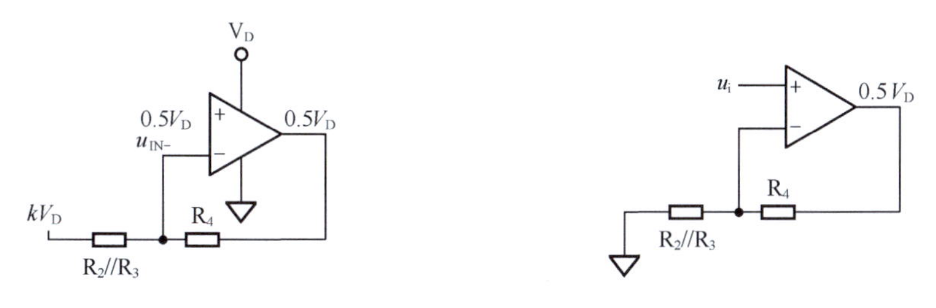

图 6.20 静态等效电路　　图 6.21 动态等效电路

（2）动态时，将电压不变点接地，则可将电阻 R_2 和 R_3 视为并联，其动态等效电路如图 6.21 所示。有：

$$\text{Gain} = 1 + \frac{R_4}{R_2 // R_3} \tag{6-58}$$

由于 $R_2=R_3$，则有：

$$R_2 // R_3 = 0.5R_2 = 0.5R_3 = \frac{R_4}{\text{Gain} - 1} \tag{6-59}$$

因此，该电路设计方法如下。

（1）根据选择电阻的一般性规则，选择 R_4 的值。

（2）根据下式计算电阻 R_2、R_3 的值。

$$R_2 = R_3 = \frac{2R_4}{\text{Gain} - 1} \tag{6-60}$$

（3）根据下式计算电阻 R_1 的值。

$$R_1 = R_2 // R_3 // R_4 \tag{6-61}$$

注意，式（6-61）并不是必须的。从上述电路分析可以看出，由于运放的虚断，电阻 R_1 并没有在分析中起到什么作用。它可以被短接为 0Ω。使用式（6-61）确定电阻 R_1 的阻值，也是为了在理论上抵消运放偏置电流带来的影响。

设计一个传递型 ADC 驱动电路，输入为基于 2.5V 的、幅度为 1V 的正弦波，输出为基于 2.5V 的、幅度为 2V 的正弦波。

解：可知 Gain=2 倍，确定 R_4=500Ω，根据式（6-60）、式（6-61）计算得：R_2=1000Ω，R_3=1000Ω，R_1=250Ω，传递型同相放大电路和仿真波形如图 6.22 所示。

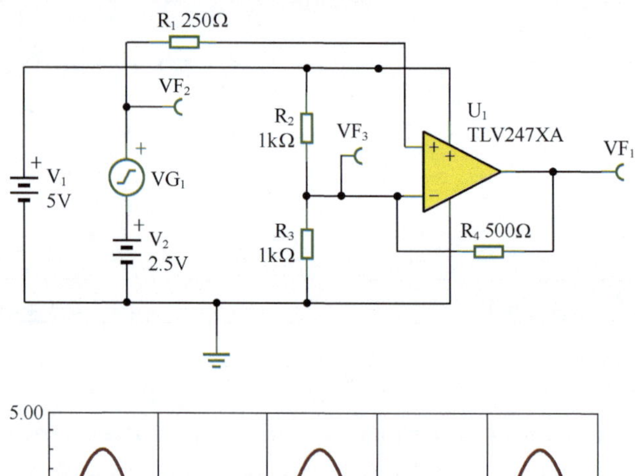

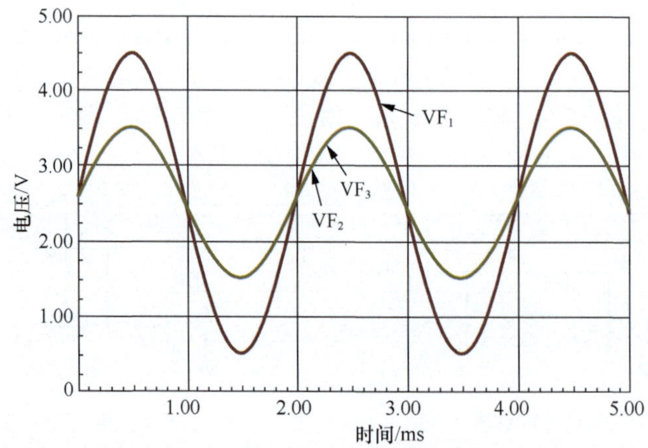

图 6.22　传递型同相放大电路和仿真波形

◎传递型：同相跟随器和衰减器

上述电路改造后可以实现 1 倍放大，即跟随器形式，传递型跟随器如图 6.23 所示。其中，多数情况下，电阻 R_1 和 R_4 都不是必须的，可以为 0Ω。

传递型同相衰减电路如图 6.24 所示。基本要求是，输入为基于 $U_{IZ}=0.5V_D$ 的信号，输出为基于 $U_{OZ}=0.5V_D$ 的信号，当输入有变化量时，输出具有增益为 Gain 的同相变化量，即信号增益为 Gain，且

Gain 小于 1 倍。

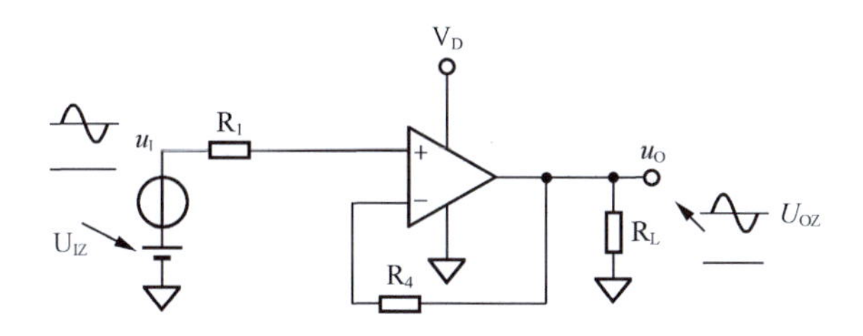

图 6.23 传递型跟随器

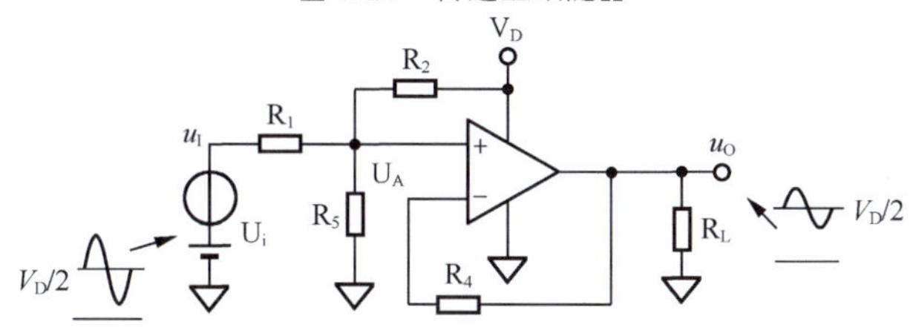

图 6.24 传递型同相衰减电路

其基本思想是，在静态电位上，V_D 端通过两个电阻 R_2 和 R_5 的分压，得到一个 $0.5V_D$ 的戴维宁等效电压源，与输入信号本身具备的 $0.5V_D$ 静态电位配合，以保证 U_A 端的静态电位仍为 $0.5V_D$。在动态上，R_2 和 R_5 并联，与 R_1 配合，将输入信号幅度实施衰减。因此，有如下关系成立。

$$R_2 = R_5 \tag{6-62}$$

$$\text{Gain} = \frac{R_2 // R_5}{R_1 + R_2 // R_5} = \frac{R_2}{2R_1 + R_2} \tag{6-63}$$

$$2R_1\text{Gain} + R_2\text{Gain} = R_2 \tag{6-64}$$

$$R_2(1-\text{Gain}) = 2R_1\text{Gain} \tag{6-65}$$

因此，设计此电路方法如下。

（1）根据电阻选择的一般性规则，选择合适的 R_1。

（2）根据下式求解 R_2 和 R_5 的值。

$$R_2 = R_5 = \frac{2R_1\text{Gain}}{(1-\text{Gain})} \tag{6-66}$$

（3）对于电阻 R_4 的值，可以采用下式计算。

$$R_4 = R_2 // R_5 // R_1 \tag{6-67}$$

和式（6-61）一样，R_4 也不是必须的，R_4 在以下两种情况下是需要的：第一种，所用运放具有输入端保护，比如 OPA277，此类运放用作跟随器时，必须用电阻实现反馈；第二种，对偏置电流产生的输出失调电压极为敏感，希望消除它。

举例 4

要求设计一个 ADC 驱动电路，输入电阻大于 4kΩ，输入信号为基于 2.5V 的、幅度为 8V 正弦波，要求输出为基于 2.5V 的、幅度为 2V 正弦波。

解：首先，这个电路的基线电压是 2.5V，最好用 5V 供电。

其次，从题目要求可知 Gain=0.25 倍，可采用传递型同相衰减电路。由于要求输入电阻大于 4kΩ，可选择电阻 R_1=4kΩ。根据式（6-66），可得：

$$R_2 = R_5 = \frac{2R_1\text{Gain}}{(1-\text{Gain})} = 2.667\text{k}\Omega$$

根据式（6-67），得 R_4=1000Ω，传递型同相衰减电路和仿真波形如图 6.25 所示。

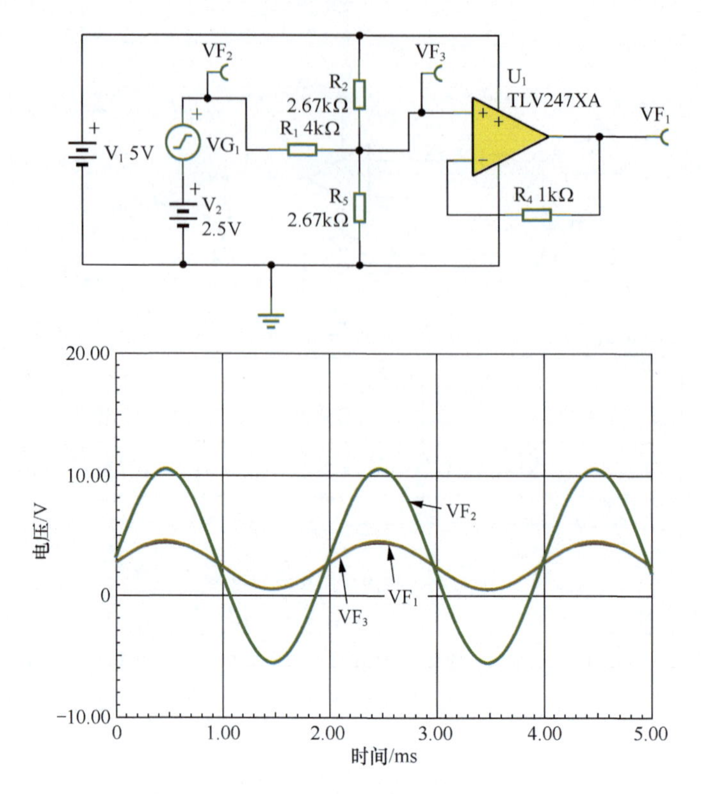

图 6.25　传递型同相衰减电路和仿真波形

举例 5

为 12 位流水线（Pipe Line，PL）型模数转换器 ADS807 设计一个驱动电路，要求供电电压为 +5V。输入信号为骑在 0V 上的、幅度为 0.2V 的单端信号，信号频率范围为 1kHz ～ 10MHz。

解：首先要对 ADS807 做初步了解。查阅数据手册，得到以下关键信息。

（1）最高采样率为 53Msps。

（2）5V 供电，两个全差分输入端（属于任意全差分型），每个输入端在 $2V_{pp}$ 模式下，能够接受的输入电压范围是 2 ～ 3V。ADS807 的简化结构如图 6.26 所示。

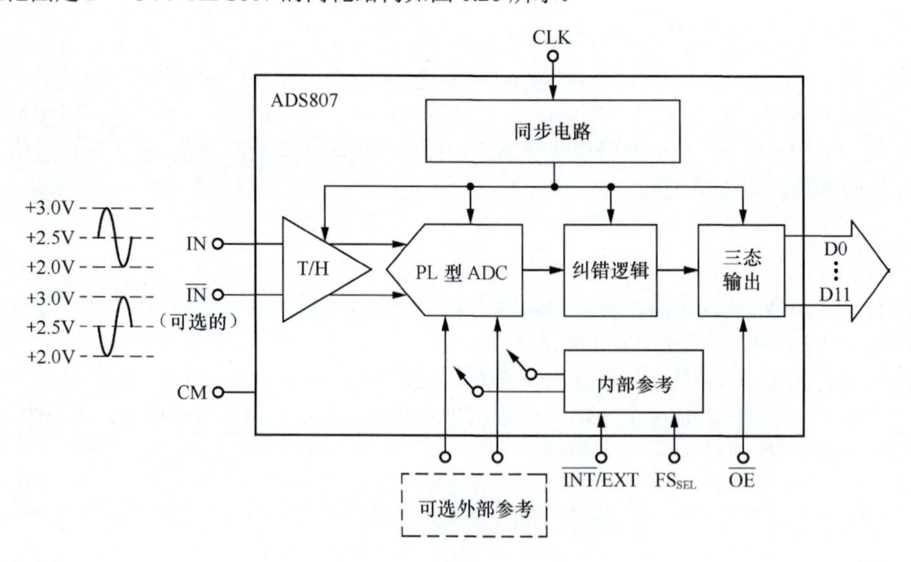

图 6.26　ADS807 简化结构

（3）ADS807 内部向外提供了一个 2.5V 共模电压输出 CM 端，可以给单电源驱动电路提供静默电位。

其次，确定电路结构。根据以上信息，基本确定驱动电路的结构如下。

（1）必须将单端输入信号转变成两个互为相反的差分信号，且每路信号都骑在 2.5V 上，幅度为 0.4V，这可以保证每路信号的变化范围为 2.1 ～ 2.9V，与 ADC 的输入范围有 0.1V 的裕量。因此，采用一路同相放大器，将幅度为 0.2V 的输入信号放大到 0.4V，且输出静默电位为 2.5V，同相增益为 2 倍。采用一路反相放大器，将幅度为 0.2V 的输入信号放大到 0.4V，且输出静默电位为 2.5V，反相增益绝对值也为 2。

（2）为了保证每路信号的静默电位都是 2.5V，利用交流耦合驱动电路较好。

先设计反相放大电路。

交流耦合反相电路如图 6.27 所示，为了保证两路信号具有完全相同的输出静默电位，利用 ADS807 提供的 2.5V 电压 CM 端，将电路改造成图 6.28 所示的电路，图 6.28 中增加了抗混叠滤波环节。为了避免和同相电路的符号重复，本电路重新对元器件进行了标号。

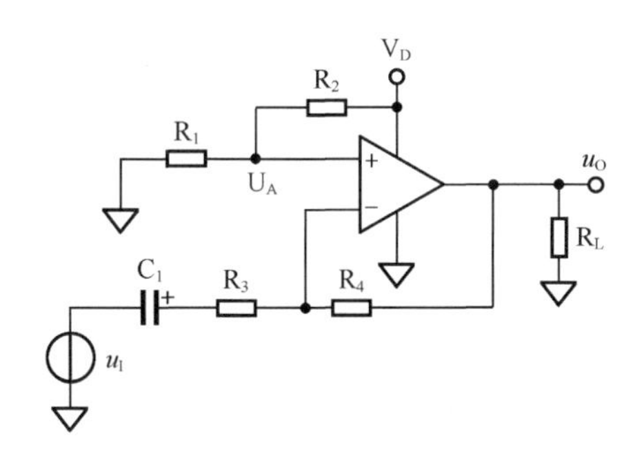

图 6.27 交流耦合反相电路

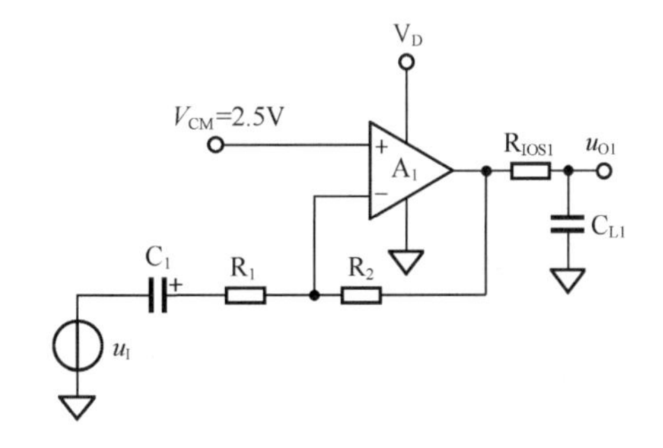

图 6.28 用 CM 端提供 2.5V 电压的反相电路

再设计同相放大电路。

交流耦合同相电路如图 6.29 所示，为了保证两路信号具有完全相同的输出静默电位，利用 ADS807 提供的 2.5V 电压 CM 端，将电路改造成图 6.30 所示的电路，图 6.30 中增加了抗混叠滤波环节，R_5 和 C_2 组成了交流阻容耦合。

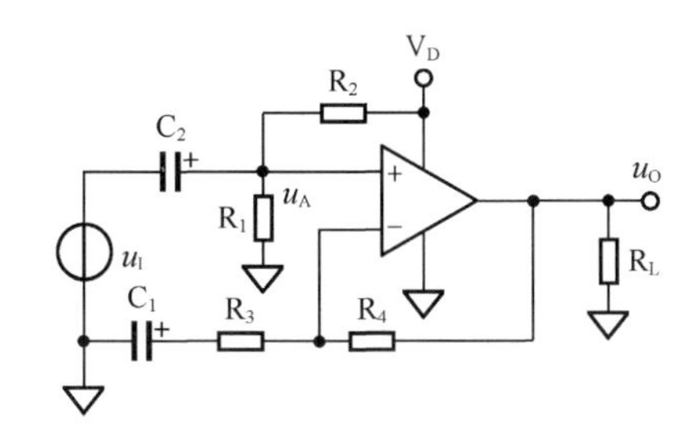

图 6.29 交流耦合同相电路

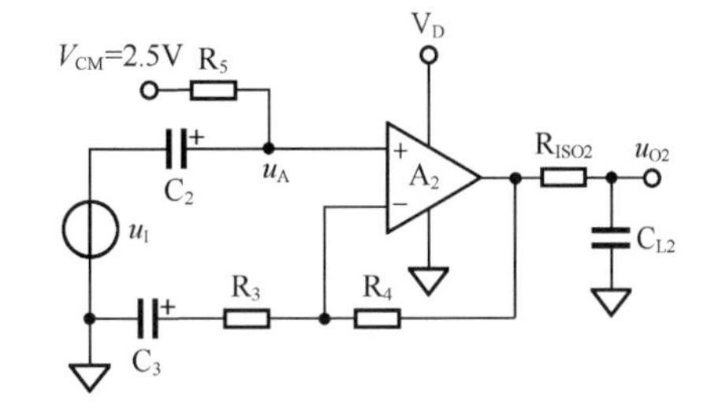

图 6.30 用 CM 端提供 2.5V 电压的同相电路

最后，整理计算，形成最终电路。

我们先给出最终电路，ADS807 驱动电路如图 6.31 所示，然后慢慢分析设计过程。

（1）电路只使用一个电容 C_1，就完成了输入信号到两个放大电路的交流耦合。图 6.31 中，在不考虑运放偏置电流的情况下，R_5 上没有静态电流，这导致运放 A 的正输入端为 2.5V，由于虚短，R_1 上也没有静态电流（一边是隔直电容 C_1，一边是运放 B 的正输入端高阻），则 u_A 也是 2.5V，这导致运放 A 和 B 的输出静默电位都是 2.5V。当输入信号加载后，电容 C_1 足够大，其两端电压不变，靠电阻 R_1 吸纳电流，u_A 会在 2.5V 基础上，出现与电容 C_1 左侧幅度完全相同的正弦波。这就实现了交流阻容（R_1 和 C_1）耦合。此后，u_A 一方面通过运放 A 实现反相放大，另一方面通过运放 B 实现同相放大。

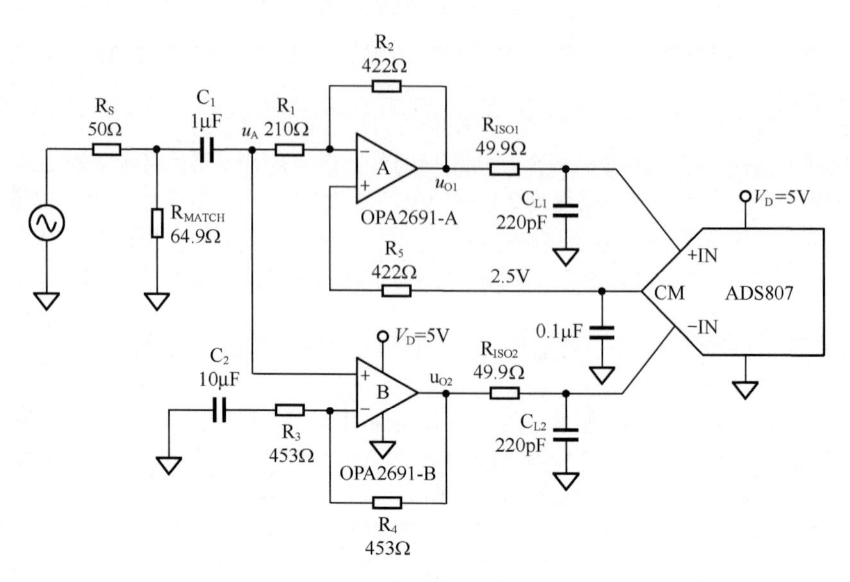

图 6.31　ADS807 驱动电路

（2）在输入端有一个 R_S，而且多了一个电阻 R_{MATCH}，这叫匹配电阻，见本节附录。

（3）运放选择。

图 6.31 选用的运放是 OPA2691。这是一款电流型双运放，内部含有两个完全相同的运放。

对 10MHz 的输入信号实施 2 倍放大，无论同相还是反相，很多运放都可以实现。在此不一一分析，OPA2691 仅是其中一种选择。

（4）高速放大器设计。

电流反馈型运放实现放大电路对外部电阻选择有严格要求，需要按照该运放的数据手册严格执行。图 6.32 来自 OPA2691 的数据手册，可以帮助用户选择反馈电阻。

所谓的噪声增益，是指无论电路结构是反相比例还是同相比例，都将其视为同相比例，计算得到的增益就是噪声增益。对于同相比例器，噪声增益就是该比例器的增益，对于反相比例器，噪声增益则是反相增益的绝对值加 1。图 6.31 中，运放 A 是反相比例器，其增益为 −2 倍，则其噪声增益为 3 倍。运放 B 是同相比例器，其增益为 2 倍，则其噪声增益也是 2 倍。

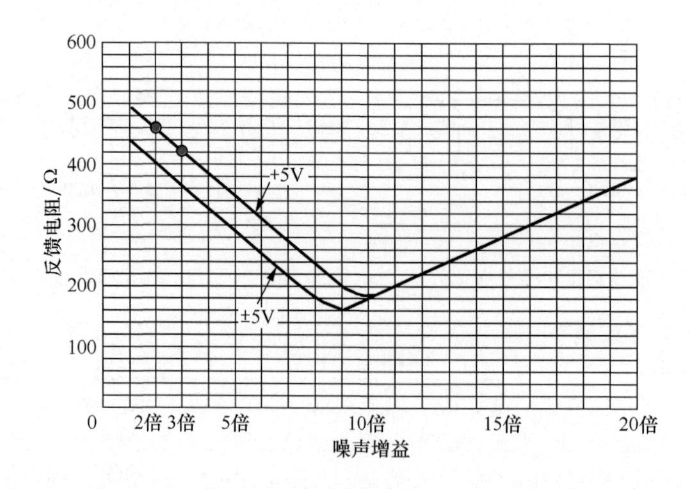

图 6.32　OPA2691 数据手册中的电阻选择建议

知道了电路的噪声增益，就可以在图 6.32 中找到反馈电阻的建议值，如图 6.32 中红色圆点。可知，运放 A 的反馈电阻约为 420Ω，取 422Ω。而运放 B 的反馈电阻约为 460Ω，取 453Ω。然后，按照实际增益大小，选择合适的增益电阻即可。

（5）抗混叠滤波器设计。

题目要求信号频率范围是 1kHz ～ 10MHz，暗指 -3dB 带宽。因此，抗混叠滤波器的上限截止频率稍大于 10MHz 即可。ADS807 数据手册建议隔离电阻不要大于 100Ω，可以选为 49.9Ω，按照 10MHz 计算，有：

$$C_{\mathrm{L}} < \frac{1}{2\pi R_{\mathrm{ISO}} f_{\mathrm{H}}} = 319\mathrm{pF}$$

取 C_{L}=220pF，则有：

$$f_{\mathrm{H}} = \frac{1}{2\pi R_{\mathrm{ISO}} C_{\mathrm{L}}} = 14.5\mathrm{MHz}$$

此频率较为合适。

（6）交流耦合电容的选择。

图 6.31 中 $\mathrm{C_1}$ 实现交流耦合，它和 3 个电阻共同形成下限截止频率。

$$f_{\mathrm{L}} = \frac{1}{2\pi\left(R_{\mathrm{S}} // R_{\mathrm{MATCH}} + R_1\right) C_1} \tag{6-68}$$

因此，要保证 f_{L}<1kHz，则：

$$C_1 > \frac{1}{2\pi\left(R_{\mathrm{S}} // R_{\mathrm{MATCH}} + R_1\right) f_{\mathrm{L}}} = 0.668\mu\mathrm{F}$$

取 C_1=1μF，则有：

$$f_{\mathrm{L}} = \frac{1}{2\pi\left(R_{\mathrm{S}} // R_{\mathrm{MATCH}} + R_1\right) C_1} = 668\mathrm{Hz}$$

将图 6.31 所示电路用 TINA-TI 进行仿真，得到的输入 / 输出波形如图 6.33 所示，频率特性如图 6.34 所示。图 6.33 中，$\mathrm{VF_1}$ 为输入波形，幅度为 0.4V，在进入放大器前经过阻抗匹配，已经衰减到 0.2V。$\mathrm{VF_2}$ 和 $\mathrm{VF_3}$ 是两路输出波形，都骑在 2.5V 上，幅度大约为 0.35V。这是因为 10MHz 信号在 14.5MHz 低通滤波器中已经出现了衰减。而 $\mathrm{VF_4}$ 是 $\mathrm{VF_2}$ 和 $\mathrm{VF_3}$ 相减得到的波形。

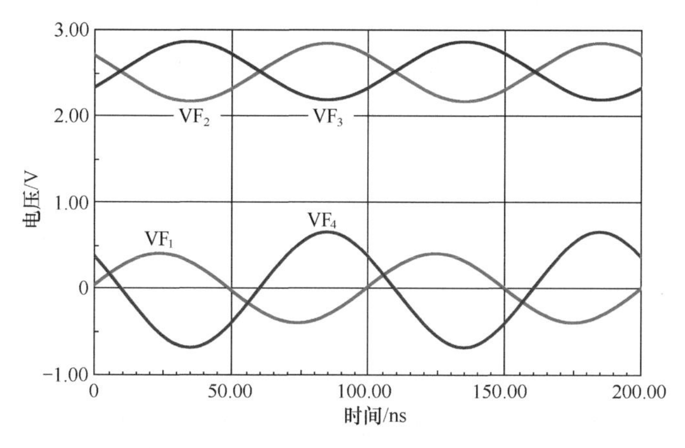

图 6.33　ADS807 驱动电路的输入 / 输出波形

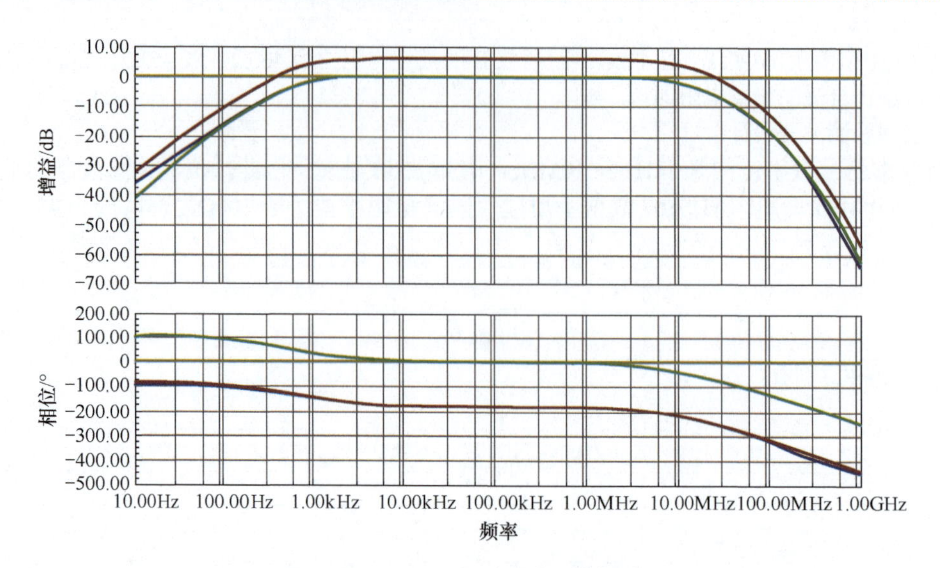

图 6.34　ADS807 驱动电路的频率特性

◎ ADC 的输入端为什么要增加电容

图 6.35 所示是 Cirrus Logic 公司生产的 24 位音频 ADC——CS5368 的典型驱动电路。请注意，在 ADC 的差分输入端 AIN1+ 和 AIN1- 之间，有一个 2700pF 的电容 C_{101}。这个电容在电路中起到什么作用呢？有人说，这是低通滤波器电容，作用是滤波。其实没那么简单。

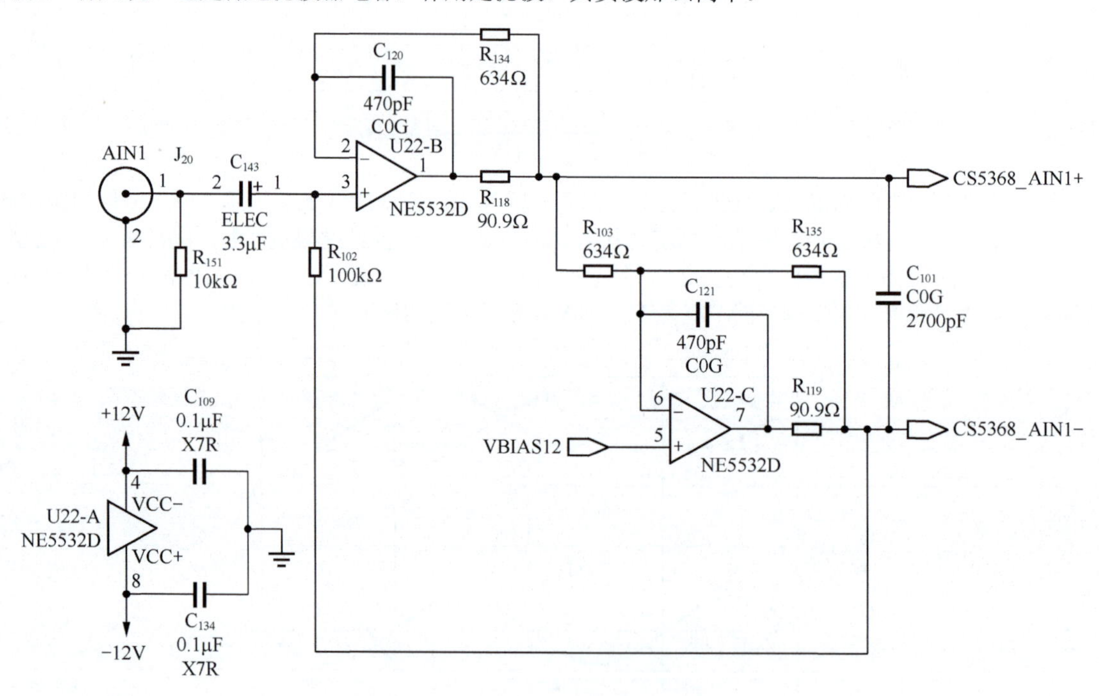

图 6.35　CS5368 的典型驱动电路

很多 ADC 内部没有隔离驱动器，从输入端进去就是开关控制的采样电容，如图 6.36 所示。该电容不断在采样、保持两种状态间来回切换：当开关接通外部输入信号时，电容充电，外部信号采样到电容上；当开关与外部输入信号断开时，电容上保持刚才的采样电压，用于 ADC 转换。请注意，在采样刚开始的一瞬间，电容电压与外部输入信号电压一定不相同（如果相同，则属偶然），则电容一定会立即充电，充电的速度取决于充电网络的时间常数——采样电容值乘以充电回路电阻。显然，回路电阻就是开关的导通电阻，非常小，为 10Ω 数量级，面对几十皮法的电容，其时间常数约为几百皮秒。因此，提供前级输入信号的运放必须吐出足够陡峭的快速充电电流。

绝大多数运放无法在瞬间提供如此陡峭的输出电流。因此，可以考虑在 ADC 的输入端对地接一个电容 C_I，如图 6.37 所示。此时，C_I 一直跟踪着输入信号的变化，且内部保有大量的电荷。当开关突然切换到采样状态时，给采样电容充电的电荷主要来自输入端电容 C_I，而运放只需要提供微弱的电流，这样就可以了。

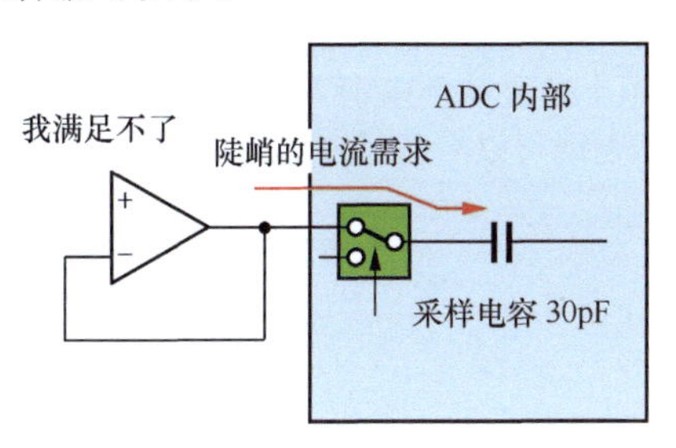

图 6.36　运放输出直接接入 ADC

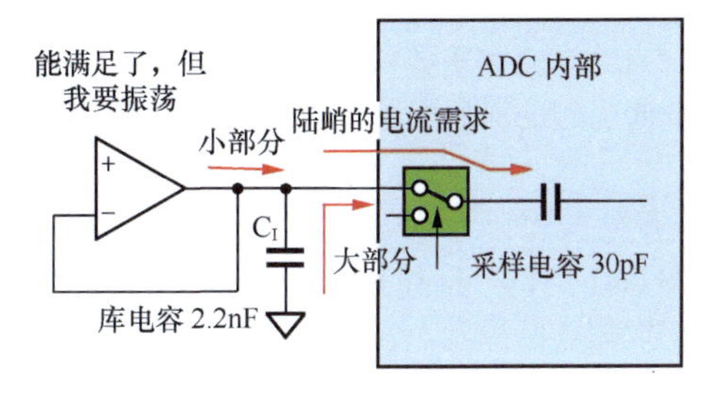

图 6.37　运放输出接对地电容后接入 ADC

但是，这只是美好的幻想。一旦这样连接，多数运放会出现不稳定甚至自激振荡现象。在电容前端增加一个隔离电阻 R_{ISO}，可以解决此问题，如图 6.38 所示。

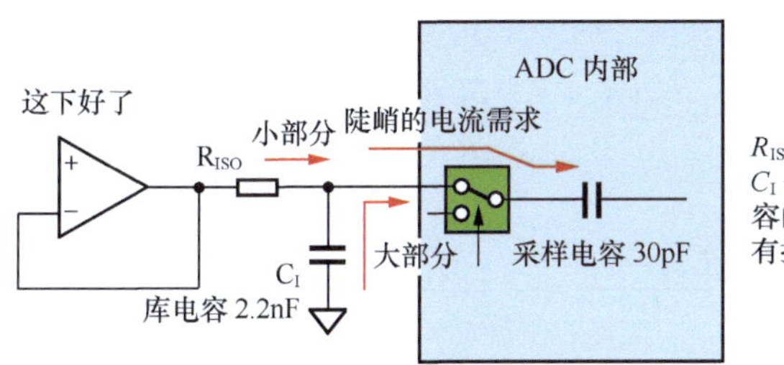

R_{ISO} 一般为 20～500Ω，C_I 一般为内部采样电容的 10～100 倍，也具有抗混叠作用

图 6.38　正确且简单的 ADC 驱动电路

◎驱动 ADC 输入端电容的典型电路

图 6.38 所示电路已经能够实现含输入端电容的 ADC 驱动，在精度要求不高的场合已经足够。但是可以看出，在采样阶段隔离电阻 R_{ISO} 上流过的小部分电流会产生一定压降，使采样电压值小于运放的输出电压。这不好。

图 6.39 和图 6.40 所示电路是驱动含输入端电容 ADC 的典型电路，在高精度 ADC 中应用极为广泛。

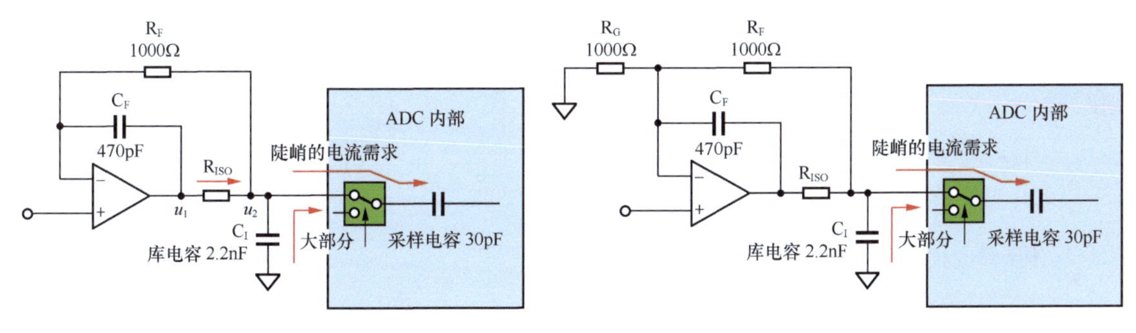

图 6.39　典型的 1 倍 ADC 驱动电路

图 6.40　典型的 2 倍 ADC 驱动电路

◎典型电路工作原理

以图 6.39 所示电路为例讲述其原理。

此电路利用隔离电阻实现了对大电容 C_I 的驱动，它与图 6.38 所示电路的区别有两点。第一，反

馈信号取自电阻 R_{ISO} 右侧，即真正的输出端。这使 ADC 的输入端电压 u_2，在负反馈有效的情况下，为准确的 u_{IN}，解决了采样阶段 C_I 电压略小于 u_{IN} 的问题。或者说，将隔离电阻置于反馈环内后，采样阶段隔离电阻上仍有小部分电流，但负反馈一定会使 $u_1> u_2$，而 $u_2 = u_{IN}$。再或者说，若反馈信号取自电阻 R_{ISO} 右侧，将使 C_I 头顶处的输出电阻大幅度下降。

但是如果只做这个改变，没有电容 C_F 的介入，此电路仍存在不稳定问题。单纯这样的改动，其实就是一个运放直接驱动大电容电路，只是运放输出电阻变为 r_O+R_{ISO}，它仍是一个一阶低通网络，只是时间常数变得更大了，一般来说这更容易引起不稳定问题。

第二点改动至关重要，就是增加了反馈电容 C_F。这相当于在反馈环中引入了一个高通网络，抵消了部分低通引起的滞后相移，进而增强了系统稳定性。具体表现可以在传函推导中体现。

◎典型电路传函推导

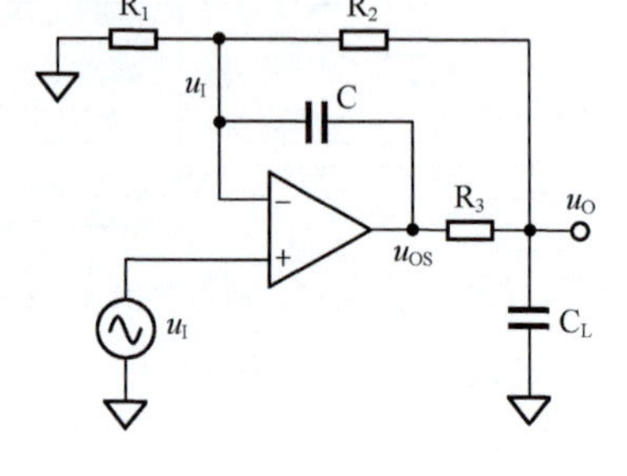

图 6.41　典型的 n 倍 ADC 驱动电路

以图 6.41 为例，推导其传函。

利用虚短虚断原则，在运放负输入端列出电流方程。

$$\frac{U_I}{R_1}=\frac{U_O-U_I}{R_2}+\frac{U_{OS}-U_I}{\frac{1}{SC}} \tag{6-69}$$

根据式（6-69），化简得：

$$R_2U_I=R_1U_O-R_1U_I+SCR_1R_2U_{OS}-SCR_1R_2U_I$$

$$U_{OS}=\frac{U_I\left(R_2+R_1+SCR_1R_2\right)-U_OR_1}{SCR_1R_2} \tag{6-70}$$

在图 6.41 的 u_O 处可列出电流方程。

$$\frac{U_{OS}-U_O}{R_3}=\frac{U_O-U_I}{R_2}+\frac{U_O}{\frac{1}{SC_L}} \tag{6-71}$$

化简得：

$$R_2U_{OS}-R_2U_O=R_3U_O-R_3U_I+SC_LR_2R_3U_O \tag{6-72}$$

将式（6-70）代入式（6-72），得：

$$\frac{U_I\left(R_2+R_1+SCR_1R_2\right)-U_OR_1}{SCR_1}=U_O\left(R_2+R_3+SC_LR_2R_3\right)-R_3U_I$$

化简得：

$$U_I\left(R_2+R_1+SCR_1R_2\right)-U_OR_1=U_O\left(SCR_1R_2+SCR_1R_3+S^2C_LCR_1R_2R_3\right)-SCR_1R_3U_I$$

$$U_O\left(SCR_1R_2+SCR_1R_3+S^2C_LCR_1R_2R_3+R_1\right)=U_I\left(R_2+R_1+SCR_1R_2+SCR_1R_3\right) \tag{6-73}$$

则：

$$A(S)=\frac{U_O}{U_I}=\frac{R_2+R_1+SCR_1R_2+SCR_1R_3}{SCR_1R_2+SCR_1R_3+S^2C_LCR_1R_2R_3+R_1}=\frac{R_2+R_1}{R_1}\times\frac{1+SC(R_2+R_3)\frac{R_1}{R_2+R_1}}{1+SC(R_2+R_3)+S^2C_LCR_2R_3} \tag{6-74}$$

将传函写成频域表达式。

$$\dot{A}(\mathrm{j}\omega)=\frac{R_2+R_1}{R_1}\times\frac{1+\mathrm{j}\omega C(R_2+R_3)\frac{R_1}{R_2+R_1}}{1+\mathrm{j}\omega C(R_2+R_3)+(\mathrm{j}\omega)^2C_LCR_2R_3}=$$

$$A_m\times\frac{1+\mathrm{j}\omega C(R_2+R_3)\frac{1}{A_m}}{1+\mathrm{j}\omega C(R_2+R_3)+(\mathrm{j}\omega)^2C_LCR_2R_3}=$$

$$A_m \times \frac{1+\mathrm{j}\frac{\omega}{\omega_0}C(R_2+R_3)\frac{1}{\sqrt{C_LCR_2R_3}}\frac{1}{A_m}}{1+\mathrm{j}\frac{\omega}{\omega_0}C(R_2+R_3)\frac{1}{\sqrt{C_LCR_2R_3}}+\left(\mathrm{j}\frac{\omega}{\omega_0}\right)^2}=$$

$$A_m \times \frac{1+\mathrm{j}\frac{\omega}{\omega_0}\frac{\sqrt{C}(R_2+R_3)}{\sqrt{C_LR_2R_3}}\frac{1}{A_m}}{1+\mathrm{j}\frac{\omega}{\omega_0}\frac{\sqrt{C}(R_2+R_3)}{\sqrt{C_LR_2R_3}}+\left(\mathrm{j}\frac{\omega}{\omega_0}\right)^2}=A_m \times \frac{1+\mathrm{j}\frac{\omega}{\omega_0}\frac{1}{QA_m}}{1+\mathrm{j}\frac{\omega}{\omega_0}\frac{1}{Q}+\left(\mathrm{j}\frac{\omega}{\omega_0}\right)^2} \tag{6-75}$$

其中，

$$A_m=\frac{R_2+R_1}{R_1} \tag{6-76}$$

$$\omega_0=\frac{1}{\sqrt{C_LCR_2R_3}},\ f_0=\frac{1}{2\pi\sqrt{C_LCR_2R_3}} \tag{6-77}$$

$$Q=\frac{\sqrt{C_LR_2R_3}}{\sqrt{C}(R_2+R_3)}=\sqrt{\frac{C_L}{C}}\times\frac{\sqrt{R_2R_3}}{R_2+R_3} \tag{6-78}$$

从式（6-75）可看出，它是一个 A_m 倍标准低通和 1 倍标准带通之和，总增益大致呈现低通、高不通的特性：当 ω=0 时，增益为 A_m；当 ω 为无穷大时，增益为 0。

这个电路的基本结构是一个同相比例器。利用这个电路的基本思想，还可以形成反相比例器型的 ADC 驱动典型电路，如图 6.42 所示。

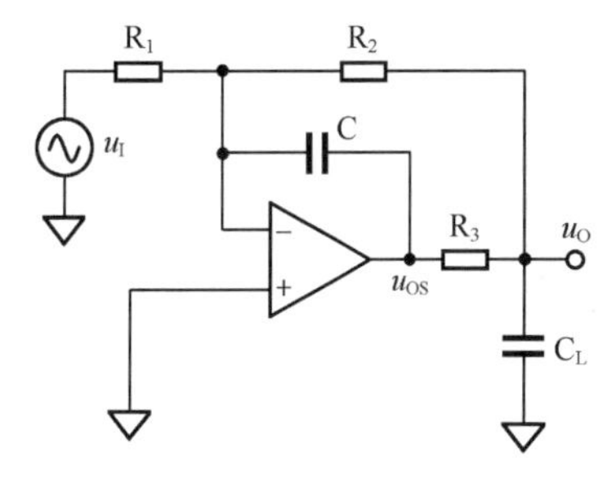

图 6.42 反相比例器型的 ADC 驱动典型电路

其传函推导过程如下。

对 u_O 处列出电流方程。

$$\frac{u_{OS}-u_O}{R_3}=\frac{u_O}{R_2}+SC_Lu_O \tag{6-79}$$

可得：

$$u_{OS}=\frac{u_O}{R_2}R_3+SC_LR_3u_O+u_O \tag{6-80}$$

对运放负输入端列出电流方程，并将式（6-80）代入。

$$\frac{u_I}{R_1}=-\frac{u_O}{R_2}-SCu_{OS}=-\frac{u_O}{R_2}-SC\left(\frac{u_O}{R_2}R_3+SC_LR_3u_O+u_O\right)=$$
$$-\frac{u_O}{R_2}-SC\frac{u_O}{R_2}R_3-S^2C_LCR_3u_O-SCu_O=-u_O\left(\frac{1}{R_2}+SC\frac{R_2+R_3}{R_2}+S^2C_LCR_3\right) \tag{6-81}$$

可得：

$$A=\frac{u_O}{u_I}=-\frac{R_2}{R_1}\left(\frac{1}{1+SC(R_2+R_3)+S^2C_LCR_2R_3}\right) \tag{6-82}$$

将其写成频域表达式，为：

$$\dot{A}(\mathrm{j}\omega)=-\frac{R_2}{R_1}\times\frac{1}{1+\mathrm{j}\omega C(R_2+R_3)+(\mathrm{j}\omega)^2C_LCR_2R_3}=A_m\times\frac{1}{1+\mathrm{j}\omega C(R_2+R_3)+(\mathrm{j}\omega)^2C_LCR_2R_3}=$$
$$A_m\times\frac{1}{1+\mathrm{j}\frac{\omega}{\omega_0}C(R_2+R_3)\frac{1}{\sqrt{C_LCR_2R_3}}+\left(\mathrm{j}\frac{\omega}{\omega_0}\right)^2}=A_m\times\frac{1}{1+\mathrm{j}\frac{\omega}{\omega_0}\frac{\sqrt{C}(R_2+R_3)}{\sqrt{C_LR_2R_3}}+\left(\mathrm{j}\frac{\omega}{\omega_0}\right)^2}= \tag{6-83}$$
$$A_m\times\frac{1}{1+\mathrm{j}\frac{\omega}{\omega_0}\frac{1}{Q}+\left(\mathrm{j}\frac{\omega}{\omega_0}\right)^2}$$

挺奇妙的，它不同于同相结构，而是一个标准低通滤波器，其中，

$$A_{\mathrm{m}}=-\frac{R_2}{R_1} \tag{6-84}$$

$$\omega_0=\frac{1}{\sqrt{C_{\mathrm{L}}CR_2R_3}},\quad f_0=\frac{1}{2\pi\sqrt{C_{\mathrm{L}}CR_2R_3}} \tag{6-85}$$

$$Q=\frac{\sqrt{C_{\mathrm{L}}R_2R_3}}{\sqrt{C}\left(R_2+R_3\right)}=\sqrt{\frac{C_{\mathrm{L}}}{C}}\times\frac{\sqrt{R_2R_3}}{R_2+R_3} \tag{6-86}$$

其特征频率与品质因数的表达式与同相结构完全相同。

对图 6.43 所示电路求关键指标，并做分析。

解：这是 24 位 ADC——ADS1298 数据手册中的一个电路。以 +5V 直流电压为源头，通过基准电压芯片 REF5025，给出 2.5V 基准电压，然后经过 OPA211 组成的电路，在 To VREFP Pin 处形成 2.5V 超低噪声基准电压。

很显然，OPA211 组成电路为一个 ADC 驱动典型电路，其中 R_1 阻值为无穷大，则根据式（6-75）得到其输出随频率变化的表达式为：

$$\dot{A}(\mathrm{j}\omega)=\frac{R_2+R_1}{R_1}\times\frac{1+\mathrm{j}\omega C(R_2+R_3)\dfrac{R_1}{R_2+R_1}}{1+\mathrm{j}\omega C(R_2+R_3)+(\mathrm{j}\omega)^2C_{\mathrm{L}}CR_2R_3}=\frac{1+\mathrm{j}\omega C(R_2+R_3)}{1+\mathrm{j}\omega C(R_2+R_3)+(\mathrm{j}\omega)^2C_{\mathrm{L}}CR_2R_3}=\frac{1+\mathrm{j}\dfrac{\omega}{\omega_0}\dfrac{1}{Q}}{1+\mathrm{j}\dfrac{\omega}{\omega_0}\dfrac{1}{Q}+\left(\mathrm{j}\dfrac{\omega}{\omega_0}\right)^2} \tag{6-87}$$

其中，

$$f_0=\frac{1}{2\pi\sqrt{C_{\mathrm{L}}CR_2R_3}}=5033\mathrm{Hz}$$

$$Q=31.6$$

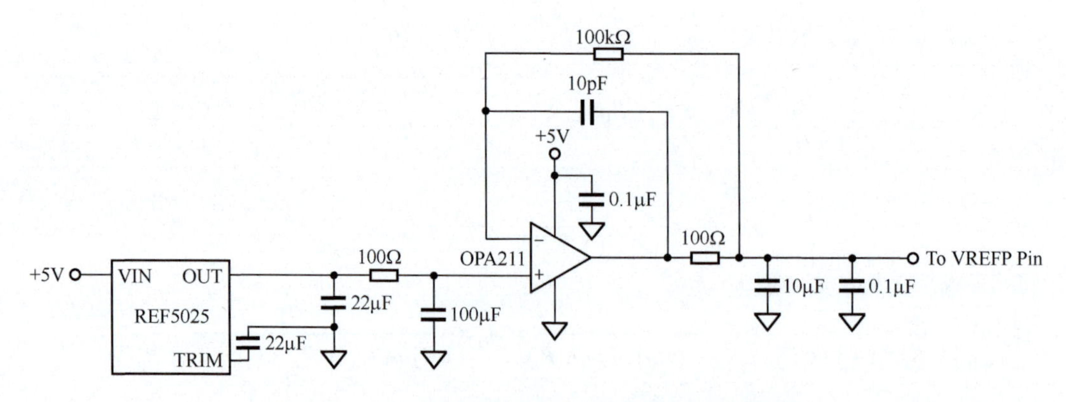

图 6.43　ADS1298 中将 ADC 驱动电路用于基准源驱动

这个电路表现出类似于低通的效果，通带截止频率大约为 5kHz，用于抑制基准电压中存在的高频噪声。但是为什么不用一个标准低通呢？原因是它需要输出端具有一个 10μF 大容量库电容，以满足 ADC 在采样过程中对基准电压的瞬间采样。同时又需要一个极低的输出阻抗。标准低通电路输出阻抗虽然非常小，但是无法驱动一个大电容。而这种 ADC 典型驱动电路能同时满足上述两个要求，还兼

具低通效果。

OPA211 左侧的 100Ω 电阻和 100μF 电容，形成一个截止频率为 15.9Hz 的一阶低通网络，主要用于抑制 REF5025 输出端存在的高频噪声。

读者可能会问，前面已经有 15.9Hz 的低通网络，为什么还需要 5kHz 的低通？请注意，ADC 典型电路由 OPA211 运放组成，运放本身具有等效输入噪声，会在其输出端产生广谱噪声。对于这部分噪声，前级的无源 15.9Hz 低通是无能为力的，只能依赖于 OPA211 减小自己的输出噪声。

OPA211 是 TI 公司最为经典的超低噪声运放，其平坦区噪声电压密度仅为 1.1nV/$\sqrt{\text{Hz}}$，是极其优秀的。

◎本节附录：匹配电阻简介

从前级信号源到后级输入端，总是需要 PCB 走线或者实体的传输线，也必然存在传输距离。信号频率越高，其波长越短，如表 6.1 所示。当传输距离太长，以至于接近于信号波长的 1/4 时，回波反射就会影响源波形。在高频信号链路中，为了减少回波反射对信号的影响，通常要求全程阻抗匹配。即前级输出阻抗 = 传输线特征阻抗 = 后级输入阻抗。

多数高频链路中，传输距离一般为几厘米到几十厘米。因此 100MHz 级别的信号链路必须考虑阻抗匹配。举例 5 要求上限为 10MHz，介于可考虑边缘。

表 6.1　信号频率与波长的关系

频率	1MHz	10MHz	100MHz	1GHz	10GHz
波长	300m	30m	3m	0.3m	3cm
1/4 波长	75m	7.5m	0.75m	7.5cm	0.75cm

常见的传输线有 4 种：特征阻抗为 50Ω 的同轴电缆、特征阻抗为 75Ω 的电视电缆、特征阻抗为 100Ω 的双绞线，以及特征阻抗与布线有关的 PCB 走线。特别注意，实体传输线的特征阻抗与线的长度无关。传输线确定后，其特征阻抗就确定了。

因此，只要知道传输线特征阻抗，就可以在电路中通过设计实现阻抗匹配。

（1）让前级输出电阻等于传输线特征阻抗。这很容易，比如前级放大器原来的输出阻抗为 0Ω，就给它串联一个 50Ω 实体电阻，如图 6.44 所示。

（2）让后级电路的输入阻抗等于传输线特征阻抗。这也容易，比如图 6.44 中，输入端原本是一个 OPA842 组成的高阻同相比例器，那就给它对地接一个 50Ω 实体电阻。图 6.31 中，原输入电阻阻值等于 R_1，为 210Ω，那就给它对地接一个 64.9Ω 的匹配电阻，使两者的并联阻值约为 50Ω。

图 6.44 中，前级输出有一个 SMA 铜座，后级输入也有一个 SMA 铜座，中间靠一个特征阻抗为 50Ω 的同轴电缆传输。这样连接后，源信号只有一半到达后级输入端。在电路图上，传输线并不体现出来，就形成了图 6.31 中只有两个电阻 R_S 和 R_{MATCH} 的样子。

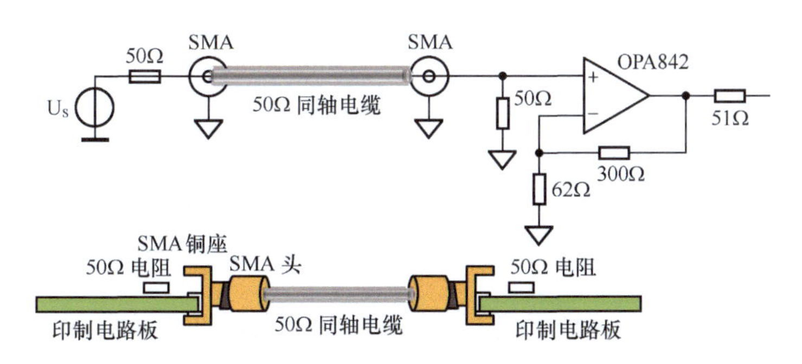

图 6.44　高频链路中的阻抗匹配

6.3 全差分运放实现的 ADC 驱动电路

目前，越来越多的 ADC 具备全差分输入结构，即 ADC 转换的模拟量是两个输入端之间的电压差，这正好为全差分运放提供了用武之地。因此，大量 ADC 的数据手册给出的驱动电路是基于全差分运放的。

本节讲述全差分运放实现的 ADC 驱动电路。

◎全差分运放回顾

在分析全差分运放组成的电路中，可以利用如下 3 个结论。全差分运放管脚结构如图 6.45 所示。全差分放大对称输入电路如图 6.46 所示。

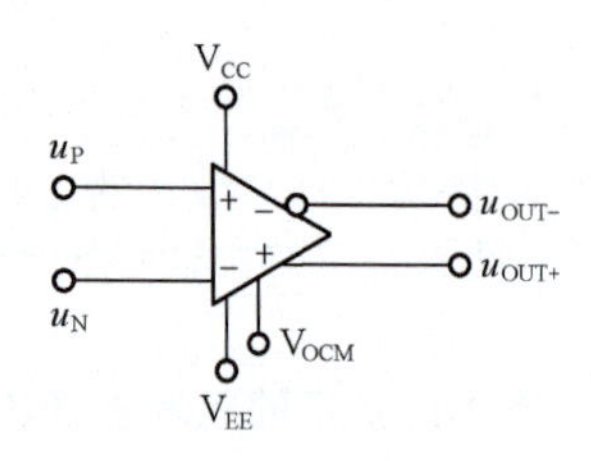

图 6.45　全差分运放管脚结构

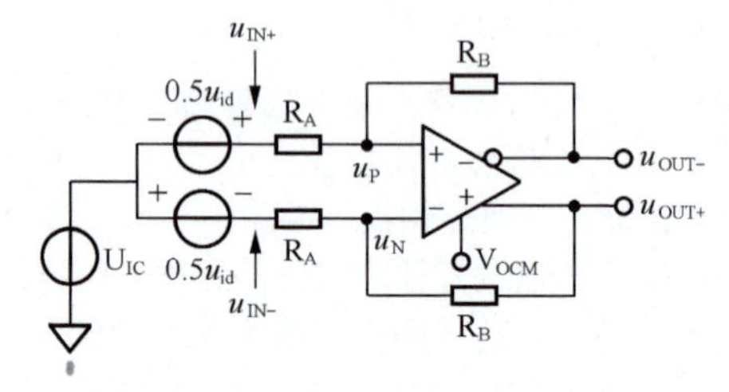

图 6.46　全差分放大对称输入电路

（1）输出始终受到 V_{OCM} 控制。

$$\frac{u_{OUT+}+u_{OUT-}}{2}=V_{OCM} \tag{6-88}$$

（2）两个输入端虚短。

$$u_P=u_N \tag{6-89}$$

（3）两个输入端虚断，即流入 / 流出输入端的电流始终为 0A。

有此 3 个法则，任何全差分运放组成的放大电路均可得到顺利分析。

◎单转差单电源电路——直接耦合

原始输入信号为基于 0V 的双极性信号，而 ADC 为全差分输入，只接受单极性输入时，应用单转差单电源直接耦合电路，如图 6.47 所示。

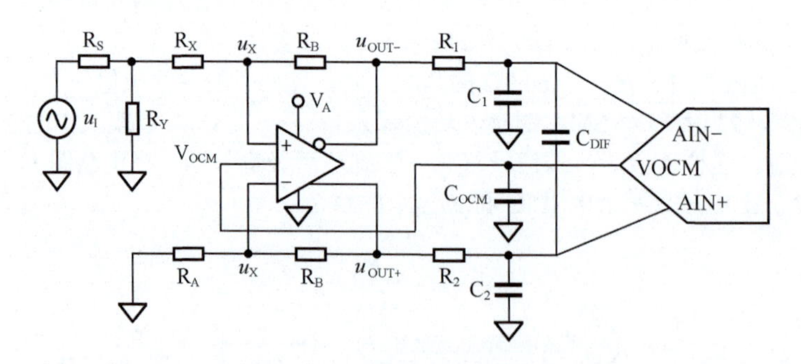

图 6.47　单转差单电源直接耦合电路

该电路的核心为全差分运放，配合外部的 5 个电阻 R_X、R_Y、R_A、R_B、R_B，实现全差分放大和电平移位。然后在两个输出端，分别接 R_1 和 C_1、R_2 和 C_2 组成的一阶低通无源滤波器，对两个输出信号分别实施抗混叠低通滤波，称之为共模滤波器；以及 R_1、R_2 和 C_{DIF} 组成的一阶低通无源滤波器，对两个输出之间的差值实施抗混叠滤波，称之为差模滤波器。

这类 ADC 一般会提供一个基线输出电压，如图 6.47 中 ADC 的 VOCM 脚，ADC 的供电为单一 5V，输入电压范围为 0 ～ 5V，则 VOCM 脚一般输出一个非常稳定的 2.5V，以帮助全差分驱动电路的两个输出信号都骑在 2.5V 上。当然，如果 ADC 不提供这个输出电压，你可以自己做一个基线电压，并将其加载到全差分运放的 VOCM 管脚。

ADC 的 VOCM 脚输出接一个电容 C_{OCM}，其目的是进一步降低该基线电压的噪声。

这个电路的计算比较麻烦，设计之前必须给出如下要求。

（1）前级信号含有阻值为 R_S 的输出电阻，一般为 50Ω。要求驱动电路的输入电阻也是 50Ω，即，从电阻 R_S 右侧节点向右看进去的等效电阻为 R_S，以便与前级输出电阻实现阻抗匹配（见第 6.2 节附录）。

（2）要求输出信号实现指定的增益：

$$\text{Gain}=\frac{u_{OUT+}-u_{OUT-}}{u_I} \tag{6-90}$$

（3）静态时两个输出电压相等，为 V_{OCM}。

按照上述要求，开始设计。假设电阻 R_B 是已知的，电阻 R_S 为前级设定的，也是已知的，我们的任务是求解另外 3 个电阻 R_A、R_X 和 R_Y 的值。

（1）先分析静态条件。为保证静态时两个输出电压均为 V_{OCM}，可将电路中输入电压 u_I 设为 0V。此时，两个输出端电位相等，且全差分运放两个输入端电位均为 U_X，可知流过两个 R_B 的电流相等，均为 I。由于虚断，此电流在上面部分流过 R_X 和 R_Y、R_S 组合，在下面部分流过 R_A，且电阻 R_X 和电阻 R_A 的右侧电位均为 U_X，可得到：

$$I\times R_A=I\times\left(R_X+R_S//R_Y\right)=U_X$$

$$R_A=R_X+R_S//R_Y \tag{6-91}$$

式（6-91）表明，对于全差分运放组成的放大电路，在直接耦合电路中，要想实现静态输出相同，必须具有上侧与下侧电阻的对称性。

（2）再分析动态条件。画出动态等效电路如图 6.48 所示。为保证输入电阻为 R_S，则实体电阻 R_S 右侧动态电位应为 $0.5u_i$，且两个输出端动态电位分别为 $0.5\text{Gain}u_i$ 和 $-0.5\text{Gain}u_i$。为了进一步简化求解过程，设：

$$k=\frac{R_Y}{R_Y+R_S}$$

则有：

$$R_S//R_Y=kR_S \tag{6-92}$$

利用戴维宁定理，画出等效电路如图 6.49 所示。由于式（6-91），此电路就成了一个标准四电阻全差分单转差电路，电路增益为 R_B/R_A，即有：

$$\frac{R_B}{R_A}=\frac{0.5\text{Gain}u_i-\left(-0.5\text{Gain}u_i\right)}{ku_i}=\frac{\text{Gain}}{k}$$

则有：

$$k=\text{Gain}\frac{R_A}{R_B} \tag{6-93}$$

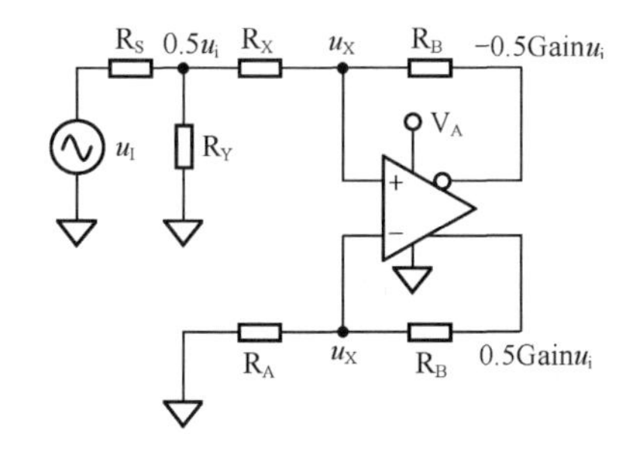

图 6.48　动态等效电路

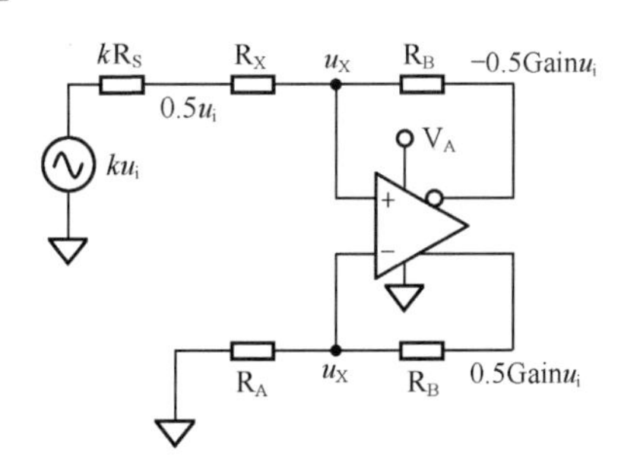

图 6.49　动态等效电路的等效电路

对电阻 R_X 左侧节点，列出电流方程。

$$\frac{ku_i - 0.5u_i}{kR_S} = \frac{0.5u_i + 0.5\text{Gain}u_i}{R_B + R_X} \tag{6-94}$$

目标是只保留 R_A 待求，为 x。将式（6-94）中的 k 用式（6-93）代入，R_X 用式（6-91）代入，且将 u_i 消掉，则有：

$$\frac{k - 0.5}{kR_S} = \frac{0.5 + 0.5\text{Gain}}{R_B + (R_A - kR_S)} \tag{6-95}$$

$$\frac{\text{Gain}\frac{R_A}{R_B} - 0.5}{\text{Gain}\frac{R_A}{R_B}R_S} = \frac{0.5 + 0.5\text{Gain}}{R_B + \left(R_A - \text{Gain}\frac{R_A}{R_B}R_S\right)} \tag{6-96}$$

$$\frac{\text{Gain}\frac{x}{R_B} - 0.5}{\text{Gain}\frac{x}{R_B}R_S} = \frac{0.5 + 0.5\text{Gain}}{R_B + \left(x - \text{Gain}\frac{x}{R_B}R_S\right)} \tag{6-97}$$

求解此方程，首先交叉相乘。

$$(0.5 + 0.5\text{Gain})\text{Gain}\frac{R_S}{R_B}x = \text{Gain}R_B\frac{x}{R_B} - 0.5R_B + \text{Gain}\frac{x^2}{R_B} - 0.5x - \text{Gain}\frac{x}{R_B}\text{Gain}\frac{x}{R_B}R_S + 0.5\text{Gain}\frac{x}{R_B}R_S \tag{6-98}$$

然后合并同类项。

$$\begin{gathered}\left(\text{Gain}^2\frac{R_S}{R_B^2} - \frac{\text{Gain}}{R_B}\right)x^2 + \left(0.5\text{Gain}^2\frac{R_S}{R_B} - \text{Gain} + 0.5\right)x + 0.5R_B = 0 \\ \left(\frac{\text{Gain}^2R_S - \text{Gain}R_B}{R_B^2}\right)x^2 + \left(0.5\text{Gain}^2\frac{R_S}{R_B} - \text{Gain} + 0.5\right)x + 0.5R_B = 0\end{gathered} \tag{6-99}$$

这是一个一元二次方程，设：

$$\begin{cases} a = \dfrac{\text{Gain}^2R_S - \text{Gain}R_B}{R_B^2} \\ b = 0.5\text{Gain}^2\dfrac{R_S}{R_B} - \text{Gain} + 0.5 \\ c = 0.5R_B \end{cases} \tag{6-100}$$

则有：

$$x = \frac{-b \pm \sqrt{b^2 - 4ac}}{2a} = R_A \tag{6-101}$$

其后，一切都迎刃而解。据式（6-93）可解得 k，然后利用式（6-92）反解出 R_Y。

$$R_Y = \frac{k}{1-k}R_S = \frac{\text{Gain}\frac{R_A}{R_B}}{1 - \text{Gain}\frac{R_A}{R_B}}R_S = \frac{\text{Gain}R_A}{R_B - GR_A}R_S \tag{6-102}$$

而据式（6-91）可以反解出 R_X。

$$R_X = R_A - R_S // R_Y = R_A - \text{Gain}\frac{R_A}{R_B}R_S \tag{6-103}$$

设计一个基于全差分运放的单转差单电源直接耦合电路，不考虑抗混叠滤波。前级输出阻抗为

75Ω，要求驱动电路实现阻抗匹配，总电压增益为 10 倍，反馈电阻 R_B 大于 100Ω，尽量小。

解：采用图 6.47 所示电路，不设计后续的抗混叠滤波。已知 Gain=10 倍，R_S=75Ω，题目中要求电阻 R_B 大于 100Ω，并且要尽量小，我们就先选择 R_B=100Ω。

根据式（6-101）得：R_{A1}=−8.33Ω，R_{A2}=−41.2Ω，均不合理。这说明电阻 R_B 不能随意设置。那么，我们选择 R_B=1000Ω 试试看。根据式（6-101）得：R_{A1}=−1228Ω，R_{A2}=83.9Ω，合理。根据式（6-102）得：R_Y=390.7Ω。根据式（6-103）得：R_X=20.97Ω。据此，设计举例 1 电路如图 6.50 所示。

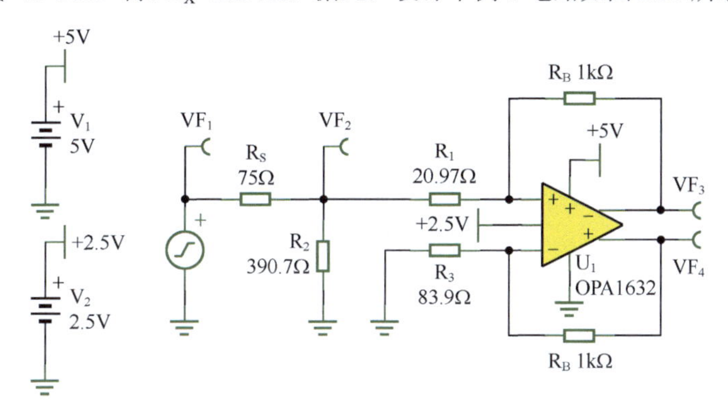

图 6.50　举例 1 电路

举例 1 仿真波形如图 6.51 所示，其中 VF_1 为 1kHz、幅度为 141.42mV 正弦波（有效值为 100mV），可以看出两个输出信号都骑在 2.5V 上，且相位相反。

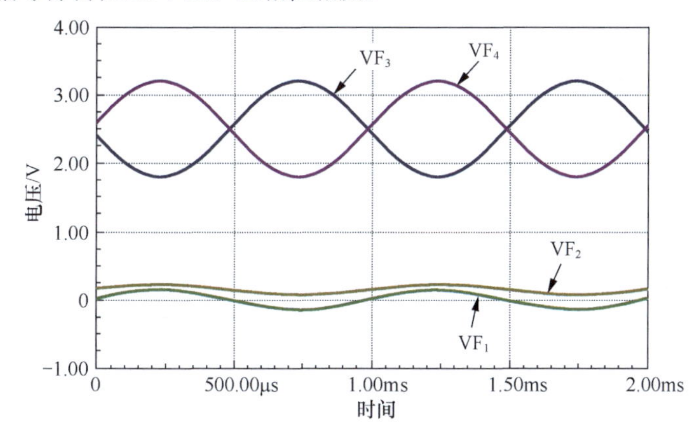

图 6.51　举例 1 仿真波形

用仿真软件中的万用表测量 VF_2 有效值为 50.02mV，约为输入信号的 50%，说明阻抗匹配基本成功。测量 VF_3 有效值为 499.62mV，VF_4 有效值为 499.62mV，说明两个输出信号大小相等，均为输入信号的 4.9962 倍。由于两个输出相位相反，因此总增益为 9.9924 倍，与设计要求的 10 倍基本吻合。

是否可将电阻 R_B 的值进一步减小？其减小的极限是多少？请读者根据表达式自己思考。

为 16 位模数转换器 AD7625 设计一个基于全差分运放的单转差单电源直接耦合电路。前级输出阻抗为 50Ω，要求驱动电路实现阻抗匹配。输入信号为单端双极性信号，空载电压最大为 200mV。要求设计中尽量发挥 ADC 的带宽和输入电压范围。

解：与举例 1 的理论计算完全不同，这是一个实际的设计，因此考虑因素将非常多。为了不吓坏读者，本例没有提出更多的技术要求，比如供电电压、功耗、失调、噪声等。

（1）先初步了解 AD7625。AD7625 的结构如图 6.52 所示，它是单极性全差分输入的逐次逼近型 ADC，最高采样率为 6Msps。模拟部分采用单一 +5V 供电，基准电压为 4.096V（图 6.52 中 REF 脚可以由外部提供 4.096V，也可以由内部 1.2V 带隙基准源经 3.4133 倍放大产生）。

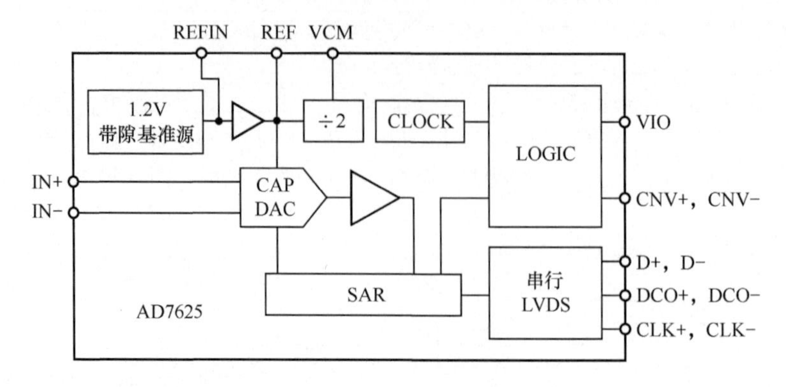

图 6.52　AD7625 结构

再看 ADC 的参数，主要看输入性能。

SPECIFICATIONS

VDD1 = 5 V; VDD2 = 2.5 V; VIO = 2.5 V; REF = 4.096 V; all specifications T_{MIN} to T_{MAX}, unless otherwise noted.

Table 2.

Parameter	Test Conditions/Comments	Min	Typ	Max	Unit
RESOLUTION		16			Bits
ANALOG INPUT					
Voltage Range	$V_{IN+} - V_{IN-}$	$-V_{REF}$		$+V_{REF}$	V
Operating Input Voltage	V_{IN+}, V_{IN-} to GND	−0.1		V_{REF} + 0.1	V
Common-Mode Input Range		$V_{REF}/2 - 0.05$	$V_{REF}/2$	$V_{REF}/2 + 0.05$	V
Common-Mode Rejection Ratio	f_{IN} = 1 MHz		60		dB
Input Current	Midscale input		77		μA

当 V_{REF}=4.096V 时，它的每个输入端可以接受 -0.1V 到 V_{REF}+0.1V=4.196V 的模拟量输入。这是极端情况，我们可以按照正常理解，其最小值为 0V，最大值为 4.096V。

两个输入端之间可以接受最小值为 $-V_{REF}$=−4.096V（V_{IN+}=0V，V_{IN-}=4.096V），最大值为 V_{REF}=4.096V（V_{IN+}= 4.096V，V_{IN-}=0V）的输入。

共模输入范围典型值为 V_{REF}/2=2.048V，最小值为 V_{REF}/2−0.05V=1.998V，最大值为 2.098V，这说明该 ADC 为强制全差分型，对两个输入端电压有强制约束——两者的平均值应为 2.048V，允许波动 0.05V。

（2）据此可知，我们应设计一个全差分驱动电路，其共模输出为 2.048V，单端最大值为 4.096V，最小值为 0V。但是，在单一正电源供电情况下，要输出 0V 电压，需要运放输出完全轨至轨，这非常困难。多数轨至轨型全差分放大器也只能输出 0.1V 的最小电压。为保证裕量，兼好计算，可以考虑将最小输出电压设定为 0.248V。能满足这个条件的有 ADA4940-1、THS4531、THS4521 等。这样的话，单端输出幅度最大值也只能为 2.048V−0.248V=1.8V。

因此，考虑到输入信号幅度最大为 200mV，应将全差分驱动电路的增益设定为 Gain=18 倍。此时，在单一 5V 供电下，ADC 接收到的电压最大值为 2.048V+9×0.2V=3.848V，正轨至轨电压为 5V−3.848V=1.152V，最小值为 2.048V−9×0.2V=0.248V，负轨至轨电压为 0.248V。

（3）需要考虑带宽问题。AD7625 最高采样率为 6Msps，根据奈奎斯特定律，它不希望高于 3MHz 的信号进入 ADC，同时，它最高也仅能采集 3MHz 的信号。因此，从运放角度考虑，前级驱动电路的带宽应大于 3MHz。

对于全差分运放来讲，当增益为 18 倍时，要保证 3MHz 带宽，其本身的增益带宽积就必须大于 54MHz。待选全差分运放中，THS4531 的增益带宽积只有 27MHz，不合格。

（4）考虑压摆率。当输出幅度为 1.8V、频率为 3MHz 时，正弦波过零点电压变化率为：

$$\mathrm{SR} > 2\pi \times 1.8\mathrm{V} \times 3 \times 10^6 / \mathrm{s} = 33.93\mathrm{V}/\mu\mathrm{s}$$

（5）下面深入调查所选的 ADA4940-1 和 THS4521，看其重要指标是否满足要求。ADA4940-1 和 THS4521 的重要指标如表 6.2 所示。

表 6.2　ADA4940-1 和 THS4521 的重要指标

对比项	供电范围	输出电压范围	增益带宽积	V_{OCM} 输入范围	压摆率
ADA4940-1	3 ~ 7V	0.1 ~ 4.9V	>100MHz	0.8 ~ 4.3V	95V/μs
THS4521	2.5 ~ 5.5V	0.1 ~ 4.75V	95MHz	0.8 ~ 4.2V	245 V/μs
要求	+5V	0.248 ~ 3.848V	57MHz	2.048V	33.93 V/μs

我们发现它们均满足要求。在不考虑其他细节情况下，可以设计电路了。

（6）设计基本驱动电路。以图 6.47 所示电路为基本结构，已知 Gain=18 倍，电阻 R_S=50Ω，R_B=2000Ω，依据式（6-101）～式（6-103）解得：

$$R_A = 72.42\Omega,\ R_Y = 93.58\Omega,\ R_X = 39.83\Omega$$

（7）设计 2.048V 输入。全差分运放的 VOCM 端，应接入一个稳定的 2.048V 直流电压，才能让两个输出端都骑在 2.048V 上。由于 THS4521 的 VOCM 端存在 46kΩ 输入电阻，ADA4940-1 的 VOCM 端存在 250kΩ 输入电阻，为保证能够在 VOCM 端得到真正的 2.048V，前级的 2.048V 源必须具有极小的输出电阻。最好的方法是无论怎么产生的 2.048V，都经过一个由运放组成的电压跟随器，传递 2.048V 的同时兼具极低的输出电阻。

但是，这个 2.048V 电压从哪里来？方案一，将 +5V 电源用两个合适阻值的电阻分压，得到 2.048V，经跟随器驱动输出到 VOCM 端。这种方法选择电阻比较麻烦，另外，+5V 电源的噪声会影响 2.048V 的纯净度。方案二，用 +5V 电源驱动一个 2.048V 的基准电压芯片，比如 ADI 公司的 ADR420、LT 公司的 LTC6652、TI 公司的 REF3020 等，多数情况下，这些基准电压芯片甚至不用跟随器驱动就可以直接加载到 VOCM 端。但成本比较高昂。方案三，直接利用 AD7625 的基准源 VCM 输出。

从图 6.52 可以看到，上边位置有一个 VCM 脚，它的作用是给前级驱动电路提供合适的共模输入控制电压。该管脚输出电压为 2.048V（REF 脚电压（4.096V）除以 2），输出电阻为 5kΩ，直接加载到 ADA4940-1 的 VOCM 端或者 THS4521 的 VOCM 端都会产生电压跌落。因此必须给它增加一个跟随器。图 6.53 中采用的 OPA350 是一个输出带电容负载能力较强的运放。为了进一步降低噪声，在 OPA350 的输出端对地接了一个 0.1μF 电容。

（8）设计抗混叠滤波器。AD7625 的内部采样电容为 25pF，输入端电容要比 25pF 大很多，才能起到库电容的作用。因此，本例选用 2.2nF 电容和一个 33Ω 电阻形成一阶低通环节，作为抗混叠滤波单元。其上限截止频率为：

$$f_H = \frac{1}{2\pi RC} = 2.19\text{MHz}$$

此低通环节既起到了抗混叠的作用，又充分发挥了 ADC 及驱动电路的带宽。

将上述计算结果，用 TINA-TI 绘制成电路，如图 6.53 所示。

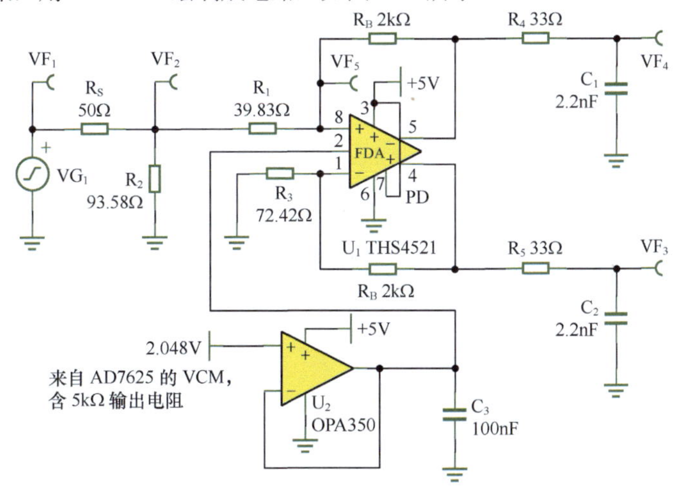

图 6.53　举例 2 电路

（9）保证输入端电压在规定范围内。对于全差分运放电路来说，设计电路后一定要验算，需要注意其输入管脚电压不要超过规定值。THS4521 数据手册截图如图 6.54 所示。

PARAMETER	CONDITIONS	THS4521, THS4522, THS4524			UNIT	TEST LEVEL(1)
		MIN	TYP	MAX		
INPUT						
Common-Mode Input Voltage Low	T_A = +25°C		–0.2	–0.1	V	A
	T_A = –40°C to +85°C		–0.1	0	V	B
Common-Mode Input Voltage High	T_A = +25°C	3.6	3.7		V	A
	T_A = –40°C to +85°C	3.5	3.6		V	B

图 6.54　THS4521 数据手册截图

“Common-Mode Input Voltage Low”是指该运放的输入脚能接受的最低输入电压。写成 Common-Mode，是为了与差模形成对比——不是差模而是共模，且两个输入端在正常工作时也是虚短的，共模电压也就是单个管脚的电压。此值的典型值为 -0.2V，是指该运放在 0V/5V 单电源供电时，输入端电压低到 -0.2V，大量的芯片是能正常工作的。最大值为 -0.1V，意味着有些芯片在 -0.2V 输入时不能工作，但无论如何，-0.1V 输入时所有芯片都是能工作的。

因此，要保证此芯片在工作时，输入管脚电压不小于 -0.1V（25℃情况下）。

同样地，可知输入管脚电压也不要大于 3.6V。

验算输入电压是否超限，方法很简单：使用简单支路直接分压即可。图 6.53 中 VF_3-R_5-R_B-R_3 支路相对简单，方便估算结果。

本例过程（2）分析结论“输出最大值为 3.848V，最小值为 0.248V”，就是芯片输出第 4 脚（电阻 R_5 的左侧）的电压范围，根据电阻分压可知，负输入端（第 1 脚）的电压为：

$$V(\mathrm{IN}-)_{\min} = V(\mathrm{OUT}+)_{\min} \times \frac{R_3}{R_B + R_3} = 0.008666\mathrm{V}$$

$$V(\mathrm{IN}-)_{\max} = V(\mathrm{OUT}+)_{\max} \times \frac{R_3}{R_B + R_3} = 0.134467\mathrm{V}$$

两者均在 -0.1 ～ 3.6V 之间，符合芯片要求。

下面看设计电路的仿真表现。

图 6.53 中 VF_1 为信号源空载电压，VF_2 为信号源接入驱动电路后的电压，在阻抗匹配情况下，应为 VF_1 的一半。VF_3 和 VF_4 是经过抗混叠滤波后的两个输出端，直接接入 AD7625 的模拟输入端。

将 VF_1 设定为 1kHz 正弦波，幅度为 141.2mV(有效值约为 100mV)。用 TINA-TI 万用表实测发现，VF_2 有效值为 50mV，VF_3 和 VF_4 均为 899.97mV，则电路总增益为：

$$\mathrm{Gain} = \frac{VF_4 - VF_3}{VF_1} = 17.9994倍$$

用 TINA-TI 的示波器观察各关键点波形，如图 6.55 所示。可以看出，输入信号是基于 0V 的双极性信号，而输出 VF_3 和 VF_4 已经变为骑在 2.048V 上的信号，且两个输出信号相位刚好相反。

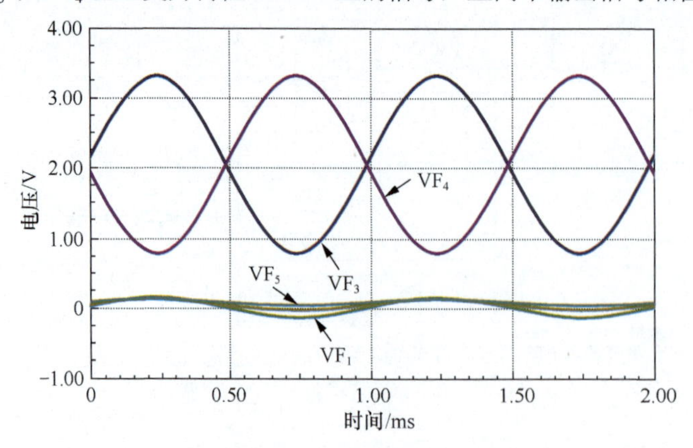

图 6.55　举例 2 电路的仿真波形

上述这一类电路以单电源供电形式将一个基于 0V 的输入信号提升到基于某个共模电压上，适应了 ADC 对输入信号绝对电压范围的要求。看起来不错，只是计算麻烦了一些。但这个电路存在问题，静态时，4 个电阻上均有较大的静态电流，特别是电路总增益较小（比如 1 倍），反馈电阻也不大（比如 400Ω）的时候，可能出现 10mA 以上的静态电流。这一方面造成电路功耗很大，发热严重，另一方面也给前级信号源带来了压力，它必须能够承受很大的灌入电流。

因此，不到万不得已，最好使用下面的交流耦合电路。

◎单转差单电源电路——交流耦合之一

单转差单电源交流耦合电路 1 如图 6.56 所示。与直接耦合电路相比，第一，它增加了两个隔直电容 C_A，好处是整个全差分运放的外电路没有静态电流——流过电阻 R_A 和 R_B 的静态电流为 0A，坏处是本电路对低频信号有衰减。第二，决定增益的电阻 R_A 变成上下一样了，这使计算变得非常简单。

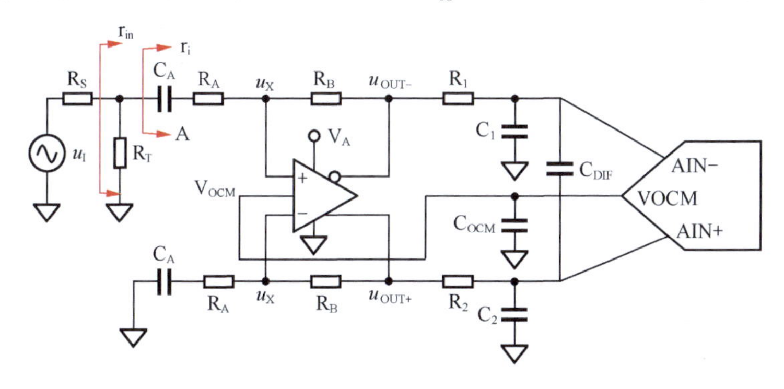

图 6.56　单转差单电源交流耦合电路 1

在已知增益 Gain、前级输出电阻 R_S 的值，且要求阻抗匹配的情况下，设计方法如下。

（1）根据全差分运放对反馈电阻的要求，合理选择电阻 R_B 的值。

（2）根据下式计算电阻 R_A 的值。

$$R_A=\frac{1}{2\text{Gain}}R_B \tag{6-104}$$

上式成立是因为对于高频输入信号，C_A 视同短路。当驱动电路的输入端完成阻抗匹配后，电阻 R_A 左侧信号大小一定是 $0.5u_i$，而此处电路已经变为一个对称的四电阻全差分电路，其增益为：

$$\frac{u_{out+}-u_{out-}}{0.5u_i}=\frac{R_B}{R_A}=2\text{Gain}$$

（3）标准四电阻全差分电路的输入电阻，就是从 C_A 左侧向右看进去的等效电阻，其计算方法为：

$$r_i=R_A+0.5(2R_A//R_B)=R_A+R_A//0.5R_B=R_A+R_A//\text{Gain}R_A=R_A+\frac{R_A\times\text{Gain}}{1+\text{Gain}}=R_A\frac{2\text{Gain}+1}{\text{Gain}+1} \tag{6-105}$$

而整个驱动电路的输入电阻为 r_{in}，应与前级输出电阻阻值相等，即阻抗匹配。

$$r_{in}=R_T//r_i=R_S$$

据此可得：

$$R_T=\frac{r_i\times R_S}{r_i-R_S} \tag{6-106}$$

下面分析本电路的下限截止频率，画出电路的动态等效电路如图 6.57 所示，根据戴维宁定理，信号源部分可等效为一个新电源 u_{i1} 和一个新电阻 $R=R_S//R_T$。

列出图 6.57 中 u_x 处的电流关系。

$$\frac{u_{i1}-u_x}{Z_{A1}}=\frac{u_x-u_{out-}}{R_B} \tag{6-107}$$

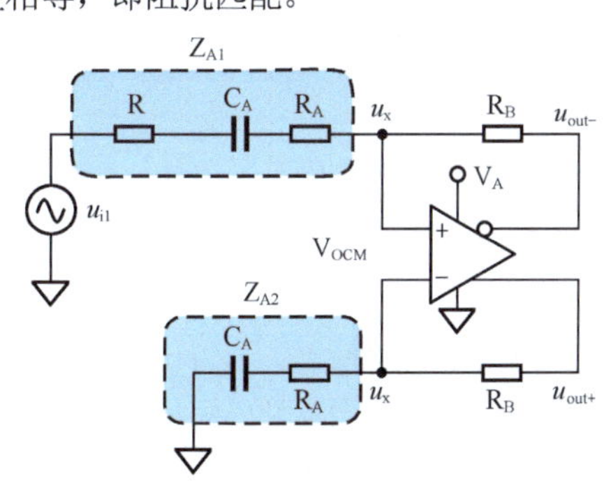

图 6.57　动态等效电路

$$u_x = u_{out+}\frac{Z_{A2}}{Z_{A2}+R_B} = -u_{out-}\frac{Z_{A2}}{Z_{A2}+R_B} \tag{6-108}$$

将式（6-108）代入式（6-107），得：

$$\frac{u_{i1}+u_{out-}\dfrac{Z_{A2}}{Z_{A2}+R_B}}{Z_{A1}} = \frac{-u_{out-}\dfrac{Z_{A2}}{Z_{A2}+R_B}-u_{out-}}{R_B} \tag{6-109}$$

化简得：

$$u_{i1}R_B + u_{out-}\frac{Z_{A2}}{Z_{A2}+R_B}R_B = -u_{out-}\frac{Z_{A2}}{Z_{A2}+R_B}Z_{A1} - u_{out-}Z_{A1}$$

$$u_{i1} = -u_{out-}\frac{\left(\dfrac{Z_{A2}}{Z_{A2}+R_B}Z_{A1}+Z_{A1}+\dfrac{Z_{A2}}{Z_{A2}+R_B}R_B\right)}{R_B}$$

$$\begin{aligned}\text{Gain}'(S) &= \frac{-2u_{out-}}{u_{i1}} = \frac{2R_B}{\dfrac{Z_{A2}}{Z_{A2}+R_B}Z_{A1}+Z_{A1}+\dfrac{Z_{A2}}{Z_{A2}+R_B}R_B} = \frac{2R_B}{\dfrac{2Z_{A2}Z_{A1}+R_BZ_{A1}+R_BZ_{A2}}{Z_{A2}+R_B}} = \\ &\frac{2R_B}{\dfrac{2Z_{A1}\left(Z_{A2}+R_B\right)-R_BZ_{A1}+R_BZ_{A2}}{Z_{A2}+R_B}} = \frac{2R_B}{2Z_{A1}+2Z_{A1}\dfrac{R_B\left(Z_{A2}-Z_{A1}\right)}{2Z_{A1}\left(Z_{A2}+R_B\right)}} = \\ &\frac{2R_B}{2Z_{A1}\left(1+\dfrac{R_B\left(Z_{A2}-Z_{A1}\right)}{2Z_{A1}\left(Z_{A2}+R_B\right)}\right)} = \frac{R_B}{Z_{A1}\left(1-\dfrac{R_BR}{2Z_{A1}\left(Z_{A2}+R_B\right)}\right)} = \frac{R_B}{Z_{A1}}\times\frac{2Z_{A1}\left(Z_{A2}+R_B\right)}{2Z_{A1}\left(Z_{A2}+R_B\right)-R_BR} = \\ &\frac{R_B}{Z_{A1}}\times\frac{1}{1-\dfrac{R_BR}{2Z_{A1}\left(Z_{A2}+R_B\right)}}\end{aligned} \tag{6-110}$$

由于：

$$Z_{A1} = R+R_A+\frac{1}{SC_A},\ Z_{A2} = R_A+\frac{1}{SC_A} \tag{6-111}$$

将式（6-111）代入式（6-110），得：

$$\text{Gain}'(S) = \frac{R_B}{Z_{A1}}\times\frac{2Z_{A1}\left(Z_{A2}+R_B\right)}{2Z_{A1}\left(Z_{A2}+R_B\right)-R_BR} = \frac{R_B}{R+R_A+\dfrac{1}{SC_A}}\times\frac{1}{1-\dfrac{R_BR}{2\left(R+R_A+\dfrac{1}{SC_A}\right)\left(R_B+R_A+\dfrac{1}{SC_A}\right)}} \tag{6-112}$$

第二个等号右侧第一项是一个高通因子，其截止频率为：

$$f_L = \frac{1}{2\pi\left(R+R_A\right)C_A} \tag{6-113}$$

第二项非常复杂，但可以看出，随着频率越来越低，第二项越来越接近 1，对第一项高通的影响越来越小。因此在非常低的频率处，总的增益表现为一个一阶低通。而在接近第一项截止频率处，随着频率越来越低，第二项加速了增益的下降，即总的下限截止频率要比第一项的 f_L 稍大一些。因此，我们应该知道严格的计算已经没有太大意义，按照第一项求解，且留有一定裕量即可。

为 16 位模数转换器 AD7625 设计一个基于全差分运放的单转差单电源直接耦合电路。要求前级输出阻抗为 50Ω，驱动电路实现阻抗匹配。输入信号为单端双极性信号，最大空载电压为 200mV。要求设计中尽量发挥 ADC 的带宽和输入电压范围。注：可以采用交流耦合，但要保证下限截止频率小于 20Hz。

解：此例与举例 2 几乎完全相同，唯一区别在于可以采用交流耦合，且有下限截止频率限制。因此，可以采用图 6.56 所示的电路结构。同时，举例 2 的很多分析结论可以采用，比如 Gain 应为 18 倍。

（1）选择电阻 R_B=3600Ω，则据式（6-104）得：

$$R_A = \frac{1}{2\text{Gain}} R_B = 100\Omega$$

（2）据式（6-105）得：

$$r_i = R_A + 0.5\left(2R_A // R_B\right) = 194.74\Omega$$

（3）据式（6-106）得：

$$R_T = \frac{r_i \times R_S}{r_i - R_S} = 67.27\Omega$$

由此，电阻计算完毕，开始选择电容 C_A。

（4）根据式（6-113），反算电容为：

$$C_A = \frac{1}{2\pi\left(R + R_A\right) f_L} = 61.8\mu\text{F}$$

要保证一定的裕量，可以考虑将电容选择为 68μF 或 100μF。是否达到 20Hz 截止频率，还需要实验验证。为安全起见，本例选择 100μF，电路如图 6.58 所示。

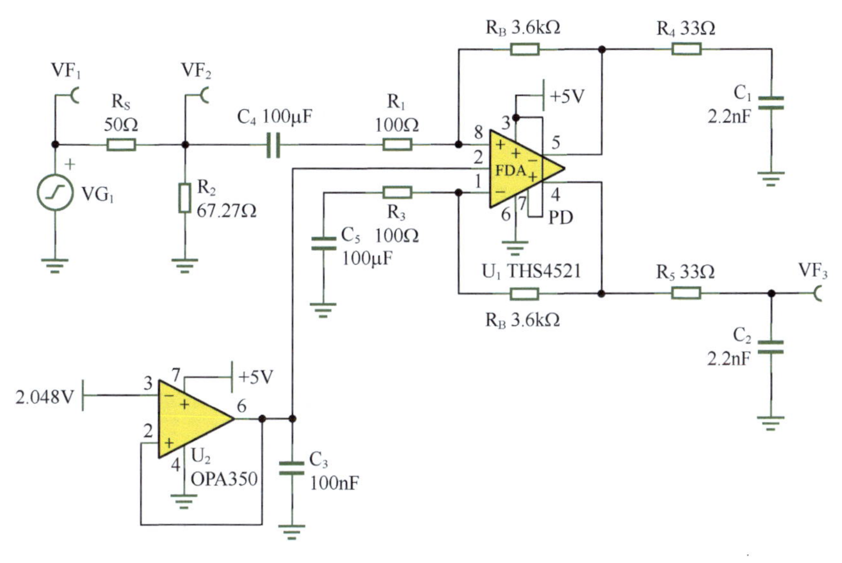

图 6.58 举例 3 电路

仿真结果如下。

（1）电路实现了将双极性信号放大后骑在 2.048V 上的主要功能。

（2）举例 3 电路的频率特性如图 6.59 所示，VF_3 在中频段的增益为 19.08dB，换算为 8.995 倍。可知总增益等于 17.99 倍，与设计要求的 18 倍相差无几。

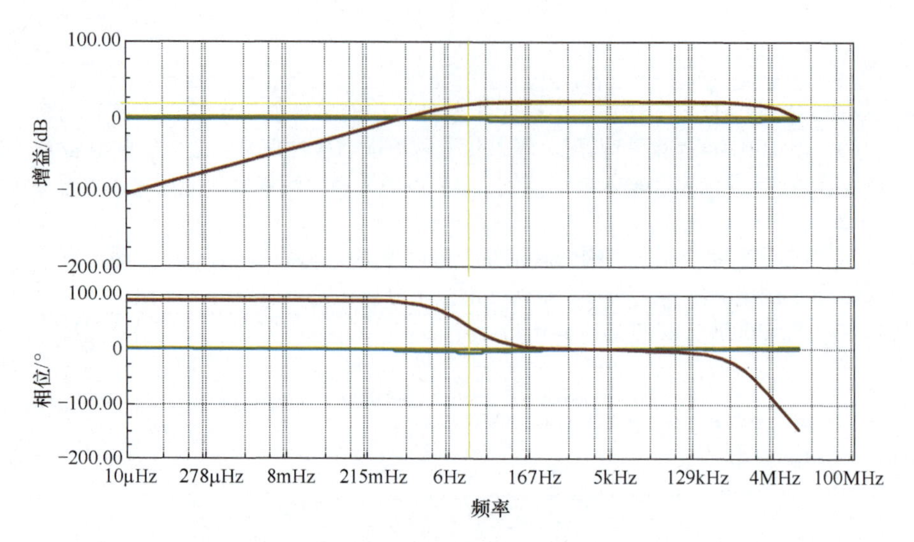

图 6.59　举例 3 电路的频率特性

（3）在图 6.59 中，向低频段寻找增益为 19.08dB-3.01dB=16.07dB 处，对应的频率即下限截止频率，结果为 13.91Hz，如图 6.59 中黄色标线所示。说明我们选择 100μF 电容满足了下限截止频率小于 20Hz 的要求。我又做了 68μF 电容实验，发现下限截止频率为 20.06Hz，刚好不满足要求。这也说明，对于这样不好精细计算的电路，仿真实验还是相当重要的。

（4）设置输入信号 VF_1 为 1000Hz，幅度为 141.42mV（有效值为 100mV），用万用表实测得 VF_2 处电压为 50mV，可知其阻抗匹配被完美实现。同时测量 VF_3，有效值为 899.89mV，可知总增益为 17.9978 倍，与上述幅频特性测量结果 17.99 倍近似相等。这说明，在 TINA-TI 中，用不同的方法测量得到的结果是吻合的。

至此，设计完毕。

◎单转差单电源电路——交流耦合之二

单转差单电源交流耦合电路 2 如图 6.60 所示。在已知信号源内阻 R_S，设定增益 Gain，要求电路和电缆实现阻抗匹配的情况下，计算电阻 R_A 和匹配电阻 R_T 的阻值。

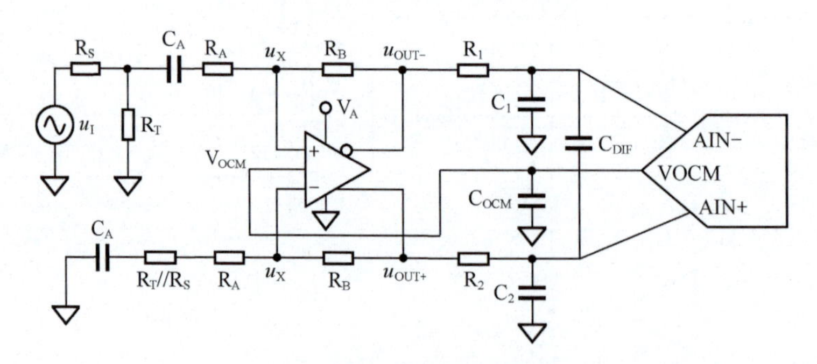

图 6.60　单转差单电源交流耦合电路 2

此电路与单转差单电源交流耦合电路 1 唯一的区别在于，此电路多了电阻 $R_T // R_S$，这样电路上下两部分就有了对称性。

对于频率较高的交变信号，图 6.60 中的电容可以视为短路，在此情况下画出其动态等效电路，以及基于戴维宁定理的变形电路，如图 6.61 所示。可以看出，它和本节单转差单电源电路——直接耦合部分完全相同。具体过程可以参阅本节单转差单电源电路——直接耦合部分，求解方法也与该处完全相同。

图 6.61 中已经将阻抗匹配和增益表示在关键点处：R_T 头顶必须是 $0.5u_i$，否则就不是阻抗匹配；而

两个输出端必须是 $0.5\text{Gain}u_i$ 和 $-0.5\text{Gain}u_i$。

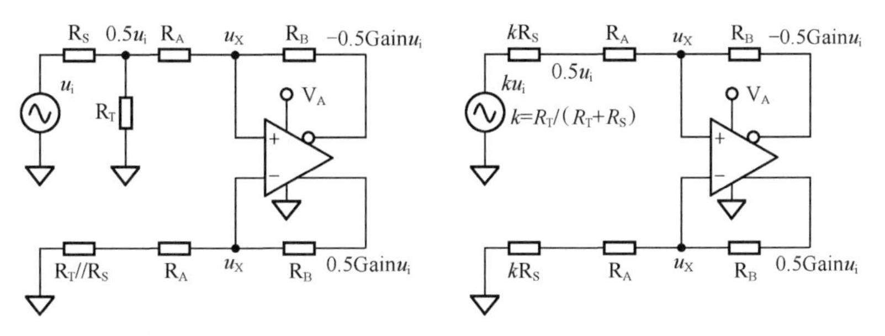

图 6.61 动态等效电路及其基于戴维宁定理的变形电路

定义一个系数 k，这次分析过程有别于本节直接耦合部分，试着求解 k，而不是 R_A。

$$k=\frac{R_T}{R_S+R_T} \tag{6-114}$$

可知：

$$R_S // R_T=\frac{R_S\times R_T}{R_S+R_T}=kR_S \tag{6-115}$$

据此，写出关键表达式。

首先，变形后的电路是一个标准四电阻单转差电路，其增益就是两个电阻的比值。

$$\frac{\text{Gain}u_i}{ku_i}=\frac{\text{Gain}}{k}=\frac{R_B}{R_A+kR_S} \tag{6-116}$$

化简得：

$$\text{Gain}R_A+\text{Gain}kR_S=kR_B$$

$$R_A=\frac{kR_B-\text{Gain}kR_S}{\text{Gain}}=\frac{k}{\text{Gain}}R_B-kR_S \tag{6-117}$$

其次，对上侧电阻 R_A 左侧节点列出电流方程。

$$\frac{ku_i-0.5u_i}{kR_S}=\frac{0.5u_i-(-0.5\text{Gain}u_i)}{R_A+R_B} \tag{6-118}$$

即：

$$\frac{k-0.5}{kR_S}=\frac{0.5+0.5\text{Gain}}{R_A+R_B} \tag{6-119}$$

解得：

$$R_A(k-0.5)+R_B(k-0.5)=(0.5+0.5\text{Gain})kR_S$$

$$R_A=\frac{(0.5+0.5\text{Gain})kR_S-R_B(k-0.5)}{k-0.5} \tag{6-120}$$

式（6-117）和式（6-120）右侧相等，得：

$$\frac{k}{\text{Gain}}R_B-kR_S=\frac{(0.5+0.5\text{Gain})kR_S-R_B(k-0.5)}{k-0.5} \tag{6-121}$$

化简整理得：

$$\frac{k^2}{\text{Gain}}R_B-0.5\frac{k}{\text{Gain}}R_B-k^2R_S+0.5kR_S=(0.5R_S+0.5\text{Gain}R_S-R_B)k+0.5R_B$$

$$\left(R_S-\frac{R_B}{\text{Gain}}\right)k^2+\left(0.5\text{Gain}R_S-R_B+0.5\frac{R_B}{\text{Gain}}\right)k+0.5R_B=0 \tag{6-122}$$

解此一元二次方程，设：

$$\begin{cases} a = R_S - \dfrac{R_B}{\text{Gain}} \\ b = 0.5\text{Gain}R_S - R_B\left(1 - \dfrac{0.5}{\text{Gain}}\right) \\ c = 0.5R_B \end{cases} \tag{6-123}$$

解得：

$$k = \frac{-b \pm \sqrt{b^2 - 4ac}}{2a} \tag{6-124}$$

k 有两个值，取合理的就行（在 0 ～ 1 之间），接下来就简单了。

根据 k 的定义，可得：

$$R_T = \frac{k}{1-k}R_S \tag{6-125}$$

根据式（6-117），得：

$$R_A = k\left(\frac{R_B}{\text{Gain}} - R_S\right) \tag{6-126}$$

顺便可知，在选择电阻 R_B 时，应保证其阻值比 GainR_S 大，否则就无解。

特别提醒，对于交流耦合电路 2，可以采用直接耦合电路的求解方法。

举例 4

用全差分运放设计一个单转差单电源交流耦合电路，不考虑抗混叠滤波。要求前级输出阻抗为 50Ω，驱动电路实现阻抗匹配，总电压增益为 1 倍，下限截止频率小于 10kHz。

解：这其实是 TI 公司全差分运放 THS4541 数据手册中给出的一个例子，如图 6.62 所示。它的增益为 2 倍，是差分输出除以 R_t 头顶输出，在本书中增益就是 1 倍。

这些公司的手册用迭代法计算电阻值，在我看来这比较麻烦。我们就选取 R_B=402Ω，并已知 Gain=1 倍、R_S=50Ω，开始计算。

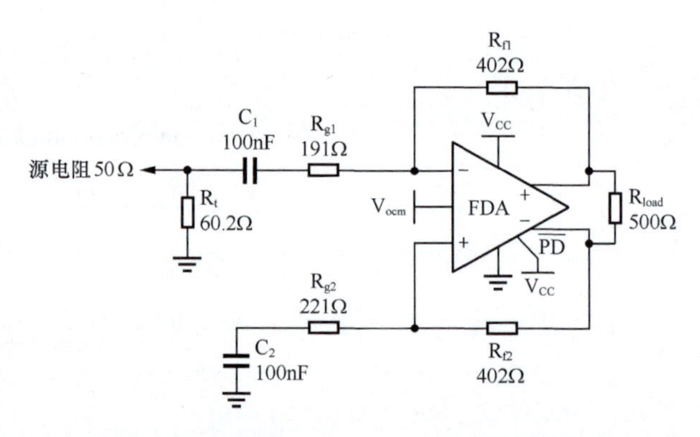

图 6.62　全差分运放 THS4541 数据手册中的举例

（1）根据式（6-124），解得 k=0.545941，则据式（6-125），解得 R_T=60.1179Ω，根据式（6-126），解得 R_A=192.1714Ω，图 6.61 中的 R_T//R_S=27.29707Ω。电阻计算完毕。

（2）根据下限截止频率小于 10kHz 的要求，初步估算电容。根据式（6-113），反算电容为：

$$C_A = \frac{1}{2\pi(R + R_A)f_L} = \frac{1}{6.2832 \times (R_S // R_T + R_A) \times 10000\text{Hz}} = 72.5\text{nF}$$

按照保守裕量，选取电容为 E6 系列的 100nF。

（3）按照 E96 系列选取上述电阻。第一，选择 R_B=402Ω，第二，选择 R_T=60.4Ω。在 THS4541 电路中选择 60.2Ω 是令人匪夷所思的，因为 E96 系列标准中并没有这个阻值。第三，选择 R_A=191Ω。第四，关于图 6.61 中的 R_T//R_S=27.29707Ω，一种方法是选取最接近的电阻为 27.4Ω，那么在电路中就应该存在两个电阻位置。另一种方法，考虑到它是和 R_A 串联的，总电阻理论值为 192.1714Ω+27.29707Ω=219.46847Ω，则最接近的 E96 系列为 221Ω，此时电路中只需要一个电阻位置即可。本例采用前者，画出电路如图 6.63 所示。由于 TINA-TI 中没有 THS4541 模型，本例用 THS4521 代替。

至此设计完毕。可以看出，除了 R_T=60.4Ω 与数据手册中的 60.2Ω 有差异，其余均与原电路一模一样。仿真中，VF_1 为 100kHz，有效值为 100mV，测得 VF_2 有效值为 50.1mV，基本实现阻抗匹配。而 VF_3 为 50.23mV，增益大约为 1.0046 倍，与 1 倍接近。下限截止频率为 7.29kHz。测试结果表明，上述设计基本达到要求。

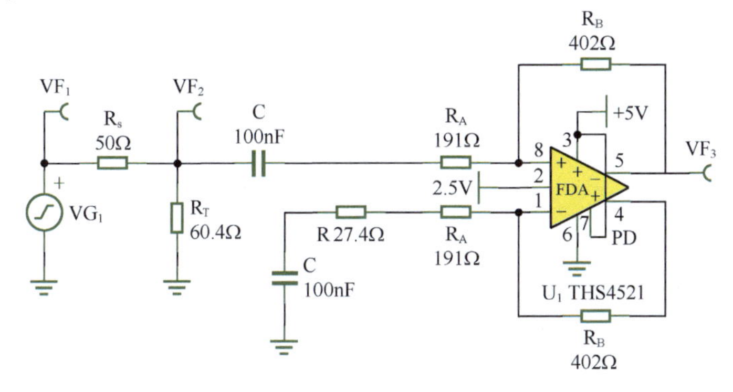

图 6.63　举例 4 电路

◎交流耦合之一，还是交流耦合之二？

在 ADI 公司、TI 公司的数据手册中，大量推荐的是交流耦合之二的电路。但是，读者会发现，直接耦合电路、交流耦合电路 2 的计算都比较复杂，而交流耦合电路 1 的计算却非常简单。那么，为什么这些公司还要采用这种电路呢？

核心在于，他们追求电路的对称性。直接耦合电路具备上下电路的对称性，交流耦合电路 2 也具备这种对称性，但交流耦合电路 1 不具备。问题是，电路对称性重要吗？

我们知道，在直接耦合电路中，为了保证静态时两个输出都等于 U_{OCM}，必须保证上下电阻具有对称性。而在交流耦合电路中，这个要求完全是没有意义的。但是，既然这样，这些厂商的电路分析中为什么舍易求难？

我仔细对比了两种电路的性能，发现它们几乎毫无差别。如图 6.64 所示，我将这两种电路放在一张图中，为了清晰地显示性能，我这次没有采用 E96 系列电阻，而是采用精确电阻。仿真结果表明，在静态输出、输入电阻、增益、失真度、频率特性上，它们的结果几乎相同。

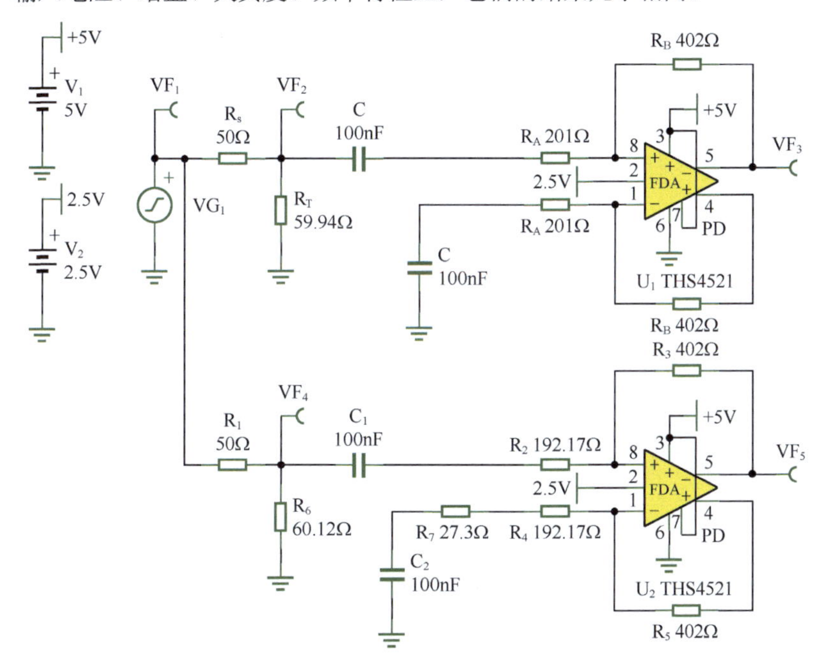

图 6.64　举例 4 的两种交流耦合电路对比

图 6.64 中上面电路是交流耦合电路 1，从运放负输入脚向左边看，电阻为 201Ω，而从运放正输入脚向左边看，电阻为 201Ω+27.26Ω=228.26Ω，显然不对称。但是它的电阻计算实在太简单了。首先，它是 1 倍增益，那么这两个电阻就取 2 倍，为 402Ω，增益电阻就是 402Ω/2=201Ω。然后，只需要计算一个匹配电阻 R_T：

$$r_i = R_A \frac{2\text{Gain}+1}{\text{Gain}+1} = 301.5\Omega，\ R_T // r_i = R_S = 50\Omega$$

解得：

$$R_T = \frac{r_i \times R_S}{r_i - R_S} = 59.94\Omega$$

这就完成了设计。

下边电路是交流耦合电路 2，从它的负输入端向左看、正输入端向左看，电阻都是 192.17Ω+27.3Ω=219.47Ω，是对称的。但是，这个阻值计算太复杂了，而且从电路上直接看出增益，也非常困难。实在不好。

我琢磨了很久，认为是这个原因：全差分电路的电阻计算本身就比较复杂，直接耦合电路是最为复杂的，既然学会了直接耦合电路的计算方法，那么在交流耦合中，就不要学更简单的电路了。记住一种方法，总是比多学一种方法要省事一些——虽然新方法确实很简单。

但本书还是坚定认为，即使是大公司提供的参考电路也有不合理的地方。本书提供的交流耦合电路 1，是交流耦合中的不二选择。

◎全差分单电源电路——直接耦合

“单转差”是指输入信号是单端信号源，而输出则是差分形式，以适应全差分输入 ADC。而有些电路或传感器的输出，本身就是两个端子，是差分输出。要驱动它们，以适应 ADC 的要求，就必须使用全差分电路，输入是差分信号，输出也是差分信号。

这类电路分为直接耦合电路和交流耦合电路，全差分单电源直接耦合电路如图 6.65 所示。可以看出，它有两个输入端，这是与“单转差”电路的区别。在得出分析结论之前，这个电路看起来比“单转差”电路复杂。但是知道结论后，会发现它的计算非常简单。

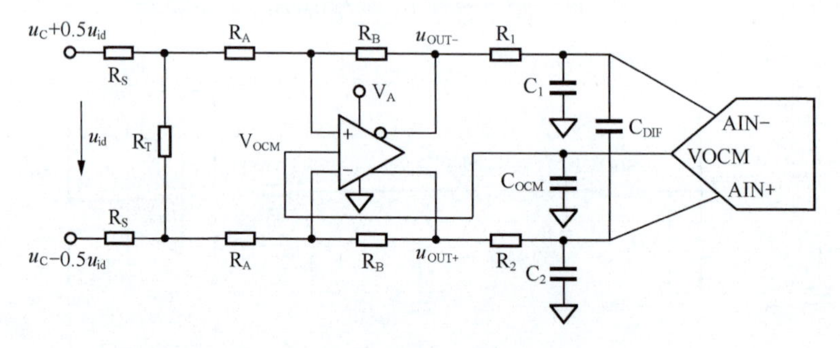

图 6.65　全差分单电源直接耦合电路

两个差分输入端存在共模输入，也存在差模输入。设共模输入为 u_C，于是正输入端瞬时电位为 $u_C+0.5u_{id}$，负输入端瞬时电位为 $u_C-0.5u_{id}$。用两个 R_S 表示信号源内阻。该电路还存在另一个输入 V_{OCM}。本电路属于线性电路，满足叠加原理使用条件，可用叠加原理分析。

1）单纯差模输入

输入单纯差模信号时，需要设定信号输入中的共模量 u_C=0V，管脚电压 V_{OCM}=0V。此时，单纯差模输入等效电路如图 6.66 所示，图 6.66 中菱形块 J_1 和 J_2 为节点标注。

先对图 6.66 中 J_1 和 J_2 左侧的电路使用戴维宁定理，如图 6.67 所示。其中，

$$k = \frac{R_T}{2R_S + R_T} \tag{6-127}$$

$$R_{new}=R_S//\frac{R_T}{2}=\frac{R_S\times\frac{R_T}{2}}{R_S+\frac{R_T}{2}}=\frac{R_SR_T}{2R_S+R_T} \tag{6-128}$$

对于全差分运放的求解方法，要牢记两条：第一，虚短虚断；第二，输出 V_{OCM} 约束。据此，按照图 6.67，根据虚短虚断，列出如下方程。

$$\frac{0.5ku_{id}-u_X}{R_{new}+R_A}=\frac{u_X-u_{OUT-}}{R_B} \tag{6-129}$$

$$\frac{-0.5ku_{id}-u_X}{R_{new}+R_A}=\frac{u_X-u_{OUT+}}{R_B} \tag{6-130}$$

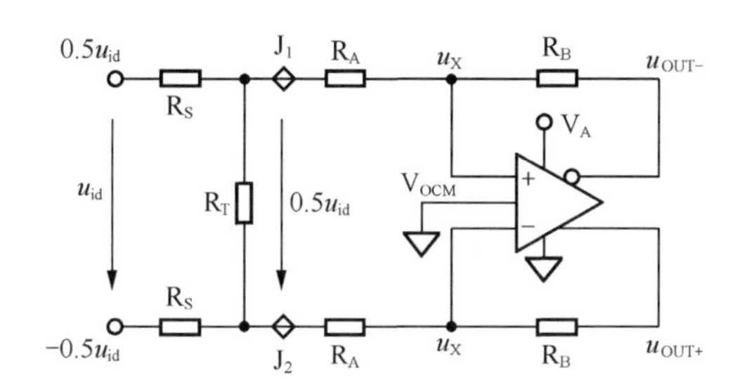

图 6.66 单纯差模输入等效电路

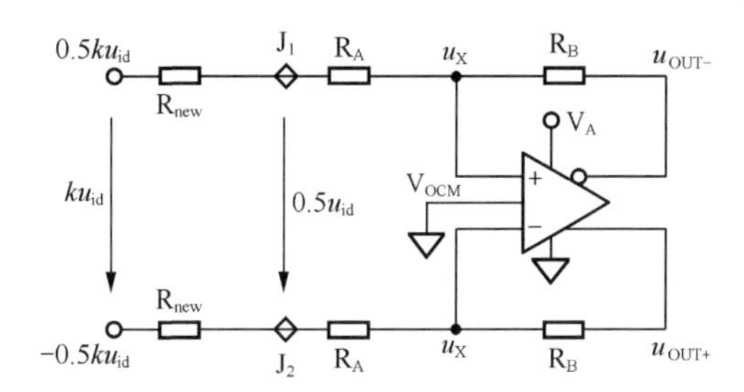

图 6.67 单纯差模输入戴维宁等效电路

根据输出 V_{OCM} 约束，列出如下方程：

$$0=V_{OCM}=\frac{u_{OUT+}+u_{OUT-}}{2}$$

得出：

$$u_{OUT-}=-u_{OUT+} \tag{6-131}$$

将式（6-131）代入式（6-129），得：

$$\frac{0.5ku_{id}-u_X}{R_{new}+R_A}=\frac{u_X+u_{OUT+}}{R_B} \tag{6-132}$$

将式（6-130）和式（6-132）等式两端同时相加，得：

$$\frac{-2u_X}{R_{new}+R_A}=\frac{2u_X}{R_B} \tag{6-133}$$

式（6-133）成立的唯一可能是：

$$u_X=0\text{V} \tag{6-134}$$

式（6-133）表明，在全差分（输入对称）电路中，输入单纯差模信号时，全差分运放的输入脚上没有源于信号的变化。这就简单了！

据式（6-130），有：

$$\frac{-0.5ku_{id}}{R_{new}+R_A}=\frac{-u_{OUT+}}{R_B} \tag{6-135}$$

得：

$$u_{OUT+}=u_{id}\times\frac{0.5kR_B}{R_{new}+R_A} \tag{6-136}$$

据式（6-131），得：

$$u_{OUT-}=-u_{id}\times\frac{0.5kR_B}{R_{new}+R_A} \tag{6-137}$$

至此，输入/输出关系的结论已经得到。但考虑到实际应用中，匹配电阻有约束，结论将进一步简化。

所谓的匹配电阻约束，是指该电路中，J_1-J_2 的差模信号必须是源差模信号的 50%，即电路输入电阻（当然包括匹配电阻 R_T）等于源信号的输出电阻（两个 R_S 串联）。

与电阻匹配的电路如图 6.68 所示。从信号源看进去的差模输入电阻为：

$$R_{in}=2\left(0.5R_T // R_A\right)=\frac{R_TR_A}{0.5R_T+R_A} \qquad (6\text{-}138)$$

此输入电阻应与源电阻匹配，则有：

$$\frac{R_TR_A}{0.5R_T+R_A}=R_{in}=2R_S \qquad (6\text{-}139)$$

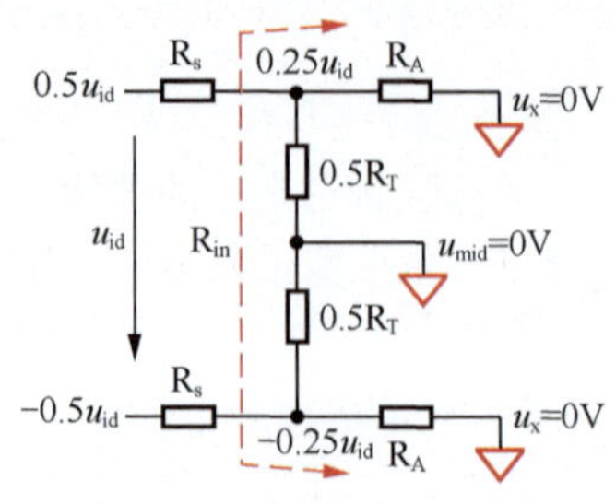

图 6.68 与电阻匹配的电路

在已知 R_A 和 R_S 情况下，可以根据下式选择 R_T，以实现匹配。

$$R_T=\frac{2R_AR_S}{R_A-R_S} \qquad (6\text{-}140)$$

完成匹配后，电路中 J_1 和 J_2 之间的信号就会是源输入信号的一半，则有：

$$\frac{0.25u_{id}-0}{R_A}=\frac{0-u_{OUT-}}{R_B}$$

$$u_{OUT-}=-0.25\frac{R_B}{R_A}u_{id} \qquad (6\text{-}141)$$

有多种方法可得到：

$$u_{OUT+}=0.25\frac{R_B}{R_A}u_{id} \qquad (6\text{-}142)$$

总的增益可以定义为：

$$\text{Gain}=\frac{u_{OUT+}-u_{OUT-}}{u_{id}}=0.5\frac{R_B}{R_A} \qquad (6\text{-}143)$$

2）共模输入和 V_{OCM} 输入共同作用

共模输入和 V_{OCM} 输入共同作用时，只有差模信号被强制为 0V，全差分单电源直接耦合静态电路如图 6.69 所示。

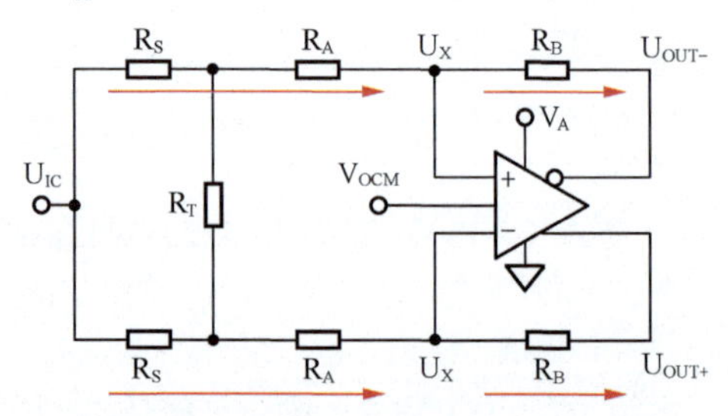

图 6.69 全差分单电源直接耦合静态电路

由于全差分运放的虚短成立，两个输入端静态电位一定相等，均为 U_X，而最左侧施加的电位均为 U_{IC}。由两个 R_S、两个 R_A、一个 R_T 组成的“工”字形电阻网络是上下完全对称的，电阻 R_T 上不存在任意压降，也就没有电流，在静态分析时可以视为开路。因此对于电路上、下部分，横向支路有：

$$\frac{U_{IC}-U_X}{R_A+R_S}=\frac{U_X-U_{OUT-}}{R_B},\ \frac{U_{IC}-U_X}{R_A+R_S}=\frac{U_X-U_{OUT+}}{R_B} \qquad (6\text{-}144)$$

分析式（6-144），可以得到：

$$U_{OUT+}=U_{OUT-} \qquad (6\text{-}145)$$

且根据全差分运放的基本性质，有：

$$\frac{U_{OUT+}+U_{OUT-}}{2}=V_{OCM} \qquad (6\text{-}146)$$

可得：

$$U_{OUT+}=U_{OUT-}=V_{OCM} \qquad (6\text{-}147)$$

式（6-147）表明，只要全差分运放正常工作，且电阻是对称的，那么输出电压均为 V_{OCM}，与输入静态电压 U_{IC} 无关。让我们想象一下，当 V_{OCM} 确定为 2.5V，共模输入电压变化时，只要没有差模输入信号，两个输出端就会纹丝不动，保持 2.5V。全差分电路有抑制共模的作用。

但是，不要放松警惕，U_{IC} 对全差分运放的输入脚电位有影响。

将式（6-147）代入式（6-144），有：

$$\frac{U_{IC}-U_X}{R_A+R_S}=\frac{U_X-V_{OCM}}{R_B} \tag{6-148}$$

解得：

$$U_X=\frac{U_{IC}R_B+V_{OCM}(R_A+R_S)}{R_A+R_S+R_B} \tag{6-149}$$

式（6-149）表明，输入端静态电位是 U_{IC} 和 V_{OCM} 的加权平均值。特别注意，当此电位超过全差分运放规定的输入端电压范围时，全差分运放将失效——不能正常工作，甚至烧毁。

3）叠加原理之结论

综合“单纯差模输入”与“共模输入和 V_{OCM} 输入共同作用”两种情况，利用叠加原理可得到如下结论。

（1）在已知电阻 R_A、R_S 的情况下，实现电阻匹配的方法是选择合适的 R_T。

$$R_T=\frac{2R_AR_S}{R_A-R_S} \tag{6-150}$$

（2）此时，两个输出端电压为：

$$u_{OUT+}=V_{OCM}+0.25\frac{R_B}{R_A}u_{id} \tag{6-151}$$

$$u_{OUT-}=V_{OCM}-0.25\frac{R_B}{R_A}u_{id} \tag{6-152}$$

（3）注意，全差分运放的输入管脚也存在电压，但与输入差模信号无关。

$$U_X=\frac{U_{IC}R_B+V_{OCM}(R_A+R_S)}{R_A+R_S+R_B} \tag{6-153}$$

（4）电路对差模信号的增益为：

$$\text{Gain}=\frac{u_{OUT+}-u_{OUT-}}{u_{id}}=0.5\frac{R_B}{R_A} \tag{6-154}$$

设计一个全差分单电源直流耦合电路，不考虑抗混叠滤波。前级输出阻抗为 50Ω，驱动电路实现阻抗匹配，总电压增益为 4 倍。前级信号存在共模电压，用 THS4521 实现，供电电压为 +5V，要求输出共模电压为 2.5V，求前级信号共模电压范围。

解：此例求解分为两个部分，第一，求解标准电路并实现阻抗匹配；第二，分析输入信号共模电压范围。先完成第一步。

（1）确定 R_S=50Ω、Gain=4 倍。选择 R_B=1000Ω，据式（6-143）反算出 R_A=125Ω，取 E96 系列最接近的阻值 124Ω。据式（6-140），得 R_T=166.67Ω，取最接近的阻值 165Ω。进而得到整个设计电路如图 6.70 所示。

对此电路，需要做一些简单的说明。图 6.70 中利用 V_{CVS1} 和 V_{CVS2} 两个具有 0.5 倍增益的压控电压源，将 VF_1 处的单端信号源转变成差分信号源，各含 50Ω 输出电阻，且它们含有共模直流电压 V_3，VF_3 可调。图 6.70 中的 V_{CM}=2.5V。

（2）求解输入信号共模电压范围。

首先，将数值代入式（6-153），有：

$$U_X=\frac{U_{IC}R_B+V_{OCM}(R_A+R_S)}{R_A+R_S+R_B}=\frac{1000}{1175}U_{IC}+\frac{175}{1175}V_{OCM}=0.851U_{IC}+0.149V_{OCM} \tag{6-155}$$

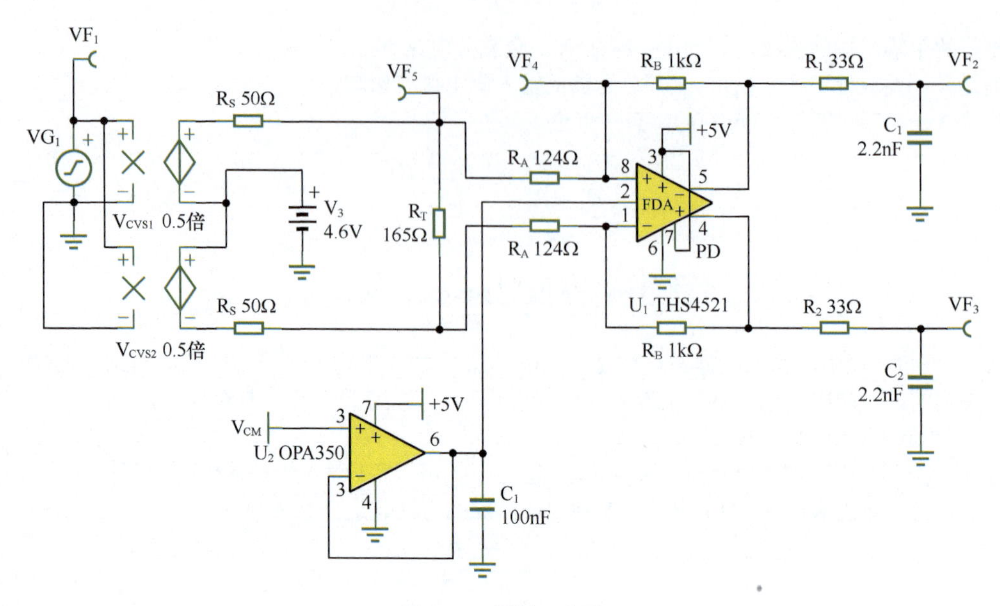

图 6.70　举例 5 电路

即，全差分运放的输入脚静态电压 U_X 更多地受到输入信号共模电压的影响。当 U_X 不得超过一定范围时，U_{IC} 必然会有一定的范围限制。为此，需要先查阅 THS4521 数据手册，看它对 U_X 有何限制，得到图 6.71。

ELECTRICAL CHARACTERISTICS: $V_{S+} - V_{S-}$ = 5 V (continued)

At V_{S+} = +5 V, V_{S-} = 0 V, V_{OCM} = open, V_{OUT} = 2 V_{PP} (differential), R_F = 1 kΩ, R_L = 1 kΩ differential, G = 1 V/V, single-ended input, differential output, input and output referenced to midsupply, unless otherwise noted.

PARAMETER	CONDITIONS	THS4521, THS4522, THS4524			UNIT	TEST LEVEL(1)
		MIN	TYP	MAX		
INPUT						
Common-Mode Input Voltage Low	T_A = +25°C		–0.2	–0.1	V	A
	T_A = –40°C to +85°C		–0.1	0	V	B
Common-Mode Input Voltage High	T_A = +25°C	3.6	3.7		V	A
	T_A = –40°C to +85°C	3.5	3.6		V	B

图 6.71　THS4521 数据手册截图

图 6.71 说明，在极端情况（温度为 -40℃～ 85℃）下，输入端最小电压可以为 0V，最大电压不超过 3.5V。

根据式（6-155）反算得到：

$$U_{IC} = \frac{U_X - 0.149V_{OCM}}{0.851} \tag{6-156}$$

当 0V < U_X< 3.5V 时，有：

$$-0.438\text{V} < U_{IC} < 3.675\text{V}$$

即，在极端情况下，只要输入共模电压为 -0.438 ～ 3.675V，电路都能正常工作。

在常温下，取典型值，则有 -0.2V< U_X< 3.7V，得：

$$-0.673\text{V} < U_{IC} < 3.91\text{V}$$

即，在常温典型情况下，只要输入共模电压在 -0.637 ～ 3.91V 之间，电路都能正常工作。

图 6.70 中，V_3=4.6V，是我做实验时设定的值，不代表此值能够正常工作。但比较遗憾的是，TINA-TI 中 V_3=4.6V 确实能够工作，变为 4.7V 就不行了。这说明 TINA-TI 中在此出现了模型与数据手册的不吻合。

◎全差分单电源电路——交流耦合

差转差的全差分单电源电路也可以采用交流耦合，如图 6.72 所示。理论上，它与直接耦合最大的区别在于：第一，4 个主电阻上没有静态电流，这有助于降低功耗；第二，理论上它对输入信号共模电压没有要求，只要不击穿电容 C_A 即可；第三，它对低频输入信号有衰减，即它是一个高通滤波器，不能放大直流或低频信号。

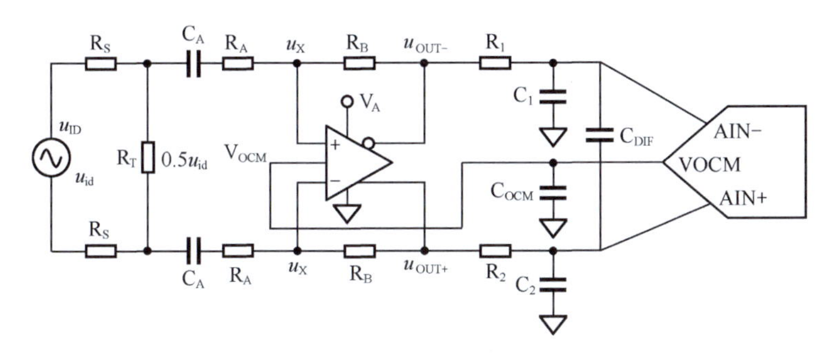

图 6.72 全差分单电源交流耦合电路

电路的静态分析极为简单：当确定电压 V_{OCM} 后，图 6.72 中 u_{OUT+}、u_{OUT-}、两个 u_X，以及电阻 R_A 左侧的静态电位均为 V_{OCM}。

电路的动态分析与直接耦合一模一样，可以套用其结论。下面研究下限截止频率 f_L。

画出求解频率特性的动态电路（与一般动态电路不同，需要保留电容、电感等储能元件），如图 6.73 所示，使用戴维宁定理，将其转换为图 6.74 所示电路。可以看出，负输出端输出电压为：

$$u_{out-}=-i_{rb}R_B \tag{6-157}$$

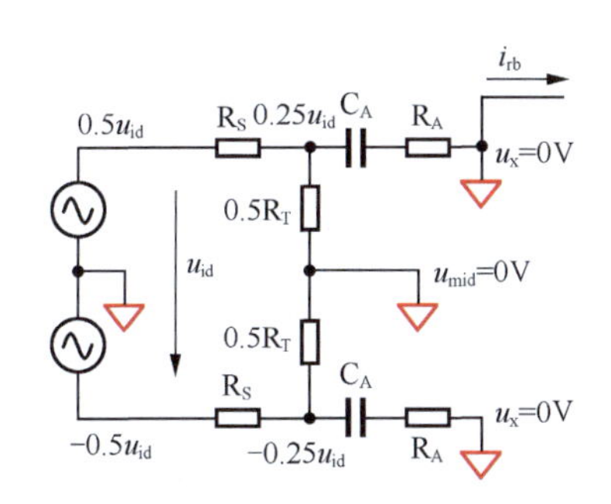

图 6.73 求解频率特性的动态电路

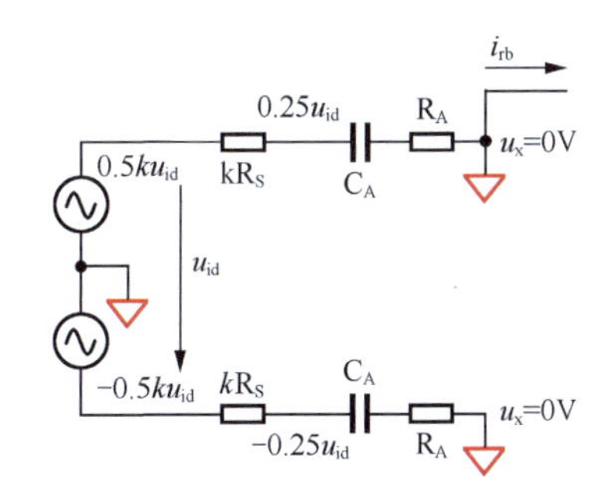

图 6.74 戴维宁等效电路

图 6.73 中所有红色三角标记处（虚地）均无电流。图 6.73 中 u_x 接高阻虚断的运放输入端，流过电阻 R_A 的电流一定全部流向了电阻 R_B，即图 6.73 中的 i_{rb}。

$$u_{out-}=-i_{rb}R_B=-i_{ra}R_B=-\frac{0.5ku_{id}}{kR_S+R_A+\dfrac{1}{SC_A}}=-\frac{0.5ku_{id}}{kR_S+R_A}\times\frac{1}{1+\dfrac{1}{SC_A\left(kR_S+R_A\right)}} \tag{6-158}$$

显然，这是一个标准一阶高通表达式，其下限截止频率为：

$$f_L=\frac{1}{2\pi\left(kR_S+R_A\right)C_A} \tag{6-159}$$

举例 6 电路如图 6.75 所示，V_{CM}=2.5V。求：(1) 电路的上限截止频率、下限截止频率；(2) 电路的中频增益；(3) 如果将两个电容 C_A 分别短接，会出现什么情况？

解：这个电路其实就是在举例 5 电路中增加了两个隔直电容，实现了交流耦合。

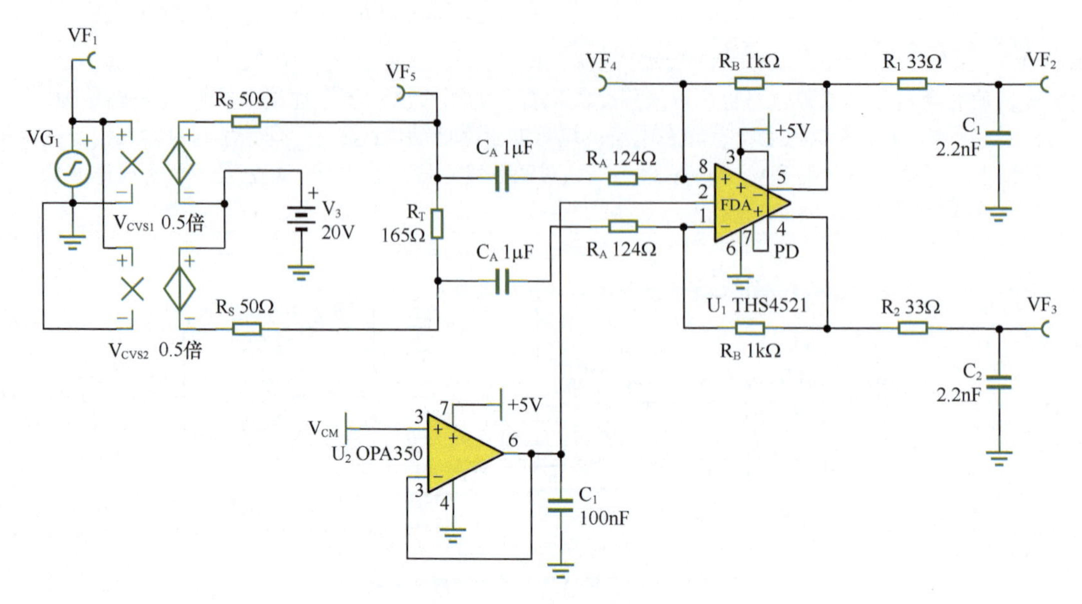

图 6.75　举例 6 电路

（1）上限截止频率是后级增加的无源一阶低通造成的，因此有：

$$f_{\mathrm{H}}=\frac{1}{2\pi R_1 C_1}=2.19\mathrm{MHz}$$

而下限截止频率则是由隔直电容引起的。先计算戴维宁定理的因子 k。

$$k=\frac{0.5R_{\mathrm{T}}}{R_{\mathrm{S}}+0.5R_{\mathrm{T}}}=0.62264$$

据式（6-159），得：

$$f_{\mathrm{L}}=\frac{1}{2\pi\left(kR_{\mathrm{S}}+R_{\mathrm{A}}\right)C_{\mathrm{A}}}=1025.93\mathrm{Hz}$$

（2）据式（6-153），得：

$$\mathrm{Gain}=0.5\frac{R_{\mathrm{B}}}{R_{\mathrm{A}}}=4.03倍$$

（3）如果将两个隔直电容短接，此电路就变成了直接耦合电路，共模电压 V_3 为 20V，导致 VF_4 点电压过高，会烧毁全差分运放。

6.4 基于全差分运放的滤波器

如果全差分运放在用于 ADC 驱动的同时还能实现滤波，则一举两得。普通的标准运放可以实现多种多样的滤波器，而全差分运放也是运放的一种，似乎它也可以实现滤波器。本节学习基于全差分运放的滤波器。

◎基于全差分运放的一阶滤波电路

用全差分运放实现一阶高通或低通滤波，都是可行的。图 6.76 所示电路包含了一阶高通和一阶低通，结论如下。

$$f_{\mathrm{H}}=\frac{1}{2\pi R_{\mathrm{B}}C_{\mathrm{B}}} \tag{6-160}$$

$$f_{\mathrm{L}}=\frac{1}{2\pi\left(R_{\mathrm{A}}+R_{\mathrm{S}}/\!/0.5R_{\mathrm{T}}\right)C_{\mathrm{A}}} \tag{6-161}$$

其中，$R_S//0.5R_T$为前级输出电阻的等效电阻，当前级信号输出电阻为0Ω时，此项为0Ω。

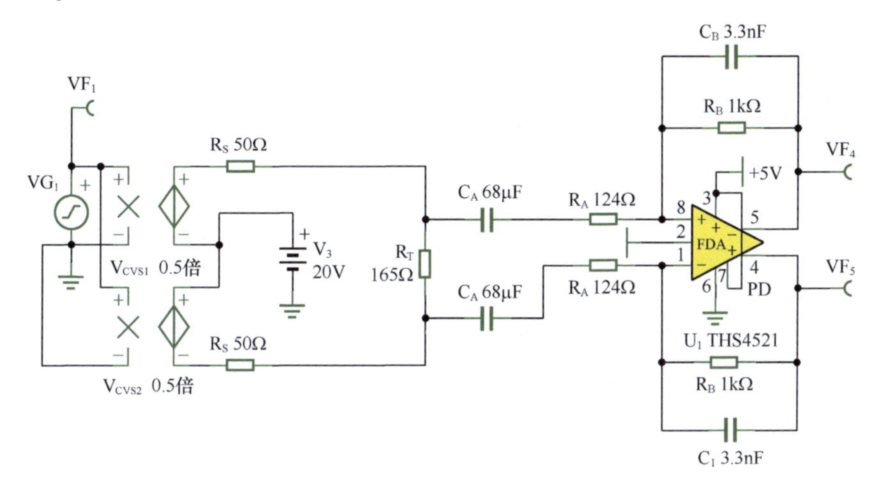

图 6.76 基于全差分运放的一阶滤波电路

电路如图 6.76 所示，V_{CM}=2.5V。求：（1）电路的上限截止频率、下限截止频率；（2）电路的中频增益。

解：（1）据式（6-160），得：

$$f_H = \frac{1}{2\pi R_B C_B} = 48.23\text{kHz}$$

据式（6-161），得：

$$f_L = \frac{1}{2\pi\left(R_A + R_S // 0.5R_T\right)C_A} = 15.087\text{Hz}$$

（2）电路的中频增益与第 6.3 节中举例 6 的中频增益完全相同，不赘述。

对此电路实施 TINA-TI 仿真，频率特性如图 6.77 所示，实测 VF_4 中频增益为 6.05dB，折合为 2.0068 倍。这只是单端输出结果，差分输出增益应为 4.0136 倍，与第 6.3 节举例 6 结论基本吻合。实测的下限截止频率为 15.19Hz，与估算的 15.087Hz 基本吻合；实测的上限截止频率为 48.14kHz，与估算的 48.23kHz 基本吻合。

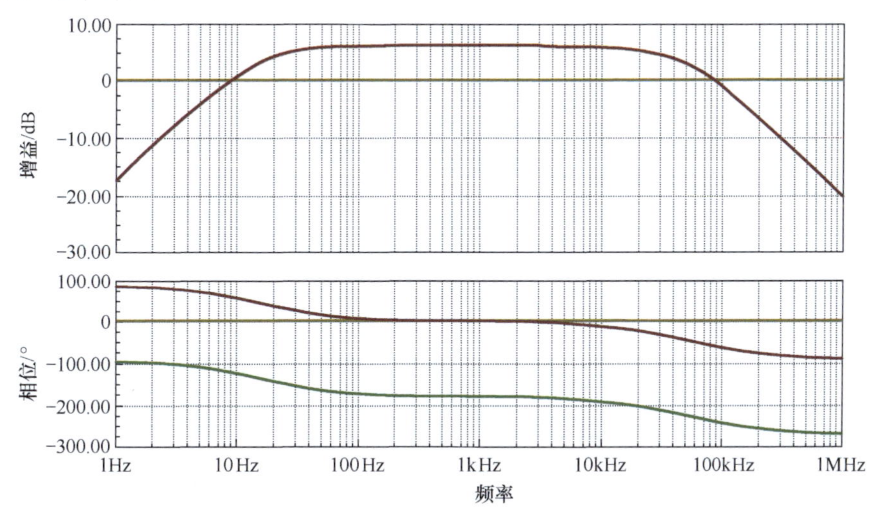

图 6.77 举例 1 电路仿真频率特性

◎基于全差分运放的二阶 MFB 型低通滤波器

在标准运放中，二阶滤波包含高通、低通、全通、陷波、带通等类型，全差分运放也有对应的电路，比如 Akerberg Mossberg 滤波器和 FDA Biquid 滤波器等。但是，毕竟全差分运放的人气还不旺，知之者少，用之者更少。因此，一旦涉及全通、陷波、带通等，设计者一般用标准运放先实现，然后再用全差分运放将其转换成差分信号。

但有些简单的全差分电路还是值得使用的，比如上述一阶滤波器，以及本节讲述的 MFB 型滤波器。

在标准运放体系中，二阶高通或低通滤波器有 MFB 型和 SK 型两种。很遗憾，SK 型在全差分电路中难以实现。MFB 型则很简单，基于全差分运放的二阶 MFB 型低通滤波器如图 6.78 所示。

基于标准运放的二阶 MFB 低通滤波器如图 6.79 所示。可以看出，将基于全差分运放的 MFB 型低通滤波器的电路从中间画一条横线，上下一分为二，上半部和下半部都像一个独立的 MFB 型电路。事实确实如此，准确的传函推导可以证明这一点。本书不证明，仅给出如下结论。

$$\dot{A}(\mathrm{j}\omega)=\frac{2\mathrm{VF}_2}{u_{\mathrm{id}}}=A_{\mathrm{m}}\frac{1}{1+\frac{1}{Q}\mathrm{j}\frac{\omega}{\omega_0}+\left(\mathrm{j}\frac{\omega}{\omega_0}\right)^2} \tag{6-162}$$

其中：

$$\omega_0=\frac{1}{\sqrt{R_2R_3C_1C_2}},\ f_0=\frac{1}{2\pi\sqrt{R_2R_3C_1C_2}} \tag{6-163}$$

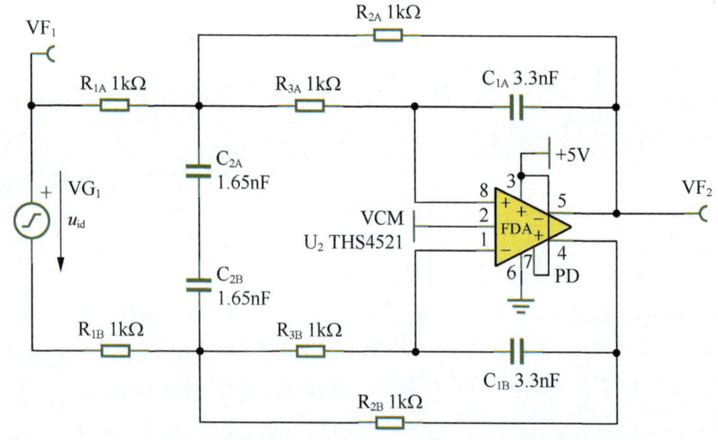

图 6.78 基于全差分运放的二阶 MFB 型低通滤波器

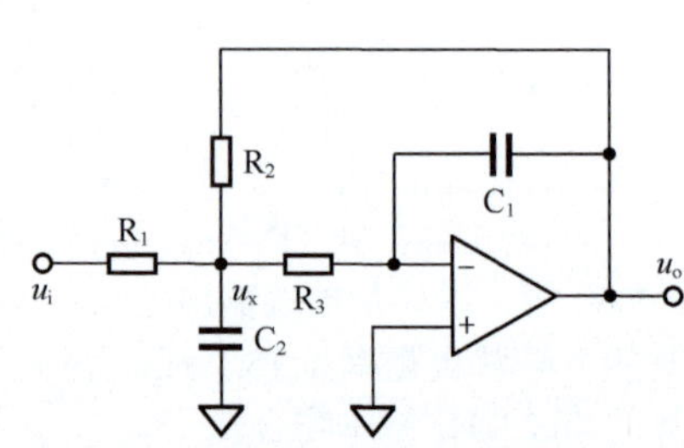

图 6.79 基于标准运放的二阶 MFB 型低通滤波器

$$Q=\frac{\sqrt{R_2R_3C_1C_2}}{C_1\left[R_2+R_3\left(1-A_{\mathrm{m}}\right)\right]} \tag{6-164}$$

$$A_{\mathrm{m}}=\frac{R_2}{R_1} \tag{6-165}$$

以图 6.78 为例，解得：

$$f_0=\frac{1}{2\pi\sqrt{R_2R_3C_1C_2}}=68.2\mathrm{kHz},\ Q=\frac{\sqrt{R_2R_3C_1C_2}}{C_1\left(R_2+R_3\left(1-A_{\mathrm{m}}\right)\right)}=0.2357,\ A_{\mathrm{m}}=1\text{倍}$$

这是随意设置参数带来的结果，没有什么具体意义。

已知设计要求 f_0、Q 和 A_{m}，求解具体阻容参数的方法与标准运放方法几乎一致，只要注意 A_{m} 为正值即可，相应的表达式也做了修改。

（1）根据式（6-166）对 C_2 的约束，选择合适的 C_2。

$$C_2 \geqslant 4(1+A_m)Q^2C_1 \tag{6-166}$$

（2）根据式（6-167）计算电阻 R_3 的阻值。

$$R_3=\frac{1\mp\sqrt{1+\dfrac{4(-A_m-1)C_1Q^2}{C_2}}}{(1+A_m)4\pi f_0C_1Q} \tag{6-167}$$

（3）根据式（6-168）计算电阻 R_2 的阻值。

$$R_2=\frac{1}{4\pi^2f_0^2C_1C_2R_3} \tag{6-168}$$

（4）根据式（6-169）计算电阻 R_1 的阻值。

$$R_1=\frac{R_2}{A_m} \tag{6-169}$$

（5）可以考虑将 C_{2A} 和 C_{2B} 合并成一个电容，也可以不合并。

举例2

用全差分运放设计一个ADC驱动电路，要求如下。

（1）供电电压为3.3V，ADC有经过驱动后的低阻1.65V基准电压可以使用。

（2）输入信号为差分信号，无输出内阻，频率范围在0～5kHz之内，幅度小于200mV。要求驱动电路的−3dB带宽为10kHz，二阶低通滤波，品质因数 Q=1.2。

解：（1）为保证低压3.3V工作，最好选用轨至轨全差分运放。本例选择TI公司的THS4521，将ADC的无阻1.65V直接给THS4521的VOCM端使用。

（2）确定特征频率。根据题目要求，选择二阶MFB型低通滤波器，其中 Q=1.2，上限截止频率 f_c 为10kHz，特征频率要经过换算。

$$K=\frac{\sqrt{4Q^2-2+\sqrt{4-16Q^2+32Q^4}}}{2Q}=1.3590$$

则：

$$f_0=\frac{f_c}{K}=\frac{10000}{1.3590}=7358.155\text{Hz}$$

（3）确定增益。THS4521的轨至轨电压约为0.2V。由于供电电压为3.3V，基准电压为1.65V，则最大摆幅空间为1.65V，考虑到轨至轨电压为0.3V，最大摆幅空间应为1.35V，保守设定为1.3V。即输出信号单端幅度不得超过1.3V，差分不应超过2.6V，则增益不得超过2.6/0.2=13倍。选择 A_m=13倍。

（4）选择电容 C_1=1nF，根据式（6-166），C_2 需大于80.64nF，选择 C_2=100nF。

（5）将 f_0= 7358.155Hz、Q=1.2、A_m=13倍代入式（6-167）～式（6-169），计算得：

$$R_3=926.99\Omega,\ R_2=5046.94\Omega,\ R_1=388.23\Omega$$

据此画出电路如图6.80所示，右边是合并两个电容的电路。

图6.80的左图将 C_2 电容的中点做了接地，这是因为TINA-TI在遇到两个串联电容时会发生异常。这样处理并不会过多影响电路性质。对于动态分析来说，这两个电容的中点其实就是动态0电位。

对此电路实施仿真，得到频率特性如图6.81所示，仿真实测方法如下。

（1）先测特征频率。在相频特性曲线中，90°时的频率为7.35kHz，与前文分析的7358Hz相差无几。

（2）再测中频增益。在 VF_2 幅频特性曲线中，找到10Hz点，测得增益为16.26dB。此为单端输出增益，差分增益应为16.26dB+6.02dB=22.28dB，换算成倍数为13.0017倍，与设定的13倍相差无几。

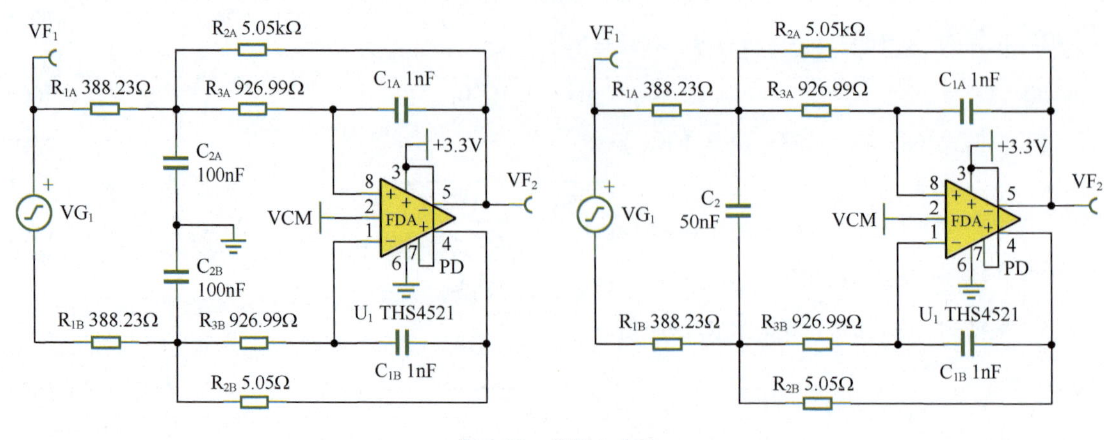

图 6.80　举例 2 电路

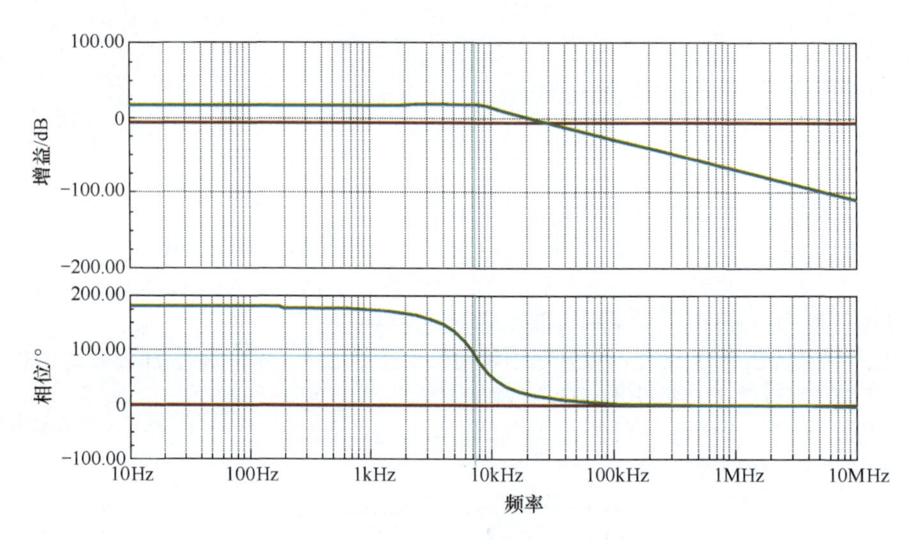

图 6.81　举例 2 电路仿真频率特性

（3）再测 Q。在 VF_2 幅频特性曲线中，找到 7.35kHz 点，测得增益为 17.85dB，与中频增益相差 17.85dB−16.26dB=1.59dB。此为两者的相对增益，换算成倍数为 Q=1.20088，与设定的 1.2 也很吻合。

在图 6.80 中的同相输出端增加一个探针 VF_3，用示波器实测波形如图 6.82 所示，结果与预期吻合。

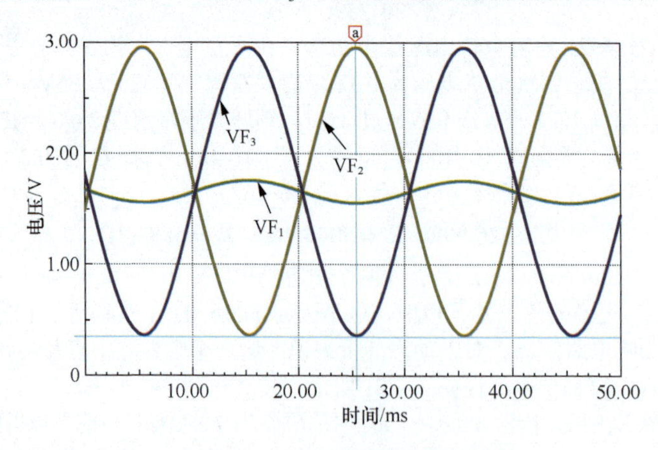

图 6.82　举例 2 电路实测波形

对比两个电路实测结果，发现这两个电路的仿真结果完全一致。

◎基于全差分运放的二阶 MFB 型高通滤波器

图 6.83 所示是一个基于全差分运放的二阶 MFB 型高通滤波器。此电路的增益为 10 倍，Q=0.7071，下限截止频率为 1kHz。基于全差分运放的二阶 MFB 型高通滤波器和基于标准运放 MFB 型高通滤波器之间的关系，与上述的低通滤波器是一样的。

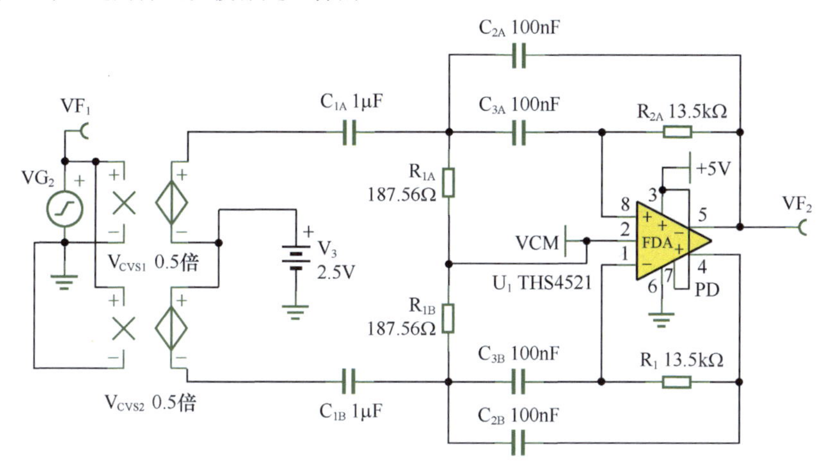

图 6.83 基于全差分运放的二阶 MFB 型高通滤波器

◎基于全差分运放的 ADC 典型驱动电路

第 6.2 节中介绍了一种 ADC 典型驱动电路，如图 6.41 所示。这类电路也有基于全差分运放的，如图 6.84 所示，广泛用于精密全差分 ADC 的全差分运放驱动电路中。

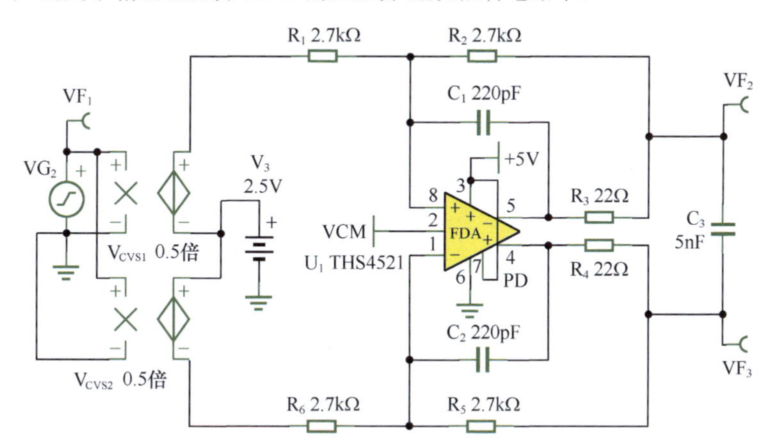

图 6.84 基于全差分运放的 ADC 典型驱动电路

电路的工作原理与第 6.2 节中的 ADC 典型驱动电路完全相同，从标准运放到全差分运放的过渡思想，与上述 MFB 型低通滤波器类似，设计方法也与标准运放电路相同。

7 杂项

7.1 复合放大器

复合放大器（Composite Amplifier）是一种放大电路，它通常由几个不同类别的运算放大器组成，最终达到各类放大器优势互补的效果。比如，由精密运放和高速运放组成一种新的放大电路，既能实现高速放大，又有精密的输入特性。

复合放大器通常分为串联型和并联型两类。

◎串联型复合放大器基本思想

串联型复合放大器的主要特点是，信号必须是串联的，先后通过两个运放。串联型复合放大器如图 7.1 所示。主放大器 A_1 在串联体系中排在前面，首先接触输入信号，一般具有优秀的输入端性能，包括输入失调电压、输入偏置电流、噪声等，但它的输出性能不够，比如压摆率、输出电流、带宽，这可以通过放大器 A_2 给予适当补充。

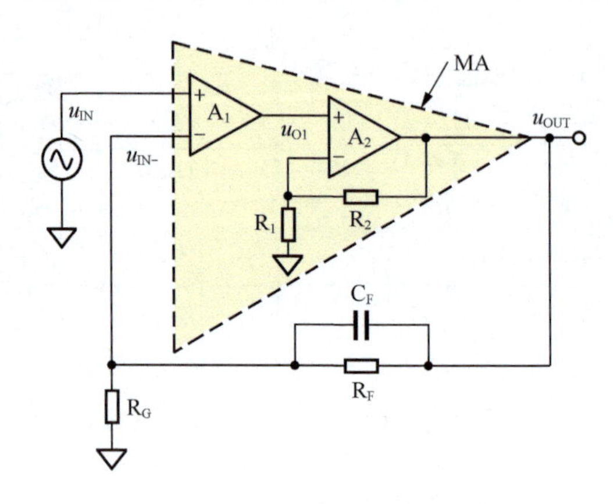

图 7.1 串联型复合放大器

从工作原理来看，A_2 组成了一个增益确定的闭环放大器，它串联于 A_1 之后，相当于把 A_1 的输出扩大了一定的倍数，也就是说，它们共同形成了一个大运放 MA，如图 7.1 中黄色虚线框所示。这样，整个电路就变成一个由大运放 MA 与反馈网络 R_F、C_F、R_G 组成的同相比例放大器，暂不考虑电容 C_F 的作用，电路的低频区增益为：

$$\text{Gain}=\frac{u_{OUT}}{u_{IN}}=1+\frac{R_F}{R_G} \tag{7-1}$$

这个结果看起来与运放 A_2 没有什么关系。其实不然。A_2 串联于 A_1 之后，看似没有改变整个大闭环的反馈关系，但是，真正的输出来自 A_2，很多输出端性能就取决于 A_2。而整个电路的输入端性能，则取决于 A_1。

这看起来很妙，这种串联型复合放大器似乎可以让两个放大器合成一个放大器，扬长避短，择优而用。

我们进行如下细致分析。

电路的输出失调电压、输出噪声、失真度取决于 A_1

第一，A_2 组成了一个同相比例器，其闭环增益为 Gain_2。

$$\text{Gain}_2=1+\frac{R_2}{R_1} \tag{7-2}$$

第二，运放 A_1 的输入失调电压为 V_{OS1}，运放 A_2 的输入失调电压为 V_{OS2}。其表现均为，在该运放的正输入端串联了一个固定电压源 V_{OS}。

第三，据此将输入信号短路接地，仅考虑输入失调电压影响，求输出电压，即输出失调电压。列出表达式如下。

$$\left(0+V_{OS1}-u_{IN-}\right)A_{uo1}=u_{O1} \tag{7-3}$$

$$u_{OUT}=\left(u_{O1}+V_{OS2}\right)\times\text{Gain}_2 \tag{7-4}$$

$$u_{IN-}=u_{OUT}\frac{R_G}{R_G+R_F} \tag{7-5}$$

将式（7-3）、式（7-5）代入式（7 4），得：

$$u_{OUT}=\left(\left(V_{OS1}-u_{OUT}\frac{R_G}{R_G+R_F}\right)A_{uo1}+V_{OS2}\right)\times \text{Gain}_2 \tag{7-6}$$

化简得：

$$u_{OUT}=V_{OS1}A_{uo1}\text{Gain}_2-u_{OUT}\frac{R_G}{R_G+R_F}A_{uo1}\text{Gain}_2+V_{OS2}\text{Gain}_2$$

$$u_{OUT}\left(1+\frac{R_G}{R_G+R_F}A_{uo1}\text{Gain}_2\right)=V_{OS1}A_{uo1}\text{Gain}_2+V_{OS2}\text{Gain}_2$$

$$u_{OUT}=\frac{A_{uo1}\text{Gain}_2}{1+\frac{R_G}{R_G+R_F}A_{uo1}\text{Gain}_2}V_{OS1}+\frac{\text{Gain}_2}{1+\frac{R_G}{R_G+R_F}A_{uo1}\text{Gain}_2}V_{OS2} \tag{7-7}$$

此值即输出失调电压。可以看出，式（7-7）分母的第二项很大，可以忽略 1。

$$u_{OUT}\approx\frac{A_{uo1}\text{Gain}_2}{\frac{R_G}{R_G+R_F}A_{uo1}\text{Gain}_2}V_{OS1}+\frac{\text{Gain}_2}{\frac{R_G}{R_G+R_F}A_{uo1}\text{Gain}_2}V_{OS2}=\left(\frac{R_G+R_F}{R_G}\right)V_{OS1}+\frac{R_G+R_F}{R_G}\times\frac{1}{A_{uo1}}V_{OS2}=$$
$$\text{Gain}V_{OS1}+\frac{\text{Gain}}{A_{uo1}}V_{OS2}\approx \text{Gain}V_{OS1} \tag{7-8}$$

式（7-8）说明，电路的输出失调电压约等于 A_1 的输入失调电压乘以闭环增益。V_{os2} 由于被 A_1 的开环增益相除，在输出端几乎没有影响。

用类似的方法可以证明，整个电路的输出噪声主要受到运放 A_1 的输入端噪声影响，而运放 A_2 的输入端噪声几乎不会对输出产生影响。而整个电路的失真度也取决于 A_1，与 A_2 几乎没有关系。

电路的输入电阻、偏置电流、输入电压范围取决于运放 A_1

这很显然，无须证明。

电路的输出电流、输出电压范围取决于 A_2

这很显然，无须证明。

电路的输出压摆率受到两个运放综合影响

当要求整个电路的输出压摆率大于 SR 时，显然，运放 A_2 的压摆率 SR_{A2} 必须大于 SR。同时，运放 A_2 的输出幅度是运放 A_1 的 Gain_2 倍，因此运放 A_1 也具有压摆率要求。

$$SR_{A1}\geqslant\frac{SR}{\text{Gain}_2} \tag{7-9}$$

电路的带宽得以拓展

一般来讲，运放 A_2 的单位增益带宽是大于运放 A_1 的单位增益带宽的。此时，若运放 A_2 具有 Gain_2 的闭环增益，那么将运放 A_1 的开环增益—频率曲线，整体上移 Gain_2（dB），就形成了大运放的开环增益—频率曲线。如图 7.2 所示，运放 A_1 的开环增益曲线如图 7.2 中的黑色虚线所示，其低频增益为 A_{m1}，大运放的开环增益曲线如红色虚线所示，其低频增益为 A_{m1} Gain_2，整体上移了 Gain_2（dB）。

可以看出，如果运放 A_1 的单位增益带宽为 BW_1，那么大运放的单位增益带宽则是 Gain_2BW_1。如果由运放 A_1 直接组成增益为 Gain 的闭环电路，其闭环增益曲线如图 7.2 中黑色实线所示，在 f_{H1} 处出现上限截止频率。如果将 A_1 和 A_2 组成上述串联型复合放大电路，就相当于用大运放组成增益为 Gain 的闭环电路，其闭环增益曲线如图 7.2 中红色实线所示，在 f_H 处出现上限截止频率。从图 7.2 可以明显看出，f_H 约为 f_{H1} 的 $Gain_2$ 倍，即带宽得以拓展。

$$f_H = Gain_2 f_{H1} \tag{7-10}$$

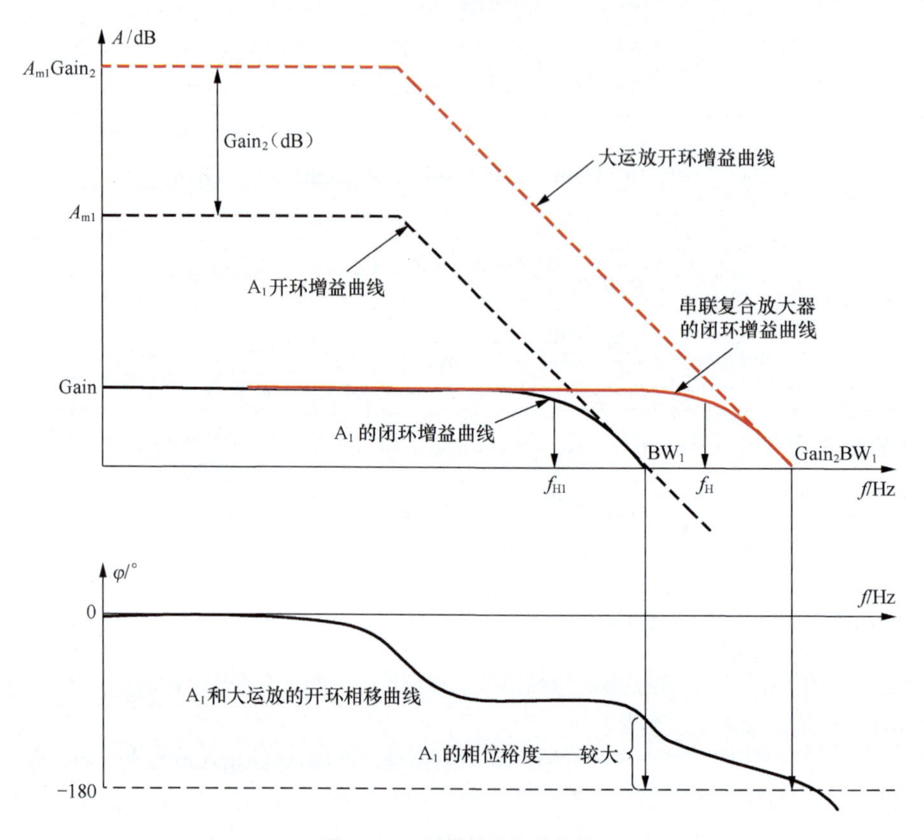

图 7.2　开环增益和相移曲线

电路稳定性下降

从运放的开环相移曲线可以看出，当给 A_1 串联一个增益为 $Gain_2$ 的放大电路组成大运放时，大运放的相移曲线与 A_1 的近似一致——因为 A_2 一般属于高速放大器，由其组成的 $Gain_2$ 倍闭环放大电路一般不会产生相移。也就是说，大运放和运放 A_1 的开环相移曲线是重合的。

再看它们的相位裕度，就发现问题了。运放 A_1 的相位裕度如图 7.2 所示，发生在频率 BW_1 处，即开环增益下降到 1 倍的地方，此时相移曲线距离 -180° 还好远，即有很大的相位裕度。而大运放则不同，它的开环增益下降到 1 倍，发生在 $Gain_2BW_1$ 处，此时相移曲线已经非常接近 -180°，即其相位裕度大幅度下降，导致稳定性下降。其实，增加 A_2 后的大运放，多数情况下会变为一个非单位增益稳定型运放。

如果系统不稳定，那么前面说的万千之好，顿时灰飞烟灭。

不过我们有办法可以适当挽救。第一，如果大运放的相位裕度仍能保证系统不振荡——比如将整个放大电路的增益 Gain 设置成比较大，那么问题不大，可以直接用，就像用一个最小稳定增益大于 12 倍的 OPA847，使其实现闭环增益为 20 倍一样，肯定是可以稳定的。第二，如果不行，可以考虑在环路中增加一些超前相移环节，以避免稳定性下降。图 7.1 中的 C_F 就起到了这个作用。

避免复合放大电路稳定性下降，还有多种不同的方法，本书不赘述。但结论是，串联型复合放大器在 $Gain_2$ 越来越大时，必然引起整个电路的稳定性下降，可以适当增大 Gain，但盲目增大 $Gain_2$，希望获得更好的输出性能，必是一厢情愿。

保证串联复合放大器整个系统稳定性的设计要点，是控制 $Gain_2$ 不要超过 Gain。

◎串联实例 1——精密运放的频带和压摆率拓宽

要求制作一个放大电路，供电电压为 ±2.5V，输入信号幅度小于 200mV，信号频率范围为 DC ～ 2MHz，闭环增益为 10 倍，常温下输出失调电压小于 70μV。

由于增益 Gain 为 10 倍，则要求输入失调电压最大不能超过 70μV/Gain=7μV。由于闭环带宽大于 2MHz，则运放单位增益带宽至少大于 2MHz×Gain=20MHz。由于输出幅度达到 2V，频率高达 2MHz，则运放输出压摆率为：

$$SR \geqslant 2\pi f A_{\mathrm{m}} = 25.12\mathrm{V}/\mu\mathrm{s}$$

我查不到同时满足上述条件的运放，应该也没有这种运放。

用串联型复合放大器可以实现这个要求。先选择失调电压小的运放，如 OPA335，用 R_2 和 R_1 组成基本的 10 倍同相增益电路。然后考虑从放大器开始设计。

设计要求为：第一，供电电压为 ±2.5V 时能正常工作；第二，单位增益带宽尽量大，压摆率尽量大。初步选择 OPA830。

一般来说，由从放大器组成的同相比例器增益 $Gain_2$ 越大，对总体带宽的拓展越明显。本例综合考虑后选择 $Gain_2$=20 倍，设计电路如图 7.3 所示。但这违背了稳定性设计要点，为避免出现系统稳定性问题，在电阻 R_2 上并联小电容 30pF。

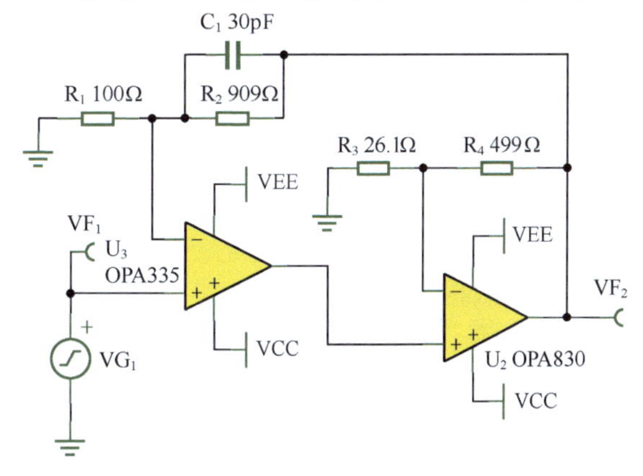

图 7.3 串联型复合放大电路实例 1——拓展频带和压摆率

对此电路实施仿真实测，结果如下。

① 输出失调电压为 3.56μV，满足小于 70μV 的设计要求。严格的设计应该按照数据手册最大值计算，等效输入失调电压由两部分组成：第一部分为数据手册给出的最大输入失调电压 5μV，第二部分为偏置电流带来的等效输入失调电压，为 200pA 乘以外部电阻并联值 90.09Ω，约为 18nV。两者合计为 5018nV，乘以总增益 10 倍，约为 50.18μV，符合要求。

② 仿真频率特性如图 7.4（a）所示，可知其低频增益为 20.08dB，与设计要求的 10 倍吻合。闭环带宽为 4.89MHz，满足 DC ～ 2MHz 的设计要求。

③ 当输入为 200mV 幅度、2MHz 频率的正弦波时，输出的仿真波形如图 7.4（b）所示，可知它工作正常，没有受到压摆率影响。

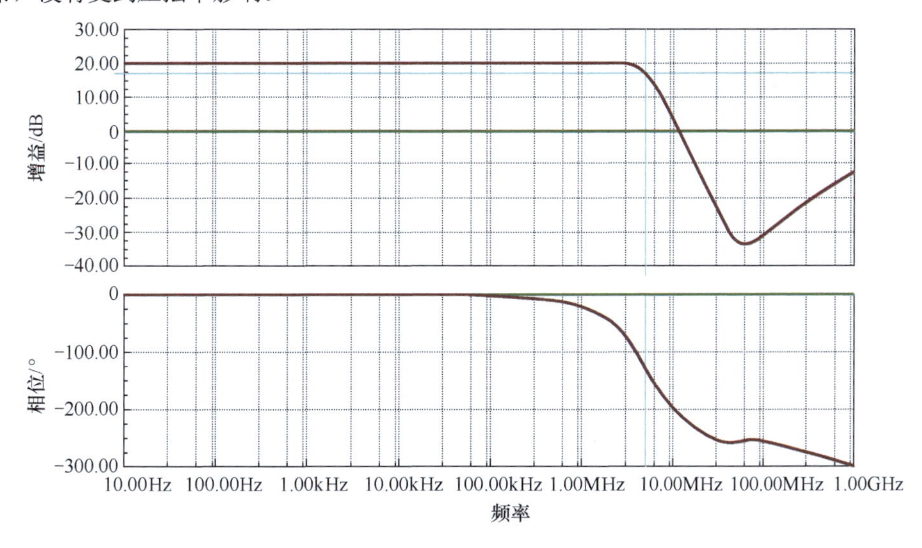

（a）仿真频率特性

图 7.4 串联型复合放大电路实例 1 的仿真频率特性及波形

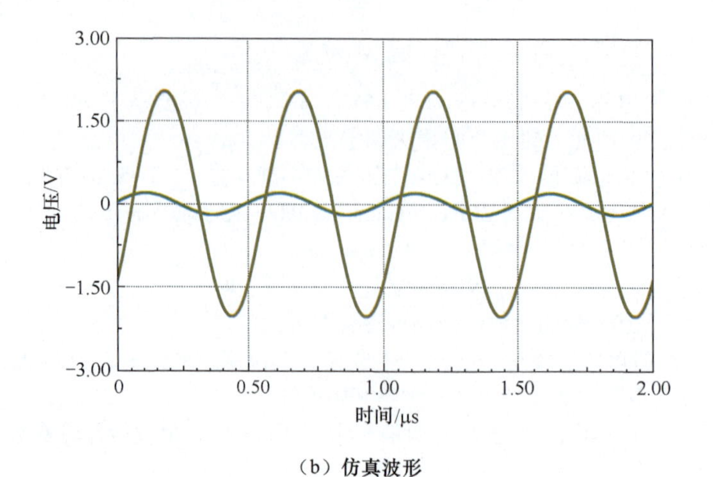

（b）仿真波形

图 7.4　串联型复合放大电路实例 1 的仿真频率特性及波形（续）

上述电路仅仅是满足设计要求的一个举例。将 ADA4528-1、OPA388、OPA189 等作为主放大器，可以实现更优秀的性能。

◎串联实例 2——精密运放的大电流输出

输入信号频率范围为 DC ～ 20kHz，幅度小于 2V。要求设计一个 10 倍电压增益放大器，能对此输入信号进行放大，频带内尽量增益平坦，输出失调电压小于 0.1mV，负载为 8Ω 电阻。可以使用的电源有 ±2.5V 和 ±35V。

初步分析。第一，它的频带不算宽，属于低频放大，10 倍增益的难度也不大。第二，它要求输出失调电压小于 0.1mV，这就比较困难了。按照失调电压计算方法，可知运放的输入失调电压应该小于 0.01mV，即 10μV，必须选择超低失调的运放。但是这毕竟是可以实现的。第三，要求输出幅度达到 20V（2V 输入乘以 10 倍增益），这就必须使用高压运放，而用高压运放实现 10μV 的输入失调电压，基本是幻想。第四，要求带动 8Ω 负载，输出峰值电流就会高达 20V/8Ω=2.5A，因此必须能够输出大电流。有没有能够输出 2.5A 以上电流、20V 以上幅度的运放呢？有，比如 TI 公司的 OPA541。

OPA541 的数据手册截图如图 7.5 所示，可以看出，它能够接受 ±35V 供电，能够输出 ±30.5V 电压，能够输出 5A 连续电流、10A 峰值电流，其输出特性完全满足我们的要求。但它的输入失调电压高达 ±2mV，与 10μV 的技术要求相差甚远。

PARAMETER	CONDITIONS	OPA541AM/AP			OPA541BM/SM			UNITS
		MIN	TYP	MAX	MIN	TYP	MAX	
INPUT OFFSET VOLTAGE								
V_{OS}			±2	±10		±0.1	±1	mV
vs Temperature	Specified Temperature Range		±20	±40		±15	±30	μV/°C
vs Supply Voltage	V_S = ±10V to $±V_{MAX}$		±2.5	±10		*	*	μV/V
vs Power			±20	±60		*	*	μV/W
INPUT BIAS CURRENT								
I_B			4	50		*	*	pA
GAIN CHARACTERISTICS								
Open Loop Gain at 10Hz	R_L = 6Ω	90	97		*	*		dB
Gain-Bandwidth Product			1.6			*		MHz
OUTPUT								
Voltage Swing	I_O = 5A, Continuous	±(|V_S| − 5.5)	±(|V_S| − 4.5)		*	*		V
	I_O = 2A	±(|V_S| − 4.5)	±(|V_S| − 3.6)		*	*		V
	I_O = 0.5A	±(|V_S| − 4)	±(|V_S| − 3.2)		*	*		V
Current, Peak		9	10		*	*		A
AC PERFORMANCE								
Slew Rate		6	10		*	*		V/μs
Power Bandwidth	R_L = 8Ω, V_O = 20Vrms	45	55		*	*		kHz
POWER SUPPLY								
Power Supply Voltage, $±V_S$	Specified Temperature Range	±10	±30	±35	*	±35	±40	V

图 7.5　OPA541 的数据手册截图

解决方案之一就是使用复合放大电路。我们选择ADI公司的运放ADA4528-1作为主放大器，将OPA541作为从放大器，设计出串联型复合放大电路如图7.6所示。

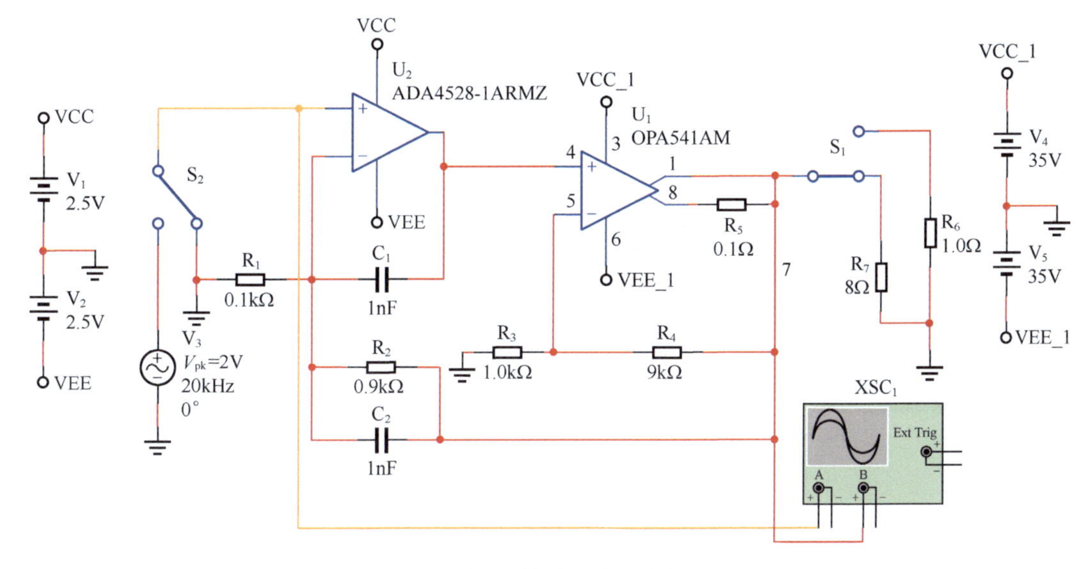

图7.6　串联型复合放大电路实例2

对此电路，有几个需要说明的地方。

第一，为了提高电路稳定性，除在电阻R_2上并联小电容外，还有一种常见方法，就是给主运放增加一个反馈网络电容C_1和电阻R_1。

第二，电路中的R_5是OPA541的特殊用法，它是限流检测电阻，用于保护OPA541输出电流不超限。在正常工作时，它不会影响电路性能。

第三，增益$Gain_2$的选择。这至少需要从3个方面考虑：ADA4528的输出幅度、ADA4528的压摆率和系统稳定性。

先说幅度。由于最终输出电压幅度为20V，而ADA4528的最大输出幅度为2.49V，因此$Gain_2$要大于20/2.49=8.03倍。

再说压摆率。从题目要求可知，20V幅度、20kHz信号是非常苛刻的压摆率要求。此时，输出信号过零点斜率就是输出压摆率的最低要求，则：

$$SR = 2\pi f A_m = 2.512V/\mu s$$

从图7.5可以看出，OPA541的最小压摆率为6V/μs，符合要求。查找ADA4528的数据手册，可知其压摆率为SR_{A1}=0.45V/μs，则：

$$Gain_2 \geqslant \frac{SR}{SR_{A1}} = 5.58倍$$

最后说稳定性。根据串联复合放大器稳定性设计要点，$Gain_2$不要超过Gain，即10倍。

综合考虑，$Gain_2$要大于20/2.49=8.03倍、小于或等于10倍。

对此电路在Multisim12.0中实施仿真，负载为8Ω，输入信号为2V、20kHz，得到仿真波形如图7.7所示。可知其工作正常。用万用表实测输出失调电压，约为50μV，满足设计要求。

◎串联实例3——精密运放的高压输出

利用同样的思想，精密运放和能够承受高电压的晶体管可以组成高电压输出的复合放大电路。

图7.8所示是一个高电压精密放大电路，其原型来自LT1055数据手册，我对其进行了修改。

主放大器使用OPA627，其是一款±15V供电的超低噪声放大器，单位增益带宽约为16MHz，输入失调电压约为100μV。后级从放大器从电路节点7开始，到节点1（输出端）结束，包括晶体管

VT_4、VT_3、VT_1、VT_2，以及相关的电阻，是一个由晶体管组成的、可输出 100V 以上信号的高增益反相放大电路。从放大器为反相，因此，由 OPA627 和后级放大器组成的大运放的正输入端等效为 OPA627 的第 2 脚（刚好和运放本身定义相反）。这样的话，整个电路可以看成由一个大运放、电阻 R_{10} 和 R_{11} 组成的反相比例器，增益为 -10 倍。

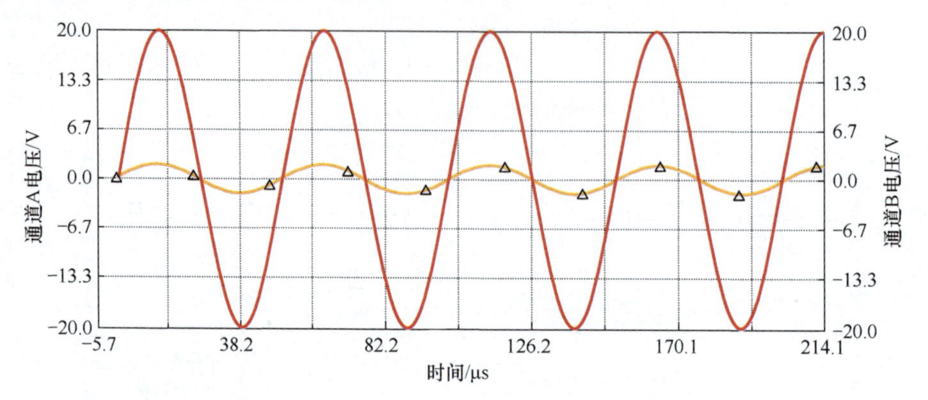

图 7.7　串联型复合放大电路实例 2 的仿真波形

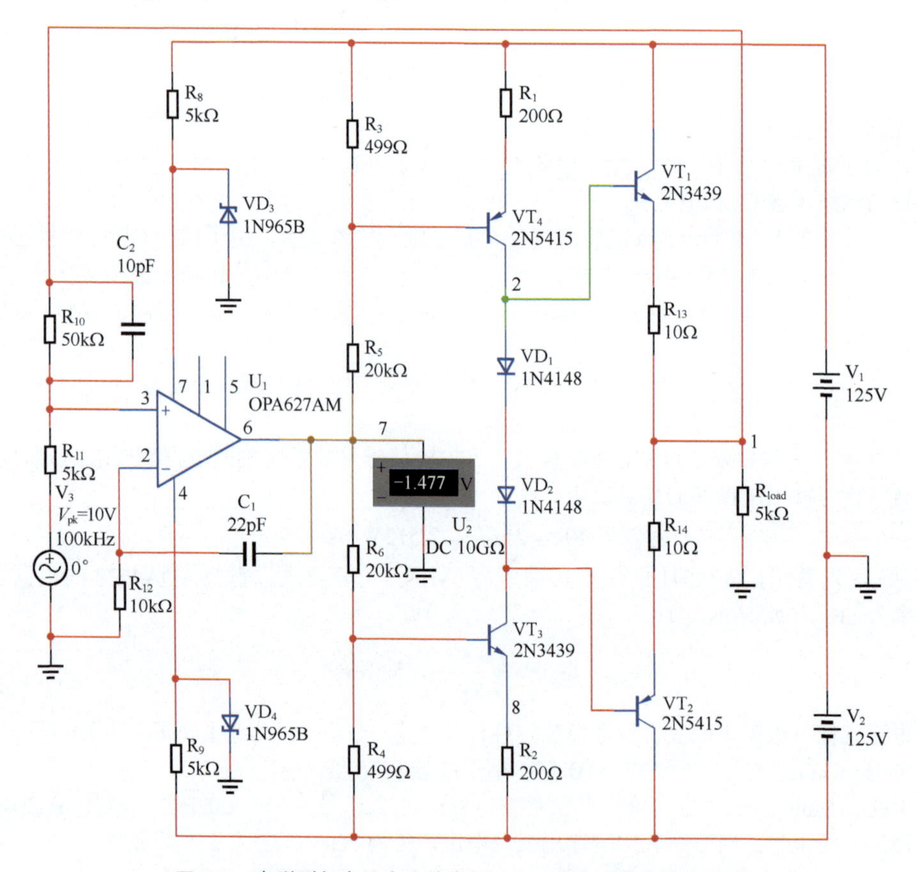

图 7.8　串联型复合放大电路实例 3——高电压精密放大电路

电容 C_2 和 C_1 均为避免自激振荡、提高电路稳定性的补偿措施。

运放 OPA627 的供电由两个击穿电压为 15V 的齐纳二极管提供，通过电阻 R_8 和 R_9 配合，给运放电源脚施加 ±15V 左右的电压。

VT_3 和 VT_4 组成了一个互为恒流源负载的高增益共射极反相放大电路，其输出为各自的集电极。其中，电阻 R_3、R_5、R_1 为晶体管 VT_4 提供合适的静态工作点，电阻 R_6、R_4、R_2 为晶体管 VT_3 提供合适的静态工作点，显然，当节点 7 为 0V 时，让两个型号不同的晶体管实现完全对称，静态电流 I_{CQ} 相等，且各自均在放大区，是较为困难的。但请注意，由于负反馈的存在，运放输出节点 7 的静态电位不会“傻乎乎”地等在 0V，而任由两个晶体管静态不和谐。它会自适应调整，以保证输出静态，即两个二极管 1N4148 的连接处近似为 0V。从图 7.8 可以看出，在实际运行时，运放输出脚的静态电位为 −1.477V，才能保证两个晶体管都工作在放大区的中间位置。

VT_1 和 VT_2 组成了互补推挽的射极跟随器，类似于功率放大电路结构。图 7.8 中的 1N4148 是为了减小交越失真的，它们的存在使得 VT_3 和 VT_4 在 0V 输入时处于微弱导通状态，一旦有正信号进入，则 VT_3 立即导通；一旦有负信号输入，则 VT_4 立即导通。

4 个晶体管均为高压晶体管，2N3439 能承受 350V 电压，2N5415 能承受 200V 电压。

用 Multisim12.0 对此电路实施仿真，实测结果如下。

①电路增益为 −10 倍。②频带大约为 200kHz，这取决于两个电容的选择。③当输入为 10V 幅度、10kHz 频率的正弦波时，输出如图 7.9 黄色波形所示，确实为 100V 正弦波。④静态时输出失调电压很小，约为 22μV。显然，这是 Multisim12.0 仿真模型的问题，实际的 OPA627 达不到如此小的失调电压。

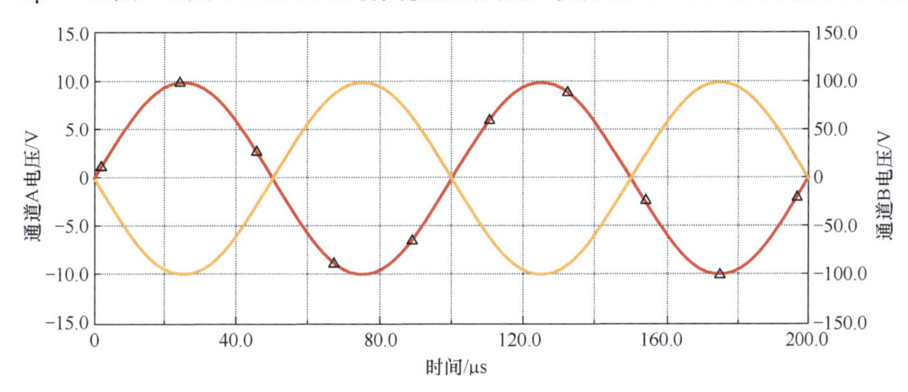

图 7.9　串联型复合放大电路实例 3 的仿真波形

◎并联型复合放大器方法一

与串联型复合放大器相比，并联型复合放大器的使用目的单一，其实就是高速放大器的输出失调电压自适应调整。

我们知道，绝大多数高速或者宽带运放追求的是对高频信号的放大能力，因此其带宽要足够宽，压摆率要足够大，但其失调电压、偏置电流等输入端参数，就捉襟见肘了。幸运的是，绝大多数场合下，要放大高频信号，就对低频信号不太关心，可以使用隔直电容将放大器的输出失调电压消除。

但有例外的时候。当我们要实现 DC ～ 1MHz 内具有平坦的 1000 倍电压增益时，由于不能舍弃直流，就不可能使用隔直电容，此时如果运放具有 1mV 的输入失调电压，理论上，输出端就会出现高达 1V 的失调电压。这是不能容忍的。

按照传统的思想，只有选择超低失调电压的运放，才有可能有效降低输出失调电压。但非常遗憾，高速放大器中失调电压小的凤毛麟角，我们几乎无计可施。

并联型复合放大器可以解决这个问题。并联型复合放大电路方法一如图 7.10 所示。其中主放大器为 U_1，LT1226CN8 是一款增益带宽积达到 1GHz 的宽带放大器，压摆率也达到 250V/μs，可以实现单级 1000 倍电压增益，且带宽可以达到 1MHz 以上。但是，它的输入失调电压典型值为 1mV，导致输出失调电压达到 1V。

从放大器为图 7.10 中的 U_3，LTC1150CN8 是一款低速运放，但是其失调电压极低，典型值为 0.5μV，偏置电流也较小，为 10pA。将这个从放大器并联于主放大器旁，可以有效降低输出失调电压。工作原理如下。

先不要理睬 U_3 及其外围的 R_1、R_2 和 C，可以看出主放大器依靠电阻 R_F、R_G 实现了 1001 倍同相比例器功能。接着我们看看 U_3 干了什么。

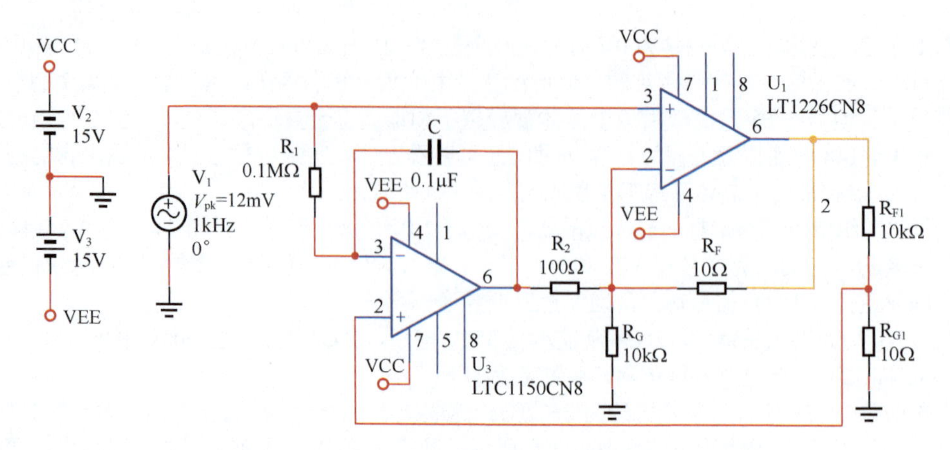

图 7.10 并联型复合放大电路方法一

1）静态分析

静态时，输入端接地，且电容视为开路，则方法一的静态等效电路如图 7.11 所示。图 7.11 中运放内部的直流电压源是运放的输入失调电压，V_{OS1} 为 10μV 数量级，V_{OS2} 为毫伏数量级。同时，不能忽略运放 A_1 具有的输入偏置电流 I_{B1}，它会在电阻 R_1 上产生压降。

先分析反馈类型，图 7.11 中有两个反馈环路，一个是包括 A_1 和 A_2 的大环，一个是仅有 A_2 的小环。对于大环，在输出端设定一个 ⊕，沿着绿色箭头，我们发现，回到输出端的是 ⊖，说明大环路是负反馈。而小环，图 7.11 中没有画，为输出端通过 R_F 到达 A_2 的负输入端，再回到输出，可以看出这也是一个负反馈。

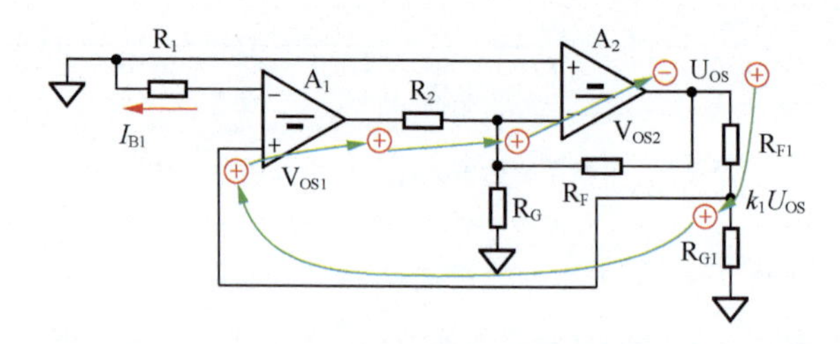

图 7.11 方法一的静态等效电路

由于存在这样的负反馈，虚短是成立的，因此有：

$$U_{A1\_(IN-)} = I_{B1}R_1 \tag{7-11}$$

$$U_{A1\_(IN+)} = U_{A1\_(IN-)} - V_{OS1} = I_{B1}R_1 - V_{OS1} \tag{7-12}$$

以上可以视为运放 A_1 的直流意外，包括输入失调电压和输入偏置电流的影响。

$$U_{OS} \times k_1 = U_{OS} \times \frac{R_{G1}}{R_{F1}+R_{G1}} = U_{A1\_(IN+)} \tag{7-13}$$

$$U_{OS} = \frac{U_{A1\_(IN+)}}{k_1} = \left(I_{B1}R_1 - V_{OS1}\right)\frac{R_{F1}+R_{G1}}{R_{G1}} \tag{7-14}$$

总的输出失调电压为运放 A_1 的直流意外乘以电路增益，与运放 A_2 的高失调电压无关。对于图 7.10 中的 LT1150CN8 来说，V_{OS}=0.5μV，I_B=10pA，导致输出失调电压为：

$$U_{OS} = \left(\left|I_{B1}R_1\right| - \left|V_{OS1}\right|\right)\frac{R_{F1}+R_{G1}}{R_{G1}} = 1.5\text{mV}$$

对于 1001 倍放大器来说，输出失调电压被控制在 1.5mV，实属优秀。

2）动态分析

画出动态等效电路如图 7.12 所示。

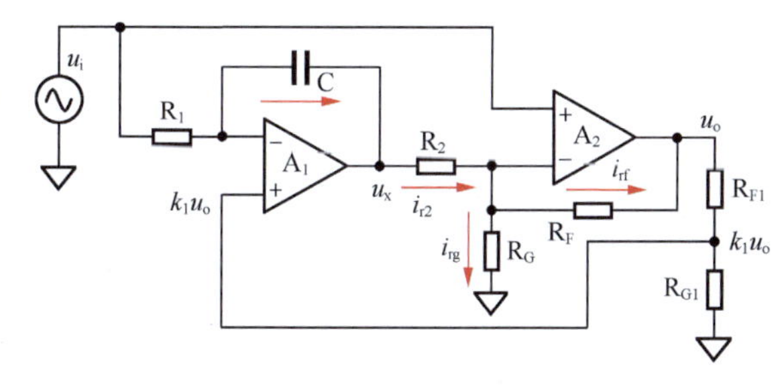

图 7.12 方法一的动态等效电路

先宏观看，输出为 u_i 的 1001 倍，那么经过相同电阻的分压后，图 7.12 中 k_1u_o 就是 u_i，此时对于由 A_1 组成的积分器来说，由于虚短，其负输入端电压为 u_i，因此 R_1 两端动态电压相等，没有动态电流，这就造成电容上没有动态电流，其两端也就不存在动态电压，因此电容右侧，即图 7.12 中 u_x 的动态电压，也是 u_i，这就造成电阻 R_2 两端动态电位相等，不会产生动态电流贡献给 R_F。这样看，R_2 及其左侧电路，对 A_2 放大器没有任何影响，与 R_2 断开没有区别。

因此，输出将恒定为输入的 1001 倍，即只有电阻 R_G、R_F 决定电路增益。

再细致分析。假设运放 A_1 是理想的，则虚短成立，引出下式成立。

$$u_x = u_{in-} - i_c \times \frac{1}{SC} = u_{in+} - \frac{u_i - u_{in-}}{R_1} \times \frac{1}{SC} = k_1u_o - \frac{u_i - k_1u_o}{R_1} \times \frac{1}{SC} \tag{7-15}$$

对于运放 A_2 的负输入端节点，由于虚断，有：

$$i_{r2} = i_{rg} + i_{rf} \tag{7-16}$$

假设运放 A_2 是理想的，则虚短成立，又据式（7-16），引出下式成立。

$$\frac{u_x - u_i}{R_2} = \frac{u_i}{R_G} + \frac{u_i - u_o}{R_F} \tag{7-17}$$

将式（7-15）代入式（7-17），得：

$$\frac{k_1u_o - \frac{u_i - k_1u_o}{R_1} \times \frac{1}{SC} - u_i}{R_2} = \frac{u_i}{R_G} + \frac{u_i - u_o}{R_F} \tag{7-18}$$

化简：

$$R_GR_F\left(k_1u_o - \frac{u_i - k_1u_o}{R_1} \times \frac{1}{SC} - u_i\right) = R_2R_Fu_i + R_2R_G(u_i - u_o)$$

$$R_GR_Fk_1u_o + R_GR_F\frac{k_1}{SCR_1}u_o + R_2R_Gu_o = R_GR_F\frac{1}{SCR_1}u_i + R_GR_Fu_i + R_2R_Fu_i + R_2R_Gu_i$$

$$u_o\left(R_GR_Fk_1 + R_GR_F\frac{k_1}{SCR_1} + R_2R_G\right) = u_i\left(R_GR_F\frac{1}{SCR_1} + R_GR_F + R_2R_F + R_2R_G\right)$$

$$u_o(R_GR_Fk_1SCR_1 + R_GR_Fk_1 + R_2R_GSCR_1) = u_i(R_GR_F + R_GR_FSCR_1 + R_2R_FSCR_1 + R_2R_GSCR_1)$$

得：

$$\text{Gain} = \frac{u_o}{u_i} = \frac{R_GR_F + R_GR_FSCR_1 + R_2R_FSCR_1 + R_2R_GSCR_1}{R_GR_Fk_1SCR_1 + R_GR_Fk_1 + R_2R_GSCR_1} = \frac{1}{k_1} \times \frac{1 + SCR_1\left(1 + \frac{R_2}{R_G} + \frac{R_2}{R_F}\right)}{1 + SCR_1\left(1 + \frac{R_2}{k_1R_F}\right)} \tag{7-19}$$

当：

$$k_1 = \frac{R_G}{R_G + R_F} \tag{7-20}$$

$$\text{Gain} = \frac{u_o}{u_i} = \frac{R_GR_F + R_GR_FSCR_1 + R_2R_FSCR_1 + R_2R_GSCR_1}{R_GR_F\frac{R_G}{R_G + R_F}SCR_1 + R_GR_F\frac{R_G}{R_G + R_F} + R_2R_GSCR_1} =$$

$$\frac{\left(R_GR_F+SCR_1\left(R_GR_F+R_2R_F+R_2R_G\right)\right)\left(R_G+R_F\right)}{R_GR_FR_GSCR_1+R_GR_FR_G+R_2R_GSCR_1\left(R_G+R_F\right)}=$$

$$\frac{\left(R_G+R_F\right)R_GR_F+SCR_1\left(R_GR_F+R_2R_F+R_2R_G\right)\left(R_G+R_F\right)}{R_GR_FR_G+SCR_1\left(R_GR_FR_G+\left(R_G+R_F\right)R_2R_G\right)}= \qquad (7\text{-}21)$$

$$\frac{R_G+R_F}{R_G}\times\frac{R_GR_F+SCR_1\left(R_GR_F+R_2R_F+R_2R_G\right)}{R_GR_F+SCR_1\left(R_GR_F+R_2R_F+R_2R_G\right)}=\frac{R_G+R_F}{R_G}$$

这说明，当电路中两个运放均为理想的，并且外环反馈电阻比值（R_{F1} 与 R_{G1} 比值）等于内环反馈电阻比值(R_F 与 R_G 比值)时，整个电路就是由内环电阻组成的同相比例器，其增益只与内环电阻有关，与 R_2 以及运放 A_1 无关。看起来，这就像 R_2 断开一样。

3）综合分析

通过静态分析和动态分析，我们看出，信号放大是由主放大器 A_2 实现的，其增益由内环电阻决定。而从放大器 A_1 并联于其侧，将输出的 1/Gain 通过外环电阻取回，与输入信号进行比较放大，两者的动态量完全相同，不影响 A_2 的主放大功能，但如果输出的静态量与输入信号静态量不同，就会被 A_1 发现，并通过 A_1 强有力的调节，通过电阻 R_2 作用到运放 A_2，改变其静态，以满足运放 A_1 提出的要求。而运放 A_1 的静态（低频）量非常精细，A_1 可以发现输出静态量与输入信号静态量（默认为 0V）的微小差别，并实施严苛的纠正。

最终，在不改变主放大器正常放大的基础上，运放 A_1 的介入保证了输出静态，也就是输出失调电压的 1/Gain 与输入信号静态量（默认为 0V）的差值保持在 A_1 的输入失调电压范围内。

4）可能存在的问题

与串联型复合放大器相比，并联型复合放大器几乎不存在稳定性问题。从放大器 A_1 一般选择失调电压低、偏置电流小的运放，对带宽没有过多要求。

内环增益电阻和外环检测电阻应尽量保证一致。但在实际设计中，两者存在偏差是必然现象。分析和实践均能证明，当两者出现容差范围内的不一致时，仅会引起通带内增益出现微弱的波动，低频段增益取决于外环电阻，而高频段增益取决于内环和外环电阻，整体上并不影响电路的工作。

◎并联型复合放大器方法二

还有一种实现并联型复合放大电路的方法，并联型复合放大电路方法二如图 7.13 所示。图 7.13 中 A_2 是主放大器，通常为高速或者宽带放大器，当其同相输入端接地时，它就是一个反相比例器，但是它的负输入端存在运放 A_2 的失调电压 V_{OS2}，一个接近 1mV 的电压，导致输出失调电压比较大。用一个从放大器 A_1 检测运放 A_2 的负输入端，并通过 A_1 组成的负反馈，强迫 A_2 的负输入端为 V_{OS1}，一个 10μV 左右的电压，最终大幅度降低输出失调电压。

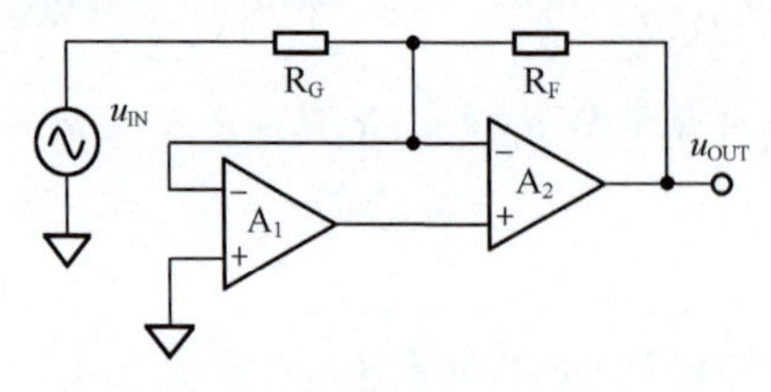

图 7.13 并联型复合放大电路方法二

◎并联型复合放大器方法三

在上述方法中，A_1 是开环进入 A_2 的。还有另外一种方法，用积分器实现，好处是稳定性更好。比如 OPA380 内部结构如图 7.14 所示。图 7.14 中将 OPA380 作为一个 PD 的跨阻放大器使用。但 OPA380 有一个明确的参数，即最大输入失调电压为 25μV 且具备长期稳定性，还具备 90MHz 的增益带宽积。如此高的带宽是靠图 7.14 上方的运放实现的，而如此低的输入失调电压是靠图 7.14 下方的积分器运放实现的：它保证在正常工作时，第 2 脚和第 3 脚之间的直流失调电压非常小。

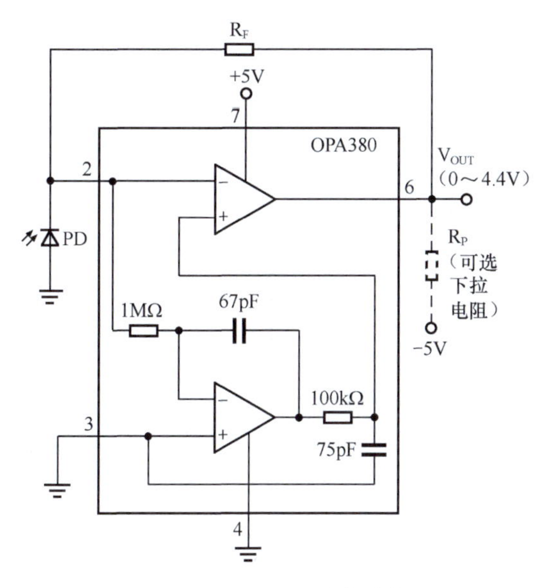

图 7.14　OPA380 内部结构

我利用一个高速运放 OPA657，配合低速低失调运放 TLC2652，设计的反相 10 倍放大电路如图 7.15 所示。它的输入失调电压完全由 TLC2652 决定，且能实现 300MHz 以上的带宽。

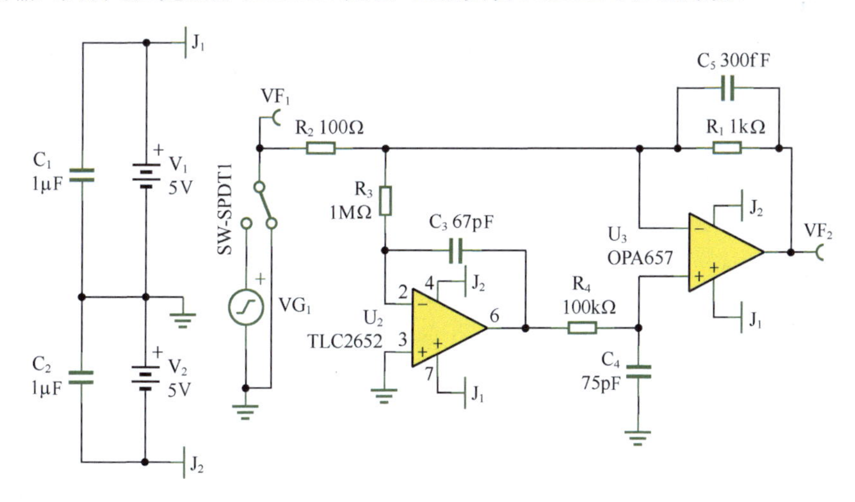

图 7.15　反相 10 倍放大电路

方法二、方法三都只能接受反相输入，无法实现高速同相比例器功能。

7.2 用程序控制增益和自动增益控制

放大电路的增益有时是需要改变的，有机械改变和电控改变两种方法。所谓的机械改变，仅指通过机械扭动或者拉动方法改变电位器阻值，以实现增益改变，比如老式电视机、收音机的音量调节。所谓的电控改变，则包括有源部件的介入，在电信号的作用下，实现增益的改变，现有设备多数采用这种方法，主要有两种思路。

第一种，离散控制类。用继电器、模拟开关等选择不同阻值的电阻接入电路，以实现不同增益。这种增益改变只能实现若干种增益，不可能连续改变，因此称为离散控制类。前面的程控增益放大器就属于这一类。

第二种，连续控制类。利用晶体管的伏安特性曲线，在不同位置具有不同的等效动态电阻的思路，通过外部的控制电压实现连续的增益调节。理论上，它可以实现任意精度的增益改变，因此称为连续控制类。前面的压控增益放大器就属于这一类。

在实际工作中，要改变电路增益，并不是只有这两个选择，除了程控增益放大器和压控增益放大器，还有其他的方法。本节总结现有的多种方法，供读者参考。

◎直接使用程控增益放大器的局限性

程控增益放大器有很多优点，但也有局限性。

① 程控增益放大器是成品，无法改造，且现有的成品种类有限，其增益值是设定好的，有几个到几十个，用户无法自行改变。

② 程控增益放大器的带宽一般不高——高速程控增益，其增益准确性不高。

③ 程控增益放大器的失调电压、噪声、失真度、功耗等指标都是确定的，一般不算优秀。当用户对此不满意时，很难挑选出合适的程控增益放大器。

因此，当能够接受离散调节增益，却又选不到合适的程控增益放大器时，可以按照程控增益的设计思想，使用继电器、模拟开关等，自行选择运放和外部电阻，自制“程控增益放大器”。本节后续会讲这部分内容。

◎直接使用压控增益放大器的局限性

压控增益放大器的带宽一般较高，适用于高频信号处理。同时，它能够接受模拟电压控制，这为其摆脱数字控制带来了可能，但它也有局限性。

① 其静态特性一般较差，如失调电压等。

② 其增益准确性较差，实现精准增益控制较为困难。

用户按照压控增益思想，自行设计符合自己要求的压控增益放大器，一般较为困难。

◎利用继电器或者模拟开关设置不同的增益方法一

在由运放组成的反相比例器和同相比例器中，电阻决定增益。因此，用开关选择不同阻值的电阻，可以实现不同的增益。而这个开关，可以用继电器实现，也可以用模拟开关实现。

图 7.16 所示为最简单的程控增益放大器——支路型反相程控增益放大器。图 7.16 中开关用于选择电阻 R_G，而反馈电阻 R_F 是固定的。左图有 2 个开关，共 4 种状态：全闭合 Gain=−5 倍、全断开 Gain=−1 倍、上开下合 Gain=−2 倍、上合下开 Gain=−4 倍，用户可以自行选择电阻值实现。右图属于标准化的二进制增益模式，可以实现 −1 倍、−2 倍…−16 倍共 16 个增益设置。显然，n 个开关，可以构造出 2^n 种增益。图 7.16 所示都是反相型电路，读者可以稍作改变，使之变成同相型电路。

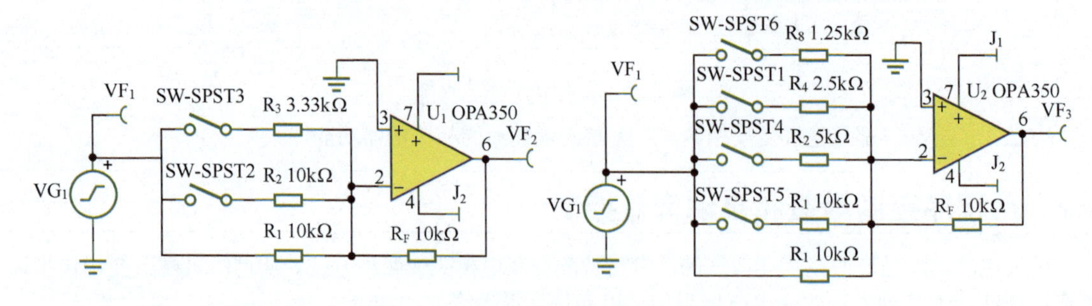

图 7.16 支路型反相程控增益放大器

这类电路有一个特点，开关串联于支路中，开关有电流流过，因此称此类电路为支路型。任何开关在导通时，都不能做到完全的 0 电阻，特别是模拟开关，其导通电阻有时高达 1kΩ，小的也有近百毫欧量级。因此，此电路中的开关导通电阻将影响电路的实际增益。

为了避免开关导通电阻对电路的影响，一般使用另外一种结构，称之为节点型电路，节点型反相程控增益放大器如图 7.17 所示。可以看出，此图中的开关位置变了，它被置于多个串联电阻的不同节点处，只取电位，而由于运放的高阻特性，没有电流流过开关。这样，开关的导通电阻对电路就没有什么影响了。为充分显现此电路的优点，图 7.17 中的开关都包含 100Ω 导通电阻。

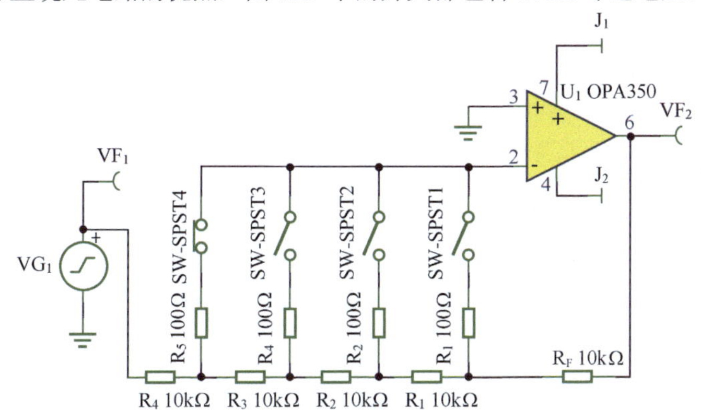

图 7.17　节点型反相程控增益放大器

与支路型电路相比，节点型电路的缺点是开关数量多（n 个开关实现 n 种增益），电阻计算较麻烦。但其优势是不考虑开关的导通电阻，因此得以广泛应用。

如果用单刀双掷型开关（或者左边通，或者右边通），取代图 7.17 中的单刀单掷开关（或者开，或者断），则可以有限减少开关数量。节点型同相程控增益放大器如图 7.18 所示，它是一个具有 4 种增益的同相程控放大器，它只使用了 3 个开关。

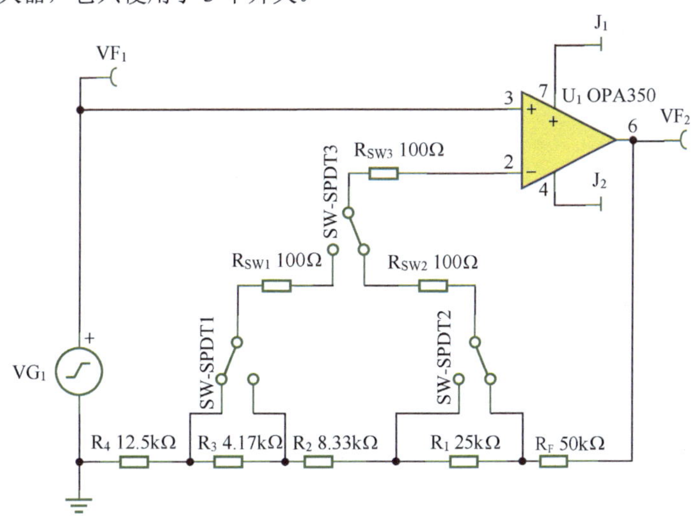

图 7.18　节点型同相程控增益放大器

节点型电路的电阻选择，需要一些计算。以图 7.18 为例，设计过程如下。

已知增益为 Gain_1、Gain_2、Gain_3、Gain_4，选定 R_F，求电阻 R_1、R_2、R_3、R_4。

$$R_1+R_2+R_3+R_4=\frac{R_F}{\text{Gain}_1-1} \tag{7-22}$$

$$R_2+R_3+R_4=\frac{R_F+R_1}{\text{Gain}_2-1} \tag{7-23}$$

$$R_3+R_4=\frac{R_F+R_1+R_2}{\text{Gain}_3-1} \tag{7-24}$$

$$R_4=\frac{R_F+R_1+R_2+R_3}{\text{Gain}_4-1} \tag{7-25}$$

用式（7-22）减去式（7-23），得：

$$R_1=\frac{R_F}{\text{Gain}_1-1}-\frac{R_F+R_1}{\text{Gain}_2-1} \tag{7-26}$$

化简得：

$$(\text{Gain}_1-1)(\text{Gain}_2-1)R_1=(\text{Gain}_2-1)R_F-(\text{Gain}_1-1)(R_F+R_1)=$$
$$(\text{Gain}_2-1)R_F-(\text{Gain}_1-1)R_F-(\text{Gain}_1-1)R_1$$
$$(\text{Gain}_1-1)\text{Gain}_2R_1=(\text{Gain}_2-\text{Gain}_1)R_F$$

$$R_1=\frac{\text{Gain}_2-\text{Gain}_1}{(\text{Gain}_1-1)\text{Gain}_2}R_F=\left(\frac{1}{\text{Gain}_1-1}-\frac{\text{Gain}_1}{(\text{Gain}_1-1)\text{Gain}_2}\right)R_F \tag{7-27}$$

同理，可求得：

$$R_2=\frac{\text{Gain}_3-\text{Gain}_2}{(\text{Gain}_2-1)\text{Gain}_3}(R_F+R_1)=\left(\frac{1}{\text{Gain}_2-1}-\frac{\text{Gain}_2}{(\text{Gain}_2-1)\text{Gain}_3}\right)(R_F+R_1) \tag{7-28}$$

$$R_3=\frac{\text{Gain}_4-\text{Gain}_3}{(\text{Gain}_3-1)\text{Gain}_4}(R_F+R_1+R_2)=\left(\frac{1}{\text{Gain}_3-1}-\frac{\text{Gain}_3}{(\text{Gain}_3-1)\text{Gain}_4}\right)(R_F+R_1+R_2) \tag{7-29}$$

对电阻 R_4 的求解，可以直接采用式（7-25），也可按照下述方法实现与式（7-27）～式（7-29）完全相同的表达式，以方便编程计算，设 $\text{Gain}_5=\infty$，则有：

$$R_4=\left(\frac{1}{\text{Gain}_4-1}-\frac{\text{Gain}_4}{(\text{Gain}_4-1)\text{Gain}_5}\right)(R_F+R_1+R_2+R_3) \tag{7-30}$$

举例 1

用 OPA350 和单刀双掷开关设计一个程控增益放大器，要求增益为 2 倍、4 倍、8 倍和 16 倍。供电电压为 ±2.5V，负载为 1kΩ。

解：电路如图 7.18 所示。唯一需要思考的是 R_F 的选择。我们知道，选择电阻的宗旨是“越小越好，直到输出电流或者其他问题限制其不能再小”。对于运放 OPA350 来说，其输出电流可以达到 40mA，而 2.5V 供电情况下，1kΩ 负载最大消耗 2.5mA 电流。因此在反馈支路增加一个 100Ω ～ 1kΩ 电阻，会产生 2.5 ～ 25mA 的额外电流，这对于 OPA350 来说，应无大碍。因此，选择 R_F=1kΩ。

根据式（7-27）～式（7-30），计算得：R_1=500Ω，R_2=250Ω，R_3=125Ω，R_4=125Ω。绘制电路如图 7.19 所示。设定输入信号频率为 10kHz，幅度为 14.142mV，用 TINA-TI 中的万用表测量交流有效值，结果如表 7.1 所示。

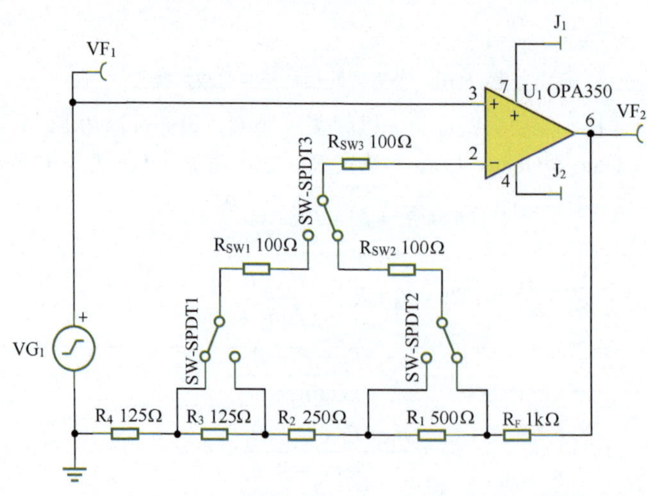

图 7.19　举例 1 电路

表 7.1 举例 1 电路实测结果

SW3	SW2	SW1	实测 VF_1/mV	实测 VF_2/mV	Gain
右	右	无关	10	20	2 倍
右	左	无关	10	40	4 倍
左	无关	右	10	80	8 倍
左	无关	左	10	160	16 倍

实测结果表明，该电路符合设计要求。

用模拟开关和待选放大器设计一个直流程控增益放大器，要求增益绝对值为 5 倍、10 倍、20 倍和 50 倍。在全部增益下，DC ～ 5MHz 内，实际增益与设定增益误差不大于 20%，输出失调电压小于 1mV。供电电压为 ±5V，数字供电为 5V。

解：①首先进行难点分析和方案选择。

在 50 倍增益下，要求输出失调电压为 1mV 以下，则等效输入失调电压为 20μV 以下，这比较苛刻。降低输出失调电压有 3 种方法，一种方法是采用交流耦合，即在输出端增加隔直电容。但一旦涉及直流放大器，就不能使用电容隔直方法，只能采用另外两种方法，就是使用超低失调电压运放或者复合放大器。

如果采用等效输入失调电压为 20μV 以下的超低失调电压运放，就需要考虑其带宽是否合格。增益为 50 倍，频率大于 5MHz，20% 带宽，则运放的 GBW 应大于：

$$\mathrm{GBW}=\frac{f_{\mathrm{Hf}}}{F}\times\frac{k}{\sqrt{1-k^2}}=333\mathrm{MHz}$$

对两大公司（ADI、TI）的常见运放进行挑选，发现没有合适的。最为接近的运放为 ADA4899-1，其增益带宽积为 600MHz，输入失调电压典型值为 35μV，最大值为 210μV。

因此，只能选择复合放大器。由于带宽较大，以精密运放为核心的串联型复合放大器无法达到，只能选择并联型复合放大器。并联型复合放大器有两种方法，如果用方法一，将输出的 1/Gain 送回从放大器，就会引起很大的麻烦。因为我们设计的是程控增益放大器，Gain 是可变的，这就需要另外两套开关电路，一套负责设置增益，另一套负责将 1/Gain 送回。只剩下方法二了，让我们试试看。

因此，初步的方案为：以一款高速运放为核心 A_2，用图 7.13 所示结构，将其中的 R_G 用节点型程控增益反相比例器实现，形成如图 7.20 所示的方案。

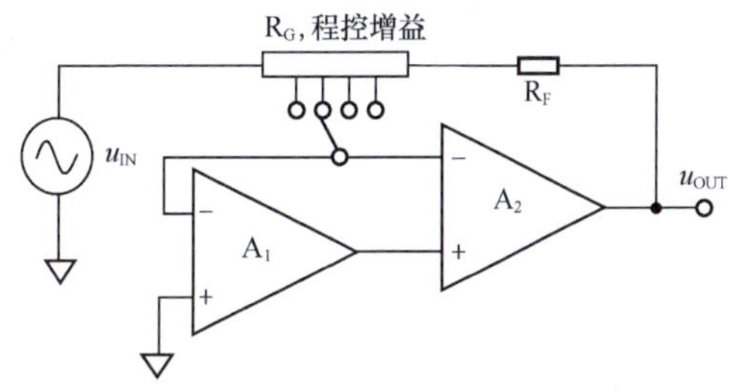

图 7.20 举例 2 设计方案

② 根据初步方案，选择运放，完成设计。

根据并联型复合放大器方法二，只能将主放大器 A_2 的输入失调电压降至从放大器 A_1 的水平，却无法降低偏置电流带来的输出失调电压。如果 A_2 具有 1μA 以上的输入偏置电流，反馈电阻为 1kΩ，就会在输出端产生 1mV 的失调电压。因此，对主放大器 A_2 提出了一个要求，输入偏置电流必须较小，保险起见，可以设定上限为 0.1μA。

至此，对运放 A_2 提出要求：GBW>333MHz，输入偏置电流小于 0.1μA，能接受 ±5V 供电，最小稳定增益小于 5 倍，对输入失调电压无要求。

挑选运放的方法如下：将各公司运放表格，以带宽从大到小排序，截止到 500MHz，从中挑选输入偏置电流小于 100nA 的，数量就很少了。然后根据供电电压、最小增益进行二次筛选，就所剩无几了。经我挑选，ADA4817-1 为合适运放，其关键指标如表 7.2 所示。

模拟开关选择 ADI 公司的 ADG411。

从放大器要求供电电压为 ±5V，失调电压小，因此选择 AD8638 较为合适。其输入失调电压最大为 9μV，-8 ～ -2.5V 和 +2.5 ～ +8V 供电。

表 7.2　ADA4817-1 关键指标

供电电压	GBW	偏置电流	最小增益	最大输入失调电压
5～10V	410MHz	最大 20pA	1 倍	2mV

据此，设计完整电路如图 7.21 所示。

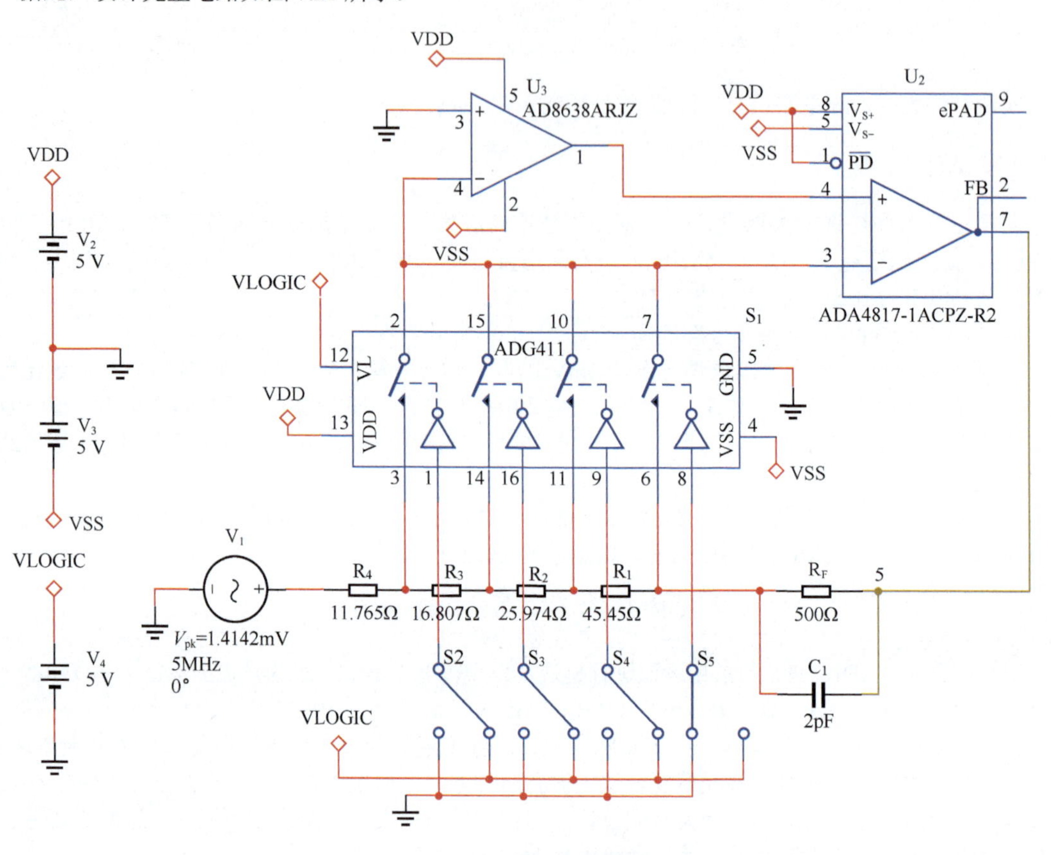

图 7.21　举例 2 完整电路

③ 对上述电路进行仿真实测，结果如表 7.3 所示。

表 7.3　举例 2 实测结果

输入信号	设定 5 倍增益	设定 10 倍增益	设定 20 倍增益	设定 50 倍增益
0Hz，0V	0.015mV	0.028mV	0.053mV	0.129mV
10Hz，V_{rms}=10mV	0.050V	0.100V	0.200V	0.500V
0.1MHz，V_{rms}=10mV	0.050V	0.100V	0.200V	0.500V
1MHz，V_{rms}=10mV	0.050V	0.101V	0.203V	0.519V
3MHz，V_{rms}=10mV	0.051V	0.102V	0.209V	0.541V
4MHz，V_{rms}=10mV	0.051V	0.102V	0.208V	0.521V
5MHz，V_{rms}=10mV	0.051V	0.102V	0.206V	0.498V

首先进行静态实测。将输入端接地，改变增益设定值，用直流万用表实测输出端，得到第一行数据，输出失调电压最大为 0.129mV，满足要求。

其次，设定输入信号为正弦波，幅度为 14.142mV，即有效值为 V_{rms}=10mV，分别设定信号频率为 10Hz、0.1MHz、1MHz、3MHz、4MHz、5MHz。用交流万用表实测输出端，得到其他行数据。

同时，用示波器观察输出波形，一切正常。

可知，最大增益误差发生在 3MHz，设定 50 倍增益时，误差约为 8.2%，未超过要求的 20%。

◎利用继电器或者模拟开关设置不同的增益方法二

方法一的特点是，核心是一个运放，因此单级实现不同增益时，带宽会不同。当要求不同增益下，带宽大致相同时，就需要使用方法二。

方法二的核心是，整个程控增益放大电路由多个增益模块组成，各增益模块的增益是固定的。所谓的程控增益，是依靠开关选择不同增益模块投入信号链路，以此决定整个电路增益。其结构有两种：并联型多级程控增益电路和串联型多级程控增益电路。

并联型多级程控增益电路如图 7.22 所示。它的核心思想为，将输入信号经多个增益模块放大，用多个开关并联，选择不同增益模块的输出进入后级，实现不同的增益。图 7.22 中整个电路由 4 个增益模块组成，其中 $Gain_4$ 是为了降低电路输出阻抗，一般为 1 倍或者 2 倍。为了解释方便，假设 $Gain_1$=11 倍、$Gain_1$=12 倍、$Gain_1$=13 倍、$Gain_4$=2 倍。此时，u_{O1} 为 u_{IN} 的 11 倍，u_{O2} 为 u_{IN} 的 11×12 倍，u_{O3} 为 u_{IN} 的 11×12×13 倍，3 个并联的开关只有一个导通，其余断开，则选择 u_{O1}、u_{O2}、u_{O3} 之一投入 $Gain_4$ 的输入端，最终营造出 3 种不同的总增益 Gain。

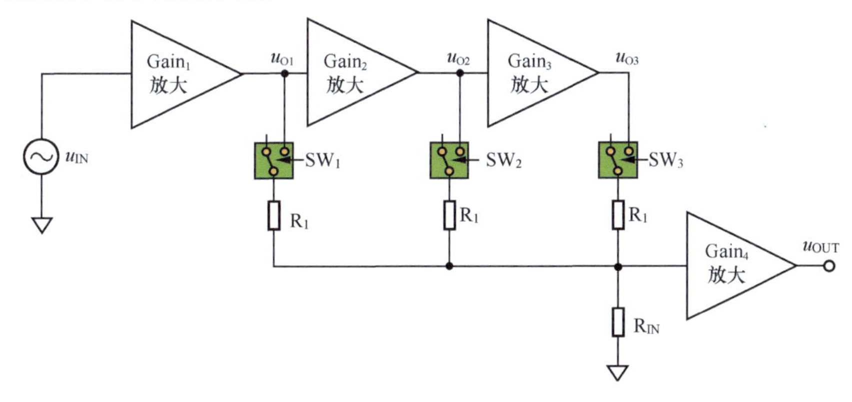

图 7.22 并联型多级程控增益电路

只要保证所有的开关都是先断开后闭合，那么图 7.22 中的 3 个电阻 R_1 并不是必须的，可以短路。而电阻 R_{IN} 也不是必须的，这取决于 $Gain_4$ 的输入端结构。

这个电路的优点在于使用了最少的开关，图 7.22 中每个开关都可以使用单刀单掷型。这个电路的缺点也是明显的：当采用 SW_1 闭合，即最小放大倍数时，通常情况下 u_{O2} 或者 u_{O3} 已经出现饱和波形，低频时影响不大，但在高频时，此饱和失真波形会通过开关耦合到 $Gain_4$ 输入端，造成输出波形失真。

串联型多级程控增益电路可以最大程度地避免此现象，如图 7.23 所示。它的核心思想是，通过开关决定信号是通过某级增益模块，还是绕过该增益模块，以此决定整个电路增益。当 $Gain_4$ 设定为最大增益时，图 7.23 中任何一个模块都不会出现饱和现象。因此，即便存在开关高频时的耦合现象，也只是稍稍改变了增益，不会引起失真。同时，此电路的增益种类较多，以图 7.23 为例，它可以实现 $Gain_4$、$Gain_4Gain_1$、$Gain_4Gain_2$、$Gain_4Gain_3$、$Gain_4Gain_1Gain_2$、$Gain_4Gain_1Gain_3$、$Gain_4Gain_2Gain_3$、$Gain_4Gain_1Gain_2Gain_3$ 共 8 种增益。而使用两个单刀双掷开关，可以实现 4 种增益。

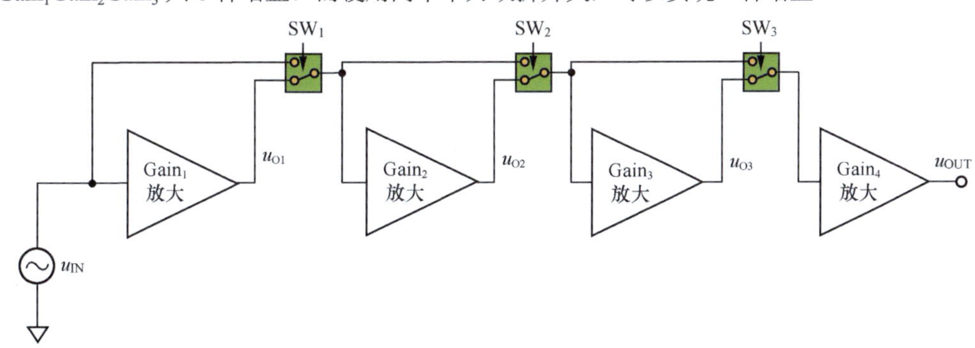

图 7.23 串联型多级程控增益电路

用模拟开关设计一个程控增益放大器，要求增益为 10 倍、50 倍、100 倍和 500 倍，-3dB 带宽为 100Hz ～ 100MHz。供电电压为 ±15V，负载为 20kΩ。

解：为了避免饱和失真问题，选用图 7.23 所示的串联型多级程控增益电路，由于只有 4 种增益，图 7.23 中的模块数为 3 个，开关使用 2 个。

运放选择 ±15V 供电的宽带运放 THS3091，其 10 倍增益带宽可以达到 190MHz，压摆率在 5000V/μs 以上。但其静态特性较差，失调电压为 4mV 以下，输入偏置电流高达 20μA。幸亏题目要求下限截止频率为 100Hz，多个增益模块之间可以采用阻容耦合，消除由此产生的直流意外。模拟开关选择 ±15V 供电的 ADG1236，其导通电阻为 260Ω 以下，-3dB 带宽高达 1000MHz，在 100MHz 处隔离约为 -45dB，串扰为 -50dB 以下。

通过电阻 R_4 实现和输入信号的阻抗匹配，同时信号被衰减 50%，最后一级增益模块选择 20 倍增益，这等效于前述的 $Gain_4$ 等于 10 倍。由于 THS3091 为电流反馈型运放，如果其 10 倍增益带宽为 190MHz，那么 20 倍增益带宽应该大于 95MHz，有望实现 100MHz。

另外两个增益模块可以选择 5 倍和 10 倍，这样就组合出 10 倍、50 倍、100 倍和 500 倍 4 种增益。据此设计电路如图 7.24 所示。

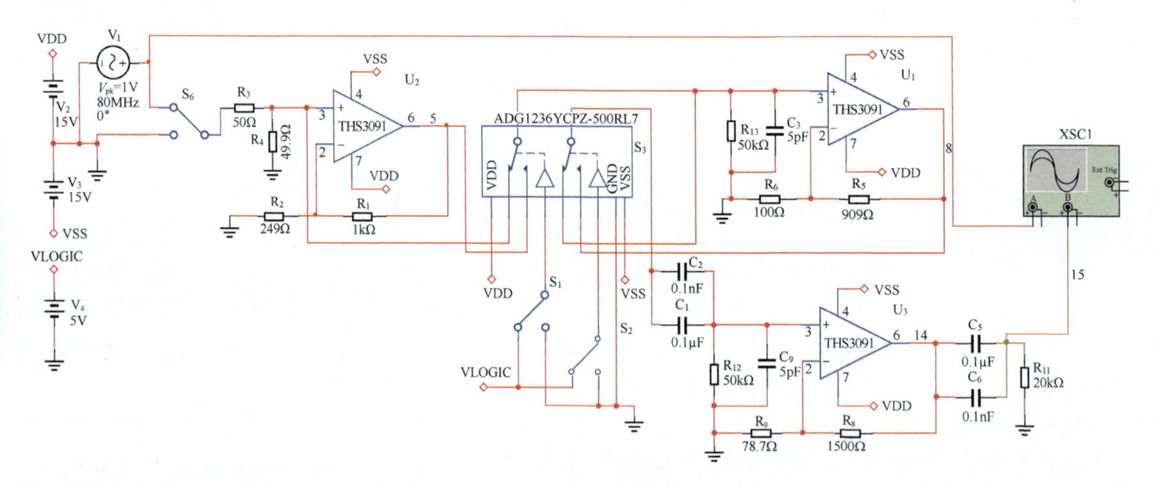

图 7.24　举例 3 串联型多级程控增益电路

设计细节分析如下。

1）各模块增益电阻选择

THS3091 属于电流反馈型运放，其反馈电阻选择应尽量遵循数据手册建议。数据手册给出了 2 倍、5 倍、10 倍的反馈电阻建议值，如图 7.24 所示。增益电阻可由此计算获得。

对于 20 倍增益，数据手册没有给出建议，综合手册中的描述和其他增益的阻值选择规律，本例选择 1500Ω。

2）阻容耦合设计

阻容耦合的目的是消除前级产生的直流意外，即由失调电压、偏置电流等产生的静态电位非零。在输出端增加阻容耦合是必须的，如图 7.24 中的 C_5 和 C_6 并联，这会使最终的静态电位为 0V。但不要忘记，中间级之间也有可能需要阻容耦合，如图 7.24 中的 C_1 和 C_2 并联，是否需要阻容耦合，取决于具体电路。本例使用了中间级的阻容耦合。

阻容耦合电路决定着电路的下限截止频率。图 7.24 中 C_5 和 C_6 并联形成的下限截止频率为：

$$f_{L1} = \frac{1}{2\pi R_{11}(C_5 + C_6)} = 79.58\text{Hz}$$

图 7.24 中 C_1 和 C_2 并联形成的下限截止频率为：

$$f_{L2}=\frac{1}{2\pi R_{12}(C_1+C_2)}=31.83\text{Hz}$$

共同作用形成的下限截止频率应该稍大于其中的最大值，应能满足小于 100Hz 要求。

3）通带平坦性调整

图 7.24 中 C_3 和 C_9 均起到低通滤波作用，使整个通带内增益平坦性得以保证。

最后，对此电路进行仿真实验。各增益下的幅频特性测试结果如表 7.4 所示。

表 7.4 各增益下的幅频特性测试结果

设置增益	中频增益（1MHz）/dB	下限截止频率	上限截止频率	增益隆起
10 倍 /20dB	19.955	91.7Hz	103.8MHz	
50 倍 /33.98dB	33.95	91.7Hz	102.5MHz	
100 倍 /40dB	40.03	91.7Hz	113.3MHz	41.1dB/63.88MHz
500 倍 /53.98dB	54.02	91.7Hz	110.5MHz	54.35dB/63.09MHz

结果表明，电路工作正常，满足设计要求。

需要特别注意的是，本电路没有要求输出摆幅。如果考虑输出摆幅的最大化，最后一级的静态输出电压一定得很小才行。但本电路最后一级运放的输出静态电压是较大的，实测图 7.24 中 14 节点处的静态电压为 4V 左右，在 ±15V 供电情况下，将严重影响输出摆幅。

这个直流电位的来源主要是图 7.24 中的 R_{12}。THS3091 的输入偏置电流典型值为 4μA，最高达 20μA，与 50kΩ 的 R_{12} 相乘，可以产生最大 1V（实测为 0.2V）的静态电压，这是不能忽视的。那么，为什么不将此电阻选择更小一些呢？这主要考虑模拟开关的导通电阻，约为 120Ω，以及导通电阻的变化，约为 20Ω。当 R_{12} 很小时，开关导通电阻会产生压降，且引入信号的非线性失真。

因此，如果必要可以考虑在图 7.24 中的电阻 R_9 左侧串联一个电容，使其对交变信号实施 20 倍放大，而对静态量不实施放大。

◎利用乘法型 DAC 实现精细程控增益

前述的程控增益放大器，一般只能实现几种增益的设定。当要求的增益种类较多，比如几十种甚至上百种时，这类电路将变得异常复杂。有两种方法可以实现增益种类较多的精细程控增益。方法一是利用乘法型 DAC，方法二是利用压控增益放大器。先说方法一。

DAC 用于将输入的数字量转换成对应的模拟量，它的种类很多，乘法型 DAC 是其中的一种，其结构如图 7.25 所示，其中黑色部分截图于 AD5425 数据手册。

此电路在外部运放（红色部分）配合下工作。图 7.25 中 I_{OUT2} 点接地，为 0V，I_{OUT1} 点为虚地，也是 0V，这导致了一个结果：不论开关 S_1 ~ S_8 打向何处，电阻网络的下部节点电位均为 0V，图 7.25 中两个电阻 R 之间的电位差是固定不变的，且是可以轻易求解的。

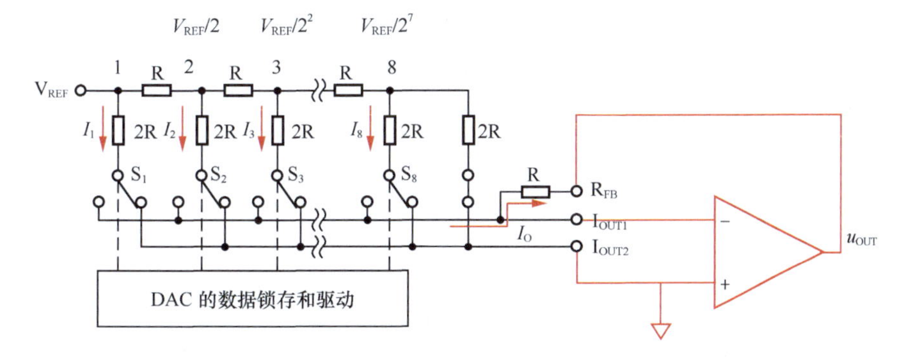

图 7.25 乘法型 DAC 结构

图 7.25 中节点 8 右下侧的电阻为两个 2R 并联，左侧为 R，因此可得：

$$U_8=0.5U_7 \tag{7-31}$$

同理可得，节点7(图7.25中未画出)右下侧电阻为2R和(R+2R//2R)的并联，仍为R，其左侧为R，可得：

$$U_7 = 0.5U_6 \tag{7-32}$$

图7.25中的R-2R结构营造了这样一种结果，任意节点右下侧电阻均为R，左侧电阻也是R，因此有：

$$U_i = 0.5U_{i-1} \tag{7-33}$$

而节点1电位为V_{REF}，则可以算出节点i（i=1, 2, ⋯, 8）电位分别为呈50%递减。

$$U_i = \frac{1}{2^{i-1}}V_{REF} \tag{7-34}$$

因此，可以求得每个开关支路2R电阻上流过的电流也是50%递减，为：

$$I_i = \frac{U_i}{2R} = \frac{V_{REF}}{2^i R} \tag{7-35}$$

而由此产生的、进入I_O的电流，取决于开关状态，也就是数字量D_i的取值。

$$I_{Oi} = D_i I_i = \begin{cases} \frac{V_{REF}}{2^i R}, & D_i = 1 \\ 0, & D_i = 0 \end{cases} \tag{7-36}$$

总输出电流为：

$$I_O = \sum_{i=1}^{8} I_{Oi} = \frac{V_{REF}}{R}\sum_{i=1}^{8} D_i \frac{1}{2^i} = \frac{V_{REF}}{R \times 2^8}\sum_{i=1}^{8} D_i 2^{8-i} \tag{7-37}$$

而后一项求和式，其实就是数字量输入值D_{in}。

$$\sum_{i=1}^{8} D_i 2^{8-i} = D_{in} \tag{7-38}$$

以$D_{in}=D_1D_2D_3D_4D_5D_6D_7D_8=1000\ 0101_B=85_H=133$为例，有：

$$\sum_{i=1}^{8} D_i 2^{8-i} = D_1 2^{8-1} + D_6 2^{8-6} + D_8 2^{8-8} = 133$$

由此可知，最终的电压输出为：

$$u_{OUT} = -R \times I_O = -\frac{V_{REF}}{2^8} D_{in} \tag{7-39}$$

式（7-39）说明，对于乘法型DAC来说，最终的输出电压为输入数字量与基准电压除以2^8的乘积。此时可以发现，对一个标准DAC来说，将V_{REF}设定为一个固定电压，则输出电压正比于输入数字量。但是，如果将V_{REF}用一个输入信号替代，那么输出将是输入信号的$D_{in}/2^8$倍，改变D_{in}，就可以改变增益。

$$u_{OUT} = -\frac{u_{IN}}{2^8} D_{in} = \mathrm{Gain}_{in} u_{IN} \tag{7-40}$$

D_{in}有多少个值，就可以设定多少种增益Gain_{in}。对于8位DAC，可以产生256种增益；对于16位DAC，则可以产生65536种增益。

这看起来比较美妙，它可以产生非常精细的增益调节。但使用乘法型DAC实现增益控制，也有弊端。

① 实际上，这种增益控制总是衰减型的，即Gain_{in}总是小于1倍。理论上，这种增益控制会引入更多噪声，降低信噪比。

② 其带宽是有限的。图7.26展示了乘法型DAC参考输入端的频率特性，表明某一数字量单独作用时，输出幅度受到频率的影响。可以看出，对于高位数字量输入（权重较大的），随着频率的上升，在10MHz处输出幅度开始明显下降。对于低位数字量输入，随着频率的上升，输出幅度会逐渐上升。这源于模拟开关的泄漏特性，其原理将在第7.4节讲解。

很显然，对增益的精细程度要求越高，使用的数字量位数就越低。低位数字量单独输入时的带宽较低，使得整个程控增益放大器的带宽变窄。如图7.26所示，如果要动用最低位DB0，则其在

500kHz 处就出现了 +3dB 的变化，其有效带宽也就受限于 500kHz。

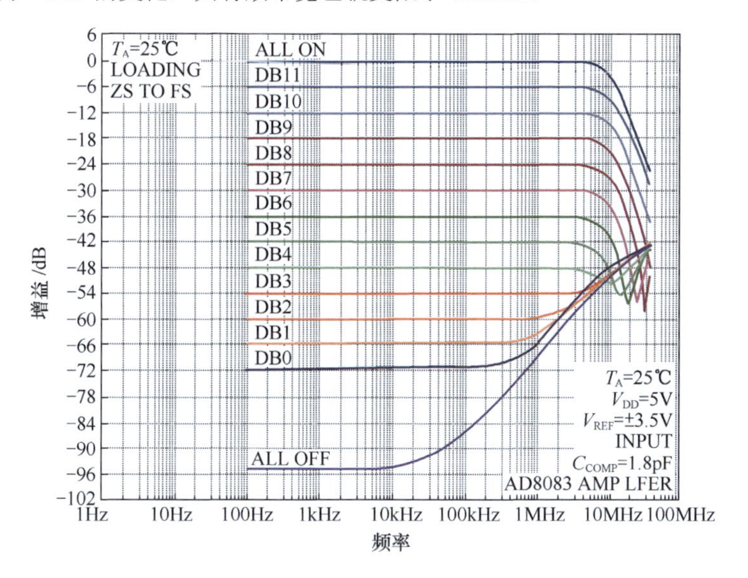

图 7.26 乘法型 DAC 参考输入端的频率特性（截图于 AD5449 数据手册）

乘法型 DAC 内部的 R-2R 网络应用非常灵活，上述只是其中之一，可以实现衰减型程控增益。如果将其反接，可以实现放大型增益，如图 7.27 所示。

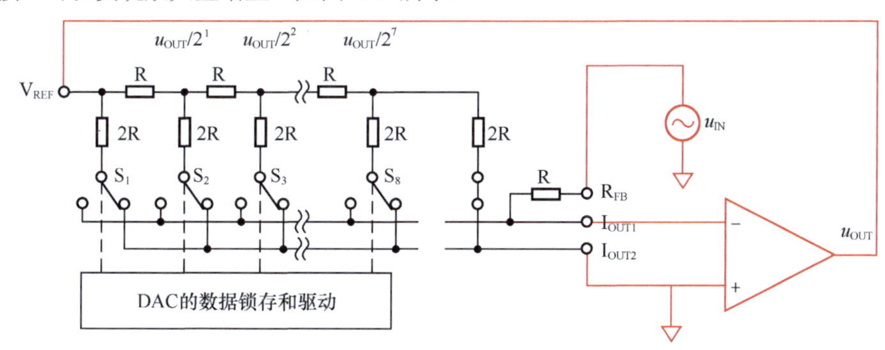

图 7.27 乘法型 DAC 反接形成放大型程控增益

运放仍处于负反馈状态，因此虚短成立，流过输入信号电阻 R 的电流等于流过电阻网络的电流，这取决于数字量开关状态提供多少个支路：

$$\frac{u_{IN}}{R}=\sum_{i=1}^{8}D_i\frac{0-\frac{u_{OUT}}{2^{i-1}}}{2R}=-\frac{u_{OUT}}{R}\sum_{i=1}^{8}D_i\frac{1}{2^i} \tag{7-41}$$

即：

$$u_{OUT}=-\frac{2^8}{\sum_{i=1}^{8}D_i2^{8-i}}u_{IN}=-\frac{2^8}{D_{in}}u_{IN}=\text{Gain}_{in}u_{IN} \tag{7-42}$$

这说明，最终的输出电压是输入电压的 Gain_{in} 倍，而 Gain_{in} 由输入数据决定，二者是反比关系。

用模拟开关和电阻网络设计一个乘法型 DAC，配合待选放大器设计一个直流程控增益放大器，要求增益绝对值为 16/1 倍、16/2 倍…16/14 倍、16/15 倍。在 Multisim12.0 中实测增益和带宽。

解：根据前述分析，要达到设计要求，需要 4 位数字量输入，用一个 4 位 DAC 即可实现。设计电路如图 7.28 所示，设计过程不赘述。

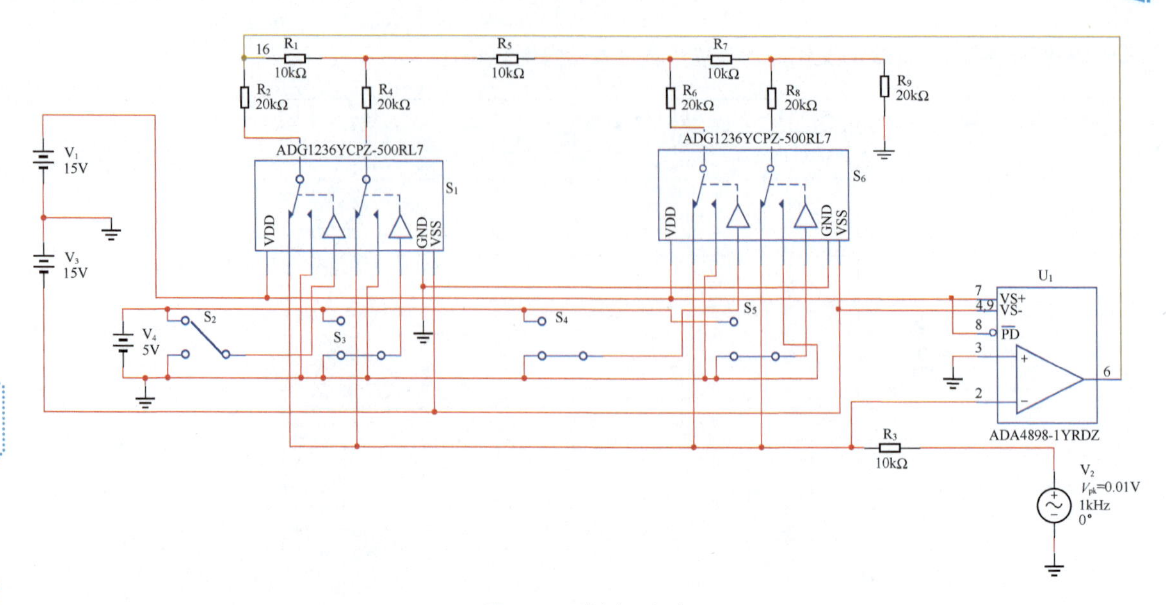

图 7.28　举例 4 电路

实测数据如表 7.5 所示。

表 7.5　实测数据

D_{in}	0	1	2	3	4	5	6	7
$Gain_{in}$ 设定值	∞	16 倍	8 倍	5.333 倍	4 倍	3.2 倍	2.667 倍	2.286 倍
$Gain_{in}$ 实测值		15.98 倍	8.01 倍	5.34 倍	4.01 倍	3.21 倍	2.68 倍	2.29 倍
带宽/MHz		3.5	5.4	6.1	7.8	8.0	8.9	8.9
隆起增益		20.97 倍	13.52 倍	11.08 倍	9.52 倍	7.79 倍	6.65 倍	6.01 倍
D_{in}	8	9	10	11	12	13	14	15
$Gain_{in}$ 设定值	2 倍	1.778 倍	1.6 倍	1.454 倍	1.333 倍	1.231 倍	1.143 倍	1.067 倍
$Gain_{in}$ 实测值	2.01 倍	1.79 倍	1.61 倍	1.46 倍	1.34 倍	1.24 倍	1.15 倍	1.07 倍
带宽/MHz	11.3	10.9	11.5	11.1	12.5	12.0	12.5	12.0
隆起增益	5.30 倍	4.88 倍	4.45 倍	3.98 倍	4.57 倍	4.06 倍	4.11 倍	3.95 倍

从表 7.5 可以看出，增益实测值与设定值基本吻合。在通带内增益隆起比较明显，比如设定增益为 4 倍，通带内最大增益达到了 9.52 倍。为避免这种现象，通常可以在运放的输出端和负输入端之间并联一个小电容。

◎程控和压控配合实现宽范围精细程控增益

当要求精细增益，且带宽较高时，可以考虑将利用继电器或者模拟开关设置不同的增益方法二与压控增益放大器结合。

举例 5（根据2009年全国大学生电子设计竞赛C题改写）

设计一个直流宽带程控增益放大器，要求以 5dB 步距实现 0 ～ 60dB 可调。输入电阻等于 50Ω，负载电阻等于 50Ω。

1）输入电压有效值 10mV ≤ V_i ≤ 10V，在 60dB 增益（输入最小信号）时，输出电压无明显失真。

2）3dB 通频带为 0 ～ 10MHz；在 0 ～ 9MHz 通频带内，增益起伏≤ 1dB。

3）当增益为 60dB 时，输出端噪声电压峰 - 峰值小于 0.3V。

4）放大器带宽可以选择 10MHz 或 5MHz。

解：此题实现方法较多，本例选择其一。

第一，进行设计思路分析。

1）程控增益开路对程控增益 5dB 步距实现 0 ～ 60dB 可调，需要至少 13 个增益点，全部选择开关控制的话，需要较多的模拟开关或者继电器。因此，可以考虑选择压控增益放大器实现。如 TI 的 VCA810，可以在 30MHz 带宽内实现 -40 ～ 40dB 连续可调。也可使用 ADI 的 AD603，它在 90MHz 带宽内可以实现 -10 ～ 30dB 连续可调，但无法实现 60dB 全范围覆盖，因此需要一级开关控制的 0dB/20dB 二选一。本例采用后者。

2）输出幅度问题。题目要求在 60dB 增益时，输入信号最大有效值为 10mV，则输出信号将达到 10V 有效值，同时带载 50Ω，此时应无明显失真。这就要求最后一级放大电路能输出频率为 10MHz、幅度为 14.14V 的无失真正弦信号，且其输出最大电流达到 14.14V/50Ω=0.2828A。考虑到如此大电流下放大器的至轨电压，最后一级的供电电压应考虑为 -16 ～ -18V 和 +16 ～ +18V。因此输出带载幅度问题将是本题目的关键问题。

同时，本题目中最大压摆率发生在最后一级，要求：

$$\mathrm{SR} > 2\pi fA = 888\mathrm{V}/\mu\mathrm{s}$$

3）输出噪声问题。题目要求 60dB 下输出噪声峰 - 峰值不超过 300mV，则其有效值不能超过 300mV/6.6=45mV。在 60dB 下，第一级的等效输入噪声电压应小于 45μV。考虑到放大器的带宽为 10MHz，估算有效带宽为 15.7MHz，可以估算出第一级放大器的等效输入噪声电压密度应小于 $11.4\ \mathrm{nV}/\sqrt{\mathrm{Hz}}$：

$$e_{\mathrm{n}} < \frac{U_{\mathrm{n\_in}}}{\sqrt{\mathrm{BW}}} = 11.4\mathrm{nV}/\sqrt{\mathrm{Hz}}$$

这是一个严肃的要求，不能掉以轻心，但也是可以实现的。

4）直流放大器的输出失调问题。对于直流放大器而言，信号链路中不得使用阻容耦合，那么输入失调电压将会被一级级放大，最终表现在输出信号上。对于输出信号，我们发现最困难的可能就是 14.14V 输出幅度了。如果恰好有可以供电高达 16V 以上的运放，至轨电压在 1.5V 之内，可以输出 14.5V 幅度的信号，此时如果输出失调电压高达 1V，那么正信号就只有 13.5V 的摆幅空间，这就糟糕了。我估计，输出失调电压超过 0.2V，可能就会给我们造成比较大的麻烦，因此，粗略估计，最好要求第一级放大器具有极小的输入失调电压，应小于 0.2V/60dB=0.2mV。

当然，此问题也可以通过在最后一级增加失调电压调零实现。

5）带宽问题。本题目要求有两个带宽选择，其一是 10MHz，其二是 5MHz，且在 10MHz 带宽下要求 9MHz 内不超过 1dB 增益波动。对此有两种理解。

第一种要求 -3dB 带宽大于 10MHz，此时做到 9MHz 内波动不超过 1dB 难度不大，只要将带宽设计为 10MHz 以上，满足 9MHz 波动很小就是容易的。

第二种要求 -3dB 带宽为 10MHz，且 0 ～ 9MHz 内增益波动不超过 1dB，这就需要严肃对待，一阶或者二阶低通是无法满足这个要求的，必须有一个高阶低通滤波器，且这个滤波器还可以选择 5MHz、10MHz 两种截止频率。10MHz 的高阶低通滤波器是具有设计难度的。根据对带宽的理解，本例采用第一种。

第二，开始设计。

1）结构设计。

选定 AD603 作为核心的精细增益控制环节，而 AD603 的供电和输入 / 输出范围是受到限制的：最高为 ±6.3V，输入信号幅度范围为 -1.4 ～ +1.4V，而输出范围为 -2.5 ～ +2.5V。而本题目输入峰值 V_{p} 为 10mV ～ 14.14V，最大输出信号幅度为 14.14V。所以，AD603 既不能作为输入的第一级，也不能作为输出的最后一级，只能将其放在中间。

由此，大致画出结构图，如图 7.29 所示。

利用继电器实现图 7.29 所示开关，其导通电阻一般为 100mΩ 左右，不会影响信号传递。同时本题中开关切换频率不会很高，适合使用继电器。

2）增益配置。

多级程控增益放大器中，各级增益配置是一个难点，稍有不慎，就会发生某一级超限问题。这与滤波器的中途受限是一个道理，即理论上可以先放大后缩小，但某一级的输出在缩小之前就已经饱和，即便再缩小，也是失真波形。

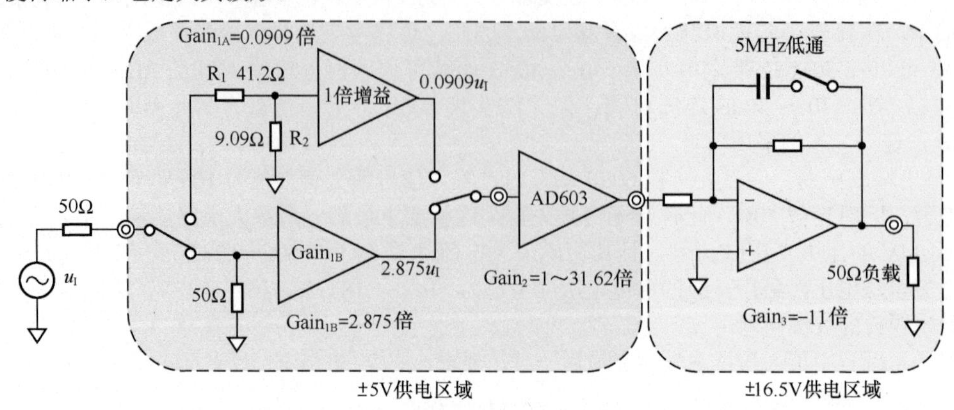

图 7.29 举例 5 的初步结构设计

本例采用倒推方法，提供一种配置思路。

首先，AD603 的增益调整范围是 −10 ～ 30dB，考虑到总增益为 60dB，确定 AD603 的调整范围为 0 ～ 30dB。固定增益分为两种：0dB 和 30dB，则整个电路可以实现 0 ～ 60dB 精细可调。如此，则 AD603 的增益为 1 ～ 31.62 倍。

其次，确定最后一级增益。从最后一级看，其最大输出为 14.5V。虽然 AD603 的最大输出为 ±2.5V，且其最大输入为 ±1.4V，考虑到 AD603 可能为 1 倍增益，将 AD603 的电压设定为最大输出 ±1.4V。则最后一级增益为：

$$\text{Gain}_3 \geqslant \frac{14.5}{1.4} = 10.36\text{倍}$$

为了计算方便，设定 Gain_3=11 倍。

由于除可调的 AD603 外，固定增益有两种，则有：

$$\text{Gain}_{1\text{A}} \times \text{Gain}_3 = 0\text{dB} = 1\text{倍}$$

$$\text{Gain}_{1\text{B}} \times \text{Gain}_3 = 30\text{dB} = 31.62\text{倍}$$

则有：

$$\text{Gain}_{1\text{A}} = \frac{1}{11} = 0.0909\text{倍}$$

$$\text{Gain}_{1\text{B}} = \frac{31.62}{11} = 2.875\text{倍}$$

3）前级放大器 B 设计。

将前级放大器 B 设计成同相比例器，有如下几条硬性约束。

（1）供电电压必须能接受 ±5V。5.75 倍增益稳定。

（2）压摆率限制。我们知道 AD603 的输入最大值为 ±1.4V，最高频率为 10MHz，则前级放大器作为 AD603 的输入，其输出端具有如下压摆率限制：

$$\text{SR} > 2\pi f A = 87.92\text{V}/\mu\text{s}$$

（3）带宽限制。考虑到阻抗匹配消耗了 0.5 倍增益，因此为了达到 2.875 倍增益，同相比例器应该设计成 5.75 倍增益，且在 10MHz 内足够平坦，以保证 9MHz 处增益跌落极小。为此，假设 10MHz 处不得小于 −0.5dB，$k=10^{-0.5/20}=0.944$，有：

$$\text{GBW} = \frac{f_{\text{Hf}}}{F} \times \frac{k}{\sqrt{1-k^2}} = 164.5\text{MHz}$$

（4）噪声限制。根据前述分析，该运放应有足够小的噪声：

$$e_n < \frac{U_{n\_in}}{\sqrt{BW}} = 11.4nV/\sqrt{Hz}$$

（5）输入失调电压限制：根据前述分析，该运放应有足够小的输入失调电压：0.2mV。

根据以上要求，能满足条件的运放不多，以 ADA4899-1 为优。其指标如表 7.6 所示。

表 7.6 ADA4899-1 和 OPA656 指标

型号	供电	GBW	SR	失调电压	偏置电流	噪声密度	最小增益
ADA4899-1	4.5 ~ 12V	600MHz	310V/μs	35μV	-0.1μA	1nV/$\sqrt{Hz}$	1 倍
OPA656	10 ~ 12V	230MHz	290V/μs	250μV	2pA	7nV/$\sqrt{Hz}$	1 倍

按照上述分析，选择 ADA4899-1，设计前级电路如图 7.30 所示。

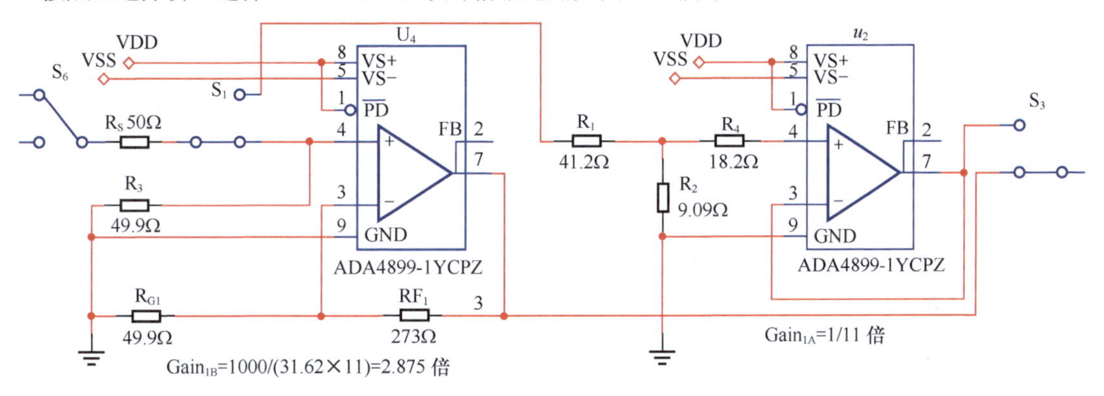

图 7.30 举例 5 的前级放大器 A 电路设计

4）前级放大器 A 设计。

首先考虑阻抗匹配。要求输入电阻为 50Ω，等于前级的源阻抗 R_S，且实现 0.0909 倍增益，则有：

$$R_1 + R_2 = 50\Omega$$

$$\frac{R_2}{R_S + R_1 + R_2} = 0.0909\Omega$$

可以解得：

$$R_2 = 9.09\Omega,\ R_1 = 40.81\Omega$$

取最接近的 E96 系列电阻：

$$R_2 = 9.09\Omega,\ R_1 = 41.2\Omega$$

其次考虑运放选择。本电路中对运放的约束与前级放大器 B 基本一致，唯一的区别在于带宽限制。本电路中的运放带宽可以稍小一些。但调查结果表明，这个宽松的条件并没有给我们带来更多的选择，我们仍然只能选择 ADA4899-1。

这种情况下，完全可以考虑使用 ADA4899-2，一款 8 脚的双运放。其中，“-1”代表内含一个运放，“-2”代表内含两个运放。多数情况下，单运放和双运放的性能是近似的，有时存在微小的差别，这需要细看数据手册。

使用两个单运放与使用一个双运放，后者芯片价格便宜一些。单运放占用 PCB 面积大，两个运放之间的耦合少，更换和调试相对灵活。因此如何选择取决于设计者。

据此，前级放大器 A 电路设计如图 7.30 所示。ADA4899-1 数据手册中针对跟随器设计给出了串联电阻，如图 7.30 中的 R_4。

图 7.30 中开关 S_1 和 S_3 合并执行增益粗选，当 S_1 和 S_3 置于下方时，执行增益 $Gain_{1B}$；同时置于上方时，执行增益 $Gain_{1A}$。图 7.30 中的开关用继电器电控实现，其驱动电路本例未给出。

5）压控增益放大器设计

按照 AD603 数据手册，压控增益放大器设计如图 7.31 所示。图 7.31 中的 V_{ctr} 为施加给 AD603 的增益控制电压，可以由一个 DAC 电路软件命令提供，图 7.31 中未画出。

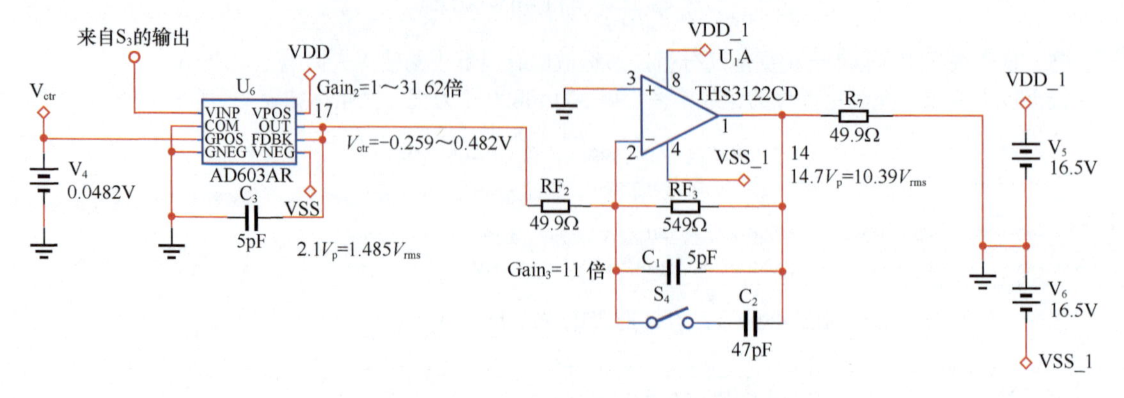

图 7.31　举例 5 的压控增益放大器和输出级设计

AD603 的输入电阻约为 100Ω，板内短距离连接前级输出时，无须增加阻抗匹配。但需要对前级的输出能力进行考察。前级最大输出为 1.4V，因此输出电流会达到 14mA，ADA4899-1 的输出特性如图 7.32 所示。

OUTPUT CHARACTERISTICS				
Output Overdrive Recovery Time (Rise/Fall)	V_{IN} = −2.5 V to +2.5 V, G = +2		30/50	ns
Output Voltage Swing	R_L = 1 kΩ	−3.65 to +3.65	−3.7 to +3.7	V
	R_L = 100 Ω	−3.13 to +3.15	−3.25 to +3.25	V
Short-Circuit Current	Sinking/sourcing		160/200	mA
Off Isolation	f = 1 MHz, $\overline{DISABLE}$ = $-V_S$		−48	dB

图 7.32　ADA4899-1 的输出特性（ADA4899-1 数据手册截图）

可以看出，其短路电流高达 160mA（灌入）、200mA（流出），且具备明显的测试项 R_L=100Ω，因此我们可以放心地让 AD603 的 100Ω 输入电阻作为 ADA4899-1 的负载。

6）输出级放大电路设计

输出级电路如图 7.31 所示。本级电路有如下任务：11 倍增益，能输出 14.5V 以上电压信号，能驱动 50Ω 负载，具有足够的压摆率以保证 10MHz、14.5V 输出。由于其是最后一级，一般对噪声、失调电压等没有过高要求。

要实现上述要求，可以有多种方法。

方法一：可以采用输出级晶体管驱动，提高输出电压和输出电流。以图 7.8 为基础，更换合适的运放和晶体管，可以达到更高的电压输出和电流输出。

方法二：可以采用多个运放输出并联的方法。运放满足高电压输出，但若输出电流达不到 290mA，就可以采用此方法。

方法三：可以采用一个运放实现，本例使用此方法。

方法三的核心是选择一款合适的运放。要求如下。

11 倍增益下带宽达到 15MHz 以上；14.5V、10MHz 输出，即 SR>910.6V/μs；输出摆幅达到 14.5V。经查，TI 公司的 THS3122 具有如下特点，如表 7.7 所示。

表 7.7　THS3122 参数

型号	供电	GBW	SR	失调电压	偏置电流	噪声密度	最小增益
THS3122	10 ～ 33V	/	1550V/μs	6mV	6μA	2.2nV/$\sqrt{Hz}$	1 倍

THS3122 为电流反馈型运放，不存在 GBW 参数。查阅数据手册发现，在 12 倍增益下，它可以达到 100MHz 以上的闭环带宽，因此满足要求。

7）滤波器设计

对于电流反馈型运放，通过反馈电阻上并联电容实现低通滤波，需要谨慎对待，但并不是禁止。

THS3122如果不并联电容，其11倍增益下带宽可以达到100MHz以上。因此，给其并联一个小电容，以使其带宽限制在10MHz左右，是必要的。

但此电容的计算，在截止频率与运放闭环带宽接近时，就不能再使用简单的$1/2\pi RC$，而需要实验估计了。经仿真实验，选取5pF电容与549Ω电阻并联，带宽可以达到20MHz左右，增益为−3dB。而经过前级、压控级的增益，总增益为−3dB时带宽大约为18MHz，在9MHz处大约具有−1dB衰减。这是符合要求的。

用一个开关（继电器）将另一个较大电容并联与此，可以决定−3dB带宽是5MHz还是10MHz以上。实验表明，开关控制的电容选择47pF较为合适。

第三，仿真实验。

整个仿真电路如图7.33所示。其中S_6用于输入端接地，以便测试输出噪声和输出失调电压；S_1和S_3配合，选择$Gain_{1A}$或者$Gain_{1B}$增益；S_4用于选择带宽，闭合时带宽为5MHz。

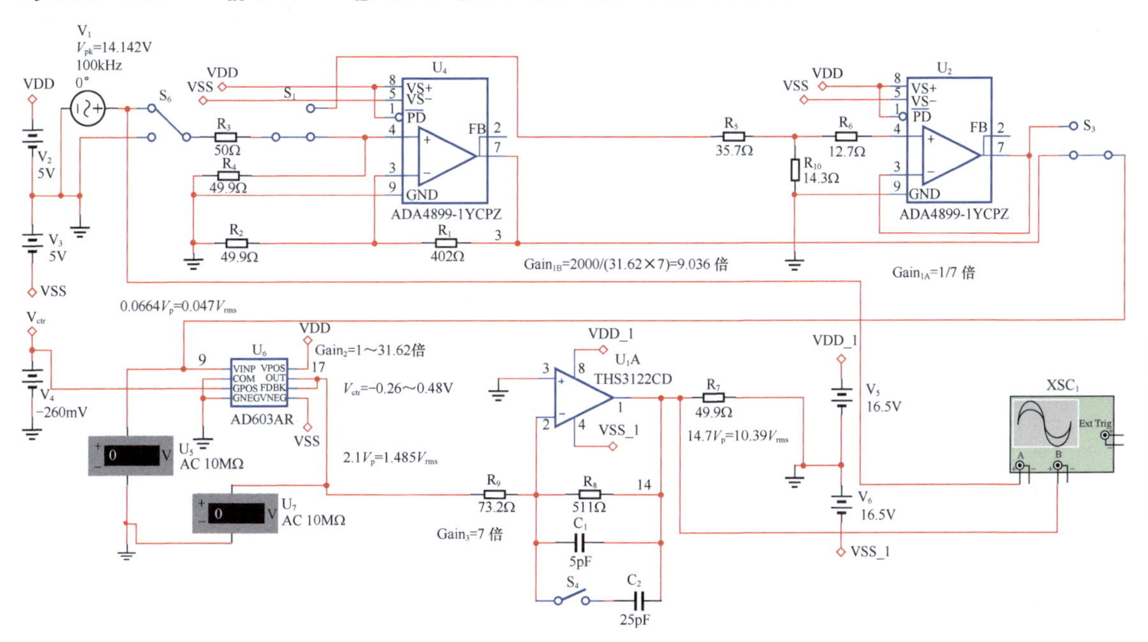

图7.33　举例5完整电路

仿真实验分为增益测试、频带测试两部分。

1）增益测试

主要测试几种关键增益下，各环节输出和失真情况。输入信号为1MHz正弦波，幅度可变，各测量点用Multisim12.0中的电压表AC档，10MΩ内阻，在仿真运行后10s读取稳定值，而输出是否失真，通过示波器观察波形识别。测试结果如表7.8所示。

表7.8　测试结果

设定增益/dB	0	20	30	30	40	60
第一级开关增益选择	$Gain_{1A}$	$Gain_{1A}$	$Gain_{1A}$	$Gain_{1B}$	$Gain_{1B}$	$Gain_{1B}$
压控电压/V	−0.259	0.247	0.482	−0.259	−0.008	0.482
期望压控增益/dB	0	20	30	0	10	30
输入信号有效值/V	10	1.0	0.316	0.316	0.1	0.01
AD603输入有效值/V	0.907	0.091	0.029	0.908	0.287	0.029
AD603输出有效值/V	0.907	0.912	0.907	0.909	0.909	0.909
输出有效值/V	9.942	9.999	9.951	9.964	9.968	9.963
增益误差	−0.58%	−0.01%	−0.49%	−0.36%	−0.32%	−0.37%
输出波形有无失真	无	无	无	无	无	无

测试结果表明，各关键增益下，输入信号幅度均采用理论上最大输入量，即用最大输出有效值10V除以设定增益，发现全部输出均无失真，且实测增益与设定增益的相对误差最大为-0.58%，这是非常优秀的。但这个误差均为负值，可以通过适当调节AD603的控制电压加以修正。

2）频率特性测试

理论上AD603的控制电压对带宽影响很小，关键看不同的信号链路中带宽的变化。因此，只需要做两种实验：$Gain_1$选择$Gain_{1A}$时的频率特性，以及$Gain_1$选择$Gain_{1B}$时的频率特性。

（1）选择$Gain_{1A}$时，AD603控制电压设定为0V，获得频率特性图。

当开关S_4断开时，实测1MHz的增益为10.40dB，-3dB的带宽为20.1MHz，9MHz处增益为9.58dB，1MHz与9MHz的增益差未超过1dB。

当开关S_4闭合时，实测1MHz的增益为10.21dB，-3dB的带宽为4.71MHz。

（2）选择$Gain_{1B}$时，AD603控制电压设定为0V，获得频率特性图。

当开关S_4断开时，实测1MHz的增益为40.41dB，-3dB的带宽为18.3MHz，9MHz处增益为39.49dB，1MHz与9MHz的增益差未超过1dB。

当开关S_4闭合时，实测的1MHz增益为40.23dB，-3dB的带宽为4.68MHz。

测试结果表明，大于10MHz带宽的要求均能满足，但设定带宽为5MHz时实测带宽均为4.7MHz左右，稍有误差。这可以通过适当调节并联电容值加以修正。

至此，按照对带宽10MHz的第一种理解，设计完毕。但是，如果理解为-3dB的带宽小于或等于10MHz，9MHz处不得有1dB波动，则需要设计高阶滤波器。一般来讲，此时应用椭圆无源滤波器较为合适。

◎自动增益控制简介

自动增益控制（AGC）是一种自动控制方法。它通过检测输出信号幅度，自动控制信号链路的增益，使整个放大电路在输入信号幅度发生变化时，维持输出信号幅度不变。

比如录音笔，如果不使用AGC功能，就是一个固定增益放大电路，将声音信号转变成电信号并完成录音。假设录音笔摆在一个安静屋子的桌上，第一个人进来，说话10min，距离桌子0.2m，录下来的声音比较大。第二个人进来，坐在了距离桌子2m的地方，那么录下来的声音就小。

但是，一旦开启录音笔的AGC功能，情况就变了。它可以在很短内完成输出幅度检测，当发现幅度较大时，自动降低增益，幅度较小时，自动增加增益，最终保证输出信号幅度基本维持在一个合适的值，达到最佳的录音效果。

因此，自动增益控制可以理解为“自动稳幅控制”。它可以保证输入信号幅度在一定范围内变化时，输出信号保持恒定不变的幅度。

◎自动增益控制的参量定义

自动增益控制中，输入信号幅度值和输出信号幅度值关系如图7.34所示。针对此曲线，定义其参量如下。

1）欠幅区

当输入信号过小时，压控增益放大器即便达到最大增益$Gain_{max}$，其输出信号也达不到AGC设定的稳幅电压。此时随着输入信号幅度的增加，输出信号幅度也明显增加，输入/输出之间的增益为$Gain_{max}$。这段区域被称为欠幅区。

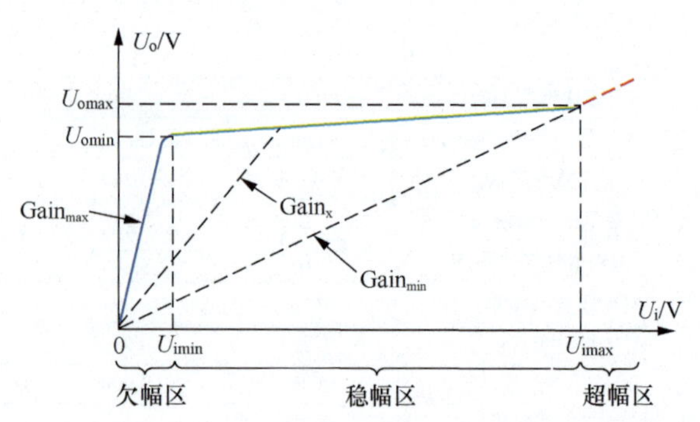

图7.34　AGC的输入信号幅度值和输出信号幅度值关系

2）稳幅区

当输入信号增大到一定值后，随着输入信号的增加，输出信号几乎维持不变，这个区域被称为稳幅区。在此区间内，压控增益放大器的实际增益$Gain_x$介于$Gain_{min}$～$Gain_{max}$之间，整个 AGC 处于有效调控状态——且随着输入信号的不断增大，压控增益放大器实际增益逐渐逼近 Gain。

稳幅区的左边界输入电压被定义为稳幅最小输入电压 U_{imin}，稳幅区的右边界输入电压被定义为稳幅最大输入电压 U_{imax}。同时定义稳幅动态范围为：

$$DR_{AGC}=20\lg\frac{U_{imax}}{U_{imin}} \tag{7-43}$$

3）超幅区

当输入信号继续增大，有如下几种可能使得 AGC 电路离开稳幅区进入超幅区。

（1）压控增益放大器的实际增益开始接近甚至达到 $Gain_{min}$，此时随着输入信号的进一步增大，压控增益放大器已经无法通过降低增益来降低输出信号，只能任由输出信号上升。

（2）输入信号开始超过压控增益放大器的输入电压范围，或者输出信号开始超过压控增益放大器的输出最大值。

4）AGC 输出等幅性

在稳幅区内，受稳幅电路影响，一般来说其输出幅度会随着输入信号幅度增大而微弱增加，导致稳幅出现微小的偏差。定义稳幅区内最大输出电压为 U_{omax}，最小输出电压为 U_{omin}，定义输出等幅性为：

$$SM_{AGC}=20\lg\frac{U_{omax}}{U_{omin}} \tag{7-44}$$

对于 AGC 来说，尽量大的稳幅动态范围、尽量小的输出等幅性，是其追求目标。

◎自动增益控制的结构

AGC 电路结构如图 7.35（a）所示。其中前置级和输出级都不是 AGC 必须的，AGC 的核心在于两部分，第一是幅度检测，可以得到一个与输出幅度成正比的直流电压 V_G；第二是压控增益放大器，它的增益受控于 V_G，且一定是负反馈关系：V_G 越大，压控增益放大器的实际增益越小。

实际应用中，更多采用图 7.35（b）所示的细化结构。即输出信号与设定直流电压 V_{REF} 做比较，当输出幅度大于 V_{REF} 时，V_G 将持续变化以减小增益，进而减小输出幅度；当输出幅度小于 V_{REF} 时，V_G 将持续变化以增大增益，进而增大输出幅度，最终一定会维持输出幅度与设定幅度基本相等。

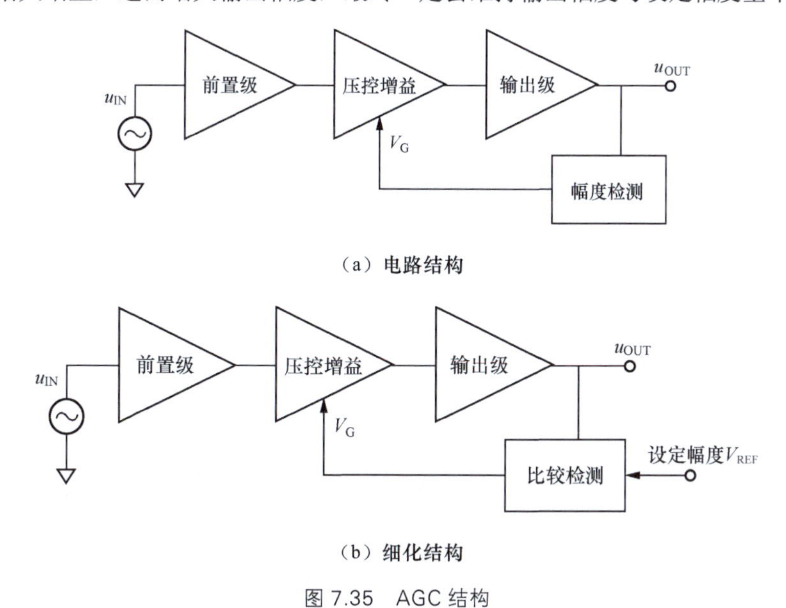

图 7.35 AGC 结构

◎ AGC 中的控制电路一

针对 AD603 的 AGC 电路如图 7.36 所示。注意，这是一个单电源电路，其输出信号都是骑在 5V 上的。先看基本电路。

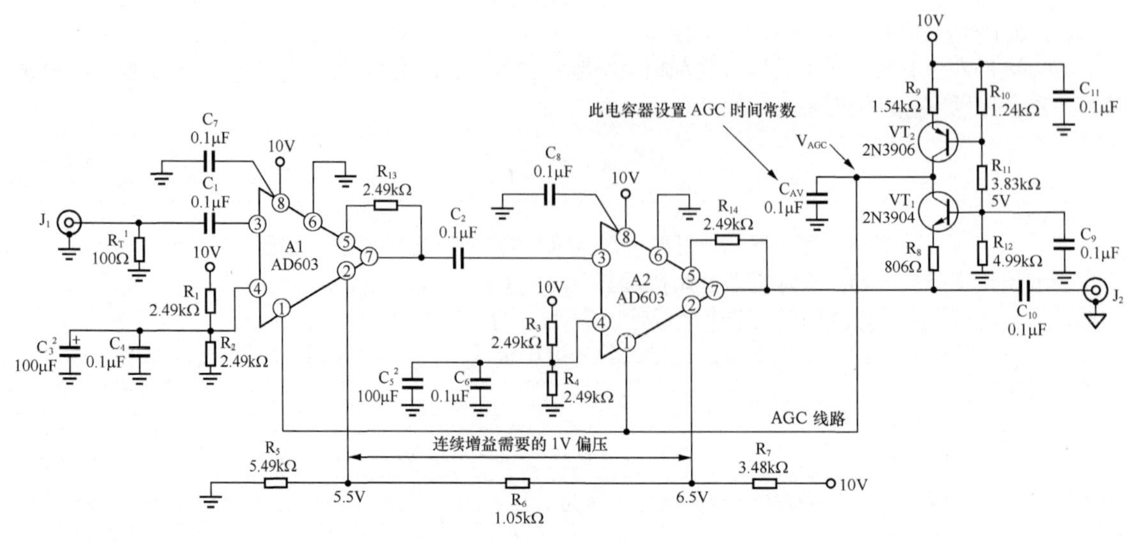

[1] R_T 提供一个 50Ω 输入阻抗。
[2] C_3 和 C_5 是钽电容。

图 7.36　针对 AD603 的 AGC 电路

两个 AD603 的供电源为第 8 脚和第 6 脚，均为 10V 加旁路电容。第 4 脚为 COM 脚，输入信号和输出信号都是相对于该管脚的，因此外围的一大堆阻容是为了给这个管脚提供一个针对高频信号非常稳定的 +5V。注意，这样提供 +5V，对低频信号是无效的。低频时，该节点具有 1.245kΩ 的输出电阻，会影响输入和输出。

信号链路是高通阻容耦合的，其下限截止频率约为 11.9kHz，这来源于 0.1μF 的 C_1 及该支路的等效串联电阻 133.3Ω——50Ω 源电阻和 100Ω R_T 并联再加上 100Ω 输入电阻。注意，两个 AD603 之间耦合的下限截止频率为 15.9kHz，而输出级的下限截止频率取决于负载电阻的大小。

注意第 5 脚和第 7 脚之间，串联了一个 2.49kΩ 电阻，这使得 AD603 的增益范围变为：

$$\mathrm{Gain}_{\mathrm{FIXED}} = 41.97\mathrm{dB}$$

$$\mathrm{Gain}_{\mathrm{TOTAL}} = \mathrm{Gain}_{\mathrm{FIXED}} + \left(-42.14 \sim 0\mathrm{dB}\right) = -0.168 \sim 41.97\mathrm{dB}$$

上述计算过程可参考 AD603 结构，如图 7.37 所示。

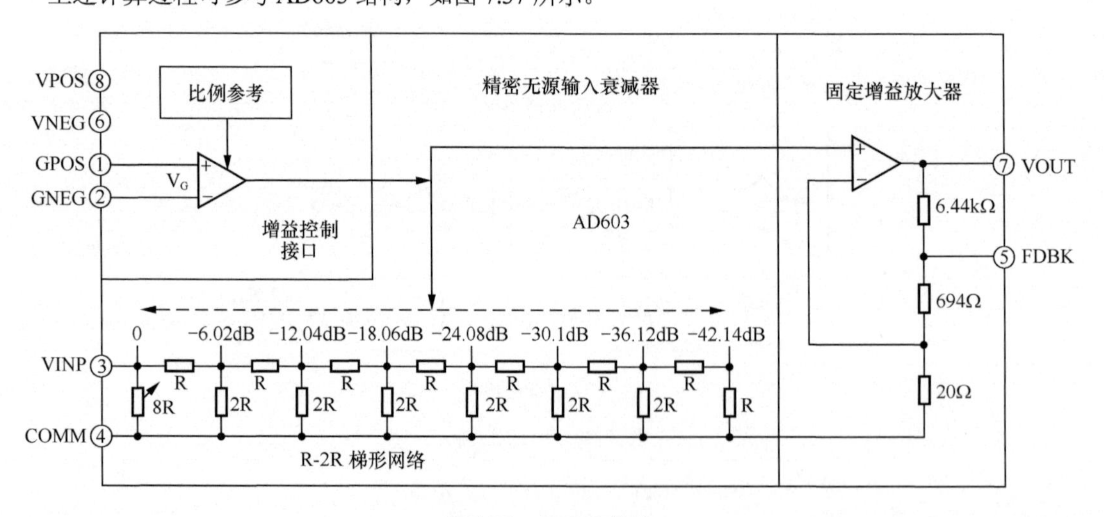

图 7.37　AD603 结构

至此，信号链部分分析完毕，剩下的就是控制电压产生部分，包括与 AD603 第 1 脚和第 2 脚相关的部分。

两个 AD603 串联，可以形成更大的增益范围，一般可达 80dB 以上。在信号链串联后，控制电压如何接，还是有讲究的。一种方式是两者同步模式，即它们的控制电压负输入端（GNEG 端）接地，而将它们的控制电压正输入端（GPOS 端）接到一起，受外部电压同步控制，这最容易理解。但这样做最终的增益误差、信噪比指标都比较差，唯一的优点是连接极为简单。另一种方式是依序模式，即两个 AD603 的控制电压负输入端电位不同，分别为 V_{N1} 和 V_{N2}，而正输入端为同一可变电位 V_{AGC}。这样的结果是当 V_{AGC} 从左向右（电压横轴）变化过程中，两个 AD603 相继进入增益可变状态，没有进入可变状态的 AD603 一定是最小增益或者最大增益。这种模式可以有效减少增益误差，提高信噪比。本例采用此模式：两个 AD603 的第 2 脚，分别为 5.5V 和 6.5V。而它们的第 1 脚则来源于如图 7.38 所示的晶体管电路中的 V_{AGC} 端。现在看这套电路是如何实现 AGC 的。

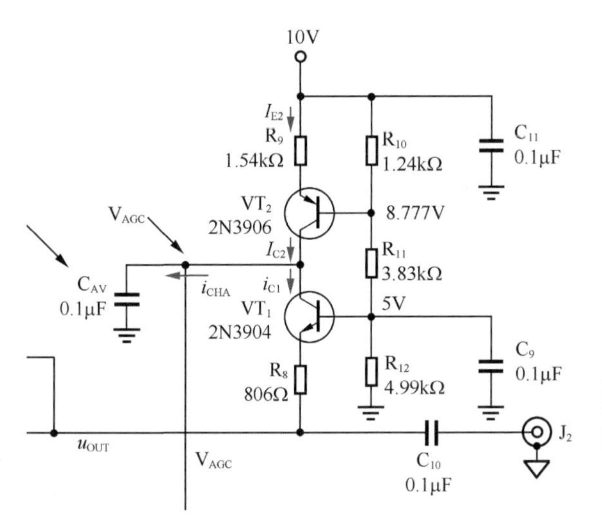

图 7.38　针对 AD603 的 AGC 电路控制电压产生部分

首先必须清楚，这是一个单电源电路，其输出信号 u_{OUT} 是骑在 5V 上的正弦波。

VT_2 是一个恒流源电路，其输出电流为 I_{C2}，是一个恒定不变的值，与输出信号无关。R_{10}、R_{11} 和 R_{12} 这 3 个电阻可以简单分压，且图 7.38 中 5V 节点即 VT_1 基极接了一个大电容对地，保证了此点没有变化电压，就是 5V。那么可以近似分析出，VT_2 基极电位为：

$$U_{Q2B}=10-\frac{R_{10}}{R_{11}+R_{10}}\times 5=8.777V$$

据此可估算出：

$$I_{E2}=\frac{10-\left(U_{Q2B}+0.7V\right)}{R_9}=339.6\mu A$$

$$I_{C2}\approx I_{E2}=339.6\mu A$$

I_{C2} 具体是多少、误差有多大都不重要。重要的是这是一个恒流输出。

I_{C2} 形成后，有两个支路可以接收此电流：或者给电容 C_{AV} 充电，最高可充至 9V 以上；或者通过 VT_1 流走，取决于 VT_1 是否导通。

现在看 VT_1，它的基极电位是 5V，发射极是输出信号，输出静默时也是 5V，因此输出静默时 VT_1 不导通。但是一旦输出存在有效的正弦信号，情况就不一样了。在输出信号正半周，VT_1 更加不导通，在负半周，输出电压越是小于 5V，VT_1 的导通程度越高，使得 VT_1 的集电极电流 i_{C1} 越大，其最大值发生在输出信号负半周波谷处，AD603 的输出摆幅可以达到 2V 以上，可知其波谷电位为 5V−2V=3V。此时有最大电流产生：

$$i_{C1\_max}\approx i_{E1\_max}=\frac{5V-0.7V-3V}{R_8}=1.61mA$$

由于任意时刻，VT_2 的集电极电流 I_{C2} 总是等于给电容充电的电流 i_{CHA} 与 VT_1 的集电极电流之和：

$$I_{C2}=i_{CHA}\left(t\right)+i_{C1}\left(t\right)=339.6\mu A$$

而输出信号为谷值时，i_{C1}（谷值时刻）为 1.61mA，大于 0.3396mA，因此可以认定此时电容 C_{AV} 是被放电的，即 i_{CHA}（谷值时刻）为负值。

既然在信号负半周存在电容放电，而正半周一定是充电，那么要维持电容电压不变，就必然要求在一个周期内：

$$\int i_{CHA}=0$$

这样，自动增益控制就形成了：当输入信号确定后，C_{AV} 还没有充电，电压一定为 0V，此时 AD603 处于某个固定增益，有一个固定幅度的输出信号骑在 5V 上。如果信号幅度比较小，那么负半周放电电量就会小于正半周充电电量，导致电容电压上升，迫使 AD603 增益上升，输出信号幅度也随之上升；如果信号幅度比较大，那么负半周放电电量就会大于正半周充电电量，导致电容电压下降，迫使 AD603 增益下降，输出信号幅度也随之下降。什么时候能稳住呢？就是当电容电压达到某个值，输出信号幅度也达到某个值，此时负半周放电电量恰好等于正半周充电电量，又维持了电容电压不变。

这是一个负反馈过程，只要在 AD603 的控制范围内，这个平衡总是能够达到的，也就实现了输出幅度的稳定。要改变稳定后的输出信号幅度，一般可以通过调节 806Ω 电阻实现。此电阻越大，输出稳定幅度也越大。

◎ AGC 中的控制电路二

另外一种 AGC 电路如图 7.39 所示，右图为 VCA810 的压控增益曲线。图 7.39 中 OPA820 为一款高速运放，在工作中表现为一个比较器。图 7.39 中的 R_4 和 C_C 是为了提高 OPA820 稳定性而增加的。图 7.39 中两颗芯片的供电电压均为 ±5V。

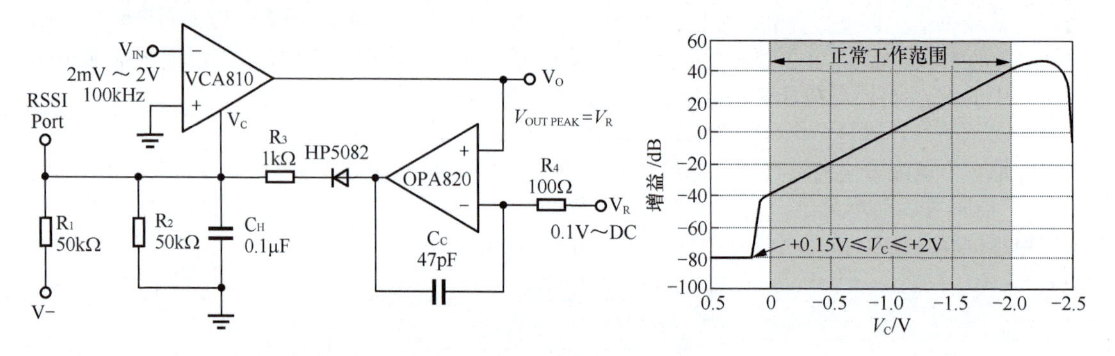

图 7.39 VCA810 实现的 AGC 电路

首先，在 OPA820 没有介入之前，R_1、R_2、C_H 和负电源组成了一个分压电路，在 V_C 端形成了一个稳定的 -2.5V 电位。对应 VCA810 增益曲线，它提供一个较大的增益控制电压。

正常工作时，OPA820 的负输入端电位为 V_R，即设定的输出峰值电压。当输出信号幅度超过设定幅度 V_R 时，OPA820 的正输入端电位会高于负输入端电位，导致 OPA820 输出正电源电压。此电压通过高速二极管 HP5082 以及 R_3，给电容 C_H 充电，导致 V_C 端电位上升，迫使 VCA810 的实际增益下降。当输出信号幅度低于设定幅度 V_R 时，OPA820 的正输入端电位会低于负输入端电位，导致 OPA820 输出负电源电压。由于二极管的阻断作用，电容 C_H 将失去右侧电路的充电，导致 V_C 端电位向原先的分压电位回归，即电位下降，迫使 VCA810 的实际增益上升。

当输出信号幅度恰好比 V_R 高一点点时，OPA820 的输出将在波形峰值处有一个正电压，完成给电容短暂的充电动作，其余时刻 OPA820 都无法给电容充电，电容处于缓慢地放电回归状态。一个周期内这个充电动作带来的电量增加，恰好与放大动作带来的电量减少相等，V_C 端的电位将保持稳定，AGC 就实现了。

实践表明，利用高速比较器代替图 7.39 中的 OPA820，效果更好。

7.3 电荷放大器和锁定放大器

◎压电传感器等效模型

压电传感器在受到外力作用下两边会产生与外力成正比的电荷，这些电荷在传感器导体极板形成的电容上以电压的形式表现出来，其模型如图 7.40（a）所示。这些电荷的消失有两种情况：第一，当外力撤掉后，它会自然消失；第二，当电荷有泄放回路时，它也会消失。

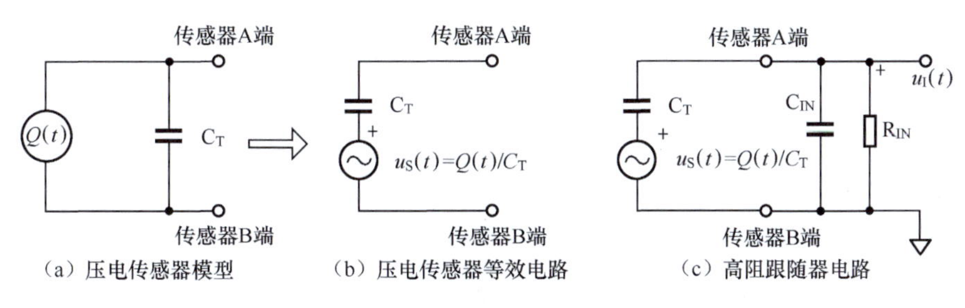

图 7.40　压电传感器模型及其测量等效电路

由于压电传感器极板电容都存在等效的泄放电阻，对于压电传感器来说，直流外力会引起电荷产生，而这些电荷随后就通过泄放电阻逐渐泄放完毕。因此它属于一个隔直传感器。为了方便分析，可将压电传感器等效为图 7.40（b）所示电路。

对压电传感器信号的测量，可以采用图 7.40（c）所示高阻跟随器电路，其中只画出了跟随器的输入部分，用等效的输入电阻和输入电容表示，输入电容 C_{IN} 包括跟随器输入端电容，以及从传感器到跟随器的传输线等效电容。

◎跟随器测量压电传感器信号的弊端

但用这个跟随器电路测量压电信号存在固有的问题，那就是 C_{IN} 对测量的影响。本书不探讨对压电传感器的阶跃输入带来的瞬态分析，只研究输入量为一定频率的正弦波。此时根据图 7.40（c）有：

$$u_I = u_S \times \frac{\frac{1}{SC_{IN}} // R_{IN}}{\frac{1}{SC_T} + \frac{1}{SC_{IN}} // R_{IN}} = u_S \times \frac{\frac{R_{IN}}{1+SC_{IN}R_{IN}}}{\frac{1}{SC_T} + \frac{R_{IN}}{1+SC_{IN}R_{IN}}} = u_S \times \frac{1}{\frac{1+SC_{IN}R_{IN}}{SC_T R_{IN}} + 1} =$$
$$u_S \times \frac{SC_T R_{IN}}{1+S\left(C_{IN}+C_T\right)R_{IN}} = u_S \times \frac{C_T}{C_{IN}+C_T} \times \frac{1}{1+\frac{1}{S\left(C_{IN}+C_T\right)R_{IN}}} \tag{7-45}$$

写成频域表达式为：

$$\dot{A}(\mathrm{j}\omega) = \frac{\dot{u}_I}{u_S} = \frac{C_T}{C_{IN}+C_T} \times \frac{1}{1+\frac{1}{\mathrm{j}\omega\left(C_{IN}+C_T\right)R_{IN}}} = A_m \times \frac{1}{1-\mathrm{j}\frac{\omega_0}{\omega}} = A_m \times \frac{1}{1-\mathrm{j}\frac{f_0}{f}} \tag{7-46}$$

其中：

$$A_m = \frac{C_T}{C_{IN}+C_T},\ \omega_0 = \frac{1}{\left(C_{IN}+C_T\right)R_{IN}},\ f_0 = \frac{1}{2\pi\left(C_{IN}+C_T\right)R_{IN}} \tag{7-47}$$

可以看出，到达跟随器输入端的信号 u_I，相对于原始输入信号 u_S，已经是一个高通表达式，且其中频增益、特征频率都受到了 C_{IN} 的影响。前面刚说过，C_{IN} 由跟随器输入电容、传输线等效电容并联形成，其中传输线等效电容随传输线长度变化，一般是不容易确定的。因此到达跟随器的信号存在很强的不确定性。这非常不妙。

我们都会想到，将 C_{IN} 弄得很小就可以解决问题，确实如此。因此很多压电传感器的后续测量电路就直接采用跟随器。但是，一旦遇到无法降低 C_{IN} 的情况，或者 C_{IN} 有明显的不确定性，就需要考虑使用电荷放大器（Charge Amplifier）。

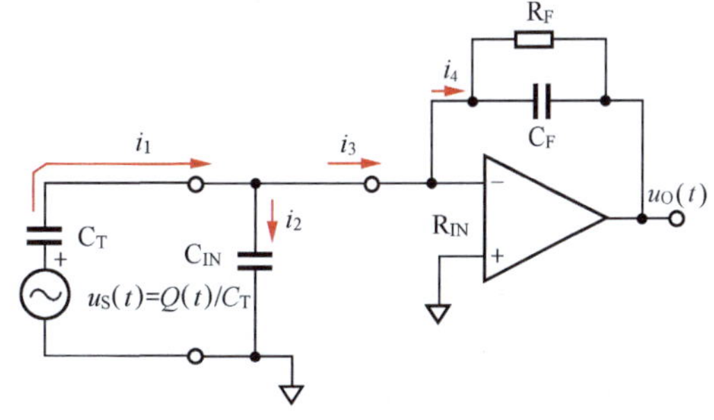

图 7.41　电荷放大器

◎电荷放大器基本原理

电荷放大器如图 7.41 所示。它将压电传感器接入一个运放的负输入端，而运放正输入端接地，同时给运放连接反馈电容 C_F。理论上，图 7.41 中的 R_F 不是必须的，它只是为了保证运放电路的正常工作，避免因负输入端持续的偏置电流在电容上累计充电导致电容电压饱和。

电荷放大器的核心思想是，如此连接后，运放负输入端为虚地，导致 C_{IN} 的两端一端是真正的“地”，另一端是虚拟的“地”。此时，它的两端电位差为 0V，无论容抗多大都不会产生电流、或者电流变化，即图 7.41 中 i_2=0A，对整个电路没有影响。

当运放具有足够大的输入电阻 R_{IN} 时，分析过程如下。

$$i_1=\frac{u_S-0.0}{\frac{1}{SC_T}}=u_SSC_T \tag{7-48}$$

$$i_4=i_1=u_SSC_T \tag{7-49}$$

$$u_O=0.0-i_4\left(R_F//\frac{1}{SC_F}\right)=u_SSC_T\frac{R_F}{1+SC_FR_F}=u_S\frac{C_T}{C_F}\times\frac{SR_F}{\frac{1}{C_F}+SR_F}=u_S\times\frac{C_T}{C_F}\times\frac{1}{1+\frac{1}{SR_FC_F}} \tag{7-50}$$

将 $u_S=Q/C_T$ 代入式（7-46），且将其写成频域表达式，得：

$$\dot{u}_O=\frac{Q}{C_F}\times\frac{1}{1-\mathrm{j}\frac{\omega_0}{\omega}} \tag{7-51}$$

其中：

$$\omega_0=\frac{1}{R_FC_F},\ f_0=\frac{1}{2\pi R_FC_F} \tag{7-52}$$

这是一个标准高通表达式，其中频增益为 Q/C_F，只与传感器电量和反馈电容有关，与传感器 C_T 无关，与传输线等效电容 C_{IN} 也无关。且当反馈电阻很大时，此表达式的下限截止频率可以很低。

低阻电压输出与传输线长度带来的电容无关，这是电荷放大器的典型优点。

◎电荷放大器的设计要点

1）运放选择中，输入端必须是高阻的

典型的运放有 ADI 公司的 ADA4530-1、AD549，TI 公司的 OPA129 等。这些运放都具有 $10^{13}\Omega$（10TΩ）以上的差模输入电阻，ADA4530-1 更是高达 $10^{14}\Omega$（100TΩ）。图 7.42 所示是 OPA129 组成的电荷放大器，是 TI 公司的 OPA129 数据手册截图。

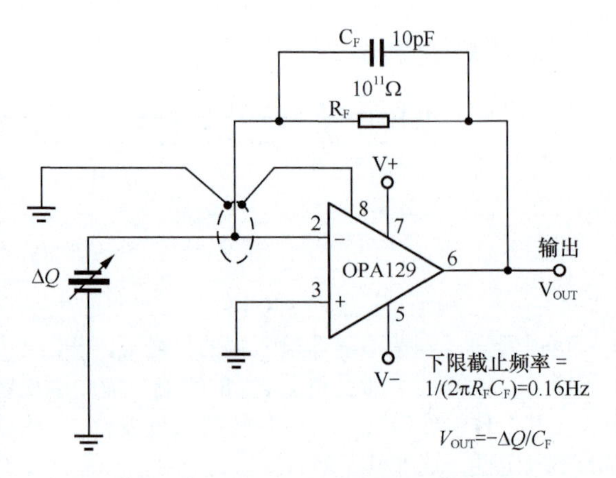

图 7.42　OPA129 组成的电荷放大器

2）为实现真正的高阻，必要的保护环（Guard Ring）布线设计是必须的

所谓的保护环，是在信号线周围用 PCB 走线包裹，而包裹的 PCB 走线电位应与信号线电位相等，以防止信号线与周边存在电位差而造成漏电。图 7.42 中，OPA129 的第 8 脚为基片脚，和地线一起形成一个保护环，将第 2 脚（信号线）及其延长线牢牢包裹。

显然，这个包裹如果能够用立体的管状实现，那是最好的。但 PCB 走线难以做到这一点，只好用两侧的平面包裹实现。

3）反馈电容和反馈电阻选择

首先，反馈电容的大小直接决定了中频段增益大小，如式（7-52）所示，电容越小增益越大。增益大小主要取决于传感器的动态范围，最佳选择是当传感器满幅度工作时，电荷放大器的输出不超出限制，且尽量接近输出极限。

其次，当确定了反馈电容后，反馈电阻直接决定了电荷放大器的下限截止频率，如式（7-52）所示。为了保证足够小的下限截止频率，反馈电阻应尽量大一些。理论上越大越好，但是，增大反馈电阻又会带来如下问题。

（1）静态偏移问题。运放的输入偏置电流会在反馈电阻上形成静态的输出失调电压。以 1pA 静态偏置电流为例，当反馈电阻选择为 $10^{11}\Omega$，则由此产生的静态输出电压会高达 $10^{-12}\text{A}\times10^{11}\Omega=0.1\text{V}$，这是必须考虑的。此时如果选择更优的运放，偏置电流小于 10fA，此电压会降低很多。

（2）较大的反馈电阻也会引起输出噪声增加。

（3）电阻的可购买性和电路板泄漏电阻问题。不是你想用多大的电阻值，就有多大的。市面上方便购买的多数廉价电阻的阻值在 10MΩ 以下。1000MΩ（1GΩ）以上的电阻一般需要从专业公司购买。我用过的最大阻值是 10GΩ，当然我相信，更大阻值的电阻还是有的，只是它已经不好用了。原因是，电路板上金属走线之间是存在泄漏电阻的，它与走线之间的距离、电路板材料甚至空气湿度等都有关系，它不是无穷大的。当实体电阻的阻值大于泄漏电阻时，实体电阻再大也没有用了。

一般来说，选择反馈电阻为 1 ～ 100GΩ，是较为靠谱的。

◎电荷放大器举例

图 7.43 所示是 LT 公司的 LTC6240 数据手册截图，图 7.43（a）所示是一个典型的压电传感器放大电路，用电荷放大器实现。

图 7.43 中的压电传感器为日本村田制作所生产的 PKGS-00LDP1-R，其灵敏度为 0.840pC/g，即当加载 1g（标准重力加速度）的加速度时，它会产生 0.84pC 的电荷量，在标准的电荷放大器中，将产生如下的电压输出。

$$U_\text{O}=\frac{Q}{C_\text{F}}=0.109\text{V}\approx110\text{mV}$$

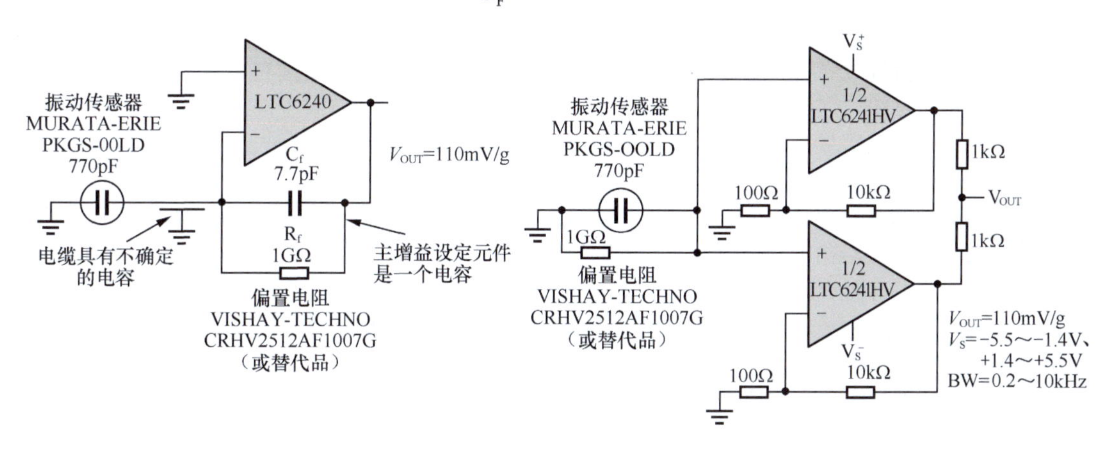

（a）典型压电传感器放大电路　　（b）跟随器型压电放大器

图 7.43　LTC6240 数据手册截图

它最大能够承载 0.5ms 持续高达 1500g 的加速度。实际工作时，10g 已经是一个较大的加速度，此电路会产生大约 1.1V 的输出电压，这是可以接受的。而 LTC6240 属于轨至轨输出运放，在供电电压为 ±5.5V 时，可以输出 ±5.47V 电压，对应可以接受大约 50g 的加速度。

图 7.43（a）最大的好处在于其中标注的“电缆具有不确定的电容”，此电路对此电容不敏感。图 7.43 中电阻选用威世公司的 1GΩ 电阻，该系列阻值最大可达 50GΩ。

查阅该传感器数据手册可知，它本身具有的下限截止频率约为 10Hz，上限 -3dB 带宽约为 10kHz。而电路本身的下限截止频率可用式（7-52）估算，为：

$$f_0=\frac{1}{2\pi R_\text{F}C_\text{F}}=20.68\text{Hz}$$

由此可知，该电路设计中电阻选择得稍小了一些。从频率特性考虑，可以适当增大反馈电阻到2GΩ，降低电路的下限截止频率到10Hz以下，以匹配传感器下限截止频率。

从偏置电流考虑，LTC6240的偏置电流在25℃时最大为1pA，由此产生的输出失调电压约为1mV，这是可以接受的。

当传感器和电路之间的电容很小，无须电荷放大器帮助时，也可以采用跟随器型电路，如图7.43(b)所示。该电路在运放的正输入端就完成了电荷到电压的转换，同样在1g加速度下，在运放的正输入端产生的电压为：

$$U_{IN+}=\frac{Q}{C_T}=1.09\text{mV}\approx1.1\text{mV}$$

此电压经过101倍同相比例器（虽然存在增益，但在结构上与跟随器无异，因此也可称之为跟随器型电路），输出电压也是110mV左右。从这点看，两个电路的灵敏度是相同的。

图7.43（b）中的1GΩ电阻用于给运放正输入端提供静态通路，同样是1GΩ，但此电阻引起的下限截止频率却比电荷放大器低了很多。

$$f_0=\frac{1}{2\pi R_{BIAS}C_T}=0.2068\text{Hz}$$

因此从频率特性考虑，跟随器型电路更容易产生较低的下限截止频率，原因在于传感器电容770pF远大于反馈电容7.7pF。

此电路还有一个好处：由于采用了跟随器型，它为并联测量提供了可能，图7.43（b）中采用两个运放并联，然后在输出端用小电阻组合到一起，形成并联输出，有助于降低输出噪声。

将跟随器型电路应用于压电传感器中，唯一的要求是，电缆电容很小且较为固定。否则，还是使用电荷放大器为妙。

◎锁定放大器基本思想

让我们忘掉电荷放大器吧，因为锁定放大器（LIA）与电荷放大器完全没有关系。

在微弱信号检测中，遇到的最大问题就是被测信号往往被淹没在广谱的噪声中。从广谱噪声中提取指定频率的待测正弦信号，可以用模拟带通滤波器，也可以用数字带通滤波器，但带通的通带无法做到很窄，提取待测信号就变得异常困难。

锁定放大器的基本思想是，将一个与待测信号同频率的正弦波称为参考信号，与含有广谱噪声的待测正弦波相乘，乘法器输出就会得到一个含有直流分量的两倍频正弦波。关键是该直流分量与待测正弦波幅度成正比，与两个正弦波相移差有关。此时，如果用低通滤波器滤除乘法器输出中的两倍频，保留直流分量，就可以得到一个正比于待测信号幅度的直流量。锁定放大器不能得到被测信号波形，却能得到被测信号的大小。

从一个三角函数的积化和差公式入手。

$$A_{m1}\sin(\omega_1t+\varphi_1)\times A_{m2}\sin(\omega_2t+\varphi_2)=$$
$$0.5A_{m1}A_{m2}\cos((\omega_1-\omega_2)t+\varphi_1-\varphi_2)-0.5A_{m1}A_{m2}\sin((\omega_1+\omega_2)t+\varphi_1+\varphi_2) \quad (7\text{-}53)$$

如果$\omega_1=\omega_2=\omega$，即参考信号频率等于待测信号频率，则有：

$$A_{m1}\sin(\omega t+\varphi_1)\times A_{m2}\sin(\omega t+\varphi_2)=0.5A_{m1}A_{m2}\cos(\varphi_1-\varphi_2)-0.5A_{m1}A_{m2}\sin(2\omega t+\varphi_1+\varphi_2) \quad (7\text{-}54)$$

再进一步，如果有$\varphi_1=\varphi_2=\varphi$，则有：

$$A_{m1}\sin(\omega t+\varphi)\times A_{m2}\sin(\omega t+\varphi)=0.5A_{m1}A_{m2}-0.5A_{m1}A_{m2}\sin(2\omega t+2\varphi) \quad (7\text{-}55)$$

式（7-55）恰好描述了上述锁定放大思想：待测信号为$A_{m2}\sin(\omega t+\varphi)$，要求解$A_{m2}$。那么就制造一个频率、相位均与待测信号相同的，幅度为A_{m1}的参考信号，让其与待测信号相乘，得到式（7-55）的两项。其中第一项为直流量，第二项为两倍频信号。用低通滤波器滤除第二项，保留第一项。那么$0.5A_{m1}A_{m2}$中，已知A_{m1}，获得A_{m2}还不简单吗？

以上是式（7-53）的第一个功效：经低通滤波后，能够保留与参考信号频率相同的待测信号。式（7-53）

还有另一个功效：经低通滤波后，能够剔除全部与参考信号频率不同的量。我们继续看式（7-53），假设某一信号频率为 $\omega_2 \neq \omega_1$，则乘法器输出仍为两项，第一项不再是直流量，而是一个低频正弦波 $0.5A_{m1}A_{m2}\cos\left(\left(\omega_1-\omega_2\right)t+\varphi_1-\varphi_2\right)$，经低通滤波后，一定为 0。

注意，锁定放大器能够剔除与待测信号频率不同的量，而广谱的噪声正是由无穷多种频率分量相加构成，除一个点频与待测信号频率相同外，其余噪声成分的频率均与待测信号，也就是参考信号频率不同。这导致锁定放大器低通滤波后，广谱的噪声均被剔除，而只保留了待测信号的幅度成分。

据此，得出锁定放大器基本原理如图 7.44 所示。图 7.44 中加法器描述了噪声进入信号并将信号淹没的过程，虚线框内才是真正的锁定放大器。

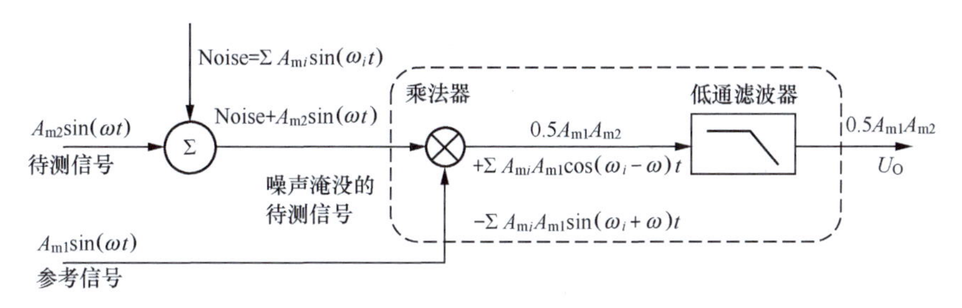

图 7.44　锁定放大器基本原理

◎双相位法

前述的锁定放大器输出结论建立在参考信号与待测信号同频同相基础上。但在实际工作中，保证两者频率相同是容易的（后面讲解），但要保证两者同相则是困难的。且我们知道，低通滤波器输出的直流量与两者的相位差成 cos 关系。如果不知道相位差，输出直流量没有任何意义。有两种常见方法可以解决这个问题。

第一种，利用 cos0=1 而 $\cos\varphi<1$，在参考信号通路中加入移相环节，不断手动或者自动调节相位，总能找到输出直流量最大值。此时 φ 一定等于 0°，即同相。这样就可以求得 A_{m2}，且顺便也知道了待测信号与参考信号的相位差。此方法需要遍历 0°～180° 操作，麻烦。

第二种，双相位法。它能一次性求解出 A_{m2}，同时获得两种相位差。双相位法锁定放大器工作原理如图 7.45 所示。

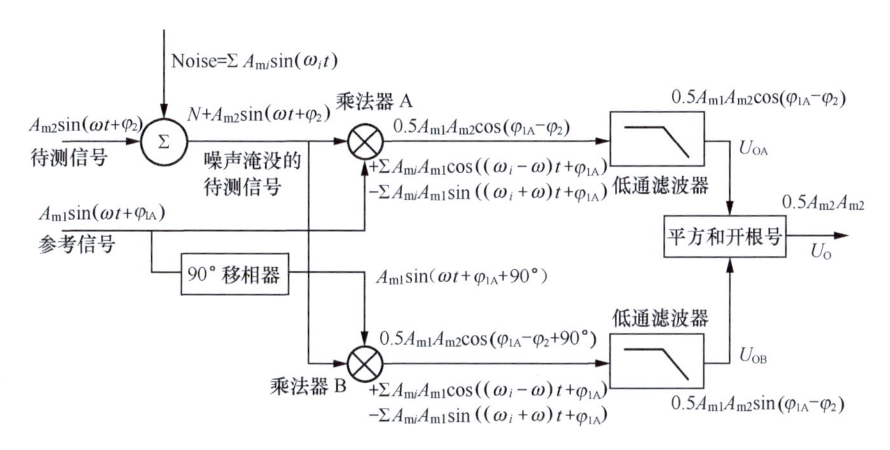

图 7.45　双相位锁定放大器工作原理

它需要制作两个参考信号，它们同频，但存在 90° 相移。假设待测信号为 $A_{m2}\sin\left(\omega t+\varphi_2\right)$，参考信号 A 为 $A_{m1}\sin\left(\omega t+\varphi_{1A}\right)$，参考信号 B 为 $A_{m1}\sin\left(\omega t+\varphi_{1B}\right)=A_{m1}\sin\left(\omega t+\varphi_{1A}+\pi/2\right)$。用两个完全相同的乘法器，它们的乘数相同，均为被噪声淹没的待测信号，它们的被乘数则分别为两个相互正交的参考源，这样就得到了两个乘法器输出。经相同的低通滤波器后，输出分别为：

$$U_{OA}=0.5A_{m1}A_{m2}\cos\left(\varphi_{1A}-\varphi_2\right) \tag{7-56}$$

$$U_{OB}=0.5A_{m1}A_{m2}\cos\left(\varphi_{1A}-\varphi_2+\pi/2\right)=0.5A_{m1}A_{m2}\sin\left(\varphi_{1A}-\varphi_2\right) \tag{7-57}$$

利用 $\sin^2\alpha+\cos^2\alpha=1$ 特性，将上述两个输出实施平方和开根号运算，得：

$$U_O=\sqrt{U_{OA}^2+U_{OB}^2}=0.5A_{m1}A_{m2}\sqrt{\sin^2\left(\varphi_{1A}-\varphi_2\right)+\cos^2\left(\varphi_{1A}-\varphi_2\right)}=0.5A_{m1}A_{m2} \tag{7-58}$$

至此，我们无须知道待测信号与参考信号的相位关系，就可以获得待测信号的幅度。这就是双相位法的核心思想。

同时，根据 U_{OA} 和 U_{OB}，可以很方便地求得参考信号和待测信号的相位差。

$$\tan\left(\varphi_{1A}-\varphi_2\right)=\frac{\sin\left(\varphi_{1A}-\varphi_2\right)}{\cos\left(\varphi_{1A}-\varphi_2\right)}=\frac{U_{OB}}{U_{OA}} \tag{7-59}$$

$$\varphi_{1A}-\varphi_2=\tan^{-1}\frac{U_{OB}}{U_{OA}} \tag{7-60}$$

◎理论与实践的距离——方波作为参考信号

对于上述方法，理论分析头头是道，但实现起来很困难。其中最大的难点在于90°移相。我们知道，全通滤波器可以实现移相，但它的标准功能是对不同频率实施不同的移相，而要对任意给定的频率都能实现 90° 相移，且幅度不发生变化，在模拟电路中是很难做到的。

另外，核心芯片乘法器的应用不仅成本高，可选种类还少。这引发了设计者对此电路原理产生改进的欲望。以方波为参考信号实现锁定放大应运而生。原理如下。

（1）使用占空比为 50% 的正负方波，其幅度为 A_{m1}，角频率为 ω，相移 φ_1，表达式为：

$$u_{REF}(t)=\begin{cases}A_{m1}, & \dfrac{\varphi_1}{\omega}\leqslant \mathrm{MOD}\left(t,T=\dfrac{2\pi}{\omega}\right)<\dfrac{\varphi_1}{\omega}+\dfrac{\pi}{\omega}\\ -A_{m1}, & \mathrm{MOD}\left(t,T=\dfrac{2\pi}{\omega}\right)<\dfrac{\varphi_1}{\omega}\text{且}\,\mathrm{MOD}\left(t,T=\dfrac{2\pi}{\omega}\right)\geqslant\dfrac{\varphi_1}{\omega}+\dfrac{\pi}{\omega}\end{cases} \tag{7-61}$$

（2）此方波与频率相同、相位相同的正弦波相乘后，会出现图 7.46 所示的波形。其中，u_P 为乘法器的输出波形（图 7.46 中的红色曲线），u_P 经低通滤波后得到的直流分量（即波形的平均值）为 U_O，这可以通过对波形进行半个周期的积分除以半个周期得到。

$$U_O=\frac{1}{\frac{\pi}{\omega}}\int_0^{\frac{\pi}{\omega}}A_{m1}\times A_{m2}\sin\omega t\mathrm{d}t=\frac{2}{\pi}A_{m1}\times A_{m2}\approx 0.6366A_{m1}\times A_{m2} \tag{7-62}$$

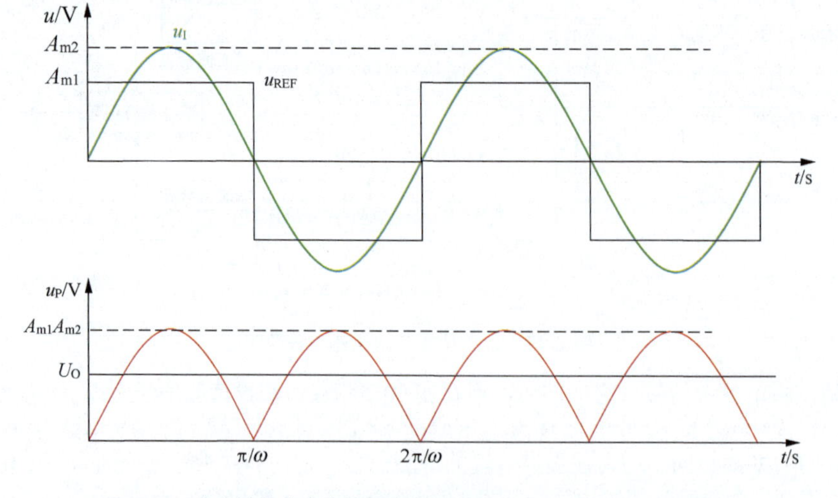

图 7.46 将方波作为参考信号实现锁定放大的时域波形——同相位

（3）若待测波形相移为 0°，而参考波形具有 φ_1 相移，可以得到 7.47 所示的时域波形。可以看出，乘法器输出波形仍是周期性的，其周期为待测波形周期的 2 倍。同样，也可以利用半个周期积分除以半个周期的方法，得到乘法器输出波形的平均值，即低通滤波器输出 U_O。

$$U_O=\frac{1}{\pi}\int_{\varphi_1}^{\varphi_1+\pi}A_{m1}\times A_{m2}\sin(\omega t)d(\omega t)=\frac{2}{\pi}A_{m1}\times A_{m2}\cos\varphi_1\approx 0.6366A_{m1}\times A_{m2}\cos\varphi_1 \tag{7-63}$$

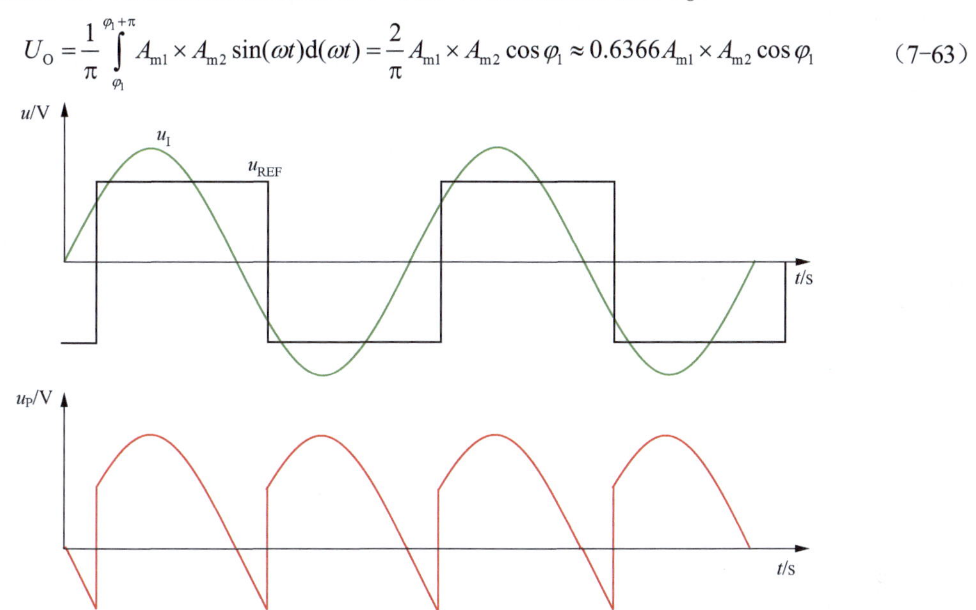

图 7.47 将方波作为参考信号实现锁定放大的时域波形——有相位差

由此可知，若参考信号与待测信号同频，且存在 φ_1 相移，则低通滤波器输出电压正比于两个信号的幅度乘积，且相移越大输出越小，相移为 90° 时输出为 0V，相移为 180° 时输出最小。这个结论与参考信号为正弦波完全相同，它们唯一的区别在于参考信号为方波时，最大值不再是 $0.5A_{m1}\times A_{m2}$，而是变为 $0.6366A_{m1}\times A_{m2}$。

（4）当待测信号频率与参考信号频率不同时，同样可以证明，乘法器输出一定是一个正负对称信号，经低通滤波后结果一定是 0V。

因此，我们完全可以利用方波作为参考信号实现锁定放大。这样可以带来如下好处。

（1）可以不再使用乘法器。虽然前面的分析都是利用乘法器进行的，但是可以看出，当参考信号为方波时，它只有两种状态：$\pm A_m$。如果设定 A_m=1，那么它只有 ±1 两种状态。我们知道，将待测信号乘以 1，就是原信号；乘以 -1，就是对原信号取反。这样我们就可以利用模拟开关和反相器，通过图 7.48 所示结构实现锁定放大（双相位法）。

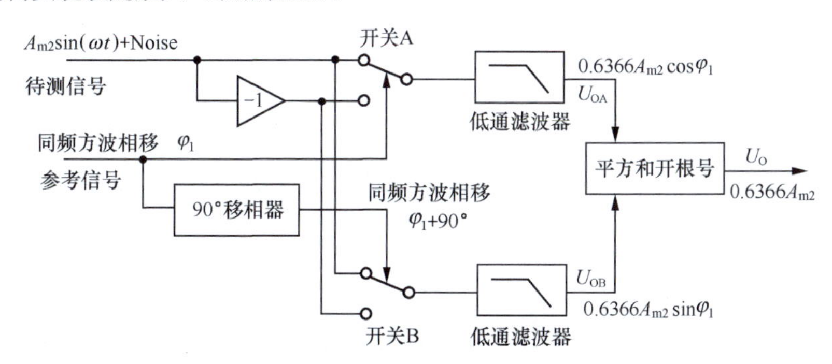

图 7.48 以方波为参考信号的双相位锁定放大器基本原理

（2）对方波信号进行 90° 相移变得很容易。图 7.48 中的方波用于控制开关的导向，因此是数字电平的 0 和 1 即可，这样参考信号就完全可以来自数字电路的方波。而对于一个数字方波来说，产生 90°

相移的方法很多。其中，直接用 FPGA 编写程序发出错位 90° 相移的两个数字信号是最为清晰的方法。

◎锁定放大器的用法

当一个待测信号被广谱噪声淹没，此时将一个频率可变、相位可变的参考信号加载到锁定放大器的参考输入端。如果待测信号与参考信号频率不一样，则输出一定是 0V。如果待测信号与参考信号频率相同，但相位相差 90°，则输出也是 0V。如果待测信号与参考信号频率相同，相位也相同（cos0° =1）或者相反（cos180° =-1），就一定能够得到一个绝对值最大的输出。因此，只要执行扫频、扫相的遍历操作，总能找到待测信号的频率、相位，并根据式（7-55）求解出待测信号的幅度。

这样，其实就实现了模拟方式的傅立叶变换。

如此看来，似乎锁定放大器可以用于“扫频、扫相以发现被测信号中的各个频率分量”，但是仔细想想，要实现此功能还是很困难的。毕竟，让参考信号频率与未知的被测信号频率完全相同，且相位同步是极为困难的。一个信号源发出一个 1kHz 的正弦波，另一个完全独立的信号源也发出一个 1kHz 的正弦波，尽管两者在数值上看起来相同，其实它们是不同的。因为你做不到让两个完全独立的信号源频率完全相同——虽然可能刚上电工作的时候，两者很同步，但持续一段时间后，两者的差异就会出现。

因此，多数情况下锁定放大器工作于图 7.49 所示模式下。图 7.49 中一切频率根源在参考信号，它在给锁定放大器提供参考频率的同时，还给待测网络提供测试信号，因此一定能够保证待测信号频率与参考信号频率完全一致，这是核心。图 7.49 中方波 / 正弦模块将参考信号的方波变换成同频正弦波，可以用带通滤波器实现，也可以用由二极管组成的非线性纠正电路实现。图 7.49 中的电压 / 电流模块将电压信号转变成电流信号，用于给待测网络加载，这部分需要与否，取决于具体问题。

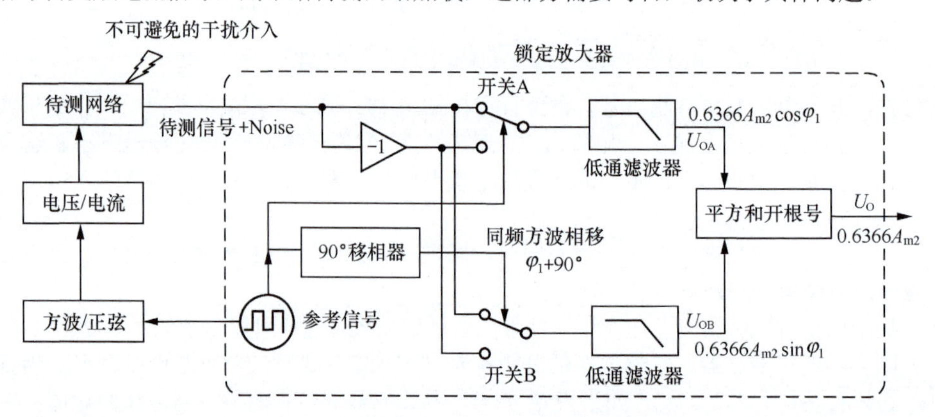

图 7.49　常见的锁定放大器工作模式

◎ AD630 和 ADA2200

AD630 和 ADA2200 都可用于锁定放大。

AD630 内部结构如图 7.50 所示，两个平行的放大器 A 和 B 通过比较器实现开关选择，分别接入最后一级放大器中，然后由外部连接负反馈，实现分时增益。比较器高电平期间，整个电路呈现 2 倍放大，低电平期间呈现 -2 倍放大。这恰好是锁定放大器的核心功能，实现了方波与待测信号的相乘。

由 AD630 组成的锁定放大器实例如图 7.51 所示。图 7.51 中，AD630 内部结构被进一步简化，省略了开关部分。此电路中，待测信号为 400Hz 载 0.1Hz 正弦波——即 400Hz 正弦波，其幅度以 0.1Hz 为周期做正弦变化。该信号经 100dB 衰减后与白噪声混合，已经混乱不堪。从 AD542 开始，进入锁定放大器，图 7.51 中的输出可以得到待测信号 400Hz 的幅度变化。这个电路没有使用双相位法，原因是从图 7.51 中 A 点开始到 B 点结束，电路全部由电阻组成，没有储能元件产生相位移动，自然可以保证参考信号（比较器输出）和被测信号相位完全一致。

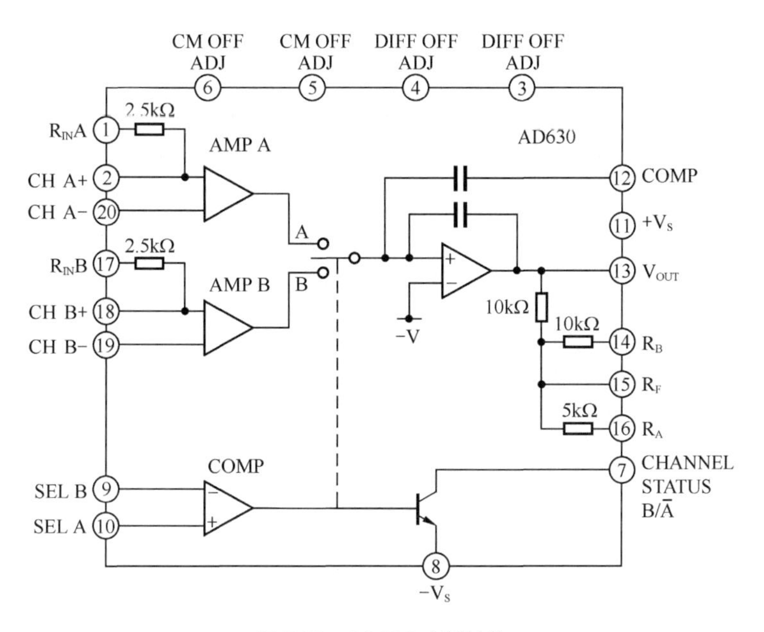

图 7.50　AD630 内部结构

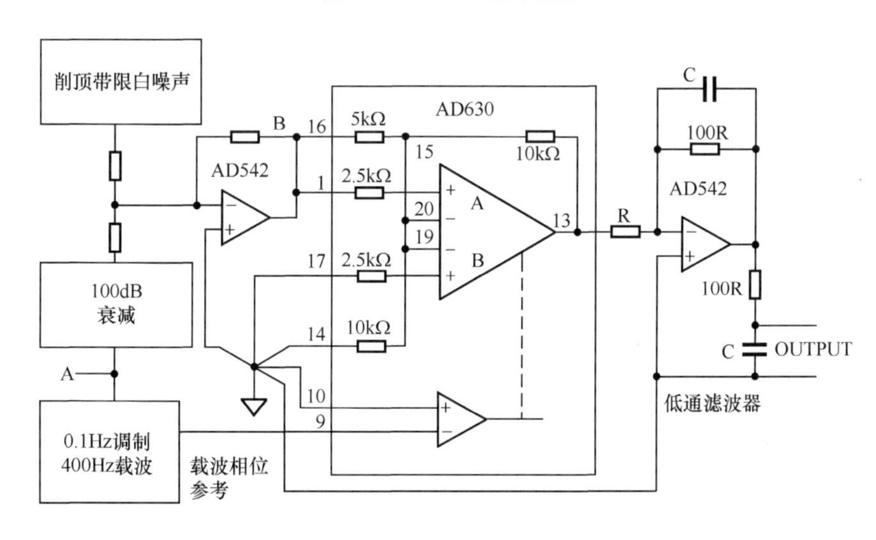

图 7.51　由 AD630 组成的锁定放大器

ADA2200 则几乎是专门用于锁定放大器的，被称为同步解调器（锁定放大器的另外一种称呼），它的结构如图 7.52 所示。从图 7.52 可以看出，它采用的是双相位法。ADA2200 最大的特点在于其内部具有可编程滤波器，可以看出所有滤波器都由时钟控制，即滤波器的特征频率正比于时钟频率。参考时钟来自内部时钟，分频（一般为 64 分频）后，由 RCLK 端输出。以高频为基准，以分频 64 倍为参考信号，更方便实现 90° 相移。

用 ADA2200 实现的锁定放大器实例如图 7.53 所示。图 7.53 中核心时钟来自外部，经 64 分频后由 RCLK 端提供参考信号并加载到待测传感器上。图 7.53 中的传感器激励调节其实就是可选可不选的方波 / 正弦波转换器。待测传感器的输出经 AD8227 仪表放大器放大后进入 ADA2200，其输出经外部低通滤波器后进入 ADC（AD7170）。ADA2200 强大的数字逻辑功能可以保证 ADC 在最佳位置对 ADA2200 的输出实施模数转换，靠图 7.53 中的 SYNCO 脚控制。

对 AD630 和 ADA2200 的进一步了解，可以通过 ADI 官网进行。

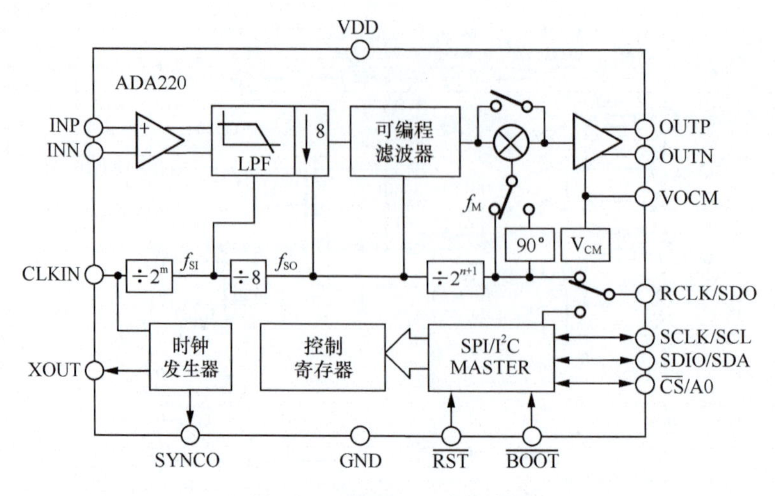

图 7.52　ADA2200 内部结构

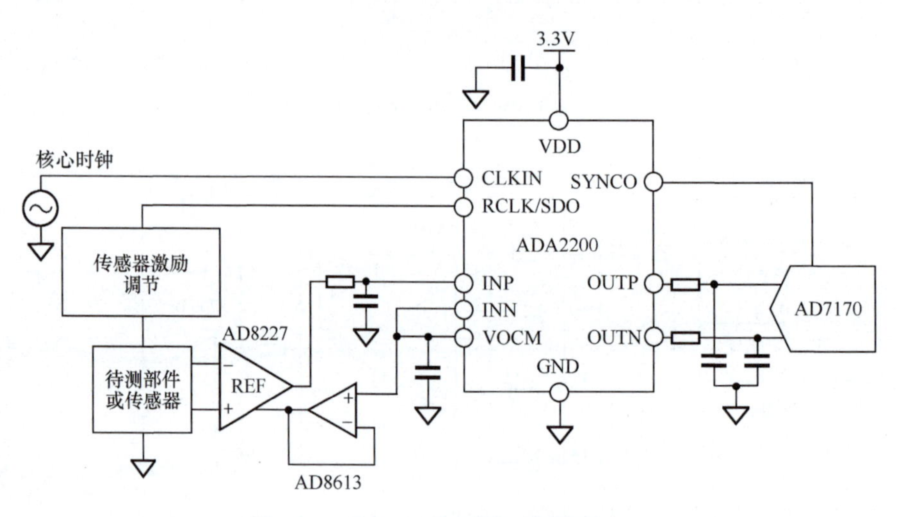

图 7.53　用 ADA2200 实现的锁定放大器

7.4 继电器和模拟开关

第 1 章是以应用为主，存在大量理论到实践的过渡。而既然涉及实践，就会遇到很多非理想的问题，其中对一些常用电子元器件的理解可能成为实践成败的关键。

第 7.2 节已经涉及继电器和模拟开关，但当时还只是理论分析，没有机会展开对它们的实际讲解，本节专门介绍它们。

◎初识继电器

继电器（Relay）是一种用电信号控制的开关，它由两部分组成：输入单元和输出单元。输入单元接收前级的开关型电信号（有 0 和 1 两种状态，通常是小功率的），以控制输出单元做出导通和断开两种电气动作（通常是大功率的），同时输入单元和输出单元在电气上是隔离的，这类似于电信号的中继器或者传递器。

继电器分为机械继电器和固态继电器两种。本书讲述机械继电器。

机械继电器由电磁线圈（Coil）驱动和机械触点（Contact）组成。当电磁线圈通电时，产生的力拉动机械触点从一个位置到达另一个位置，实现电控的开关动作。输入单元即电磁线圈驱动装置，而输出单元则是机械的接触式开关。

图 7.54 所示是一个单线圈单刀单掷常开型机械继电器的内部结构，以及用其控制一个 100W 灯泡的亮灭示意图。输入单元只负责控制电磁线圈是否通电，在通电时产生足够的线圈电流（一般为几十 mA，即可产生足够的电磁力以完成吸合动作），而输出单元则负责用机械力方式，让两个金属触点接触或者断开。

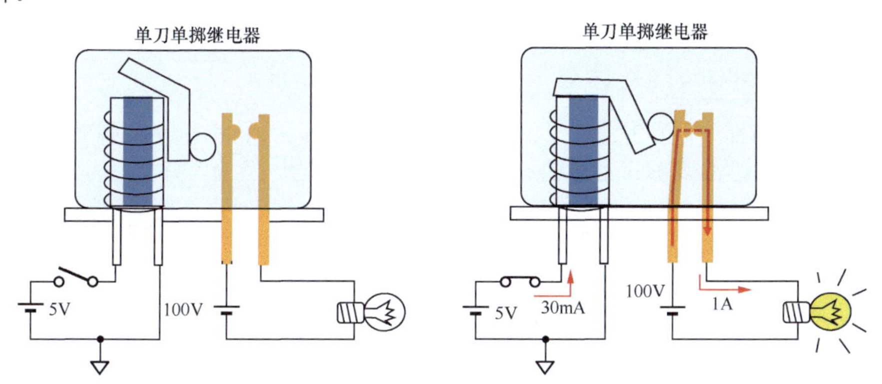

图 7.54 单线圈单刀单掷常开型机械继电器内部结构及用其控制 100W 灯泡的亮灭示意图

◎机械继电器线圈部分分类和符号

机械继电器的线圈部分分为如下 2 种。

1）单稳态型

单稳态型（Single Side Stable Type）是最常见的类型。任何继电器的输出都只有两种状态：复位状态或者置位状态，输入单元断电时为复位状态。当线圈通电时，继电器输出为某种状态，一旦线圈不通电，则继电器输出变为另一种状态，就叫单稳态型。图 7.54 就是单稳态型。

单稳态型线圈分为两类，一类是无极性线圈，只要线圈通电电流的绝对值大于某个值，无论是哪个方向，线圈都会执行吸合动作，至于此吸合动作是断开了触点还是闭合了触点，则取决于输出结构。另一类是有极性线圈，只有按照规定使得线圈电流大于某个值，且方向与规定一致，线圈才会执行吸合动作。反方向电流不仅不会导致吸合动作，反而可能损坏继电器。机械继电器的线圈分类和符号如图 7.55 所示。

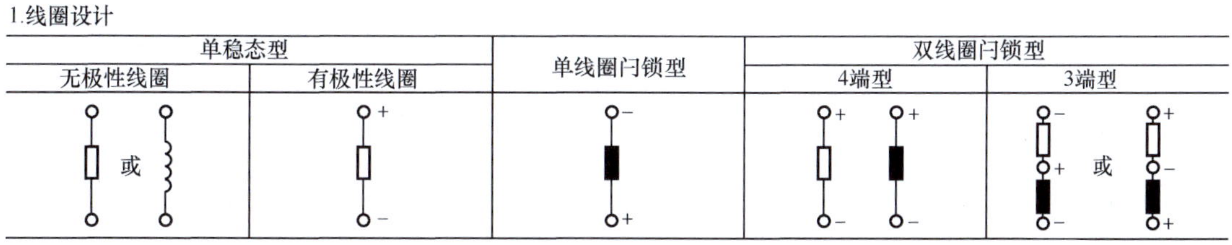

1.线圈设计

单稳态型		单线圈闩锁型	双线圈闩锁型	
无极性线圈	有极性线圈		4端型	3端型
或	+ −	− +	+ + − −	− + − 或 + − +

图 7.55 机械继电器的线圈分类和符号（摘自松下电器机电公司“Definition of Relay Terminology”）

2）闩锁型

单稳态型结构简单，机械部分易于实现。但其功耗较大，特别是在低频变化时，比如白天为线圈不通电状态，夜晚为线圈通电状态，那么整个夜晚线圈都在工作，只为保持一种状态，这很不划算。

闩锁型（Latching Type）线圈在机械结构上实现了类似于触发器的功能。它分为单线圈闩锁型（1 Coil Latching Type）和双线圈闩锁型（2 Coil Latching Type）两类，如图 7.55 所示。

单线圈闩锁型只使用一个线圈就能完成两种状态的切换：一是施加一个由正端流向负端的足够大的电流，短暂持续（一般为几十毫秒），即可完成由置位态向复位态的转变；二是施加一个由负端流向正端的足够大的电流，短暂持续（一般为几十毫秒），即可完成由复位态向置位态的转变。除此之外，继电器将保持原有状态。

在复位态下，施加复位动作电流，不会改变原状态。同样地，在置位态下，施加置位动作电流，也不会改变原状态。

双线圈闩锁型使用两个线圈才能实现两种状态的切换。在黑色线圈上施加指定方向的电流，会让继电器到达复位态；在空心线圈上施加指定方向电流，会让继电器到达置位状态。

双线圈闩锁型有两个线圈，因此有 4 端型和 3 端型两种。4 端型中，两个线圈的端子是独立的；而 3 端型中，两个线圈的公共端是接在一起的，如图 7.55 所示。

单线圈闩锁型结构看起来简单，但由于要控制施加电流的方向，其控制电路要比双线圈闩锁型稍复杂一些。

◎机械继电器触点部分分类和符号

机械继电器的触点部分分为 3 类。

（1）在复位态下两个金属触点不接触，线圈通电后触点闭合，称为常开型，为 a 型，也可用 NO（Normally Open）表示。

（2）在复位态下两个金属触点接触，线圈通电后触点断开，称为常闭型，为 b 型，可用 NC（Normally Closed）表示。

上述两类，都可称为单掷（Single Throw）型。可以这么理解，你只有 1 个朋友，不是和他友好就是和他断交。

（3）机械继电器的触点结构还有第 3 种，即转换型，为 C 型，它有 3 个触点：一个动触点 A、两个静触点 B_1 和 B_2。复位态下，动触点 A 和静触点 B_1 接触，和另外一个静触点 B_2 断开；置位状态下，动触点 A 和静触点 B_2 接触，和静触点 B_1 断开。可以理解为，你有两个朋友，他们俩是永远不接触的，你或者和 B_1 接触或者和 B_2 接触，必须二选一，且只能二选一。

上述 3 种分类如图 7.56 所示。

a型触点（常开型触点）	b型触点（常闭型触点）	c型触点（转换型触点）

图 7.56　机械继电器的触点分类和符号（摘自松下电器机电公司“Definition of Relay Terminology”）

转换型触点的转换过程又分为两种，多数是先和 B_1 断开，再和 B_2 接触。这就像两个国家的建交过程或者人们婚姻状态，符合一般常理。在继电器中，只要不特殊说明，都属于这一种。但也有另外一种，先和 B_2 接触，再与 B_1 断开，这被称为 MBB（Make Before Break）型，即先合后断。MBB 看起来不太合理，但它有特殊的用途，比如两个源给一个负载供电，如果不采用 MBB 型，在切换供电源的瞬间，一定会存在短暂的“双不供电”阶段，如果负载是灯泡，问题不大，如果负载是电脑，它可能会被复位。但是，一旦使用 MBB 型继电器，就必须考虑到两者同时导通存在的短路问题。

◎机械继电器总体分类

机械继电器一般分为信号继电器（被控电流小于等于 2A）、功率继电器（被控电流大于 2A）、高频继电器（被控信号频率大于 1GHz），以及专用的车载继电器等。各自性能不同，用途也不同。

◎机械继电器符号举例

图 7.57 所示是欧姆龙公司的 G5V-1 继电器。它的线圈是无极性的，其触点类型为 1c，即 1 个 c 型触点——转换型。静触点分别为第 1 脚和第 10 脚，动触点为内部短接的第 5 脚和第 6 脚。图 7.57 左侧为外形图，我给它标注了管脚号；右侧为内部结构的底视图，表示在无励磁情况下，也就是线圈断电情况下，静触点是和第 1 脚连接的。若线圈流过足够大的电流，无论什么方向，都将使静触点和第 10 脚相连。

图 7.58 所示是欧姆龙公司的 G6EU-134 继电器。它的线圈是单线圈闩锁型的，线圈管脚为第 1 脚和第 6 脚。其触点类型为 1c，即 1 个 c 型触点——转换型。静触点分别为第 10 脚和第 12 脚，动触点为第 7 脚。图 7.58 左侧为外形图，我给它标注了管脚号；右侧为内部结构的底视图，表示在复位状态下，动触点第 7 脚是和第 10 脚连接的。要实现复位状态，请按照图 7.58 中 R（Reset）标注方向，施加第 6 脚正、第 1 脚负的电压；要实现置位状态，按照图 7.58 中 S（Set）标注方向，施加第 6 脚负、第 1 脚正的电压。注意，这两种电压都不需要持续加载，仅需要维持几毫秒，具体数值可参考数据手册中的置位时间和复位时间。

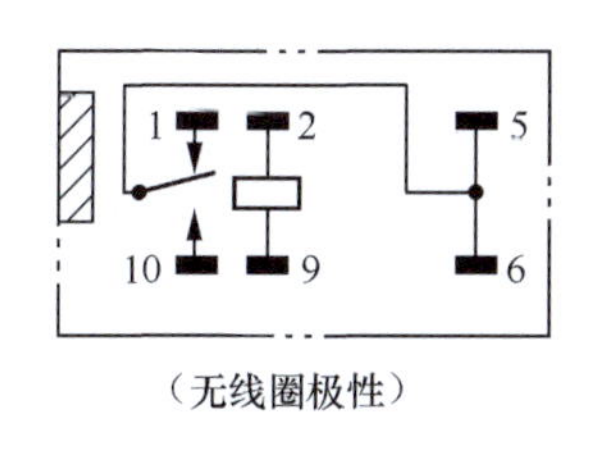

图 7.57　欧姆龙公司 G5V-1 继电器

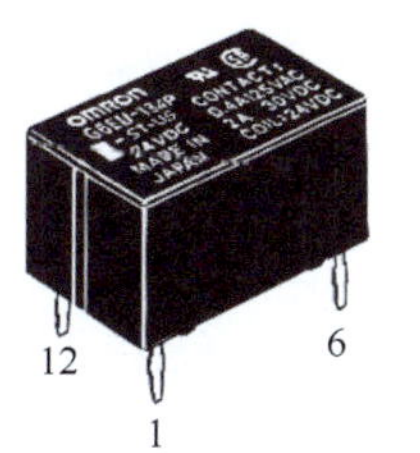
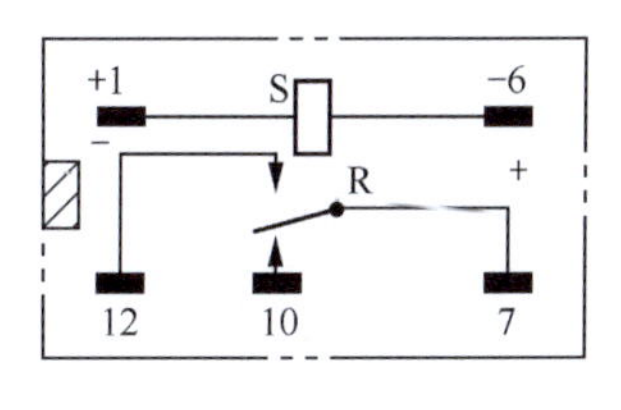

图 7.58　欧姆龙公司 G6EU-134 继电器

图 7.59 所示是松下电器机电公司的单线圈闩锁型 GN 继电器，区别在于 G5V-1 和 G6EU-134 的管脚直立，而它的管脚是平趴的。这类被称为表面安装型，即电路板上不需要打孔。线圈管脚为第 1 脚和第 8 脚。其触点类型为 2c，即 2 个 c 型触点，第 2 脚、第 3 脚、第 4 脚为一组，第 7 脚、第 6 脚、第 5 脚为另一组。这类有两组触点的，也被称为双刀型，而 c 型有两个静触点，也被称为双掷型，因此图 7.59 中此类也可被称为双刀双掷型。由此可知，G5V-1 和 G6EU-134 都是单刀双掷型。

图 7.59 中线圈上标注的电压方向，即第 8 脚正、第 1 脚负，是要实现复位状态必须施加的电压方向。图 7.59 中各触点的位置也是复位状态下的位置。

图 7.60 所示是松下电器机电公司印制电路板型 TQ 继电器，即插针型。从图 7.60 可以看出，这也是一个 2c 型触点，而线圈分为单稳态型、单线圈磁保持型（即闩锁型）、双线圈磁保持型。对于单稳态型，它的线圈是有极性的，必须施加第 1 脚正、第 10 脚负的足够电压，才能让触点 3 和触点 4 接触，一旦电压失效，则立即回归到和触点 2 接触。

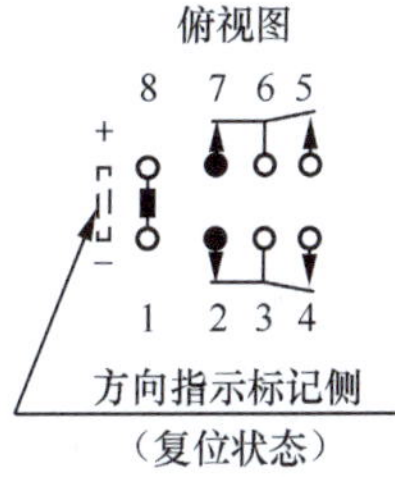

图 7.59　松下电器机电公司表面安装型 GN 继电器

对于单线圈磁保持型，图 7.60 中触点位置为复位状态位置。施加第 10 脚正、第 1 脚负的电压会使其进入复位状态；施加第 1 脚正、第 10 脚负的电压会使其进入置位状态。从效果看，这与单稳态型是吻合的。

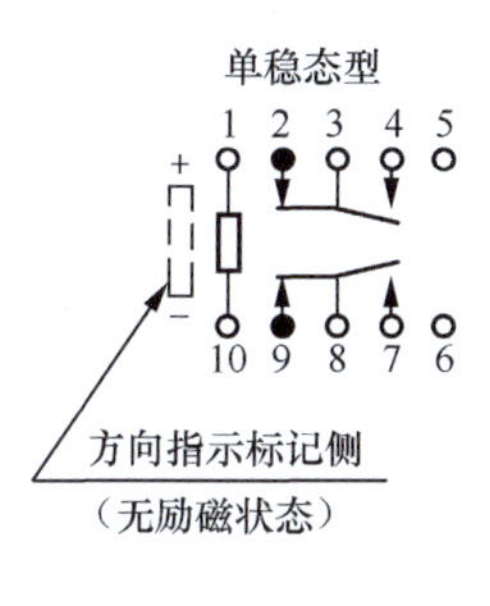

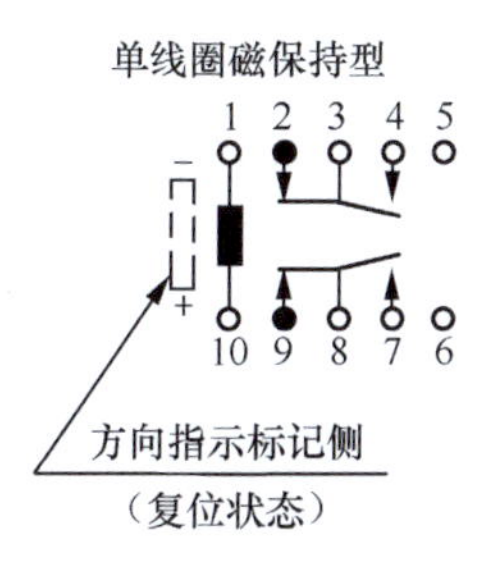

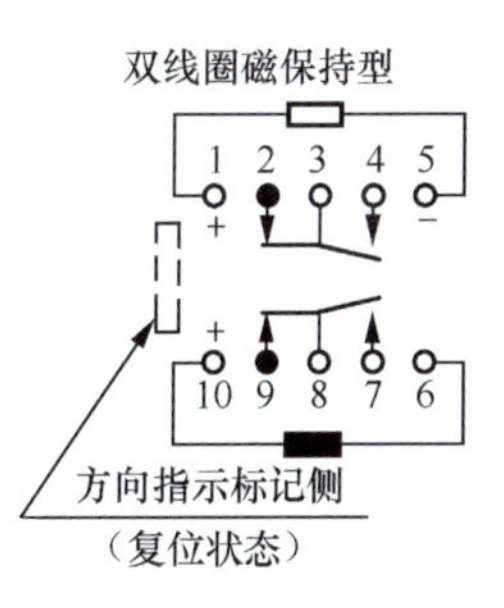

图 7.60　松下电器机电公司印制电路板型 TQ 继电器

对于双线圈磁保持型，在黑色线圈上施加指定的电压——第 10 脚正、第 6 脚负，会使其进入复位状态；在空心线圈上施加指定的电压——第 1 脚正、第 5 脚负，会使其进入置位状态。

TQ 型继电器具备 MBB 功能，这是不多见的。特别指出，MBB 是一种违反常规的效果，仅在特殊场合具备特殊的作用，除非你完全清楚，且就是需要，才可以使用。否则，在不该使用 MBB 型的场合使用了它，是极其危险的。

◎机械继电器的性能指标——线圈部分

（1）额定电压：为保证线圈正常工作，推荐使用的电压。一般在型号中标注。图 7.61 所示是欧姆龙公司 G5V-1 数据手册截图，其中的额定电压分为 6 种，从 3V 到 24V。

（2）线圈电阻：线圈在一定测试条件下的直流电阻，不同规格的继电器具有不同的值。

（3）额定电流：额定电压与线圈电阻的比值。

额定值
操作线圈

额定电压(V)	项目	额定电流(mA)	线圈电阻(Ω)	动作电压(V)	复位电压(V)	最大容许电压(V)	消耗功率(mW)
DC	3	50	60	80% 以下	10% 以上	200%（23℃时）	约 150
	5	30	167				
	6	25	240				
	9	16.7	540				
	12	12.5	960				
	24	6.25	3840				

注：1. 额定电流、线圈电阻为线圈温度为23℃时的值，公差为±10%。
2. 动作特性为线圈温度为23℃时的值。
3. 最大容许电压为继电器线圈能够施加的电压的最大值。
4. 作为特殊系列产品，备有动作电压 70% 以下的 G5V-1-2 可选。

图 7.61　欧姆龙公司 G5V-1 数据手册截图

（4）额定线圈消耗功率（消耗功率）：额定电压和额定电流的乘积。多数情况下，同一种继电器的不同规格，虽然额定电压不同，但额定线圈消耗功率是相同的。据此可以将继电器分为高灵敏度和低灵敏度，所谓的高灵敏度，是指额定线圈消耗功率较小。

（5）动作电压或者吸合电压：针对单稳态继电器，指实际工作时能够让继电器线圈产生吸合动作的电压的最小值，以额定电压的百分比表示。比如一个额定电压为 5V 的继电器，给线圈施加一个渐渐增大的直流电压，当电压升到 3.6V 时，我们听到继电器“啪嗒”一声，吸合了，这就是该继电器在这次测试过程中的动作电压。对一种继电器的多个样本实施多次测试，会得到 n 个数据，这组数据中的最大值为 4V，就是动作电压，用额定电压百分比表示，即 < 80%。此值的含义是，只要你保证实际施加给线圈的电压大于动作电压，厂商会保证该继电器一定会产生吸合动作。而小于此值时，是否吸合取决于你的运气。

（6）恢复电压或者释放电压：针对单稳态继电器，指实际工作时，一个原本吸合状态的继电器逐渐降低线圈电压，使得继电器由吸合状态变为释放状态的线圈电压的最小值，以额定电压的百分比表示。比如一个额定电压为 5V 的继电器，在吸合状态下，将线圈电压从 5V 开始下降，当下降到 1V 时，我们听到“嗒啪”一声，继电器释放了，此为一个样本值。对多个同类继电器，分别多次测试，得到 n 个数据，其中的最小值为 0.5V，那么恢复电压就用大于 10% 表示。此值的含义是，只要你给线圈施加的电压只要小于 0.5V，厂商就保证继电器会释放。

（7）最大连续施加电压（最大容许电压）：指给线圈施加电压的最大值，以额定电压的百分比表示，高过这个电压可能造成损坏。注意此值不是持续值。比如图 7.61 中，此值为 200%，以额定电压 5V 为例，即 10V。它的含义是，你可以给线圈施加 10V 电压，让其吸合，这不会损坏，但如果你要施加 11V，一旦损坏了，厂商不负责。但是即便是 10V，你也不能持续施加，因为线圈会发热，环境温度不同，温升效果也不同，有可能在某种环境温度下，施加 10V 时时间长了就会烧毁它。

总结为：对于单稳态继电器，你想让它吸合，给其线圈施加的电压必须大于动作电压、小于或等于额定电压；你想让它释放，给其线圈施加的电压必须大于或等于 0V、小于释放电压。别去考虑最大连续施加电压，这种危险的事情我们最好不要做。

（8）置位电压和复位电压。对闩锁型继电器而言；它们的定义与上述的动作电压等完全相同，区别仅在于作用的对象不同、产生的后果不同。

◎机械继电器的性能指标——触点部分

（1）额定控制容量（额定负载）：是指继电器触点能够顺利通断的最大容量，用电压和电流综合表示，也分为直流容量和交流容量，如 AC125V，0.5A；DC24V，1A。这是最简单直观的用数据表示的可通断最大容量，更为复杂的可参考如下的（2）、（3）、（4）。

（2）额定最大触点电压：是指继电器能够顺利通断的触点两侧电压最大值。当实际电压高于此值时，可能会发生触点拉弧等击穿现象。

（3）额定最大触点电流：是指继电器能够顺利通断的触点流过电流。当实际电流超过此值时，可能会造成触点损坏（如烧结）或者无法断开。

（4）控制容量图：是上述 3 项的综合曲线表述，如图 7.62 所示。它一般由 3 条线组成，横线为最大电流线，纵线为最大电压线，斜线为最大功率线。同时，最大值与交流、直流有关。

（5）接触电阻：是指继电器触点闭合后，在确定测试条件下两个触点之间的电阻，随触点材料不同略有区别，一般为 10 ～ 100mΩ。

（6）绝缘电阻：是指继电器触点断开后，在确定测试条件下两个触点之间的电阻，随测试条件不同而不同，一般为 1GΩ 以上量级。

（7）可控最小负载：是指触点能够顺利通断并保证上述性能的最小负载。如 TQ 继电器为 10μA、10mV。

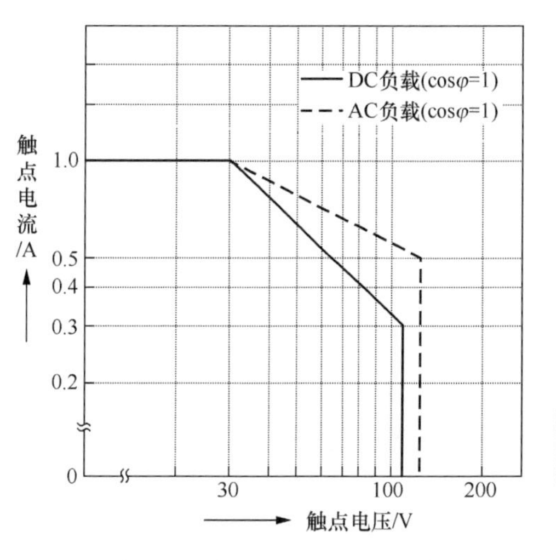

图 7.62　松下电器机电公司 TQ 继电器数据手册截图－通断容量最大值

这一点不容易理解。初学者会认为，继电器触点之所以不能承受过大的电压和电流，是因为会产生烧结、拉弧等，但为什么不能承受过小的电压和电流呢？原因是，当触点控制的负载较轻，比如断开时触点电流是 0A，闭合时触点电流是 2μA，很容易出现接触电阻实测值大于指标规定值。因此，将继电器用于特别微弱的负载(阻抗极大)控制时，需要特别注意可控最小负载。

（8）高频特性——隔离

当两个触点处于断开状态时，由于杂散电容的存在，高频信号仍会出现信号泄露，频率越高，泄露越严重。假设源头电压在动触点上，其电压有效值为 U_{IN}，频率为 f，从断开的静触点上测量，会得到一个有效值 U_{OUT}，频率为 f 的泄露信号。则隔离（Isolation）ISO 为：

$$\mathrm{ISO}=\left|20\times\lg\frac{U_{OUT}}{U_{IN}}\right| \tag{7-64}$$

式（7-64）用电压表示，其单位是 dB。也可以用能量或者功率表示，单位仍是 dB，但乘积系数应由 20 改为 10。无论怎么表示，数值是完全相同的。此值越大，隔离效果越好。由于不同频率信号的测试值不一样，因此多用曲线表述。松下电器机电公司的 TQ 继电器隔离曲线如图 7.63 所示。它是一款不支持高频工作的通用小型继电器，因此高频性能并不优越。

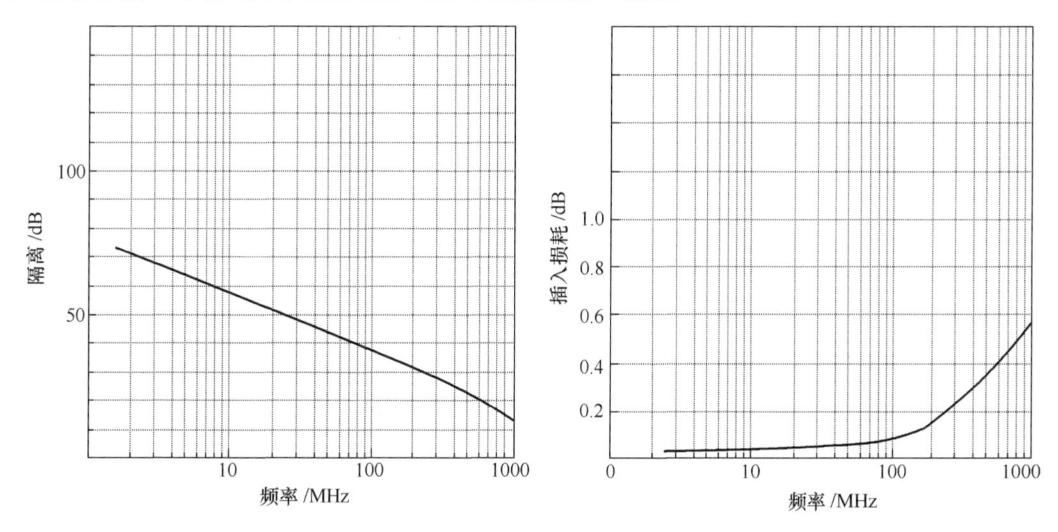

图 7.63　松下电器机电公司 TQ 继电器数据手册截图——隔离和插入损耗

特别需要注意的是，并不是所有的继电器都会提供这个指标。对于功率继电器来说，高电压大电流情况下出现高频信号的可能性非常小，多数功率继电器不会关心这个指标，因此也就不提供。

（9）高频性能——插入损耗（Intertion Loss）。隔离是指断开情况下的泄露，而插入损耗则是指闭合情况下的不完全导通。由于触点接触存在电感，在高频时感抗会阻碍信号的通过，造成在触点上产生不应该有的压降，并且在高频时由于阻抗匹配问题带来的反射，也将引起信号的损失。这一切的后果都导致在触点闭合时，源动触点电压为 U_{IN}，频率为 f，从闭合的静触点上测量，会得到一个有效值为 U_{OUT}、频率为 f 的泄露信号。插入损耗为：

$$\text{插入损耗}=\left|20\times\lg\frac{U_{OUT}}{U_{IN}}\right| \tag{7-65}$$

很显然，0 代表没有插入损耗。

专门用于高频信号的继电器，如欧姆龙公司的 G6K-2F-RF、松下电器机电公司的 RJ 继电器，就具有明显优于普通继电器的高频性能。图 7.64 展示了前者的频率特性，后者的 PDF 文件是加密的，我能打开但无法截图，所以就不展示了。

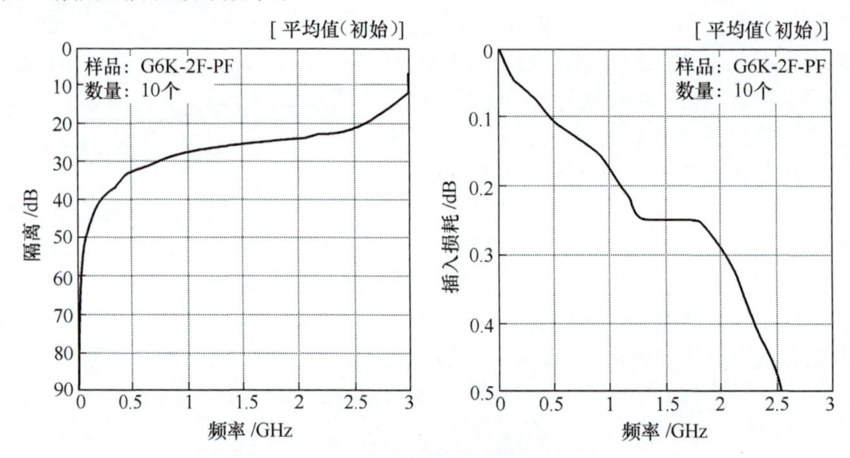

图 7.64 欧姆龙公司 G6K-2F-RF 继电器数据手册截图——隔离和插入损耗

除隔离和插入损耗外，高频继电器还有回波损耗、驻波比等参数，本书不赘述。

◎机械继电器的性能指标——综合部分

1）单稳态型动作时间和恢复时间

线圈电压有效加载为起点，到终点的时间为动作时间。对于常闭型继电器，触点断开为终点，如图 7.65 中的 t_{ON1}。对于常开型继电器，从触点第一次接触为终点，如图 7.65 中的 t_{ON2}。对于转换型继电器，从常开触点第一次接触为终点，如图 7.65 中的 t_{ON2}。

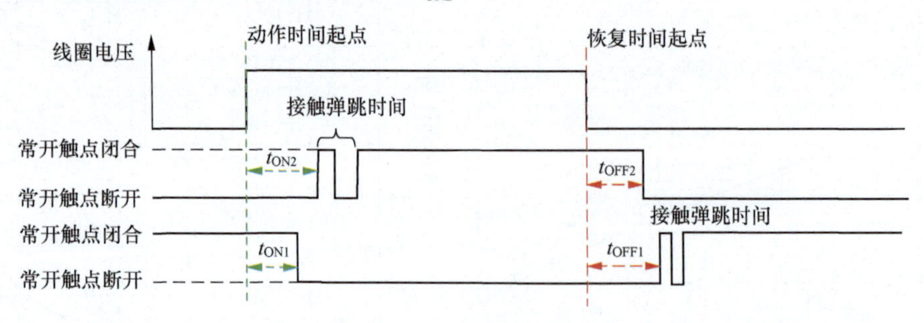

图 7.65 动作时间和恢复时间

线圈电压有效撤除为起点，到终点的时间为恢复时间。对于常闭型继电器，触点第一次接触为终点，如图 7.65 中的 t_{OFF1}。对于常开型继电器，从触点断开为终点，如图 7.65 中的 t_{OFF2}。对于转换型继电器，从常开触点断开为终点，如图 7.65 中的 t_{OFF2}。

机械继电器的动作时间、恢复时间、弹跳时间一般均为几毫秒量级。且机械继电器的触点寿命与动作次数相关，因此机械继电器不适合用于快速的、频繁的动作。假设以 100ms 为周期完成一次动作，那么一天就要完成 86.4 万次动作，而其动作寿命一般不超过 1 亿次，也就是说，大约 116 天后，此继电器就会寿终正寝。

2）闩锁型的置位动作和复位动作

闩锁型继电器与单稳态继电器具有相同的动作时间和恢复时间定义，唯一需要说明的是，在执行置位或者复位动作后，闩锁型继电器允许线圈电压撤除。以单线圈型为例，图 7.66 中以置位电压为正，则复位电压为负。当置位脉冲宽度超过继电器的动作时间后，继电器已经完成了动作，此后置位电压就可以变为 0V，继电器将保持置位状态。此后再维持置位电压，就没有必要了。如果想复位，只要给线圈施加一个宽度大于恢复时间（复位时间）的负脉冲，就可以实现。

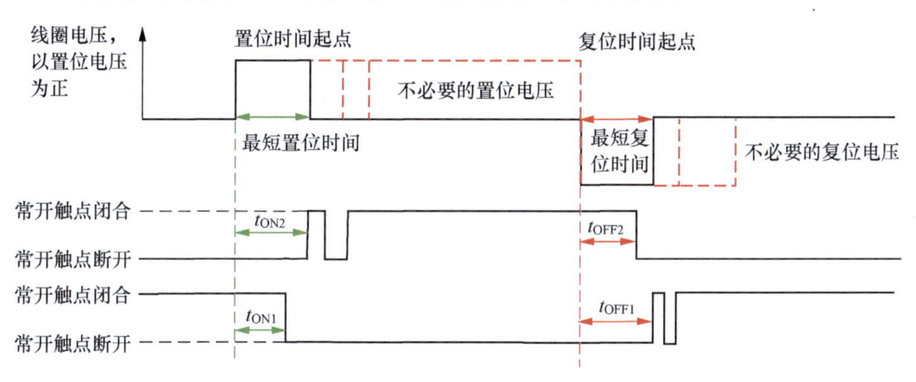

图 7.66　动作时间和恢复时间

3）机械继电器的非电学指标

除上述的电气指标外，机械继电器还有很重要的非电学指标，如抗震、潮湿、灰尘、焊接等，这些指标我也不精通，就不讲了。

◎单稳态机械继电器的驱动电路

单稳态继电器是指继电器的触点在线圈不加电的情况下，只能保持一种稳态，或者常闭或者常开。要想让继电器触点达到另外一种状态，线圈必须流过足够大的电流，以便产生足够大的吸力，将触点吸到另一种状态。一旦线圈没有电流，它会自然回到初始的稳态。

因此，这种继电器的驱动电路可以实现两种状态。第一种，让线圈产生足够大的电流以实现非稳态；第二种，让线圈没有电流以实现稳态。

驱动电路可以用晶体管实现，如图 7.67 所示。一般来讲，继电器控制的发作源大多来自数字电路，比如处理器或者 FPGA，它一定是一个逻辑高低电平。图 7.67 中用一个非门表示非门输出为数字量，非门的供电电压为 V_{DD}。其输出电平中，高电平会略低于 V_{DD}，低电平会略高于 0V，且其输出电流能力有限。

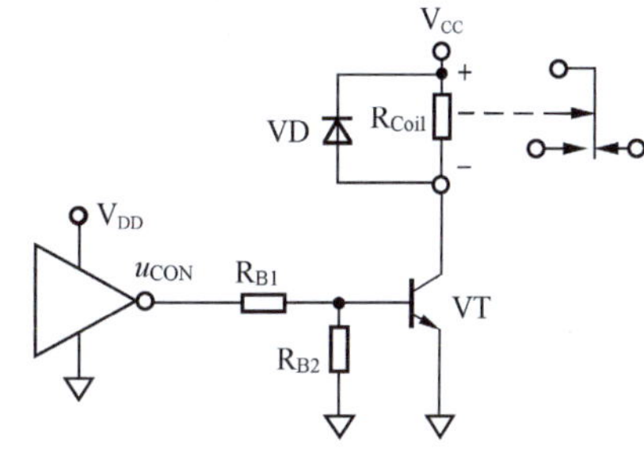

图 7.67　单稳态继电器驱动电路

电路工作原理为当数字信号 u_{CON} 为低电平（为 0 ～ 0.4V），此电压不足以打通晶体管的发射结，晶体管处于截止状态，图 7.67 中的 R_{Coil}，即继电器的线圈，没有电流流过，则继电器的触点保持在自然状态。对于单刀单掷型，触点状态为常闭或者常开；对于单刀双掷型，触点状态为接到左边或者右边，如图 7.67 所示。当数字信号 u_{CON} 为高电平（为 2.4V 以上），此电压足以打通晶体管的发射结，且 i_B 足够大，使得晶体管处于饱和状态，继电器的线圈上会流过晶体管饱和电流，触点就产生了吸合动作。

为了实现这个电路，我们需要知道继电器的关键参数：额定电压 U_{RT} 和额定电流 I_{RT} 或者线圈电阻 R_{Coil}。然后根据晶体管的 β 和集电极最大电流 I_{MAX}，选择合适的电阻即可。具体方法如下。

1）选择供电电压 V_{CC}= 继电器额定电压 U_{RT}。

2）选择晶体管集电极最大电流 I_{MAX} 远大于继电器额定电流 I_{RT}，且 C、E 击穿电压 V_{CEO} 大于供电电压 V_{CC}。

3）计算临界饱和基极电流 I_{Bcrt}。

$$I_{Bcrt}=\frac{I_{RT}}{\beta} \tag{7-66}$$

4）根据戴维宁等效原理，可将输入控制电压 u_{CON} 和两个电阻分压演变成开路电压和串联电阻的形式，实际基极电流为：

$$i_B=\frac{u_{CON}\times\dfrac{R_2}{R_1+R_2}-U_{BEQ}}{R_1 /\!/ R_2} \tag{7-67}$$

5）选择合适的电阻 R_1、R_2，实现如下要求。

$$i_B>(2\sim5)I_{Bcrt}=(2\sim5)\frac{I_{RT}}{\beta} \tag{7-68}$$

即，迫使晶体管进入深度饱和状态。

对于此电路，有如下几点解释。

第一，并联于继电器线圈的二极管，叫续流二极管，其作用在于线圈由通电状态突然变为断电状态时，由于线圈存在较大电感，电流不能突变。如果没有二极管，极高的电流变化率会产生一个较大的电压，引起空间干扰，对电路周边影响不好。有了这个二极管，在正常工作时，它反接不通；在突变时，能够让线圈中的电流在无法流过晶体管时，从二极管流回线圈，进而抑制线圈中的电流突变。

第二，电路中选用两个电阻分压驱动发射结。按说仅使用 R_1 就可以。增加电阻 R_2，能够保证前端控制信号脱接，即 R_1 左侧浮空时，晶体管基极不会出现浮空。对于晶体管来说，浮空的基极容易引入干扰。另外，控制器发出的低电平有时比 0V 大，比如 0.4V，这样的结构有助于保证低电平时晶体管的完全关断。

数字控制信号来自 3.3V 供电的单片机 STM32F103 之 GPIO 口，继电器为 G6A 单稳标准型，5V 额定电压，为它设计一个驱动电路。

解：首先查阅 STM32F103 数据手册，可知在此供电情况下，单片机输出高电平最小值为 2.4V，输出电流不小于 8mA，输出低电平最大值为 0.4V，输出电流不小于 8mA。其次，查阅 G6A 数据手册，可知 5V 额定电压型的额定电流为 40mA，即其线圈电阻为 125Ω。下面开始设计。

1）选择供电电压为 5V。

2）由于继电器额定电流为 40mA，供电电压为 5V，对于绝大多数晶体管来说，有 100mA 以上的最大电流，以及几十伏的 V_{CEO}，因此几乎无须选择。

据此设计电路如图 7.68 所示。

图 7.68 中用开关 SW-SPDT1 表示单片机发出的高低电平。图 7.68 中选用的晶体管为 2N2222A，这是一个小信号通用晶体管，其数据手册截图如图 7.69 所示。

由图 7.69 可知，反向击穿电压为 50V，而供电电压只有 5V，最大电流为 800mA，实际额定电流为 40mA，因此安全。晶体管功耗为环境温度为 25℃时不超过 500mW，而实际工作时，晶体管导通时电流为 40mA，C/E 压降为 0.5V 以下，功耗不超过 20mW，晶体管关断时功耗更小。因此，选择 2N2222A 是合适的。

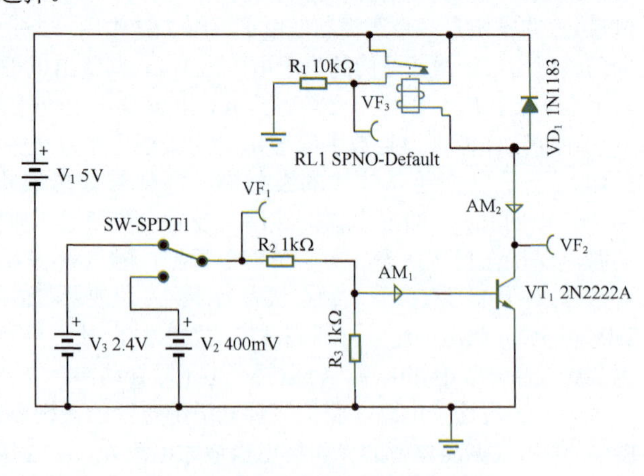

图 7.68　举例 1 驱动电路

MAXIMUM RATINGS (T_A = 25°C unless otherwise noted)

Characteristic	Symbol	Value	Unit
Collector–Emitter Voltage	V_{CEO}	50	Vdc
Collector–Base Voltage	V_{CBO}	75	Vdc
Emitter–Base Voltage	V_{EBO}	6.0	Vdc
Collector Current – Continuous	I_C	800	mAdc
Total Device Dissipation @ T_A = 25°C	P_T	500	mW

图 7.69　2N2222A 数据手册截图

继续查阅 2N2222A 数据手册，可知其 β 大于 100。据此可选择电路中的电阻。

先根据式（7-61）计算临界饱和电流：

$$I_{\text{Bcrt}} = \frac{I_{\text{RT}}}{\beta} = 0.4\text{mA}$$

假设两个电阻相等，计算控制电压高电平时的基极电流为：

$$i_{\text{B}} = \frac{u_{\text{CON}} \times \dfrac{R_2}{R_1 + R_2} - U_{\text{BEQ}}}{\dfrac{R_1 R_2}{R_1 + R_2}} = \frac{1\text{V}}{R} \tag{7-69}$$

要保证此电流大于 $2I_{\text{Bcrt}}$，即 0.8mA，R 的值需小于 1250Ω，设计中选择 R=1kΩ。

对此电路实施仿真，测得如下结果。

1）低电平输入时，VF_1=0.4V，VF_3=50μV，说明继电器触点处于关断状态（常开型）；VF_2=5V，AM_1=45.2pA，AM_2=35.16pA，说明晶体管处于截止状态。

2）高电平输入时，VF_1=2.4V，VF_3=5V，说明继电器触点处于导通状态（常开型吸合状态）；VF_2=0.144V，AM_1=0.823mA，AM_2=38.89mA，说明晶体管处于饱和导通状态。而流过继电器线圈的电流接近额定电流 40mA。进一步测量控制源输出电流，约为 1.6mA，这说明本电路的电流小于单片机能够提供的 8mA 输出电流，也是安全的。

至此，设计完毕。

◎双线圈磁保持继电器的驱动电路

双线圈磁保持继电器内部含有两个独立线圈 A 和 B，其触点为两种状态：置位状态和复位状态，单刀单掷型为闭合或者断开，单刀双掷型为掷左或者掷右。

若线圈 A 通过额定电流，持续最短置位时间后，继电器开始处于置位状态，无论此后线圈 A 中是否有电流。

若线圈 B 通过额定电流，持续最短复位时间后，继电器开始处于复位状态，无论此后线圈 B 中是否有电流。

因此，对双线圈磁保持继电器的控制驱动，只需要制作两套独立的单稳态驱动电路，用单片机的两个独立 IO 口实施控制即可。唯一的区别在于，双线圈控制电路的控制信号不需要持续，是一个短暂的正脉冲即可。

◎单线圈磁保持继电器的驱动电路

单线圈磁保持继电器内部只有一个线圈。给此继电器实施驱动，就是让一个达到动作阈值的脉冲电流通过线圈，且这个电流的方向是左右可控的。最为常见的电路结构为 H 桥结构（如图 7.70 所示）：西北角、东南角两个开关同时短暂导通，则脉冲电流由左至右；东北角、西南角两个开关同时导通，则脉冲电流由右向左。

图 7.70 中的开关一般用晶体管实现，估计也有专用的集成电路可以实现，但我没有用过。常见的电路如图 7.70 和图 7.71 所示，它们都使用了 6 个晶体管，且对高低电平要求不高。

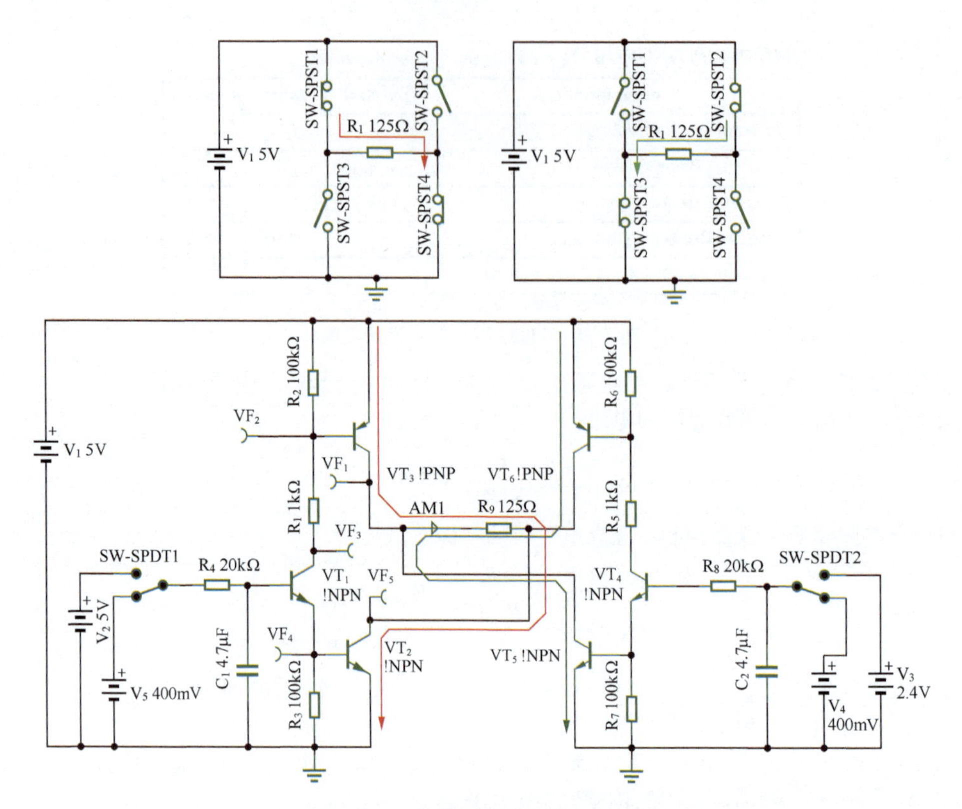

图 7.70 单线圈磁保持驱动电路 1

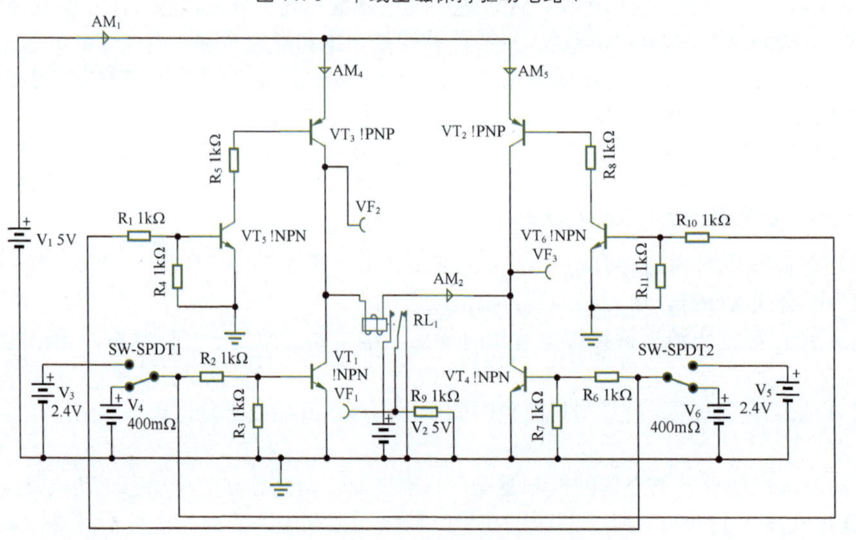

图 7.71 单线圈磁保持驱动电路 2

上述两个电路均为示意，具体电阻值需要结合继电器、晶体管综合设定。

◎模拟开关的分类和初步认识

模拟开关（Analog Switch）是控制电信号通过或者断开的半导体器件。第一，它的内部由晶体管组成。第二，它有两个信号端，两端之间呈现低阻短路状态或者高阻开路状态。第三，这两种状态由外部的一个控制电压控制。本部分以应用为主，目的是教会读者熟练使用这类器件。

较为著名的模拟开关生产厂商有威世、ADI、TI、Maxim（美信）等。读者可以去各公司官网了解实际产品的性能。

从信号极性上，模拟开关分为单极性和双极性两种。所谓的单极性模拟开关，是指器件供电为单一正电源，同时只接受0V到某一正电压之间的输入信号，不接受负电压输入。而双极性模拟开关的供电通常是正/负电源，接受正/负电压输入。

从组成结构上，模拟开关分为单刀单掷、单刀双掷（2选1）、多选1（多路选择器）等。

从信号幅度上，模拟开关分为低压型、中压型和高压型。

以ADI公司的ADG411系列为例，其结构如图7.72所示。它有3个型号ADG411、ADG412、ADG413，在相同控制输入下，3个型号的开关状态不同。可以看出，它们均为4组独立的单刀单掷开关。以ADG411为例，IN1作为逻辑电平输入，高电平时，S1和D1是断开的；IN1低电平时，S1和D1闭合。而S2和D2之间断开或者闭合则取决于IN2的逻辑状态，其他两组也是一样的。

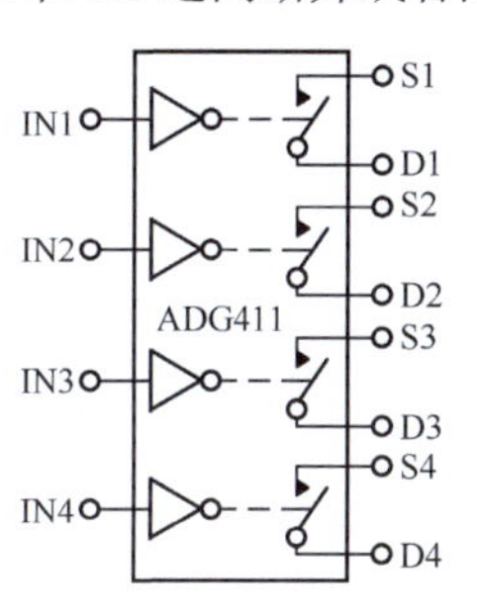

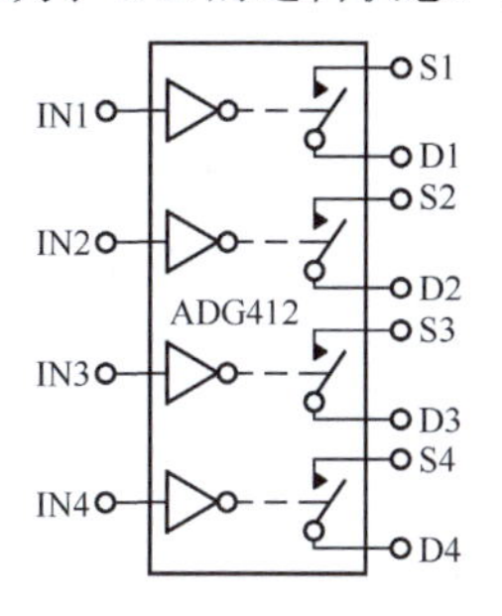

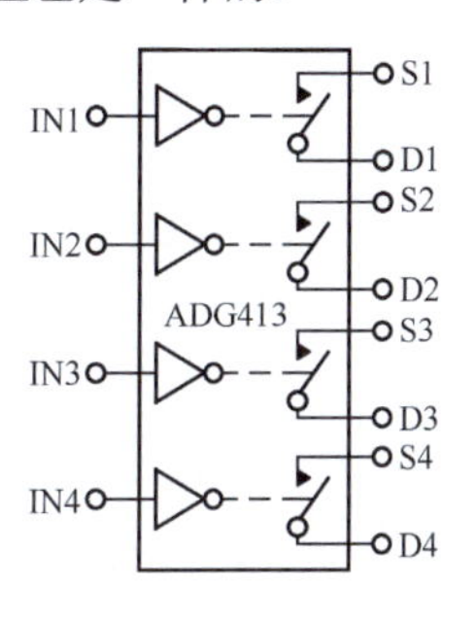

图7.72 ADG411系列的3个型号结构

图7.73所示是ADG411的管脚示意图。除了图7.72展示的4组共12个管脚，它还具备正电源V_{DD}、负电源V_{SS}、GND，以及逻辑电源V_L。显然，这是一款可以接受双极性输入的模拟开关。ADG411的最大供电电压可达±20V以上，且接受相同范围的模拟量输入，也可提供相同范围的模拟量输出。同时，它也可以单电源供电。

其中的逻辑供电电源V_L决定了逻辑量输入的电平范围，一般有3.3V、5V等，由设计者自行选定。IN1等控制量来源于一个数字芯片，或者是处理器或者是逻辑门，一般来说，将它们的供电电压接到V_L上即可。

图7.74所示是ADG636的管脚和结构示意图，可以看出，它是一款双电源供电的2选1模拟开关，也称单刀双掷开关。它的供电范围为-5.5～-2.7V和+2.7～+5.5V，也可2.7～5.5V单电源供电，其输入/输出范围与电源完全相同。

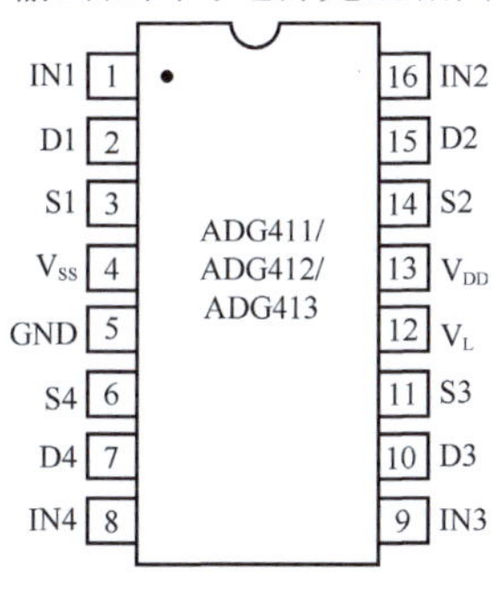

图7.73 ADG411的管脚示意图

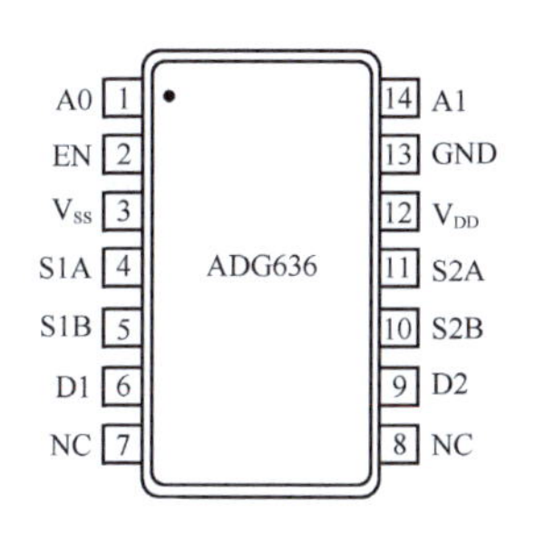

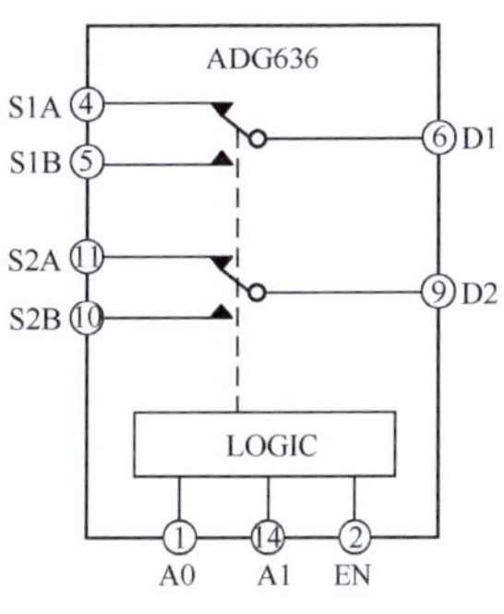

图7.74 ADG636的管脚和结构示意图

图7.75所示是TI公司的单电源模拟开关TS5A23157的管脚示意图。它接受+1.8～+5.5V单一电源供电，其输入/输出信号电压范围也是如此。它属于单刀双掷型。

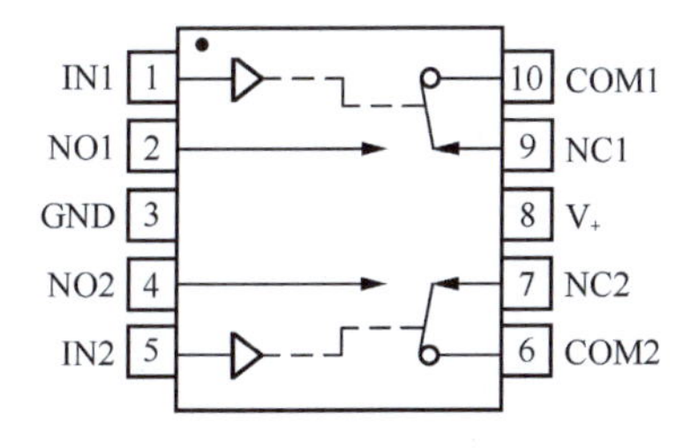

图7.75 TS5A23157的管脚示意图

◎模拟开关的静态指标

1）输入电压范围：是指模拟开关的D端或者S端可以接受的信号电压范围，一般与供电电压相同。借用运放的术语，可以理解为模拟开关是轨至轨输入的。

2）导通电阻 R_{ON}：是指模拟开关处于导通状态下，管脚 D 端和 S 端之间的等效电阻。阻值一般为 0.25Ω 到几百欧，ADG801 为单电源，阻值为 0.25Ω，ADG1401、ADG1611 为双电源，阻值为 1Ω，都较为出色。导通电阻与器件有关，也与供电电压有关，还与输入信号大小有关。因此，一般用图表示，图 7.76 展示了 ADG411 的导通电阻与其他条件的关系。可以看出，在确定了供电电压后，随着输入电压变化，模拟开关的导通电阻也在非线性变化，最低阻值一般发生在供电电压的中点，接近电源轨处。在精密信号处理中，导通电阻的非线性会引起信号失真。

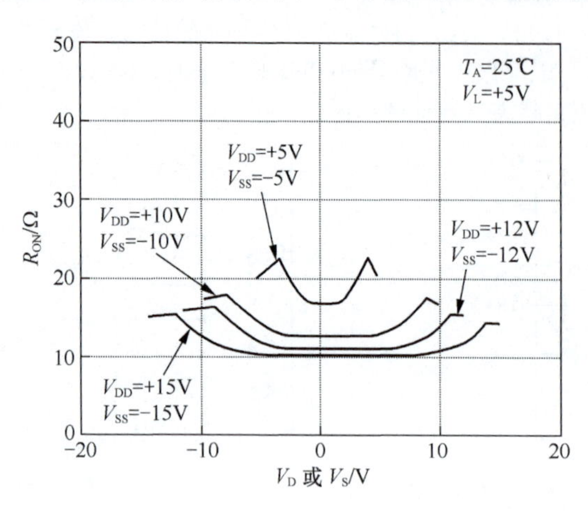

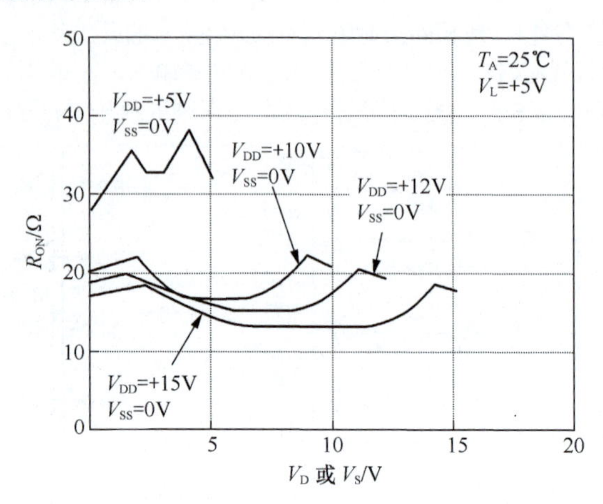

图 7.76　ADG411 的导通电阻曲线

3）导通电阻平坦性：是指在一定的输入电压范围内，导通电阻最大值与最小值的差值，用 $R_{FLAT(ON)}$ 表示。多数情况下，此值为导通电阻的几分之一。ADI 公司的 ADG5462F 和 ADG5413F 具有 1/20 的平坦性——10Ω 导通电阻，0.5Ω 平坦性，肉眼看已经非常微小。图 7.77 所示是 ADG5462F 的导通电阻曲线。

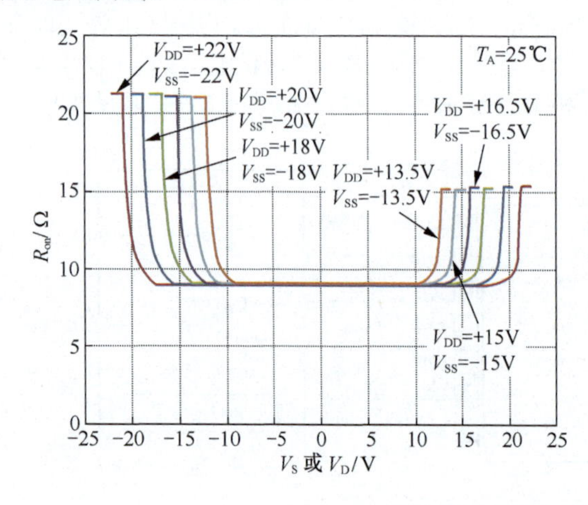

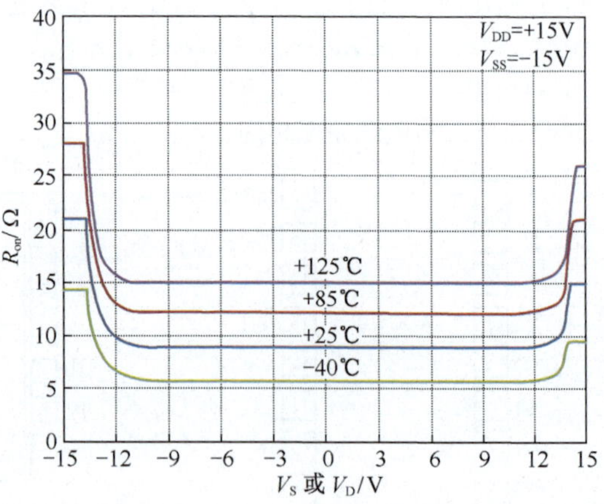

图 7.77　ADG5462F 的导通电阻曲线

4）导通电阻匹配性：是指相同输入电压下，一个器件中多个通道的导通电阻的一致程度，即其中的最大值和最小值差值，用 ΔR_{ON} 表示。

5）断开漏电流：当模拟开关处于断开状态，给 D 端和 S 端施加规定的电压（D 正 S 负，或者 D 负 S 正），理论上 D 端和 S 端都不会产生电流（因为内部开关是断开的），但实际情况并不是这样。流进 D 端的电流称为 $I_{D(OFF)}$；流进 S 端的电流称为 $I_{S(OFF)}$。它们与多种因素有关，比如温度、施加电压大小等，一般是纳安以下数量级。

6）闭合漏电流：当模拟开关处于闭合状态，给 D 端施加规定的电压，将 S 端浮空，测量流进 D 端的电流，称之为 $I_{D(ON)}$。同理，有 $I_{S(ON)}$。

漏电流，无论是闭合漏电流还是导通漏电流，都是模拟开关直流误差的根源之一。直流误差的另一个因素是导通电阻。图 7.78 所示是模拟开关闭合时误差来源示意图。

$$u_{\mathrm{OUT}} = u_{\mathrm{IN}} \frac{R_{\mathrm{LOAD}}}{R_{\mathrm{ON}} + R_{\mathrm{LOAD}}} - I_{\mathrm{D(ON)}} \left(R_{\mathrm{ON}} // R_{\mathrm{LOAD}} \right) \tag{7-70}$$

理论上，输出应与输入相等，则误差为 0V。从式（7-70）看出，增大负载电阻 R_{LOAD} 有助于减小误差。但是开关断开时（如图 7.79 所示），则有：

$$u_{\mathrm{OUT}} = -I_{\mathrm{D(OFF)}} \times R_{\mathrm{LOAD}} \tag{7-71}$$

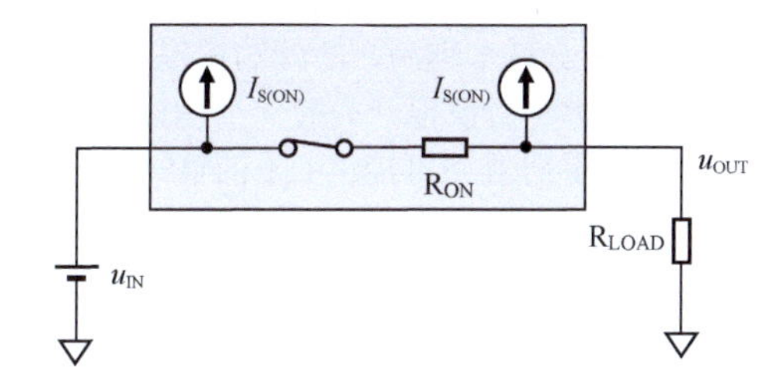

图 7.78　模拟开关闭合时的直流误差来源示意图

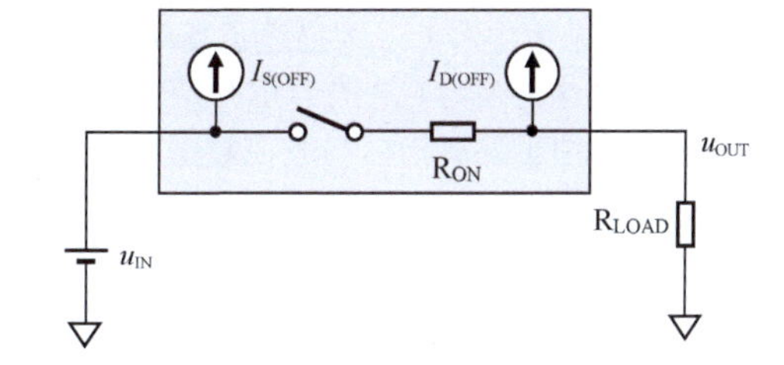

图 7.79　模拟开关断开时的直流误差来源示意图

理论上，输出应为 0V。式（7-71）表明，负载电阻越大，输出越不会是 0V，误差越大。这导致在选择负载电阻上存在顾此失彼的矛盾。

7）持续电流和脉冲电流：当模拟开关处于导通状态时所能流过的最大电流，分为持续电流和脉冲电流两类。之所以有此参数，是因为要限制模拟开关不要流过太大电流，否则此电流流过导通电阻产生的热量将引起模拟开关升温，导致其异常或者失效。此值与封装有关——不同的封装热阻不同，对发热的要求也不同，当然此值还与环境温度有关。

此参数多数情况下出现在数据手册的绝对最大值表格中，但也有单独列出的。

图 7.80 所示为 ADG411 数据手册截图，可以看出，其最大持续电流为 30mA，而峰值脉冲电流可以达到 100mA。

图 7.81 所示为 ADG1401 的数据手册截图。它清晰地表明了不同封装、不同温度下 ADG1401 的持续电流显然要比 ADG411 大很多。

ABSOLUTE MAXIMUM RATINGS

T_A = 25°C, unless otherwise noted.

Table 5.

Parameters	Ratings
V_{DD} to V_{SS}	44 V
V_{DD} to GND	−0.3 V to +25 V
V_{SS} to GND	+0.3 V to −25 V
V_L to GND	−0.3 V to V_{DD} + 0.3 V
Analog, Digital Inputs[1]	V_{SS} − 2 V to V_{DD} + 2 V or 30 mA, whichever occurs first
Continuous Current, S or D	30 mA
Peak Current, S or D (Pulsed at 1 ms, 10% Duty Cycle max)	100 mA

图 7.80　ADG411 数据手册截图

ADG1401/ADG1402

CONTINUOUS CURRENT PER CHANNEL, S OR D

Table 4.

Parameter	25°C	85°C	125°C	Unit	Test Conditions/Comments
CONTINUOUS CURRENT, S or D[1]					
±15 V Dual Supply					V_{DD} = +13.5 V, V_{SS} = −13.5 V
8-Lead MSOP (θ_{JA} = 206°C/W)	275	190	125	mA maximum	
8-Lead LFCSP (θ_{JA} = 50.8°C/W)	430	275	160	mA maximum	
+12 V Single Supply					V_{DD} = 10.8 V, V_{SS} = 0 V
8-Lead MSOP (θ_{JA} = 206°C/W)	255	180	120	mA maximum	
8-Lead LFCSP (θ_{JA} = 50.8°C/W)	355	235	145	mA maximum	
±5 V Dual Supply					V_{DD} = +4.5 V, V_{SS} = −4.5 V
8-Lead MSOP (θ_{JA} = 206°C/W)	250	175	120	mA maximum	
8-Lead LFCSP (θ_{JA} = 50.8°C/W)	340	225	140	mA maximum	

[1] Guaranteed by design, not subject to production test.

图 7.81　ADG1401 数据手册截图

◎模拟开关的动态等效模型

为了清晰地表明模拟开关的动态指标，必须画出模拟开关动态模型。图 7.82 所示是一个单芯片内含两路模拟开关，A 路闭合、B 路断开时的动态等效简化模型。

1）对应闭合的 A 路，杂散电容 $C_{S(ON)}$ 和 $C_{D(ON)}$ 是指开关闭合时 S 端或者 D 端的对地电容。它们的存在会导致高频信号被短接到地，使得模拟开关闭合时出现低通效应，即产生上限截止频率。数据手册中会提供这两个电容值，两者是相同的。

2）对应断开的 B 路，$C_{S(OFF)}$ 和 $C_{D(OFF)}$ 是指模拟开关断开时 S 端或者 D 端的对地电容。它们一般比 $C_{S(ON)}$ 和 $C_{D(ON)}$ 小。数据手册中会分别提供这两个电容，它们近似一致，但有微小差别。而 D 端和 S 端之间存在的杂散电容 C_{DS} 则描述了高频馈通现象：随着信号频率越来越高，断开的模拟开关逐渐呈现出导通迹象，这是因为 C_{DS} 的容抗开始变小。这些杂散的存在影响着模拟开关的一个指标——隔离，后面单独讲它。由于隔离指标一般在数据手册中用图表示，数据手册就不再提供 C_{DS} 的值。

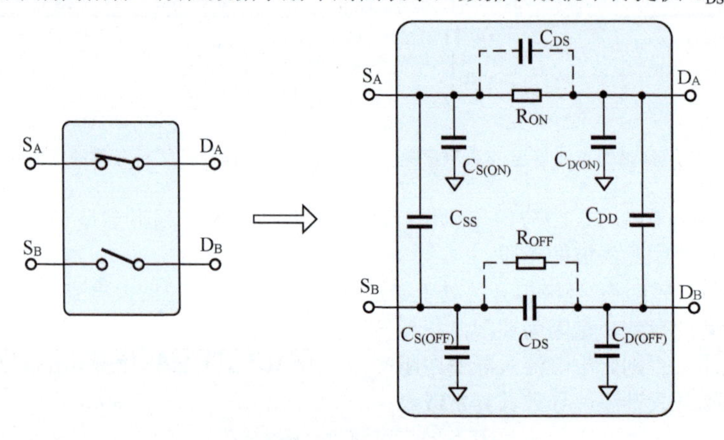

图 7.82 动态等效简化模型

3）对应芯片内的两路，C_{SS} 和 C_{DD} 用于解释串扰（Crosstalk）的存在。即两路之间并不是没有关系，对于高频信号，它们确实存在相互影响。数据手册中将串扰用图表示，也就不再提供这两个电容的大小。

◎模拟开关的 -3dB 带宽和插入损耗

由上述分析可知，任何一个模拟开关都具有上限截止频率，可以用其 -3dB 带宽 f_H 表示。此值与测试条件有关，在使用中不得随意套用。图 7.83 所示是 ADG1211 的带宽和插入损耗测试电路，用于测量开关闭合时，增益 V_{OUT}/V_S 随频率变化的情况。其中网络分析仪能够发出指定频率、幅度的正弦波 V_S，能够对 V_{OUT} 进行测量。

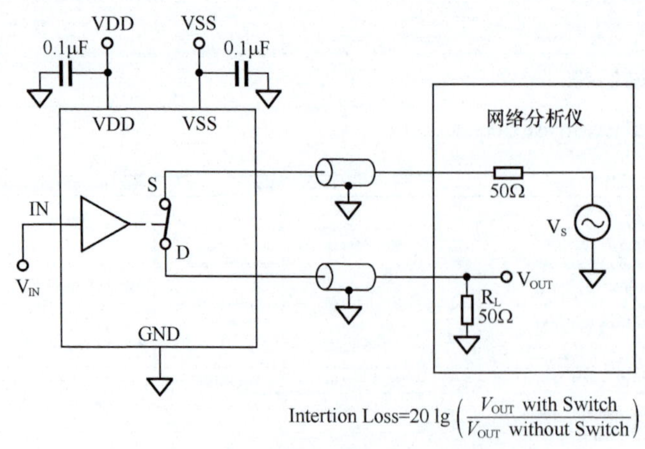

图 7.83 ADG1211 的带宽和插入损耗测试电路

所谓的 -3dB 带宽，是指以低频时 V_{OUT} 幅度为基准，不断增大 V_S 信号频率，使得 V_{OUT} 变为低频时频率的 70.7%。

所谓的插入损耗，是指给定频率下，网络分析仪的输出、输入直接用电缆连接，测得为 V_{OUT}，用 V_{OUT} without Switch 表示。同频率下，网络分析仪如图 7.83 所示方式连接测得的 V_{OUT}，用 V_{OUT} with Switch 表示，则有：

$$\text{Intertion Loss} = 20 \times \lg\left(\frac{V_{OUT}\ \text{with Switch}}{V_{OUT}\ \text{without Switch}}\right) \tag{7-72}$$

很显然，插入损耗与频率相关。

◎模拟开关的隔离

模拟开关的隔离性能表示开关断开时高频信号的泄露程度，频率越高，泄露越严重，且泄露大小与负载密切相关。图 7.84 所示是 ADG1211 的隔离测试电路，它只表示负载为 50Ω/5pF 时的泄露情况，图 7.85 所示是其测试结果。

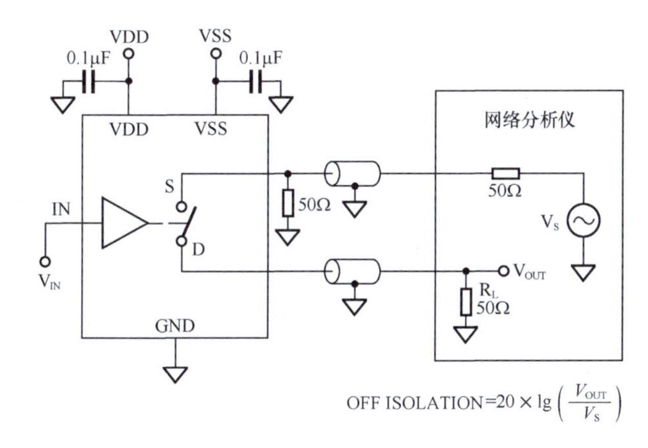

图 7.84　ADG1211 的隔离测试电路

针对图 7.84，隔离的计算式为：

$$\text{OFF ISOLATION} = 20 \times \lg\left(\frac{V_{OUT}}{V_S}\right) \tag{7-73}$$

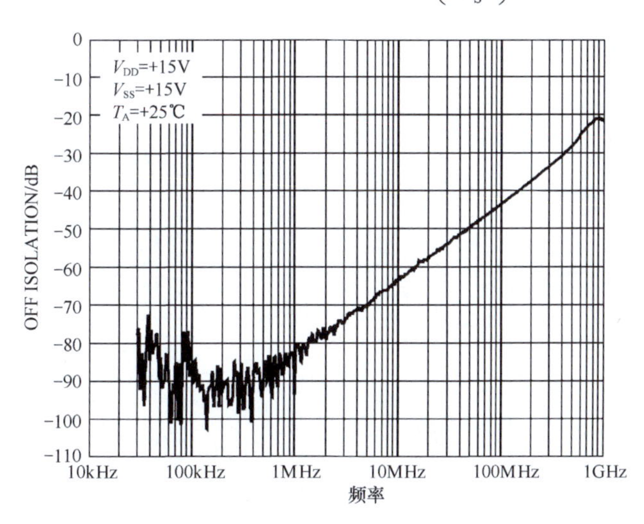

图 7.85　ADG1211 的隔离——在规定测试电路中的结果

◎模拟开关的开关时间

模拟的开关时间（Switching Time）指模拟开关从控制信号有效到动作完成需要的时间，分为闭合时间 t_{ON} 和断开时间 t_{OFF}。其中控制信号有效的定义是，控制信号到达高电平的一半。动作完成的定义是，输出信号到达最终值的 90%。

多数模拟开关的开关时间在几纳秒到几百纳秒之间。ADG1211 的开关时间测试电路和时间定义如图 7.86 所示。

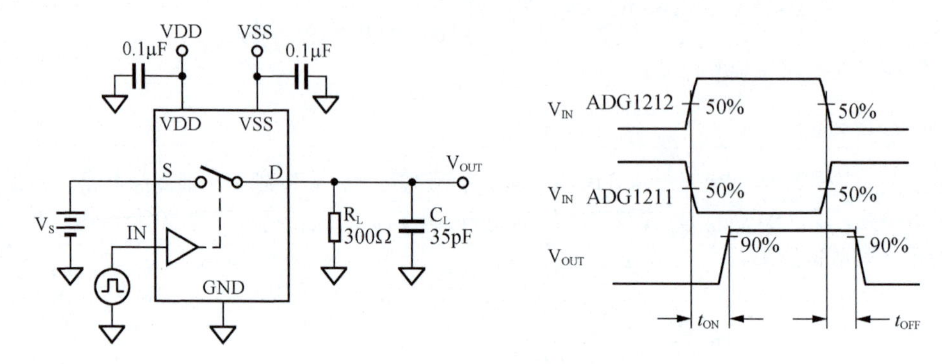

图 7.86　ADG1211 的开关时间测试电路和时间定义

◎模拟开关的电荷注入

模拟开关的控制脚发生高低电平突变时，由于门极和 D 端之间存在杂散电容，会有一定数量的电荷 Q_J 从门极（即模拟开关的控制端）注入 D 极，如果 D 端对地存在电容，就会导致输出电压出现一个跃变。Q_J 即电荷注入（Charge Injection），单位一般为 pC。ADG1211 的电荷注入测量电路如图 7.87 所示，我自己绘制的测量波形如图 7-88 所示，与多数数据手册中的示意图有所区别，但我觉得我的图是正确的。

波形一为控制信号波形，为 5V 的方波，其周期为 4ms，占空比为 25%。另外两个波形图依次为负载电阻为无穷大时的输出波形，以及输出端对地接一个 500kΩ 负载电阻时获得的输出波形。这两个波形与控制信号图在时间轴上一致。

在 0 ~ 1ms 内，模拟开关处于闭合状态，V_{OUT} 与 V_S 完全一致。在 1ms 处，控制信号变为 0V，意味着模拟开关断开。如果不考虑电荷注入，此时电容 C_L 上原有的电荷没有泄放回路，它应该保持其原有电压不变，仍为 V_S，如波形二中的红色短划线。但实际情况是，在控制信号变化的瞬间，电荷 Q_J 从 C_L 上被夺走——反向注入，导致输出电压出现一个明显的跌落。

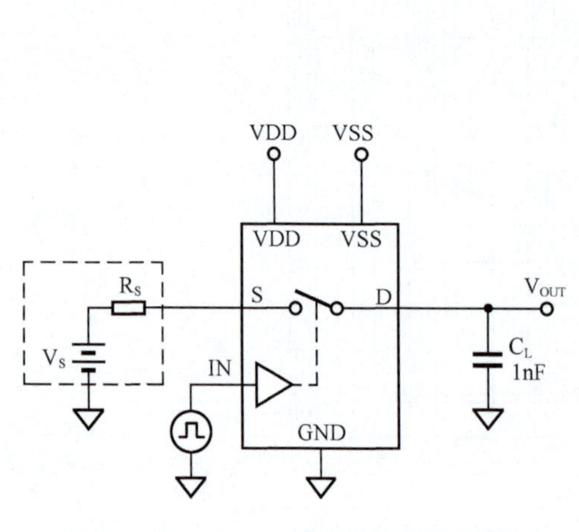

图 7.87　ADG1211 的电荷注入测试电路

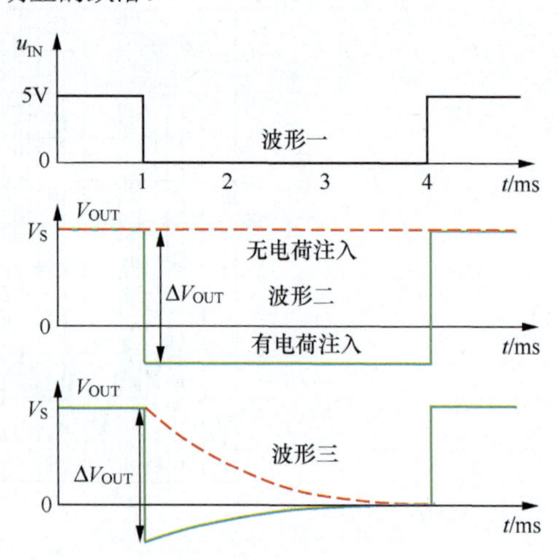

图 7.88　电荷注入形成的输出波形

$$\Delta V_{OUT}=\frac{Q_J}{C_L} \quad (7\text{-}74)$$

如果 V_S 本身比较小，这个跌落电压可能造成输出电压突然变为负值，如图 7.88 所示。

波形三是假设存在 500kΩ 负载电阻情况下的波形。当开关断开时，如果没有电荷注入，C_L 将以 0.5ms 的时间常数对地放电，如图 7.88 中短划线（红色）。而实际情况是，输出电压先发生突然跌落，而后以 0.5ms 时间常数逼近 0V，如图 7.88 中实线（绿色）。

当负载电容很小时，电荷注入的影响会比较明显，其影响更多发生在控制信号瞬变阶段。因此在频繁切换模拟开关的应用中，不要忽视电荷注入现象。

◎单极性模拟开关的双极性应用

模拟开关分为单极性、双极性两类。对于单极性模拟开关来说，一般要求供电电压为 0 ～ V_{DD}，且传输信号的电压范围也是 0 ～ V_{DD}。此时，一个骑在 0V 上的幅度为 1V 的正弦波，也就是双极信号，不能施加在单极性模拟开关上。

如果信号是单极性的，可以使用双极性和单极性模拟开关。如果信号是双极性的，就只能使用双极性模拟开关。这是常理。

但也有例外的情况需要将单极性开关用于双极性信号链路中。比如我们对比过参数后，发现某一款单极性开关的导通电阻、最高频率等特别符合我们的要求。唯一的遗憾是，我们的信号为 -2 ～ 2V，而这款模拟开关是单一最大 5V 供电的。本节就告诉大家，怎么把这款单极性模拟开关用于传递双极性信号。单极性模拟开关 ADG779 用于双极性信号链路的工作原理如图 7.89 所示。

这个电路基本思想是，单极性模拟开关只有两个供电脚 VDD 和 GND，当你用 +5V 和 0V 接入时，属于正常使用。那么输入信号就应该在 0 ～ 5V 之间，控制信号以 GND 脚为基准，比 GND+0.8V 低，视为低电平输入；比 GND+2.4V 高，视为高电平输入。如果此时像图 7.89 那样，将 VDD 脚接 2.5V，将 GND 脚接 -2.5V，其实模拟开关是不清楚的，它只知道两个电源脚之间的压差为 5V。于是要求输入信号在 -2.5 ～ 2.5V 之间，还要求高电平比 -2.5V+2.4V=-0.1V 高、低电平比 -2.5V+0.8V=-1.7V 低。

在这种接法中，设计者只要保证数字控制电平的低电平在 -2.5 ～ -1.7V 之间，高电平在 -0.1 ～ 2.5V 之间即可。图 7.89 中用一个单刀双掷开关将控制信号接在 ±2.5V 上，显然是满足要求的。仿真表明，该电路完全正常工作，与单极性标准电路在性能上没有任何区别。

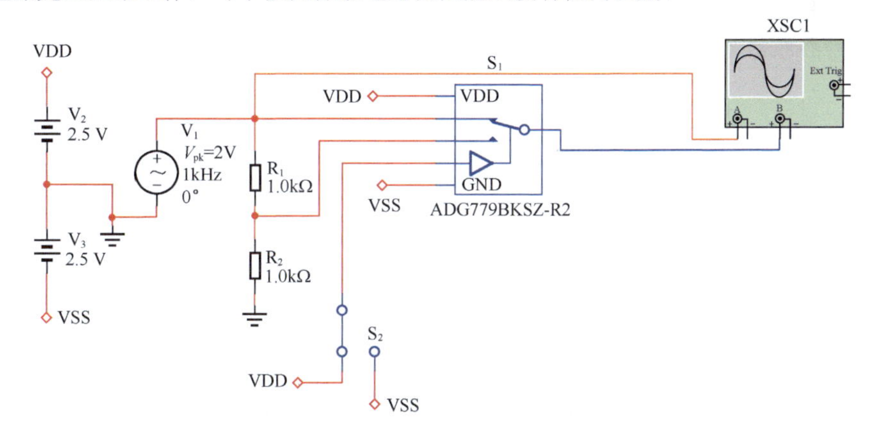

图 7.89 单极性模拟开关 ADG779 用于双极性信号链路

在实际设计时显然不会存在图 7.89 中的 S_2，数字控制一般来源于 0V/3.3V 的单片机系统。我们需要通过变换电路，将 0V 变为 -1.7 ～ -2.5V，将 3.3V 变为 -0.1 ～ 2.5V。

实现变换电路的方法很多，运放运算电路、比较器电路、晶体管电路甚至直接电阻变换都可以实现。本书以 PNP 晶体管为例，给出一个变换电路，如图 7.90 所示。

该电路的设计原理是让晶体管处于截止、饱和两种状态。当单片机输出高电平 3.3V 时，晶体管截止，电阻 R_8 上没有电流流过，输出电压约为 V_{SS}（即 -2.5V）；当单片机输出低电平时，晶体管饱和，

输出电压约为 V_{DD} 减去饱和压降（大约为 0.3V）。将此输出电压直接提供给模拟开关即可——一般模拟开关的数字控制输入脚都具有较大的输入电阻。

电路中为了模拟单片机 GPIO 口输出的高 / 低电平，在高电平上设置了 1kΩ 输出电阻，其实这个电路对有无输出电阻要求不高。用开关 S2 模拟高 / 低电平的动作。电路中模拟开关的两个输入信号分别是 $2V_P$ 正弦波，以及分压后的 $1V_P$ 正弦波。

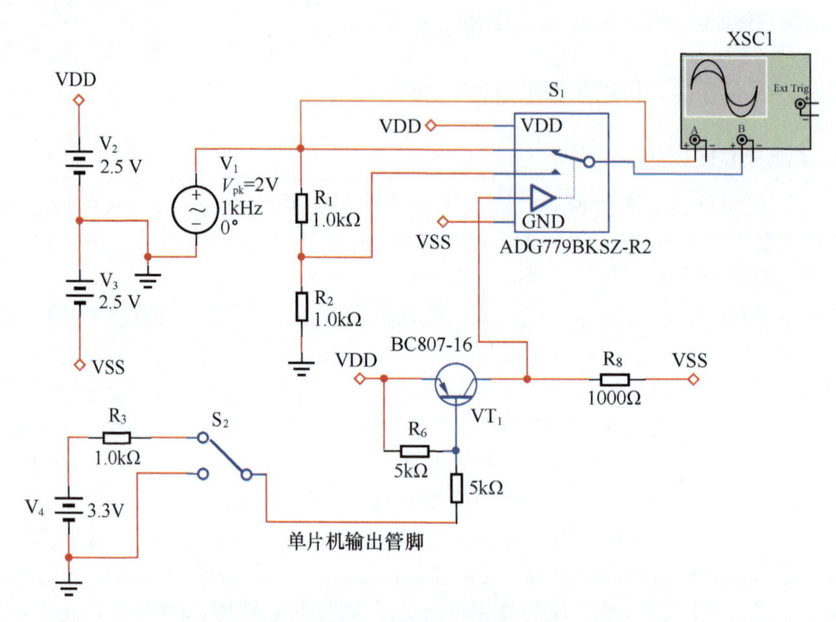

图 7.90　单极性模拟开关使用双电源供电实际电路 1

仿真实验表明，电路工作正常。

数字量电平变换电路也可以用比较器实现，在控制频率不高时，也可以将运放作为比较器。图 7.91 将运放 OPA350 作为比较器，将 0V/3.3V 变换为 ±2.49V 左右，完全符合 ADG779 的控制电平要求。

按照这个设计思路，单极性模拟开关大多可以被改造后应用于双极性信号场合。这大大提高了选择模拟开关时的灵活性。

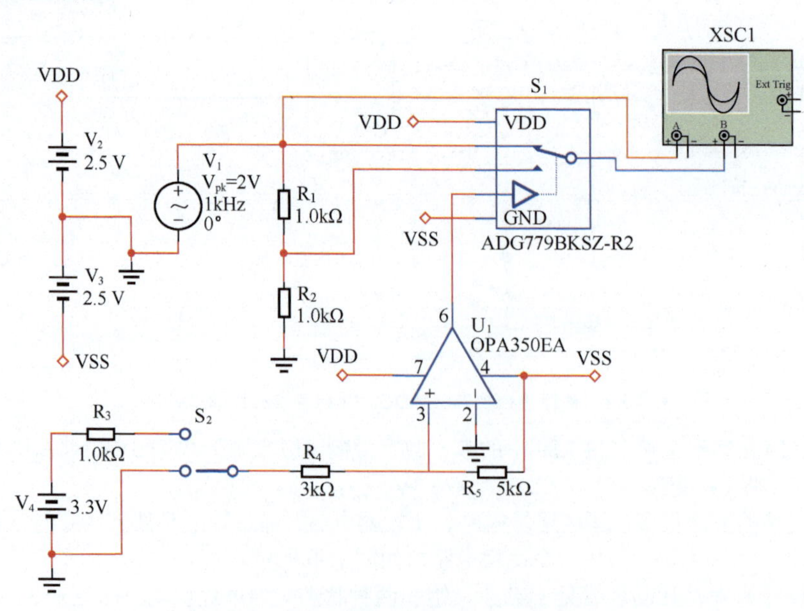

图 7.91　单极性模拟开关使用双电源供电实际电路 2

第二章 源电路——信号源和电源

信号源电路，就是能自己产生确定性波形的电路。一般来说，信号源电路包括矩形波（方波）产生电路、锯齿波（三角波）产生电器、正弦波产生电路，理论上它还包括噪声波形产生电路和任意波形产生电路。

这类电路的最大特点是没有输入信号，能够自己产生输出信号。这听起来挺奇妙的，自己会产生节拍？是的，就是自己产生节拍。其实，在生活中我们可以见到这种自己产生节拍的现象，比如心脏的跳动、手表、音乐节拍器，只是我们平时忙着别的事情，没有注意而已。

本章告诉大家，在电学中如何自己产生节拍，以实现不同类型波形的自动产生。

而电源，是为所有电子设备供电的。理论上电源种类很多，常见的有交流到交流、交流到直流、直流到交流以及直流到直流等，本章仅涉及其中的一部分，即交流到直流和直流到直流。即便是这一小部分，本章也仅介绍其中最常见的内容。

8 基于蓄积翻转思想的波形产生电路

8.1 蓄积翻转和方波发生器

◎蓄积翻转

假设有一只积极向上的蚂蚁，它有一个天性，总是匀速向高处爬。

有一个翘翘板，平时任意倒向一个方向，一头沉、另一头翘。当蚂蚁爬到翘翘板单臂长度一半的时候，蚂蚁自身的重量可以让翘翘板翻转。

此时，我们把蚂蚁放在翘翘板的任意位置，就会出现一种现象：翘翘板会周而复始地翻转。如图 8.1 所示，翻转的频率完全取决于蚂蚁爬行速度和翘翘板的长度。

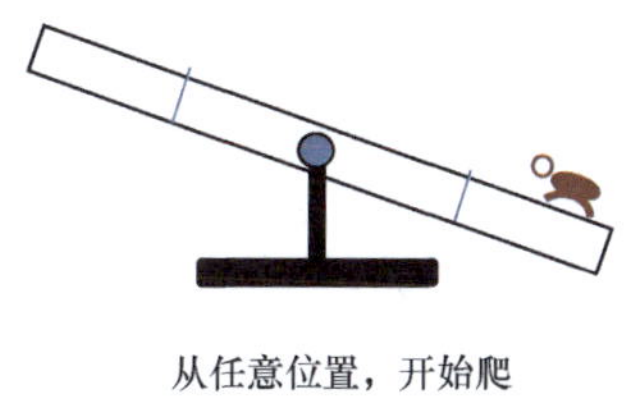

从任意位置，开始爬

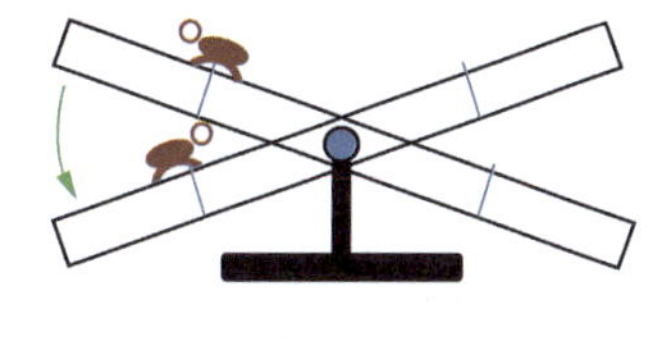

爬到位置，翻转了，转身继续爬

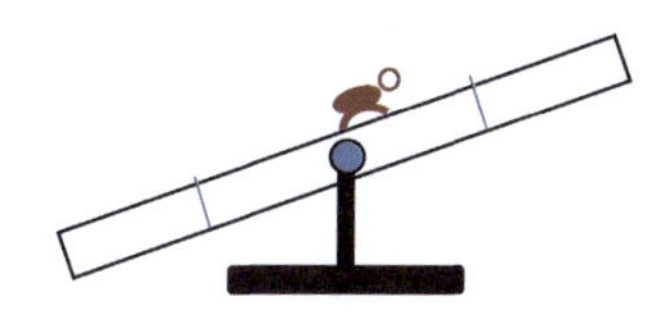

很辛苦，在爬

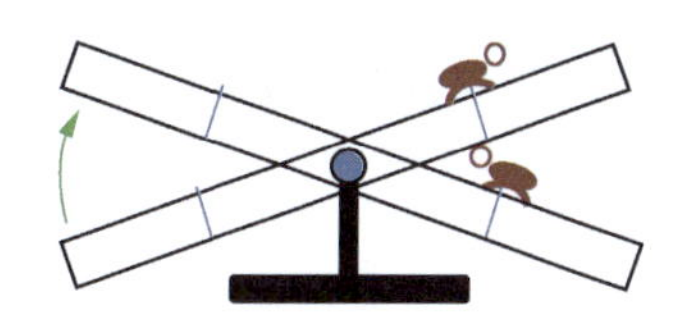

爬到位置，又翻转了，还得转身继续爬

图 8.1　蚂蚁在翘翘板上爬行

这就是蓄积翻转思想：就像给水库蓄水一样，蚂蚁爬到位置了，翻转了，再反过来爬，爬到位置了，又翻转了，周而复始。要改变翻转频率，有两种方法，第一改变蚂蚁的爬行速度，第二改变翻转位置。

利用这种思想，在电学中可以使用比较器和阻容电路产生指定频率的方波。

◎方波发生器

最简单的方波发生器如图 8.2 所示。它由一个迟滞比较器（运放 + 电阻 R_1、R_2）和一个阻容充电电路组成。假设运放的供电电压为 $\pm V_A$，且能够输出的最大值也是 $\pm V_A$。

1）工作原理

刚上电的时候，运放输出为 0V，则 u_+ 为 0V，电容上也没有蓄积的电荷，则 u_- 也为 0V，如果运放是理想的，则输出可以维持在 0V。但是，这是一个难以维持的稳态，运放的输入失调电压、运放的内部噪声等，都会使得它摆脱这种稳态：假设输出端出现了一个微小的噪声，且是正值，则 u_+ 立即变为正值，而电容充电需要很长的时间，因此此时 $u_+ - u_-$ 为正值，考虑到运放具有极高的开环增益，运放的输出端会快速向正电源电压变化，最终导致运放输出电压立即达到 V_A。当然，如果噪声出现且是负值，则运放输出电压会稳定到 $-V_A$。

下面的过程，就开始了蓄积翻转。我们假设此时的 u_O 为 V_A，则：

$$u_{+1} = V_A \frac{R_2}{R_1 + R_2} \tag{8-1}$$

此时，u_- 开始通过 R 和 C，被输出电压充电，就像刚才那只蚂蚁，它开始爬坡了。充电过程是一个负指数曲线，其终值是 V_A，因此一定会有某个时刻，u_- 电位高于 u_+ 电位，此时，运放输出会翻转，变为 $-V_A$，导致 u_+ 立即变为：

$$u_{+2} = -V_A \frac{R_2}{R_1 + R_2} \tag{8-2}$$

此时，电容开始被放电，终值为 $-V_A$，就像蚂蚁开始反向爬坡，等待它的新比较点为 u_{+2}，等电容电压被放电至此，运放又翻转了，回到了初始态。

如此往复，就在输出端得到了一个方波。方波发生器关键点波形如图 8.3 所示。

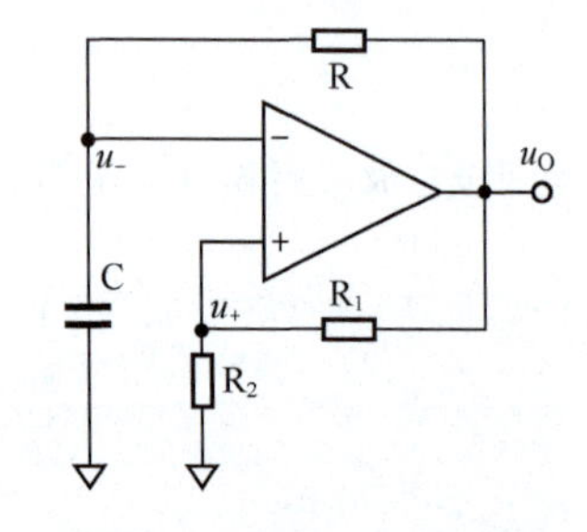

图 8.2　最简单的方波发生器

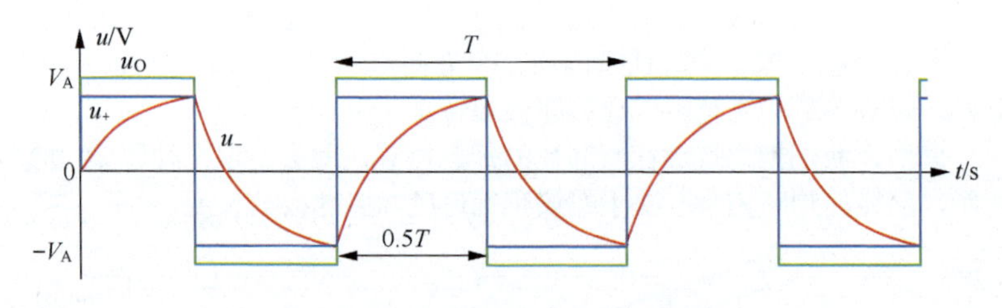

图 8.3　方波发生器关键点波形

2）计算

此电路的周期值得计算。在图 8.3 中第 1 段红色波形是非重复的，从第 2 段开始进入重复周期。习惯上，我更喜欢从第 3 段开始计算，即图 8.3 中 T 包容的区域。

只需要计算半个周期 $0.5T$，即可得到计算结果。因此我们把重点放在第 3 段波形，设该段波形的时间起点为 0，则该段波形的数学表达式为：

$$u_-(t) = u_-(0) + \left(u_-(\infty) - u_-(0)\right) \times \left(1 - e^{-\frac{t}{\tau}}\right) \tag{8-3}$$

其中：

$$u_-(0) = u_{+2} = -V_A \frac{R_2}{R_1 + R_2} \tag{8-4}$$

$$u_-(\infty) = V_A \tag{8-5}$$

$$\tau = RC \tag{8-6}$$

且已知在 0.5T 时刻，红色波形的值为：

$$u_{-}(0.5T) = u_{+1} = V_{\mathrm{A}}\frac{R_2}{R_1 + R_2} \tag{8-7}$$

将上述结果代入式（8-3），得：

$$V_{\mathrm{A}}\frac{R_2}{R_1+R_2} = -V_{\mathrm{A}}\frac{R_2}{R_1+R_2} + \left(V_{\mathrm{A}} + V_{\mathrm{A}}\frac{R_2}{R_1+R_2}\right)\times\left(1-\mathrm{e}^{-\frac{0.5T}{RC}}\right) \tag{8-8}$$

化简过程为：

$$\left(1-\mathrm{e}^{-\frac{0.5T}{RC}}\right) = \frac{2R_2}{R_1+2R_2} \tag{8-9}$$

$$\mathrm{e}^{-\frac{0.5T}{RC}} = \frac{R_1}{R_1+2R_2} \tag{8-10}$$

最终得到：

$$T = 2RC\times\ln\left(\frac{R_1+2R_2}{R_1}\right) = 2RC\times\ln\left(1+\frac{2R_2}{R_1}\right) \tag{8-11}$$

当 u_+ 过于接近 V_{A}，即 R_2 比 R_1 大很多时，比较点将非常接近电源电压，此时红色充电曲线将在非常平缓的爬坡中实现关键的超越 u_+ 动作，如果比较点稍有变化，比如出现噪声，将引起周期大幅度改变。这对提高频率稳定性不利。一般来讲，令 R_1 和 R_2 相等，是比较合适的。

8.2 方波三角波发生器

前述的方波发生器，除了方波输出，还有一个衍生波形——电容上的充放电波形，它看起来有点像三角波，但是又不是。图 8.3 中的红色波形，属于恒压充电波形，电容上的电压是先快后慢上升的，越到后面越慢，这有点像抽水马桶的储水箱，它的水位上升也是越来越慢的。而恒流充电则不同，当给一个电容实施恒流充电时，它的电压提升是匀速的。如果把方波发生器中的电容充电部分，由恒压充电改为恒流充电，就可以实现完美的三角波输出。

◎电路一

方波三角波发生器 1 如图 8.4 所示。设计思路为，用一个积分器将方波输出变为斜波上升或者下降（积分器是恒流充电），但是积分器和输入方波之间是反相的——方波为正电压，积分器的输出匀速下降；方波为负电压，积分器输出匀速上升，因此在后级增加一个反相比例器。图 8.4 中用浅绿色部分（积分器加反相比例器电路）代替图 8.2 中的 R 和 C，其输出直接接到第一个运放的负输入端，此时整个环路的比较翻转结构并没有发生变化，唯一的变化是原先的负指数曲线现在变成直线——图 8.5 中的红色线。

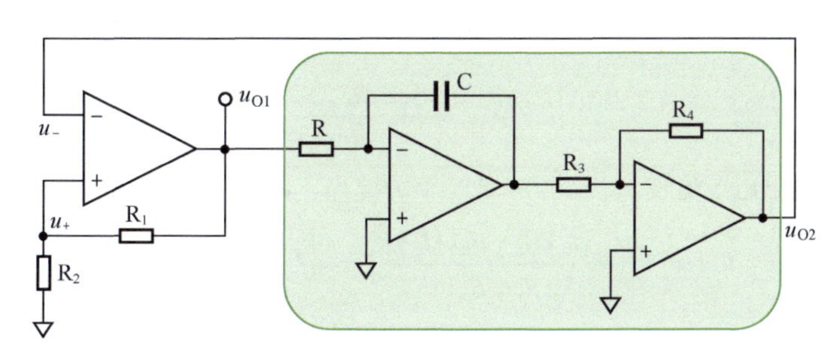

图 8.4　方波三角波发生器 1

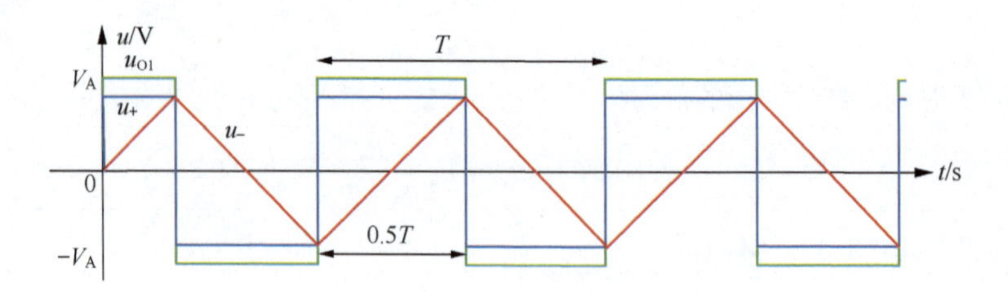

图 8.5　方波三角波发生器 1 的关键点波形

◎电路二

1）工作原理

前述电路使用了 3 个运放，有点奢侈。第三个运放仅仅起到反相器（通常是 1∶1）的作用，有点浪费。但是直接去掉这一级，在翻转结构上就不成立了，就像规定蚂蚁只向下面爬，那个翘翘板就不会翻转了。我们有办法，去掉这个反相器，将原先接入比较器负输入端的信号，改接到正输入端，方波三角波发生器 2 如图 8.6 所示。

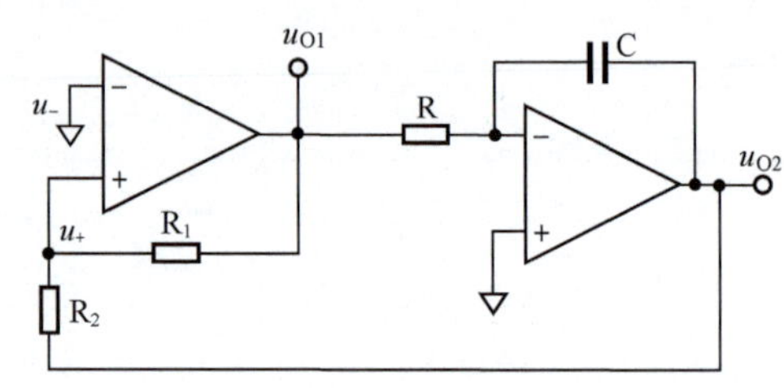

图 8.6　方波三角波发生器 2

此时工作过程为：假设比较器首先输出正电源电压，积分器输出开始匀速下降，向负电源方向走去，这时候比较器的正输入端电压 u_+ 为“正输出电压经过 R_2 与积分器输出经过 R_1 的加权平均值”，显然为正值，如图 8.7 中的 0 时刻，随着积分器输出（红色线）为负值且越来越小，比较器正输入端逐渐接近 0V，并一定能够在 t_1 时等于 0−，定义此时的积分器输出为 u_{O2-}，因比较器的负输入端为 0V，将引起比较器翻转为负电源电压，比较器正输入端立即跳变，积分器开始向正电源方向走去，在 t_2 时刻，使得比较器正输入端为 0+，将引起比较器再次翻转回正电源电压，此时的积分器输出定义为 u_{O2+}。如此往复。

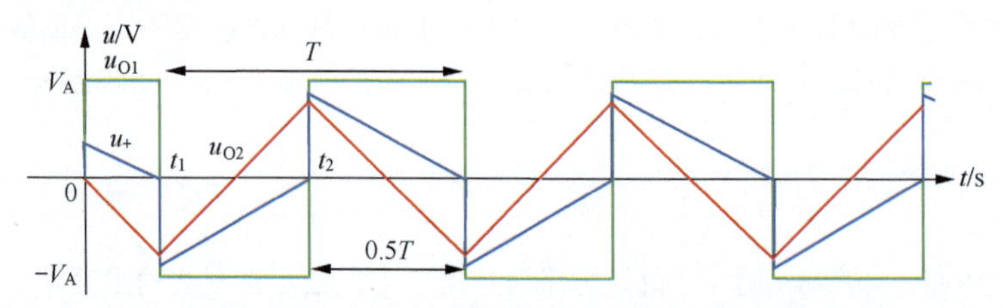

图 8.7　方波三角波发生器 2 的关键点波形

2）计算

t_1 时刻，积分器输出电压迫使 u_+ 变为 0− 是一个关键点，此时有：

$$u_+(t_1)=\frac{u_{O1}(t_1)R_2+u_{O2}(t_1)R_1}{R_1+R_2}=\frac{V_AR_2+u_{O2-}R_1}{R_1+R_2}=0 \tag{8-12}$$

解得：

$$u_{O2-}=-V_A\frac{R_2}{R_1} \tag{8-13}$$

t_2 时刻，积分器输出电压迫使 u_+ 变为 0+ 是一个关键点，此时有：

$$u_+(t_2)=\frac{u_{O1}(t_2)R_2+u_{O2}(t_2)R_1}{R_1+R_2}=\frac{-V_AR_2+u_{O2+}R_1}{R_1+R_2}=0 \tag{8-14}$$

解得：

$$u_{O2+}=V_A\frac{R_2}{R_1} \tag{8-15}$$

积分器输出电压从 u_{O2-} 变为 u_{O2+} 花费的时间为 0.5T，即 t_2-t_1，据积分器表达式：

$$u_{O2}(t_2)=u_{O2+}=u_{O2}(t_1)-\frac{1}{RC}\int_{t_1}^{t_2}-V_A\mathrm{d}t=u_{O2-}+\frac{V_A}{RC}(t_2-t_1) \tag{8-16}$$

将式（8-13）、式（8-15）代入式（8-16），得：

$$V_A\frac{R_2}{R_1}=-V_A\frac{R_2}{R_1}+\frac{V_A}{RC}(t_2-t_1) \tag{8-17}$$

解得：

$$T=2(t_2-t_1)=\frac{4R_2RC}{R_1} \tag{8-18}$$

式（8-18）为周期表达式。此电路中需要注意的是，R_2 不得大于 R_1，否则积分器的输出最大为正 / 负电源电压，将永远无法使得 u_+ 经过 0V，电路将永远不会起振。其实，从式（8-13）也可以看出，若 R_2 大于 R_1，u_{O2-} 将比负电源还负，这让积分器很无奈，无论如何也做不到啊。

◎电路三

有一些运放的输出存在不对称现象：当作为比较器使用时，正输出值接近正电源电压，负输出值接近负电源电压，所谓的不对称，是指这两种输出的绝对值并不相等，存在微弱的差异。比如常见的 OP07，在 ±15V 供电时，空载输出最大电压，正值为 14V，负值为 -13V。这会导致输出方波幅度不对称，也会造成输出三角波斜率不一致。

为了避免这种现象发生，可以使用方波三角波发生器 3，如图 8.8 所示。双向的稳压管使得输出方波幅度为 $\pm U_Z$，且三角波上升和下降的速率相等，同时，降低了对 R_2 不能太大的要求。

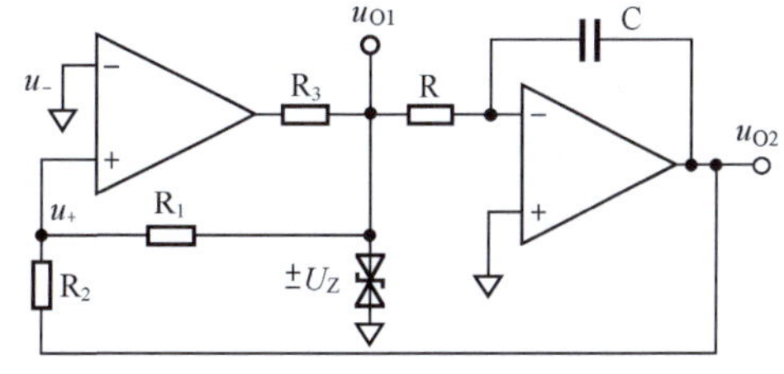

图 8.8　方波三角波发生器 3

举例

电路如图 8.8 所示。已知运放的供电电压为 ±15V，最大输出电流为 ±10mA，输出最大正、负电压为 14V、-13V，双向稳压管的稳压值为 ±5V，最小稳压电流为 0.5mA。R_1=10kΩ，R_2=5kΩ，R_3=1kΩ，R=1kΩ，C=0.1μF。

1）求输出方波幅度、输出三角波幅度。

2）求输出信号频率。

3）思考题：求 R_3 的取值范围。

解：1）图 8.8 中 u_{O1} 点输出为方波，u_{O2} 点输出为三角波。正常工作时，稳压管处于正常的稳压击穿状态，因此方波输出幅度就是稳压管的稳压值，为 5V。

而输出三角波的峰值发生在比较器翻转时刻——三角波幅度越来越大，导致 u_+=0V，以方波输出为 $-U_Z$ 为例，三角波峰值 u_{MAX} 为：

$$\frac{u_{MAX}-u_+}{R_2}=\frac{u_{MAX}}{R_2}=\frac{u_+-(-U_Z)}{R_1}=\frac{U_Z}{R_1} \tag{8-19}$$

解得三角波幅度为：

$$u_{MAX}=R_2\frac{U_Z}{R_1}=2.5\text{V}$$

2）对输出信号频率产生决定性影响的是积分器：当方波输出突变为 -5V，积分器输出从 -2.5V 变为 2.5V 的时间是信号周期的一半。此段，积分器的输出表达式如下。

$$u_{O2}(t)=u_{O2}(0)-\frac{1}{RC}\int_0^t-U_Z\mathrm{d}t \tag{8-20}$$

将前述描述代入得：

$$2.5 = -2.5 - \frac{1}{RC}\int_0^{\frac{T}{2}} -5\mathrm{d}t = -2.5 + \frac{5}{RC} \times \frac{T}{2} \tag{8-21}$$

解得：

$$T = \frac{2RC}{5} \times 5 = 2RC = 0.2\text{ms}$$

则输出频率为：

$$f = \frac{1}{T} = 5000\text{Hz}$$

当然，你也可以背表达式，利用式（8-18）直接得出结论。

$$T = \frac{4R_2RC}{R_1} = \frac{4 \times 5}{10}RC = 2RC = 0.2\text{ms}$$

3）求 R_3 的取值范围。

首先，我们分析 R_3 太大会出现什么问题。由于运放输出电压是固定的 +14V 或者 -13V，稳压管稳定电压也是固定的 +5V 或者 -5V，因此我们知道电阻 R_3 两端的压降是确定的 +9V 或者 -8V，当阻值过大时，流过电阻 R_3 的电流过小，除去给电阻 R 的电流，剩下的电流可能难以保证稳压管稳压——稳压管必须流过最小 0.5mA 的电流。即无论哪种状态，均有：

$$i_{R3} \geqslant i_{z\_min} + i_R \tag{8-22}$$

其中，i_{z_min}=0.5mA，i_R为积分器输入电流，为方波输出电压除以R，即5mA。

当运放输出为 14V 时，有下式成立。

$$i_{R3} = \frac{14-5}{R_3} \geqslant 5.5\text{mA}$$

即 $R_3 \leqslant 1.63\text{k}\Omega$。

当运放输出为 -13V 时，有下式成立。

$$i_{R3} = \frac{13-5}{R_3} \geqslant 5.5\text{mA}$$

即 $R_3 \leqslant 1.4545\text{k}\Omega$。综合两种情况，则 $R_3 \leqslant 1.4545\text{k}\Omega$。

其次，我们分析 R_3 过小会出现什么情况。注意，正常工作时电阻 R_3 两端的压降仍是固定的，电阻过小只会引起运放输出电流过大，直到超过 10mA 的运放最大输出电流，运放就会出问题——至于出什么问题，你无须考虑——有时会引起运放的输出电压下降，有时甚至会烧毁运放。

在运放输出为 +14V 时，有：

$$i_{R3} = \frac{14-5}{R_3} \leqslant 10\text{mA} \rightarrow R_3 \geqslant 0.9\text{k}\Omega$$

当运放输出 -13V 时，有下式成立：

$$i_{R3} = \frac{13-5}{R_3} \leqslant 10\text{mA}$$

即 $R_3 \geqslant 0.8\text{k}\Omega$。综合两种情况，则 $R_3 \geqslant 0.9\text{k}\Omega$。

因此，R_3 应大于 900Ω、小于 1454Ω。

8.3 独立可调的方波三角波发生器

固定参数的方波三角波发生器如图 8.9 所示，该电路只能产生频率、幅度不变化的波形。本节提出如下要求。

1）能发出占空比可变的矩形波，相应的同频率三角波变为锯齿波。矩形波占空比可以独立调节，不影响其他参数——幅度、频率、直流偏移量。

2）上述矩形波和锯齿波的频率相同，可以独立调节。

3）矩形波幅度可以独立调节，锯齿波幅度也可以独立调节。

4）矩形波的直流偏移量可以独立调节，锯齿波的直流偏移量也可以独立调节。

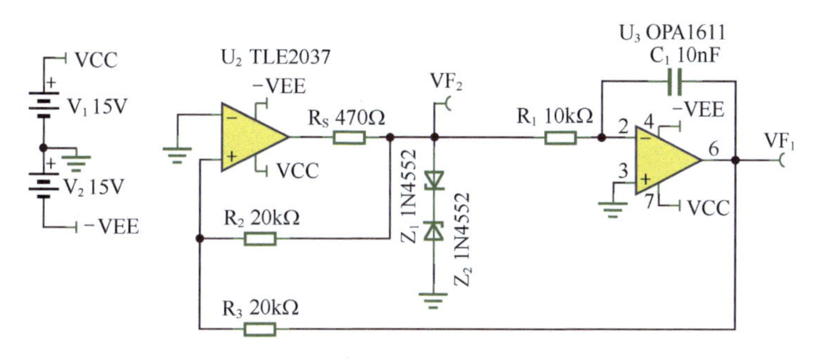

图 8.9 固定参数的方波三角波发生器

◎改变频率的思路

改变频率可以通过多种方法实现。

1）将电阻 R_1 改成电位器。改变积分器时间常数，将引起波形频率变化。

2）将电容器 C_1 改成可变电容器，早期的收音机选频就采用这种扇状的可变电容器，当扭动它时，两个极板的投影面积发生变化，从而引起等效电容发生变化。但是，这种电容器容值小，可变范围也小。此方法不实用。

3）改变积分器输入电压，即图 8.9 中 VF_2 点矩形波的幅值。但这样将引起矩形波幅度变化，不满足独立调节要求。

4）改变电阻 R_2 和 R_3 的比值，也可以改变输出频率。但这样直接影响了锯齿波输出幅度，难以实现独立调节。

因此，最为直接有效的方法是将电阻 R_1 改成电位器。但是这样做，如何调节占空比呢？

◎调节占空比的思路

改变占空比的一种思路是，改变积分器的上坡或者下坡速度，这取决于积分器的时间常数。而改变积分器的时间常数，让其在正输入和负输入时具有不同的电压变化速度，可以采用双向不等值电阻，如图 8.10 所示。

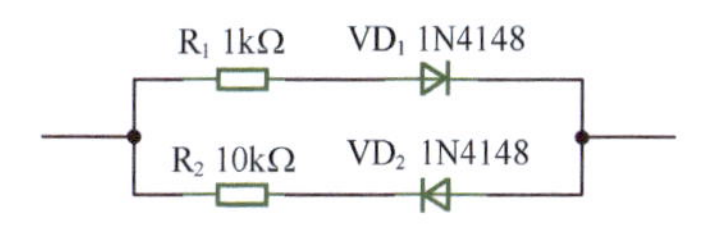

图 8.10 双向不等值电阻

一种巧妙的思路是独立改变占空比电路，如图 8.11 所示。将一个电位器分成两部分，该电路既能保证占空比改变，又可以保证频率不变化。

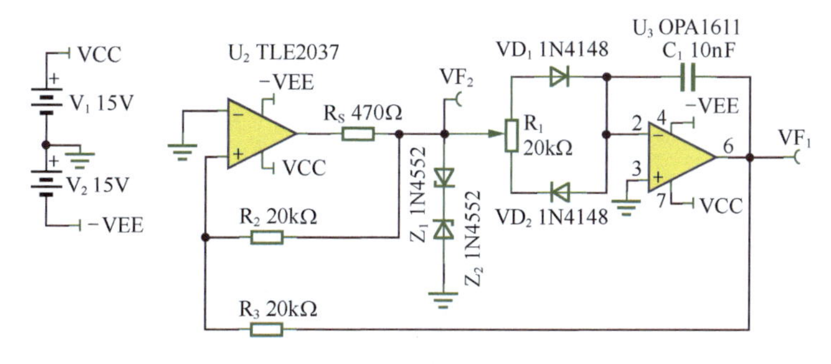

图 8.11 独立改变占空比电路

让我们重温一下这种电路的工作原理。

电路中 VF_2 处只有两种电压，即矩形波的正 / 负幅度，设为 U_{Z+} 和 U_{Z-}。积分器的瞬时输出电压定义为 $u_O(t)$，当输出为 U_{Z+} 时，电路发生翻转的条件是：

$$U_{Z+}\times\frac{R_3}{R_2+R_3}+u_O(t)\times\frac{R_2}{R_2+R_3}=0 \tag{8-23}$$

$$u_O(t)=-\frac{R_3}{R_2}U_{Z+}=U_{C-} \tag{8-24}$$

同样地，可以得到当输出为 U_{Z-} 时，电路发生翻转的条件是：

$$u_O(t)=-\frac{R_3}{R_2}U_{Z-}=U_{C+} \tag{8-25}$$

即积分器的输出为两个关键电压 U_{C+} 和 U_{C-} 时，会引起比较器翻转并独立改变占空比电路关键点波形，如图 8.12 所示。在图 8.12 中 t_1 到 t_2 时间段内，积分器的输出表达式为：

$$u_O(t)=U_{C-}-\frac{1}{R_{下}C}\int_{t_1}^{t}U_{Z-}\mathrm{d}t=U_{C-}-\frac{U_{Z-}}{R_{下}C}(t-t_1) \tag{8-26}$$

且有：

$$u_O(t_2)=U_{C-}-\frac{U_{Z-}}{R_{下}C}(t_2-t_1)=U_{C+} \tag{8-27}$$

将式（8-24）、式（8-25）代入，且已知 $U_{Z-}=-U_{Z+}$，解得：

$$t_2-t_1=2\frac{R_3}{R_2}R_{下}C \tag{8-28}$$

同样地，可以获得：

$$t_3-t_2=2\frac{R_3}{R_2}R_{上}C \tag{8-29}$$

$$T=t_3-t_1=2\frac{R_3}{R_2}(R_{上}+R_{下})C \tag{8-30}$$

由于电位器的总电阻 $R_W=R_{上}+R_{下}$，所以调节时，占空比改变，而总周期不变。这个电路也被称为锯齿波发生器。

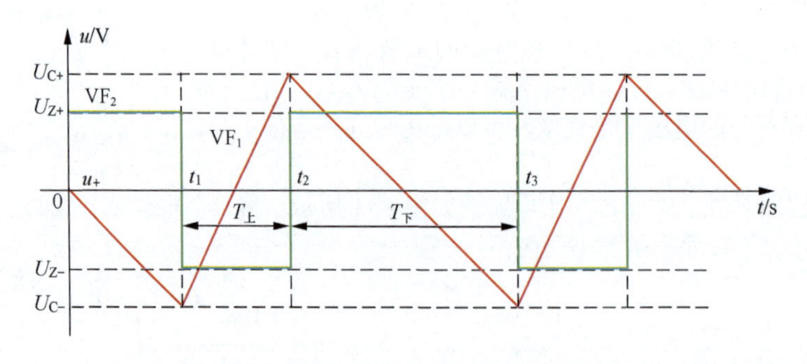

图 8.12　独立改变占空比电路关键点波形

◎如何改变频率

上述电路可以独立调节占空比，但不能独立改变频率。此时，改变频率可以通过改变图 8.11 中 VF_2 点电压实现，中间插入一级可调增益放大器，如图 8.13 所示。

电路的核心在于矩形波输出为 VF_2，但实际加载给积分器的电压可以被 R_{W2} 改变，导致积分速率发生变化，进而引起频率变化，而 R_{W1} 仍负责占空比改变。

图 8.13 中的 U_1 被设计成反相比例器，它可以缩小，也可以放大，但是这也导致整个电路逻辑关系改变，因此在 U_2 比较器环节，积分器的输出被引入 U_2 的负输入端。

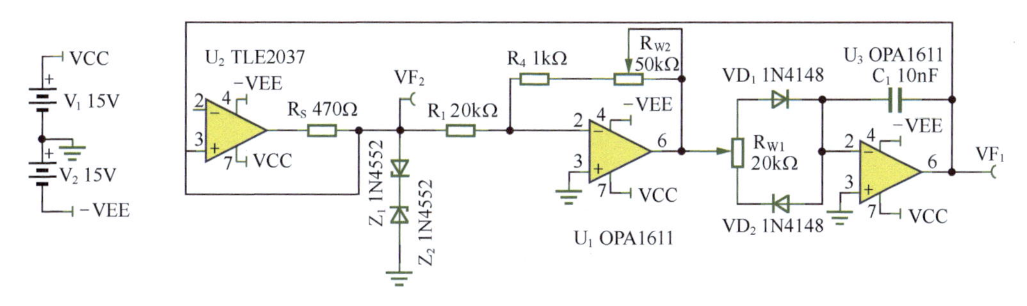

图 8.13　可独立调节频率、占空比的电路

◎如何改变幅度和直流偏移量

将图 8.13 所示电路中幅度确定、直流偏移量为 0V 的锯齿波和矩形波，引入图 8.14，图 8.14 中以矩形波为例，可实现对波形幅度和直流偏移量的独立调节。

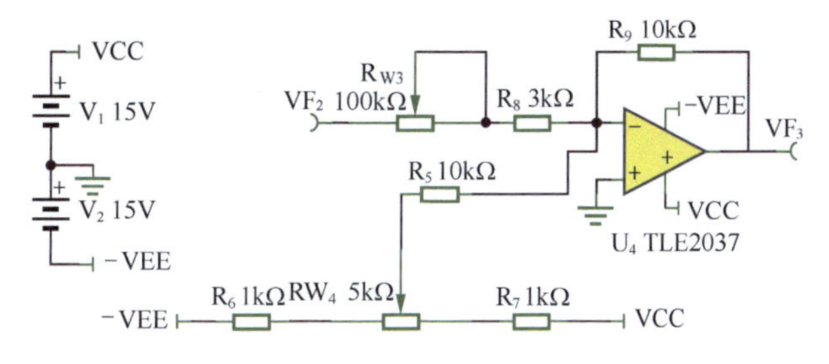

图 8.14　独立调节幅度和直流偏移量电路

8.4 压控振荡器

压控振荡器（VCO），是指一个振荡电路，它的输出频率受外部电压控制，当外部电压在一定范围内改变时，该电路的输出频率相应改变。

有两种压控振荡器：输出为正弦波的和输出为方波的。本节讲述后者。

◎最简单的方波 VCO

前述电路中，给积分器施加的输入电压是固定的，或者是通过电位器调整好的。用一个外部控制电压 V_{ctr} 代替原积分器的两种输入电压（正值为 V_{ctr}，负值为 $-V_{ctr}$），就可以实现用控制电压 V_{ctr} 改变输出信号频率，实现压控振荡器。方波压控振荡器如图 8.15 所示。

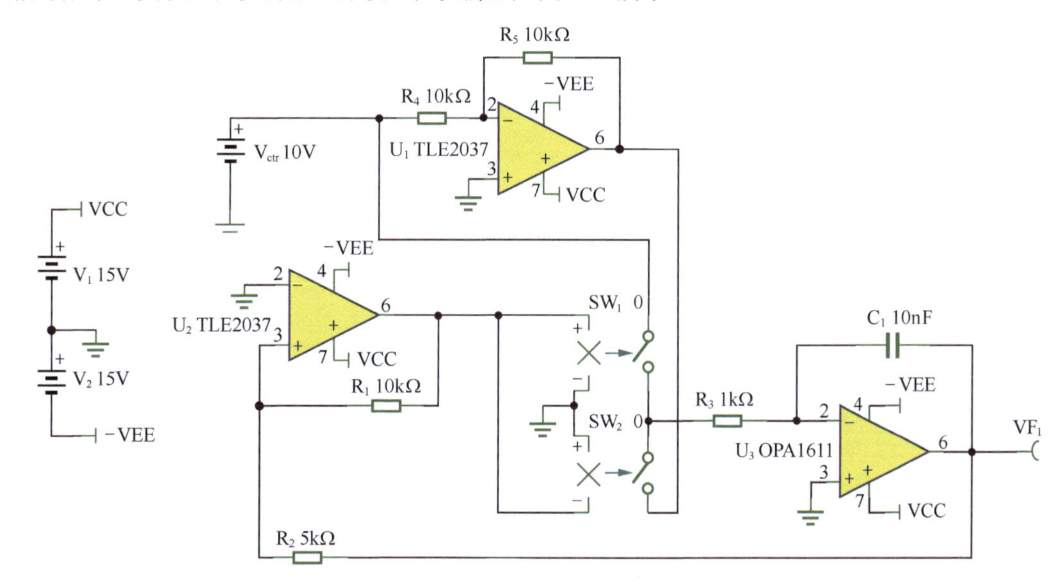

图 8.15　方波压控振荡器

图 8.15 中 V_{ctr} 是外部控制电压，U_1 是一个反相器，负责生成电压 $-V_{ctr}$。两个模拟开关（图 8.15 中

用理想开关代替）SW_1 和 SW_2 的作用是，当比较器 U_2 输出为正值时，给积分器接通输入电压 V_{ctr}；当比较器 U_2 输出为负值时，给积分器接通输入电压 $-V_{ctr}$。

而 V_{ctr} 是可以人为改变的，它越大，积分器爬坡速度越快，输出频率越大，这就形成了基于图 8.15 但频率可变的压控振荡器。

◎压频转换

一种可以用外部控制电压改变输出数字信号的频率的集成电路被称为压频转换电路。通常，它还能够实现频压转换。

TI 公司生产的 VFC320 就是一种压频转换器（VFC）。VFC320 内部结构如图 8.16 所示。它包含输入放大器、两个比较器、一个触发器、两个可开断的恒流源，以及由集电极开路晶体管组成的输出级。

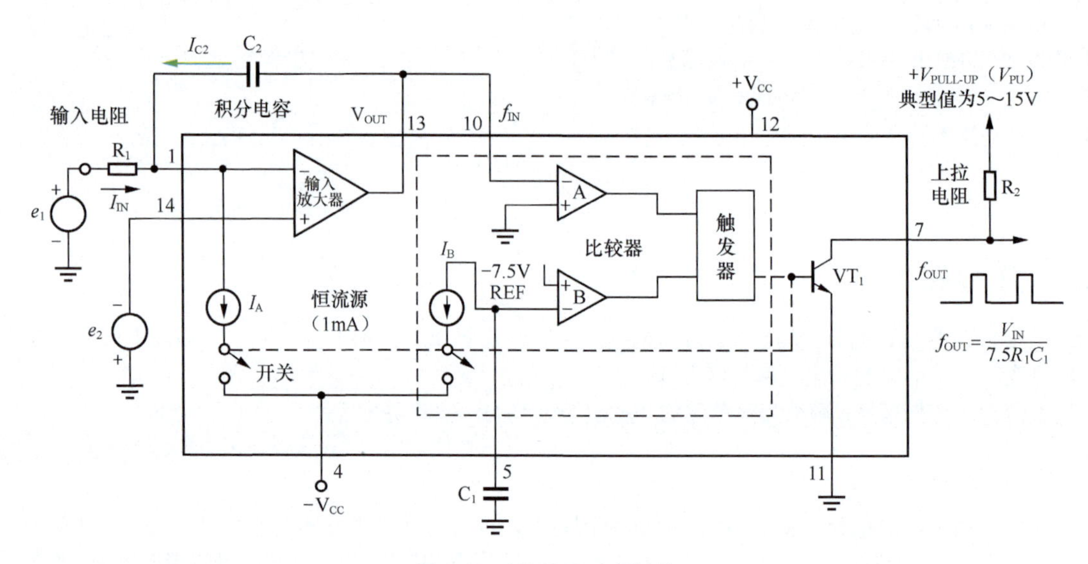

图 8.16　VFC320 内部结构

输入电压可以加载到图 8.16 中的 e_1 或者 e_2，以加载到 e_1 为例，需要将 e_2 短接到地。可以看出此时输入放大器组成了一个积分器，此时两个恒流源都是断开的。正输入电压 e_1 将给积分电容 C_2 充电（电位左高右低），迫使 V_{OUT} 电位（图 8.17 中的绿色线）下降，无论此前如何，V_{OUT} 电位总会下降到过零点，导致比较器 A 出现高电平，此高电平触发 RS 触发器置位为 1，使 f_{OUT} 变为高电平，此值使两个恒流源开关闭合。

这时候有两个事件在同步进行：第一，I_A 和 I_{IN} 合并作用在积分器第 1 脚，由于 I_{IN} 必须小于 I_A，（在选择电阻 R_1 时必须保证），会引起电容 C_2 反向充电，V_{OUT} 会上升，如图 8.17 中 T_1 段绿色波形；第二，I_B 将给原先电压为 0V 的电容 C_1 放电，直到 C_1 电压（图 8.17 中红色波形）下降到 -7.5V，比较器 B 会发生翻转，出现一个高电平，促使触发器输出变为 0V，如图 8.17 中 f_{OUT}

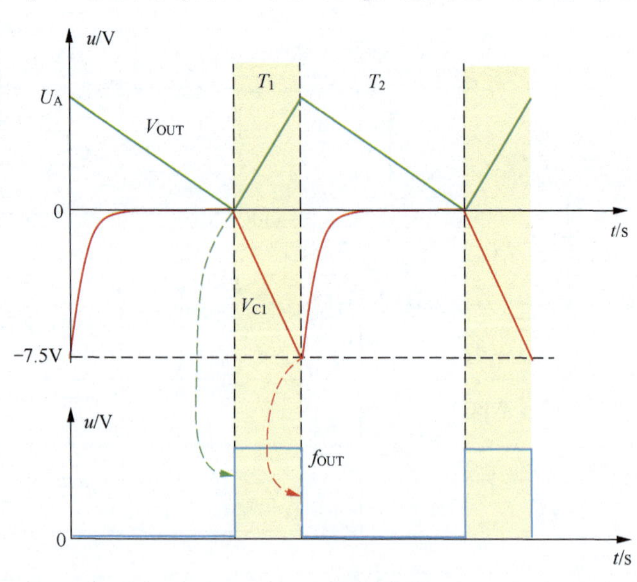

图 8.17　VFC320 波形

波形。触发器 0 电平会引起恒流源开关再次断开，进入 T_2 阶段，此时只有 e_1 通过 R_1 给 C_2 充电，重复上述过程。

在 T_1 阶段，I_B 给电容 C_1 的放电决定了 T_1 的值：

$$I_BT_1 = Q = C_1U = C_1 \times 7.5 \tag{8-31}$$

则有：

$$T_1 = \frac{C_1 \times 7.5}{I_B} \tag{8-32}$$

同时，在 T_1 时间内，C_2 上的电压(右正左负)从 0V 增长到 U_A，这来自 I_A 和输入电压 e_1 的共同作用：

$$I_{C2} = I_A - \frac{e_1}{R_1} \tag{8-33}$$

$$I_{C2} \times T_1 = C_2U_A \tag{8-34}$$

结合式（8-32），则有：

$$U_A = \frac{IC_2 \times T_1}{C_2} = \frac{\frac{C_1 \times 7.5}{I_B} \times \left(I_A - \frac{e_1}{R_1}\right)}{C_2} = \frac{C_1 \times 7.5\left(I_AR_1 - e_1\right)}{I_BC_2R_1} \tag{8-35}$$

在 T_2 阶段，关键事件发生在 C_2 上，其电压仅靠输入电压的作用，由 U_A 下降到 0V，促使 T_2 阶段结束。

$$I_{C2} = -\frac{e_1}{R_1} \tag{8-36}$$

$$I_{C2} \times T_2 = C_2(0 - U_A) \tag{8-37}$$

$$T_2 = \frac{C_2U_A}{e_1}R_1 \tag{8-38}$$

将式（8-35）代入，有：

$$T_2 = \frac{C_2\frac{C_1 \times 7.5\left(I_AR_1 - e_1\right)}{I_BC_2R_1}}{e_1}R_1 = \frac{C_1 \times 7.5\left(I_AR_1 - e_1\right)}{I_B \times e_1} \tag{8-39}$$

总周期为：

$$T = T_1 + T_2 = \frac{C_1 \times 7.5}{I_B} + \frac{C_1 \times 7.5\left(I_AR_1 - e_1\right)}{I_B \times e_1} = \frac{C_1 \times 7.5I_AR_1}{I_B \times e_1} \tag{8-40}$$

由于两个电流源具有相同的电流 1mA，则有：

$$T = T_1 + T_2 = \frac{C_1 \times 7.5R_1}{e_1} \tag{8-41}$$

变换成频率，则有：

$$f_{OUT} = \frac{1}{T} = \frac{e_1}{7.5R_1C_1} \tag{8-42}$$

即输出频率正比于输入电压 e_1，反比于电阻 R_1 和电容 C_1。这就是压频变换器。VFC320 还可以实现频压转换，即将输入频率转变成模拟电压输出，此部分内容可以参考 VFC320 数据手册。

插一句话，图 8.17 的 V_{C1} 波形中，在 T_2 开始阶段，也就是恒流源开关断开时，电容电压会由 -7.5V 迅速回归到 0V，这是内部电路决定的，无须我们考虑。

9 基于自激振荡的正弦波发生器

9.1 自激振荡产生正弦波的原理

自激振荡产生正弦波的结构如图 9.1 所示。它由选频电路和放大电路以环路形式组成。图 9.1 中的 u_{ST} 点和 u_{ED} 点是连接在一起的。若将这两个点断开，可以定义：

$$\dot{A}_{LOOP}=\frac{\dot{u}_{ED}}{\dot{u}_{ST}}=\dot{A}_{选频}\times\dot{A}_{放大} \tag{9-1}$$

$\dot{A}_{LOOP}$被称为环路增益，它是由选频电路增益和放大电路增益相乘获得的。对于不同频率信号，$\dot{A}_{LOOP}$有不同的模 A_{LOOP} 和相移 φ_{LOOP}。

某个频率 f_0 下，如果满足 $\varphi_{LOOP}=2n\pi$，即相移为 360° 的整数倍（相位条件），且 A_{LOOP} 大于或等于 1 倍（幅度条件），那么将 u_{ST} 点和 u_{ED} 点连接在一起（环路条件），如果环路内事先存在频率为 f_0 的正弦波，哪怕很微小（种子条件），则输出一定会出现频率为 f_0 的正弦波，且幅度越来越大或者维持不变。这种现象即自激振荡。

相位条件、幅度条件、环路条件、种子条件，是发生自激振荡的充分必要条件。

对于任何一个形成环路的电路，种子条件是无须我们担心的——都会满足。这是因为噪声是无处不在的，且是广谱的，包含任意频率，虽然它们的幅值可能很小。

选频电路和放大电路的配合，可以实现图 9.2 所示的环路增益幅频、相频特性，它能够保证在整个频率范围内，有且仅有一个频率点能够满足相位条件和幅度条件，那么在输出端就会出现且仅出现一个频率的正弦波波形。这就是利用自激振荡产生正弦波的原理。

为了保证输出正弦波具有足够大的幅度，一般会设置环路增益大于 1 倍，而不是等于 1 倍。这样势必造成波形幅度会越来越大，最终造成正弦波幅度接近电源电压时，出现波形削顶。为了避免这种情况，通常会在主环路旁边加上稳幅电路。其核心思想是，输出波形幅度大于规定值后，稳幅电路会迫使放大电路的增益下降，形成一种负反馈。自激振荡产生正弦波的完整结构如图 9.3 所示。

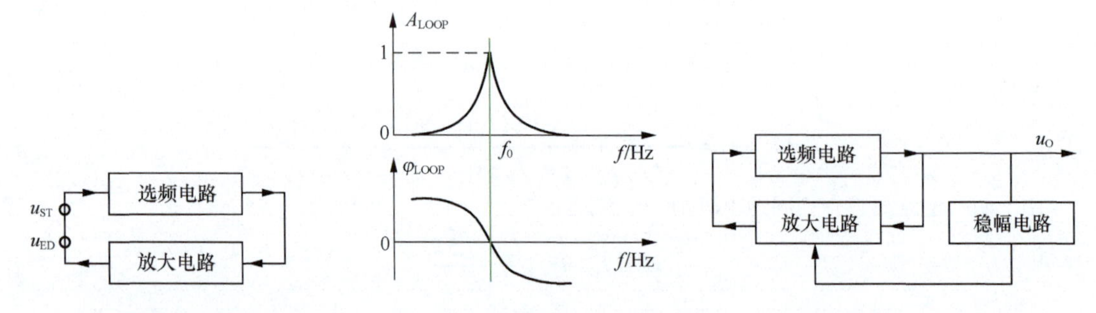

图 9.1 自激振荡产生正弦波的结构 图 9.2 环路增益的幅频、相频特性 图 9.3 自激振荡产生正弦波的完整结构

9.2 RC 型正弦波发生器

RC 型正弦波发生器利用电阻、电容组成选频网络，因此其频率稳定度依赖电阻、电容的稳定性，其振荡频率容易随温度而变化。且受电阻、电容取值影响，它一般工作于中低频段。但是它制作容易，起振容易，失真度较小。

◎工作原理

图 9.4 所示为一个理想的 RC 型正弦波发生器的振荡电路——文氏电桥（Wien-Bridge）自激振荡电路，它不能正常工作，只用于描述振荡工作的原理。此电路由选频网络（图 9.4 浅绿色区域）和放

大环节（运放和两个电阻）组成。选频网络包括两个电容、两个电阻，称为文氏电桥。

选频网络的增益表达式为：

$$\dot{A}_{选频}=\frac{\dot{u}_+}{\dot{u}_O}=\frac{R//\frac{1}{j\omega C}}{R+\frac{1}{j\omega C}+R//\frac{1}{j\omega C}}=\frac{1}{3+j\left(\omega RC-\frac{1}{\omega RC}\right)} \tag{9-2}$$

从式（9-2）可以看出，若 R 和 C 确定，则只有$\omega=\frac{1}{RC}$时，$\dot{A}_{u1}$的模具有最大值，为 1/3，且此时相移为 0°。图 9.5 所示是 R=1591.55Ω、C=1μF 时得到的幅频和相频特性曲线。

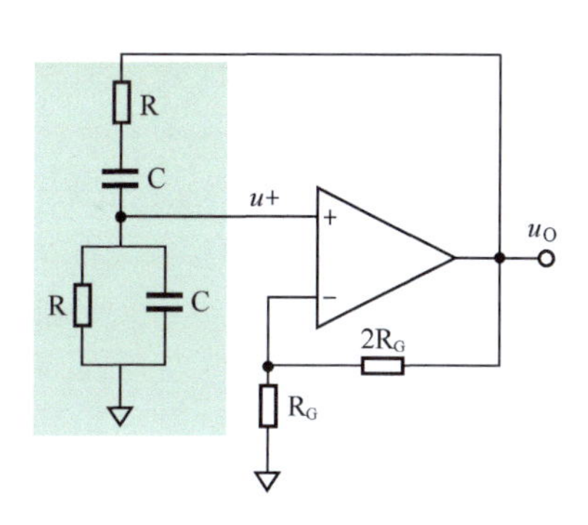

图 9.4　文氏电桥自激振荡电路

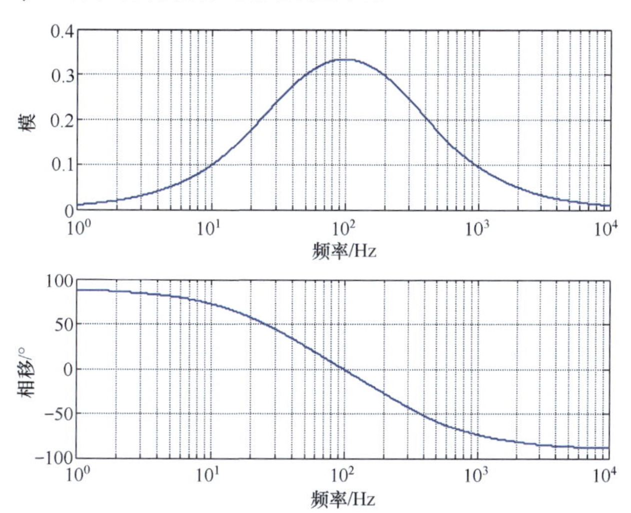

图 9.5　文氏电桥的幅频和相频特性曲线

此时，如果设置放大电路的增益为 3 倍，则环路增益的峰值刚好为 1 倍，则自激振荡发生在频率为文氏电桥的特征频率处：

$$f_0=\frac{1}{2\pi RC} \tag{9-3}$$

因此图 9.4 所示电路可以实现在 f_0 处发生自激振荡，但是它的环路增益是 1 倍，不能对很小的噪声实施逐渐放大，因此它不能正常工作。

◎稳幅电路

为此，一般需要将放大环节的增益设置为稍大于 3 倍，并且给它增加稳幅电路，如图 9.6 所示。

当输出信号幅度较小时，两个并联二极管均不导通，放大电路的增益为 3.222 倍，使环路增益为 1.074 倍，即便很小的噪声，经过多次的 1.074 倍增益后也会变得很大。若输出信号幅度超过一定值，必然会使二极管导通，此时反馈电阻将是 10kΩ 和 85kΩ 的并联值，为 8.947kΩ，这导致放大电路增益变为 1+8.947/4.5=2.988 倍，环路增益变为 0.996 倍，这会迫使信号越来越小，小到一定值，又会使得二极管断开，恢复 1.074 倍的环路增益。

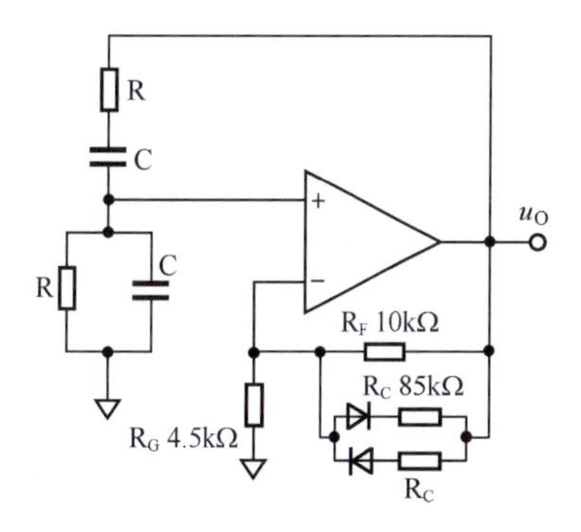

图 9.6　文氏电桥自激振荡电路的稳幅

显然，二极管的导通和断开并不是简单的“是”或者“否”，并且即便导通，它也具备导通电阻。因此，最终的结果一定是：在某个输出幅度下，二极管的导通电阻 +85kΩ，与 10kΩ 的并联，一定会使环路增益恰好等于 1 倍，并将一直维持这个输出幅度不变。

这就是稳幅负反馈的效果。

◎其他种类的 RC 型正弦波发生器

图 9.7 所示是另外一种 RC 型正弦波发生器。它的选频网络由运放电路组成，如图 9.7 中的 U_1，而图 9.7 中的 U_2 仍实现放大功能。

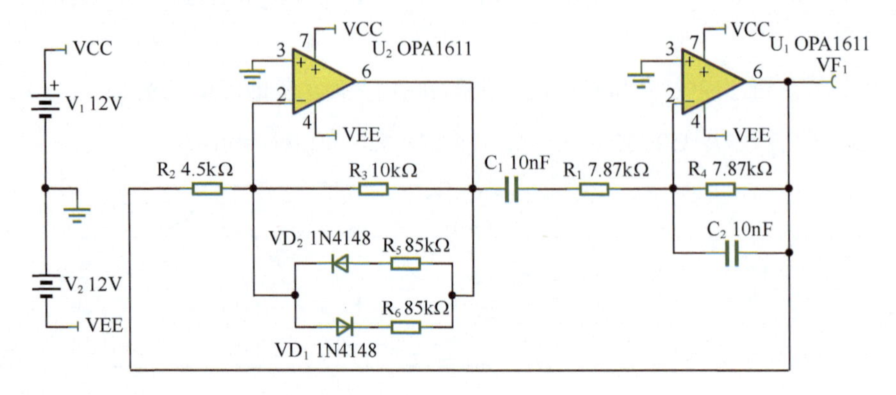

图 9.7　另一种 RC 型正弦波发生器

选频网络即由 U_1 组成的电路，它的增益表达式为：

$$\dot{A}_{选频}=-\frac{R_4//\dfrac{1}{j\omega C_2}}{R_1+\dfrac{1}{j\omega C_1}}=-\frac{1}{2+j\left(\omega RC-\dfrac{1}{\omega RC}\right)} \tag{9-4}$$

此表达式与式（9-2）非常相似，唯一区别在于式（9-4）分母的实部是 2，即当：

$$\omega=\frac{1}{RC}=\omega_0\text{或者}f=\frac{1}{2\pi RC}=f_0\text{时} \tag{9-5}$$

选频网络具有最大的模，为 0.5，且此时选频网络相移为 -180°。

因此，只要保证放大环节提供 -2 倍放大，即可实现环路增益为 1 倍，环路相移为 $2n\pi$。图 9.7 中的放大环节是一个反相比例器，在二极管不导通时，它的增益为 -10kΩ/4.5kΩ=-2.222 倍，这使环路增益为 1.111 倍，大于 1 倍。

与前面电路类似，并联二极管和电阻可以起到稳幅作用。

◎几个实用 RC 型正弦波发生器

（1）电路一

图 9.8 所示是一个基于文氏电桥的 RC 型正弦波发生器，它可以精确控制输出信号幅度。

图 9.8 中 R_5 和 VT_1 的并联决定了放大环节增益，VT_1 的门极电压越低，其工作点越靠近截止区（夹断），等效电阻越大。而控制 VT_1 门极电压的，是由 U_2 组成的积分器电路。

积分器 U_2 的正输入端电压为 V_3 减去二极管导通压降，在图 9.8 中约为 1.3V。当输出信号 VF_1 幅度很小时——刚起振阶段，U_2 的负输入端电压因为虚短，也是 1.3V，输出信号没有能力打通二极管 VD_1，因此电容 C_3 无法充电，此时 U_2 的输出端电压约为 1.3V，加载到 VT_1 的门极，这是一个结型场效应晶体管（JFET），它将处于极度的导通状态，动态电阻很小，它和 R_5 并联将得到一个很小的电阻，使由 U_1 组成的放大电路具有大约 1+5.6kΩ/2.4kΩ=3.333 倍的增益，这将使整个环路增益为 3.333/3=1.111 倍，大于 1 倍，会使输出信号幅度不断增大。

直到输出信号幅度超过 V_3，即超过 2V，VF_1 信号将有能力打通二极管 VD_1，在输出信号正峰值处，一次又一次地给电容 C_3 充电，迫使 U_2 的输出一点点下降，由 1.3V 向 0V 甚至负值变化，这将引起 VT_1 的动态电阻不断增大，与 R_5 的并联总会达到 400Ω。此时，放大电路的增益变为 1+5.6kΩ/(2.4kΩ+400Ω)=3 倍，使得环路增益为 1 倍，输出信号的幅度就不再增加了——稳幅成功。

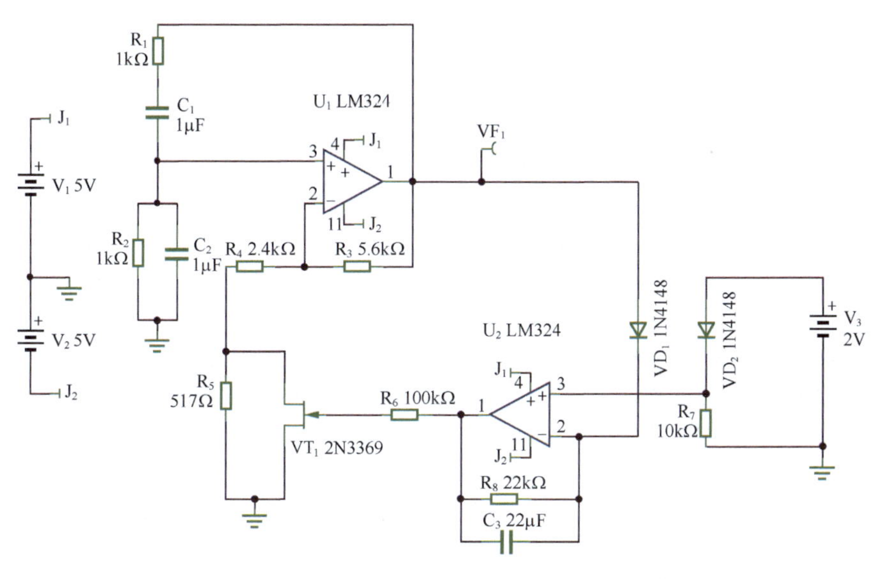

图 9.8 基于文氏电桥的 RC 型正弦波发生器

因此，在一定范围内改变 V_3，就可以控制输出幅度约为 V_3。

很显然，此电路中 R_5 取值不得小于 400Ω，否则无论怎样控制，环路增益都将大于 1 倍，输出信号将无休止地增加，直到电源电压产生变形。当然，这是理论分析，实际情况中如果 R_5 小于 400Ω，输出波形上升到一定程度后，会在还没有到达电源电压时就发生较为明显的变形。

（2）电路二

图 9.9 所示是一个能够产生超低失真度的 RC 型正弦波发生器，看起来比较复杂，但是不要怕，它经不住仔细分析（电路来源：*Jim Williams and Guy Hoover, Linear Technology, Test 18-bit ADCs with an ultrapure sine-wave oscillator, EDN, August 11, 2011*）。

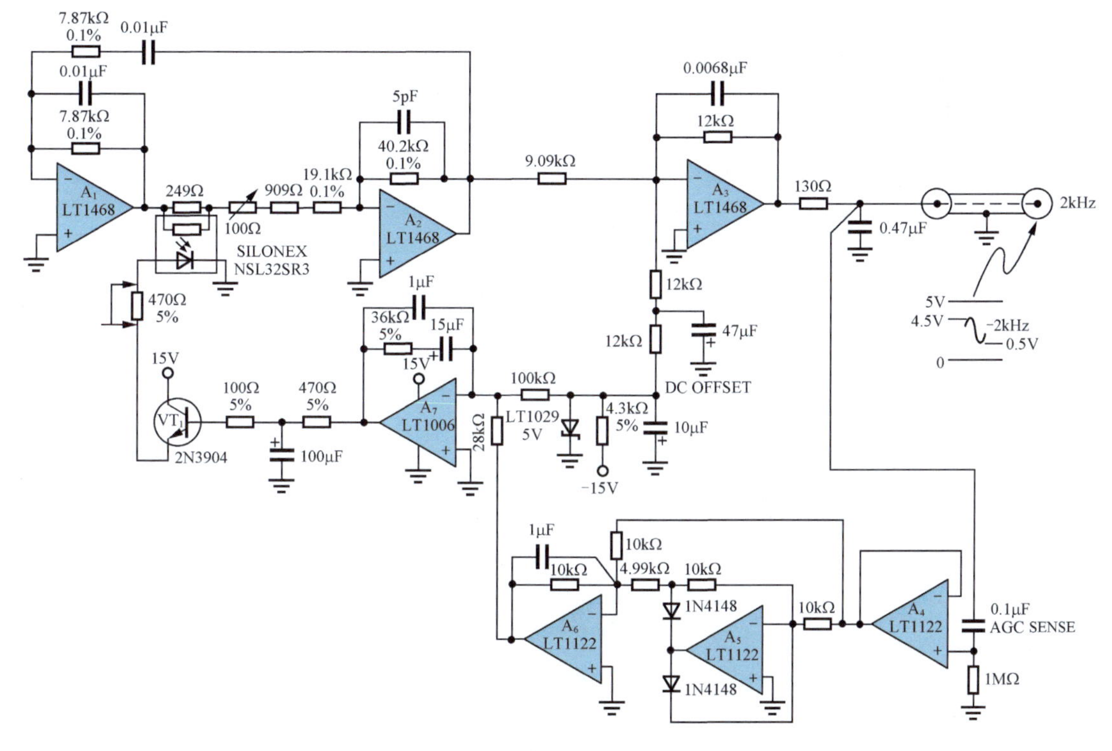

图 9.9 能产生超低失真度的 RC 型正弦波发生器

图 9.9 中由 A_1 和 A_2 组成核心振荡电路，采用了如图 9.7 所示的电路结构，振荡频率约为 2023Hz，其稳幅作用靠与 249Ω 并联的光电器件实现，此为后话。

A_3 实现了如下 3 个功能。

① 提高正弦波的电平，A_2 输出为正负变化的正弦波（双极信号），A_3 电路负责将其提升到 2.5V 上。图 9.9 中中心位置有一个稳压管（LT1029，5V），与（4.3kΩ，5%）电阻配合，实现在 DC OFFSET 点得到 -5V 稳定电压，10μF 电容和紧随其后的 47μF 电容，以二阶低通滤波，降低了贡献给 A_3 负输入端的电压中的高频噪声。注意，A_3 对 DC OFFSET 处的 -5V，实现了 -12kΩ/（12kΩ+12kΩ）=-50% 缩小，因此 A_3 由于 DC OFFSET 的作用而产生的输出为 2.5V。即静态时，A_3 的输出为 2.5V；动态时，A_3 的输出正弦波将骑在 2.5V 上。

② 对 A_2 的输出正弦波实施放大。由图 9.9 可见，其动态增益为 -12kΩ/9.09kΩ=-1.32 倍。

③ 对 A_2 的输出正弦波实施低通滤波。由图 9.9 可见，0.0068μF 并联于 12kΩ 电阻旁，实现了上限截止频率为 $1/2\pi RC$=1951Hz 的低通滤波。它一方面将 A_2 输出中含有的 2 次谐波 4046Hz、3 次谐波 6069Hz 等进一步消除，另一方面也将基波 2023Hz 降幅。

A_3 的输出端串联了一个 130Ω 电阻和一个 0.47μF 电容，也实现了一阶低通滤波，其上限截止频率为 2606Hz，这会进一步降低输出中含有的谐波失真。

而其余那一大堆电路，包括 A_4 ～ A_7、晶体管 2N3904、光电器件 NSL32SR3，都是为稳幅而设计的。此处的稳幅电路也可被称为 AGC 电路。

AGC 主要目的是通过自动改变增益，在输入幅度不同时，得到几乎相同的输出幅度。比如将一个录音笔放在讲台上，如果增益是确定的，那么演讲者与录音笔的距离不同，将录制出不同音量的声音，如果演讲者来回走动，声音就会一会儿大一会儿小，这很不好。而含有 AGC 功能的录音笔则可以在一定范围内，实现录音音量不变的效果——演讲者距离远，就自动增大增益，距离近了，就会自动减小增益，以保持相同的录音音量，这很好。因此，传统的稳幅电路，其实就是一个 AGC 电路。

图 9.9 中，AGC 电路分为由 A_4 组成的 AGC SENSE（感应电路），由 A_5 和 A_6 组成的检波电路，由 A_7 组成的反相交流放大电路，由 470Ω 和 100μF 组成的低通电路，以及 AGC 核心控制 2N3904 和光电管。

（3）电路三

图 9.10 所示电路来自 LT 公司的运放 LT1037 数据手册。它的工作原理与图 9.4 完全一致，它的稳幅电路是靠一个灯丝实现的。图 9.10 中的 LAMP 就是灯丝，是一个具有正温度系数的电阻。很显然，在常温下，R_{LAMP}，也就是灯丝电阻，应该小于 430Ω 的一半，即 215Ω，以使该放大电路具有超过 3 倍的增益，这样自激振荡就发生了，且输出幅度会越来越大。此时，在灯丝上的做功（发热或者发光）将随着输出幅度而增加，导致灯丝温度升高，对于正温度系数来说，温度越高，电阻越大，放大电路的增益会下降并接近 3 倍，最终，一定会使得增益稳定在 3 倍，保持输出幅度不再增大。

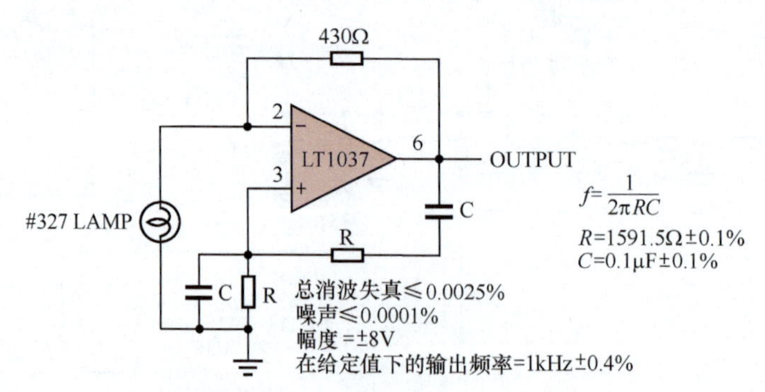

图 9.10　利用灯丝实现的超纯净正弦波发生器

如果有一个负温度系数的电阻，按照理论分析，可以代替图 9.10 中的 430Ω 电阻，也能实现自激振荡的稳幅效果。

9.3 LC 型正弦波发生器

电阻和电容可以实现选频，电感和电容也能。利用电感和电容形成的选频网络，配合晶体管或者运放的放大功能，也可以实现自激振荡，产生正弦波输出。这类电路被称为 LC 型正弦波发生器。它们通常会产生频率较高的正弦信号，但是由于电感、电容受温度影响较大，其频率稳定性和 RC 型一样，也不好。

在实际应用中，设计一个 LC 型正弦波发生器需要考虑很多问题，较为重要的有：起振难度、稳幅、波形失真度等。本书不对此展开，本节仅讲授基本电路原理，重点放在电路是否有可能产生自激振荡的判断上。

◎ LC 并联谐振

将一个理想电感和理想电容并联，其阻抗随频率变化的表达式为：

$$\dot{Z}=\frac{\frac{L}{C}}{\mathrm{j}\omega L+\frac{1}{\mathrm{j}\omega C}}=\frac{\mathrm{j}\omega L}{1-\omega^2 LC} \tag{9-6}$$

$$\left|\dot{Z}\right|=\frac{\omega L}{\left|1-\omega^2 LC\right|} \tag{9-7}$$

$$\varphi=\begin{cases}90^\circ,\omega<\frac{1}{\sqrt{LC}}\\0,\omega=\frac{1}{\sqrt{LC}}\\-90^\circ,\omega>\frac{1}{\sqrt{LC}}\end{cases} \tag{9-8}$$

当且仅当角频率$\omega=\frac{1}{\sqrt{LC}}=\omega_0$时，电感和电容的并联为阻性（无相移），且阻值为无穷大。此时，在它们并联的两端加载该频率的变化电压，则不会有任何电流流进或者流出，而电容上存在电流，电感上也有电流，只是从电感中流出的电流，将会流进电容中。反之，给它们加载该频率的、初相角为 0° 的正弦波电流，则会在 LC 并联组两端产生幅值为无穷大、相移为 0° 的正弦波。这就是 LC 谐振时的奇妙现象。当理想 LC 并联时，其谐振频率为：

$$f_0=\frac{1}{2\pi\sqrt{LC}} \tag{9-9}$$

使用 MATLAB 绘制阻抗图，图 9.11 所示为较为理想情况下的结果：为保证良好的绘图效果，实验中一般给电感串联一个小电阻，设为 0.1mΩ；图 9.12 所示为电感串联 0.1Ω 电阻的结果。可以看出，图 9.11 纵轴已经非常大，阻抗为 10000Ω。理论上，在谐振频率处阻抗可以达到无穷大，而相移为 0°——呈现阻性。

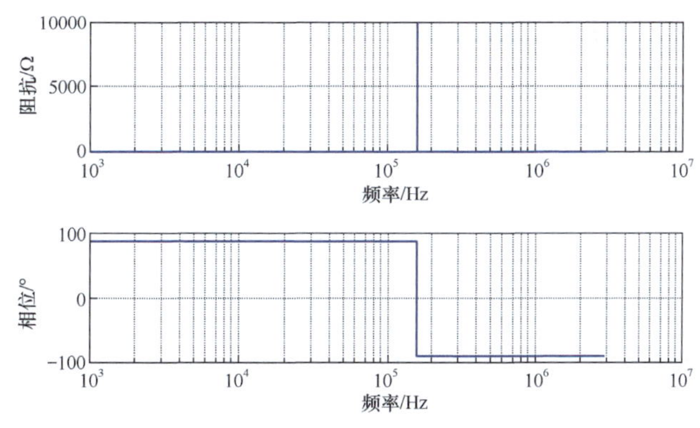

图 9.11　电阻为 0.1mΩ 的阻抗与相位

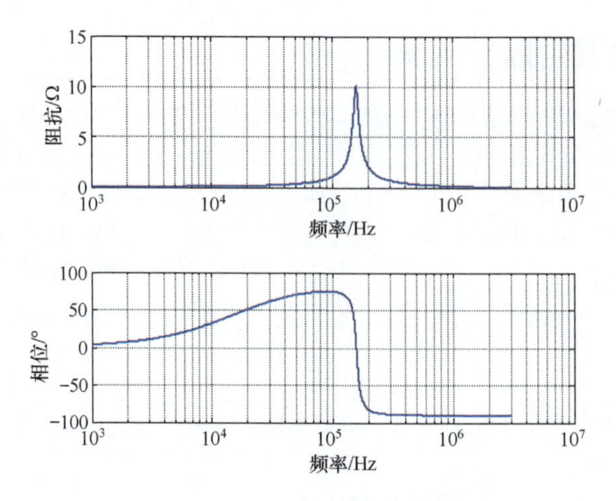

图 9.12　电阻为 0.1Ω 的阻抗与相位

◎ LC 型正弦波发生器基本电路

利用这个现象，将并联电感和电容引入由晶体管组成的共射极放大电路中，取代增益电阻 R_C，可以实现选频放大。如果将其输出送回合适的输入端，则可以形成自激振荡电路。LC 型正弦波发生器如图 9.13 所示。

1）找到环路。如图 9.13 中绿色线所示，由 VF_1 接入晶体管发射极，由发射极到集电极，再由集电极到 VF_1。

2）环路兜圈。在 VF_1 处设置 ⊕，因此发射极为 ⊕。由于晶体管放大电路为共基极电路，发射极输入、集电极输出之间的关系为同相，则集电极为 ⊕。由于电感和电容并联组整体在谐振频率处为一个阻性，则集电极处的 ⊕ 会引起两个电容之间也出现同相的 ⊕，这导致 VF_1 处获得同相的 ⊕。

3）在环路极性法中，如果环路中任意起点设置 ⊕，经过信号传递一圈，回到起点仍是 ⊕，则整个闭环满足自激振荡的相位条件，结论为有可能振荡。至于最终是否能够形成正弦波发射器，还需要满足幅度条件和种子条件，并且还要有合适的稳幅措施。因此，本节仅给出该电路有可能振荡的结论。

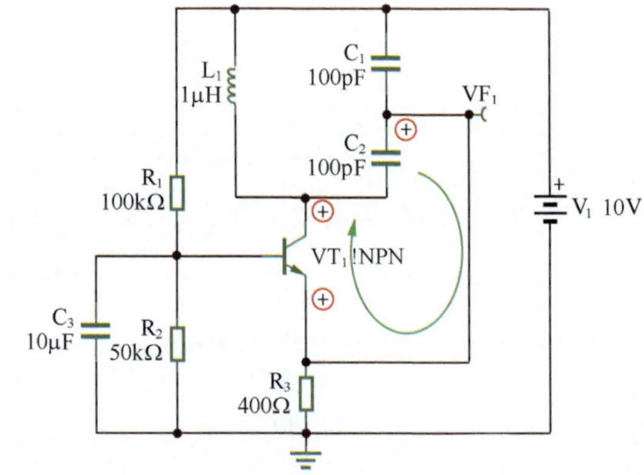

图 9.13　LC 型正弦波发生器

9.4　晶体振荡器

晶体振荡器是利用石英晶体（Quartz Crystal）的压电性质实现的振荡器。

◎石英晶体

石英晶体是一种特殊的石头，俗称水晶，或者水晶石。一些老年人喜欢戴一种石头眼镜，它就是用水晶石做的——它是透明的，坚硬的。石英晶体具有一种特殊的压电性质：沿着一定方向切割的石英晶体，在受到的外界应力改变时，会产生与之相关的电场或电荷，反之，当外部电场发生改变时，它也会产生应力形变。

将天然或者人工制作的水晶石，按照一定的方法切割，并将其封装出两个电极，就形成了电学中常用的晶体，在电子市场可以买到，便宜的不会超过 1 元。将其置于标准电路中，就可以形成具有一定频率的正弦自激振荡，频率大小取决于晶体的出厂频率。图 9.14 所示为它的电路符号和实物照片。注意，石英晶体一定有两个管脚。

深圳市晶科鑫实业有限公司

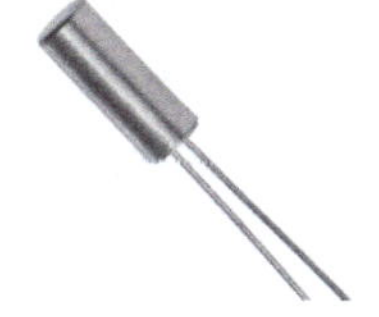

深圳市英利特电子有限公司

图 9.14　石英晶体的电路符号和实物照片

上述 LC 或者 RC 型正弦自激振荡电路的频率受控于电阻、电容、电感值，当温度变化时，电容和电感的变化很大，导致其频率稳定性很差。而用石英晶体制作的振荡器的温度稳定性非常好，这是以石英晶体为核心的振荡器较为突出的优点。

形成石英晶体振荡的标准电路非常多，一般分为模拟系统中的正弦波发生电路和数字系统中的时钟产生电路。以数字系统中的时钟为例，比如手表的核心时钟，或者单片机的主振时钟，一般将石英晶体作为基本振荡部件，最终产生频率确定且非常稳定的方波信号。图 9.15 所示是 PIC16F7X 单片机的时钟产生电路（来自该单片机数据手册），黑框内是 PIC16F7X，它有两个管脚 OSC_1、OSC_2，用户需要选择合适频率的石英晶体 XTAL，配合电路要求的两个电容 C_1 和 C_2（有时还需要增加电阻 R_S），就组成了石英晶体振荡电路，图 9.15 中的“到内部逻辑电路”节点处会产生幅度为电源电压的方波，频率与晶体固有频率相同。

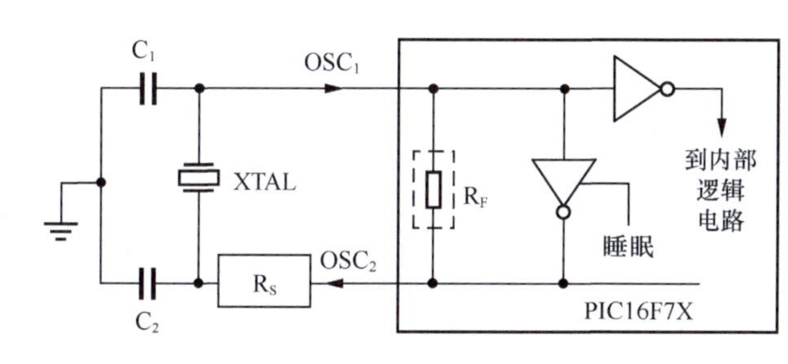

图 9.15　PIC16F7X 单片机的时钟产生电路

◎晶体振荡器

将石英晶体与配套的振荡电路集成到一起，形成一个部件，称之为晶体振荡器（Crystal Oscillator），简称晶振。由于电路需要供电，因此它至少包含 3 个管脚，正电源、地以及频率输出脚。它帮助用户实现了标准振荡电路，方便了用户。

“晶振”这个简称已经被大家广为使用，导致目前在称呼上出现了一些混乱：晶体和晶体振荡器均被称为“晶振”。为了区别，有人将其分为“无源晶振”（其实就是有两个管脚的石英晶体）和“有源晶振”（也就是标准的晶体振荡器）。

实际产品中，多数晶振为 4 脚或者 5 脚封装。图 9.16 所示是广州天马集团有限公司生产的恒温晶振，它有 5 个管脚，分别为正电源输入、地线、输出、压控输入和一个空脚。图 9.16 中标明的 20.000MHz 是指标称频率。

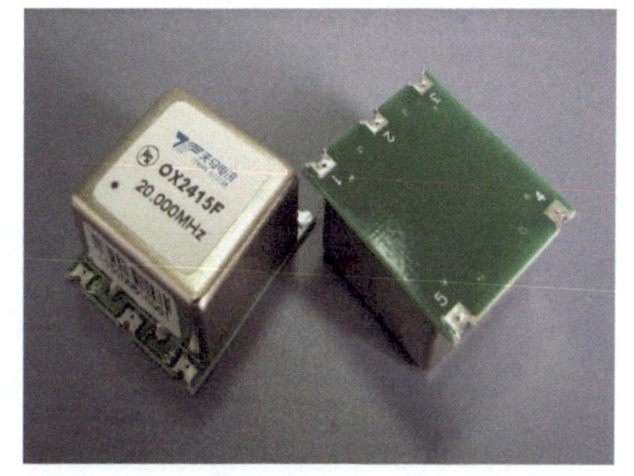

图 9.16　广州天马集团有限公司生产的恒温晶振

◎晶体振荡器的种类

晶体振荡器分为如下几类，各有特点。

（1）标准封装晶振（SPXO）

标准封闭晶振是一个石英晶体和标准电路的组合体，只有 3 个有用管脚，正电源、地以及频率输出脚。它的频率稳定度在全部晶振中是最差的，一般为 50ppm，当然它也是最便宜的。

（2）压控晶振（VCXO）

压控晶振在标准电路中增加以变容二极管（一个电容值受电压控制的器件）为核心的频率微调电路，使输出频率受外部直流电压控制，可以在正 / 负几十 ppm 之间变化。压控晶振具有 VC 控制电压输入脚，因此至少为 4 脚封装。当不对 VC 脚实施有效控制时，它就是一个标准封装晶振。一旦实施控制，压控晶振可以演绎出很多有趣的功能，比如将其应用于锁相环中。

（3）温补晶振（TCXO）

温补晶振在标准电路中增加温度敏感部件，对输出频率实施补偿，以达到输出频率受温度影响小的目的。多数 TCXO 具有压控功能。

（4）恒温晶振（VCXO）

恒温晶振在内部增加加热装置和恒温腔，确保外部温度变化时，内部温度变化很小，以达到输出频率稳定的效果。其稳定性是所有晶振中最优秀的。

多数晶体振荡器具有 100ppm 以下的稳定性。所谓的 ppm，即百万分之一，即 10^{-6}。而 100ppm，其含义是万分之一，即 10000s 可能存在 1s 的差异。用这样的晶振制作的手表，大约 1 天（24h=1440min=86400s）存在 8s 的误差。

高级手表可以做到 100 天内不超过 1s 的差异，也就是大约 0.1ppm。我自己用过 0.1ppm 的晶振，这算是比较优秀的，但是价格相应就贵一些。市场中还有更为准确的，用 ppb 表示，即 10^{-9}。

看起来 1ppb 的晶振已经非常准确了，但是，用它来做时间基准还不行。目前世界上最准的时钟并不是石英晶体，而是铷原子钟或者铯原子钟，其中铯原子钟被用于标准时间产生，它可以做到 2000 年误差不超过 1s。关于最准时钟的研究，目前仍未终止，这是另外一个话题，本书不深入介绍。

10 直接数字合成技术

直接数字合成（DDS）技术，是一种频率合成技术，用于产生周期性波形。理论上，本节应属数字电子技术。但是目前，从低频到上百兆赫兹的正弦波、三角波产生，绝大多数采用 DDS 完成，甚至可以说，真正实用的波形发生器，包括我们买到的信号源，都采用 DDS 实现，上述自激振荡产生正弦波、蓄积翻转产生方波、三角波，在 DDS 面前，正逐渐失去活力。

因此，本节必须介绍 DDS。

10.1 DDS 核心思想

◎总体框架

先假设 DDS 有一个固定的时钟 MCLK，频率为 36MHz，那么每个脉冲的周期为 27.78ns。

一个正弦波的“相位—幅度”表具有足够细密的相位步长，比如 0.01°，那么一个完整的正弦波表就需要 36000 个点，如表 10.1 所示。其中，*N* 为表格中数据点序号；phase 为该点对应的正弦波相位，Am 对应该相位处的正弦波计算值，介于 −1 ～ +1 之间；Data_10 为正弦波计算值转换成 10 位数字量的十进制表示，用一个 10 位 DAC 描述正弦波，sin0° 应为 DAC 全部范围的中心，即 512，sin90° 为最大值 1023，而 sin270° 为最小值 1。

表 10.1　正弦波相位幅度

N	phase/°	Am	Data_10
0	0	0	512
1	0.01	0.0001745	512
2	0.02	0.0003491	512
3	0.03	0.0005236	512
4	0.04	0.0006981	512
5	0.05	0.0008727	512

续表

N	phase/°	Am	Data_10
6	0.06	0.0010472	512
7	0.07	0.0012217	512
8	0.08	0.0013963	512
9	0.09	0.0015708	512
10	0.1	0.0017453	512
11	0.11	0.0019199	512
12	0.12	0.0020944	513
13	0.13	0.0022689	513
14	0.14	0.0024435	513
15	0.15	0.002618	513
16	0.16	0.0027925	513
…	…	…	…
8900	89	0.9998477	1023
8901	89.01	0.9998507	1023
8902	89.02	0.9998537	1023
…	…	…	…
26900	269	−0.999848	1
26901	269.01	−0.999851	1
26902	269.02	−0.999854	1
…	…	…	…
35997	359.97	−0.000524	512
35998	359.98	−0.000349	512
35999	359.99	−0.000175	512

从表 10.1 可以看出，在相位从 0 开始，一直到第 12 个点（即序号 11，相位为 0.11°），虽然正弦波幅度一直在增加，但始终没有增加到全幅度的 1/1024，即 2/1024=0.001953125，因此用 DAC 表达一直为 512，直到第 13 个点（序号 12，相位 0.12°），正弦波计算值为 0.0020944，DAC 才变为 513。这一段的细微变化，即前 100 个点，在图 10.1 中给出。虽然是管中窥豹，但是可以想象，这 36000 个点记录了一个标准正弦波的全部。

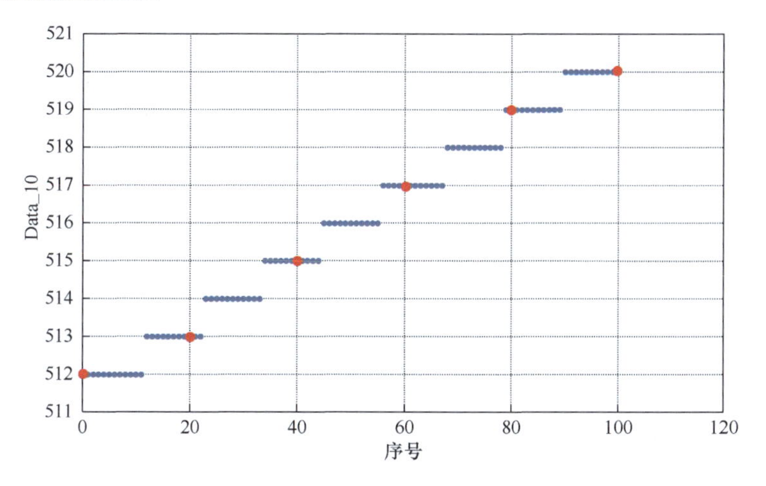

图 10.1　表 10.1 中的前 100 个点

将表 10.1 首尾衔接。假设相位步长为 m=1，则 DAC 以 MCLK 为节拍，依序发作：第 1 个 CLK 时，DAC 输出 N=0 时对应的 DATA_OUT，即 512；第 2 个 CLK 时，DAC 输出 N=1 时对应的 DATA_OUT，也是 512……可以想象，36000 个 CLK 后，一个完整的正弦波被输出一遍。从第 36001 个 CLK 开始，又一次循环开始。如此往复，一个个正弦波接连不断地被发作出来。

现在让我们算一算，发作正弦波的频率是多少？显然，36000 个 CLK 为正弦波的周期，即 1ms，其频率为 1000Hz，表达式为：

$$f_{\mathrm{OUT}}=\frac{1}{T_{\mathrm{MCLK}}\times\frac{N_{\max}}{m}}=\frac{f_{\mathrm{MCLK}}\times m}{N_{\max}}=1000\mathrm{Hz}$$

对上式参量的理解极为重要。其中，T_{MCLK} 为 DDS 主振时钟周期，即 1/36MHz，约为 27.78ns；$N_{\max}$ 为表格总点数；m 为循环增加中的步长，如果 m=1，则意味着对表格一个不落地扫一遍，如果 m=2，则意味着隔一个扫一遍。m 越大间隔越大，扫完需要的时间越短。那么，$\frac{N_{\max}}{m}$ 就代表完成一次表格的全扫描需要的动作次数。

DDS 的核心思想就建立在上式上。改变步长 m，就可以改变输出频率。

1）当 m=1 时，输出最低频率，即：

$$f_{\mathrm{OUT\_min}}=\frac{1}{T_{\mathrm{MCLK}}\times\frac{N_{\max}}{m_{\min}}}=\frac{f_{\mathrm{MCLK}}\times m_{\min}}{N_{\max}}=1000\mathrm{Hz}$$

2）每当 m 增加 1 时，输出频率增加 Δf_{OUT}，这也是 DDS 能够提供的最小频率分辨率。

$$\Delta f_{\mathrm{OUT}}=\frac{f_{\mathrm{MCLK}}\times\Delta m}{N_{\max}}=1000\mathrm{Hz}$$

3）若 m 增加到表格总点数 $N_{\max}$ 的 1/1800，即 20，说明每次 DAC 发作，会跳过表格中的 20 个点，或者说扫完正弦波全表（表 10.1），只需要 1800 个点。此时，样点变化规则如图 10.1 中的红色圆点所示。可以算出，这样输出正弦波的频率应为：

$$f_{\mathrm{OUT}}=\frac{1}{T_{\mathrm{MCLK}}\times\frac{N_{\max}}{m}}=\frac{f_{\mathrm{MCLK}}\times m}{N_{\max}}=20000\mathrm{Hz}$$

图 10.2 所示是 3 种 m 获得的 3 种正弦波，分别是 m=1、m=30、m=300，可以看出随着 m 的增大，输出频率也在同比例增加。

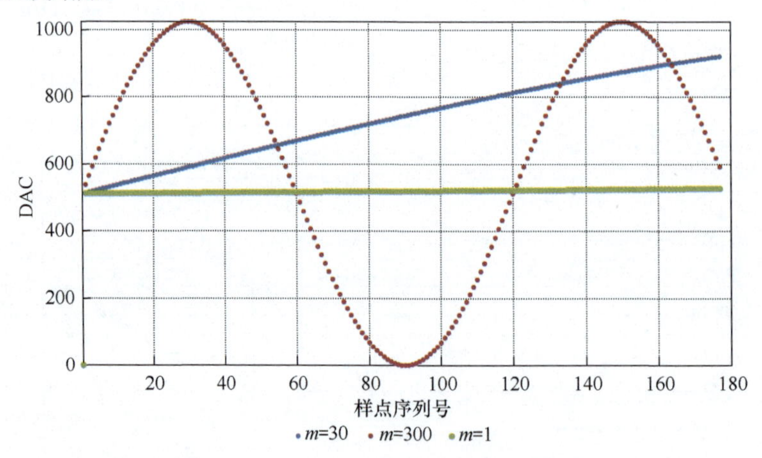

图 10.2　3 种 m 获得的 3 种正弦波

4）若 m 增大到表格总点数 $N_{\max}$ 的 1/4，即 9000，说明只需要 4 个点就可以扫完正弦波全表，此时 DAC 输出的正弦波已经不再是正弦波，而是一个标准的三角波了，该波形只有 4 个相位点，分别是 0°、90°、180°、270°。

注意，可以算出此时的频率是 9MHz。但是，实际上 m 还可以更大，达到 18000，即每次增长 180°。如果第一个点为 90°，第二个点为 270°，第三个点为 450°（也就是 90°），就能发出满幅度三角波。理论上，按照奈奎斯特定律，每个正弦波有两个点以上，就可以发作出正弦波。

5）特别关键的是，样点总数除以 m 不等于整数可以吗？答案是可以。为了清晰地显示，我们假设两种情况，m=40，它可以被 36000 除尽，为 900，即只需要 900 个点就可以扫描完正弦波全表；m=41，不能被 36000 除尽，为 878.0487804878…由此得到两组数据，如表 10.2 所示。

表 10.2　m=40 和 m=41 时的 DDS 工作数据

DAC 发作样点序列号	m=41		m=40	
	当前相位 /°	对应 DAC	当前相位 /°	对应 DAC
878	359.98	512	351.2	434
879	360.39	515	351.6	438
880	360.8	519	352	441
881	361.21	522	352.4	445
882	361.62	526	352.8	448
883	362.03	530	353.2	452
884	362.44	533	353.6	455
885	362.85	537	354	459
886	363.26	541	354.4	463
887	363.67	544	354.8	466
888	364.08	548	355.2	470
889	364.49	552	355.6	473
890	364.9	555	356	477
891	365.31	559	356.4	480
892	365.72	563	356.8	484
893	366.13	566	357.2	487
894	366.54	570	357.6	491
895	366.95	573	358	495
896	367.36	577	358.4	498
897	367.77	581	358.8	502
898	368.18	584	359.2	505
899	368.59	588	359.6	509
900	369	592	360	512
901	369.41	595	360.4	515

可以看出，对于 m=40 的情况，序列号 900 的相位为 360°，即重新开始发出一个正弦波。它的周期为：

$$f_{\mathrm{OUT}}=\frac{1}{T_{\mathrm{MCLK}}\times\dfrac{N_{\max}}{m}}=\frac{f_{\mathrm{MCLK}}\times m}{N_{\max}}=40000\mathrm{Hz}$$

而对于 m=41，序列号 878 的相位为 359.98°，属于第一个周期，序列号 879 的，相位为 360.39°，开始一个新周期，但是起点不再是 0°，而是 0.39°。这样，它的每个正弦波与紧邻的另一个正弦波的相位是不同的。但是，这丝毫不会影响总体上呈现出如下频率。

$$f_{\mathrm{OUT}}=\frac{1}{T_{\mathrm{MCLK}}\times\dfrac{N_{\max}}{m}}=\frac{f_{\mathrm{MCLK}}\times m}{N_{\max}}=41000\mathrm{Hz}$$

m=40 和 m=41 得到的正弦波如图 10.3 所示。你能看出 41kHz 正弦波的第二个周期与第一个周期有什么不同吗？你根本看不出。

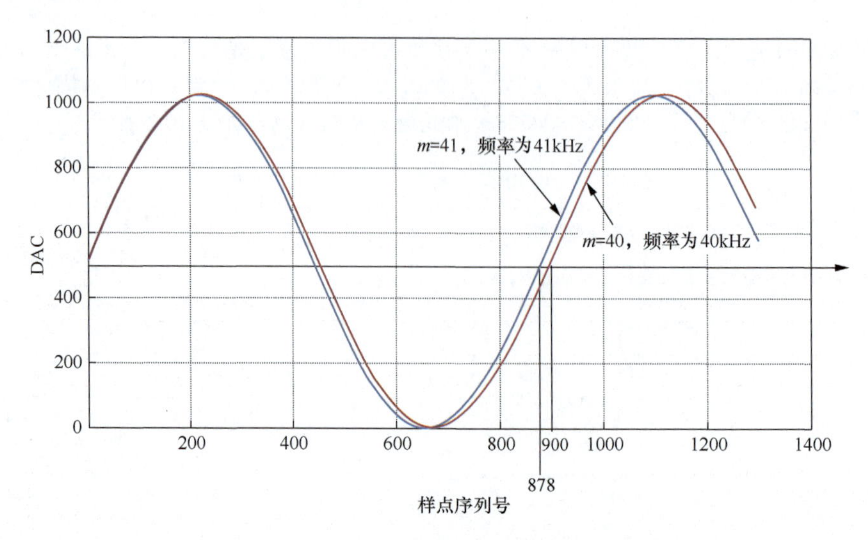

图 10.3　m=40 和 m=41 得到的正弦波

◎ DDS 内核组成

前面以 36MHz 主振频率、36000 个相位表点为例，介绍了 DDS 工作原理，其主频不高，样点不多。现在介绍实际的 DDS。

DDS 技术的核心由相位累加器 PA、相位幅度表和 DAC 组成。以一个 28 位数的相位累加器为例，它可以计数 0 ～ 2^{28}，或者说，它的相位表点数为 2^{28}=268435456 点，远比 36000 个相位表点多得多，这说明实际的 DDS 在相位分辨上比上述举例更加细密。

使用者需要输入一个计数步长 *m*，当然 *m* 一定要小于 2^{28}，此后外部时钟 MCLK 每出现一个脉冲，PA 就完成一次累加。如图 10.4 所示，红色秒针以 *m* 为步长，逆时针旋转，它完成一个周期 360° 的旋转，需要的时间为：

$$T_{\text{out}}=\frac{2^{28}}{m}\times T_{\text{MCLK}} \tag{10-1}$$

而红色秒针完成一个周期 360° 的旋转，正好输出一个完整周期的正弦波，因此，正弦波频率为：

$$f_{\text{out}}=\frac{m}{2^{28}}\times f_{\text{MCLK}} \tag{10-2}$$

当 *m* 取 1 时，可以得到最低输出频率。

$$f_{\text{out\_min}}=\frac{1}{2^{28}}\times f_{\text{MCLK}} \tag{10-3}$$

理论上，当 *m* 取 2^{27} 时，可以得到最高输出频率。

$$f_{\text{out\_max}}=\frac{1}{2}\times f_{\text{MCLK}} \tag{10-4}$$

m 每增加 1，就会使输出频率获得一个增量，即最小输出频率：

$$\Delta f_{\text{out}}=\frac{1}{2^{28}}\times f_{\text{MCLK}} \tag{10-5}$$

图 10.4 中，内部相位累加器具有 28 位，而外部相位累加器则不需要如此精细，一般仅需要 14 位。这就像你干活挣钱，每件可以挣 1 分，第一天干了 272851 件，折合 272.851 元；第二天干了 291237 件，折合 291.237 元，这可以精细计数，但到了发工资的时候，一个月累计 6164.875 元，可能你会得到 6164.9 元，就不需要如此精细了，因为这种精细是需要成本的：图 10.4 中的相位幅度正弦表是靠存储器实现的，存储器数量太多，自然会导致 DDS 芯片成本升高。

而将累加器做成 28 位，仅仅是多几个级联的计数器而已。

另外，对于 DDS 而言，输出正弦波采用的 DAC 也不需要过高位数，多数为 10 位，也有 14 位的。

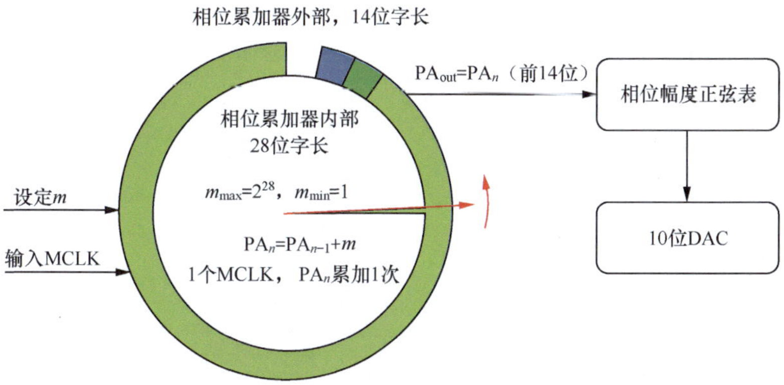

图 10.4　DDS 工作原理

为了用户使用方便，DDS 内部还具有相位失调寄存器，可以让 DDS 输出从某个规定相位开始。具体的 DDS 内核组成还应以具体芯片为准，不赘述。

◎ DDS 技术的优势

DDS 技术的优势在于可以发出从极低频率到极高频率范围的正弦波，且频率增量极低。以 AD9834 为例，它具有 28 位的超精细相位累加器，可承受最高 75MHz 的 MCLK，因此，在 75MHz 主振情况下，它的最小频率分辨率为 0.279Hz，可以发出 0.279 ～ 37.5MHz、频率步长为 0.279Hz 的正弦波。至于输出频率到底是多少，完全取决于使用者设置的 m。

在 DDS 核心技术中，可以实现如下功能。

1）可以精细选择输出频率，实现从低到高的频率选择。

2）可以快速跳频，且能够保证相位连续（这在模拟信号发生器中是难以实现的）。

3）可以实现正交输出和相位设置。

4）可以实现正弦波、三角波，配合比较器可以实现同频同相方波输出。

◎ DDS 技术的弊端

在发出高质量正弦波方面，DDS 技术无法实现超低失真度，这是其最大的弊端。

首先 DDS 技术中采用的 DAC 最高为 14 位，其积分非线性不可能做到很小。其次，其 DAC 一般采用普通 DAC，没有为降低失真度做出更多的考虑。

对于目前的 DDS 实现的正弦波输出，失真度一般只能实现 -80dB 左右。

10.2 常用 DDS 芯片

◎ DDS 列表

前面介绍了 DDS 的核心思想，在此核心思想基础上，ADI 公司生产了多种 DDS 芯片。本书以 ADI 官网提供的表格为基础，对某些明显错误进行了修改，如表 10.3 所示。

表 10.3　ADI 公司生产的部分 DDS

型号	通道	主振频率	DAC 分辨率	字宽	时钟倍频	接口	顺从电压 /V	供电	功耗 /W	单价 / 美元
AD9914	1	3500	12	32	Yes	Parallel	0.5	Single(+1.8); Single(+3.3)	2.39	135.58
AD9915	1	2500	12	32	Yes	Parallel	0.5	Single(+1.8); Single(+3.3)	2.24	108.38
AD9910	1	1000	14	32	Yes	Parallel	0.5	Single(+1.8); Single(+3.3)	0.715	35.33
AD9912	1	1000	14	48	Yes	Serial	0.5	Multi(+1.8; +3.3)	0.637	37.70
AD9858	1	1000	10	32	Yes	Parallel	3.8	Multi(+3.3; +5)	2.5	45.66

续表

型号	通道	主振频率	DAC 分辨率	字宽	时钟倍频	接口	顺从电压 /V	供电	功耗 /W	单价 / 美元
AD9911	1	500	10	32	Yes	Serial	1.8	Single(+1.8)	0.351	15.69
AD9958	2	500	10	32	Yes	Serial	2.3	Multi(+1.8; +3.3)	0.42	20.48
AD9959	4	500	10	32	Yes	Serial	2.3	Multi(+1.8; +3.3)	0.58	37.59
AD9951	1	400	14	32	Yes	Serial	2.05	Multi(+1.8; +3.3); Single(+1.8)	0.171	13.90
AD9953	1	400	14	32	Yes	Serial	2.05	Multi(+1.8; +3.3); Single(+1.8)	0.171	14.92
AD9952	1	400	14	32	Yes	Serial	2.05	Multi(+1.8; +3.3); Single(+1.8)	0.171	15.68
AD9956	1	400	14	48	No	Serial	2.3	Multi(+1.8; +3.3)	0.4	17.45
AD9954	1	400	14	32	Yes	Serial	2.05	Multi(+1.8; +3.3); Single(+1.8)	0.22	17.45
AD9859	1	400	10	32	Yes	Serial	2.05	Multi(+1.8; +3.3)	0.171	10.97
AD9852	1	300	12	48	Yes	Parallel	1	Single(+3.3)	3.2	22.77
AD9854	2	300	12	48	Yes	Parallel	1	Single(+3.3)	4.2	25.81
AD9913	1	250	10	32	Yes	Serial	0.8	Single(+1.8)	0.098	9.77
AD9857	1	200	14	32	Yes	Parallel	1	Single(+3.3)	2	17.31
AD9856	1	200	12	32	Yes	Parallel	1.5	Single(+3)	1.6	17.19
AD9851	1	180	10	32	Yes	Parallel	1.5	Single(+3); Single(+3.3); Single(+3.6); Single(+5)	0.65	13.56
AD9850	1	125	10	32	No	Parallel	1.5	Single(+3.3); Single(+5)	0.48	12.14
AD9834	1	75	10	28	No	Serial	0.8	Single(+2.3 to +5.5); Single(+2.5); Single(+2.7)	0.04	5.01
AD5832	1	50	10	24	No	Serial		Single(+2.3 to +5.5)	0.04	4.15
AD9835	1	50	10	32	No	Serial	1.35	Single(+5)	0.2	5.82
AD5930	1	50	10	24	No	Serial	0.8	Single(+2.3 to +5.5)	0.04	6.38
AD9830	1	50	10	32	No	Parallel	1	Single(+5)	0.3	11.08
AD9833	1	25	10	28	No	Serial	0.65	Single(+2.3 to +5.5); Single(+2.5); Single(+2.7)	0.0275	4.00
AD9832	1	25	10	32	No	Serial	1.35	Single(+3.3); Single(+3.6); Single(+5)	0.12	5.06
AD9831	1	25	10	32	No	Parallel	1.5	Single(+3.3); Single(+3.6); Single(+5)	0.12	6.33
AD5934	1	16.776	12	27	No	Serial		Single(+2.7); Single(+5)	0.05	4.40
AD5933	1	16.776	12	27	No	Serial		Single(+5)	0.05	6.73
AD9837	1	16	10	28	No	Serial	0.8	Single(+2.3 to +5.5)	0.0085	1.65
AD9838	1	16	10	28	No	Serial	0.	Single(+2.3 to +5.5)	0.011	2.10

◎ AD9833

AD9833 是一款 10 脚微型小外形封装（MSOP）的低功耗 DDS，在 2.3V 供电时功耗低至 12.65mW，其名称为“可编程波形发生器”（Programmable Waveform Generator），如图 10.5 所示。它可以发出正弦波、三角波、方波，频率范围为 0.1Hz ～ 12.5MHz。

它采用串行外设接口（SPI）与主控处理器连接，无须外部元件就可以产生波形。它的价格也不高，是产生几兆赫兹以内的正弦波的理想选择。

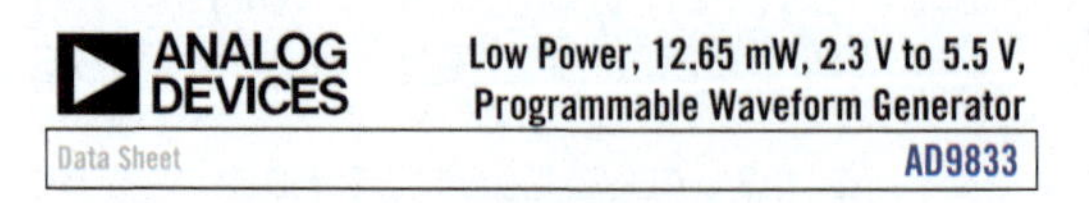

图 10.5　AD9833 数据手册截图

AD9833 内部结构如图 10.6 所示。其中，$FREQ_0$ 和 $FREQ_1$ 是两个频率寄存器，由外部处理器通过 SPI 写入，内容其实就是上述相位步长 m，此值越大，输出频率越高。之所以有两个，是为了方便双频切换。随后的 28 位相位累加器是核心，无须多说，每一个 MCLK 完成一次递增 m 的操作。随后是一个加法器，完成相位失调量的介入，它代表的是波形的初相角。相位失调量也存在于两个寄存器 $PHASE_0$ 和 $PHASE_1$ 中，选择一个执行。

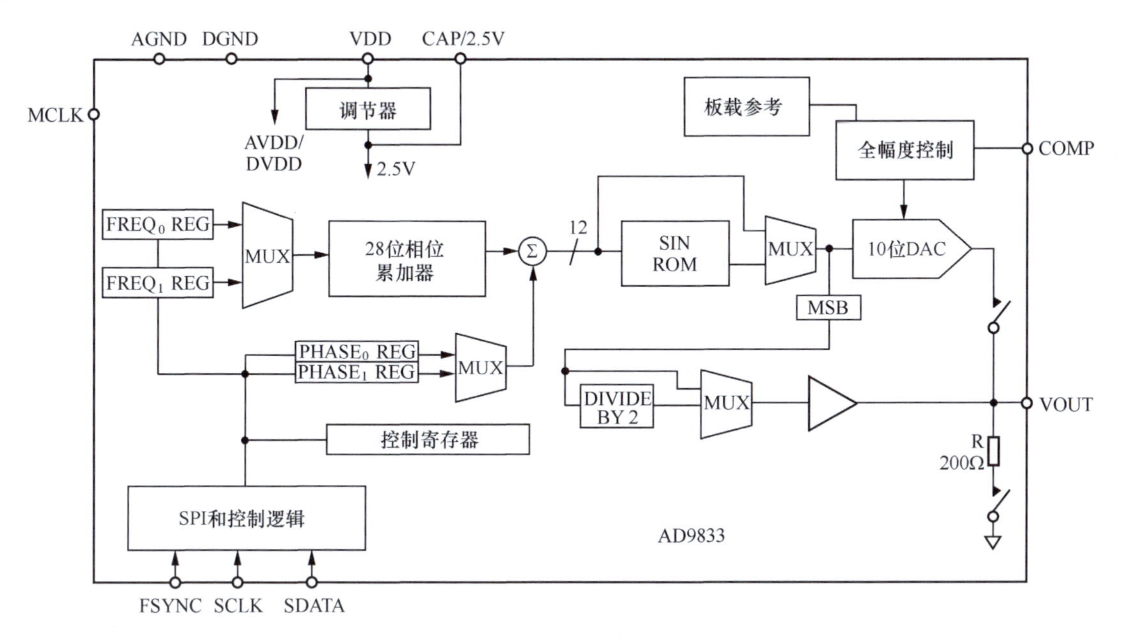

图 10.6　AD9833 内部结构

随后将加法器的结果（代表当前相位）的高 12 位提供给正弦波查找表 SIN ROM，并作为地址，读取其内容，即正弦波在该相位处的幅度，并提供给 10 位 DAC，产生对应的电压输出。

其他部分就更简单了，不赘述。

10.3　DDS 的外围电路

对于 DDS 芯片来说，其外围电路分为供电、时钟源、处理器接口、输出环节。其中前 3 个部分与一般数字模拟混合电路要求一致，本节重点讲述其输出环节。

DDS 的内部 DAC 产生的波形输出分为两种，第一种是电压输出，第二种是互补电流输出。

直接输出电压的，一般无须过多处理即可使用。以 AD9833 为例，图 10.6 中，DAC 为单端电流输出型的，内部的200Ω 电阻可以将其变为电压输出。但需要注意，此输出信号具有200Ω 的输出电阻，外接负载时要考虑这点。

输出电流的，则要经过用户设定的外部电阻将电流转变成电压。这类输出一般具备互补型的电流输出，即有两个管脚 I_{OUT} 和 I_{OUTB}，以 125MHz 主振、32 位相位累加器的 AD9850 为例，其内部结构如图 10.7 所示，从这两个管脚流出的电流始终满足：

$$I_{OUT} + I_{OUTB} = I_{FS} \tag{10-6}$$

其中，I_{FS}为满幅度输出电流，一般由用户连接的外部电阻R_{SET}决定。对于AD9850来说，当外部电阻为3.9kΩ时，其满幅度输出电流为10mA；对于AD9834来说，当外部电阻为6.8kΩ时，其满幅度输出电流为3mA。

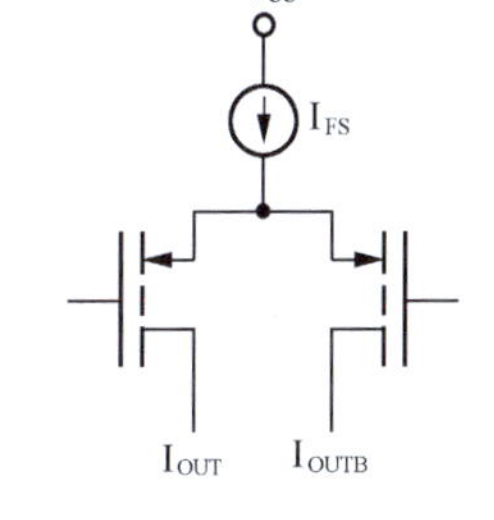

图 10.7　DDS 的电流输出

这样的结构使两个管脚输出成为相差 180° 的差分信号，利于后级使用。

用一个电阻就可以将电流信号转变成电压信号，图 10.8 所示是 AD9834 的输出端电路，其满幅度输出电流为 3mA，而其输出脚的顺从电压不得超过 0.6V，则电阻最大为 200Ω，图 10.8 中确实使用了一个 200Ω 的 R_5，将 I_{OUT} 转变成小于或等于 0.6V 的输出电压，用一个 200Ω 的 R_6 将 I_{OUTB} 转变成小于或等于 0.6V 的输出电压。

图 10.8 中的 C_{11}（DNI，没有安装）和 C_{12} 与对应的 200Ω 电阻起到低通滤波作用，以消除 DAC 台阶输出引起的高频分量，其上限截止频率为：

$$f_H = \frac{1}{2\pi R_5 C_{12}} = 7.96\text{kHz}$$

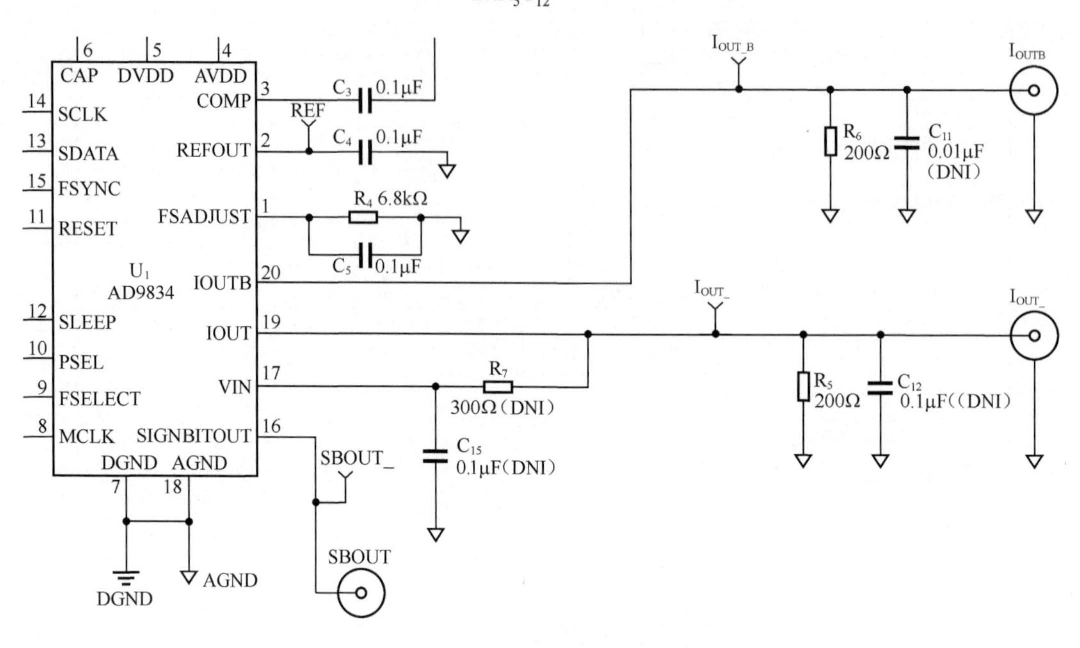

图 10.8　AD9834 的输出端电路

显然，如果电容 C_{11} 被安装上，则 AD9834 的正弦输出频率不会超过此截止频率。

如果要在输出端实施更为有效的低通滤波，一般会采用无源的 LC 型椭圆滤波器，多数高速 DDS 提供了五阶或者七阶椭圆滤波器电路。图 10.9 所示是 AD9851 数据手册中的输出端电路——由芯片生产厂商提供的，经过验证能够较好表现芯片性能的成品电路。如果图 10.9 中的 E_6 节点和 E_5 节点不连接，则 I_{OUT} 经过 R_{12} 变为电压，从 J_7 输出。如果 E_6 和 E_5 连接，则动用了板载（On Board）椭圆滤波器，由 R_6、R_7、C_{11} ～ C_{17}、L_1 ～ L_3 组成，为 70MHz 七阶椭圆低通，其输出变为 E_3 端子。

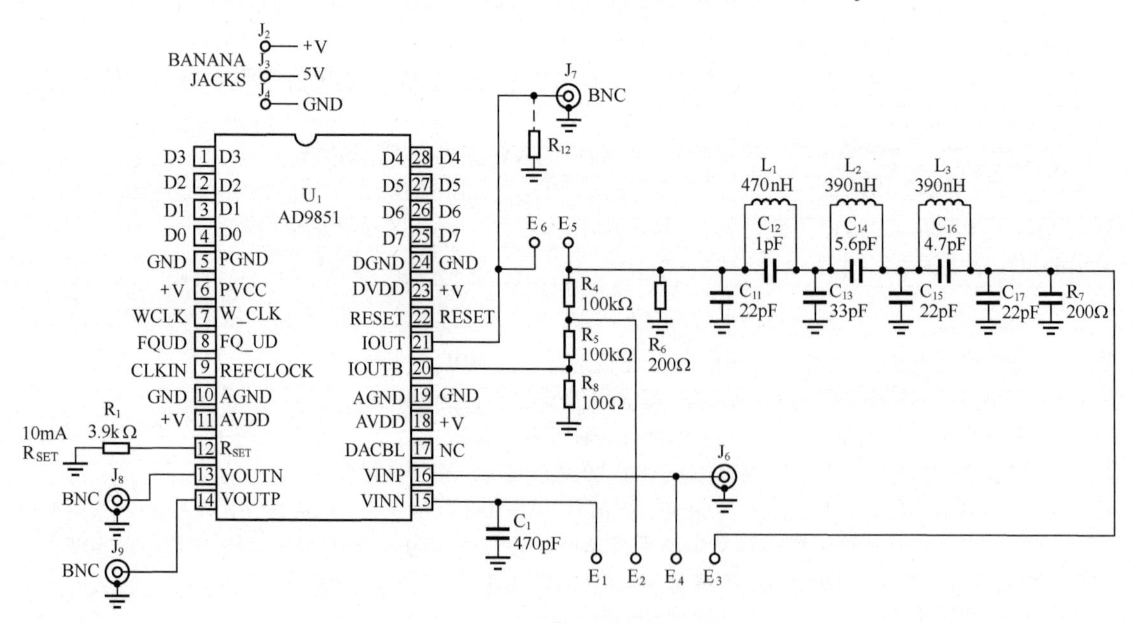

图 10.9　AD9851 的输出端电路

顺便说明，图 10.9 中 R_8 用于将电流变为电压，而 R_4 和 R_5 则是为了获得两个输出电压的均值，是为比较器输入做准备的。

AD9850 的输出端电路如图 10.10 所示，椭圆滤波器为 42MHz 的五阶低通。

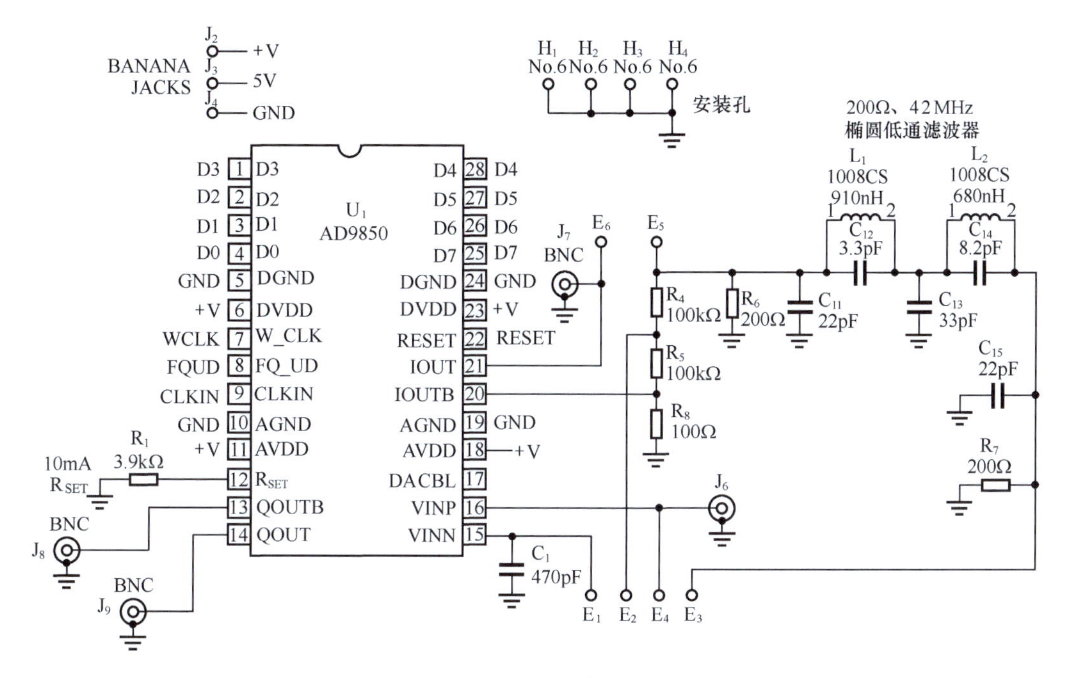

图 10.10　AD9850 的输出端电路

11 线性稳压电源

线性稳压电源、开关稳压电源都能将 220V 交流电转变成低压直流电。多数情况下，我们在实验室做模电实验时，使用的都是线性稳压电源——一个挺沉的四四方方的设备；而我们给手机充电的充电器绝大多数是开关稳压电源。

开关稳压电源内部使用高频变压器，体积小、重量轻，使用的金属少。它的优点是效率高、成本低，缺点是输出纹波较为严重。其主要用于对输出电压纹波要求较小、对效率和成本要求较高的场合。

线性稳压电源内部使用大功率的低频变压器，绕那么多铜线，又笨又沉，还很贵。它的优点是输出电压纹波很小，缺点是效率低、成本高。

另外，线性稳压电源的电路结构非常简单。

11.1 线性稳压电源结构

◎总体结构

线性稳压电源结构如图 11.1 所示，包括变压器、整流电路、滤波电路以及稳压电路。其中稳压电路比较复杂，图 11.1 仅用一个方框给出。

◎整流环节

变压器部分比较清晰，本书不介绍。由 4 个整流二极管组成的桥式整流的电流走向如图 11.2 所示。图 11.2 中为了表明电流流向，用一个电阻模拟整流电路后级的负载。在交流电的正半周，电流流向如图 11.2（a）所示，交流电的负半周如图 11.2（b）所示，可以看出，无论正半周还是负半周，流过模拟电阻的电流方向都是相同的，均为从上向下流——这就实现了双向转单向的整流作用。

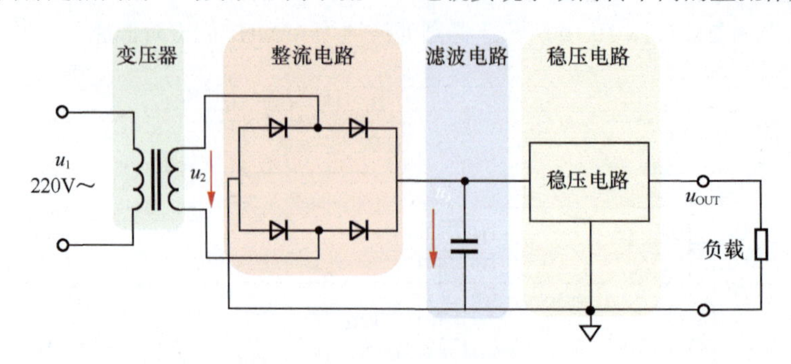

图 11.1　线性稳压电源结构

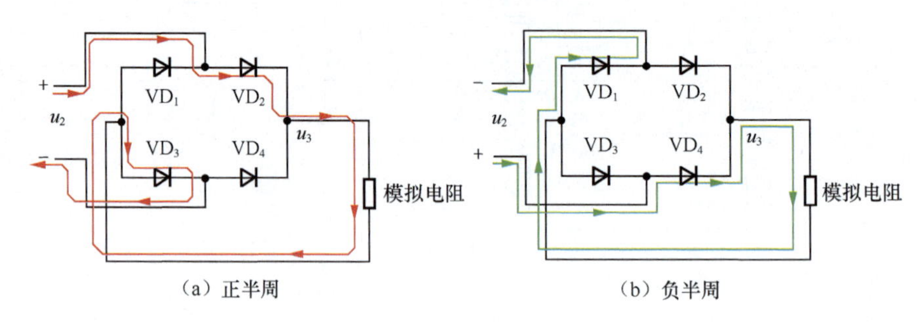

图 11.2　桥式整流的电流走向

无论是正半周还是负半周，均有两个二极管导通，此时，负载上获得的电压 u_3 等于原输入端电压 u_2 减去两个二极管导通压降 1.4V。整流输入和输出的差值电压波形如图 11.3 所示。注意，图 11.3 中特别标注这是差值电压，这是因为两个电压的参考电位点是不相同的。

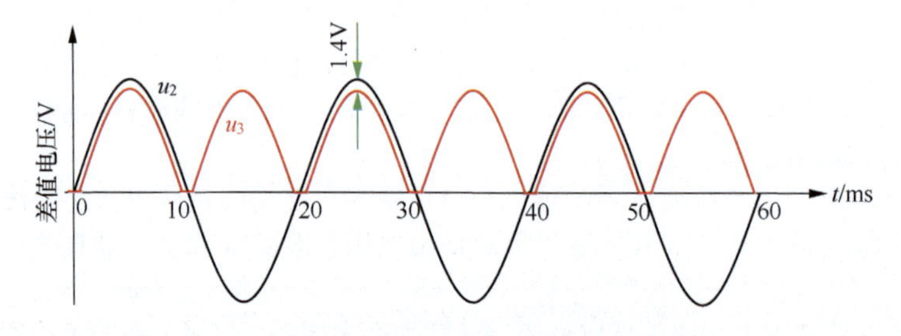

图 11.3　整流输入和输出的差值电压波形

◎滤波环节

理论上说，红色的 u_3 波形虽然是波动的，但已经属于直流电压。可是，这并不是我们期望的直流电压，我们期望的应该是始终不变化的一个稳定电压。因此我们要消除这种被称为“纹波”的电压波动。

消除纹波的第一步是滤波。一个无源低通滤波器可以保留直流分量，滤除或者减少波动成分。因此，通过增加一个大电容对地，实施滤波，如图 11.4 所示。

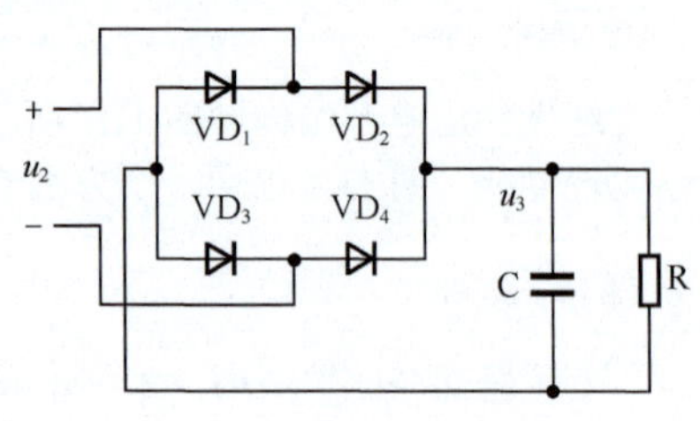

图 11.4　整流滤波电路

无滤波和有滤波电压波形如图 11.5 所示，图 11.5 中的绿色曲线是经过电容滤波后的波形，原交流电是 50Hz 的，周期为 20ms，经过整流电路后，正 / 负半周一样了，因此没有滤波的红色波形的周期为 10ms。其滤波过程如下。

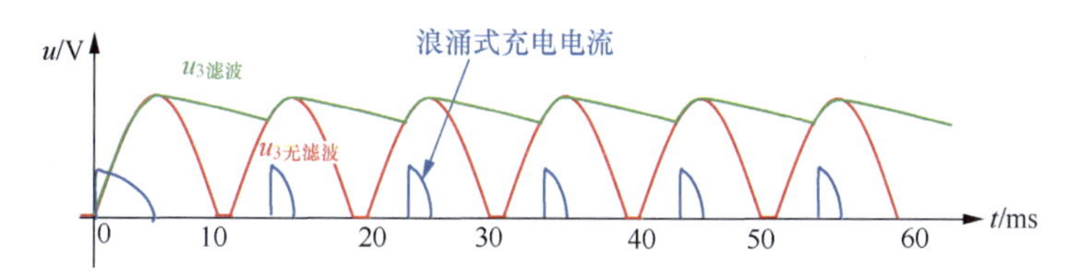

图 11.5　无滤波和有滤波电压波形

在 0 ～ 5ms，原输入电压正半周上升阶段，电容被充电，此时充电电阻为变压器副边等效串联电阻加上两个二极管的导通电阻，相对较小，因此绿色的滤波后波形将与滤波前的红色波形重叠。5ms 后，原输入电压处于正半周下降阶段，此时电容开始放电，通过二极管是无法放电的，只能通过模拟负载放电。一般来说，模拟负载的电阻值是较大的，因此放电会慢一些，5 ～ 13ms 将是一个缓慢放电过程。在 13ms 附近，原输入电压高于电容电压 1.4V，又开始给电容充电，13 ～ 15ms 是一个短暂的充电期，以后每个周期都是重复的。我们得出如下两个结论。

1）对于经过电容滤波的绿色波形，其波动量确实小于滤波之前的红色波形。滤波起到了减小纹波的作用。

2）负载电阻越小（即负载越重），放电越快，纹波越大。滤波电容越大，放电越缓慢，纹波越小。

一个直流稳压电源做好以后，其负载是变化的，是谁也不能确定的。为了避免负载过重带来的纹波增大，适当增大滤波电容，是有效果的。一般来说，这类电源中的滤波电容都是千微法数量级的。

但是，任意增大电容，可能造成二极管被烧毁。原因如下。

大家注意，图 11.5 中蓝色的波形是充电电流，它是浪涌式的。在负载消耗电能不变的情况下，我们可以看出，全部的负载消耗能量均来源于给电容的充电——消耗多少，就充多少。当电容增大后，可以看出放电更加缓慢，第二次的充电开始将不再是 13ms 处，而是 14ms，甚至 14.5ms，由此充电时间段将被缩小，即蓝色波形将变得很窄，在如此短的时间段内要完成相同的电荷充电，就需要更大的充电电流，即更大的浪涌电流峰值。

充电电流的无限制增加必然烧毁充电电流流过的二极管。

选择多大的电容合适呢？工程上有如下说法。

1）电容取值无穷大时，放电几乎不存在，因此绿色的 u_3 滤波后波形将变成一条直线。此时，滤波后波形的电压平均值 U_{3AVR} 为：

$$U_{3AVR} \approx 1.414U_2 \tag{11-1}$$

其中，U_2为原输入电压u_2的有效值——忽略了两个二极管的1.4V。

2）电容取值无穷小时，没有滤波，因此绿色的 u_3 波形与红色的无滤波波形重叠。此时，u_3 波形的电压平均值 U_{3AVR} 为：

$$U_{3AVR} = \frac{1}{\pi}\int_0^{\pi}\sqrt{2}U_2\sin(\omega t)\mathrm{d}(\omega t) = \frac{2\sqrt{2}U_2}{\pi} \approx 0.9U_2 \tag{11-2}$$

3）工程上建议取合适的电容，使下式成立。

$$U_{3AVR} \approx 1.2U_2 \tag{11-3}$$

◎稳压环节

经过滤波，我们得到了图 11.5 中绿色的电压波形，它看起来已经很像一个直流稳压电源的输出波形。我小时候就经常用这种电源，俗称稳压器，大约 10 元钱就能买一个，里面就是一个可选分压比的变压器、4 个二极管和一个大电容。

把这样一个未经稳压的“稳压器”插到 220V 交流电插板上，其输出可以给一些由电池供电的设备供电，比如录音机、收音机等。用这家伙，可比买电池划算多了。

但是这种“稳压器”存在较大的纹波，导致在听录音带的时候，能够听到基波频率为 100Hz 的所谓“交流声”，嗡嗡的。这搞得我们很头疼——能用，但不舒服。给这个输出增加一个实实在在的稳压环节，就可以降低纹波，消除交流声。怎么做呢？用一个稳压管？如图 11.6 所示，这种一个电阻加一个稳压管的方式存在很多问题，我们在后面细讲。在图 11.1 中，我们仅用一个方框来表示稳压电路，就说明它不会如此简单。

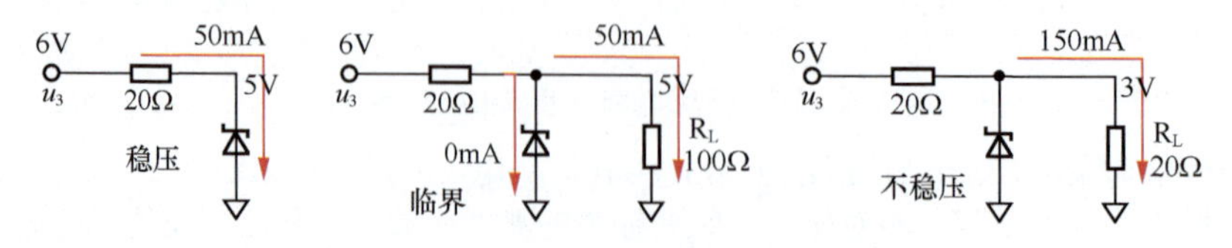

图 11.6　简单稳压电路难以正常工作

这部分电路用第 11.2 节讲述的串联型稳压电路实现。

11.2 串联型稳压电路

要实现稳压电路，必须明确如下要求。

1）输入为 u_3，它是波动的，其最小值为 U_{3min}，假设为 10V；其最大值为 U_{3max}，假设为 12V。

2）要求输出电压 u_{OUT} 是稳定的，几乎没有波动，假设为 5V。

3）能够输出足够大的电流。

4）效率尽量高。

5）最好可以方便地调节输出电压。

回头再看看图 11.6，就可以发现其中存在很多问题。

当它不带负载时，一切都很好，如图 11.6 左图所示。但是，一旦要带负载，负载消耗的电流是从稳压管击穿电流中夺取的。因此，如果负载要消耗 100mA 电流，那么稳压电路在没有接入负载前，就应该让稳压管击穿于至少 100mA 处。换句话说，负载消耗的功率有多大，稳压管就应该在空载时浪费多大功率。第一，这样效率很低；第二，一个小个头的稳压管要消耗与录音机相同的功率，会有很大的热量，也许会被烧毁。

因此，我们只能对其进行改造。

◎电路工作原理

对简单稳压电路实施改造，改造得到的串联型稳压电路如图 11.7 所示。为什么叫串联，等会儿再讲。先看它的工作原理。

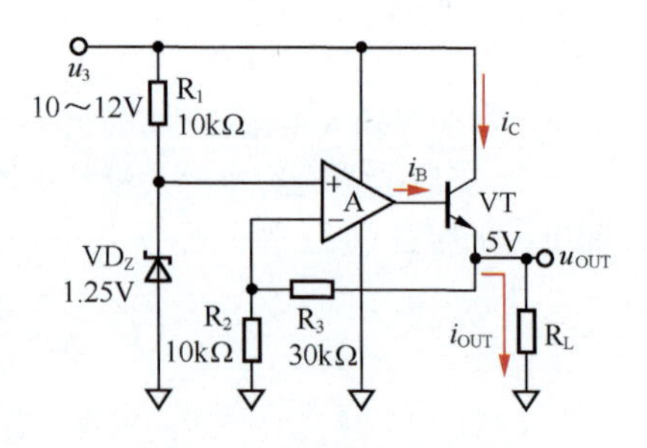

图 11.7　串联型稳压电路

首先，这是一个含有运放和晶体管的电路，给运放供电就成了问题。运放正常工作时，需要一个稳定的直流电源，我们现在正在制作直流电源，这不就矛盾了吗？图 11.7 中，运放的供电电压来自 u_3，这可是一个波动电压啊，能行吗？能行。

对于一个含负反馈的运放电路来说，只要运放的供电电压在正常范围内，只要其输出值不超过受电源电压限制的最大值，输出电压就与电源电压无关。比如一个由运放组成的 4 倍同相放大器，其供电电压为 12V，当输入为 1.25V 时，输出为 5V，此时如果电源电压变为 10V，输出将不受影响，仍是 5V。只有把供电电压降为 5V 以下，输出才会达不到 5V。

因此，电源电压出现的一定范围内的波动，并不会影响运放的正常工作。

同样地，给晶体管的供电电压，只要能保证晶体管的 C、E 之间压降大于饱和压降，晶体管就一直工作在放大区，也就是能够正常工作。

其次，看电路如何工作。R_1 和 VD_Z（击穿电压为 1.25V）形成了一个稳压电路，使运放的正输入端为 1.25V，同时运放的高输入阻抗保证了稳压管不需要给它提供电流。

运放 A 和晶体管 VT 以及电阻 R_2 和 R_3 组成了一个大反馈环，结合“大运放分析法”可以看出，这就是一个标准的 4 倍同相比例器。因此，输出端电压应为 1.25V 的 4 倍，即 5V。

关键是，晶体管在这里起到了扩流作用，可以给负载提供很大的输出电流。图 11.7 中，流过电阻 R_3 的电流很小，可以忽略，那么：

$$i_{OUT} \approx i_E = i_B + i_C = (1+\beta) i_B \tag{11-4}$$

结论有二：第一，输出电流的绝大部分来自 u_3（即 i_C）；第二，运放只需要向外提供很小的电流。相当于运放是个“老爷”，只发命令 i_B，不出力，而干活的是晶体管，通过 u_3 向外提供高达上百毫安甚至安培级的电流。

由于晶体管处于负反馈环内，输出电压是稳定的，是稳压管击穿电压的 4 倍。

◎另一种电路画法

习惯上，大家更愿意对串联型稳压电路进行分块处理，如图 11.8 所示。除了方向有变化，区别在于反馈电阻网络原先是 R_3 和 R_2，现在多了一个电位器，以方便对输出电压进行调整。

电路被分成 4 个部分：基准、采样、比较放大、调整管。

这样看电路，更容易看出，无论输入的 u_3 怎么变化，输出都是恒定的 5V，调整管串联于输入、输出之间，消除了输入、输出之间的电压差。因此这个电路叫作串联型稳压电路。

由于多余的压差都被晶体管消除，且负载消耗电流均来自串联的晶体管，因此晶体管也会消耗很大的功率。这导致此电路的效率较低。叫串联型的原因如图 11.9 所示。

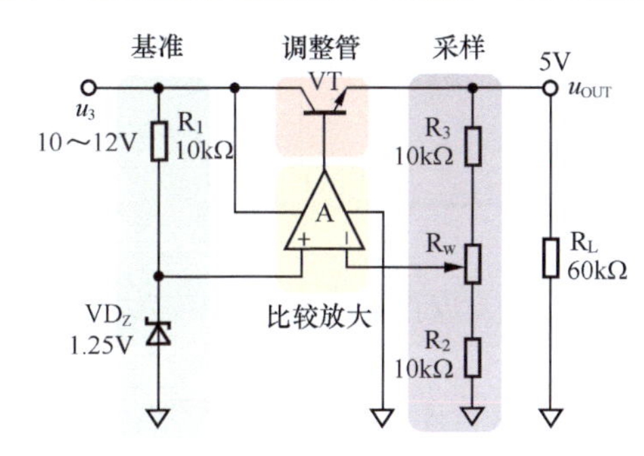

图 11.8 串联型稳压电路的分块

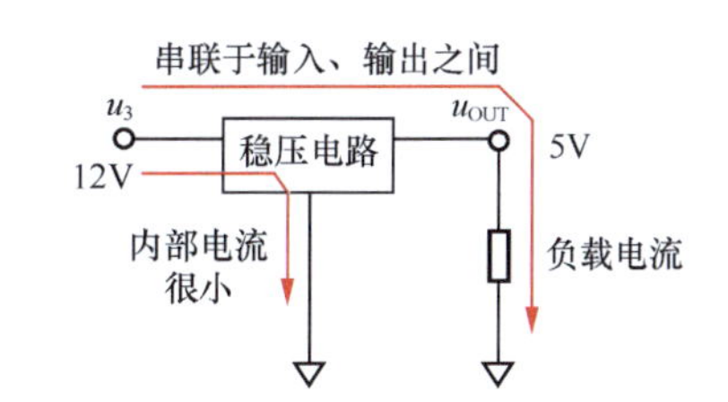

图 11.9 叫串联型的原因

◎理论计算

电路和已知条件如图 11.8 所示，晶体管输出最大电流为 150mA，饱和压降为 2V，负载电阻为 50Ω，求正常工作情况下，输出电压的可调整范围。

第一步，先按照无限制条件进行理论计算。

$$u_{OUT} = U_Z \times \left(1+\frac{R_{上}}{R_{下}}\right) = 1.25 \times \left(1+\frac{R_3+R_{W上}}{R_2+R_{W下}}\right) \tag{11-5}$$

当电位器滑动端至于最下端，输出达到最大电压，利用上式有：

$$u_{OUT\_max} = 1.25 \times \left(1+\frac{R_3+R_W}{R_2}\right) = 10V$$

当电位器滑动端至于最上端，输出达到最小电压，利用上式有：

$$u_{OUT\_min} = 1.25 \times \left(1+\frac{R_3}{R_2+R_W}\right) = 1.43V$$

第二步，考虑各种限制。

限制之一，晶体管 C、E 之间电压必须保证大于或等于 2V。

此时，应考虑最差情况，在输入电压最低为 10V 情况下，要保证 C、E 之间压降大于或等于 2V，输出电压则不能高于 8V。

限制之二，晶体管输出电流不得超过 150mA。

此时，对于不变的 50Ω 负载，当晶体管输出电流不超过 150mA 时，负载获得的电压不应超过 150mA×50Ω=7.5V。

综合考虑上述两个限制，最大输出电压为 7.5V。

可以看出，本题目没有对最低输出电压实施限制。因此，整个电路正常工作时，输出电压的调整范围为 1.43 ～ 7.5V。

◎拓展思考

在前述题目中，增加一个限制：晶体管耗散功率不得超过 0.5W。请分析电路工作中，输出电压调整有何限制。

◎限流保护电路

当电路正常工作时，如果负载电阻太小，会引起输出电流过大，甚至烧毁调整管。为了防止此现象发生，多数串联型稳压电路都在输出端增加限流保护电路，如图 11.10 所示。

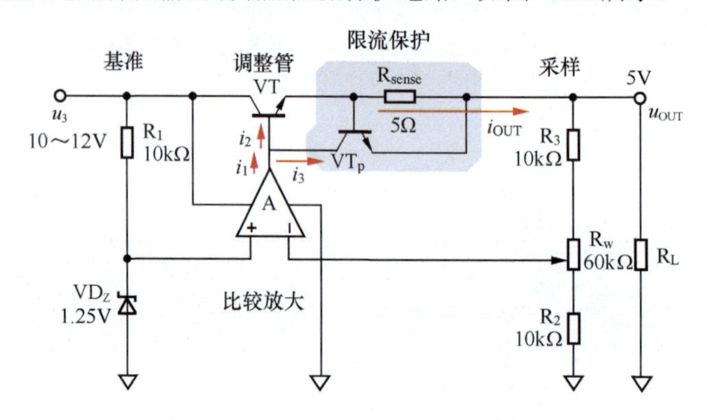

图 11.10　串联型稳压电路的限流保护

一个串联于输出支路的小电阻 R_{sense}，会将输出电流转变成电压，加载到保护晶体管 VT_P 的发射结两端，当输出电流 i_{OUT} 增大到 $i_{OUT}\times R_{sense}$=0.7V 左右，保护晶体管 VT_P 的发射极会正偏导通，导致 i_3 增加，运放输出电流 i_1 有上限，则势必会通过降低运放输出端电压，以保证 i_2 减小，进而引起 i_{OUT} 下降，这样一个负反馈过程，最终一定会使输出电流保持在：

$$i_{OUT\_max}\leqslant\frac{0.7V}{R_{sense}} \tag{11-6}$$

按照图 11.10 中 R_{sense} 的阻值，其限流保护最大电流约为 140mA。

11.3 集成三端稳压器

半导体生产厂商将串联型稳压电路集成到一个芯片中，就形成了可以买到的集成稳压器（Integrated-Circuit Voltage Regulator），也称三端稳压器（3-Rerminal Voltage Regulator）。集成三端稳压器有两种：固定输出型、输出可调整型。

◎固定输出型

常用的固定输出型集成三端稳压器的输出电压有 3.3V、5V、6V、8V、9V、12V、15V 等。这类稳压器均有 3 个端子，分别为 V_{in} 输入端、接地 COM 端、V_{out} 输出端。用户只需要在输入端接入未稳压的、最小输出电压超过一定值（V_{in_min}）的含有波动的电压，COM 端接地，则输出端就会出现与稳压器型号对应的固定输出电压。

此类稳压器中影响力较大的为 78XX 系列和 79XX 系列，78XX 系列为正稳压器，79XX 系列为对应的负稳压器。其中的 XX 是两位数字，一般代表固定输出电压值，如 7805，固定输出电压为 5V，而 7915，输出固定电压为 -15V。唯独 7833 需要提醒，它不是固定输出 33V，而是 3.3V。

图 11.11 所示是固定输出型集成三端稳压器 78XX 的内部结构，其中的运放是为了表明原理，实际电路中显然不是这样的，而是一大堆晶体管组成的高增益放大电路。可以看出它就是一个串联型稳压电路。图 11.11 中稳压管为 BZV86-3V2，其实际工作电压为 3.3V。图 11.11 中的开关其实是不存在的，它只是表明内部可能有两种结构，如果稳压器是 7833，则内部 R_3 顶端直接接 V_{out}，而其他型号则存在 R_4。

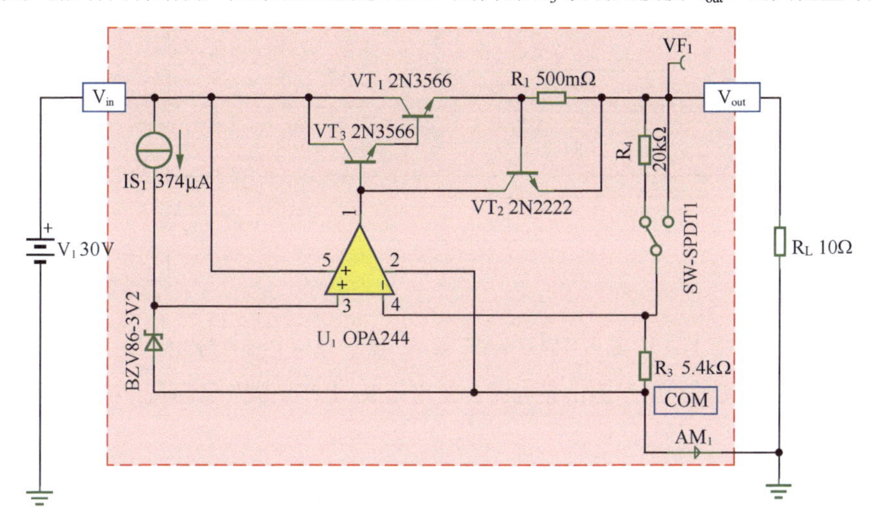

图 11.11　固定输出型集成三端稳压器 78XX 的内部结构

通过不同的 R_4，可以计算出实际输出电压将是 3.3V 的若干倍。比如图 11.11 中 R_4=20kΩ，则可以计算出：

$$V_{out}=3.3\text{V}\times\frac{R_3+R_4}{R_3}=15.52\text{V}$$

要保证此类稳压器正常工作，输入电压的绝对值应比固定输出电压绝对值大 2 ～ 2.5V，以保证内部调整管具有比饱和压降更大的 C、E 压降，使调整管工作在放大状态。比如将最低电压为 11.5V、最高电压为 13V 的含有波动的电压接入 7809 的输入端，则输出会稳定在 9V，而将相同的电压接入 7812，输出会不稳定。至于最小压差到底是多少，请查阅各自的数据手册。

图 11.12 所示是集成三端稳压器 78XX 的电路符号和应用电路。此类电路多数要求输入端和输出端均要对地接电容。除此之外，这类电路的应用实在太简单了，并且它们的价格也不高，因此很少有人自制这类电路。

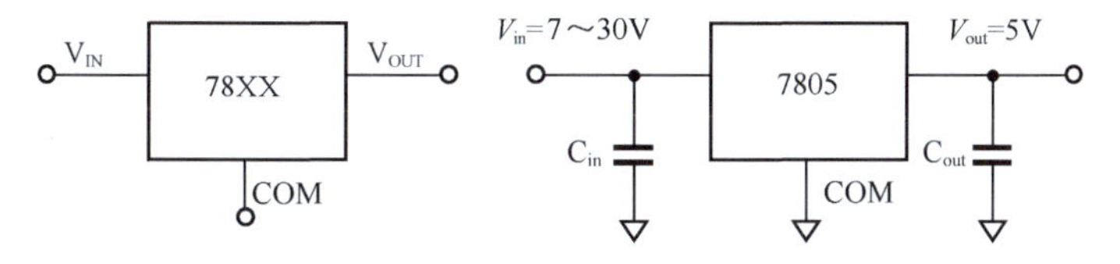

图 11.12　集成三端稳压器 78XX 的电路符号和应用电路

◎输出可调整型

显然，固定输出型集成三端稳压器不能满足任意电压输出要求，可由用户自行设定输出电压的“输出可调整型”集成三端稳压器应运而生。

我根据 TI 公司生产的输出可调整型集成三端稳压器 LM317 资料自制了一个简化电路结构，具体如图 11.13 所示。其基本思路也是串联型稳压电路，区别在于稳定电压的位置——本电路是高侧稳定，即

V_{out}-V_{adj}（也就是采样电阻上方电阻 R_4 的压降）等于内部稳压管电压，而上述控制思路都是低侧稳定，即采样电阻的下方电阻（即图 11.11 中的 R_3）的压降等于内部稳压管电压，两者目的相同。

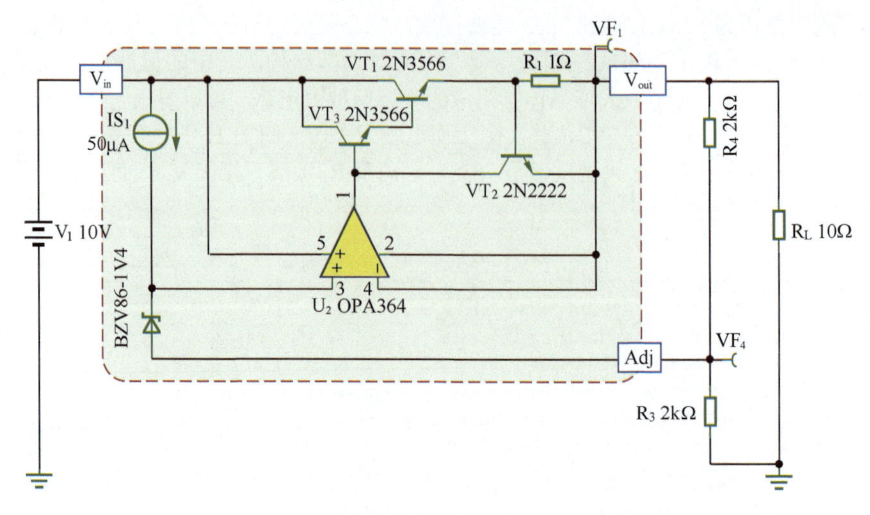

图 11.13　输出可调型集成三端稳压器 LM317 内部电路结构

高侧稳定电路中，流过稳压管的击穿电流会在电阻 R_3 上产生额外的压降，在输出电压计算时必须考虑：

$$V_{out}=U_{R4}+U_{R3}=U_{R4}+I_{R3}\times R_3=U_{R4}+\left(I_{R4}+I_{S1}\right)\times R_3=U_{R4}+\left(\frac{U_{R4}}{R_4}+I_{S1}\right)\times R_3=U_{R4}\left(1+\frac{R_3}{R_4}\right)+I_{S1}R_3 \tag{11-7}$$

其中，I_{S1} 为流过稳压管的击穿电流。以图 11.13 为例，输出电压为：

$$V_{out}=U_{R4}\left(1+\frac{R_3}{R_4}\right)+I_{S1}R_3=2.9\text{V}$$

特别声明，本例中内部稳压管采用 1.4V，因为在 TINA 仿真软件中找到一个 1.25V 的稳压管比较困难。LM317 内部稳压管提供的实际参考电压为 1.25V。

◎固定输出型的扩压

对于固定输出型集成三端稳压器，也可以通过外部增加反馈电阻的方式实现升压操作，并根据反馈电阻值控制输出电压。比如一个 7805，通过适当的外部连接，可以实现 15V 的稳压输出，如图 11.14 所示。

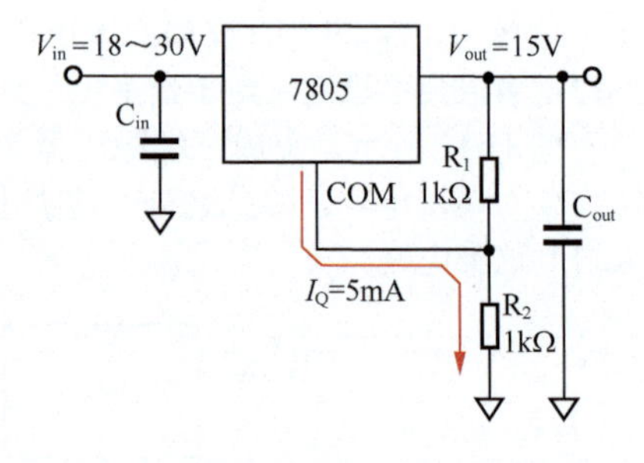

图 11.14　集成三端稳压器 78XX 的扩压电路

对这个电路的分析，需要注意以下两点。

1）V_{out} 端和 COM 端之间的电位差，在正常工作状态下，应维持固定输出型集成三端稳压器的规定电压，图 11.14 中应为 5V。

2）这类集成三端稳压器都有一个基本确定的静态电流，包括稳压管击穿电流和内部放大器工作电流，比如 7805 的典型值为 4.5mA，最大值为 6mA，在输入电压大幅度变化时，此静态电流约有 0.8mA 的变化量；在输出电流大幅度变化时，静态电流变化量为 0.5mA。

知此两点，即可根据图 11.14 进行输出电压分析。

$$V_{out}=U_{R1}+U_{R2}=U_{R1}+I_{R2}\times R_2=U_{R1}+\left(I_{R1}+I_Q\right)\times R_2=U_{R1}+\left(\frac{U_{R1}}{R_1}+I_Q\right)\times R_2=U_{R1}\left(1+\frac{R_2}{R_1}\right)+I_QR_2 \tag{11-8}$$

图 11.14 中，U_{R1}=5V，假设 I_Q=5mA，按照图 11.14 中电阻值，则有：

$$V_{out}=U_{R_1}\left(1+\frac{R_2}{R_1}\right)+I_Q R_2=15V$$

这种方法看起来挺有学问的，但是很不实用，几乎没有人这么做，毕竟 I_Q 是随着外部工作状态而变化的，在反馈分压电阻上的压降是变化的，这导致输出电压不稳定。要将静态电流变化对输出电压的影响降至最小，唯一的方法就是减小分压电阻，而这会引起分压电阻消耗大量功率，是不划算的。

直接买一个 15V 的 7815 就行，何必费这个劲呢？但是，这是一种思路，值得我们学习。

可能有聪明的读者会提出，前面讲述的输出可调整型电路不也是这种思路吗？为什么 LM317 可以稳定输出电压？原因在于，LM317 内部是一个 50μA 的恒流源，从 Adj 引脚流出电流，第一这个电流很小，第二电流的变化量在全变化范围内只有 0.2μA 典型值，在 1kΩ 电阻上仅会带来 0.2mV 的电压变化。

◎集成三端稳压器的扩流

每个集成三端稳压器内部都有过流保护电路，因此也就有最大输出电流限制。当负载需要的电流大于集成三端稳压器能够提供的最大输出电流时，有两种方法：第一，购买能够提供更大输出电流的集成三端稳压器；第二，自制扩流电路。一般情况下，当你买不到现成的、能够满足输出电流要求的稳压器时，才不得不自制扩流电路。

集成三端稳压器 7805 的晶体管扩流电路如图 11.15 所示。图 11.15 中为了增强实用性，画出了输入端的第二个电容——多数集成三端稳压器在使用中都要求输入端具备两个电容，一个超大的库电容，约为 100μF；一个很小的电容，约为 0.01μF。而输出电容一般都很小，为 0.01μF 左右。关于给集成三端稳压器增加输入 / 输出电容，涉及较为复杂的环路稳定性问题，本节不深入介绍。

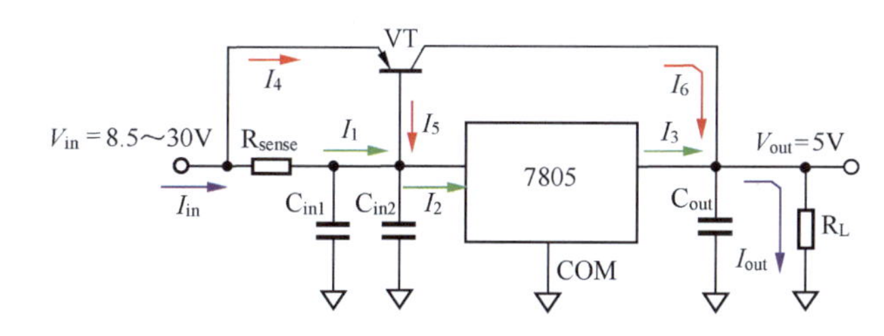

图 11.15 集成三端稳压器 7805 的晶体管扩流电路

言归正传。假设图 11.15 中的 7805 最大输出电流为 1A，而我们要求整个电路最大输出电流为 5A，即 R_L 最小为 1Ω。整个电路分为两种工作状态：第一，小电流状态；第二，大电流状态。

当负载电阻较大，输出需要较小的电流时，图 11.15 中输出电流只由 7805 提供，即紫色输出电流 I_{out} 来自绿色的 I_3，有：

$$I_{out}=I_3\approx I_2=I_1=I_{in} \tag{11-9}$$

此时，流过电阻 R_{sense} 的电流在 R_{sense} 两端产生的压降远小于 0.7V，并联的大功率晶体管处于截止状态，整个电路就像只有 7805 在“劳动”一样，活比较轻，“小喽罗”就干了。

当负载电阻较小，输出电流准备超过 0.5A 时，7805 就感觉比较“累”，需要大功率的晶体管帮忙了，此时，合适的 R_{sense} 阻值，比如 1Ω，就能够使 R_{sense} 两端压降达到 0.6V，晶体管的发射结就处于微弱导通状态，红色的电流开始出现，I_6 开始为负载提供电流，此后，随着负载电流的逐步增加，I_3 只会微弱增加，大量的输出电流靠 I_6 提供。原因是，I_3 只要增加一点儿，就会造成晶体管发射结电压也线性增加，而导致 I_5 呈指数规律增加。

当已知 I_{out}，可设晶体管发射结电压为 u_{BE}，则晶体管的基极电流为：

$$I_5=f\left(u_{BE}\right)\approx I_S\left(e^{\frac{u_{BE}}{U_T}}-1\right) \tag{11-10}$$

而流过检测电阻的电流为：

$$I_1=\frac{u_{BE}}{R_{sense}} \tag{11-11}$$

流入集成三端稳压器的电流约等于流出集成三端稳压器的电流。

$$I_3\approx I_2=I_1+I_5=\frac{u_{BE}}{R_{sense}}+I_S\left(e^{\frac{u_{BE}}{U_T}}-1\right) \tag{11-12}$$

而晶体管给负载提供的电流为：

$$I_6=\beta I_5=\beta I_S\left(e^{\frac{u_{BE}}{U_T}}-1\right) \tag{11-13}$$

负载获得的总电流为两者之和。

$$I_{out}=I_3+I_6=\frac{u_{BE}}{R_{sense}}+(1+\beta)I_S\left(e^{\frac{u_{BE}}{U_T}}-1\right) \tag{11-14}$$

从式（11-14）可以看出，第二个等号右侧第一项表明集成三端稳压器的输出电流是线性的，第二项表明晶体管提供的电流是指数级的。

据此，使用MATLAB编制一个程序，表明它们的变化规律，如图11.16所示。在图11.16中，当输出电流小于600mA时，紫色的输出电流大多由I_3提供，并联的晶体管处于截止休眠状态，此后晶体管开始苏醒并投入工作，当输出电流达到1.5A以后，晶体管提供的电流迅速增加，并逐渐占据主要部分。

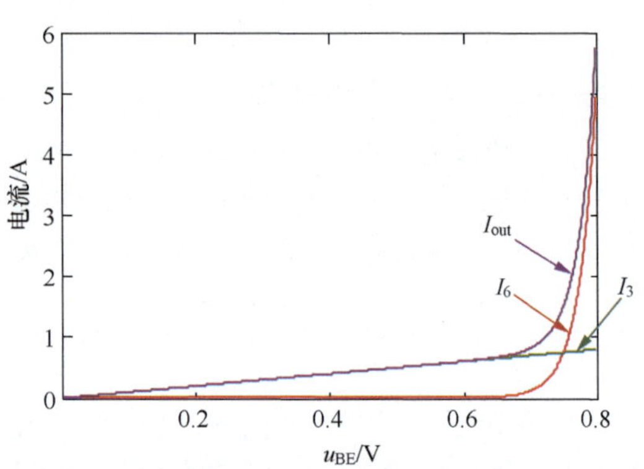

图11.16　晶体管并联扩流电路中的电流变化关系

电路中对晶体管的要求是，有尽量大的β，能够提供足够大的输出电流，并能承受足够大的功率耗散。

对检测电阻的选择一般可以参照如下规则进行。

1）已知集成三端稳压器的最大输出电流为I_{max}，设定其求助电流为：

$$I_{help}=(0.5\sim0.8)\times I_{max} \tag{11-15}$$

2）则检测电阻约为：

$$R_{sense}=\frac{U_{BEQ}}{I_{help}}\approx\frac{0.7V}{(0.5\sim0.8)\times I_{max}} \tag{11-16}$$

另外，还有一种可以实现集成三端稳压器的扩流的思路，就是将多个集成三端稳压器通过串联二极管实现并联输出。但是相比于并联晶体管方法，这种多个集成三端稳压器并联方式存在很多问题，一般不建议采用。

◎程序控制直流稳压

我们经常见到一个直流稳压电源的输出值可以由用户通过按键设定，那么它内部的电路就必须是程控的。所谓的程控，是指输出电压值可以通过软件编程控制，它区别于手控——通过手工拆换电阻实现。

（1）数字电位器实现程控直流稳压

最简单的程控直流稳压方法是使用数字电位器配合集成三端稳压器实现。

数字电位器是一个集成芯片，需要供电才能工作。它有3个电位器端子（分别为两端的A、B和滑动端W，以及供电端子和数字通信接口。一般情况下，3个电位器端子的工作电压必须介于供电电压之间，而普通电位器没有这个要求。

每一个数字电位器的A、B端之间电阻是确定的，被称为端端电阻或者总电阻，受产品规格约束，一般为5kΩ、10kΩ、20kΩ、50kΩ、100kΩ等，不同系列的产品有不同的规格。数字电位器的滑动端具有确定数量的滑动位置——position，一般为32个、256个，较高的有1024个，因此不同的数字电位器具有明确的最小电阻分辨单位。例如AD5293可以双电源工作，最大电压为±16.5V，具有1024个position，系列中有3种总阻值，分别为20kΩ、50kΩ、100kΩ。

数字电位器都有明确的数字通信接口，可以与处理器相连，获得处理器发出的指令，进而确定滑动端的位置，实现电位器功能。多数数字电位器靠 SPI 方式获得处理器的指令。

将这类数字电位器接入输出可调整型集成三端稳压器，代替图 11.13 电路中的反馈取样电阻 R_3 和 R_4，就可以实现程控直流稳压输出，也可以将整个数字电位器做成一个可变电阻，代替原电路中的下方电阻 R_3，如图 11.17 所示。但是不管怎么连接，都需要注意数字电位器的工作电压范围不得超过规定的最高电压。

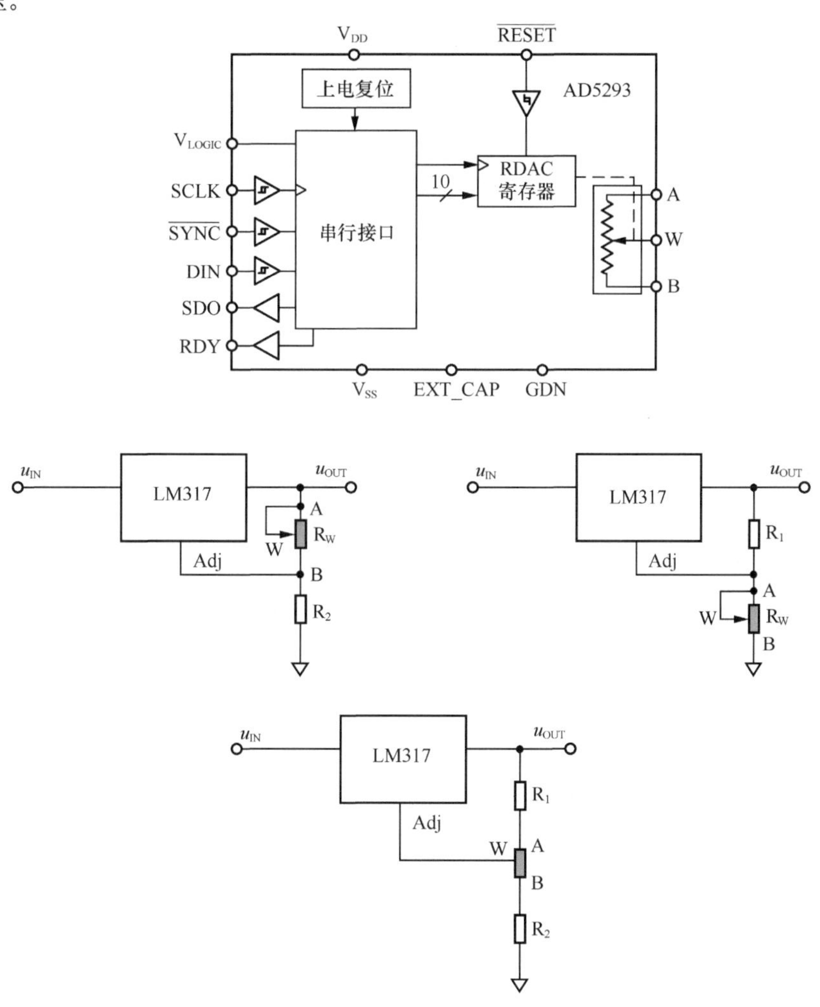

图 11.17 用数字电位器配合 LM317 实现程控直流稳压

（2）DAC 实现程控直流稳压

用一个 DAC 使输出直流电压作用到输出可调整型集成三端稳压器上，可以实现程控直流稳压。用 DAC 实现程控直流稳压电路 1 和电路 2 分别如图 11.18 和图 11.19 所示。

先看图 11.18，这是一个高侧稳定的集成三端稳压器，在正常工作时，它会始终保持电路中 R_1 两端电位差等于器件规定的恒定值，对于 LM317 来说，是 1.25V。此时，在 R_2 的下端输入一个电压 U_{CTR}，则可以分析出：

$$U_{OUT}=U_{CTR}+U_{R2}+U_{R1}=U_{CTR}+1.25\left(1+\frac{R_2}{R_1}\right)+I_Q R_2 \quad (11\text{-}17)$$

后两项是 LM317 标准电路的输出电压，最后一项很小，一般可以忽略。

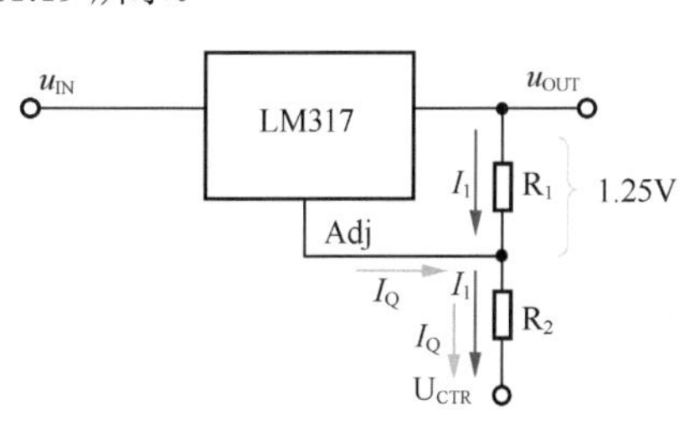

图 11.18 用 DAC 实现程控稳压电路 1

因此，此电路的输出电压可调，即在原电路基础上增加了一个可变量 U_{CTR}，而此电压一般可由一个数模转换器提供。电路的缺点是，可调电压范围受限于 DAC 输出范围，一般不会很大。这个缺点是高侧稳定型稳压器的通病。

低侧稳定型稳压器可以实施较大范围的输出电压调整。电路如图 11.19 所示。

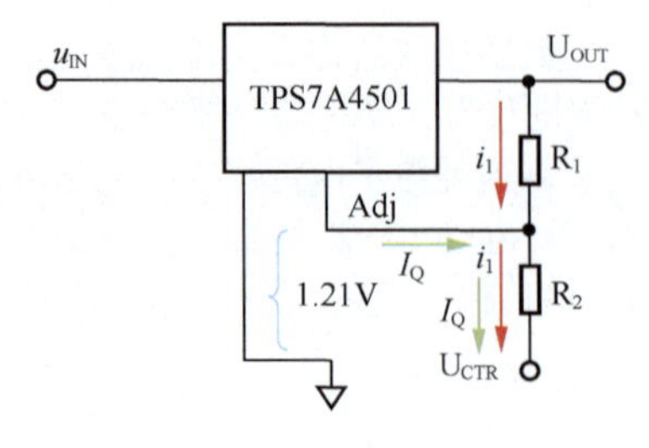

图 11.19 用 DAC 实现程控稳压电路 2

TPS7A4501 是一个低压差线性稳压器，型号中尾标“01”一般均代表输出可调整，它也有固定输出型，比如 TPS7A4533 为 3.3V 固定输出，TPS7A4550 为 5.0V 固定输出。

对于 TPS7A4501 来说，它在正常工作时会保证 Adj 脚对地电位始终是 1.21V，利用这个特点，此电路的输出电压为：

$$U_{OUT}=U_{Adj}+U_{R1}=1.21V+i_1R_1=1.21V+\left(i_{R2}-I_Q\right)R_1=$$
$$1.21V+\left(\frac{1.21V-U_{CTR}}{R_2}-I_Q\right)R_1=1.21V\left(1+\frac{R_1}{R_2}\right)-U_{CTR}\frac{R_1}{R_2}-I_QR_1 \tag{11-18}$$

使用 DAC 改变 U_{CTR}，可以实现较大范围的输出电压调整。

11.4 低跌落稳压器

集成三端稳压器的输入电压（调整管的 C 端）必须高于输出电压（调整管 E 端）一个规定的差值，才能保证调整管的 $u_{CE}>U_{CES}$，使其处于放大状态。这个最小的差值被称为跌落电压（Dropout Voltage）。上述集成三端稳压器的跌落电压一般为 2～2.5V。

跌落电压越大，调整管消耗功率越大。我们不希望这样。于是出现了跌落电压很低的集成稳压器，被称为低跌落稳压器，其跌落电压可以低至 10mV 数量级。

按照中文习惯，也可以称之为低压差稳压器。

◎实现 LDO 的基本思想

对于串联型稳压电路，我们暂称之为标准型串联稳压电路——之所以跌落电压比较大，是有原因的。

（1）标准型串联稳压电路为什么具有较高的跌落电压

在标准型串联稳压电路中，调整管一般由 NPN 达林顿管（如图 11.20 中的 VT_3 和 VT_2）组成，而给达林顿管提供输入电流，则依赖于 VT_1，VT_1 是一个 PNP 管，这样在 VT_4 上，只需要提供很小的电流，就可以驱动 VT_3 的发射极流出足够大的负载电流。这样的结果是，电路中 AM_2 很小。

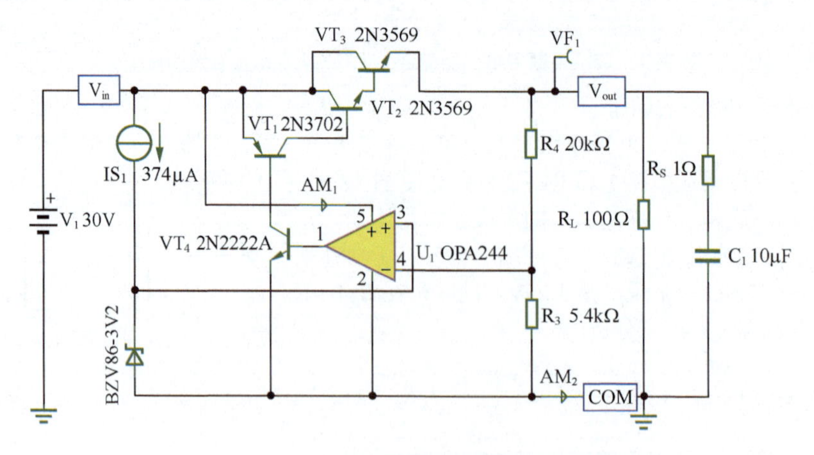

图 11.20 标准型三端稳压器内部简化结构

但是这种电路不可避免地存在跌落电压较大的缺点。图 11.20 中 VT_1 的集电极电位最高为 $U_{C\_max\_T1}=V_{in}-U_{CES\_T1}$，大约为 29.7V，而达林顿管要保持正常工作，两个 PN 结必须被打通，这需要 1.4V 的压降，因此 $VF_{1\_max}=U_{C\_max\_T1}-2U_{BEQ}$=29.7V 1.4V=28.3V，即输出电压至少要比输入电压 30V 跌落 1.7V。

在实际工作中，VT_3 的 BE 导通压降可能比 0.7V 大，可能是 0.9V 左右——毕竟它的输出电流很大，就需要 PN 结存在较大的压差，且 VT_1 的饱和压降也比 0.3V 大。这就导致此电路正常工作时，跌落电压超过 2V。

结构决定了一切，必须改变电路结构才能产生低的跌落电压。

（2）PNP 型结构的 LDO

当调整管换成 PNP 管时，情况一下就变了。PNP 型 LDO 内部简化电路如图 11.21 所示。可以看出，此时整个环路仍是负反馈，而输入、输出之间的电压跌落仅仅是 VT_1 的饱和压降，一般在 100mV 左右，取决于负载电流大小——输出电流越大，跌落电压也越大。

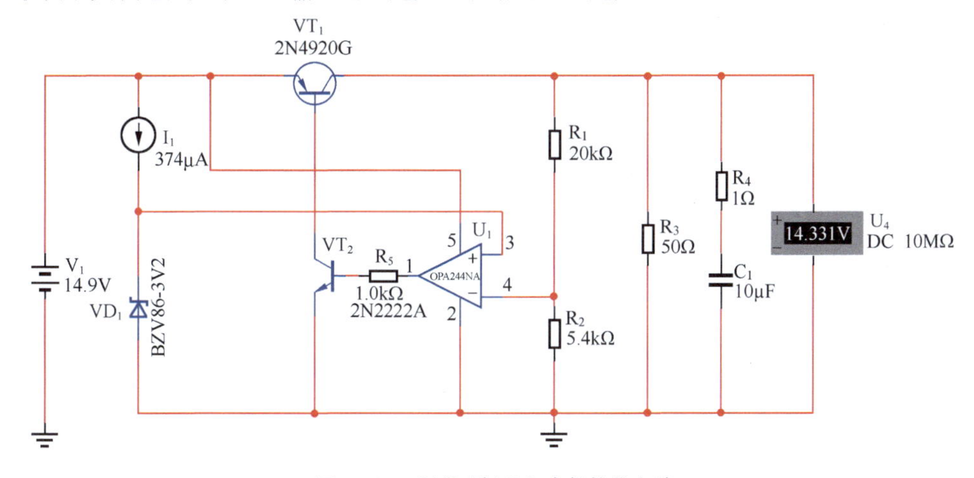

图 11.21　PNP 型 LDO 内部简化电路

PNP 型 LDO 的主要缺点是，它只有一个晶体管，电流增益是有限的，因此 VT_2 发射极流过的电流约为输出电流的 $1/\beta$，而调整管的 β 一般较小，导致这个电流较大。

这个电流直接流向了稳压器的接地端，它与其他支路流进地的电流被称为地电流。

地电流大，一方面会降低效率，另一方面给 LDO 扩压电路带来不稳定因素。

（3）PMOS 型结构的 LDO

我们注意到在 PNP 型调整管结构中，其基极电流不可忽视。采用场效应管可以解决这个问题，这就诞生了 PMOS 型结构的 LDO，PMOS 型 LDO 内部简化电路如图 11.22 所示。

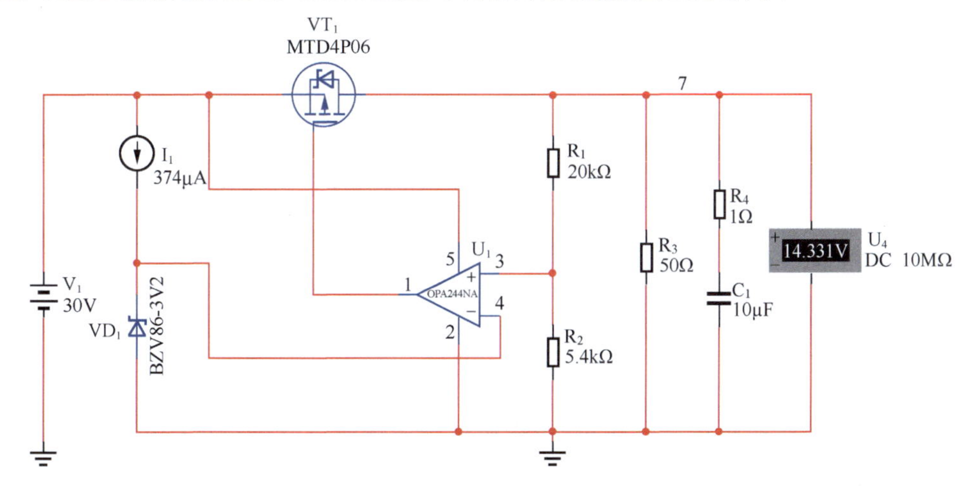

图 11.22　PMOS 型 LDO 内部简化电路

PMOS 型电路工作原理类似于 PNP 型，但是它没有了门极电流，因此大幅度减小了地电流。

与 PNP 型相比，PMOS 型 LDO 的另外一个好处是，它能够实现更小的跌落电压，通常可以低至 10mV 数量级。当然，这也与输出电流有关。

◎ LDO 中的环路稳定性

LDO 大多面临环路稳定性问题——使用不慎，会导致振荡。

因为它涉及很多概念，本节不准备在稳定性问题上展开。请读者相信如下几点。

（1）不展开的结论

① LDO 是一个包含比较放大器、调整管、采样网络的大闭环，只考虑静态时，它处于标准的负反馈状态，是稳定的。

② 环路中任何环节都会产生增益和相移，在没有补偿的情况下，这些环节的相移都是滞后的，且随着频率的增加，其绝对值是增加的，即这些相移是由极点产生的。

③ 每个极点会产生最大 -90° 的滞后相移。理论上，当存在两个极点时，频率升至无穷大，滞后相移才会达到 -180°，这永远不会达到；而存在 3 个极点时，一定会在某个频率处，使滞后相移达到 -180°。

④ 在某个频率处，如果整个环路的滞后相移达到 180°，而环路增益还没有跌落到 1 倍以下，此环路就一定会发生自激振荡。

⑤ LDO 的输出必须接一个大电容，以保证电源在负载突然加重时，具有良好的动态性能——输出电流突然增加时，大电容可以暂时满足负载的电流需求，不至于使得输出电压突然降低。这个电容必不可少。

⑥ 输出电容的存在给整个环路增加了一个极点，多出了最大 -90° 的相移，提高了整个环路满足自激振荡的可能性。

⑦ LDO 的调整管工作于共射极状态，具有很大的输出电阻；而标准稳压器的调整管工作于共集电极状态，输出电阻极小。这导致两者的极点频率不同：LDO 的极点频率要远低于标准稳压器的极点频率。通过分析可知，如果不给 LDO 实施有效的补偿，自激振荡几乎是不可避免的。

常见的避免自激振荡的方法有两个。第一，改变极点位置，比如将第一个极点尽量降低，使得增益在极低频率处就开始下降，相移达到 -180° 时，环路增益已经下降到 1 倍以下。而这个工作，需要 LDO 设计者在 LDO 内部完成，事实是，他们没有做这个工作。第二，给整个环路增加一个或者多个零点，每增加一个零点，会产生最大 90° 的超前相移，以抵消极点的作用。而这个零点增加需要用户在设计 LDO 电路时完成。

（2）在 LDO 外部给环路增加合适的零点

PNP 型 LDO 的输出端简化电路如图 11.23 所示。这是对 LDO 输出端的一个近似模拟，R 是负载电阻，C 是负载电容，一般比较大。而 R_S 是电容的等效串联电阻。需要注意，电阻 R_2 和电容 C_2 是我为了让晶体管处于放大区单独增加的，读者不必为此担忧，别理睬它们的存在。

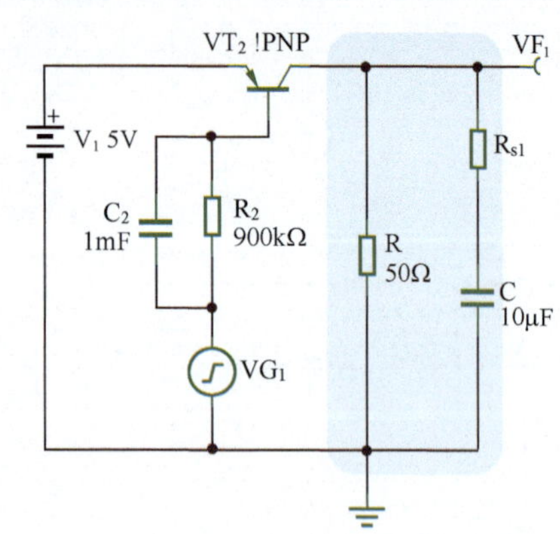

图 11.23　PNP 型 LDO 的输出端简化电路

很显然，输出电压等于 PNP 管 C 极输出电流乘以浅蓝色区域内阻抗，单独考虑阻抗表达式，就可以看出这个局部电路的零极点分布。

$$\dot{Z}=\frac{R\times\left(R_S+\frac{1}{SC}\right)}{R+\left(R_S+\frac{1}{SC}\right)}=R\frac{1+SR_SC}{1+SC\left(R+R_S\right)} \tag{11-19}$$

具有一个极点，极点频率为：

$$f_{p1}=\frac{1}{2\pi C\left(R+R_S\right)}=312\text{Hz}$$

具有一个零点，零点频率为：

$$f_{z1}=\frac{1}{2\pi CR_S}=15.9\text{kHz}$$

注意，当 R_S=0Ω 时，零点不存在。

PNP 型 LDO 输出端频率特性如图 11.24 所示。红色小点代表其极点位置，蓝色小点代表零点位置。很显然，在 15.9kHz 附近的零点，使得一直在下降的相移曲线在此处出现了上升。这个零点的存在，减缓了相移下降进程，能避免原本出现的自激振荡。

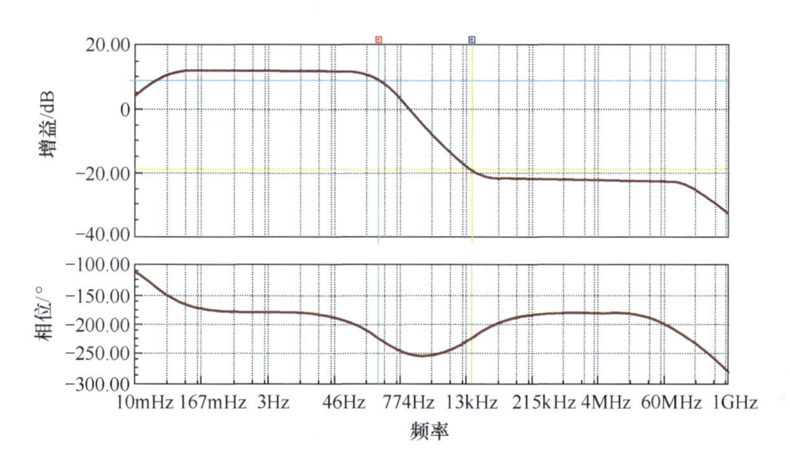

图 11.24　PNP 型 LDO 的输出端频率特性

从此例我们知道，在闭环中增加零点，对自激振荡是有抑制作用的，但是，仅有零点并不一定能够抑制自激振荡，还需考虑零点的位置。对此，本节不展开复杂的分析，但需要读者了解如下结论。

零点频率太低，不能抑制自激振荡；零点频率太高，也不能抑制自激振荡。换句话说，此电路中，在 C 确定的情况下，R_S 既不能太小，也不能太大。

而 R_S 是什么呢？就是实际电容器本身存在的等效串联电阻（ESR）。任何一个实际电容器在加载频率无穷大信号时，其等效阻抗理论上应为 0Ω，但实际不会是 0Ω，而是趋于某个确定值，此值即 ESR。不同种类的电容器的 ESR 区别很大。而相同种类的电容器，容值对 ESR 影响也很大。

一般的电容器的 ESR 为 10mΩ 到 10Ω 量级，而这两个极端对保证 LDO 环路稳定性都是不利的。

本节试图告知读者一个结论：使用 LDO 时，必须谨慎选择输出电容，以确保电容器的 ESR 在 LDO 数据手册规定的范围内，既不能大，也不能小，才能保证 LDO 系统的稳定性。多数情况下，使用高质量 X7R 电容、钽电容是比较好的选择，而我们最常用的铝电解电容器，在这里是极为危险的，因为它一般具有很大的 ESR。

◎ ADP1765

LDO 的主要性能包括最小跌落电压、输出电流、精准度和稳定性、输出噪声、可调输出范围、静态电流、电源抑制比（PSRR）、工作温度范围、是否具有放电、是否具有使能控制等。选择 LDO 主要考虑自身的设计要求，不能一味选择高性能。

ADI 公司本身就生产 LDO，且 2017 年 3 月收购了电源领域具有极好口碑的 LT 公司后，其电源产品线更加丰富，本书举了几例。

ADP1765 是输出电流高达 5A 的低压差低噪声 LDO，其典型应用电路如图 11.25 所示。它包含两种版本，一种是固定版本，包含输出电压固定为 0.85V、0.9V、0.95V、1.0V、1.1V、1.2V、1.25V、1.3V、1.5V 的 9 种产品；另一种是可调版本，只有 1 种产品，可以实现 0.5 ～ 1.5V 任意设定——这取决于图 11.25 中 R_{ADJ} 的阻值。

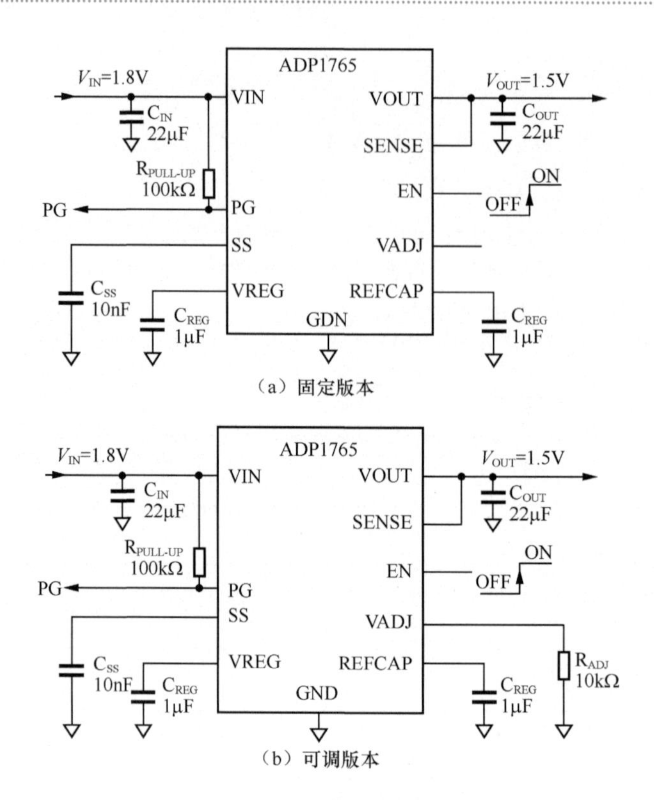

（a）固定版本

（b）可调版本

图 11.25　ADP1765 典型应用电路

图 11.25 中 VIN 脚输入电压，需要一个 22μF 的对地电容；VOUT 脚输出电压，也需要一个 22μF 的对地电容。

PG 是 Power Good 的缩写，是输出电压正常的指示脚，可以帮助用户了解电源工作情况。

SS 是 Soft Start（软启动）的缩写，对地电容 C_{SS} 决定了软启动花费时间，电容越大，时间越长，启动过程越迟缓，引起的输入电流突变也相应更小。如果不需要软启动，可以浮空该脚。

VREG 是内部调压电路需要外部接电容的管脚，指定接一个 1μF 电容对地，以保证内部放大电路可靠地工作。

REFCAP 也是为外部接电容准备的，它实际是内部基准电压管脚，对地接一个 1μF 电容可以降低输出噪声。

VADJ 仅在可调版本中有用，它是一个 50μA 恒流源输出，对地接一个电阻（如图 11.25 中的 10kΩ），可以将此电流转换成确定的电压：

$$V_{ADJ} = I_{ADJ} \times R_{ADJ} = 0.5\text{V}$$

输出电压为 V_{ADJ} 的 3 倍，则图 11.25 中电路输出电压为 1.5V。用户可以在规定的范围内，选择合适的电阻 R_{ADJ}，以确定输出电压。

EN 脚为使能端，具有精确的迟滞特性：若 EN 脚电压超过 0.65V，则进入正常工作状态；若 EN 脚电压低于 0.60V，则进入输出禁止状态。

SENSE 脚为输出稳压需要的反馈脚，可以采用开尔文接法连至负载端。

AD1765 的跌落电压很小，在 5A 输出时典型跌落电压仅为 59mV，不超过 95mV，即只要输入电压高于输出电压 0.1V，一定能保证内部电路可靠地工作。

AD1765 的噪声很低，输出端在 10Hz ～ 100kHz 内的噪声有效值仅为 3μV，在 100kHz 处的电压噪声密度仅为 $4\text{nV}/\sqrt{\text{Hz}}$。

AD1765 的自身功耗也不大，当输出电流为 0A 时，自身仅消耗 5mA，即便输出电流高达 5A，其自身消耗电流也仅为 12mA。

图 11.26 所示为 AD1765 的内部结构及开尔文接法实例，摘自其数据手册。从图 11.26 可以看出如

下信息。第一，它是一个典型的串联型稳压电路，调整管为一个 P 沟道 MOSFET，以此降低跌落电压。第二，在正常工作时，误差放大器的两个输入端（一端来自 SENSE，另一端来自设定的 1.2V）应该是虚短的。在此情况下，只要 EN 有效，则 50μA 的 I_{ADJ} 会流经外部电阻，在 V_{ADJ} 脚产生设定的电压，我在图 11.26 中设计了 8kΩ 的电阻，则 V_{ADJ}=0.4V，此电压经内部 3 倍放大器产生 1.2V 基准电压，提供到误差放大器的负输入端。如果将 VOUT 脚和 SENSE 脚连接到一起，则误差放大器和 PMOS 管形成的负反馈电路，将保证输出电压一定与基准电压相等，为 1.2V。

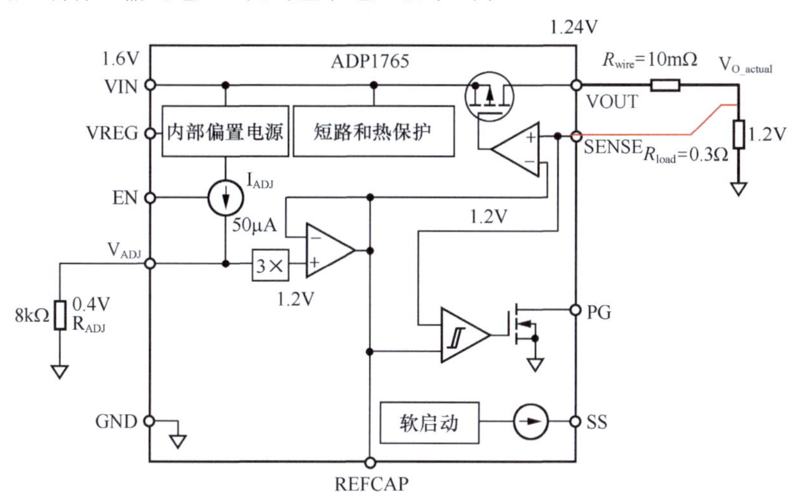

图 11.26　ADP1765 的内部结构以及开尔文接法实例

这就是 AD1765 主核工作原理，其他（如内部偏置电源、短路和热保护、软启动、PG 功能）都是附属电路，不影响主核原理。

问题是，既然 VOUT 脚必须与 SENSE 脚连接，为什么不在内部直接连接呢？这就引出了开尔文接法。

所谓的开尔文接法，是指 SENSE 脚连接到最终负载端，即图 11.26 中的 V_{O_actual}，而不是 VOUT 脚。这两者区别很大，原因在于从芯片的 VOUT 脚到真正的负载端 V_{O_actual} 是用粗导线连接的，总是存在一定的导线电阻，当大电流流过这个导线电阻时，会产生压降。

以图 11.26 中的参数为例：假设导线电阻为 10mΩ，1A 电流会在此产生 10mV 压降。如果按照开尔文接法，如图 11.26 所示，大电流是从 VOUT 脚经导线流到 V_{O_actual}，然后流过负载电阻的，由于运放的高阻输入特性（虚断），从 V_{O_actual} 脚到 SENSE 脚是没有电流的，也就不存在压降，因此它可以保证真正的负载端为准确的 1.2V，而 VOUT 脚为 1.24V。

但是如果不按照开尔文接法，即将 SENSE 直接和 VOUT 连接，则结果为：V_{OUT}=1.2V，而真正的负载电压为：

$$V_{O\_actual} = V_{OUT} - \frac{V_{OUT}}{R_{wire} + R_{load}} \times R_{wire} \approx 1.1613\text{V}$$

这个结果与我们期望的 1.2V 存在差异，不好。从此可以看出开尔文接法的好处。

◎ ADP7118

ADP7118 的静态电流典型值只有 50μA，在 200mA 输出电流时最大静态电流只有 420μA。它能够输出 200mA 最大电流，具有 2.7 ～ 20V 输入范围，可以应用于多种场合。

图 11.27 所示是 ADP7118 的内部结构——没有画出软启动功能。可以看出，它与标准的串联型稳压电路思路完全一致。图 11.28 所示是 ADP7118 典型应用电路，左图是固定输出型，右图将 5V 调节到 6V 输出。从图 11.28 可以看出，由于这是一个 5V 固定输出型，其内部基准电压一定为 5V，当 SENSE/ADJ 脚的对地电压为 5V 时，内部的误差放大器的两个输入端才能处于虚短状态，此时通过 2kΩ 和 10kΩ 分压电路，可以反算出输出电压为 6V。

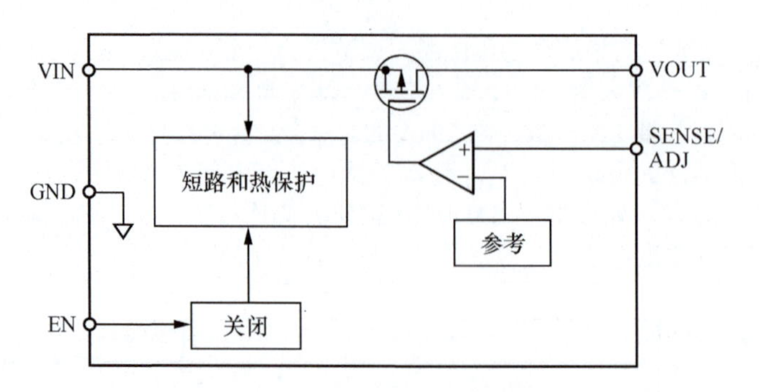

图 11.27　ADP7118 的内部结构

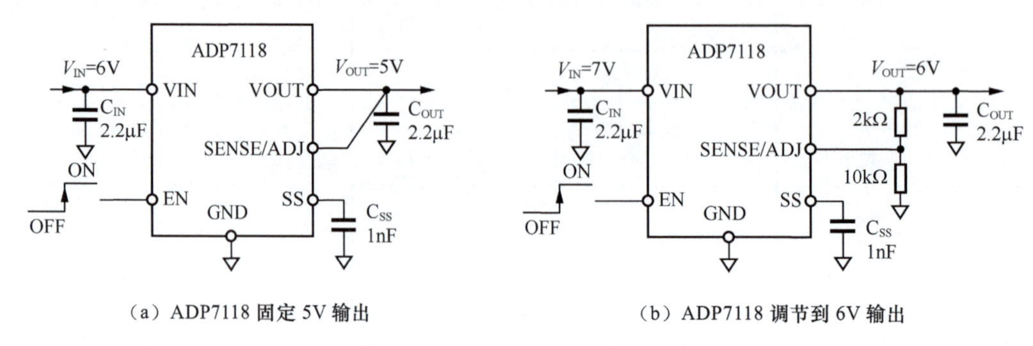

（a）ADP7118 固定 5V 输出　　　（b）ADP7118 调节到 6V 输出

图 11.28　ADP7118 典型应用电路

ADP7118 的跌落电压与输出电流相关，在 200mA 输出电流时，典型跌落电压为 200mV，最大跌落电压为 420mV。

ADI 公司为 ADP7118 提供 1.8V、2.5V、3.3V、4.5V、5V 等常用输出电压的固定输出型，也提供基准电压为 1.2V 的输出可调整型。需要特别说明的是，ADI 公司还提供满足用户特殊要求的固定输出型 LDO。

◎ ADP7182

ADP7182 是为数不多的负电压 LDO 之一。对于负电压 LDO，当输入为 -28V、输出为 -20V 时，其跌落电压为 -8V，其输出电流取决于负载电阻，可能是 0A，也可能是 -100mA。或者说，所有正电压 LDO 具备的参数，无论电压还是电流，在负电压 LDO 中都会变成负数。

图 11.29 所示是 ADP7182 的内部结构，ADP7182 属于输出可调整型。其原理与正电压 LDO 完全相同，只是 MOSFET 变成了 N 沟道的。

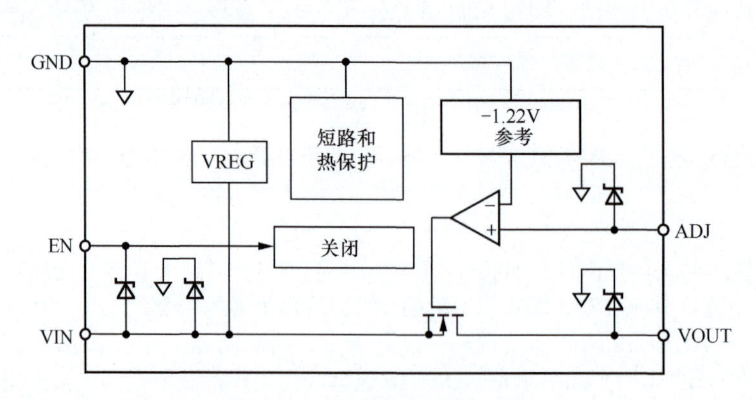

图 11.29　ADP7182 的内部结构

图 11.30 所示是 ADP7182 典型应用电路，其内部基准电压为 -1.22V，两个分压电阻完全相同，可

以反算出输出电压为 -2.44V。

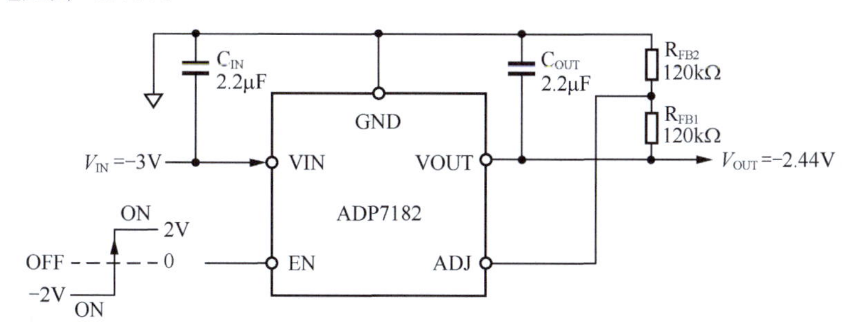

图 11.30 ADP7182 典型应用电路

◎ TPS76201

TI 公司生产的 LDO 种类繁多，TPS76201 是其中一款。其数据手册首页如图 11.31 所示。

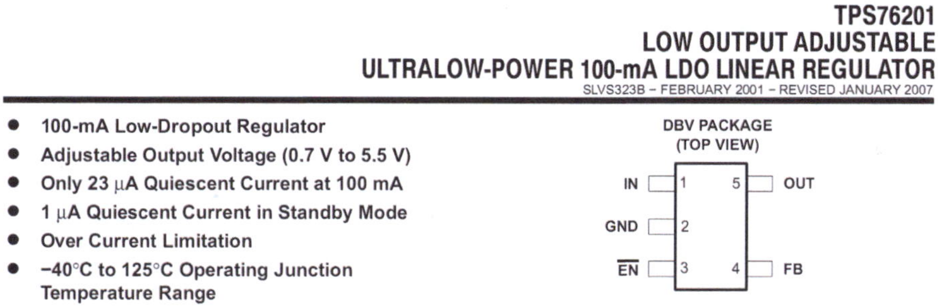

TPS76201
LOW OUTPUT ADJUSTABLE
ULTRALOW-POWER 100-mA LDO LINEAR REGULATOR
SLVS323B – FEBRUARY 2001 – REVISED JANUARY 2007

- 100-mA Low-Dropout Regulator
- Adjustable Output Voltage (0.7 V to 5.5 V)
- Only 23 μA Quiescent Current at 100 mA
- 1 μA Quiescent Current in Standby Mode
- Over Current Limitation
- −40°C to 125°C Operating Junction Temperature Range

DBV PACKAGE
(TOP VIEW)

IN 1 | 5 OUT
GND 2 |
EN 3 | 4 FB

图 11.31 TPS76201 数据手册首页

从图 11.31 可以看出，这是一款小电流 LDO，最大输出电流为 100mA，具有低跌落电压特性，其输出电压为 0.7 ～ 5.5V，在输出电流为 100mA 时，其静态电流仅为 23μA；而在待机状态下，其静态电流仅为 1μA，具有过流限制功能。它有 5 个管脚，特别具有一个 -EN 脚，低电平时，器件正常工作；高电平时，器件进入待机状态。

图 11.32 所示是 TPS76201 的内部结构。可以看出，它是一个 PMOS 型 LDO，低端稳定，即正常工作时，保证 FB 端对地电压为内部基准电压 0.6663V。

因此，其典型应用电路如图 11.33 所示。其输出表达式为：

$$V_O = V_{REF} \times \left(1 + \frac{R_{上}}{R_{下}}\right) = 0.6663\text{V} \times \left(1 + \frac{R_{上}}{R_{下}}\right) \tag{11-20}$$

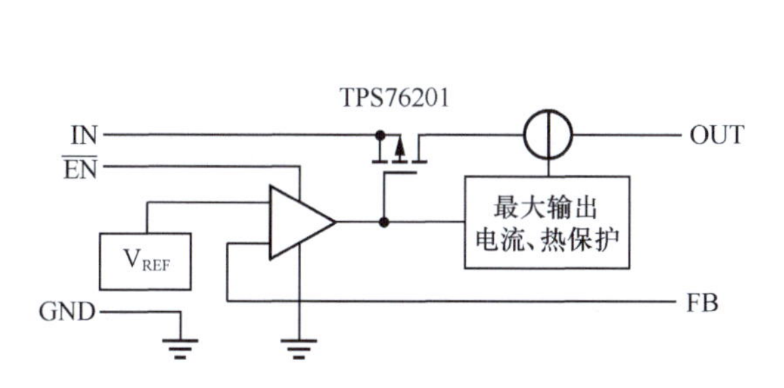

图 11.32 TPS76201 的内部结构

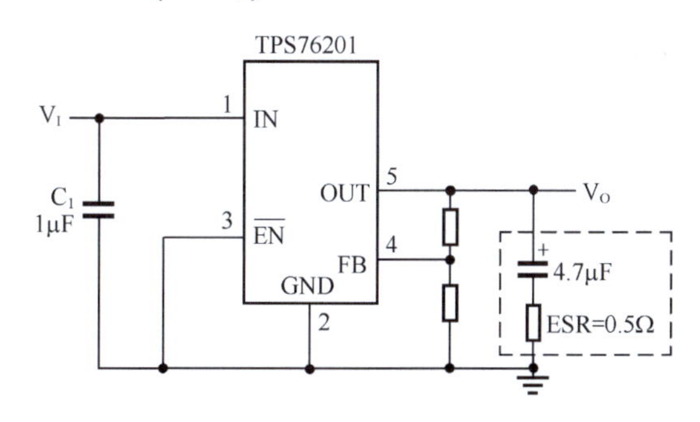

图 11.33 TPS76201 典型应用电路

根据图 11.33 给出的输出电容，建议 ESR=0.5Ω。TPS76201 数据手册对 ESR 的范围也有说明。

TPS7A4901

TPS7A4901 是一款具有宽输入 / 输出电压范围的 LDO，其输入电压为 3 ～ 36V，输出电压可调整为 1.194 ～ 33V。其内部结构和典型应用电路如图 11.34 所示。

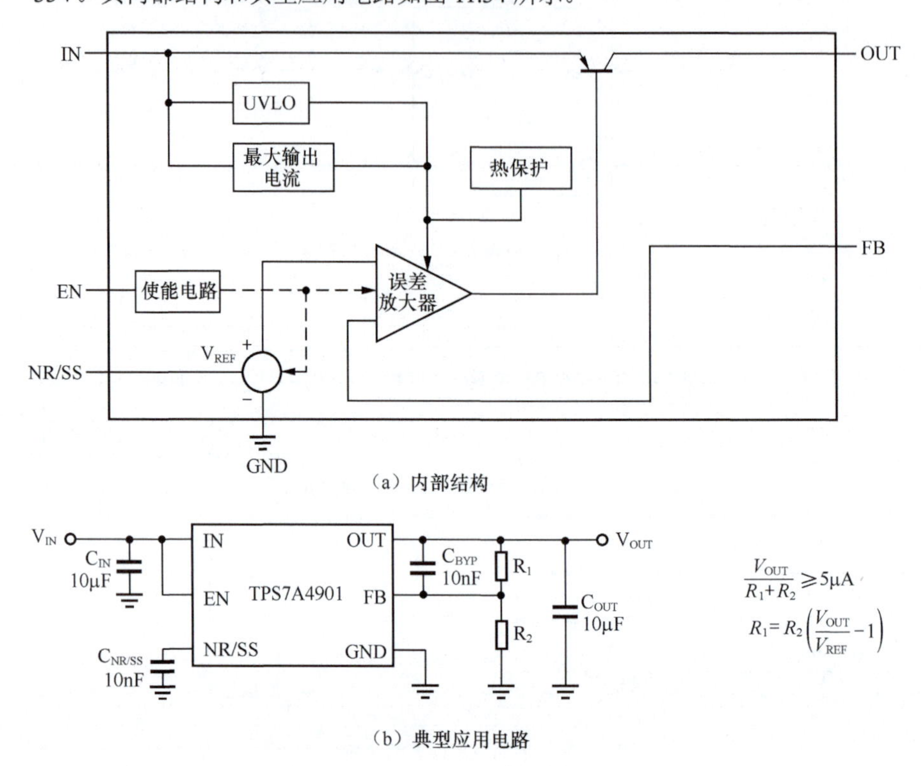

（a）内部结构

（b）典型应用电路

图 11.34　TPS7A4901 内部结构和典型应用电路

TPS7A4901 是一个 PNP 型 LDO，低端稳定。

需要注意两点：第一，它具备一个 NR/SS 脚，即噪声降低（Noise Reduction，NR）/ 软启动（Soft Start，SS）脚，通常对地接一个电容会使输出噪声下降，且通过控制这个脚可以实现软启动，即输出电压缓慢地上升到指定电压；第二，它的典型应用电路中增加了一个旁路电容 C_{BYP}，理论上说，它的引入会引起环路的零极点变化，但是，其主要作用并不在此，而在于能够改善 LDO 电路的性能，进一步降低高频噪声。

对于这类实用型电路，我的建议是，尽量遵循生产厂商给出的设计建议。

11.5 基准电压源

串联型稳压电路、集成稳压器、低跌落稳压器都属于直流电源。它们的主要目的是为用电器供电，因此要具有一定的电流输出能力，其核心是在稳压基础上释放功率，用俗话说，它是干重活的。而基准电压源，只负责提供相当精准的电压，一般不要求其提供较大的输出电流。它的电压稳定性、准确性、噪声都远远优于直流电源，但电流输出能力却远远小于直流电源，用俗话说，它是干细活的。

基准电压源主要作为 ADC、DAC 的基准，像砝码决定了称的精准性一样，它直接决定着 ADC 的准确性。

◎基准电压源的分类和使用

基准电压源主要分为两类：分流型（Shunt Mode）和串联型。

（1）分流型

所谓的分流型，是指其外形就是一个稳压管，只有两个引脚（有些有第 3 个脚，可微调）。以 AD589 为例，其引线图和内部结构如图 11.35 所示。

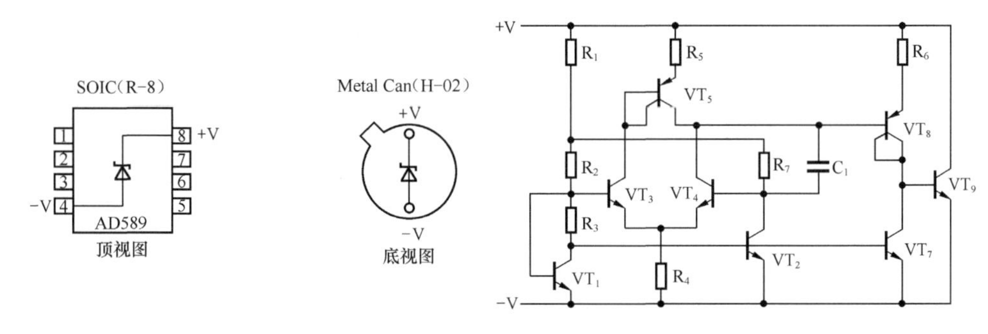

图 11.35　分流型 AD589 引线图和内部结构

按照规定的最小电流和最大电流，选择合适的外部电阻，将其设计成图 11.36 所示电路，即标准稳压管电路，就可以得到稳定的输出电压。如图 11.36 右侧，利用 ADR512 的第 3 脚——调整脚，可以实现大约 ±0.5% 的微调。

分流型基准源结构简单，价格低，但其性能指标与串联型存在差距。读到这里，可能有些读者就纳闷了，这不就是个稳压二极管吗？从图 11.36 中的符号看，它和稳压二极管是一致的（在数据手册中它们的符号不一致，左边的看起来像个肖特基二极管）。其实，它和稳压二极管还是有区别的：第一，它的稳压特性远比稳压二极管好；第二，多数有 3 个脚，可微调；第三，它一般是低电压的。

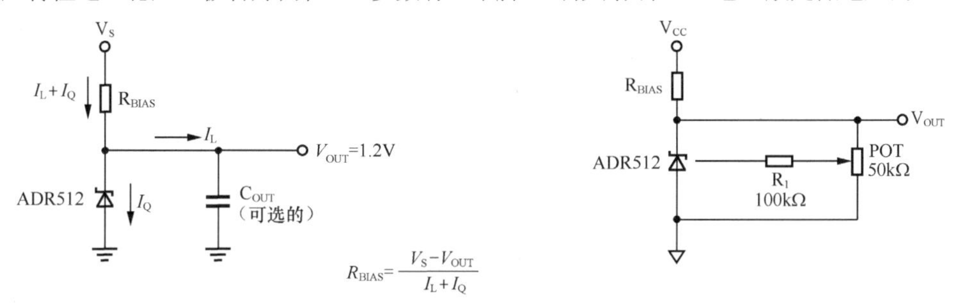

图 11.36　分流型 ADR512 典型电路连接

（2）串联型

所谓的串联型基准电压源，更类似于一个集成三端稳压器，也具有输入脚、接地脚和输出脚，也是输入高电压，输出稳定的低电压。与集成三端稳压器相比，主要区别如下。

① 基准电压源的输出电压的初始准确性、温度和时间稳定性、噪声、调整率等指标，都优于集成三端稳压器。

② 集成三端稳压器具有很大的单方向的电流输出能力。而基准电压源具有流进电流和流出电流能力，只是数值很小，一般为几毫安。

③ 很多集成三端稳压器具备调整输出电压的功能，而基准电压源一般只有微调功能。

以 ADR44X 系列为例，它提供 440（2.048V）、441（2.5V）、443（3V）、444（4.096V）、445（5V）5 种规格的输出电压，其内部结构如图 11.37 所示，典型应用电路如图 11.38 所示。

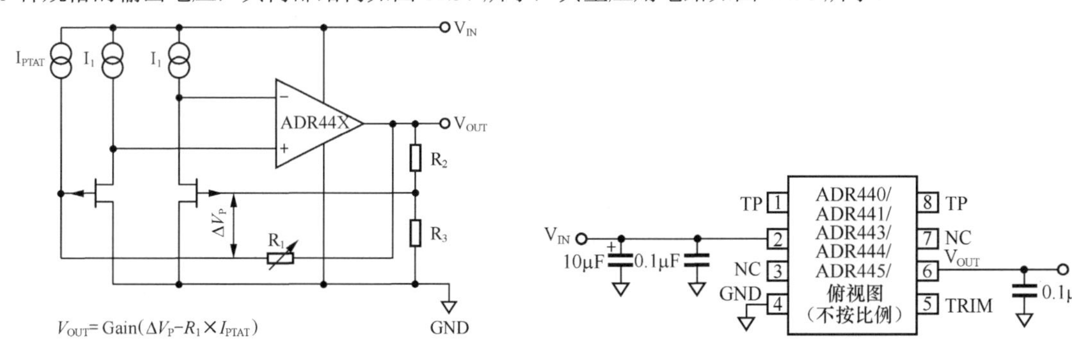

图 11.37　串联型 ADR44X 内部结构

图 11.38　串联型 ADR44X 典型应用电路

多数情况下，用户无须对基准电压源实施微调，即可以将 TRIM 脚浮空。而图 11.38 中的 TP 脚为测试脚，在出厂前由厂商使用，用户无须连接它。需要注意的是，用户必须按照数据手册建议，在输入脚和输出脚连接合适的电容。

有些基准电压源提供了 FORCE 和 SENSE 输出，以方便用户实现开尔文连接，保证负载端电压的准确性。图 11.39 所示为 ADR34XX 的开尔文接法。关于开尔文接法，第 11.4 节已经介绍。图 11.39 中有两处文字说明。第一，要求输出端电容要尽可能靠近 FORCE 端。我不敢肯定这个说法，是为了保证芯片的稳定性吗？学无止境啊。第二，要求 SENSE 连接点要尽可能靠近负载。这个原理前面讲过，就是为了将最准确的负载电压通过 SENSE 脚回传给器件。

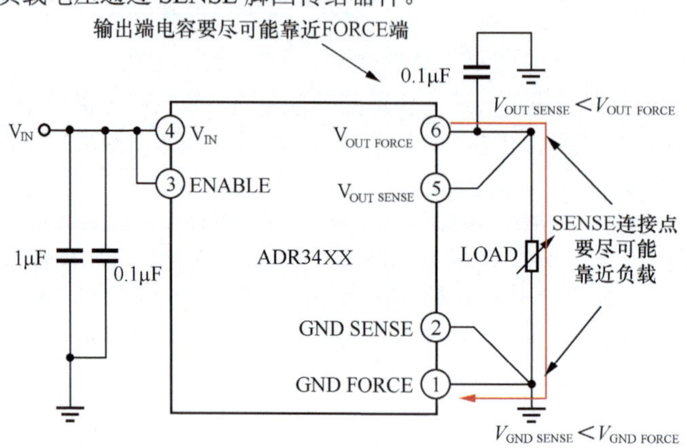

图 11.39　串联型 ADR34XX 的开尔文接法

◎基准电压源的参数

（1）初始容差

初始容差是指在标准测试环境，即确定的温度、确定的负载电流、确定的输入电压情况下，输出电压与理论输出电压之间的差值，用 mV 或者相对值的百分比表示。在数据手册中，可以用初始输出电压误差（Initial Output Voltage Error）表示，也可以用准确度（Accuracy）、输出电压容差（Output Voltage Tolerance）、初始准确度（Initial Accuracy）等表示。

它表现的是生产厂商对相同测试环境下输出电压偏差的容忍程度，一旦某个芯片的测试结果超过厂商的规定容差，就会被当作次品，不得进入销售渠道。

比如一个标称为 2.048V 的基准电压源 ADR4520，它分为 B 级（B grade）和 A 级（A grade）两种，其数据手册截图——初始误差如图 11.40 所示。

ADR4520 ELECTRICAL CHARACTERISTICS

Unless otherwise noted, V_{IN} = 3 V to 15 V, I_L = 0 mA, T_A = 25°C.

Table 3.

Parameter	Symbol	Test Conditions/Comments	Min	Typ	Max	Unit
OUTPUT VOLTAGE	V_{OUT}			2.048		V
INITIAL OUTPUT VOLTAGE ERROR	V_{OUT_ERR}	B grade			±0.02	%
					410	μV
		A grade			±0.04	%
					820	μV

图 11.40　串联型 ADR4520 数据手册截图——初始误差

图 11.40 说明，对于出厂合格的产品 ADR4520B，在规定的测试条件下测试多个芯片，其输出电压最大值不会超过 2.048V+410μV=2.04841V，也不会低于 2.048V−410μV=2.04759V。而 ADR4520A 的输出电压最大值不会超过 2.048V+820μV=2.04882V，也不会低于 2.048V−820μV=2.04718V。

那么，能从购买的 A 级产品中得到 B 级产品性能吗？这一般是梦想。生产厂商会对每个产品进行测试，并将误差小于 410μV 的产品归入 B 级，将误差为 410 ～ 820μV 的产品归入 A 级，而将误差大于 820μV 的产品归于次品。这和乒乓球中的一星、二星、三星的分类道理差不多。当然，B 级产品的价格较高。

同时我们注意到，用绝对误差除以理论输出电压 2.048V，就是用“%”表示的相对误差。410μV/2.048V=0.02001953%，图 11.40 中用 ±0.02% 表示，二者是吻合的。

（2）温度漂移

当基准电压源的环境温度发生变化，其输出电压会相应发生变化，在一定温度范围内，温度变化和输出电压变化呈现较为稳定的规律，ADR4520 的输出电压随温度变化曲线如图 11.41 所示。显然，我们希望它在整个温度范围内变化越小越好，因此常用温度漂移（Temperature Drift）或者温度系数（Temperature Coefficient）来表示，一般以 ppm/℃为单位，即每摄氏度带来多少个 ppm 的变化。

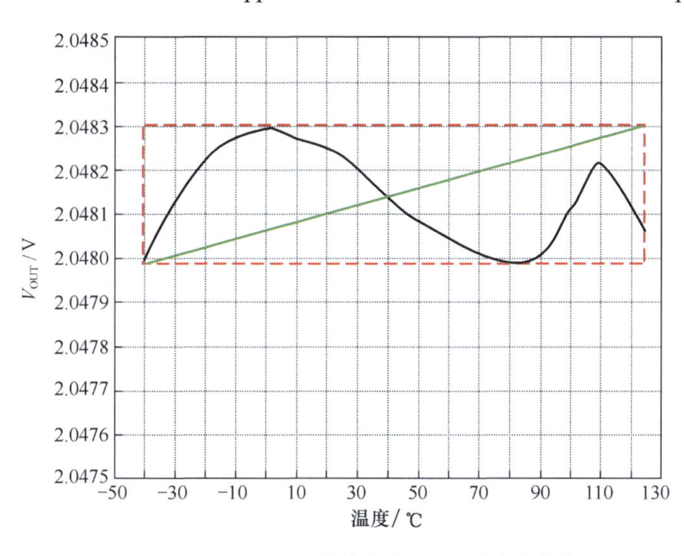

图 11.41　ADR4520 的输出电压随温度变化曲线

常见的表达温度漂移的方法有两种。

第一种：一般选择 3 个测试点，分别为最低温度 T_1、常温 T_2（25℃）、最高温度 T_3，测量这 3 个温度下的输出电压 $V_{O\_T_1}$、$V_{O\_T_2}$、$V_{O\_T_3}$，用下式表示。

$$TC=\frac{\max\left(V_{O\_T_1},V_{O\_T_2},V_{O\_T_3}\right)-\min\left(V_{O\_T_1},V_{O\_T_2},V_{O\_T_3}\right)}{V_{O\_T_2}\times\left(T_3-T_1\right)}\times10^6\text{ppm} \tag{11-21}$$

以图 11.41 为例，目测得出如下结果。

$$V_{O\_T_1}=2.0480\text{V},V_{O\_T_2}=2.04823\text{V},V_{O\_T_3}=2.04805\text{V}$$

将上述测试数据代入式（11-21），得：

$$TC=\frac{2.04823-2.0480}{2.04823\times\left(125-(-40)\right)}\times10^6\text{ppm}=0.68\text{ppm}$$

第二种：在整个温度范围内实现全部温度点测量，获得输出电压最大值 V_{Omax}、输出电压最小值 V_{Omin}，用式（11-22）表示。

$$TC=\frac{V_{Omax}-V_{Omin}}{V_{Otyp}\times\left(T_3-T_1\right)}\times10^6\text{ppm} \tag{11-22}$$

其中，T_3 和 T_1 仍是规定的温度上限和下限，而 V_{Otyp} 则是输出电压理论值。

这种方法也称方框法（Box Method），用电压最大值、电压最小值形成方框的上下两条边，用温度的最小值、最大值形成方框的左右两条边，如图 11.41 中的红色虚线方框，该方框的对角线斜率代表温度系数的绝对值，即图 11.41 中的绿色斜线，该值除以典型输出电压，即温度系数相对值。

仍以图 11.41 为例，目测得出如下结果。

$$V_{\text{Omax}} = 2.0483\text{V}, V_{\text{Omin}} = 2.04798\text{V}, V_{\text{Otyp}} = 2.048\text{V}$$

将上述测试数据代入式（11-22），得：

$$\text{TC} = \frac{2.0483 - 2.04798}{2.048 \times (125 - (-40))} \times 10^6 \text{ppm} = 0.947\text{ppm}$$

显然，第二种方法更加苛刻，得出的温度漂移也相应大一些。

不同的器件适用的方法不同，需要甄别。

我个人认为，如果可行，第三种方法更加合理：在温度变化曲线中，找到斜率绝对值最大的微小线段，得到此线段的温度差 ΔT 和此线段的电压差值 ΔV，用式（11-23）表示。

$$\text{TC} = \frac{\Delta V}{V_{\text{Otyp}} \times \Delta T} \times 10^6 \text{ppm} \tag{11-23}$$

仍以图 11.41 为例，目测在 100℃（2.048115V）到 106℃（2.0482V）之间具有最大斜率，两点之间电压差值为 85μV，则有：

$$\text{TC} = \frac{85 \times 10^{-6}}{2.048 \times 6} \times 10^6 \text{ppm} = 6.92\text{ppm}$$

可见数值相差甚大。

但请注意，这里的第三种方法并不是厂商接受的方法。

（3）线路调整率

输入电压变化引起的输出电压变化，被称为线路调整率（Line Regulation），也称电压调整率，用下式表示。其单位为 μV/V。

$$\text{Line Regulation} = \frac{\Delta V_{\text{OUT}}}{\Delta V_{\text{IN}}} \tag{11-24}$$

也可以用相对变化表示，即：

$$\text{Line Regulation} = \frac{\Delta V_{\text{OUT}}}{V_{\text{Otyp}} \times \Delta V_{\text{IN}}} \times 10^6 \text{ppm} = \frac{\Delta V_{\text{OUT}}}{V_{\text{Otyp}} \times \Delta V_{\text{IN}}} \times 100\% \tag{11-25}$$

其单位为 ppm/V 或者 %/V。

（4）负载调整率

负载电流变化引起的输出电压变化，称为负载调整率（Load Regulation），用式（11-26）表示。

$$\text{Load Regulation} = \frac{\Delta V_{\text{OUT}}}{\Delta I_{\text{L}}} \tag{11-26}$$

其单位为 μV/mA，也可用电阻表示，等效为输出电阻 r_{out}。

也可以用相对变化表示，即：

$$\text{Load Regulation} = \frac{\Delta V_{\text{OUT}}}{V_{\text{Otyp}} \times \Delta I_{\text{L}}} \times 10^6 \text{ppm} = \frac{\Delta V_{\text{OUT}}}{V_{\text{Otyp}} \times \Delta I_{\text{L}}} \times 100\% \tag{11-27}$$

其单位为 ppm/mA 或者 %/mA。

ADR4520 数据手册截图 1 如图 11.42 所示。

TEMPERATURE COEFFICIENT	TCV_{OUT}	B grade, −40°C ≤ T_A ≤ +125°C			2	ppm/°C
		A grade, −40°C ≤ T_A ≤ +125°C			4	ppm/°C
LINE REGULATION	$\Delta V_{OUT}/\Delta V_{IN}$	−40°C ≤ T_A ≤ +125°C		1	10	ppm/V
LOAD REGULATION	$\Delta V_{OUT}/\Delta I_L$	I_L = 0 mA to +10 mA source, −40°C ≤ T_A ≤ +125°C		30	80	ppm/mA
		I_L = 0 mA to −10 mA sink, −40°C ≤ T_A ≤ +125°C		100	120	ppm/mA

图 11.42　ADR4520 数据手册截图 1

第一行是温度系数，其测试温度范围均为 -40℃～ +125℃，这是该芯片的正常工作温度范围。在此范围内，B 级产品最大温度系数为 2ppm/℃，而 A 级产品稍差，为 4ppm/℃。

第二行是线路调整率，在正常温度范围内，其典型值为 1ppm/V，即输入电压每增加 1V，输出电压增加量的典型值为理论输出电压的 1ppm，即 2.048μV；最大值为 10ppm，即输入电压增加 1V，输出电压增加量不会超过 20.48μV。

第三行是负载调整率，在正常温度范围内，分为如下两种。

第一种是 source（源，吐出电流），指输出电流方向为“从基准源流向负载”，此时，输出电流每增加 1mA，输出电压下降典型值为 30ppm，即 61.44μV。可看出其等效的输出电阻为：

$$r_{out}=\frac{\Delta V_{OUT}}{\Delta I_L}=\frac{61.44\times10^{-6}}{1\times10^{-3}}=61.44\text{m}\Omega$$

第二种是 sink（下水池，汉语没有更合适的词表述，吸纳电流），指输出电流方向为“从负载流进基准源）。此时，输出电流由 -5mA 变为 -6mA，即增加 1mA，输出电压会增加 100ppm，即 204.8μV。

（5）输出噪声电压

输出噪声电压指基准电压源的输出噪声大小，一般用如下两种形式表达。

第一种是 0.1 ～ 10Hz 噪声电压峰 - 峰值，用 $e_{Np\text{-}p}$ 表示，单位为 μV。

第二种是 1kHz 或者其他频点处的噪声电压密度，用 e_N 表示，单位为 nV/ $\sqrt{\text{Hz}}$。

ADR4520 数据手册截图 2 如图 11.43 所示。

OUTPUT VOLTAGE NOISE	$e_{Np\text{-}p}$	0.1 Hz to 10.0 Hz	1.0	μV p-p
OUTPUT VOLTAGE NOISE DENSITY	e_N	1 kHz	35.8	nV/√Hz

图 11.43　ADR4520 数据手册截图 2

除以上指标外，基准电压源还有跌落电压、长期稳定性、温度迟滞等指标，本书不详述。但，请读者记住，一个看起来简简单单的基准电压源，其实并不简单。

11.6 基准电流源

我们知道，电压与电流是一对共生共存的量，理论上，有电压基准，就应该有电流基准。但不得不承认，在历史进程中，电压源的应用占据了上风。我们熟悉电压源，一台直流稳压电源一旦通电，它的两个端子之间就存在指定的电压。但，我们不熟悉电流源。

在一个两端子器件的两端之间，电压在一定范围内变化，流过器件的电流是恒定的，且非常精准，这就是基准电流源。世上有这样的东西吗？有。

◎ REF200

REF200 是 Burr-Browm（BB）公司（已被 TI 公司收购）生产的一款双 100μA 基准电流源，且内含一个用途广泛的电流镜，其内部结构如图 11.44 所示（资料来自 REF200 数据手册）。

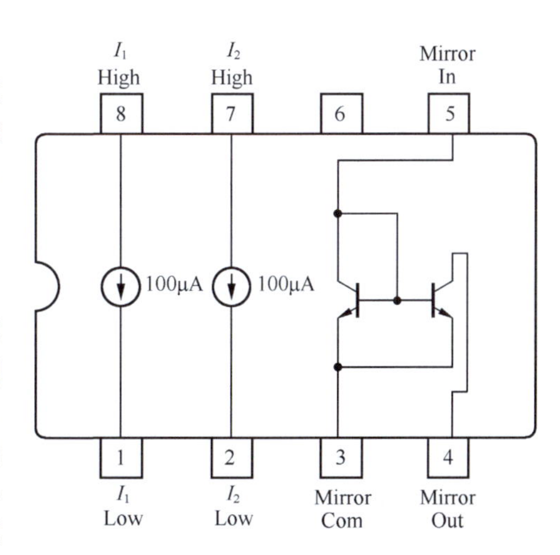

图 11.44　REF200 内部结构

◎ REF200 的电流源

每个电流源都有两个管脚（第 8 脚对第 1 脚，第 7 脚对第 2 脚），当保证电流源两端电压 U_{HL} 在 2.5V 到 30V 之间时，那么流过电流源的电流一定等于 100μA。图 11.45 给出了器件的电压 - 电流关系，其中右图为局部放大且包含温度信息。可以看出，不同温度下电压小于 2.5V 时，电流区别较大，但电压在 3V 以上时，电流基本仅随温度变化。

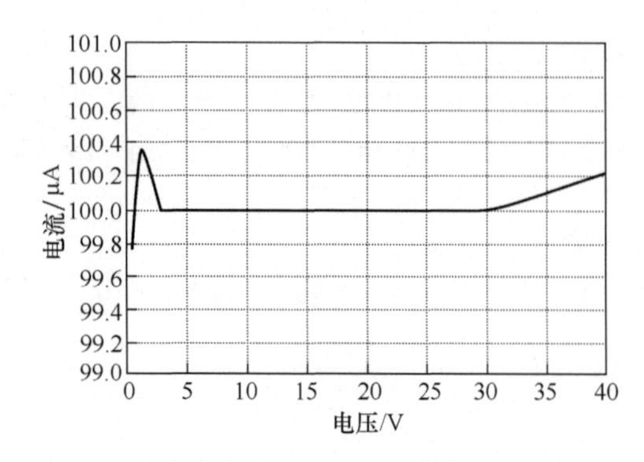

（a）电流源输出电流与电压的关系

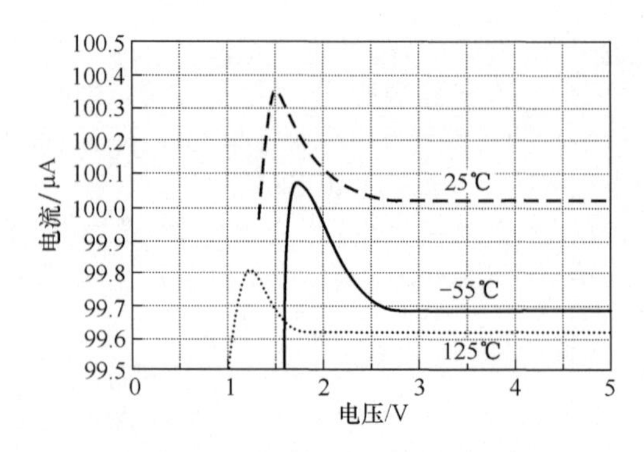

（b）不同温度时，电流源输出电流与电压的关系

图 11.45　REF200 电压 – 电流关系

图 11.46 给出了 REF200 的温度范围，包含指标温度范围（Specification），在此温度范围内能够保证所述指标达标，图 11.46 中为 −25℃～ +85℃；操作温度范围（Operating），在此温度范围内器件能够正常工作，但不保证所有指标都能达标，图 11.46 中为 −40℃～ +85℃；存储温度范围（Storage），在此温度范围内保存器件，器件不会损坏，图 11.46 中为 −40℃～ +125℃。

TEMPERATURE RANGE					
Specification		−25		+85	°C
Operating		−40		+85	°C
Storage		−40		+125	°C

图 11.46　REF200 的温度范围

图 11.47 给出了 REF200 的温度特性，显然给出的数据指标应以 −25℃～ +85℃为参考。依据方框法，图 11.47 中其温度漂移大约为：

$$\mathrm{TC}=\frac{I_{\max}-I_{\min}}{I_{\mathrm{typ}}\times\left(T_3-T_1\right)}\times10^6\,\mathrm{ppm}=\frac{100.02-99.81}{100\times\left(85-(-25)\right)}\times10^6\,\mathrm{ppm}=19.09\mathrm{ppm}$$

选择 1284 个样本进行实验，电流源温度漂移分布如图 11.47（b）所示。

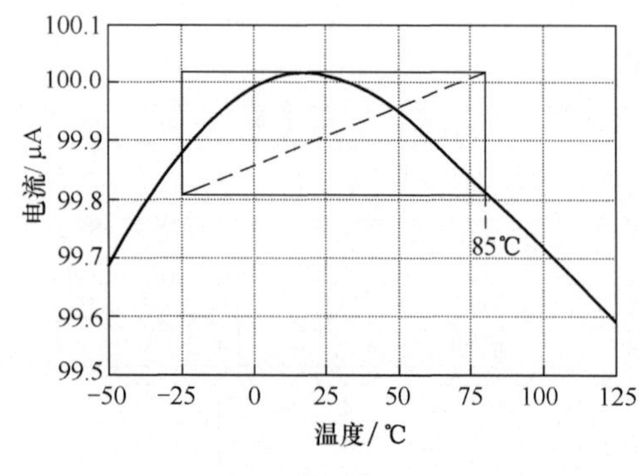

（a）电流源典型漂移与温度的关系

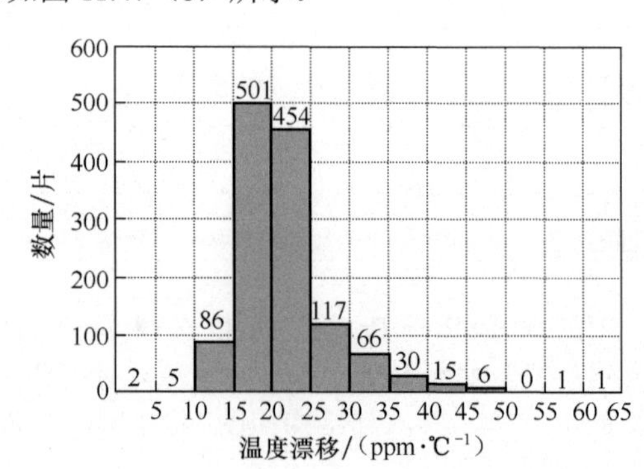

（b）电流源温度漂移分布

图 11.47　REF200 的温度特性

因此数据手册给出的温度系数为典型值 25ppm。这个数值与较好的基准电压源 ADR4520 的 2ppm 相比，差距不小。说明，该基准电流源的温度稳定性比不过基准电压源。

图 11.48 所示是 REF200 电流源部分的规格，初始准确度最大值为 ±1%，两个电流源的匹配度为 ±1%，输出电阻在 3.5 ～ 30V 分段内为 500MΩ。电流噪声在 0.1 ～ 10Hz 内峰 – 峰值为 1nA，而噪声电流密度为 20pA/$\sqrt{\mathrm{Hz}}$。

倒数第二行为顺从电压（Voltage Compliance），数据手册要求读者看曲线（See Curves），就是看图 11.45。所谓的顺从电压（1%），是指一个电压范围，若电流源两端电压在此范围内，则它提供的输出电流与设定电流 100μA 的误差不会超过 1%。但很遗憾，数据手册中并没有画出 99μA 或者 101μA 的情况，因此无法从图 11.45 得出 1% 误差的顺从电压是多少。

At T_A = +25°C, V_S = 15V, unless otherwise noted.

PARAMETER	CONDITION	REF200AP, AU			UNITS
		MIN	TYP	MAX	
CURRENT SOURCES					
Current Accuracy			±0.25	±1	%
Current Match			±0.25	±1	%
Temperature Drift	Specified Temp Range		25		ppm/°C
Output Impedance	2.5V to 40V	20	100		MΩ
	3.5V to 30V	200	500		MΩ
Noise	BW = 0.1Hz to 10Hz		1		nAp-p
	f = 10kHz		20		pA/√Hz
Voltage Compliance (1%)	T_{MIN} to T_{MAX}		See Curves		
Capacitance			10		pF

图 11.48　REF200 电流源部分的规格

关于电流源的输出电阻，其等效电路如图 11.49 所示。考虑输出电阻后，实际的输出电流将不再是 I_S，而是与负载电阻相关：负载电阻越大，输出电流越小。

$$I_{OUT}=I_S+\frac{U_{HL}}{R_O}=I_S+\frac{V_{CC}-I_{OUT}R_{LOAD}}{R_O} \tag{11-28}$$

解得：

$$I_{OUT}=\frac{I_S R_O+V_{CC}}{R_O+R_{LOAD}}=I_S\frac{R_O}{R_O+R_{LOAD}}+\frac{V_{CC}}{R_O+R_{LOAD}} \tag{11-29}$$

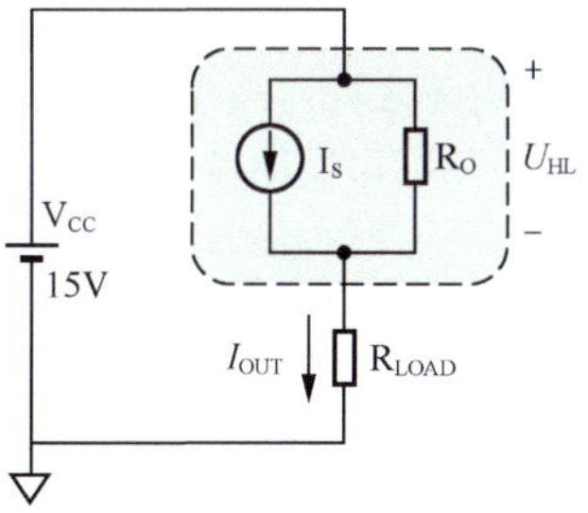

图 11.49　电流源输出电阻等效电路

设定 I_S=100μA，R_{OUT}=500MΩ（以 REF200 为例），V_{CC}=15V，当负载电阻从 0 到 120kΩ，以 10kΩ 增加时，得到负载电流变化如图 11.50 所示，它看起来像直线，其实不是，仅仅是图 11.50 中的范围很小导致的。

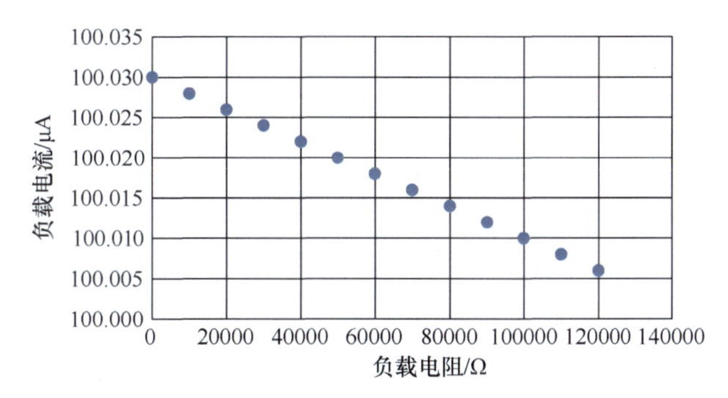

图 11.50　负载电流变化

◎ REF200 的电流镜

REF200 还有一个重要的部件——电流镜。它的基本结构已在图 11.44 中给出，更为简化的结构如

图 11.51 所示。

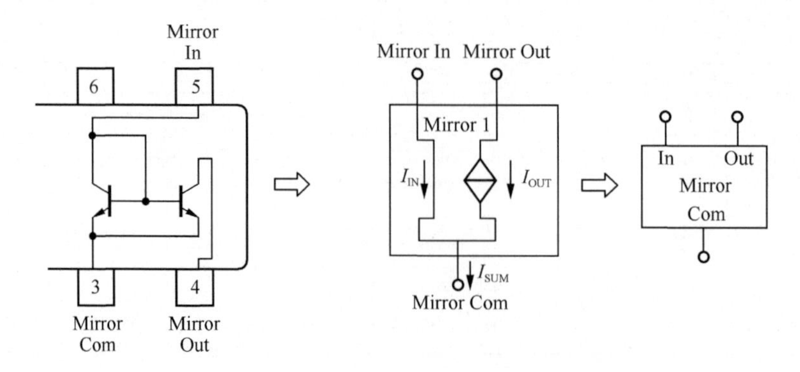

图 11.51　电流镜简化结构

REF200 电流镜的规格如图 11.52 所示。

CURRENT MIRROR	I = 100μA Unless Otherwise Noted				
Gain		0.995	1	1.005	
Temperature Drift			25		ppm/°C
Impedance (output)	2V to 40V	40	100		MΩ
Nonlinearity	I = 0μA to 250μA		0.05		%
Input Voltage			1.4		V
Output Compliance Voltage			See Curves		
Frequency Response (–3dB)	Transfer		5		MHz

图 11.52　REF200 电流镜的规格

Gain 是指电流镜的输出电流与输入电流之比，典型值应为 1，但其有大约 ±0.5% 的误差。温度漂移，是指当输入电流不变而温度变化时，输出电流发生的变化，虽然数据手册没有说明，但估计其来源也是方框法。

关于非线性，图 11.52 给出 0 ～ 250μA 条件下，典型值为 0.05%。图 11.53 给出的曲线更能说明问题。它至少说明：第一，不同器件的非线性是不同的；第二，对于某个器件，在不同输入电流情况下，增益 Gain 不是确定的 1 倍，而是在波动的。

回到图 11.52，倒数第 3 行输入电压项，图 11.52 中典型值为 1.4V，而输出顺从电压则需要看曲线，如图 11.54 所示。首先，输入电压与输入电流之间的关系是一条确定的曲线，如图 11.54 所示，当输入电流大时，电流镜的 In 端和 Com 端之间的电压会增大，1μA 对应 1V，100μA 对应 1.25V，200μA 对应 1.5V，3mA 对应 4V，这个关系是确定的。

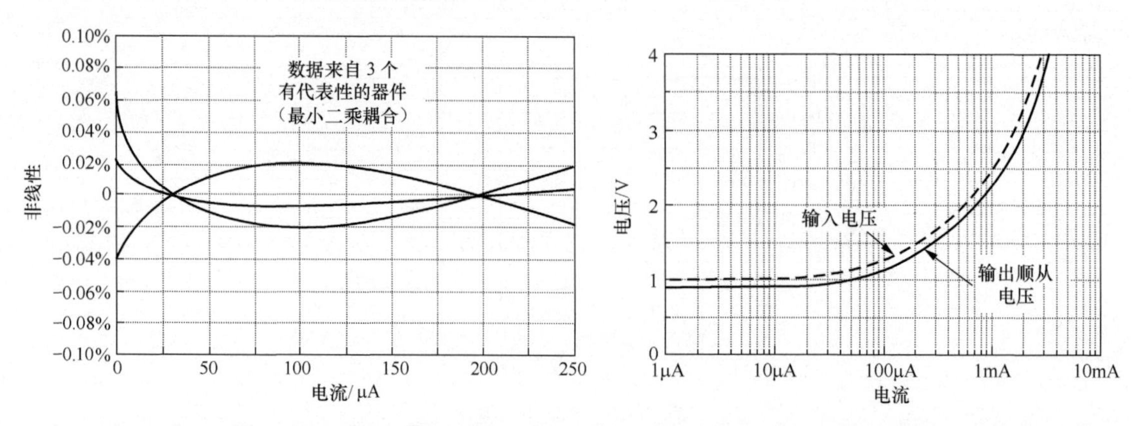

图 11.53　REF200 电流镜的非线性曲线

图 11.54　REF200 电流镜的输入电压和输出顺从电压

其次，由图 11.54 中的输出顺从电压曲线可知，在相同电流下，其电压值比输入电压略低一些，其实它是最小顺从电压曲线。这根曲线表明，当电流镜工作时，要保证电流镜的指标良好，则电流镜的 Out 端与 Com 端之间的电压必须高于此值。

Out 端与 Com 端之间的最高电压是多少，数据手册中没有明确指出，但在多个地方看到最高电压为 40V，我觉得最高值就是 40V。

图 11.55 给出了一个示例（它没有什么实际用途），用于说明上述电压关系。首先从图 11.54 可以查到，当强制电流镜输入电流为 100μA 时，其电压为 1.25V，即 u_{IN}=1.25V，那么 100μA 电流源两端压差为 28.5V，如果是 REF200 的电流源，这是可以容忍的——它的顺从电压最高值为 30V。此时，镜像的输出电流也是 100μA，那么电阻 R_L 两端的压差为 100μA×100kΩ=10V，则可以计算得 u_{OUT}=20V。而图 11.54 表明，100μA 时输出顺从电压最小值为 1.1V，最大值为 40V，此时 Out 端和 Com 端压差为 20V，介于 1.1 ~ 40V 之间，因此电流镜输出满足顺从电压要求。

当负载电阻由 100kΩ 变为 290kΩ 时，如果输出电流仍为 100μA，其电阻压降变为 29V，此时 Out 端和 Com 端之间的压降只剩 1V，显然它低于顺从电压最小值 1.1V，此时输出电流就不再保证是 100μA，电流镜失效了。

关于电流镜，最后一个规格是频率特性，它标称具有 5MHz 的 -3dB 带宽，即其电流增益随输入电流频率变化，在 5MHz 时，其增益下降为低频时的 70.7%。

◎利用 REF200 实现多种电流源

利用 REF200 内含的全浮空电流源和电流镜，适当结合电阻、晶体管、运放等，可以实现多种电流源。本书以举例方式阐述两个例子。

电流镜应用举例 1 如图 11.56 所示（除负载电阻外，其余电路来自 REF200 数据手册）。已知供电电压为 ±15V，图 11.56 中的电流源和电流镜均为 REF200 内含的。

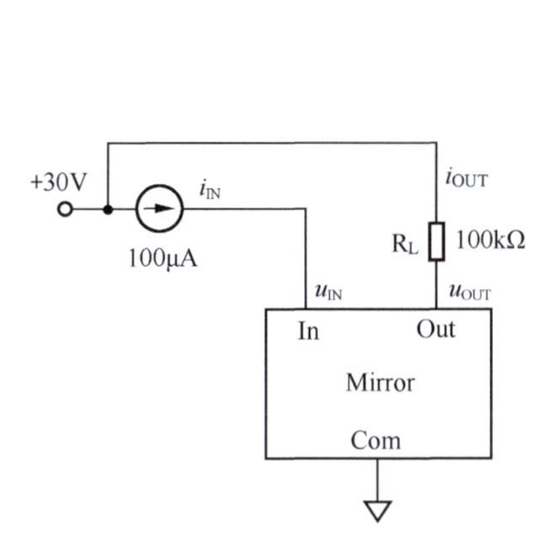

图 11.55　电流镜应用示例

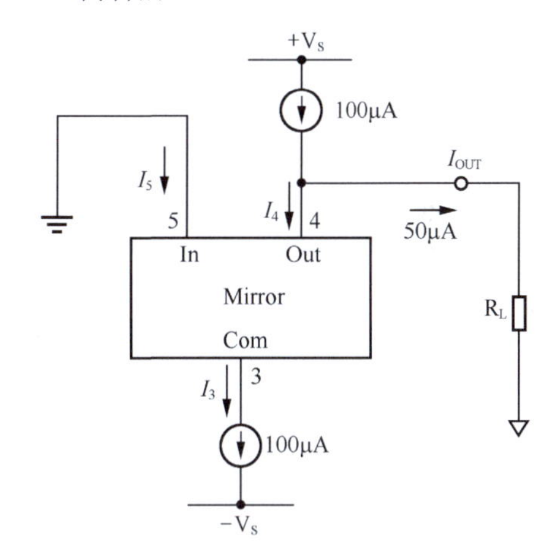

图 11.56　电流镜应用举例 1

1）分析 I_{OUT} 为什么等于 50μA。

2）求解负载电阻的取值范围。

3）单独降低 $-V_S$ 的电压绝对值，可以降低到多少？

解：

1）对图 11.56 中电流镜而言，下式成立：

$$\begin{cases} I_4 = I_5 \\ I_4 + I_5 = I_3 = 100\mu A \end{cases} \tag{11-30}$$

则可解得：

$$I_4 = I_5 = 50\mu A$$

对于 I_{OUT}，有：

$$I_4 + I_{OUT} = 100\mu A$$

则可解得：

$$I_{OUT} = 50\mu A$$

2）分析负载电阻的取值范围

要分析一个电阻的取值范围，需分析电阻太小会发生什么，电阻太大又会发生什么。主要分析在不同情况下，电流源两端电压是否为 2.5 ～ 30V，电流镜顺从电压是否在图 11.54 的范围之内。或者说，得保证电流源和电流镜均能正常工作。

设负载电阻为 R_L，则有：

$$U_4 = R_L \times 50\mu A \tag{11-31}$$

U 的下标为一位，代表该管脚对地电位；为两位，代表两点之间电压。

根据图 11.54，可知 I_5=50μA 时，输入电压约为 1.15V，即 U_{53}=1.15V。由于第 5 脚接地，则可知此时第 3 脚电压恒定为 U_3=−1.15V，与负载值无关。

由此可知，下方 100μA 电流源的压差恒为 −1.15V−(−15V)=13.85V，介于 2.5 ～ 30V 之间，该电流源始终正常工作，与负载电阻大小无关。

对于电流镜输出端，在 50μA 时，其顺从电压最小值为 1V（来自图 11.54）。而此时电流镜输出端压差为：

$$U_{43} = U_4 - U_3 = R_L \times 50\mu A - (-1.15V) > 1V$$

这说明，电流镜的工作也是正常的，与负载大小无关。

问题是上方电流源，根据式（11-31），其压差必须满足：

$$u_X = 15V - U_4 = 15 - R_L \times 50\mu A \geqslant 2.5V$$

则可解得：

$$R_L \leqslant \frac{15V - 2.5V}{50\mu A} = 250k\Omega$$

即负载电阻选择范围为 0 ～ 250kΩ。

3）单独降低 $-V_S$ 的电压绝对值，而不改变正电源电压值，唯一受影响的是下方 100μA 电流源。要保证下方电流源正常工作，其压差必须大于 2.5V，而 U_3 恒定为 −1.15V，则可以算出 $-V_S$ 的电压绝对值不得小于 3.65V。或者说，$-V_S$=−3.66V，工作正常；$-V_S$=−3.64V，则会出现异常。

举例 2

电流镜应用举例 2 如图 11.57 所示（除负载电阻外，电路取自 REF200 数据手册）。已知供电电压为 ±15V，运放的输出至轨电压为 ±3V，输入电压范围为 ±10V，运放的最大输出电流为 6mA，电阻 R_1=1kΩ，R_2=20Ω。

1）分析 I_{OUT}。

2）求负载电阻最大值。

解：

1）分析 I_{OUT}。此电路中存在负反馈，也存在正反馈，要确定其最终呈现什么反馈，需看哪种反馈更强烈。

电流源等效电阻 R_S 阻值大约为 500MΩ，负反馈反馈系数为：

$$F_- = \frac{R_S}{R_1 + R_S} = \frac{1}{1 + \frac{R_1}{R_S}} \approx 1$$

而正反馈反馈系数为：

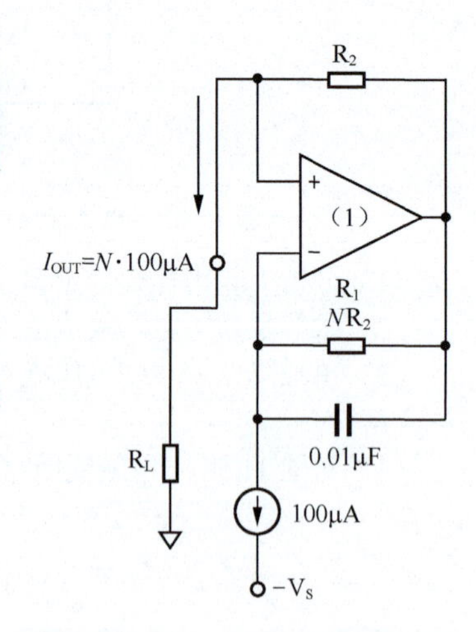

图 11.57　电流镜应用举例 2

$$F_+ = \frac{R_L}{R_2 + R_L} = \frac{1}{1+\frac{R_2}{R_L}} \tag{11-32}$$

只要：

$$\frac{R_2}{R_L} > \frac{R_1}{R_S} \tag{11-33}$$

即：

$$R_L < \frac{R_2}{R_1} R_S = \frac{1}{N} R_S = 10\text{M}\Omega \tag{11-34}$$

则电路一定呈现负反馈。

在负反馈状态下，由于虚短虚断，下式成立：

$$I_S R_1 = I_{OUT} R_2 \tag{11-35}$$

则有：

$$I_{OUT} = \frac{R_1}{R_2} I_S = N \times 100\mu\text{A} = 5\text{mA}$$

此值没有超过题目中规定的运放最大输出电流，因此是成立的。

2）求负载电阻最大值，不能仅依赖式（11-34），还有如下约束。

① 当负载电阻增大时，运放的输出电压也会增大，有可能超过其最高输出电压——电源电压减去轨至轨电压，为 ±12V。因此有：

$$I_{OUT} \times (R_L + R_2) < 12\text{V} \tag{11-36}$$

即：

$$R_L < \frac{12\text{V}}{I_{OUT}} - R_2 = 2380\Omega \tag{11-37}$$

② 当负载电阻增大时，运放正输入端电位也上升，可能超过其最高输入电压 ±10V。

$$I_{OUT} \times R_L < 10\text{V} \tag{11-38}$$

即：

$$R_L < \frac{10\text{V}}{I_{OUT}} = 2000\Omega \tag{11-39}$$

综合式（11-34）、式（11-37）、式（11-39），得出：R_L<2000Ω。

REF200 是一个奇怪的集成电路，它没有供电电源，也没有接地脚。或者说，它是一个完全浮空的器件，两个电流源、一个电流镜，相互之间是完全独立的。但是需要注意的是，任意两个部件之间的电压不要超过 ±80V，否则会引起击穿危险。

使用这类电流源时，最主要的分析是顺从电压。

◎ LT3092——两端浮空电流源

LT3092 是 LT 公司生产的一个三管脚电流源，其结构如图 11.58 所示。

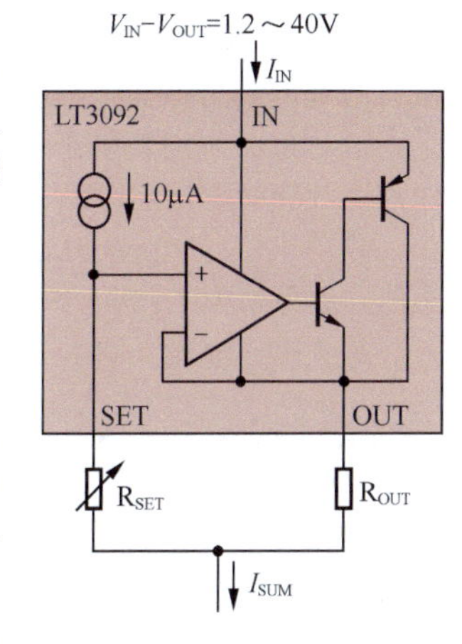

图 11.58　LT3092 结构

由 PNP、NPN 晶体管组成复合管，使得运放的输出脚和图 11.58 中的 OUT 脚之间形成大电流跟随器，这导致运放加上两个晶体管组成了一个大运放。对于运放来说，负反馈仍是成立的，因此有：

$$U_{RSET} = I_S \times R_{SET} = U_{ROUT} = I_{OUT} \times R_{OUT} \tag{11-40}$$

解得：

$$I_{OUT} = I_S \times \frac{R_{SET}}{R_{OUT}} \tag{11-41}$$

而最终的输出电流从 IN 脚流入器件，从两个电阻合并处流出，为：

$$I_{SUM}=I_S+I_{OUT}=I_S\times\left(1+\frac{R_{SET}}{R_{OUT}}\right)=I_{IN} \qquad (11\text{-}42)$$

这就形成了一个两端浮空的电流源。

在使用 LT3092 时，要保证 V_{IN}-V_{OUT} 为 1.2 ～ 40V。在正常工作时内部运放是虚短的，也就是说 V_{OUT}=V_{SET}，那么内部电流源的顺从电压范围就是 1.2 ～ 40V。而真正的两端浮空电流源的顺从电压范围则要加上 R_{SET} 上的压降。

图 11.59 所示是 LT3902 的电气特性规格，其中含棕色圆点的行是在全部温度范围内的结果，其余的是 25℃时的测量结果。

ELECTRICAL CHARACTERISTICS The ● denotes the specifications which apply over the full operating temperature range, otherwise specifications are at T_J = 25°C. (Note 2)

PARAMETER		CONDITIONS		MIN	TYP	MAX	UNITS
SET Pin Current	I_{SET}	V_{IN} = 2V, I_{LOAD} = 1mA 2V ≤ V_{IN} ≤ 40V, 1mA ≤ I_{LOAD} ≤ 200mA	 ●	9.9 9.8	10 10	10.1 10.2	μA μA
Offset Voltage (V_{OUT} – V_{SET})	V_{OS}	V_{IN} = 2V, I_{LOAD} = 1mA V_{IN} = 2V, I_{LOAD} = 1mA	 ●	–2 –4		2 4	mV mV
Current Regulation (Note 7)	ΔI_{SET} ΔV_{OS}	ΔI_{LOAD} = 1mA to 200mA ΔI_{LOAD} = 1mA to 200mA	 ●		–0.1 –0.5	 –2	nA mV
Line Regulation	ΔI_{SET} ΔV_{OS}	ΔV_{IN} = 2V to 40V, I_{LOAD} = 1mA ΔV_{IN} = 2V to 40V, I_{LOAD} = 1mA			0.03 0.003	0.2 0.010	nA/V mV/V
Minimum Load Current (Note 3)		2V ≤ V_{IN} ≤ 40V	●		300	500	μA
Dropout Voltage (Note 4)		I_{LOAD} = 10mA I_{LOAD} = 200mA	● ●		1.22 1.3	1.45 1.65	V V
Current Limit		V_{IN} = 5V, V_{SET} = 0V, V_{OUT} = –0.1V	●	200	300		mA
Reference Current RMS Output Noise (Note 5)		10Hz ≤ f ≤ 100kHz			0.7		nA_{RMS}
Ripple Rejection		f = 120Hz, V_{RIPPLE} = 0.5V_{P-P}, I_{LOAD} = 0.1A, C_{SET} = 0.1μF, C_{OUT} = 2.2μF f = 10kHz f = 1MHz			90 75 20		dB dB dB
Thermal Regulation	I_{SET}	10ms Pulse			0.003		%/W

图 11.59　LT3092 的电气特性规格

失调电压（Offset Voltage）是内部运放的，为 -2 ～ 2mV，且它会随着负载电流和线电压发生改变。电流调整率、线电压调整率与基准电压源中的定义类似。

需要说明的是，此电源具有最小负载电流（Minimum Load Current），典型值为 300μA，它的含义来自内部运放的静态电流。式（11-42）中，I_{SUM}，也就是负载电流，似乎只要比 I_S 稍大即可。但，由于内部运放必须消耗静态电流，用户在选择外部电阻 R_{SET} 和 R_{OUT} 时，必须保证 I_{SUM}>300μA，以确保内部运放能够正常工作。

跌落电压（Dropout Voltage），就是保证器件正常工作时 V_{IN}-V_{OUT} 的最小电压，也就是顺从电压最小值，典型值为 1.22V（即上文提到的 1.2V）。

最大输出电流（图 11.59 中的 Current Limit）一般可以达到 300mA，至少能够达到 200mA。

◎用电压基准源实现电流基准源

上述电流源或者基准电流源的精准性、稳定性都无法达到基准电压源的水准。要实现更为准确的基准电流源，一般采用高水准的基准电压源配合运放电路实现。

图 11.60 用 REF102（10V 基准电压源）实现吐出电流。其稳定性主要受 REF102 影响。在负反馈成立情况下，运放满足虚短虚断，很容易分析得到：

$$I_{OUT}=I_{R_1}=\frac{U_6-U_+}{R_1}=\frac{U_6-U_4}{R_1}=\frac{10\text{V}}{R_1} \qquad (11\text{-}43)$$

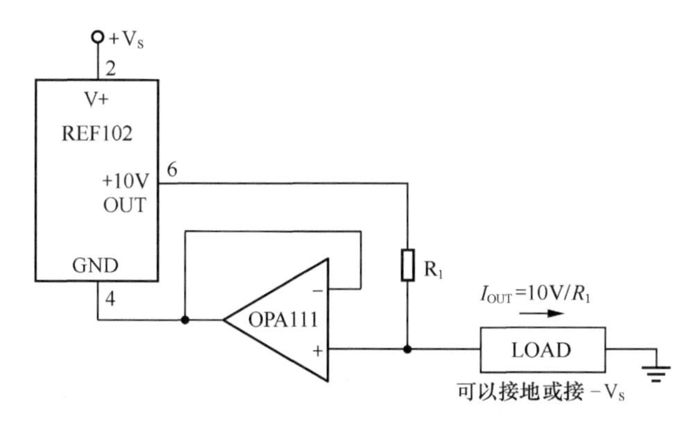

图 11.60 用基准电压源实现吐出电流

同理，可以用基准电压源实现吸纳电流，如图 11.61 所示。

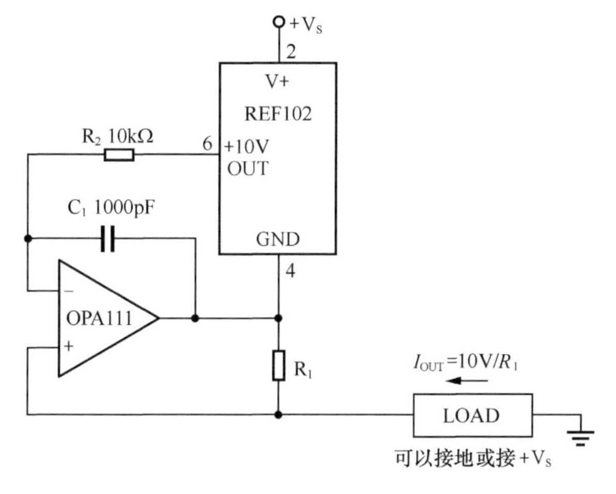

图 11.61 用基准电压源实现吸纳电流

后 记

接近1000页的书稿，我花费了3年的时间完成。因为急着给电子竞赛的学生用，才匆忙交付印刷，书中难免有遗漏和错误。

本书绝大部分内容是我亲手实验或者仿真过的，只有功率放大、LC型正弦波发生器是我较为生疏的，因此也没有给出什么像样的实例。有些遗憾，但万事没有十全的。

请拿到书的读者，对书中存在的错误进行标注，并及时汇总给我：

yjg@xjtu.edu.cn

感谢我的夫人，在此喧嚣社会中，能一如既往地支持我。其实她压根就不懂模拟电路，但她清楚什么是正经事，这就够了。对于我来讲，人生一世有此知音足矣。感谢我的儿子，年轻人充满正能量，阳光一样的笑容吸引着我，也督促着我。

感谢西安交通大学、西安交通大学电气工程学院以及电工电子教学实验中心，给了我良好的工作平台，也给了我足够的施展空间。还有很多支持我工作的领导、同事，还有那些可爱的学生。

感谢 ADI 公司对本书写作的支持。